概率统计引论

(第二版)

魏立力　刘国军　张选德　编著

科学出版社

北京

内 容 简 介

本书内容包括随机事件与概率、随机变量及其概率分布、随机变量的数字特征、大数定律与中心极限定理、统计学的基本概念、参数估计、假设检验、回归分析与相关分析、方差分析以及 Excel 在概率统计中的应用等内容. 全书结构体系合理, 应用背景丰富, 思想方法突出, 例题习题讲究, 并对相关的计算问题介绍了 R 程序代码和 Excel 解决方案.

本书可作为高等学校数学专业和统计学专业的本科生"概率论"和"数理统计"课程教材或相关专业的研究生教学参考书, 也可作为科研人员和工程技术人员的查阅手册, 部分内容也可作为非数学专业本科生提高和考研复习之用.

图书在版编目(CIP)数据

概率统计引论/魏立力, 刘国军, 张选德编著. —2 版. —北京: 科学出版社, 2020.10 (2022.8重印)
ISBN 978-7-03-066053-4

Ⅰ.①概⋯ Ⅱ.①魏⋯ ②刘⋯ ③张⋯ Ⅲ ①概率论-高等学校-教材②数理统计-高等学校-教材 Ⅳ.①O21

中国版本图书馆 CIP 数据核字(2020) 第 170090 号

责任编辑: 孟 锐 王晓丽 / 责任校对: 彭 映
责任印制: 罗 科 / 封面设计: 墨创文化

科 学 出 版 社 出版
北京东黄城根北街 16 号
邮政编码: 100717
http://www.sciencep.com
成都锦瑞印刷有限责任公司印刷
科学出版社发行 各地新华书店经销
*
2020 年 10 月第 二 版 开本: 787×1092 1/16
2022 年 8 月第二次印刷 印张: 30 1/2
字数: 697 000
定价: 85.00 元
(如有印装质量问题, 我社负责调换)

第二版前言

"概率论"和"数理统计"是数学专业和统计学专业的基础课程,该课程也基本上是数学本科专业涉及随机性现象的唯一课程. 国内外已有一些优秀教材, 如文献 [1] ~ 文献 [4], 所涵盖的内容大体上相似, 但教材的编写不仅是学术材料的堆积和梳理, 更体现作者的教学理念和教学思想, 以及编写者对学生知识结构的比较准确的预判. 同一门课程, 针对不同的对象, 应该允许不同风格、不同层次的教材来诠释、体现和适应.

在多年的教学过程中, 我们一直努力思考如何根据概率统计自身的学科特点, 正确理解和准确把握其基本思想与基本方法, 特别是在统计软件日益普及和概率统计知识应用范围日益扩大的情形下, 如何避免误用或滥用概率统计知识, 就显得尤为重要. 这也正是撰写本书的初衷.

本书内容包括三个部分. 一是初等概率论, 包括第 $1 \sim 4$ 章; 二是基本统计方法, 包括第 $5 \sim 9$ 章; 三是概率统计中的计算, 包括基于 R 的计算和基于 Excel 的计算, 基于 Excel 的计算集中在第 10 章, 基于 R 的计算散见于前面各章. 本书可作为数学和统计学专业本科生教材或相关专业研究生参考书, 部分内容也可作为非数学专业本科生提高和考研复习之用. 讲授本书内容大约需要 100 学时.

本书有如下特色:

(1) 在具体行文中, 注意循序渐进、深入浅出, 突出对基本思想和基本概念的阐述; 强调直观理解的重要性, 力求融入一些增强思想性、趣味性和实用性的新内容, 体现求精、求变的指导原则. 针对概率论与数理统计两部分内容, 我们编写的理念稍有不同. 概率论部分注重一定程度的形式化描述, 如对于概率概念的叙述. 强调了概率的测度属性, 采用公理化描述, 将古典概率、几何概率、频率都看成是针对不同的随机试验, 给概率赋值的具体公式. 再如, 对于随机变量的叙述, 强调了其映射属性, 与微积分研究映射不同, 对于随机变量, 人们更多地关心其取值 (值域) 情况及其伴随的概率分布. 实践证明, 从朴素的想法出发, 学生对形式化语言所描述的抽象定义是可以理解的. 在数理统计部分, 我们从样本数据的描述统计出发, 牢牢把握着 "部分推断整体, 样本推断总体" 的主线, 着重于统计思想的理解. 比如, 对假设检验的内容, 我们从假设的设定、拒绝域的确定、结论的理解与解释出发, 不厌其烦地叙述统计显著性的含义. 另外考虑到近年来, 关于检验 p 值备受重视, 我们单列一节专讲 p 值, 以彰显统计推断的程度化特征.

(2) 在例题和习题的选择上, 兼顾启发性和代表性, 涵盖了很多经典的例子, 选材尽量做到联系不同专业的实际, 注重应用的广泛性; 为便于教师教学, 我们将每一章后面的习题分散于每一节之后, 并增加了一些针对性的习题; 考虑到学生的考研需求, 我们将 1997 ~ 2020 年全国研究生入学考试 (数学一和数学三) 中有关概率论与数理统计的题目, 全部融入例题或习题中. 我们准备了所有习题的详细解答, 以备教学或读者自学使用.

(3) 对于本书涉及的不宜手工进行的绝大部分数值计算问题, 提供了两套解决方案. 一是基于 Excel 的解决方案, 内容单独放在第 10 章. 对于常见的概率分布, 给出了概率密度 (分布列) 函数值、分布函数值、逆分布函数值 (分位数) 的 Excel 计算公式; 通过 Excel 的数据分析工具库, 解决了描述性统计量、假设检验、方差分析、回归分析与相关分析的计算问题. 二是基于 R 的计算方案, 针对概率论中的大部分计算问题, 我们都给出了相应的 R 函数或代码, 具体分散于各章节中; 对于具体的统计推断部分, 我们也介绍了 R 解决方案.

(4) 大部分专业术语首次出现时也都附有相应的英文对照, 供读者学习参考.

本书全部内容经魏立力、刘国军、张选德三位教授集体讨论、反复推敲、不断修改, 最后由魏立力统稿而成. 在此次修订中, 对第一版编写与排印中的疏漏进行了修正, 对有些内容根据教学过程的需要, 进行了调整和补充. 第一版作者马江洪、颜荣芳两位教授给本书编写提供了大力支持; 李晶晶老师、纳艳萍老师提供了相关内容的 R 语言支持; 研究生李苗参与了部分内容的校对工作. 在此一并表示感谢.

虽然我们竭尽全力, 但仍感不尽如人意. 由于水平所限, 书中考虑不周或疏漏之处在所难免, 祈望读者不吝赐教, 批评指正.

另外, 为方便教学和自学, 我们备有所有习题的详细解答, 读者如有需要, 可以通过电子邮件向作者索取. 我们的电子邮件地址是: weill866@163.com.

作　者

2020 年 10 月

第一版前言

概率统计是研究随机现象统计规律性的学科, 在自然科学、社会科学、工程技术等领域具有非常广泛的应用. 概率论着眼于随机现象统计规律的演绎分析, 而统计学则侧重于随机现象统计规律的归纳研究, 二者互相联系、互相渗透, 在科学研究、技术开发、生产管理和社会经济生活等诸多方面发挥了重要作用. 现在, 概率统计已经成为几乎所有科技工作者的基本工具, 概率统计和其他学科相结合还产生出不少边缘学科或交叉学科, 如生物统计学、统计物理学、计量化学、计量经济学和数学地质学等, 极大地扩展了概率统计的应用范围. 可以说, 概率统计已经成为当代科学技术领域最重要的学科之一.

然而, 如何根据概率统计自身的学科特点, 正确理解和准确把握其基本思想与基本方法, 特别是在统计软件日益普及和应用范围日益扩大的情形下避免误用或滥用概率统计知识, 就显得尤为重要, 这也正是撰写本书的初衷. 根据多年的教学经验和科研实践, 我们认为推出这样一本概率论与统计学的入门书是必要的.

本书在内容安排上, 包括初等概率论(第 1～4 章)、基本统计方法(第 5～9 章)以及 Excel 在概率统计中的应用, 选材尽量做到联系不同专业的实际, 注重应用的广泛性; 在具体行文中, 注意循序渐进、深入浅出, 突出对基本思想和基本概念的阐述, 强调直观理解的重要性, 力求融入一些增强思想性、趣味性和实用性的新内容, 体现求精、求变的指导原则; 在例题和习题的选择上, 兼顾启发性和代表性, 涵盖了很多经典的例子和近十年来的考研(数学一)题目, 对于涉及的绝大部分数值计算问题, 介绍了 Excel 解决方案. 另外, 大部分专业术语首次出现时也都附有相应的英文对照, 供读者学习参考. 我们希望读者通过本书的学习, 能够正确理解和使用概率论与统计学的一些方法, 能够对统计计算结果做出科学的分析和解释, 能够准确把握概率统计的思想方法和精髓, 提升运用概率统计的思想方法分析和解决有关问题的能力.

本书经过充分讨论、反复推敲、不断修改才得以完成, 第 1～2 章由颜荣芳编写, 第 5～8 章由马江洪编写, 其余内容由魏立力编写, 全书由魏立力统稿.

虽然我们竭尽全力, 但仍感不尽如人意. 由于水平所限, 书中考虑不周或不足之处在所难免, 祈望读者不吝赐教, 批评指正.

另外, 为方便教学, 我们备有所有习题的详细解答, 教师如有需要, 可以通过电子邮件向作者索取. 我们的电子邮件地址是: weill866@163.com(魏立力).

作　者

2012 年 1 月

主要符号表

$\mathbb{N}$	自然数集
$\mathbb{R}$	实数集
$\mathbb{R}^d$	d 维实空间
Ω	样本空间或必然事件
$\varnothing$	空集或不可能事件
P	概率
$\mathscr{F}, \mathscr{B}$	σ 代数或事件域
$X, Y, Z, \cdots$	随机变量
$x, y, z, \cdots$	相应随机变量的观察值
$\boldsymbol{X}, \boldsymbol{Y}, \boldsymbol{Z}, \cdots$	随机向量或随机矩阵
$\boldsymbol{x}, \boldsymbol{y}, \boldsymbol{z}, \cdots$	相应随机向量或随机矩阵的观察值
$\mathrm{E}(X)$	X 的数学期望
$\mathrm{E}(X\|Y)$	X 关于 Y 的条件数学期望
$\mathrm{D}(X), \sigma_{XX}$	X 的方差
$\mathrm{Cov}(X, Y), \sigma_{XY}$	(X, Y) 的协方差
ρ_{XY}	(X, Y) 的相关系数
$\mu_k = \mathrm{E}(X^k)$	X 的 k 阶原点矩
$\nu_k = \mathrm{E}(X - \mathrm{E}X)^k$	X 的 k 阶中心矩
$\mathrm{CV}(X)$	X 的变异系数
γ_3	偏态系数
γ_4	峰态系数
$\xrightarrow{P}$	随机变量序列依概率收敛
$\xrightarrow{L}$	随机变量序列依分布收敛
$\xrightarrow{W}$	分布函数序列弱收敛
$X_{(1)}, X_{(2)}, \cdots, X_{(n)}$	样本 $X_1, X_2, \cdots, X_n$ 的次序统计量
$\overline{X}$	样本均值
S^2	样本方差
iid	独立同分布
Θ	参数 θ 的取值空间
$\widehat{\theta}$	参数 θ 的估计
MLE	极大似然估计
$L(\cdot), \ln L(\cdot)$	似然函数, 对数似然函数
MSE	均方误差

UMVUE 或 BUE	一致最小方差无偏估计
H_0 和 H_1	原假设和备择假设
(a.b.c)	第 a 章第 b 节第 c 个公式
定理 (引理, 定义, 例) a.b.c	第 a 章第 b 节第 c 个定理 (引理, 定义, 例)

目　　录

第 1 章　随机事件与概率

1.1　随机事件及其运算

1.1.1　必然现象与随机现象

在自然界里, 生产实践和科学实验中有许多现象, 完全可以预言它们在一定条件下是否会出现; 或者根据它过去的状态, 在相同条件下完全可以预言其将来的发展. 这一类现象称为确定性现象或必然现象. 例如, 同性电荷相互排斥; 在标准大气压下水加热到 100℃ 时会沸腾; 在射击时弹道完全由射击的初始条件决定 (假定空气阻力等可以忽略). 早期的科学就是研究这类现象, 所用的数学工具如数学分析、几何、代数、微分方程等是大家所熟悉的.

然而人们还发现有许多现象, 它们在一定条件下可能出现也可能不出现; 或者知道它过去的状态, 在相同的条件下, 未来的发展却事先不能完全肯定. 这种类型的现象称为偶然性现象或随机现象. 例如, 抛掷一枚硬币, 结果可能是正面向上, 或背面向上; 远距离射击较小的目标, 可能击中, 也可能击不中; 明年某地七月间的平均温度事前不能肯定; 当空气阻力等不能忽略时, 弹道不能根据初始条件完全确定.

在事物的联系和发展过程中, 随机现象是客观存在的. 但是, 表面上是偶然性在起作用, 实际上这种偶然性又是由事物内部隐藏着的必然性所决定的. 事实上, 无数的偶然性表现出某种必然性.

例 1.1.1　抛掷质地均匀而对称的硬币, 在相同条件下抛掷多次, 正面和背面出现的次数之比总是近似为 1:1, 而且抛掷次数越多, 越接近这个比值. 历史上, 很多学者都做过试验: Demorgan 掷过 2048 次, 得到 1061 次正面; Buffon 掷过 4040 次, 得到 2048 次正面; Pearson 掷过 24000 次, 得到 12012 次正面.　□

例 1.1.2　在研究气体时我们知道, 气体是由数目众多的分子构成的, 这些分子以很快的速度做剧烈的运动且相互碰撞而改变其动量和方向, 每个分子的运动状态是随机现象. 而大量的分子运动呈现出的总体现象 —— 温度和压强却符合玻意耳 (Boyle) 定律.　□

科学的任务就在于, 要从看起来错综复杂的偶然性中揭示出潜在的必然性, 即事物的客观规律性. 这种客观规律性是在大量现象中发现的, 称为**统计规律性**. 概率论与统计学是研究和揭示随机现象统计规律性的一门学科.

1.1.2　随机试验和样本空间

我们将对自然现象的一次观察或进行一次科学试验统称为**试验** (experiment). 如果一个试验满足下述三个条件, 则称为**随机试验** (random experiment).

(1) 试验可以在相同的条件下重复进行;

(2) 试验的所有可能结果是明确可知的, 并且不止一个;

(3) 每次试验总是恰好出现这些结果中的一个, 但在一次试验之前却不能肯定这次试验会出现哪个结果.

以后我们所说的试验都指随机试验.

试验的每一个可能结果称为随机事件 (random event), 简称为事件 (event), 一般用字母 $A, B, C, \cdots$ 表示.

例 1.1.3　从 $0, 1, 2, 3, \cdots, 9$ 十个数字中任意选取一个, 可有十种不同的结果: A_i 表示 "取得一个数是 i", $i = 0, 1, 2, \cdots, 9$. 也可考虑其他结果, 如 B 表示 "取一个数是奇数", C 表示 "取得一个大于 6 的数". □

我们把不能或不必再分的事件称为**基本事件** (elementary event). 如例 1.1.3 中的 A_0, A_1, $A_2, \cdots, A_9$ 都是基本事件. 由若干基本事件组合而成的事件称为**复合事件** (compound event). 如例 1.1.3 中的 C 由 A_7, A_8, A_9 三个基本事件复合而成.

基本事件的全体称为**基本事件空间** (elementary event space) 或**样本空间** (sample space), 通常用字母 Ω 表示. 样本空间中的每一个元素称为**样本点**. 样本点是抽象的点, 可以是数, 也可以不是数; 而且一个样本空间至少有两个样本点.

如果用样本空间的一个单点集 $\{\omega\}$ 表示一个基本事件, 则一般的随机事件就可以理解为样本空间的子集. 所谓事件 A 发生, 就意味着试验结果对应的样本点属于集合 A.

如例 1.1.3 中的 $A_i = \{i\}, i = 0, 1, \cdots, 9$; $\Omega = \{0, 1, 2, \cdots, 9\}$; $B = \{1, 3, 5, 7, 9\}$; $C = \{7, 8, 9\}$. 所谓事件 C 发生, 即取得数为 7、8、9 之一.

例 1.1.4　考虑掷两枚骰子的试验, 则样本空间由下列 36 个点组成:

$$\left\{ \begin{array}{cccccc} (1,1), & (1,2), & (1,3), & (1,4), & (1,5), & (1,6) \\ (2,1), & (2,2), & (2,3), & (2,4), & (2,5), & (2,6) \\ (3,1), & (3,2), & (3,3), & (3,4), & (3,5), & (3,6) \\ (4,1), & (4,2), & (4,3), & (4,4), & (4,5), & (4,6) \\ (5,1), & (5,2), & (5,3), & (5,4), & (5,5), & (5,6) \\ (6,1), & (6,2), & (6,3), & (6,4), & (6,5), & (6,6) \end{array} \right\}$$

此处结果 (i, j) 称为发生, 是指第一枚骰子掷出 i 点, 第二枚骰子掷出 j 点. 如果 E 是 "两枚骰子点数之和为 7", 则 $E = \{(1,6), (2,5), (3,4), (4,3), (5,2), (6,1)\}$. □

根据样本空间所含基本事件的个数, 可以将样本空间分为两类: 可数和不可数. 上述例 1.1.3、例 1.1.4 中的样本空间都是可数的. 如果考虑电子产品的寿命试验, 则样本空间为 $\{t : t \geqslant 0\}$; 再考虑测量误差, 则样本空间为 $\{x : -\infty < x < \infty\}$. 这时样本空间都是不可数的.

一般而言, 对于可数和不可数的样本空间, 两者的数学处理方式有所不同, 而且处理不可数样本空间的方法比处理可数样本空间的方法更为便捷.

在具体问题中, 十分重要的是: 认清所有的基本事件. 我们强调指出基本事件的 "不能或不必再分" 是相对于试验的目的而言的, 并不是绝对的.

例 1.1.5　投掷两枚硬币观察所出现的面, 则基本事件有四个: {(正, 正)}, {(正, 反)}, {(反, 正)}, {(反, 反)}. 如果试验的目的是观察正面出现的次数, 则基本事件有三个: {正面未出现}, {正面出现一次}, {正面出现两次}. □

1.1.3 随机事件的关系和运算

如前所述, 随机事件是随机试验的可能结果, 是相应的样本空间的子集, 因而随机事件的关系和运算实质上是集合的关系和运算.

首先讨论两个特殊的随机事件: 必然事件和不可能事件. 在一定条件下必然发生的事件称为必然事件 (certain event); 必然不发生的事件称为不可能事件 (impossible event). 将必然事件和不可能事件仍然看作随机事件是为了叙述上的方便. 作为样本空间的子集, 必然事件和不可能事件分别对应着样本空间 Ω 本身和空集 $\varnothing$. 因而我们仍用 Ω 和 $\varnothing$ 分别表示必然事件和不可能事件.

其次需要注意的是, 一个事件 A 发生的含义是指, 在试验中, 出现了 A 中样本点对应的一个基本事件.

1. 事件的包含关系 (containment)

如果事件 A 发生必然导致事件 B 发生, 则称事件 A 包含于事件 B, 或称事件 A 是事件 B 的子事件, 记为 $A \subseteq B$.

作为样本点的集合, 事件 A 是事件 B 的子事件, 即 A 是 B 的子集. 如在例 1.1.3 中, $A_1 \subseteq B$, $A_7 \subseteq C$.

如果 $A \subseteq B$, 且 $B \subseteq A$, 则称事件 A 和 B 相等 (equality), 记作 $A = B$.

2. 事件的并 (union)

"事件 A 与 B 中至少有一个发生"这一事件称为事件 A 与 B 的并事件, 简称为并, 记作 $A \cup B$.

作为样本点集合, 并事件 $A \cup B$ 即为 A 和 B 的并集. 即

$$A \cup B = \{\omega : \omega \in A \text{ 或 } \omega \in B\}.$$

如在例 1.1.3 中, $B \cup C$ 表示"取出一数或者大于 6, 或者是奇数", 也就是"取得一数为 1, 3, 5, 7, 8, 9 中之一". 换言之, 只要取得 1, 3, 5, 7, 8, 9 六个数任何一数. 我们都说事件 $B \cup C$ 发生了.

3. 事件的交 (intersection)

"事件 A 与 B 同时发生"这一事件称为事件 A 与 B 的交事件, 简称为交, 记作 $A \cap B$ (或简记为 AB).

作为样本点集合, 交事件 $A \cap B$ 即为 A 和 B 的交集. 即

$$A \cap B = \{\omega : \omega \in A \text{ 且 } \omega \in B\}.$$

如在例 1.1.3 中, $B \cap C$ 表示"取得一数为 7 或 9".

4. 事件的差 (difference)

"事件 A 发生并且事件 B 不发生"这一事件称为事件 A 与 B 的差事件, 简称为差, 记作 $A - B$.

作为样本点集合, 差事件 $A - B$ 即为 A 和 B 的差集. 即

$$A - B = \{\omega : \omega \in A \text{ 且 } \omega \notin B\}.$$

如在例 1.1.3 中, $B - C$ 表示"取得一数或为 1, 或为 3, 或为 5".

5. 两个事件的对称差 (symmetric difference)

"事件 A, B 恰有一个发生"这一事件称为事件 A 与 B 的对称差事件, 简称为对称差, 记作 $A \triangle B$.

作为样本点集合, 对称差事件 $A \triangle B$ 即 A 和 B 的对称差集. 即

$$A \triangle B = (AB^c) \cup (A^c B) = (A \cup B) - (AB).$$

6. 互不相容 (mutually exclusive) **关系和对立** (complementary) **关系**

如果事件 A 与 B 不能同时发生, 即 $AB = \varnothing$, 则称事件 A 与 B **互不相容**或**不交** (disjoint).

如例 1.1.3 中, A_1 与 C 互不相容. 今后我们说三个或三个以上的事件互不相容是指**两两不交** (pairwise disjoint).

如果事件 A 与 B 不能同时发生, 并且必有一个发生, 即 $AB = \varnothing$, 且 $A \cup B = \Omega$, 则称事件 A 与 B **互为对立事件**, 或**互为逆事件**(inverse event), 记作 $A^c = B$ 或 $B^c = A$. 即

$$A^c = \{\omega : \omega \notin A\}.$$

如例 1.1.3 中, 事件 B 的逆事件 B^c 表示"取得一数为偶数 (包括 0)".

作为样本点的集合, 两个事件 A 与 B 互不相容即 A 和 B 无公共样本点; 两个事件 A 与 B 互为逆事件即 A 和 B 无公共样本点, 并且 A 和 B 包含了所有的样本点, 也就是说 A 和 A^c 构成了对样本空间的一个"划分" (partition).

例 1.1.6　设 A, B, C 是同一样本空间的三个事件, 则

(1) 事件"A 和 B 发生, C 不发生"可以表示为 $A \cap B \cap C^c$;

(2) 事件"A、B、C 至少有一个不发生"可以表示为 $A^c \cup B^c \cup C^c = (ABC)^c$;

(3) 事件"A、B、C 至少有两个发生"可以表示为 $AB \cup BC \cup CA$;

(4) 事件"A、B、C 恰好有两个发生"可以表示为 $ABC^c \cup AB^c C \cup A^c BC$;

(5) 事件"A、B、C 都不发生"可以表示为 $A^c B^c C^c$.　　　　　　　□

事实上, 集合论的知识用于解释事件之间的关系和运算是非常自然的. 维恩图 (Venn diagram) 是一种用来描述事件之间的逻辑关系非常有效的几何表示方法. 样本空间表示为平面上一矩形, 表示包含了所有可能的结果, 事件 A, B 等表示为包含在矩形之内的一个个小圆形, 所关心的事件用相应的阴影区域来表示. 事件的关系和运算可通过维恩图表示, 如图 1.1 所示.

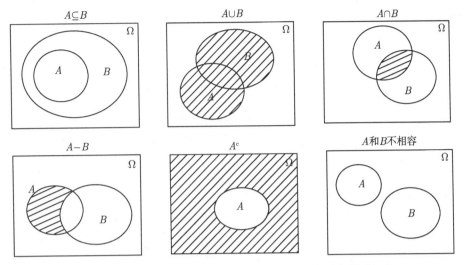

图 1.1 维恩图 ($A \cup B, A \cap B, A - B, A^c$ 分别为图中阴影部分)

有时我们还需要把事件的并与交运算推广到可数无穷多个事件的情形. 对可数个事件 $A_1, A_2, \cdots$, 我们规定它们的并

$$A_1 \cup A_2 \cup \cdots = \bigcup_{i=1}^{\infty} A_i$$

表示 "$A_1, A_2, \cdots$ 中至少有一个事件发生"; 规定它们的交

$$A_1 \cap A_2 \cap \cdots = \bigcap_{i=1}^{\infty} A_i$$

表示 "$A_1, A_2, \cdots$ 同时发生".

上极限和下极限也是概率论中的两个重要概念. 对可数个事件 $A_1, A_2, \cdots$, 我们规定它们的上极限事件

$$\limsup_{n \to \infty} A_n = \bigcap_{i=1}^{\infty} \bigcup_{n=i}^{\infty} A_n$$

表示 "$A_1, A_2, \cdots$ 中有无穷多个事件发生"; 规定它们的下极限事件

$$\liminf_{n \to \infty} A_n = \bigcup_{i=1}^{\infty} \bigcap_{n=i}^{\infty} A_n$$

表示 "$A_1, A_2, \cdots$ 中至多有有限个事件不发生". 下面解释它们的意义.

对于上极限事件, 有

$$\omega \in \bigcap_{i=1}^{\infty} \bigcup_{n=i}^{\infty} A_n \Longleftrightarrow \forall i \in \mathbb{N}, \ \omega \in \bigcup_{n=i}^{\infty} A_n \Longleftrightarrow \forall i \in \mathbb{N}, \ \exists n_i \geqslant i, 使得 \omega \in A_{n_i}$$

$$\Longleftrightarrow \omega \in A_1, A_2, \cdots 中无穷多个.$$

类似地, 对于下极限事件, 有

$$\omega \in \bigcup_{i=1}^{\infty} \bigcap_{n=i}^{\infty} A_n \Longleftrightarrow \exists\, i \in \mathbb{N},\ \omega \in \bigcap_{n=i}^{\infty} A_n \Longleftrightarrow \exists\, i \in \mathbb{N}, \forall\, n \geqslant i, 都有\ \omega \in A_n$$

$$\Longleftrightarrow \omega 至多不属于\ A_1, A_2, \cdots\ 中的有限个.$$

由于 "$A_1, A_2, \cdots$ 中至多有有限个事件不发生" 显然蕴含了 "$A_1, A_2, \cdots$ 中有无穷多个事件发生", 因而有如下关系:

$$\liminf_{n \to \infty} A_n \subseteq \limsup_{n \to \infty} A_n.$$

不难验证事件间的运算满足如下运算律:

(1) 交换律 (commutative law)　$A \cup B = B \cup A$,　$A \cap B = B \cap A$;

(2) 结合律 (associative law)　$A \cup (B \cup C) = (A \cup B) \cup C$,　$A \cap (B \cap C) = (A \cap B) \cap C$;

(3) 分配律 (distributive law)　$A \cap (B \cup C) = (A \cap B) \cup (A \cap C)$,

$$A \cup (B \cap C) = (A \cup B) \cap (A \cup C);$$

(4) 对偶律 (duality law 或 DeMorgan's law)　对有限或无穷多个 A_i, 都有

$$\left(\bigcup_i A_i \right)^c = \bigcap_i (A_i)^c, \quad \left(\bigcap_i A_i \right)^c = \bigcup_i (A_i)^c;$$

(5)　$A - B = A \cap B^c = A - (AB)$;

(6)　$(A^c)^c = A$,　$A^c = \Omega - A$.

习　题　1.1

1　写出下列随机试验的样本空间:

(1) 一个班有 30 名学生, 记录一次数学考试的平均成绩 (假设以百分制记分);

(2) 口袋里有黑、白、红球各一个, 从中有放回地任取两个球, 记录所得结果;

(3) 口袋里有黑、白、红球各一个, 从中不放回地任取两个球, 记录所得结果;

(4) 在单位圆内任意取一点, 记录其坐标;

(5) 在单位区间 $[0,1]$ 内任意取一分割点, 记录两段长度.

2　写出下列随机试验的样本空间, 并用样本点组成的集合表示给出的随机事件.

(1) 将一枚硬币抛掷两次. $A = $ "第一次出现正面", $B = $ "两次出现同一面", $C = $ "至少有一次出现正面";

(2) 一个口袋中有 5 个外形完全相同的球, 编号分别为 1, 2, 3, 4, 5, 从中任取 3 个球. $A = $ "球的最小号码为 1", $B = $ "球的号码全为奇数", $C = $ "球的号码全为偶数";

(3) 在 1, 2, 3, 4 四个数中可重复地取两个数, $A = $ "一个数是另一个数的二倍";

(4) 掷两枚骰子. $A = $ "出现的点数之和为奇数, 且恰好其中有一个 1 点", $B = $ "出现的点数之和为偶数, 且没有一颗骰子出现 1 点";

(5) 甲、乙二人下一盘棋, 观察棋赛的结果. $A = $ "甲不输", $B = $ "没有人输";

(6) 有 A, B, C 三个盒子, a, b, c 三个球, 在每个盒子里放入一个球. $A_1 = $ "a 球放入 A 盒, b 球放入 B 盒", $A_2 = $ "a 球不在 A 盒中, b 球不在 B 盒中".

3 设 A, B, C 为三个事件, 用 A, B, C 的运算关系表示下列各事件:

(1) A 发生, B 与 C 不发生;

(2) A 与 B 都发生, 而 C 不发生;

(3) A, B, C 都发生;

(4) A, B, C 都不发生;

(5) A, B, C 不都发生;

(6) A, B, C 中至少有一个发生;

(7) A, B, C 中至少有两个发生;

(8) A, B, C 中不多于一个发生;

(9) A, B, C 中不多于两个发生.

4 在某系学生中任选一名学生. 事件 $A = $ "被选学生是男生", $B = $ "被选学生是三年级学生", $C = $ "被选学生是科普队员".

(1) 叙述事件 ABC^c 的含义;

(2) 在什么条件下 $ABC = C$ 成立?

(3) 什么时候关系式 $C \subseteq B$ 是正确的?

(4) 什么时候 $A^c = B$ 成立?

5 写出下列事件的对立事件:

(1) $A = $ "掷三枚硬币, 皆为正面";

(2) $B = $ "射击三次, 至少击中目标一次";

(3) $C = $ "甲产品畅销且乙产品滞销".

6 证明下列事件的运算公式:

(1) $A = AB \cup AB^c$;

(2) $A \cup B = A \cup A^c B = AB^c \cup B$.

7 设 A, B 是两个事件, 已知 $A^c B = AB^c$, 证明 $A = B$.

1.2 排列与组合

正确计数对于计算概率十分重要, 本节就先讲一些有关计数的基本知识. 本节内容是初等数学中排列与组合的回顾和提高.

计数问题往往比较复杂, 我们在处理时通常要附加一些约束. 解决复杂计数问题的方法是将它分解成若干简单、易于计算的子问题, 然后再利用已知的规则将子问题整合起来. 而上述过程的第一步通常都基于如下两条计数原理.

(1) **乘法原理**. 如果某件事情需经 k 个步骤完成, 第一步有 m_1 种方法, 第二步有 m_2 种方法, $\cdots$, 第 k 步有 m_k 种方法, 那么完成这件事共有 $m_1 \times m_2 \times \cdots \times m_k$ 种方法.

乘法原理是将一个复杂问题看成几个子问题的串联, 特征是分步. 例如, 甲地到乙地有 3 条路可走, 乙地到丙地有 2 条路可走, 那么从甲地经乙地到丙地共有 $2 \times 3 = 6$ 条路可走.

(2) **加法原理**. 如果某件事情可由 k 类不同途径之一去完成, 第一类途径中有 m_1 种完成方法, 第二类途径中有 m_2 种完成方法, $\cdots$, 第 k 类途径中有 m_k 种完成方法, 那么完成这

件事共有 $m_1 + m_2 + \cdots + m_k$ 种方法.

　　加法原理是将一个复杂问题看成几个子问题的并联, 特征是分类. 例如, 甲地到乙地有 3 类交通工具可选: 汽车、火车和飞机. 而汽车有 5 个班次, 火车有 3 个班次, 飞机有 2 个班次, 那么从甲地到乙地共有 $5+3+2=10$ 个班次可供选择.

1.2.1　排列组合的基本模式

　　排列与组合都是解决 "从 n 个元素中任取 $r(\leqslant n)$ 个元素" 的取法计数问题. 主要区别在于排列讲究取出元素的次序, 组合不考虑次序.

　　一般地, 从 n 个不同元素中取出 $r(\leqslant n)$ 个元素, 按照一定的顺序排成一列, 称为从 n 个不同元素中取出 $r(\leqslant n)$ 个元素的一个排列 (permutation 或 arrangement). 从 n 个不同元素中取出 $r(\leqslant n)$ 个元素的所有不同排列的个数称为从 n 个不同元素中取出 $r(\leqslant n)$ 个元素的排列数, 用符号 P_n^r (或 A_n^r) 表示, 且有

$$P_n^r = A_n^r = n(n-1)(n-2)\cdots(n-r+1) = \frac{n!}{(n-r)!}.$$

　　从 n 个不同元素中取出 $r(\leqslant n)$ 个元素合成一组, 称为从 n 个不同元素中取出 $r(\leqslant n)$ 个元素的一个组合 (combination). 从 n 个不同元素中取出 $r(\leqslant n)$ 个元素的所有不同组合的个数称为从 n 个不同元素中取出 $r(\leqslant n)$ 个元素的组合数, 用符号 C_n^r (或 $\binom{n}{r}$) 表示, 且有

$$C_n^r = \binom{n}{r} = \frac{n!}{r!(n-r)!} = \frac{P_n^r}{r!}.$$

　　显然, 利用组合本身的意义解释 (当然也可以直接推导), 可以验证如下组合恒等式:

$$C_n^r = C_n^{n-r}; \tag{1.2.1}$$

$$C_{n+1}^r = C_n^r + C_n^{r-1}; \tag{1.2.2}$$

$$C_{n+m}^r = C_n^0 C_m^r + C_n^1 C_m^{r-1} + \cdots + C_n^r C_m^0; \tag{1.2.3}$$

$$C_n^{r+1} = C_r^r + C_{r+1}^r + C_{r+2}^r + \cdots + C_{n-1}^r; \tag{1.2.4}$$

$$C_n^0 + C_n^1 + C_n^2 + \cdots + C_n^n = 2^n; \tag{1.2.5}$$

$$\sum_{k=0}^{n} (-1)^k C_n^k = 0. \tag{1.2.6}$$

　　下面考虑 "从 n 个不同元素中任取 $r(\leqslant n)$ 个元素" 的不同取法的计数模式. 这里有两个影响不同取法的因子: 是否考虑元素顺序, 元素是否可重复. 两个因子交叉产生四种计数模式.

　　(1) 有序不重复 (排列): P_n^r.

　　(2) 有序可重复 (可重复排列): n^r.

　　(3) 无序不重复 (组合): C_n^r.

　　(4) 无序可重复 (可重复组合): C_{n+r-1}^r.

　　这里只对情形 (4) 做一些说明. 将 n 个元素编号为 $1, 2, \cdots, n$, 设 $\{i_1, i_2, \cdots, i_r\}$ 为任一可重复组合, 因为组合与元素的次序无关, 故不妨假定

$$1 \leqslant i_1 \leqslant i_2 \leqslant \cdots \leqslant i_r \leqslant n.$$

令 $j_k = i_k + k - 1$, $k = 1, 2, \cdots, r$, 则显然有

$$1 \leqslant j_1 < j_2 < \cdots < j_r \leqslant n + r - 1.$$

可以验证: r 个数的每一种取法 $\{i_1, i_2, \cdots, i_r\}$, 对应唯一的一种取法 $\{j_1, j_2, \cdots, j_r\}$. 反之亦然. 这表明可重复组合 $\{i_1, i_2, \cdots, i_r\}$ 与从 $1, 2, \cdots, n + r - 1$ 中取 r 个数的无重复组合 $\{j_1, j_2, \cdots, j_r\}$ 之间有一一对应关系, 所以从 n 个不同元素中任取 r (允许大于 n) 个元素的可重复组合数为 C_{n+r-1}^r.

1.2.2 多项组合

在按组合模式分出的组内, 元素之间是没有顺序的. 但需要指出的是: 在组与组之间却存在着顺序. 因此, 在运用组合模式计数时, 在计算出的分组方式数目中, 不但计入了谁和谁分在一起的不同方式, 而且还自然地计入了各个组之间的不同编号方式.

例 1.2.1 甲、乙、丙、丁 4 人进行乒乓球双打比赛, 有多少种不同的结对方式?

也许有人认为这是一个简单的组合问题: 从 4 人中选两人结成一对, 剩下的两人为另一对即可, 于是有 $C_4^2 = 6$ 种结对方式. 但事实上一共只有如下 3 对结对方式:

(1) {甲、乙}, {丙、丁};   (2) {甲、丙}, {乙、丁};   (3) {甲、丁}, {乙、丙}.

出现这个错误的原因是组合计数模式考虑了组与组之间的顺序, 将 "取出甲、乙, 留下丙、丁" 和 "取出丙、丁, 留下甲、乙" 看作两种不同的分组方式, 而它们在这个问题中显然是同一种结对方式. □

有了关于组合的这个认识, 我们就可以将组合模式推广到多个组的情形.

例 1.2.2 将 9 人分成 3 组, 各组分别有 2 人, 3 人和 4 人, 求分配方式数.

解 先选出 2 人构成第一组, 有 C_9^2 种方式; 再从余下 7 人中选出 3 人构成第二组, 有 C_7^3 种方式; 剩下的 4 人构成第三组. 由乘法原理, 一共有

$$C_9^2 \times C_7^3 \times C_4^4 = \frac{9!}{7! \cdot 2!} \cdot \frac{7!}{4! \cdot 3!} \cdot \frac{4!}{4!} = \frac{9!}{2! \cdot 3! \cdot 4!} = 1260$$

种分配方式. □

这里, 三组是不同的, 在它们之间存在着 "顺序", 或者称为 "编号", 所以适用于组合模式.

为了满足这种分为多个 "不同" 组的问题需求, 人们总结出如下的多项组合模式.

多项组合模式 (multinomial combination) 有 n 个不同元素, 要把它们分成 k 个不同的组, 使得各组依次有 $n_1, n_2, \cdots, n_k$ 个元素, 其中 $n_1 + n_2 + \cdots + n_k = n$. 则一共有

$$C_n^{n_1, n_2, \cdots, n_k} = \binom{n}{n_1, n_2, \cdots, n_k} = \frac{n!}{n_1! \cdot n_2! \cdot \cdots \cdot n_k!} \tag{1.2.7}$$

种不同方法. 我们也把多项组合模式称为 "有编号的分组模式".

多项组合是一种相当广泛的计数模式, 通常的排列和组合都可以看作其特例.

事实上, 当 $k = 2$ 时, 多项组合就是通常的组合模式. 而 "从 n 个不同元素中任取 $r (\leqslant n)$ 个元素的排列" 问题, 可以看作将 n 个不同元素分为 $r + 1$ 个组, 使得前 r 个组各有一个元

素, 而最后一个组有 $n-r$ 个元素, 于是套用多项组合模式, 共有

$$\frac{n!}{1! \cdot 1! \cdot \cdots \cdot 1! \cdot (n-r)!} = \frac{n!}{(n-r)!} = P_n^r$$

种分法, 即排列方式. 这里, k 个元素之间的顺序变为组与组之间的顺序.

例 1.2.3　有 n 个球, 属于 k 个不同的类, 同类球之间不可辨识, 各类球分别有 $n_1, n_2,$ $\cdots, n_k$ 个, 其中 $n_1 + n_2 + \cdots + n_k = n$, 现要将这 n 个球装入 $N(n \leqslant N)$ 个不同的盒子, 每个盒子中至多容放一球, 则共有

$$\frac{N!}{n_1! \cdot n_2! \cdot \cdots \cdot n_k! \cdot (N-n)!}$$

种不同装法.

分析: 由于每盒至多容放一球, 总有 $N-n$ 个盒子为空. 设想有 $k+1$ 类球, 各类球分别有 $n_1, n_2, \cdots, n_k, N-n$ 个, 问题转换为 N 个元素的 $k+1$ 项组合模式, 故得结果.　　□

在排列组合的计算中, 主要用到了阶乘运算或者连乘运算. 在 R 软件中阶乘对应的函数是 factorial(), 连乘运算对应的函数是 prod(), 组合对应的函数是 choose(). 如例 1.2.2 中的计算可以由下面三条代码中的任意一条实现, 输出结果都是 1260.

```
> choose(9,2)*choose(7,3)*choose(4,4)
> factorial(9)/(factorial(2)*factorial(3)*factorial(4))
> prod(5:9)/(prod(1:2)*prod(1:3))
```

习　题　1.2

1　证明下列恒等式:

(1) $C_{n+1}^r = C_n^r + C_n^{r-1}$;

(2) $C_{n+m}^r = C_n^0 C_m^r + C_n^1 C_m^{r-1} + \cdots + C_n^r C_m^0, \ r \leqslant \min(n,m)$;

(3) $C_n^{r+1} = C_r^r + C_{r+1}^r + C_{r+2}^r + \cdots + C_{n-1}^r$;

(4) $C_n^0 + C_n^1 + C_n^2 + \cdots + C_n^n = 2^n$;

(5) $\sum_{k=0}^{n} (-1)^k C_n^k = 0$;

(6) $C_n^1 + 2C_n^2 + 3C_n^3 + \cdots + nC_n^n = n2^{n-1}$;

(7) $C_n^1 - 2C_n^2 + 3C_n^3 - \cdots + (-1)^{n-1}nC_n^n = 0$;

(8) $(C_n^0)^2 + (C_n^1)^2 + \cdots + (C_n^n)^2 = C_{2n}^n$.

2　把 7 人分成 3 组, 完成相同工作, 其中一组 3 人, 另两组各 2 人, 求分组方式数.

3　证明多项式定理 (当 $m=2$ 时就是二项式定理):

$$(x_1 + x_2 + \cdots + x_m)^n = \sum_{n_1+n_2+\cdots+n_m=n} \frac{n!}{n_1! \cdot n_2! \cdot \cdots \cdot n_m!} x_1^{n_1} x_2^{n_2} \cdots x_m^{n_m}.$$

4　证明: $C_n^{n_1, n_2, \cdots, n_m} = C_n^{n_1} \cdot C_{n-n_1}^{n_2} \cdot \cdots \cdot C_{n-n_1-\cdots-n_{m-2}}^{n_{m-1}}$.

1.3 随机事件的概率

在几何学中线段的长、平面图形的大小、空间物体的大小都可以用数来度量. 在概率论中, 研究随机现象不仅要知道它可能出现哪些事件, 更重要的是要研究各种事件出现的可能性, 而这种可能性的大小自然也应该能用数来度量. 在一次随机试验中, 某个事件 A 可能发生也可能不发生, 但它发生的可能性的大小是客观存在的. 我们把刻画随机事件发生可能性大小的数量指标称为随机事件的**概率** (probability). 事件 A 的概率以 $P(A)$ 表示, 并且规定 $0 \leqslant P(A) \leqslant 1$.

对于一个随机事件来说, 它发生可能性大小的度量是由它自身决定的. 就好比一根木棒有长度, 一块土地有面积一样, 概率是随机事件发生可能性大小的度量, 是随机事件自身的一个属性. 一个基本的问题是, 对于一个给定的事件, 其概率究竟是多大呢? 在概率论的发展历史上, 人们曾针对不同的问题, 从不同的角度给出了定义概率和计算概率的各种方法.

1.3.1 古典概率

我们现在考虑一类特殊的随机试验, 它具有下述两个特征:

(1) 所有基本事件数有限, 即样本空间为有限集;

(2) 每个基本事件出现的可能性相等.

这类随机现象在概率论发展早期即被注意, 许多最初的概率论结果也是对它做出的. 因而把这类随机现象的数学模型称为**古典概型** (classical model of probability). 古典概型在概率论中占有相当重要的地位. 一方面, 由于它简单, 对它的讨论有助于直观地理解概率论的一些基本概念. 另一方面, 它又概括了许多实际问题, 有广泛的应用背景.

定义 1.3.1 考虑一古典概型, 其全体基本事件为 $E_1, E_2, \cdots, E_n$. 对于任意事件 A, 如果它恰好包含 $k\,(k \leqslant n)$ 个不同的基本事件, 则称

$$P(A) = \frac{k}{n} \tag{1.3.1}$$

为事件 A 的概率, 称为**古典概率**.

这样, 在古典概型中, 任一事件 A 出现或发生的概率

$$P(A) = \frac{\text{事件 } A \text{ 包含的基本事件的个数 } k}{\text{基本事件总数 } n}.$$

其中事件 A 包含的基本事件, 有时也称为 A 的有利事件.

如此定义的古典概率是直观而自然的. 例如, 假设在一箱中共有 n 个同样的球, 其中 m 个是白球, $n - m$ 个是黑球. 现在从箱子中随机地取出一球, A 表示 "取到白球", B 表示 "取到黑球", 则自然地有 $P(A) = m/n$, $P(B) = (n - m)/n$.

从古典概率的计算公式 (1.3.1) 可以得到下面的性质.

定理 1.3.1 对古典概率有

(1) 设 A 为任一事件, 则 $0 \leqslant P(A) \leqslant 1$;

(2) 对必然事件 Ω, 有 $P(\Omega) = 1$;

(3) (有限可加性) 设事件 $A_1, A_2, \cdots, A_m$ 互不相容, 则

$$P\left(\bigcup_{i=1}^m A_i\right) = \sum_{i=1}^m P(A_i).\tag{1.3.2}$$

证　可按定义直接验证.　　　　　　　　　　　　　　　　　　　　　　　□

值得一提的是古典概型中的等可能性是一种假设. 在具体问题中, 我们需要根据实际情况去判断是否可以认为基本事件是等可能的. 事实上, 在很多场合由对称性, 如掷硬币试验、掷骰子试验; 或某种均衡性, 如抽球试验, 不难判断基本事件的等可能性, 并且在此基础上计算各种事件的概率.

例 1.3.1　考虑掷一枚完全对称的骰子, 它的基本事件空间 $\Omega = \{1, 2, 3, 4, 5, 6\}$, 有六个基本事件: $E_i = \{i\}, i = 1, 2, \cdots, 6$. 由骰子的对称性知各面出现的可能性都相同, 从而保证了基本事件的等可能性. 我们考虑下列事件: $A =$ "出现偶数点"; $B =$ "出现不小于 3 的点"; $C =$ "出现 3 的倍数点", 则易见 $A = \{2, 4, 6\}$; $B = \{3, 4, 5, 6\}$; $C = \{3, 6\}$, 从而 $P(A) = 3/6 = 1/2$; $P(B) = 4/6 = 2/3$; $P(C) = 2/6 = 1/3$.　　　□

例 1.3.2　设用户登录密码由 $0, 1, 2, \cdots, 9$ 十个数字中任意五个数字组成, 某一用户密码是 51710. 问当不知道该密码时, 一次就能猜对该密码的概率是多少?

解　这里的试验是猜一个五位号码, 从 $0, 1, 2, \cdots, 9$ 中取五个数的一个可重复排列对应一个基本事件, 因而基本事件总数为 10^5. 当不知道密码时, 猜 10^5 个号码中的任一个是等可能的. 令 A 表示 "一次就能猜对该用户密码", 则事件 A 只包含了一个基本事件, 即 $k = 1$, 按古典概率计算得 $P(A) = 1/10^5 = 10^{-5} = 0.00001$.

可见当不知道一个 5 位数密码时, 一次就能猜对的可能性是很小的.　　　□

尽管古典概型本身比较简单, 但其实际例子却非常丰富. 初学者往往对古典概率的计算题不得要领. 实际上许多具体的问题可以大致归并为三类: 摸球问题、分房问题、随机取数问题. 在具体计算时, 首先应弄清基本事件空间是什么, 其中的基本事件是否等可能; 其次求出不同的基本事件的总数 n; 最后须弄清我们关心的事件 A 包含了上述哪些不同的基本事件, 并求出其个数 k, 从而得到 $P(A) = k/n$.

例 1.3.3(摸球问题)　盒中盛有 a 个白球及 b 个黑球, 从中任取 m 个, 试求所取的球中恰有 r 个白球的概率 $(r < a)$.

解　这里的试验是从 $a + b$ 个球中取出 m 个, 其中 m 个球的任一组合构成一个基本事件, 由取法的任意性可知, 每一基本事件出现是等可能的. 而所有不同的基本事件共有 C_{a+b}^m 个. 事件 A: "恰好有 r 个白球" 包含了其中的 $C_a^r C_b^{m-r}$ 个不同的基本事件. 故

$$P(A) = \frac{C_a^r C_b^{m-r}}{C_{a+b}^m}.\qquad\qquad□$$

例 1.3.4(摸球问题)　箱中盛有 40 个白球和 60 个黑球, 从其中任意地接连取出 3 个球, 抽取分两种方式:

(1) 不放回抽样: 每次抽取一个, 不放回, 然后在剩下的球中抽取下一个;

(2) 有放回抽样: 每次抽取一个, 然后放回, 再抽下一个.

对于两种抽取方式, 分别求下列事件的概率: $A=$ "3 个都是黑球", $B=$ "其中 2 个白球, 1 个黑球".

解 (1) 不放回抽样情形.

此处所考虑的试验是从 100 个球中依次不放回地取出 3 个球, 由于注意了取球的次序, 故应考虑排列. 每 3 个球的排列构成一基本事件. 第一次从 100 个中抽取, 第二次从剩下的 99 个中抽取, 第三次从 98 个中抽取, 故此时的基本事件总数 $n=100\times99\times98=P_{100}^3$.

同理, 事件 A 包含的基本事件数为 P_{60}^3; 事件 B 包含的基本事件数为 $C_3^2P_{40}^2P_{60}^1$. 故

$$P(A)=\frac{P_{60}^3}{P_{100}^3}\approx0.212, \quad P(B)=\frac{C_3^2P_{40}^2P_{60}^1}{P_{100}^3}\approx0.289.$$

(2) 有放回抽样情形.

此处试验和 (1) 中不同的是前次抽到的球后次还可能抽到, 故应考虑可重复的排列. 每 3 个球的可重复排列构成一基本事件. 每次都是从 100 个中抽取一个, 故此时的基本事件总数 $n=100\times100\times100=100^3$.

同理, 事件 A 包含的基本事件数为 60^3; 事件 B 包含的基本事件数为 $C_3^240^2\times60$. 故

$$P(A)=\frac{60^3}{100^3}\approx0.216, \quad P(B)=C_3^2\frac{40^2\times60}{100^3}\approx0.288. \qquad \square$$

一般来说, 有放回抽样和不放回抽样计算概率是不同的, 但当被抽取的对象数目较大时, 两种情形所计算的概率相差不大. 人们在实际工作中常常利用这一点, 将抽取对象较大时的不放回抽样 (如破坏性试验, 包括发射炮弹、寿命试验等) 当作有放回抽样处理, 因为有放回抽样情形一般计算概率比较简单.

以后我们还会遇到各种各样的抽样问题. 值得注意的是, 这里的 "白球" "黑球" 可换成 "甲物" "乙物" 或 "合格品" "不合格品", 等等. 所以我们说摸球问题有典型意义, 原因就在于此.

例 1.3.5 (分房问题) 有 m 个人, 每个人都以同等机会被分配在 $N(m\leqslant N)$ 间房中的每一间中, 试求下列各事件的概率:

$A=$ "某指定 m 间房子中各有一人";

$B=$ "恰有 m 间房, 其中各有一人";

$C=$ "某指定一间房中恰有 $r(r\leqslant m)$ 个人".

解 此处试验为将 m 个人随机分到 N 间房中, 每一种分配结果对应一个基本事件. 由于每一个人都有 N 种分法, 因而不同的基本事件总数为 N^m.

今固定某 m 间房子, m 个人各分一间, 有 $m!$ 种不同的分法, 因而事件 A 包含的基本事件数为 $m!$.

如果这 m 间房可由 N 间中任意选出, 那么共有 C_N^m 种选法, 每一种选法又可以有 $m!$ 种不同的分法, 因而事件 B 共有 $C_N^m m!$ 个不同的基本事件.

事件 C 中的 r 个人可自 m 个人中任意选出, 共有 C_m^r 种选法, 其余 $m-r$ 个人可以分配在其余 $N-1$ 间房里, 共有 $(N-1)^{m-r}$ 种分配法, 因而事件 C 共有 $C_m^r(N-1)^{m-r}$ 个不

同基本事件. 所以有

$$P(A) = \frac{m!}{N^m};$$

$$P(B) = \frac{C_N^m m!}{N^m} = \frac{N!}{N^m(N-m)!};$$

$$P(C) = \frac{C_m^r(N-1)^{m-r}}{N^m} = C_m^r\left(\frac{1}{N}\right)^r\left(1-\frac{1}{N}\right)^{m-r}. \qquad \Box$$

在实际问题中, 许多表面上提法不同的问题本质上属于同一类型.

例 1.3.6 (1) 有 m 个质点, 每个质点都以同等机会落入 $N(m \leqslant N)$ 个格子的每一格中, 试求每一格至多只含一个质点的概率;

(2) 设某班有 r 个人, $r \leqslant 365$. 并设每人的生日在一年 365 天中的每一天的可能性是均等的. 问此 r 个人有不同生日的概率是多少?

(3) 设有 m 个旅客乘火车途径 N 个站, $m \leqslant N$, 设每人在每站下车的概率均等, 试求没有一人以上同时下车的概率.

解 易见这三个问题本质上都和例 1.3.5 中求 $P(B)$ 的问题等价, 只要把 "人" "质点" "旅客" 看成一样, 把 "房子" "格子" "日" "站" 看成一样即可.

例如, 在 (2) 中, 令 E 表示 r 人中至少有两人同生日. 此时, E^c 表示 r 人生日各不相同, 其概率为

$$P(F_r^c) = \frac{365!}{365^r(365-r)!} = \frac{365 \times 364 \times \cdots \times (365-r+1)}{365^r},$$

因而

$$P(E) = 1 - \frac{365 \times 364 \times \cdots \times (365-r+1)}{365^r}.$$

具体计算可以通过定义一个函数实现, 下面的 R 代码定义了一个计算 $P(E)$ 的函数 PofE 及其 $r = 1, 2, \cdots, 60$ 对应的 $P(E)$ 值, 计算结果参见图 1.2.

```
> PofE <- function(x){c(x,1-prod((365:(365-x+1)/365)))}
> r <- seq(1,60)
> sapply(r, PofE)
```

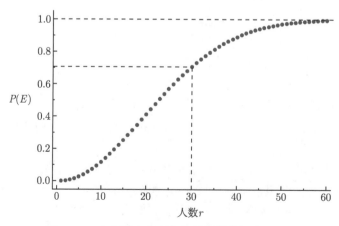

图 1.2　r 人中至少有两人生日相同的概率 $P(E)$

当 $r = 30$ 时, PofE$(30) = 0.7063$, 可见, 30 人中, 至少有二人同生日的概率大于 70%, 这和人们的直觉不符, 因而这个问题也称为生日悖论. 事实上只要人数大于 23, 至少有二人同生日的概率就大于 0.5. □

分房问题也可以看作分球入盒问题. 进一步, 按照球和盒子是否可辨, 可以把问题分成不同类型.

第一类 (球和盒子均可辨): 有 n 个不同的小球, 要把它们分入 k 个不同的盒子, 使得各盒依次有 $n_1, n_2, \cdots, n_k$ 个小球, 其中 $n_1 + n_2 + \cdots + n_k = n$. 则由多项组合模式, 共有

$$\frac{n!}{n_1! \cdot n_2! \cdot \cdots \cdot n_k!} \tag{1.3.3}$$

种不同方法.

第二类 (球不可辨, 盒子可辨): 有 n 个相同的小球, 要把它们分入 k 个不同的盒子, 一共有多少种不同分法? 这里, n 个小球是相同的, k 个盒子是互不相同的. 因此我们只需关心各个盒子中的球数, 而无需考虑哪个球分入哪个盒子中. 我们可以把问题设想为: n 个相同的小球已经一字排开, 只需在它们之间插入 $k-1$ 个隔板, 把它们分成 k 段, 然后让各段对号放入相应的盒子即可.

如果不允许空盒出现, 则只能把隔板放在 n 个小球所形成的 $n-1$ 个间隔处, 而且每个间隔至多放一个隔板, 所以只要从 $n-1$ 个间隔中取出 $k-1$ 个来放隔板即可. 故有

$$C_{n-1}^{k-1} \tag{1.3.4}$$

种不同分法.

如果允许有空盒出现, 这时隔板放置没有限制, 这相当于要将 $n+k-1$ 个元素 (n 个小球和 $k-1$ 个隔板) 进行排列, 共有 $(n+k-1)!$ 种情形. 不过其中考虑了球和隔板的排列, 忽略这两个排序, 得到总的排列数为

$$\frac{(n+k-1)!}{n! \cdot (k-1)!} = C_{n+k-1}^n. \tag{1.3.5}$$

这正是可重复的组合模式.

例 1.3.7(方程整数解的个数) 计算机存储了方程 $x+y+z=15$ 的所有非负整数解, 从中随机地调取一组解 (x,y,z), 试求该解是正整数解的概率.

解 这里关键的问题是求出方程 $x+y+z=15$ 的所有非负整数解和所有正整数解的个数. 设想将 15 个不可分辨的小球分入三个可分辨的盒子, 然后将三个盒子中的球的个数对应为 (x,y,z) 即可. 所以, 非负整数解的个数 (相当于允许出现空盒的情形) 为

$$C_{15+3-1}^{15} = C_{17}^2 = 136;$$

而正整数解的个数 (相当于不允许出现空盒的情形) 为

$$C_{15-1}^{3-1} = C_{14}^2 = 91.$$

所求概率为 $\dfrac{91}{136} \approx 0.67$. □

例 1.3.8(随机取数问题)　从 $1,2,3,\cdots,10$ 共 10 个数中任意取出 1 个, 假定每个数字都以 $1/10$ 的概率被取到, 取后放回, 先后取出 7 个数, 求下列各事件的概率.

$A_1 =$ "7 个数完全不同";

$A_2 =$ "7 个数中不含 1 和 10";

$A_3 =$ "10 恰好出现两次";

$A_4 =$ "至多出现两次 10".

解　这里我们所研究的试验是从 10 个数中依次有放回地取出 7 个数. 而 10 个数取 7 个数的可重复的每一排列对应一个基本事件, 所有不同的基本事件总数 $n = 10^7$. 不难看出 A_1 包含的基本事件数为 P_{10}^7; A_2 包含的基本事件数为 8^7.

事件 A_3 中 10 出现的两次可以是 7 次中的任意两次, 故有 C_7^2 种选择, 其他 5 次中可以是剩下 9 个数中的任何一个 (可重复), 因而 A_3 所包含的基本事件数为 $C_7^2 9^5$.

由于 A_4 是三个互不相容的事件 $B_i =$ "10 恰好出现 i 次"$(i = 0, 1, 2)$ 的并, 因而 A_4 包含的基本事件数为 $C_7^2 9^5 + C_7^1 9^6 + C_7^0 9^7$. 所以

$$P(A_1) = \frac{P_{10}^7}{10^7} \approx 0.06048; \qquad P(A_2) = \frac{8^7}{10^7} \approx 0.2097;$$

$$P(A_3) = \frac{C_7^2 9^5}{10^7} \approx 0.1240; \qquad P(A_4) = \frac{C_7^2 9^5 + C_7^1 9^6 + C_7^0 9^7}{10^7} \approx 0.9743. \qquad \Box$$

由上述例子可见, 在计算古典概率时, 关键在于对具体的问题弄清基本事件空间, 区分不同的基本事件, 以及所考虑的事件 A 的含义. 在计算基本事件总数和 A 的有利事件数时, 重要的不是采用何种计数模式, 而是要保持对两者采用同一计数模式. 千万要注意的是, 不能对一者采用一种计数模式, 对另一者采用另一种计数模式.

例 1.3.9　10 个球中有 3 个黑色, 7 个白色. 10 人依次各摸一球, 求各人摸到黑色球的概率.

解一　设 A_k 表示第 k 个人摸到黑色球. 考虑 10 个球被摸到的先后顺序, 共有 10! 种不同可能, 在事件 A_k 中, 第 k 个人摸到的是黑色球, 哪一个球? 有 $C_3^1 = 3$ 种可能, 其余 9 人摸到的球可任意排列, 有 9! 种可能的顺序, 所以有利事件数为 $3 \cdot 9!$. 故有

$$P(A_k) = \frac{3 \cdot 9!}{10!} = \frac{3}{10}, \quad k = 1, 2, \cdots, 10.$$

解二　考虑小球时除了颜色外, 不可分辨, 则只有两种元素: 一种有 7 个 (白色球), 另一种有 3 个 (黑色球), 它们共有 C_{10}^3 种可能的顺序 (只要分清哪些人摸到白球, 哪些人摸到黑球即可), 所以基本事件总数为 C_{10}^3. 在事件 A_k 中, 第 k 个人摸到黑球, 其余两个黑球被其他 9 个人摸到, 有利事件数为 C_9^2, 因此

$$P(A_k) = \frac{C_9^2}{C_{10}^3} = \frac{3}{10}, \quad k = 1, 2, \cdots, 10.$$

解三　只考虑前 k 个人摸到球的情况, 10 个球选出 k 个的所有可能的排列方式有 P_{10}^k 种. 在事件 A_k 中, 第 k 次摸到黑色球, 有 $C_3^1 = 3$ 种可能, 其前面的 $k - 1$ 个人则是由其余 9 个球中任取 $k - 1$ 个的排列, 所以有利事件数为 $3 \cdot P_9^{k-1}$. 故有

$$P(A_k) = \frac{3 \cdot P_9^{k-1}}{P_{10}^k} = \frac{3}{10}, \quad k = 1, 2, \cdots, 10. \qquad \Box$$

这个例子实际上是一个抽签模型, 结果表明抽签的公平性, 即不论第几个抽, 中签的概率都相等. 正是抽签所具有的这种公平性, 使它在抽样理论中被广泛使用.

前面我们已经指出, 古典概型中"基本事件的等可能性"是个基本假设, 在实际应用中, 往往由对称性或某种均衡性来判断基本事件的等可能性. 但有些时候只凭主观对物理性质或几何对称性的判断是不完全确切的, 甚至是不太可能的. 例如, 一个平常的掷骰子试验, 出现 1 点, 2 点, $\cdots$, 6 点的可能性似乎都是 1/6, 但仔细分析可知, 由于骰子各面所刻点数不同而导致其重心偏离其几何中心. 多次抛掷的结果将表明: 刻有 4、5、6 点的三面出现的总次数比刻有 1、2、3 点的三面出现的总次数要多. 再如, 新生儿是男孩或是女孩也不便于判断其对称性.

因此, 人们认为要确定某个事件 A 发生的概率, 最可靠的办法是重复多次试验, 观察 A 出现的情况, 特别当基本事件的等可能性不便于判断时尤其要采用这个办法, 这就提出了统计概率的概念.

1.3.2 统计概率

在 1.1 节我们已经看到, 在掷质地均匀的硬币时, 正面出现的次数与总投掷次数之比 (频率) 约为 1/2. 这正是所谓频率的稳定性, 即当试验次数 N 很大时, 随机事件 A 发生的频率总是在某个固定常数的附近摆动. 这一结论已为实践和理论两方面所证实, 下面我们再举一些体现频率稳定性的例子.

例 1.3.10 考查某种子的发芽率. 从一大批种子中抽取九批种子做发芽试验, 其结果如表 1.1 所示. 可以看出, 发芽率在 0.9 附近摆动, 且大体上试验的种子数越大, 发芽率越向 0.9 靠拢.

表 1.1　种子发芽统计数据

试验批号	一	二	三	四	五	六	七	八	九
种子粒数	5	10	70	130	310	700	1500	2000	3000
发芽粒数	4	9	60	116	282	639	1339	1806	2715
发芽率	0.8	0.9	0.857	0.892	0.910	0.913	0.893	0.903	0.905

例 1.3.11 任选一本英文书, 翻到任意一页, 任意指定该页中某行一位置, 记录所得到的结果, 大量重复进行这一试验, 可以发现 26 个字母及空格 (空格指书中的空格和各种标点符号) 被使用的频率相当稳定, 表 1.2 是人们经过大量试验后得出的结果.

表 1.2　英文字母的使用频率

字母	空格	E	T	O	A	N	I	R	S
频率	0.2	0.105	0.072	0.0654	0.063	0.059	0.055	0.054	0.052
字母	H	D	L	C	F	U	M	P	Y
频率	0.047	0.035	0.029	0.023	0.0225	0.0225	0.021	0.0175	0.012
字母	W	G	B	V	K	X	J	Q	Z
频率	0.012	0.011	0.0105	0.008	0.003	0.002	0.001	0.001	0.001

研究字母使用频率, 对于打字机键盘的设计 (在便于操作的地方安排使用频率较高的字母键)、印刷铅字的铸造 (使用频率较高的字母相应多铸一些)、信息的编码 (常用字母用较

短的码) 以及密码的破译等方面都是十分有用的.

为了说明这一点, 我们选择英国生物统计学家 Francis Galton 的一段语录, 原文是:

Some people hate the very name of statistics, but I find them full of beauty and interest. Whenever they are not brutalized, but delicately handled by the higher methods, and are warily interpreted, their power of dealing with complicated phenomena is extraordinary. They are the only tools by which on opening can be cut through the formidable thicket of difficulties that bars the path of those who pursue the sciences of man.

这段语录的字母和空格的总数共计 421 个, 各字母出现的频数和频率如表 1.3 所示.

表 1.3　英文字母使用统计数据

字母	空格	E	T	H	A	I	O	N	R
频数	72	49	38	27	25	24	22	20	20
频率	0.1710	0.1164	0.0903	0.0641	0.0594	0.0570	0.0523	0.0475	0.0475
字母	D	L	S	C	F	U	Y	P	B
频数	14	14	13	11	11	10	10	9	9
频率	0.0333	0.0333	0.0309	0.0261	0.0261	0.0238	0.0238	0.0213	0.0213
字母	M	W	G	V	K	X	Z	J	Q
频数	8	6	4	2	1	1	1	0	0
频率	0.0190	0.0143	0.0095	0.0038	0.0024	0.0024	0.0024	0	0

注意到这并不是一段很长的文字, 各个字母出现的频率与表 1.2 中的频率可能会有较大的差异, 但统计结果表明, 无论从频率的大小或顺序来看, 都相当一致. □

这两个例子说明, 虽然随机现象在一次试验或一次观察中出现什么结果是偶然的, 但大量重复的观察和试验却表明, 随机现象仍有着自己的规律性, 即频率的稳定性. 这种规律性是由被观察对象的固有属性所决定的. 只要我们对随机现象做较为深入的观察, 就会发现频率的稳定性是十分普遍的现象.

法国著名数学家拉普拉斯 (Laplace, 1749—1827), 曾对其所处时代的男女婴儿的出生率进行过深入的研究, 他发现男婴的出生率始终在 22/43 这个数值上摆动.

此外, 在相同条件下耕种的庄稼, 各块土地上的单位面积产量总是在平均单位面积产量附近摆动, 而且具有某种对称性, 同时还可以发现, 在平均单位面积产量附近的集中一些, 偏离大的就少一些. 一个射手向着目标射击, 随着射击次数的不断增加, 弹着点的分布就呈现出一种规律性: 各个弹着点关于射击目标大致对称, 偏离目标中心远的弹着点比偏离目标中心近的弹着点要少, 等等. 又如, 在一定条件下, 一定时间内来到电话交换台的电话呼叫次数也呈现某种统计规律性.

综上所述, 随机事件的频率稳定性表明一个随机事件发生的可能性大小, 是随机事件本身所固有的属性, 它是可以度量的. 也就是说, 对一个随机事件 A, 存在着一个与 A 相应的数 $P(A)$ 来刻画随机事件 A 发生的可能性大小, 这个数就是概率.

在处理实际问题时, 我们通常用频率度量概率, 而且认为试验次数越大, 这种度量一般越可靠. 这正如一段木棒在一定条件下其 "长度" 是客观存在的, 而实际上常用某个适当的测量值作为其长度.

定义 1.3.2 我们用事件 A 发生的频率作为 A 的概率的一个度量, 如此计算的概率称为统计概率.

例如, 一个选手射击 500 次, 击中 200 次, 我们就说他命中的概率 (命中率) 为 0.4; 新生儿 10000 人中死亡 4 人, 我们就说婴儿死亡的概率 (死亡率) 为万分之四.

不难验证, 事件 A 发生的频率 $f_n(A)$ 满足下面的性质.

定理 1.3.2 当 n 固定时, 对于事件 A 发生的频率 $f_n(A)$ 有

(1) 设 A 为任一事件, 则 $0 \leqslant f_n(A) \leqslant 1$;

(2) 对必然事件 Ω, 有 $f_n(\Omega) = 1$;

(3) (有限可加性) 设事件 $A_1, A_2, \cdots, A_m$ 互不相容, 则

$$f_n\left(\bigcup_{i=1}^m A_i\right) = \sum_{i=1}^m f_n(A_i).$$

统计概率同样具有理论上和应用上的缺陷, 一方面我们没有理由认为, 试验次数为 $n+1$ 时所计算的频率, 肯定比试验次数为 n 时所计算的频率更准确. 另一方面, 在实际应用中, 我们不知道 n 取多大才好, 并且 n 如果很大, 很难保证每次试验的条件都一样 (如射击试验).

最后, 根据频率的稳定性, 当试验次数无限增加时, 频率与概率应具有某种极限关系. 在历史上它一直是概率论研究的一个重大课题, 以后将会看到, 这个结论的确成立, 只是尚须对此问题的提法进一步明确化.

1.3.3 几何概率

在古典概型中, 试验的结果是有限的. 在概率论发展的早期, 人们就已经注意到还必须研究有无穷多个基本事件的试验.

设想有一个面积为 $L(\Omega)$ 的平面区域 Ω, 如图 1.3 所示, 在其中任意地、等可能地投点. 这里 "等可能" 的确切含义是指: 对于给定的任一面积为 $L(A)$ 的子区域 A, 点落入 A 中的可能性大小与 $L(A)$ 成正比, 而与 A 的位置和形状无关. 如果 "点落入区域 A" 这个随机事件仍记为 A, 则很自然地有如下定义.

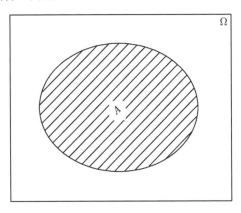

图 1.3 几何概率示意图

定义 1.3.3　在如上假设下, 将事件 A 发生的概率定义为

$$P(A) = \frac{L(A)}{L(\Omega)}. \tag{1.3.6}$$

这样计算的概率, 称为几何概率 (geometric probability).

　　请注意, 如果是在一线段上投点, 那么上述面积应改为长度; 如果是在一个空间区域内投点, 则上述面积应改为体积. 依次类推.

　　例 1.3.12　在时间间隔 $[0, T]$ 内的任何时刻, 两个不相关的信号等可能地进入收音机, 如果这两个信号进入收音机的时间间隔不大于 t, 则收音机就受到干扰. 求收音机受到干扰的概率.

　　解　以 x, y 分别表示信号进入收音机的时刻, $0 \leqslant x \leqslant T, 0 \leqslant y \leqslant T$, 这样的 (x, y) 构成一正方形 Ω, 其面积为 T^2. 依题意, 收音机受到干扰的充要条件是 $|x - y| \leqslant t$, 满足这个条件的 (x, y) 构成正方形 Ω 中的一个区域 A (图 1.4), 换言之, 收音机受到干扰的充要条件是随机点 (x, y) 落入区域 A. 因此所求概率为

$$P(A) = \frac{L(A)}{L(\Omega)} = \frac{T^2 - (T-t)^2}{T^2} = 1 - \left(1 - \frac{t}{T}\right)^2.$$

其中 $L(A)$ 和 $L(\Omega)$ 分别表示 A 和 Ω 的面积.　　　　　□

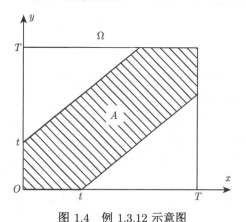

图 1.4　例 1.3.12 示意图

　　例 1.3.13 (布丰 (Buffon) 投针问题)　在平面上画有等距离为 $a(a > 0)$ 的一些平行线, 向平面任意投掷一枚长为 $l\ (l < a)$ 的针, 试求针与平行线相交的概率.

　　解　以 x 表示针的中点 M 与最近一条平行线间的距离, 又以 θ 表示针与此直线间的交角 (图 1.5). 容易看出:

$$0 \leqslant x \leqslant \frac{a}{2}, \quad 0 \leqslant \theta \leqslant \pi.$$

由上述两式可以确定 θOx 坐标系中的一个矩形 R (图 1.6). 这时, 针与平行线相交的等价条件是

$$x \leqslant \frac{l}{2} \sin \theta.$$

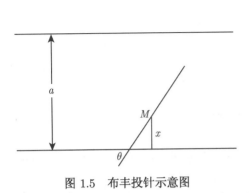

图 1.5 布丰投针示意图

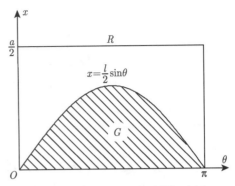

图 1.6 布丰投针概率计算示意图

这相当于 (x, θ) 在图 1.6 中阴影部分 G 内取值. 我们把掷针到平面上这件事理解为具有 "均匀性", 因此该问题等价于向矩形 R 中 "均匀" 地掷点, 所求为点落入 G 中的概率 P, 依式 (1.3.6) 得

$$P = \frac{L(G)}{L(R)} = \frac{\displaystyle\int_0^{\pi} \frac{l}{2} \sin\theta \mathrm{d}\theta}{\dfrac{a}{2}\pi} = \frac{2l}{a\pi}. \qquad\qquad \square$$

在计算几何概率时, 一开始我们就假设点具有所谓的 "均匀分布" (类似于古典概型中的等可能性), 这一点在求具体问题中的概率时, 必须特别注意.

容易证明几何概率也有如下性质.

定理 1.3.3   几何概率满足

(1) 设 A 为任一事件, 则 $0 \leqslant P(A) \leqslant 1$;

(2) 对必然事件 Ω, 有 $P(\Omega) = 1$;

(3) (有限可加性) 设事件 $A_1, A_2, \cdots, A_m$ 互不相容, 则

$$P\left(\bigcup_{i=1}^{m} A_i\right) = \sum_{i=1}^{m} P(A_i).$$

此外, 几何概率还有一个性质, 即可数可加性:

(3)′ 设 $A_1, A_2, \cdots, A_n, \cdots$ 为可数多个互不相容的事件, 则

$$P\left(\bigcup_{i=1}^{\infty} A_i\right) = \sum_{i=1}^{\infty} P(A_i).$$

例 1.3.14   设一质点随机地落入 $I = [0, 1]$ 线段内, 把 I 分为

$$A_1 = \left(\frac{1}{2}, 1\right], \quad A_2 = \left(\frac{1}{4}, \frac{1}{2}\right], \quad \cdots, \quad A_n = \left(\frac{1}{2^n}, \frac{1}{2^{n-1}}\right], \quad \cdots$$

规定质点落入这些区间的概率等于线段的长度, 即

$$P(A_n) = \frac{1}{2^n}, \ n = 1, 2, \cdots.$$

这时 $I = \bigcup_{i=1}^{\infty} A_i \bigcup \{0\}$. 显然有

$$P(I) = P\left(\bigcup_{i=1}^{\infty} A_i\right) + P(\{0\}) = \sum_{i=1}^{\infty} P(A_i) = \sum_{i=1}^{\infty} \frac{1}{2^i} = 1. \qquad \square$$

习　题　1.3

1　将一部五卷文集任意地排列到书架上, 问卷号自左向右或自右向左恰好为 12345 的顺序的概率是多少?

2　有五条线段, 长度分别为 1, 3, 5, 7, 9. 从这五条线段中任取三条, 求所取三条线段能构成三角形的概率.

3　一批灯泡有 40 只, 其中有 3 只是坏的, 从中任取 5 只进行检验. 问:

(1) 5 只全是好的概率为多少?　　　　　(2) 5 只中有 2 只是坏的概率为多少?

4　一颗骰子掷三次. 求三次都掷出 3 点或 3 点以上的概率.

5　掷一对骰子, 求两颗骰子出现相同点数的概率.

6　在整数 0 到 9 中任取 4 个 (不重复), 能排成一个四位偶数的概率是多少?

7　从 0, 1, 2, · · · , 9 十个数字中任意选出三个不同的数字, 试求下列事件的概率: $A_1 = \{$三个数字中不含 0 和 5$\}$; $A_2 = \{$三个数字中不含 0 或 5$\}$.

8　有放回地从 1、2、3、4、5 五个数中随机抽取两次, 有多少个结果? 两次抽取所得数之和等于 6 的概率是多少?

9　从一副扑克牌的 13 张黑桃中, 一张接一张地有放回抽取 3 次. 求:

(1) 没有同号的概率;　　(2) 有同号的概率;　　(3) 三张中至多有两张同号的概率.

10　将 3 个小球随机地放入 4 个杯子中, 问杯子中球的最大个数分别为 1, 2, 3 的概率各为多少?

11　一个质点从平面上某点开始, 等可能地向上、下、左、右四个方向随机游动, 每次游动的距离为 1. 求经过 $2n$ 次游动后, 质点回到出发点的概率.

12　一对骰子掷 1000 次, 哪一种"点数和"出现次数最多? 哪一种点数和出现的次数最少?

13　若在区间 $(0,1)$ 内任取两个数, 则事件"两数之和小于 6/5"的概率为多少?

14　将线段 $(0,a)$ 任意折成三折, 求此三折能构成三角形的概率.

15　甲、乙两艘轮船驶向一个不能同时停泊两艘轮船的码头停泊. 它们在一昼夜内到达的时刻是等可能的. 如果甲船的停泊时间是一小时, 乙船的停泊时间是两小时, 求它们中的任何一艘都不需要等待码头空出的概率.

1.4　概率的公理化定义及概率的性质

概率论起源于赌博和靠运气取胜的游戏, 它要归功于赌徒的好奇心, 这些赌徒把各种各样的问题拿去请教他们在数学界的朋友. 这个与赌博有关的联系, 令人遗憾地促成了概率论的缓慢的、断断续续的发展. 然而早期 (20 世纪以前) 的概率论一直是就事论事式地计算概率, 正因为如此, 它作为一门数学学科很迟才被数学界所承认. 在 1.3 节我们给出了概率的三个定义, 或者说针对不同的问题, 分别用古典概率、统计概率和几何概率来计算概率. 由于它们各自在理论上的缺陷及应用上的局限性, 上述任何一个定义作为概率的数学定义来建立起概率理论是不可能的. 但我们看到它们从各自的定义出发都有共同的属性 (定理 1.3.1、定理 1.3.2、定理 1.3.3), 这些从客观事实总结出来的共同属性, 可以作为建立概率的数学理论的基础.

概率论的发展要求它也应该像几何、代数一样, 通过建立公理化结构, 给予概率以数学定义, 它应该以 1.3 节的三种定义为特殊情形, 又具有更广泛的一般性. 我们今天所知道的概率的数学理论, 起源于较近代的理论, 1933 年苏联杰出的科学家柯尔莫哥洛夫 (Kolmogorov, 1903—1987) 在他的重要著作《概率论基础》(柏林) 中把概率公理化了. 正是柯尔莫哥洛夫的工作给现代概率论提供了一个逻辑上的坚实基础, 而且同时还把概率论与数学的主要倾向联系了起来, 本节遵循的是柯尔莫哥洛夫公理化体系的叙述.

1.4.1 概率的公理化定义——概率空间

前面已经讲过, 联系于一个随机试验首先有一个样本空间 Ω, 它是由所有代表基本事件的样本点的全体组成的. 而事件是 Ω 的子集, 事件之间的关系和运算事实上是 Ω 的子集之间的关系和运算.

我们知道, 一个集合 (特别是不可数集) 的幂集是非常大的, 在许多问题中, 我们不能把样本空间 Ω 的每一个子集都算作随机事件. 应该明确可以把 Ω 的哪些子集算作随机事件. 为此我们要建立一些准则, 而且这些准则要少而精, 以便于运用.

第一, 我们要把 Ω 算作随机事件; 第二, 如果 Ω 的子集 E 算作事件, 那么 E^c 也应该算作事件, 因为它表示 E 不发生; 第三, 如果 $\{E_n, n \in \mathbb{N}\}$ 是一列事件, 那么 $\bigcup_{n=1}^{\infty} E_n$ 表示它们中至少有一个发生, 所以 $\bigcup_{n=1}^{\infty} E_n$ 也应该是事件. 综合以上三条, 有如下概念.

定义 1.4.1 设 Ω 是样本空间, $\mathscr{F}$ 是由 Ω 的一些子集所组成的集合, 如果满足如下三个条件, 则称 $\mathscr{F}$ 为 σ 代数 (σ algebra), 或 σ 域 (σ field), $\mathscr{F}$ 中的元素称为事件, 也称 $\mathscr{F}$ 为事件域.

(1) $\Omega \in \mathscr{F}$;

(2) 若 $A \in \mathscr{F}$, 则 $A^c \in \mathscr{F}$;

(3) 若可数无穷多个 $A_i \in \mathscr{F}, i = 1, 2, \cdots$, 则 $\bigcup_{i=1}^{\infty} A_i \in \mathscr{F}$.

可以验证, 对任意样本空间 Ω, 它的所有子集 (包括空集 $\varnothing$ 和 Ω) 形成的集合 (即 Ω 的幂集) 就是一个 σ 代数, 事实上它还是一个 "最大" 的 σ 代数. 读者可以考虑 "最小" 的 σ 代数的结构. 现在的问题是: 是否只要上述三条规定就够了? 事实上由这三条可以推出其他的规则.

定理 1.4.1 设 Ω 是样本空间 (理解为一抽象点集即可), $\mathscr{F}$ 为 Ω 的一些子集组成的 σ 代数, 则

(1) $\varnothing \in \mathscr{F}$;

(2) 若 $A_i \in \mathscr{F}, i = 1, 2, \cdots$, 则 $\bigcap_{i=1}^{\infty} A_i \in \mathscr{F}$;

(3) 若 $A_i \in \mathscr{F}, i = 1, 2, \cdots, n$, 则 $\bigcup_{i=1}^{n} A_i \in \mathscr{F}, \bigcap_{i=1}^{n} A_i \in \mathscr{F}$;

(4) 若 $A \in \mathscr{F}, B \in \mathscr{F}$, 则 $A - B \in \mathscr{F}$.

这说明了 $\mathscr{F}$ 只要满足了定义 1.4.1 中的三条规定, 那么它就对其中集合的差、逆、有限并、有限交和可数交都是封闭的. 也就是说 $\mathscr{F}$ 包括了在通常意义上所说的所有随机事件. 因此, 我们只把 $\mathscr{F}$ 中的成员称为随机事件, 只需要对其中的事件定义概率, 就足以保证我们研究的需要了. 定理的证明可由定义 1.4.1 和集合的运算律得到, 这里从略. 有兴趣的读者可参阅参考文献 [5].

定义 1.4.2　设 $\mathscr{F}$ 是由 Ω 的一些子集所组成的 σ 代数, 对每一 $A \in \mathscr{F}$, 有一实数与之对应, 记为 $P(A)$, 即 $P(\cdot)$ 为定义在 $\mathscr{F}$ 上的实值集函数. 若它满足如下三个公理, 则称 $P(\cdot)$ 为事件域 $\mathscr{F}$ 上的概率 (测度).

(1) (非负性) 对每一 $A \in \mathscr{F}$, 有 $0 \leqslant P(A) \leqslant 1$;

(2) (规范性) $P(\Omega) = 1$;

(3) (可数可加性) 对可数无穷多个 $A_i \in \mathscr{F}, i = 1, 2, \cdots, A_i \cap A_j = \varnothing, i \neq j$, 有

$$P\left(\bigcup_{i=1}^{\infty} A_i\right) = \sum_{i=1}^{\infty} P(A_i).$$

其中 $P(A)$ 就称为事件 A 的概率.

定义 1.4.3　设 Ω 是一样本空间, $\mathscr{F}$ 为 Ω 中的一些子集构成的 σ 域, P 为 $\mathscr{F}$ 上的概率, 则三元体 $(\Omega, \mathscr{F}, P)$ 称为概率空间 (probability space).

概率的公理化定义 1.4.2 没有告诉人们如何去确定概率. 古典概率、统计概率、几何概率都是在一定的场合下, 确定概率的方法, 定理 1.3.1、定理 1.3.2、定理 1.3.3 说明它们都满足公理化定义, 都是概率. 可见概率的公理化定义刻画了概率的数学本质. 若在事件域 $\mathscr{F}$ 上给出一个函数, 且该函数满足三条公理, 就称为概率; 否则, 就不能称为概率.

例 1.4.1　设 $\Omega = \{\omega_1, \omega_2, \cdots, \omega_n\}$ 为一有限集, $\mathscr{F}$ 为 Ω 的幂集. $\mathscr{F}$ 中共有 2^n 个元素, 容易验证 $\mathscr{F}$ 满足定义 1.4.1 中的三个条件 (注意, 这时 Ω 中不可能有可数多个非空的互不相交的子集), 因而 $\mathscr{F}$ 是 σ 代数. 对于任意的 $A \in \mathscr{F}$, 定义

$$P(A) = \frac{k}{n}.$$

其中 k 是 A 中含有样本点的个数, 依定理 1.3.1 可见 $P(\cdot)$ 满足定义 1.4.2 的三个条件, 因而 $(\Omega, \mathscr{F}, P)$ 是一概率空间, 这正是古典概型的概率空间. □

例 1.4.2　设 $\Omega = [a, b]$ 为一有限区间, $\mathscr{F}$ 由 Ω 中一切勒贝格 (Lebesgue) 可测子集构成, 则 $\mathscr{F}$ 是一 σ 代数. 对任意的 $A \in \mathscr{F}$, 定义

$$P(A) = \frac{L(A)}{L(\Omega)}.$$

其中 $L(A)$ 表示 A 的勒贝格测度, 则 $(\Omega, \mathscr{F}, P)$ 是一概率空间. 这正是几何型随机试验的概率空间. □

关于概率空间的概念, 我们再做一点解释. 前面已经指出, 事件可理解为样本空间 Ω 的子集, 反过来 Ω 的一子集 A 是否是一事件, 完全取决于 A 是否属于 $\mathscr{F}$. $\mathscr{F}$ 并不要求包括 Ω 的所有子集, 只要对一些运算封闭即可 (满足定义 1.4.1 中的三个条件). 那么在实际问题中,

应该如何选择 $\mathscr{F}$? 这取决于问题的特殊性, 必须具体问题具体分析. 一般而言, 当 Ω 中含有有限个点或可数个点时, 常将 $\mathscr{F}$ 取为 Ω 的幂集.

1.4.2 概率的性质

概率的公理化定义只要求概率满足三条公理, 从这三条出发, 还可以推出概率的很多性质. 设 $(\Omega, \mathscr{F}, P)$ 为概率空间, 则概率有如下性质.

定理 1.4.2 $P(\varnothing) = 0$.

证 因为 $\varnothing = \varnothing \cup \varnothing \cup \cdots$, 由概率的可数可加性得

$$P(\varnothing) = P(\varnothing) + P(\varnothing) + \cdots,$$

因而 $P(\varnothing) = 0$. □

这一性质说明不可能事件的概率为零, 但逆命题是否成立, 请读者考虑.

定理 1.4.3 若 $A_i \in \mathscr{F}, i = 1, 2, \cdots, n$. 且 $A_i \cap A_j = \varnothing, i \neq j$, 则

$$P\left(\bigcup_{i=1}^{n} A_i\right) = \sum_{i=1}^{n} P(A_i).$$

证 由定义 1.4.2 之 (3), 令 $A_{n+1} = A_{n+2} = \cdots = \varnothing$, 考虑到 $P(\varnothing) = 0$, 即可. □

这一性质表明, 由概率的可数可加性可以推得概率的有限可加性, 但逆命题不真.

推论 1.4.4 对任一事件 A, 有 $P(A^c) = 1 - P(A)$.

推论 1.4.5 (单调性) 若 $A \subseteq B$, 则 $P(B - A) = P(B) - P(A), P(A) \leqslant P(B)$.

定理 1.4.6 对任意的 $A_1, A_2 \in \mathscr{F}$, 有

$$P(A_1 \cup A_2) = P(A_1) + P(A_2) - P(A_1 A_2). \tag{1.4.1}$$

证 因为 $A_1 \cup A_2 = A_1 \cup (A_1^c A_2)$ 且 $A_1 \cap (A_1^c A_2) = \varnothing$, 故

$$P(A_1 \cup A_2) = P(A_1) + P(A_1^c A_2) = P(A_1) + P(A_2) - P(A_1 A_2). \quad □$$

定理 1.4.7 设 $A_i \in \mathscr{F}, i = 1, 2, \cdots, n$. 则

$$P\left(\bigcup_{i=1}^{n} A_i\right) = S_1 - S_2 + S_3 - S_4 + \cdots + (-1)^{n+1} S_n.$$

其中

$$S_1 = \sum_{i=1}^{n} P(A_i),$$

$$S_2 = \sum_{1 \leqslant i < j \leqslant n} P(A_i A_j),$$

$$S_3 = \sum_{1 \leqslant i < j < k \leqslant n} P(A_i A_j A_k),$$

$$\vdots$$

$$S_n = P(A_1 A_2 \cdots A_n).$$

此定理可用数学归纳法证之. 通常称为概率的一般加法公式, 或形象地称为"多除少补原理".

推论 1.4.8(次可加性)　设 $A_i \in \mathscr{F}$, $i = 1, 2, \cdots, n$. 则

$$P\left(\bigcup_{i=1}^{n} A_i\right) \leqslant \sum_{i=1}^{n} P(A_i).$$

定理 1.4.9(概率的连续性)　设 $A_n \in \mathscr{F}, A_n \supseteq A_{n+1}, n = 1, 2, \cdots$, 令 $A = \bigcap_{n=1}^{\infty} A_n$, 则有

$$P(A) = \lim_{n \to \infty} P(A_n).$$

证　由假设, 可知

$$A_n = \left[\bigcup_{k=n}^{\infty} (A_k - A_{k+1})\right] \cup A.$$

而 $A_k - A_{k+1}, k = n, n+1, \cdots$, 以及 A 互不相容, 由可数可加性

$$P(A_n) = \sum_{k=n}^{\infty} P(A_k - A_{k+1}) + P(A). \tag{1.4.2}$$

由此 $\sum_{k=1}^{\infty} P(A_k - A_{k+1}) = P(A_1) - P(A) \leqslant 1$. 因而式 (1.4.2) 右端第一项是收敛级数的尾项, 从而

$$\lim_{n \to \infty} \sum_{k=n}^{\infty} P(A_k - A_{k+1}) = 0. \tag{1.4.3}$$

故式 (1.4.2) 两端取极限得

$$\lim_{n \to \infty} P(A_n) = P(A). \qquad \square$$

推论 1.4.10　设 $A_n \in \mathscr{F}, A_n \subseteq A_{n+1}, n = 1, 2, \cdots$, 令 $A = \bigcup_{n=1}^{\infty} A_n$, 则

$$P(A) = \lim_{n \to \infty} P(A_n).$$

证　对 $\{A_n^c\}$ 利用定理 1.4.9 即得本推论. $\qquad \square$

前面已经指出, 概率的可数可加性能推出有限可加性, 反之不真. 然而, 我们还有下面的性质.

定理 1.4.11　设 P 为 σ 域 $\mathscr{F}$ 上的非负实值集函数, $P(\Omega) = 1$. 则 $P(\cdot)$ 为可数可加的充要条件是

(1) $P(\cdot)$ 是有限可加的;

(2) $P(\cdot)$ 是连续的 (即满足定理 1.4.9 的结论).

证　必要性由定理 1.4.3 和定理 1.4.9 立即可得, 下证充分性.

设 $A_i \in \mathscr{F}, i = 1, 2, \cdots$, 且 $A_i A_j = \varnothing, i \neq j$. 令

$$A = \bigcup_{i=1}^{\infty} A_i, \quad B_n = \bigcup_{i=1}^{n} A_i, \quad C_n = A - B_n.$$

要证 $P(A) = \sum_{i=1}^{\infty} P(A_i)$.

容易看出: $A \supseteq B_n, C_1 \supseteq C_2 \supseteq \cdots$, 且 $\bigcap_{n=1}^{\infty} C_n = \varnothing$ (否则将与 $A_1, A_2, A_3, \cdots$ 互不相容矛盾). 由定理条件, 有

$$P(A) - P(B_n) = P(A) - \sum_{i=1}^{n} P(A_i) = P(C_n) \to 0, \quad n \to \infty. \qquad \square$$

例 1.4.3 某人抛掷一枚均匀的硬币 $2n+1$ 次, 求他掷出的正面多于反面的概率.

解 以 E 表示掷出的正面多于反面的事件, 由于共抛掷奇数次, 所以 E^c 就是掷出的反面多于正面的事件, 由于硬币是均匀的, 所以 $P(E) = P(E^c)$, 故有

$$2P(E) = P(E) + P(E^c) = P(\Omega) = 1, \quad P(E) = 1/2.$$

虽然这是一个古典概型问题, 但是事件 E 与其对立事件 E^c 的对称性, 却可以避免计算样本点个数. 这种考察对立事件的解题方法, 是概率论中经常采用的. $\qquad \square$

例 1.4.4 $2n$ 个同学来自 n 个不同班级, 每班两人. 现让他们随机地坐成一排, 试求有同班二人不相邻的概率.

解 以 E 表示有同班二人不相邻的事件. 显然 Ω 就是 $2n$ 个同学的一切排列的集合, 所以基本事件总数为 $(2n)!$. 但是 E 的有利事件数不易直接求得, 因为其中的情形比较复杂, 需要分别考虑有几个班的两个人不相邻, 还需考虑两个人相距多远, 等等. 但是对立事件 E^c 表示各班二人都相邻, 容易知道 E^c 的有利事件数为 $2^n n!$, 因此就有

$$P(E^c) = \frac{2^n n!}{(2n)!} = \frac{1}{(2n-1)!!}.$$

再利用概率的性质, 即得

$$P(E) = 1 - P(E^c) = 1 - \frac{1}{(2n-1)!!}. \qquad \square$$

例 1.4.5 考虑一个群体, 它由能产生同类后代的个体构成. A_n 表示该群体在第 n 代灭绝, 即第 n 代个体数为零. 显然 $A_n \subseteq A_{n+1}$, 因而由概率的连续性有

$$\lim_{n \to \infty} P(A_n) = P\left(\lim_{n \to \infty} A_n\right) = P\left(\bigcup_{n=1}^{\infty} A_n\right) = P(群体迟早灭绝).$$

即第 n 代没有个体的极限概率等于此群体最终灭绝的概率. $\qquad \square$

习 题 1.4

1 设事件 A, B, C 满足: $P(A) = P(B) = P(C) = 1/4$, $P(AB) = P(BC) = 0$, $P(AC) = 1/8$. 求事件 A, B, C 至少有一个发生的概率.

2 已知 A, B 两个事件满足条件 $P(A) = 1/2$.

(1) 若 A,B 互不相容, 求 $P(AB^c)$;　　(2) 若 $P(AB)=1/8$, 求 $P(AB^c)$.

3　验证两个事件 A,B 恰好有一个事件发生的概率为 $P(A)+P(B)-2P(AB)$.

4　已知 A,B 两个事件满足条件 $P(AB)=P(A^cB^c)$, 且 $P(A)=p$, 求 $P(B)$.

5　设随机事件 A、B 及 $A\cup B$ 的概率分别是 $0.4, 0.3$ 与 0.6. 问差事件 $A-B$ 的概率是多少?

6　设 A,B 为两个事件, 且 $P(A)=0.7$, $P(A-B)=0.3$, 求 $P((AB)^c)$.

7　设 A 与 B 是任意两个事件, 证明:

(1) $P(A\cup B)P(AB)\leqslant P(A)P(B)$;　　(2) $P(AB)\leqslant \dfrac{1}{2}[P(A)+P(B)]$.

8　设随机事件 A,B 互不相容, 已知 $P(A)=p$, $P(B)=q$. 试求 $P(A\cup B)$, $P(A^c\cup B)$, $P(A^c\cap B)$, $P(A\cap B)$, $P(A^c\cap B^c)$.

9　在 $1,2,\cdots,100$ 共 100 个数中任取一数, 问:

(1) 它既能被 2 整除又能被 5 整除的概率是多少?

(2) 它能被 2 整除或能被 5 整除的概率是多少?

1.5　条 件 概 率

1.5.1　条件概率的定义和性质

在实际问题中, 除了要知道事件 A 的概率 $P(A)$, 有时还需要知道在 "事件 B 发生" 的条件下, 事件 A 发生的概率, 这种概率称为条件概率 (conditional probability), 记为 $P(A\,|\,B)$ 或 $P_B(A)$, 读作 "在条件 B 下, 事件 A 的条件概率". 一般来说 $P(A)$ 与 $P(A\,|\,B)$ 不同.

条件概率是概率论中最重要的概念之一, 其重要性表现在两个方面. 一方面, 我们在计算某些事件的概率时, 同时具有某些关于该事件的附加信息, 此时概率应该是条件概率. 另一方面, 即使事件没有附加信息, 也可以利用条件概率的方法计算某些事件的概率, 而这种方法可以使计算变得简单.

在一般情形应如何定义 $P(A\,|\,B)$? 下面我们先讨论一个例子.

假定同时掷两枚骰子得到的 36 个结果是等可能的, 其概率均为 $1/36$. A 表示两枚骰子点数之和为 6, B 表示第一枚骰子为 4. 如果已知 B 发生了, 在这个信息已知的条件下, A 发生的概率是多少?

为了计算这个概率, 我们有如下推理: 已知第一枚骰子是 4, 我们的试验至多能出现 6 个结果, 即 $(4,1),(4,2),(4,3),(4,4),(4,5),(4,6)$, 且每一个结果发生的概率相同. 在这个条件下 A 发生就意味着只能出现 $(4,2)$ 这一个结果, 就是说, 已知第一枚骰子是 4, 则两枚骰子点数之和为 6 的 (条件) 概率是 $1/6$. 这个概率就是在条件 B 下, 事件 A 的条件概率 $P(A\,|\,B)$.

对于一般事件 A,B, 条件概率 $P(A\,|\,B)$ 可做如下理解: 如果事件 B 发生了, 那么为了 A 发生, 实际出现的结果必须是一个既在 A 中又在 B 中的结果, 也就是必须在 AB 中的结果. 现在, 因为已知 B 已经发生, 进而 B 就成为新的样本空间, 因此, 事件 AB 发生的概率就等于 AB 的概率相对于 B 的概率. 这就有如下定义.

定义 1.5.1　设 $(\Omega, \mathscr{F}, P)$ 为一概率空间, $A, B \in \mathscr{F}$, $P(B) > 0$, 称

$$P(A \mid B) = \frac{P(AB)}{P(B)} \tag{1.5.1}$$

为在事件 B 发生的条件下事件 A 的条件概率, 或简称为事件 A 关于事件 B 的条件概率.

定理 1.5.1　设 $(\Omega, \mathscr{F}, P)$ 是一概率空间, $B \in \mathscr{F}$, $P(B) > 0$, 则 $P(A \mid B)$ 作为 A 的实值集函数是 $\mathscr{F}$ 上的概率测度. 即

(1) 对任意的 $A \in \mathscr{F}$, 有 $0 \leqslant P(A \mid B) \leqslant 1$;

(2) $P(\Omega \mid B) = 1$;

(3) (可数可加性)　对任意可数个 $A_i \in \mathscr{F}, i = 1, 2, \cdots$, 若 $A_i A_j = \varnothing, i \neq j$, 则

$$P\left(\bigcup_{i=1}^{\infty} A_i \,\Big|\, B\right) = \sum_{i=1}^{\infty} P(A_i \mid B).$$

证　(1) 由 $A \cap B \subseteq B$ 知 $P(A \cap B) \leqslant P(B)$, 故 $0 \leqslant P(A \mid B) \leqslant 1$.

(2) $P(\Omega \mid B) = \dfrac{P(\Omega B)}{P(B)} = \dfrac{P(B)}{P(B)} = 1$.

(3) 由于 $\left(\bigcup_{i=1}^{\infty} A_i\right) \cap B = \bigcup_{i=1}^{\infty}(A_i B)$, 且 $i \neq k$ 时, $\varnothing \subseteq (A_i B) \cap (A_k B) \subseteq A_i \cap A_k = \varnothing$. 因而

$$P\left(\bigcup_{i=1}^{\infty} A_i \,\Big|\, B\right) = \frac{P\left(\left(\bigcup_{i=1}^{\infty} A_i\right)B\right)}{P(B)} = \frac{P\left(\bigcup_{i=1}^{\infty}(A_i B)\right)}{P(B)}$$

$$= \sum_{i=1}^{\infty} \frac{P(A_i B)}{P(B)} = \sum_{i=1}^{\infty} P(A_i \mid B). \qquad \square$$

若 $P(B) > 0$, 且用 P_B 表示在"事件 B 发生"的条件下的条件概率, 则定理 1.5.1 说明 $(\Omega, \mathscr{F}, P_B)$ 也是一个概率空间, 称为条件概率空间, 对概率所证明的结果都适用于条件概率. 如后面要讲的全概率公式对应地也有条件全概率公式.

1.5.2　有关条件概率的三个公式

下面给出与条件概率有关的三个基本公式, 即乘法公式、全概率公式和贝叶斯 (Bayes) 公式. 这些公式在概率的计算中起着重要的作用.

1. 乘法公式

由条件概率的定义, 可得

$$\begin{aligned} P(AB) &= P(B)P(A \mid B), \quad P(B) > 0, \\ P(AB) &= P(A)P(B \mid A), \quad P(A) > 0. \end{aligned} \tag{1.5.2}$$

这两个公式均称为概率的乘法公式.

上述乘法公式可推广到任意有限多个事件的情形.

定理 1.5.2　设 $A_1, A_2, \cdots, A_n$ 为 n 个事件, $n \geqslant 2$, 满足 $P(A_1 A_2 \cdots A_{n-1}) > 0$, 则

$$P(A_1 A_2 \cdots A_n) = P(A_1) P(A_2 \,|\, A_1) P(A_3 \,|\, A_1 A_2) \cdots P(A_n \,|\, A_1 A_2 \cdots A_{n-1}). \tag{1.5.3}$$

公式 (1.5.3) 的直观意义是: $A_1, A_2, \cdots, A_n$ 同时发生的概率等于 A_1 发生的概率、A_1 发生的条件下 A_2 发生的条件概率、A_1, A_2 同时发生的条件下 A_3 发生的条件概率、$\cdots$、前面 $n-1$ 个事件 $A_1, A_2, \cdots, A_{n-1}$ 同时发生的条件下 A_n 发生的条件概率, 各项的乘积.

证　由于 $P(A_1) \geqslant P(A_1 A_2) \geqslant \cdots \geqslant P(A_1 A_2 \cdots A_{n-1}) > 0$, 故式 (1.5.3) 右端各项均有意义, 且为

$$P(A_1) \frac{P(A_1 A_2)}{P(A_1)} \frac{P(A_1 A_2 A_3)}{P(A_1 A_2)} \cdots \frac{P(A_1 A_2 \cdots A_n)}{P(A_1 A_2 \cdots A_{n-1})} = P(A_1 A_2 \cdots A_n). \qquad \square$$

例 1.5.1　设盒子里有 $a\,(\geqslant 2)$ 个白球和 b 个黑球, 在其中接连取三次, 每次取一球, 取后不放回, 求三个都是白球的概率.

解　以 A_i 表示"第 i 次取得白球", $i = 1, 2, 3$, 则所求概率为 $P(A_1 A_2 A_3)$. 由乘法公式得

$$P(A_1 A_2 A_3) = P(A_1) P(A_2 \,|\, A_1) P(A_3 \,|\, A_1 A_2) = \frac{a}{a+b} \cdot \frac{a-1}{a+b-1} \cdot \frac{a-2}{a+b-2}. \qquad \square$$

2. 全概率公式

为了求得比较复杂的事件的概率, 往往可以把它分割成若干个互不相容的简单事件之并, 从而计算出所求概率.

定理 1.5.3　设 $\{H_i\}$ 为有限或可数多个互不相容的事件, 且 $\bigcup_i H_i = \Omega$, $P(H_i) > 0$, $i = 1, 2, \cdots$. 则对任一事件 A, 有

$$P(A) = \sum_i P(H_i) P(A \,|\, H_i). \tag{1.5.4}$$

称为**全概率公式** (total probability formula).

证　因为 $\{H_i\}$ 互不相容, 所以 $\{AH_i\}$ 也互不相容. 由于 $A = A\Omega = A(\bigcup_i H_i) = \bigcup_i (AH_i)$, 由概率的可加性并用乘法公式得

$$P(A) = \sum_i P(AH_i) = \sum_i P(H_i) P(A \,|\, H_i). \qquad \square$$

关于全概率公式, 要注意如下几点.

(1) 全概率公式实际上是一种分解式. 事件组 $\{H_i\}$ 构成了样本空间 Ω 的一个划分, 有时也称 $\{H_i\}$ 为一个**完备事件组**, 这个完备事件组可将任一个事件 A 分解为 $\{AH_i\}$ 的并 (图 1.7), 从而得到 $P(A)$ 的分解计算. 因此 $P(A)$ 的计算最后归结为找一个合适的完备事件组的问题.

(2) 全概率公式的直观意义. 某事件 A 发生有各种可能的原因 $\{H_i\}$, 且这些原因两两不能同时发生, $P(A \,|\, H_i)$ 就是原因 H_i 对事件 A 发生可能性的贡献, 事件 A 发生的概率就是各种原因的概率 $P(H_i)$ 与该原因对事件 A 发生可能性的贡献 $P(A \,|\, H_i)$ 的乘积之和. 全概

率公式可用"概率分枝图"直观表示 (图 1.8), 概率 $P(A)$ 等于各分枝上各阶段的概率乘积 $P(H_i)P(A\,|\,H_i)$ 之和.

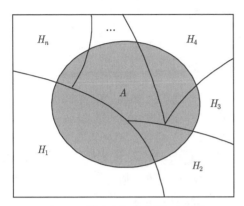

图 1.7 样本空间的划分示意图

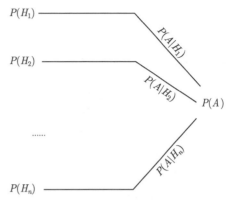

图 1.8 全概率公式概率分枝图

(3) 条件 $\{H_i\}$ 构成了样本空间 Ω 的一个划分, 可改成 $\{H_i\}$ 互不相容, 且 $A \subseteq \bigcup_i H_i$, $P(H_i) > 0$, $i = 1, 2, \cdots$. 定理 1.5.3 仍然成立.

(4) 全概率公式最简单且常用的形式是

$$P(A) = P(B)P(A\,|\,B) + P(B^c)P(A\,|\,B^c), \quad 0 < P(B) < 1.$$

例 1.5.2 设甲盒中有 a 个白球及 b 个黑球, 乙盒中有 c 个白球及 d 个黑球. 自甲盒中任取一球放入乙盒, 然后再从乙盒中任取一球, 试求 $A =$ "从乙盒中取得白球"的概率.

解 设 $H_1\,(H_2)$ 表示"从甲盒中取出的球为白 (黑) 球", 显然 $H_1 \bigcap H_2 = \varnothing$, 且有 $H_1 \bigcup H_2 = \Omega$, 而

$$P(H_1) = \frac{a}{a+b}, \quad P(H_2) = \frac{b}{a+b}, \quad P(A\,|\,H_1) = \frac{c+1}{c+d+1}, \quad P(A\,|\,H_2) = \frac{c}{c+d+1}.$$

因而由全概率公式得

$$P(A) = P(H_1)P(A\,|\,H_1) + P(H_2)P(A\,|\,H_2)$$

$$= \frac{a}{a+b} \cdot \frac{c+1}{c+d+1} + \frac{b}{a+b} \cdot \frac{c}{c+d+1} = \frac{ac+bc+a}{(a+b)(c+d+1)}. \qquad \square$$

例 1.5.3 某工厂有四条流水线生产同一种产品, 该四条流水线的产量分别占总产量的 15%, 20%, 30% 和 35%, 又这四条流水线的次品率分别为 5%, 4%, 3% 和 2%, 现在从该厂产品中任取一件, 问恰好取到次品的概率是多少?

解 设 $H_i =$ "任取一件, 恰好为第 i 条流水线所生产", $i = 1, 2, 3, 4$, $B =$ "任取一件为次品", 则由题意可知

$$P(H_1) = 0.15, \quad P(B\,|\,H_1) = 0.05, \quad P(H_2) = 0.20, \quad P(B\,|\,H_2) = 0.04,$$

$$P(H_3) = 0.30, \quad P(B\,|\,H_3) = 0.03, \quad P(H_4) = 0.35, \quad P(B\,|\,H_4) = 0.02.$$

于是所求为 $P(B) = \sum_{i=1}^{4} P(H_i)P(B\,|\,H_i) = 0.0315.$ $\qquad \square$

3. 贝叶斯公式

定理 1.5.4　设 $\{H_i\}$ 为有限或可数多个互不相容的事件, 且 $\bigcup_i H_i = \Omega$, $P(H_i) > 0$, $i = 1, 2, \cdots$, 则对任一正概率事件 A, 有

$$P(H_m \mid A) = \frac{P(H_m)P(A \mid H_m)}{\sum_i P(H_i)P(A \mid H_i)}. \tag{1.5.5}$$

称为**贝叶斯公式** (Bayes formula).

证　直接利用条件概率公式及全概率公式立即可证.　□

贝叶斯公式从形式上看只不过是对条件概率法则 (1.5.1) 做了一点加工而已, 并没有什么新东西. 公式最早出现在贝叶斯的一篇文章里, 该文章是由贝叶斯的朋友, 人寿保险原理的著名开拓者 Price 在贝叶斯去逝后, 于 1763 年提出发表的. 后来, 尤其是 20 世纪 50 年代以后, 人们发现贝叶斯公式在人工智能、模式识别、决策分析等诸多领域有着多方面的应用.

例 1.5.4(例 1.5.3 续)　如果已经知道抽到的是次品, 问这件产品是由第 1~4 条流水线生产的概率各为多少?

解　依题意, 欲求 $P(H_i \mid B)$, $i = 1, 2, 3, 4$. 由贝叶斯公式

$$P(H_1 \mid B) = \frac{P(H_1)P(B \mid H_1)}{\sum_{i=1}^{4} P(H_i)P(B \mid H_i)} \approx 0.2381.$$

同理可求得: $P(H_2 \mid B) \approx 0.2540$, $P(H_3 \mid B) \approx 0.2857$, $P(H_4 \mid B) \approx 0.2222$.　□

现在结合例 1.5.3 和例 1.5.4, "抽检一次产品"是进行一次试验, 则 H_1, H_2, H_3, H_4 是导致试验结果的"原因", $P(H_i)$ 在试验之前已经知道, 一般理解为以往经验的总结, 称为**先验概率** (prior probability). 现在若试验产生了事件 B, 这个信息将有助于探讨事件发生的"原因". 而 $P(H_i \mid B)$ 反映了试验之后对各种"原因"发生的可能性大小的新的认识, 称为**后验概率** (posterior probability). 而正是后验概率为我们决策提供了依据.

例 1.5.5　在数字通信中, 由于存在着随机干扰, 因此接收到的信号与发出的信号可能不符. 为了确定发出的信号, 通常计算各种概率. 下面只讨论一种比较简单的模型: 二进信道.

若发报机以 0.7 和 0.3 的概率发出信号 0 和 1, 由于随机干扰, 当发出信号 0 时, 接收机以概率 0.8 和 0.2 收到信号 0 和 1; 当发报机发出信号 1 时, 接收机以概率 0.9 和 0.1 收到信号 1 和 0. 试求"当接收机收到信号 0 时, 发报机发出的是信号 0"的概率.

解　设 $A_i = $ "发报机发出信号 i", $i = 0, 1$, $B = $ "接收机接到信号 0", 我们要求的是 $P(A_0 \mid B)$. 由题设可知 $P(A_0) = 0.7$, $P(A_1) = 0.3$, $P(B \mid A_0) = 0.8$, $P(B \mid A_1) = 0.1$. 用贝叶斯公式

$$P(A_0 \mid B) = \frac{P(A_0)P(B \mid A_0)}{P(A_0)P(B \mid A_0) + P(A_1)P(B \mid A_1)} = \frac{0.7 \times 0.8}{0.7 \times 0.8 + 0.3 \times 0.1} \approx 0.949.　□$$

例 1.5.6　假设用血清甲胎蛋白法诊断肝癌, 用 C 表示"被检验者患肝癌", A 表示"甲胎蛋白检验结果为阳性". 又设在人群中 $P(C) = 0.0004$, 而 $P(A \mid C) = 0.95$, $P(A^c \mid C^c) = 0.90$. 现在假设在普查中查出某人甲胎蛋白检验结果为阳性, 求此人确实患有肝癌的概率 $P(C \mid A)$.

解 由贝叶斯公式

$$P(C\,|\,A) = \frac{P(C)P(A\,|\,C)}{P(C)P(A\,|\,C) + P(C^c)P(A\,|\,C^c)}$$
$$= \frac{0.0004 \times 0.95}{0.0004 \times 0.95 + 0.9996 \times 0.1} \approx 0.0038.$$

由此可知, 虽然检验法比较可靠, 这从 $P(A\,|\,C) = 0.95$, $P(A^c\,|\,C^c) = 0.90$ 可以看出, 但被诊断为肝癌的人确实患有肝癌的可能性并不大. 这一结果是耐人寻味的, 事实上, 从上述计算过程不难找到解释. 关键是 $P(C) = 0.0004$ 太小, 从而导致 $P(C\,|\,A)$ 很小. 这至少说明了两点, 第一是在实际工作中, 不能将甲胎蛋白检验法用于普查肝癌, 只有当医生怀疑某个对象有可能患肝癌时, 才用甲胎蛋白检验法检验, 这时在被怀疑的对象中, 肝癌的发病率 $P(C)$ 已经不小了, 如 $P(C) = 0.5$, 这时可算得 $P(C\,|\,A) \approx 0.905$. 第二是在实际工作中, 很少用一种方法诊断某人患有某种疾病, 通常都是用多种方法检验. □

习　题　1.5

1　由长期统计资料得知, 某一地区在四月下雨 (记作事件 A) 的概率是 4/15, 刮风 (用 B 表示) 的概率是 7/15, 既刮风又下雨的概率是 1/10. 求: $P(A\,|\,B)$, $P(B\,|\,A)$, $P(A \cup B)$.

2　已知 $P(A^c) = 0.3$, $P(B) = 0.4$, $P(AB^c) = 0.5$, 求条件概率 $P(B\,|\,A \cup B)$.

3　已知 $P(A) = 1/4$, $P(B\,|\,A) = 1/3$, $P(A\,|\,B) = 1/2$, 求 $P(A \cup B)$.

4　设 A, B, C 都是事件, 试证:

(1) 如果 $P(A\,|\,B) > P(A)$, 则 $P(B\,|\,A) > P(B)$;

(2) 如果 $P(A) > 0$, 则 $P(AB\,|\,A) \geqslant P(AB\,|\,A \cup B)$;

(3) 如果 $P(A\,|\,B) = 1$, 则 $P(B^c\,|\,A^c) = 1$;

(4) 如果 $P(A\,|\,C) \geqslant P(B\,|\,C)$, $P(A\,|\,C^c) \geqslant P(B\,|\,C^c)$, 则 $P(A) \geqslant P(B)$.

5　设 A, B, C 是随机事件, A 与 C 互不相容, $P(AB) = \dfrac{1}{2}$, $P(C) = \dfrac{1}{3}$, 求 $P(AB\,|\,C^c)$.

6　当 $P(A) = a$, $P(B) = b > 0$ 时, 证明

$$P(A\,|\,B) \geqslant \frac{a+b-1}{b}.$$

7　有朋友自远方来访, 他乘火车、乘船、乘汽车、乘飞机的概率分别为 3/10, 1/5, 1/10, 2/5, 如果他乘火车、乘船、乘汽车, 那么迟到的概率分别为 1/4, 1/3, 1/12; 如果乘飞机便不会迟到. 求:

(1) 他迟到的概率为多少?　(2) 若他迟到了, 问他乘火车的概率是多少?

8　盒中装有 12 个羽毛球, 其中有 9 个是新的, 第一次从中任取 3 个来用, 比赛后仍然放回盒中. 第二次比赛时再从盒中任取 3 个, 已知第二次取出的球都是新球, 求第一次取到的都是新球的概率.

9　袋中有 50 个乒乓球, 其中 20 个是黄球, 30 个是白球, 今有两人随机地从袋中各取一球, 取后不放回, 求第二个人取得黄球的概率.

10　卜里耶 (Pólya) 概型: 有些人把这个问题当作传染病或地震的模型, 认为某地越爆发越容易爆发. 这个模型如下 (红球代表爆发地震, 黑球代表不爆发): 设口袋里装有 b 个黑

球, r 个红球, 任意取出一个, 然后放回并再放入 c 个与取出的球颜色相同的球, 再向袋中取出一球, 问:

(1) 最初取出的球是黑球, 第二次取出的也是黑球的概率是多少?

(2) 如将上述手续进行 n 次, 取出的正好是 n_1 个黑球, n_2 个红球 $(n_1 + n_2 = n)$ 的概率是多少?

(3) 用数学归纳法证明: 任何一次取得黑球的概率都是 $\dfrac{b}{b+r}$; 任何一次取得红球的概率都是 $\dfrac{r}{b+r}$;

(4) 用数学归纳法证明: 第 m 次与第 n 次 $(m < n)$ 取出都是黑球的概率是

$$\frac{b(b+c)}{(b+r)(b+r+c)}.$$

1.6　事件的独立性

1.6.1　两个事件的独立性

设 A, B 是两个事件, 如果 $P(B) > 0$, 则可由式 (1.5.1) 定义条件概率 $P(A \mid B)$. 一般而言, $P(A) \neq P(A \mid B)$. 直观地, 这表示事件 B 的发生对事件 A 的概率有影响. 如果 $P(A) = P(A \mid B)$, 则可以认为这种影响是不存在的, 这时自然会设想 A 与 B 是相互独立的. 由乘法公式 (1.5.2) 可知, 如果 $P(A) = P(A \mid B)$, 就有 $P(AB) = P(A)P(B)$. 这就引出如下定义.

定义 1.6.1　设 $(\Omega, \mathscr{F}, P)$ 是一概率空间, 若事件 A 与 B 满足

$$P(AB) = P(A) \cdot P(B), \tag{1.6.1}$$

则称事件 A 与 B 相互独立 (mutual independence) [这里不必规定 $P(A) > 0$ 或 $P(B) > 0$].

依此定义, 容易验证必然事件 Ω 和不可能事件 $\varnothing$ 与任何事件是相互独立的. 这一结论在直观上也是自然的, 因为必然事件 Ω 和不可能事件 $\varnothing$ 的发生与否, 不受任何事件是否发生的影响, 也不影响其他事件发生的概率.

此处我们强调一下, 事件的独立性不能跟事件的互不相容性混淆起来, 如果两个正概率事件是互不相容的, 那么它们显然是不独立的 (称为相依的), 因为这时一个事件的发生将排斥另外一个事件的发生. 类似地, 如果正概率事件 A 与 B 是独立的, 则 A 与 B 不可能是互不相容的.

定理 1.6.1　如果事件 A 与 B 相互独立, 那么三对事件 A 与 B^c、A^c 与 B、A^c 与 B^c 也是相互独立的.

证　由 $A = (AB) \cup (AB^c)$ 得

$$P(A) = P(AB) + P(AB^c).$$

如果 $P(AB) = P(A)P(B)$, 则

$$P(AB^c) = P(A) - P(A)P(B) = P(A)[1 - P(B)] = P(A)P(B^c).$$

故 A 与 B^c 相互独立. 同理可证 A^c 与 B、A^c 与 B^c 也是相互独立的. ☐

1.6.2 n 个事件的相互独立性

下面如果不特殊说明, 我们认为所涉及的事件都属于同一概率空间 $(\Omega, \mathscr{F}, P)$. 我们先看三个事件的情形.

定义 1.6.2 对任意三个事件 A, B, C, 如果有

$$P(AB) = P(A)P(B);$$
$$P(BC) = P(B)P(C);$$
$$P(AC) = P(A)P(C);$$
$$P(ABC) = P(A)P(B)P(C)$$

四个等式同时成立, 则称 A, B, C **相互独立**; 如果只是前三个等式成立, 则称 A, B, C **两两独立**.

定义 1.6.3 设 $A_1, A_2, \cdots, A_n$ 是 n 个事件, 我们说这 n 个事件是相互独立的, 如果对任意 $s(1 < s \leqslant n)$, 任意 $i_1, i_2, \cdots, i_s$ $(1 \leqslant i_1 < i_2 < \cdots < i_s \leqslant n)$, 有

$$P(A_{i_1} A_{i_2} \cdots A_{i_s}) = P(A_{i_1}) P(A_{i_2}) \cdots P(A_{i_s}). \tag{1.6.2}$$

请注意式 (1.6.2) 共代表了 $2^n - n - 1$ 个等式. 实际上, 当 $s = 2$ 时, 共有 C_n^2 个等式; 当 $s = 3$ 时, 共有 C_n^3 个等式; $\cdots$; 当 $s = n$ 时, 共有 C_n^n 个等式. 故总共有 $C_n^2 + C_n^3 + \cdots + C_n^n = 2^n - n - 1$ 个等式.

由定义 1.6.3 可以看出, 如果 $A_1, A_2, \cdots, A_n$ 相互独立, 那么其中任意 m 个事件也相互独立 $(m \leqslant n)$. 特别地, 当相互独立时, 必有两两独立 [即在式 (1.6.2) 中仅要求 C_n^2 个等式成立], 但反过来, 由两两独立并不能推出它们相互独立.

例 1.6.1 假设有四个同样的球, 其中三个球上分别标有数字 1, 2, 3, 剩下的一个球上同时标有 1, 2, 3 三个数字. 现在从四个球中任意取出一个, 以 A_i 表示 "在所取得的球上标有数字 i", $i = 1, 2, 3$, 显然

$$P(A_1) = P(A_2) = P(A_3) = \frac{2}{4} = \frac{1}{2}, \quad P(A_1 A_2) = P(A_1 A_3) = P(A_2 A_3) = \frac{1}{4}.$$

由此可见 A_1, A_2, A_3 两两独立, 但由于

$$P(A_1 A_2 A_3) = \frac{1}{4}, \quad P(A_1) P(A_2) P(A_3) = \frac{1}{8},$$

从而 A_1, A_2, A_3 不独立. ☐

对于 n 个事件, 也有类似于定理 1.6.1 的结论. 叙述如下.

定理 1.6.2 假设 n 个事件 $A_1, A_2, \cdots, A_n$ 相互独立. 那么, 如果把其中的任意 $k(1 \leqslant k \leqslant n)$ 个事件相应地换成它们的对立事件, 则所得的 n 个事件仍然相互独立.

依定义 1.6.3 验证事件之间的独立性是比较困难的, 在具体应用中, 人们往往根据问题的具体情况按独立性的实际意义来判断.

1.6.3　事件独立性的应用

事件的独立性可以使得实际问题的计算得到简化, 这是因为若事件独立, 则交事件的概率等于各事件概率的乘积. 下面我们讨论两种重要的情形.

1. 相互独立事件至少发生其一的概率计算

若 $A_1, A_2, \cdots, A_n$ 是 n 个相互独立的事件, 则

$$P(A_1 \cup A_2 \cup \cdots \cup A_n) = 1 - P(A_1^c)P(A_2^c)\cdots P(A_n^c). \tag{1.6.3}$$

这个公式比起非独立场合, 要简便得多, 它常被用到.

例 1.6.2　假设每次射击命中目标的概率为 0.40, 现在完全相同的条件下接连射击 5 次, 试求命中目标的概率 p.

解　记 $A_i =$ "第 i 次击中目标", $i = 1, 2, 3, 4, 5$. 根据题意, 可以认为它们相互独立, 所求概率为 $P(A_1 \cup A_2 \cup \cdots \cup A_5)$. 由式 (1.6.3) 可得

$$p = 1 - P(A_1^c)P(A_2^c)\cdots P(A_5^c) = 1 - 0.6^5 \approx 0.922. \qquad \square$$

2. 在可靠性理论中的应用

一个元件 (如整流二极管), 它能正常工作的概率称为元件可靠性. 元件组成系统, 系统正常工作的概率称为系统可靠性. 可靠性理论就是用于研究元件和系统的可靠性.

如果构成系统的每个元件能否正常工作是相互独立的, 现有 n 个元件, 其可靠性分别为 $r_1, r_2, \cdots, r_n$. 它们连接组成一个**串联系统** (series system), 如图 1.9 所示.

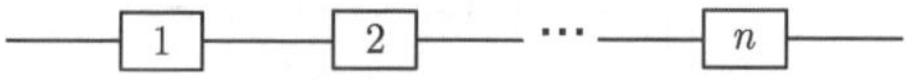

图 1.9　串联系统示意图

系统正常工作当且仅当每个元件同时正常工作. 由独立性可知, 整个系统的可靠性为

$$p = r_1 \times r_2 \times \cdots \times r_n. \tag{1.6.4}$$

如果 n 个元件如图 1.10 所示组成一个**并联系统** (parallel system), 则整个系统能正常工作当且仅当 n 个元件至少有一个能正常工作. 考虑到独立性假设, 由式 (1.6.3) 可知此时系统的可靠性为

$$p = 1 - (1 - r_1) \times (1 - r_2) \times \cdots \times (1 - r_n). \tag{1.6.5}$$

由式 (1.6.4) 和式 (1.6.5) 可以看出, 串联系统的可靠性因元件数的增加而减小, 并联系统的可靠性因元件数的增加而增大. $\qquad \square$

例 1.6.3　如图 1.11 所示的开关电路中, 开关 a, b, c, d 开或关的概率均为 1/2, 且是相互独立的. 求

(1) 灯亮的概率;

(2) 若灯已亮, 求开关 a 与 b 同时闭合的概率.

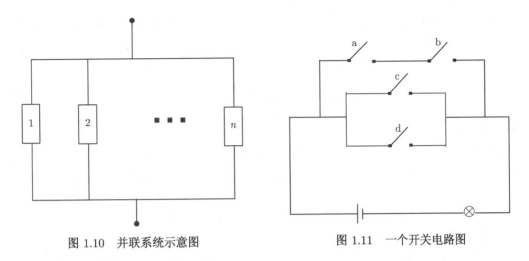

图 1.10 并联系统示意图   图 1.11 一个开关电路图

解 令 A, B, C, D 分别表示开关 a, b, c, d 闭合, E 表示灯亮.

(1) 可以看出 $E = (AB) \cup C \cup D$. 利用一般加法公式并考虑到独立性, 灯亮的概率为

$$
\begin{aligned}
P(E) &= P((AB) \cup C \cup D) \\
&= 1 - P\left([(AB) \cup C \cup D]^c\right) \\
&= 1 - P\left((AB)^c C^c D^c\right) \\
&= 1 - P\left((A^c \cup B^c) C^c D^c\right) \\
&= 1 - P(A^c C^c D^c \cup B^c C^c D^c) \\
&= 1 - P(A^c C^c D^c) - P(B^c C^c D^c) + P(A^c B^c C^c D^c) \\
&= 1 - \left(\frac{1}{2}\right)^3 - \left(\frac{1}{2}\right)^3 + \left(\frac{1}{2}\right)^4 \\
&= \frac{13}{16}.
\end{aligned}
$$

(2) 所求概率为

$$
P(AB \mid E) = \frac{P(ABE)}{P(E)} = \frac{P(AB)P(E \mid AB)}{P(E)} = \frac{P(AB)}{P(E)} = \frac{4}{13}. \qquad \square
$$

1.6.4 独立试验序列概型

在相同的条件下, 将同一试验 E 重复做 n 次, 且这 n 次试验是相互独立的 (注: 试验相互独立是指试验的结果相互独立), 每次试验的结果为有限个. 这样的 n 次试验称为 n 次独立试验 (independent and repeated trial).

特别地, 每次试验只有两种可能的结果: A 和 A^c, 且 $P(A) = p$, $P(A^c) = 1 - p = q$, 其中 $0 < p < 1$. 这样的 n 次独立试验称为 n 次 (重) 伯努利 (Bernoulli) 试验. 例如, 连续 n 次独立射击, 连续抛掷均匀硬币, 有放回随机抽样等都可看作伯努利试验.

伯努利试验是一种非常重要的概率模型, 它是 "在相同条件下进行重复试验或观察" 的一种数学模型. 历史上, 它是概率论中最早研究的模型之一, 也是得到最充分研究的模型之

一, 在理论上有重要意义; 另外, 它有着广泛的实际应用, 如在工业产品质量检查中, 在群体遗传学中.

定理 1.6.3   对于 n 次伯努利试验, 事件 A 恰好出现 k 次的概率为

$$P_n(k) = C_n^k p^k q^{n-k}, \quad k = 0, 1, 2, \cdots, n, \tag{1.6.6}$$

其中 $p = P(A), q = P(A^c) = 1 - p$.

证   首先, 由于试验的独立性, 事件 A 在指定的 k 次试验 (如前 k 次) 中发生, 而在其余的 $n - k$ 次试验中不发生的概率为 $p^k q^{n-k}$. 而这样的 k 次试验共有 C_n^k 种可能. 故 $P_n(k) = C_n^k p^k q^{n-k}$, 并且 $\sum_{k=0}^n P_n(k) = \sum_{k=0}^n C_n^k p^k q^{n-k} = (p + q)^n = 1$. □

由于 $C_n^k p^k q^{n-k}$ 恰好是 $(p + q)^n$ 的二项展开式的第 $k + 1$ 项. 所以常称式 (1.6.6) 为二项概率公式.

R 软件中函数 dbinom() 和 pbinom() 可分别计算二项概率和累积概率的值, 即

$$\mathtt{dbinom(k, n, p)} = C_n^k p^k (1-p)^{n-k}; \quad \mathtt{pbinom(k, n, p)} = \sum_{i=0}^k C_n^i p^i (1-p)^{n-i}.$$

例 1.6.4   袋中有 60 个白球 40 个黑球, 做有放回抽样, 连续取 5 次, 每次取 1 个, 求
(1) 恰好取到 3 个白球, 2 个黑球的概率;
(2) 取到白球个数不大于 3 的概率.

解   不难判断, 此问题属于 5 次伯努利试验.
(1) 所求概率为 $P_5(3) = C_5^3 (0.6)^3 (0.4)^2 = 0.3456$.
(2) 所求概率为

$$
\begin{aligned}
P_5(0) + P_5(1) + P_5(2) + P_5(3) &= 1 - P_5(4) - P_5(5) \\
&= 1 - C_5^4 (0.6)^4 (0.4)^1 - C_5^5 (0.6)^5 \\
&= 0.66304.
\end{aligned}
$$
□

例 1.6.5   对某种药物的疗效进行研究, 假设此药物对某种疾病的治愈率为 0.8 . 现在 10 名此病患者同时服用此药, 求其中至少有 6 人治愈的概率 p.

解   记 A = "患者服用该药后治愈", 按题意 $P(A) = 0.8, P(A^c) = 0.2$. 10 名患者服用此药, 可看作 $n = 10$ 的伯努利概型. 因而所求概率为

$$
\begin{aligned}
p &= P_{10}(6) + P_{10}(7) + \cdots + P_{10}(10) \\
&= C_{10}^6 (0.8)^6 (0.2)^4 + C_{10}^7 (0.8)^7 (0.2)^3 + \cdots + C_{10}^{10} (0.8)^{10} \\
&= 0.9672.
\end{aligned}
$$

此结果表明, 如果治愈率确实为 0.8, 则在 10 名患者服用此药后治愈人数少于 6 人这一事件出现的概率是很小的 (0.0328). 利用这一结果, 若在一实际服用此药的试验中, 10 个患者治愈了不到 6 人, 则我们就有理由对 "治愈率为 0.8" 表示怀疑, 而趋向于认为治愈率小于 0.8.

□

例 1.6.6 设在 n 次伯努利试验中, 事件 A 发生的概率为 p, 即 $P(A) = p$, 则 "在 n 次伯努利试验中 A 至少出现一次" 这一事件的概率为

$$p_n = \sum_{k=1}^{n} P_n(k) = 1 - (1-p)^n.$$

不难看出, 只要 $0 < p < 1$, 总有 $\lim\limits_{n\to\infty} p_n = 1$. □

现在设想 p 很小, 如 $p = 0.001$, 此时我们称 A 为小概率事件. 上述结果表明只要试验次数 n 足够大, 那么 A 至少出现一次的概率将接近 1, 换言之, 小概率事件迟早会出现的概率为 1. 这说明决不能轻视小概率事件, 尽管在一次试验中它出现的概率很小 (在实际工作中认为不可能发生), 但只要试验次数很大, 而且试验是独立进行的, 那么它总会出现的概率就可以接近 1 (迟早会发生).

习 题 1.6

1 设事件 A 的概率为 $P(A) = 0$, 证明 A 与任意一个事件 B 独立.

2 分别给出事件 A, B 的例子, 使得:

(1) $P(A\,|\,B) > P(A)$;　　　(2) $P(A\,|\,B) = P(A)$;　　　(3) $P(A\,|\,B) < P(A)$.

3 事件 A 的概率是 1/3; 事件 B 的概率是 1/10. 下列命题是否正确? 并解释.

(1) 如果 A 与 B 独立, 则它们互不相容;　　　(2) 如果 A 与 B 互不相容, 则它们独立.

4 证明: 若三个事件 A, B, C 独立, 则 $A\cup B$、AB 及 $A - B$ 都与 C 独立.

5 设 A, B, C 是三个随机事件, 且 A, C 相互独立, B, C 相互独立, 证明 $A\cup B$ 与 C 相互独立的充分必要条件是 $A\cap B$ 与 C 相互独立.

6 设 $0 < P(A) < 1$, 证明事件 A, B 独立的充分必要条件是 $P(B\,|\,A) = P(B\,|\,A^c)$.

7 设事件 A, B 相互独立, $P(B) = 0.5$, $P(A - B) = 0.3$, 求 $P(B - A)$.

8 设两两独立的三事件 A、B 和 C 满足: $ABC = \varnothing$, $P(A) = P(B) = P(C) < 1/2$, 且已知 $P(A\cup B\cup C) = 9/16$, 求 $P(A)$.

9 一个工人看管三台独立工作的机床, 在一个小时内机床不需要工人看管的概率: 第一台等于 0.9, 第二台等于 0.8, 第三台等于 0.7. 求在一个小时内三台机床中最多有一台需要看管的概率.

10 电路由电池 A 和两个并联的电池 B 和 C 串联而成, 设电池 A, B, C 独立工作且损坏的概率分别为 0.3, 0.2, 0.2. 求电路发生断电的概率.

11 设两个相互独立的随机事件 A, B 都不发生的概率为 1/9, A 发生 B 不发生的概率与 B 发生 A 不发生的概率相等, 求 $P(A)$.

12 抛掷五枚硬币, 已知至少出现两个正面. 问出现三个正面的概率是多少?

13 设随机事件 A, B, C 相互独立, 且 $P(A) = P(B) = P(C) = 1/2$, 求 $P(AC\,|\,A\cup B)$.

14 设随机事件 A 与 B 相互独立, A 与 C 相互独立, 且 $BC = \varnothing$, $P(A) = P(B) = 1/2$, $P(AC\,|\,AB\cup C) = 1/4$, 求 $P(C)$.

15 三人独立地破译一个密码, 他们能译出的概率分别为 1/5, 1/3, 1/4. 问能将此密码译出的概率是多少?

16 掷四次骰子, A 表示至少有一次出现幺点; 一对骰子掷 24 次, B 表示至少有一次出现双幺点. 问 A、B 发生的概率哪个大一些?

17 金工车间有 10 台同类型的机床, 每台机床配备的电动机功率为 10kW, 已知每台机床工作时, 平均每小时实际开动 12 分钟, 且开动与否是相互独立的. 现因当地电力紧张, 供电部门只提供 50kW 的电力给这 10 台机床, 问这 10 台机床能够正常工作的概率为多大?

18 一枚硬币抛 10 次. 求在前 5 次中恰好出现 2 次正面, 后 5 次中恰好出现 4 次正面的概率.

19 一枚硬币抛 100 次, 求正面出现次数大于背面出现次数的概率.

20 进行独立重复试验, 每次试验为掷两枚均匀的骰子, 并记录两枚骰子点数之和. 问"和为 5"出现在"和为 7"之前的概率是多少?

21 设有两门高射炮, 每一门击中飞机的概率都是 0.6. 求同时发射一发炮弹而击中飞机的概率是多少? 又若有一架敌机入侵领空, 欲以 99% 以上的概率击中它, 问至少需要多少门高射炮?

22 在四次伯努利试验中, 事件 A 至少发生一次的概率为 0.59. 试问在一次试验中 A 发生的概率是多少?

23 某仪器有三个灯泡, 烧坏第一, 第二, 第三个灯泡的概率相应地为 0.1, 0.2, 0.3, 并且相互独立. 当烧坏一个灯泡时, 仪器发生故障的概率为 0.25, 当烧坏两个灯泡时, 仪器发生故障的概率为 0.60, 当烧坏三个灯泡时, 仪器发生故障的概率为 0.90. 求仪器发生故障的概率.

24 设某昆虫产 k 个卵的概率为 $p_k = \dfrac{\lambda^k}{k!}\mathrm{e}^{-\lambda}$, 又设一个虫卵能孵化为昆虫的概率等于 p. 若虫的孵化是独立的, 问此昆虫的下一代有 m 条的概率是多少?

25 对飞机进行三次独立射击, 第一次射击的命中率为 0.4, 第二次为 0.5, 第三次为 0.7, 飞机被击中一次而被击落的概率为 0.2, 被击中二次而被击落的概率为 0.6, 若被击中三次必然被击落, 求射击三次而击落飞机的概率.

26 两人轮流投掷骰子, 每人每次投掷两颗, 第一个点数和大于 6 者为胜, 否则轮由另一人投掷. 先投掷人的获胜概率是多少?

27 某人向同一目标独立重复射击, 每次射击命中目标的概率为 $p\,(0 < p < 1)$, 求此人第 4 次射击恰好第 2 次命中目标的概率.

28 在每一次试验中, 事件 A 出现的概率为 p, 试问在 n 次独立试验中 A 出现偶数次的概率是多少?

第 2 章　随机变量及其概率分布

在第 1 章, 我们研究了随机事件及其概率, 在讨论一些具体随机试验的基础上建立了随机试验的数学模型——概率空间. 本章引入概率论的另一个重要概念——随机变量. 随机变量概念的建立是概率论发展进程中的重大事件, 它实现了随机试验和随机事件的数量化, 也使得借助现代数学理论和方法研究概率问题成为可能与现实.

2.1　随机变量与分布函数的概念

2.1.1　随机变量的直观背景及定义

在许多实际问题中, 常常需要考虑定义在基本事件空间 $\Omega = \{\omega\}$ 上的函数.

例 2.1.1　将一枚硬币抛掷三次, 观察出现正面 (H) 和背面 (T) 的情况, 样本空间是

$$\Omega = \{\text{HHH}, \text{HHT}, \text{HTH}, \text{THH}, \text{HTT}, \text{THT}, \text{TTH}, \text{TTT}\}$$

以 X 表示三次投掷得到正面 H 的总数, 那么 X 可以看作定义在 Ω 上的实值函数, 其定义域就是样本空间, 值域是实数集合 $\{0, 1, 2, 3\}$. 即

$$X = X(\omega) = \begin{cases} 3, & \omega = \text{HHH}; \\ 2, & \omega = \text{HHT}, \text{HTH}, \text{THH}; \\ 1, & \omega = \text{HTT}, \text{THT}, \text{TTH}; \\ 0, & \omega = \text{TTT}. \end{cases} \qquad \square$$

例 2.1.2　抛掷两枚骰子, 样本空间为

$$\Omega = \{(i, j) \mid i, j = 1, 2, 3, 4, 5, 6\}.$$

以 Y 表示点数之和, 那么 Y 可以看作定义在 Ω 上的实值函数, 其定义域就是样本空间, 值域是实数集合 $\{2, 3, \cdots, 12\}$. 即

$$Y = Y(\omega) = Y\big((i, j)\big) = i + j, \quad i, j = 1, 2, 3, 4, 5, 6. \qquad \square$$

例 2.1.3　从某群人中任选一人 ω, 测其身长 $Z(\omega)$, 则 Z 是 ω 的实值函数.　　$\square$

这种函数不胜枚举, 如长江的年流量, 某网页在时间区间 $(0, T]$ 内被访问次数, 在相同条件下某车间加工的零件尺寸与规定尺寸之间的偏差等.

一般地, 设 Ω 是某个试验的样本空间. 如对每一 $\omega \in \Omega$, 有一实数 $X(\omega)$ 与之对应, 就可得到定义在 Ω 上的实值函数 $X(\omega)$. 由于试验之前不能预料 ω 的取值, 因而 $X(\omega)$ 的取值具有随机性. 在概率论中, 我们不仅关心 $X(\omega)$ 可以取哪些值, 而且还关心它取这些值的概率.

　　一般而言, 我们希望知道 $\{\omega : X(\omega) \leqslant x\}$ 的概率, 其中 x 是任一实数. 由 1.3 节可知, 概率 P 只对事件域 $\mathscr{F}$ 中集合 (事件) 才有定义, 因而为了求出 $\{\omega : X(\omega) \leqslant x\}$ 的概率, 先决条件是 $\{\omega : X(\omega) \leqslant x\} \in \mathscr{F}$.

　　定义 2.1.1　设 $(\Omega, \mathscr{F}, P)$ 是一概率空间, $X(\omega)$ 是定义在样本空间 Ω 上的实值函数, 如果对任一实数 $x, \{\omega : X(\omega) \leqslant x\}$ 是一事件, 亦即

$$\{\omega : X(\omega) \leqslant x\} \in \mathscr{F}, \tag{2.1.1}$$

则称 $X(\omega)$ 为随机变量 (random variable). 随机变量示意图如图 2.1 所示.

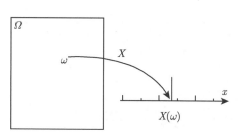

图 2.1　随机变量示意图

　　注 1　随机变量 $X(\omega)$ 是定义在样本空间上的实值函数, 自变量 ω 是试验的结果——随机事件, 这与微积分中的函数不同.

　　注 2　随机变量的概念是对于一个已给的概率空间 $(\Omega, \mathscr{F}, P)$ 而言的, 为方便记, 今后我们不必每次都写出概率空间; 并且将随机变量 $X(\omega)$ 写为 X, 而把 $\{\omega : X(\omega) \leqslant x\}$ 记为 $\{X \leqslant x\}$, 等等. 另外, 由于我们要求 $\{X(\omega) \leqslant x\} \in \mathscr{F}$, 因而 $P(X \leqslant x)$ 总是有意义的.

　　注 3　当事件域为 Ω 的幂集时, 比如, 当 Ω 为有限集或可列集时总是如此构造事件域 $\mathscr{F}$, 由于 Ω 的任一子集都是事件, 故任一实值函数 $X(\omega)$ 都满足式 (2.1.1), 从而是一随机变量.

　　至此, 我们的研究对象主要集中在随机变量. 而对于第 1 章随机事件及其概率, 我们可以将其看作如下特殊随机变量取值的概率.

　　设 A 为任一随机事件, 即 $A \in \mathscr{F}$, 则 A 的**示性函数** (indicator function) 为

$$I_A = \begin{cases} 1, & 若 \ \omega \in A; \\ 0, & 若 \ \omega \in A^c. \end{cases} \tag{2.1.2}$$

容易验证 I_A 满足式 (2.1.1), 因而是一随机变量, 且

$$P(I_A = 1) = P(A), \quad P(I_A = 0) = 1 - P(A). \tag{2.1.3}$$

这说明对事件的研究可纳入随机变量的研究之列.

2.1.2　随机变量的分布函数

　　定义 2.1.2　设 $X(\omega)$ 是一随机变量, 对任一实数 $x \in \mathbb{R}$, 令

$$F(x) = P(X \leqslant x). \tag{2.1.4}$$

称 $F(x)$ 为 X 的**累积分布函数** (cumulative distribution function), 简称为分布函数, 简记为 cdf.

注   尽管一个随机变量 X 的取值不一定充满实数空间, 但是其对应的分布函数的定义域是整个实数集.

如果将 X 看成数轴上一个随机点的坐标, 那么分布函数 $F(x)$ 就表示随机点 X 落入区间 $(-\infty, x]$ 的概率. 对于任意实数 $x_1 < x_2$, X 落入区间 $(x_1, x_2]$ 的概率为

$$P(x_1 < X \leqslant x_2) = F(x_2) - F(x_1). \tag{2.1.5}$$

于是只要知道了随机变量 X 的分布函数, 就可以描述 X 的概率分布了. 在这个意义上说, 分布函数完整地描述了随机变量的统计规律性.

分布函数是一个微积分中的普通函数, 通过它我们就能够用数学分析的方法来研究随机变量. 为此, 我们首先讨论分布函数的基本性质.

定理 2.1.1   设 $F(x)$ 为随机变量 X 的分布函数, 则

(1) $F(x)$ 单调不减;

(2) $F(x)$ 右连续;

(3) $0 \leqslant F(x) \leqslant 1$ 且

$$F(-\infty) = \lim_{x \to -\infty} F(x) = 0, \quad F(+\infty) = \lim_{x \to +\infty} F(x) = 1.$$

证   (1) 设 $x_1 < x_2$. 由 $\{X \leqslant x_1\} \subseteq \{X \leqslant x_2\}$ 得

$$F(x_1) = P(X \leqslant x_1) \leqslant P(X \leqslant x_2) = F(x_2),$$

因而证明了 $F(x)$ 单调不减.

(2) 对任意的 $x \in \mathbb{R}$, 由于 $F(x)$ 的单调性, 要证 $F(x)$ 的右连续性, 只要对某一单调下降的数列 $x_1 > x_2 > \cdots > x_n \to x \ \ (n \to \infty)$, 证明 $\lim\limits_{n \to \infty} F(x_n) = F(x)$ 成立即可.

事实上由式 (2.1.5), 并考虑到概率的可数可加性可知

$$
\begin{aligned}
F(x_1) - F(x) &= P(x < X \leqslant x_1) \\
&= P\left(\bigcup_{k=1}^{\infty} \{x_{k+1} < X \leqslant x_k\} \right) \\
&= \sum_{k=1}^{\infty} P(x_{k+1} < X \leqslant x_k) \\
&= \sum_{k=1}^{\infty} \Big[F(x_k) - F(x_{k+1}) \Big] \\
&= \lim_{n \to \infty} \Big[F(x_1) - F(x_{n+1}) \Big] \\
&= F(x_1) - \lim_{n \to \infty} F(x_{n+1}).
\end{aligned}
$$

由此即得 $F(x) = \lim\limits_{n \to \infty} F(x_{n+1}) = F(x + 0)$.

(3) 由于 $F(x)$ 是随机事件 $\{X \leqslant x\}$ 的概率, 所以 $0 \leqslant F(x) \leqslant 1$. 由 $F(x)$ 的单调性知 $F(-\infty)$ 和 $F(+\infty)$ 都存在, 且

$$F(-\infty) = \lim_{n \to \infty} F(-n), \quad F(+\infty) = \lim_{n \to \infty} F(n)$$

考虑到 $\bigcup_{n=1}^{\infty}\{-n < X \leqslant n\} = \Omega$, 由概率的连续性知

$$1 = P(\Omega) = \lim_{n\to\infty} P(-n < X \leqslant n)$$

$$= \lim_{n\to\infty} F(n) - \lim_{n\to\infty} F(-n) = F(+\infty) - F(-\infty).$$

由此可得 $F(+\infty) = 1$, $F(-\infty) = 0$. □

分布函数的三个性质是基本的, 事实上我们还可以证明, 对任一满足这三个性质的函数 $F(x)$, 必存在某个概率空间上的随机变量 X, 其分布函数为 $F(x)$, 因此满足这三个性质的函数通常都称为分布函数. 例如, 反正切函数 $F(x) = \frac{1}{2} + \frac{1}{\pi}\arctan x$ 在整个数轴上连续、严格单调增, 且 $F(-\infty) = 0$, $F(\infty) = 1$, 故 $F(x)$ 是分布函数.

对于一个随机变量 X, 如果知道了其分布函数 $F(x)$, 则不仅掌握了 $\{X \leqslant x\}$ 的概率, 而且还可以用 $F(x)$ 来表示一些重要的概率:

$$P(X > x) = 1 - F(x); \tag{2.1.6}$$

$$P(X < x) = F(x - 0); \tag{2.1.7}$$

$$P(X = x) = F(x) - F(x - 0); \tag{2.1.8}$$

$$P(X \geqslant x) = 1 - F(x - 0). \tag{2.1.9}$$

由这些基本的表达式出发, 还可以用 $F(x)$ 表达更复杂的事件的概率. 所以 $F(x)$ 全面地描述了随机变量 X 的统计规律.

习 题 2.1

1 设 $F(x)$ 是随机变量 X 的分布函数, 请用 $F(x)$ 表示下列概率.

(1) $P(a < X < b)$; (2) $P(a \leqslant X \leqslant b)$; (3) $P(a \leqslant X < b)$; (4) $P(a < X \leqslant b)$.

2 设随机变量 X 的分布函数为

$$F(x) = \begin{cases} 0, & x < 0; \\ 1/4, & 0 \leqslant x < 1; \\ 1/3, & 1 \leqslant x < 3; \\ 1/2, & 3 \leqslant x < 6; \\ 1, & x \geqslant 6. \end{cases}$$

求 $P(X < 3)$, $P(X \leqslant 3)$, $P(X > 1)$, $P(X \geqslant 1)$.

3 设随机变量 X 的分布函数为

$$F(x) = \begin{cases} 0, & x < 0; \\ 1/2, & 0 \leqslant x < 1; \\ 1 - \mathrm{e}^{-x}, & x \geqslant 1. \end{cases}$$

求 $P(X = 1)$.

4 在区间 $[0,a]$ 上任意投掷一个质点, 用 X 表示这个质点的坐标, 设这个质点落在 $[0,a]$ 中的任意小区间内的概率与这个小区间的长度成正比, 试求 X 的分布函数.

5 设 $F_1(x)$ 和 $F_2(x)$ 都是分布函数, 又 $a>0$, $b>0$ 是两个常数, 且 $a+b=1$. 证明: $F(x)=aF_1(x)+bF_2(x)$ 也是一个分布函数.

6 设随机变量 X 的分布函数 $F(x)=A+B\arctan x$, 求常数 A 和 B.

2.2 离散型随机变量及其概率分布

2.2.1 离散型随机变量的概念及其概率分布列

由 2.1 节可知, 分布函数全面描述了一个随机变量的取值规律, 而满足定理 2.1.1 中三个性质的函数都是分布函数. 本节讨论一类特殊的随机变量, 其分布函数为阶梯函数, 对应随机变量实际上只能取到有限个或可数个值.

定义 2.2.1 如果随机变量 X 只能取到有限个或可数个值, 则称 X 是离散型随机变量 (discrete random variable).

如例 2.1.1 和例 2.1.2 中的 X 和 Y 都是离散型随机变量.

一般地, 设 X 是一离散型随机变量, 其可能取值是 $x_1, x_2, \cdots, x_n, \cdots$. 然而只知道 X 的可能取值是不够的, 还需要知道 X 取各种值的概率, 也就是要知道下列一串概率值:

$$P(X=x_1), \quad P(X=x_2), \quad \cdots, \quad P(X=x_k), \quad \cdots.$$

记 $p_k = P(X=x_k)$, $k=1,2,\cdots$, 我们将数列 $\{p_k, k=1,2,\cdots\}$ 称为随机变量 X 的**概率分布列** (probability distribution series) 或**概率质量函数** (probability mass function), 简称**分布列**. 显然它应满足下面两个关系:

$$\begin{aligned} &p_k \geqslant 0, \ k=1,2,\cdots; \\ &\sum_k p_k = 1. \end{aligned} \tag{2.2.1}$$

对于离散型随机变量, 人们常常习惯地将 X 的可能取值及相应的概率, 列表表示为

X	x_1	x_2	$\cdots$	x_k	$\cdots$
P	p_1	p_2	$\cdots$	p_k	$\cdots$

或者表示为

$$\begin{pmatrix} x_1 & x_2 & \cdots & x_k & \cdots \\ p_1 & p_2 & \cdots & p_k & \cdots \end{pmatrix}$$

它清楚地表示出随机变量 X 的取值的概率分布情况. 下面举例说明分布列与分布函数之间的关系.

例 2.2.1 设 X 为离散型随机变量, 其分布列为

X	0	1	2
P	1/3	1/6	1/2

求 X 的分布函数.

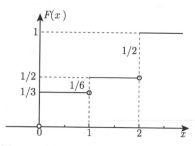

图 2.2　例 2.2.1 的分布函数 (阶梯型)

解　由式 (2.2.2) 可得

$$F(x) = P(X \leqslant x)$$
$$= \begin{cases} 0, & x < 0; \\ 1/3, & 0 \leqslant x < 1; \\ 1/2, & 1 \leqslant x < 2; \\ 1, & x \geqslant 2. \end{cases}$$

其图形如图 2.2 所示.

可见, 有了分布列, 可以通过下式求得分布函数.

$$F(x) = P(X \leqslant x) = \sum_{x_k \leqslant x} P(X = x_k) = \sum_{x_k \leqslant x} p_k. \tag{2.2.2}$$

这时分布函数 $F(x)$ 是一个阶梯函数, 它在每个 x_k 处的跳跃度是 p_k. 另外, 由阶梯型分布函数 $F(x)$ 也可唯一确定 x_k 和 p_k, 因此用分布列和分布函数都能全面描述离散型随机变量, 但分布列更为直观, 也更常用.

对离散型随机变量的分布函数 $F(x)$ 应注意如下几点.

(1) $F(x)$ 是单调不减的阶梯函数;

(2) 其间断点均为右连续点;

(3) 其间断点即为 X 的可能取值点;

(4) 其间断点处函数值跳跃高度是对应的概率值.

2.2.2　常见离散型随机变量及分布列

下面研究一些特殊的离散型随机变量及其概率分布.

1. **两点分布** (two-point distribution)

随机变量 X 称为服从**两点分布**, 如果 X 的分布列为

X	a	b
P	$1-p$	p

其中 p 称为参数, $0 < p < 1$.

特别地, 当 $a = 0$, $b = 1$ 时称 X 服从 0–1 分布, 或称为伯努利分布. 两点分布虽然简单, 但实际中很常见, 如新生儿是男还是女, 明天是否下雨, 种籽是否发芽等. 任何一个只有两种可能结果的试验, 都可以用一个服从两点分布的随机变量来描述.

2. **二项分布** (binomial distribution)

如果随机变量 X 的取值为 $0, 1, 2, \cdots, n$, 且

$$P(X = k) = C_n^k p^k q^{n-k}, \quad k = 0, 1, 2, \cdots n. \tag{2.2.3}$$

其中 $0 < p < 1$, $p + q = 1$, 则称 X 服从参数为 (n, p) 的二项分布, 记作 $X \sim \mathrm{B}(n, p)$. 有时也

称 X 为二项随机变量. 显然由 1.6 节可知, n 次伯努利试验中, 事件 A 出现的次数 X 是二项随机变量.

常记 $b(k;n,p) = C_n^k p^k q^{n-k}$, 其取值如图 2.3 和图 2.4 所示, 且易证其和恒为 1, 即

$$\sum_{k=0}^{n} b(k;n,p) = (p+q)^n = 1.$$

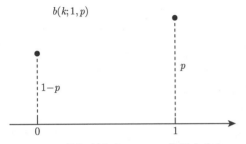

图 2.3 伯努利分布 B$(1,p)$ 的概率分布

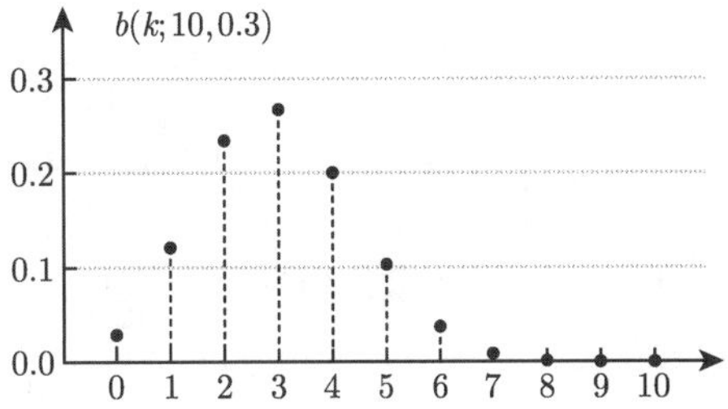

图 2.4 二项分布 B$(10, 0.3)$ 的概率分布

由此可见, 二项概率 $b(k;n,p)$ 恰好是二项式 $(p+q)^n$ 的展开式的第 $k+1$ 项, 这正是其名称的由来.

二项分布是一种常见的离散分布, 有放回抽样问题可用二项分布描述. 比如:

(1) 有放回的抽检 10 个产品, 其中次品的个数 X 服从二项分布 B$(10,p)$, 其中 p 是次品率.

(2) 随机调查 30 个人, 30 个人中是 "惯用左手者" 的人数 X 服从二项分布 B$(30,p)$, 其中 p 是 "惯用左手者率".

(3) 在 n 次伯努利试验中, 事件 A 出现的次数 X 服从二项分布 B(n,p), 其中 p 是 A 的概率.

可见二项分布中的参数 p 通常联系于一个比率, 故称为比率参数.

当 n 较小时, 容易计算二项概率分布. 特别地, 当 $n=1$ 时, 二项分布退化为 0–1 分布 B$(1,p)$. 随着 n 的增大, 二项概率分布的计算会越来越复杂. 附表 1 对于一些特定参数 (n,p) 提供了二项概率值, 也可以运用 Excel 的函数计算 (参见第 10 章), 关于 n 很大时二项概率的近似计算, 可看第 4 章内容.

下面是 R 软件中与二项分布有关的函数.

dbinom: 用于计算二项分布的概率值. 该函数的调用方式为 dbinom(k,n,p), 即

$$\mathrm{dbinom}(k,n,p) = b(k;n,p) = C_n^k p^k (1-p)^{n-k},\ k = 0,1,2,\cdots,n.$$

pbinom: 用于计算二项分布 B(n,p) 的分布函数值. 该函数的调用方式为 pbinom(x,n,p), 即

$$\mathrm{pbinom}(x,n,p) = \sum_{k=0}^{[x]} b(k;n,p) = \sum_{k=0}^{[x]} C_n^k p^k (1-p)^{n-k},\ -\infty < x < \infty.$$

rbinom: 用于生成服从二项分布的随机数. 该函数的调用方式为 rbinom(m,n,p), 其中 m 是生成随机数的个数.

　　R 软件中函数命名的规则是: 分布列 (概率密度函数) 以 d 开头; 分布函数以 p 开头; 随机数函数以 r 开头.

　　例 2.2.2　某种特效药的临床有效率为 0.95, 今有 10 人服用, 问至少有 8 人治愈的概率是多少?

　　解　设 X 是 10 人中被治愈的人数, 则 $X \sim \mathrm{B}(10, 0.95)$, 所求概率为

$$
\begin{aligned}
P(X \geqslant 8) &= P(X = 8) + P(X = 9) + P(X = 10) \\
&= C_{10}^8 0.95^8 0.05^2 + C_{10}^9 0.95^9 0.05 + C_{10}^{10} 0.95^{10} \\
&= 0.0746 + 0.3151 + 0.5988 = 0.9885.
\end{aligned}
$$

10 人有 8 人以上被治愈的概率为 0.9885. 在 R 中运行程序代码 $1 - \mathtt{pbinom}(7, 10, 0.95)$ 得到的结果是 0.9884964.

　　3. **超几何分布** (hypergeometric distribution)

　　我们前面已经知道有放回抽样问题可用二项分布描述, 那么不放回抽样问题如何描述呢? 这就是超几何分布, 它的数学模型可抽象如下.

　　设一堆同类产品共 N 个, 其中有 M 个次品, 现从中任取 n 个 (假设 $n \leqslant N - M$), 则这 n 个中所含的次品数 X 的分布列为

$$
P(X = k) = \frac{C_M^k C_{N-M}^{n-k}}{C_N^n}, \quad k = 0, 1, 2, \cdots, l. \tag{2.2.4}
$$

其中 $l = \min(M, n)$, 我们称这个概率分布为**超几何分布**, 记为 $X \sim \mathrm{HG}(N, M, n)$.

　　可利用组合恒等式, 验证由式 (2.2.4) 确定的 $P(X = k)$ 满足式 (2.2.1).

　　R 软件中 $\mathtt{dhyper}()$ 和 $\mathtt{phyper}()$ 可以分别计算超几何随机变量的分布列和分布函数, 即

$$
\mathtt{dhyper}(k, M, N-M, n) = \frac{C_M^k C_{N-M}^{n-k}}{C_N^n}; \quad \mathtt{phyper}(x, M, N-M, n) = \sum_{i=0}^{[x]} \frac{C_M^i C_{N-M}^{n-i}}{C_N^n}.
$$

　　而直观上, 当 N 很大, 产品中的次品率随 N 的增加而趋向于常数 p 时, 不放回抽样可近似地看作有放回的抽样. 相应地, 超几何分布可以用二项分布近似.

　　事实上, 当 $N \to \infty, \dfrac{M}{N} \to p$ (n, k 不变) 时, 有

$$
\frac{C_M^k C_{N-M}^{n-k}}{C_N^n} \to C_n^k p^k q^{n-k}. \tag{2.2.5}
$$

　　下面我们来证明这个结论.

$$\frac{C_M^k C_{N-M}^{n-k}}{C_N^n} = \frac{M!}{(M-k)!k!} \cdot \frac{(N-M)!}{[N-M-(n-k)]!(n-k)!} \cdot \frac{n!(N-n)!}{N!}$$

$$= \frac{n!}{k!(n-k)!} \cdot \frac{M(M-1)\cdots(M-k+1)}{N^k}$$

$$\cdot \frac{(N-M)(N-M-1)\cdots[N-M-(n-k)+1]}{N^{n-k}}$$

$$\cdot \frac{N^n}{N(N-1)\cdots(N-n+1)}$$

$$\to \frac{n!}{k!(n-k)!} p^k (1-p)^{n-k} = C_n^k p^k q^{n-k}.$$

4. 泊松 (Poisson) 分布

设随机变量 X 的可能取值为非负整数, 且

$$P(X=k) = \frac{\lambda^k}{k!} e^{-\lambda}, \quad k = 0, 1, 2, \cdots, \tag{2.2.6}$$

则称 X 服从参数为 λ 的泊松分布, 其中 $\lambda > 0$ 为参数, 记作 $X \sim \mathrm{P}(\lambda)$. 有时也称 X 为 泊松随机变量.

不难验证由式 (2.2.6) 确定的 $P(X=k)$ 也满足式 (2.2.1).

泊松分布是一类应用广泛的离散型分布, 可以作为单位时间或一定空间内某个事件出现的次数的概率分布.

(1) 在一段时间内, 某一服务设施收到的服务请求的次数、电话交换机接到呼叫的次数、汽车站台的候客人数、机器出现的故障数;

(2) 某湖泊中某种鱼的数量, 一块产品上的缺陷数, 显微镜下单位分区内的细菌分布数, 某区域被炸弹击中的次数.

不难看出, 泊松分布有如下递推公式:

$$P(X=k+1) = \frac{\lambda}{k+1} P(X=k), \quad k = 0, 1, 2, \cdots.$$

对于参数 λ 的常用值, 附表 2 给出了泊松随机变量用 Excel 计算的一些概率值.

下面是 R 软件中与泊松分布有关的几个函数.

dpois: 计算泊松分布的概率值 (分布列), 该函数的调用方法为 $\mathrm{dpois}(k, \lambda)$, 即

$$\mathrm{dpois}(k, \lambda) = \frac{\lambda^k}{k!} e^{-\lambda}, \quad k = 0, 1, 2, \cdots.$$

ppois: 计算泊松分布的分布函数值, 该函数的调用方法为 $\mathrm{ppois}(k, \lambda)$, 即

$$\mathrm{ppois}(x, \lambda) = \sum_{k=0}^{[x]} \frac{\lambda^k}{k!} e^{-\lambda}, \quad -\infty < x < \infty.$$

rpois: 生成服从泊松分布的随机数, 该函数的调用方法为 $\mathrm{rpois}(m, \lambda)$, 其中 m 是生成的随机数的个数.

下面的定理给出了当 n 很大, p 很小时二项分布的一个近似计算公式, 这就是著名的泊松逼近.

定理 2.2.1(泊松定理) 设随机变量 $X_n \sim \mathrm{B}(n, p_n)$, 且当 $n \to \infty$ 时, $np_n \to \lambda > 0$, 则有

$$\lim_{n \to \infty} P(X_n = k) = \frac{\lambda^k}{k!} \mathrm{e}^{-\lambda}, \quad k = 0, 1, 2, \cdots.$$

证 记 $np_n = \lambda_n$, 有

$$
\begin{aligned}
P(X_n = k) &= C_n^k p_n^k (1 - p_n)^{n-k} \\
&= \frac{n(n-1)\cdots(n-k+1)}{k!} \left(\frac{\lambda_n}{n} \right)^k \left(1 - \frac{\lambda_n}{n} \right)^{n-k} \\
&= \frac{\lambda_n^k}{k!} \left(1 - \frac{1}{n} \right) \left(1 - \frac{2}{n} \right) \cdots \left(1 - \frac{k-1}{n} \right) \left(1 - \frac{\lambda_n}{n} \right)^n \left(1 - \frac{\lambda_n}{n} \right)^{-k}.
\end{aligned}
$$

注意到, 对于固定的 k, 当 $n \to \infty$ 时, $\lambda_n \to \lambda$, 且

$$\left(1 - \frac{1}{n} \right) \left(1 - \frac{2}{n} \right) \cdots \left(1 - \frac{k-1}{n} \right) \to 1, \quad \left(1 - \frac{\lambda_n}{n} \right)^n \to \mathrm{e}^{-\lambda}, \quad \left(1 - \frac{\lambda_n}{n} \right)^{-k} \to 1.$$

所以 $\displaystyle\lim_{n \to \infty} P(X_n = k) = \frac{\lambda^k}{k!} \mathrm{e}^{-\lambda}$.   □

泊松定理表明, 对于 $X \sim \mathrm{B}(n, p)$ 来说, 当 n 很大, p 很小时,

$$b(k; n, p) = C_n^k p^k (1 - p)^{n-k} \approx \frac{(np)^k}{k!} \mathrm{e}^{-np}, \quad k = 1, 2, \cdots, n. \tag{2.2.7}$$

例 2.2.3 已知某种疾病的发病率为 0.001, 某单位共有 5000 人. 问该单位患有这种疾病的人数不超过 5 人的概率为多少?

解 设该单位患有这种疾病的人数为 X, 则有 $X \sim \mathrm{B}(5000, 0.001)$, 而我们所求的为

$$P(X \leqslant 5) = \sum_{k=0}^{5} C_{5000}^k 0.001^k 0.999^{5000-k}.$$

这个概率的计算量很大. 由于 n 很大, p 很小, 且 $\lambda = np = 5$. 所以用泊松近似得

$$P(X \leqslant 5) \approx \sum_{k=0}^{5} \frac{5^k}{k!} \mathrm{e}^{-5} \approx 0.616. (见附表 2)$$

利用 R 软件算得. 在 R 中运行程序代码 pbinom(5, 5000, 0.001) 和 ppois(5, 5) 得到的结果都是 0.6159607, 可见两者几乎没有差别. 事实上, 二项分布 $\mathrm{B}(100, 0.04)$ 和泊松分布 $\mathrm{P}(4)$ 之间已经有很好的近似, 表 2.1 给出了两者取值为 0 到 8 的概率值.

表 2.1 二项概率 $\mathrm{B}(100, 0.04)$ 与泊松概率 $\mathrm{P}(4)$ 的比较

X	0	1	2	3	4	5	6	7	8
二项概率	0.017	0.070	0.145	0.197	0.199	0.160	0.105	0.059	0.029
泊松概率	0.018	0.073	0.147	0.195	0.195	0.156	0.104	0.060	0.030

由泊松定理可知, 泊松分布可作为描绘大量试验中稀有事件出现频数 X 的概率分布的数学模型. 在例 2.2.3 中, 可看成做了 5000 次试验, "患病" 这一事件发生的概率为 0.001, 是稀有事件. 设 "患病" 人数为 X, 则 X 近似服从泊松分布, 其参数为 $np = 5$. 从这一角度出发, 我们可以认为许多现象服从泊松分布. 例如, 大量螺钉中不合格品出现的次数; 一页书中印刷错误出现的数目; 数字通信中传输数字时误码的个数等等随机变量, 都近似地服从泊松分布.

理论和实践都说明, 泊松分布还可以作为一类更广泛的随机变量的概率分布的数学模型. 这类随机变量, 就是所谓的 "泊松流", 由于它已超出了我们的讨论范围, 在此不去讨论. 正是由于服从泊松分布的随机变量的广泛存在, 所以泊松分布是一种重要的概率分布, 特别是在排队论和管理科学中, 泊松分布居重要地位.

5. 几何分布 (geometric distribution)

在一个伯努利试验序列中, 每次试验中事件 A 出现的概率为 p, 现在考虑事先不固定试验次数, 试验一直进行到 A 首次出现, 用 X 表示所需的试验次数, 则有

$$P(X = k) = (1 - p)^{k-1} p = q^{k-1} p, \quad k = 1, 2, \cdots. \tag{2.2.8}$$

其中 $q = 1 - p$, 我们称此概率分布为几何分布, 记作 $X \sim \mathrm{G}(p)$.

因为概率式 (2.2.8) 的和组成一个几何级数, 故分布由此而得名. 容易验证由式 (2.2.8) 确定的 $P(X = k)$ 满足式 (2.2.1), 而且 $P(X = k) = q^{k-1} p$ 是 k 的单调递减函数.

例 2.2.4 某血库急需 AB 型血, 需从献血者中获得. 根据经验, 每 100 个献血者中只能获得 2 名身体合格的 AB 型血的人, 今对献血者一个接一个进行检验, 求检验不超过 3 人, 就能找到合格的 AB 型血的概率.

解 用 X 表示第一次找到合格的 AB 型血的人时, 献血者已被化验的人数. 由假设知, 每个献血者是合格的 AB 型血的概率是 $p = 2/100 = 0.02$, 事件 $\{X = k\}$ 等价于 "前面 $k - l$ 个人的血型均不是要求的合格血型, 而第 k 个人的血型正好是合格的 AB 型血", 于是 $X \sim \mathrm{G}(0.02)$, 即 $P(X = k) = 0.98^{k-1} 0.02$, $k = 1, 2, \cdots$. 所求概率为

$$\begin{aligned} P(X \leqslant 3) &= P(X = 1) + P(X = 2) + P(X = 3) \\ &= 0.02 + 0.98 \times 0.02 + 0.98^2 \times 0.02 \approx 0.0588 \end{aligned}$$

可见要在 3 次检验之内找到合格血型, 可能性不大. □

几何分布描述的是伯努利试验中首次 "成功" (A 发生) 时的试验次数, 它有非常广泛的应用背景. 对于服从几何分布的随机变量, 还可以解释为 "寿命" 数据. 例如, 依次进行的射击试验, 首次击中目标试验即停止, 则试验总次数 X 可解释为射击目标的寿命, 服从几何分布. 事实上, 金属软管的寿命为它能承受的脉冲次数, 也服从几何分布.

几何分布概率的计算相对来说比较简单. 可以用 Excel 计算, 也可以自己写程序, 其递推公式非常简单, 读者可自己写出.

R 软件中函数 dgeom()、pgeom() 和 rgeom() 可以分别计算几何随机变量的分布列、分布函数以及产生服从几何分布的随机数. 需要注意的是, 在 R 软件中的几何随机变量表示的

是首次"成功"出现之前的"失败"次数, 即

$$\text{dgeom}(k,p) = (1-p)^k p; \quad \text{pgeom}(x,p) = \sum_{i=0}^{[x]} (1-p)^i p.$$

下面指出几何分布的一条重要性质 —— 无记忆性 (memorylessness).

定理 2.2.2　设 $X \sim \text{G}(p)$, 则对任意的正整数 n 和 m, 有

$$P(X = n+m \mid X > n) = P(X = m). \tag{2.2.9}$$

证　直接由条件概率的定义, 得

$$
\begin{aligned}
P(X = n+m \mid X > n) &= \frac{P(X = n+m, X > n)}{P(X > n)} \\
&= \frac{P(X = n+m)}{P(X > n)} = \frac{pq^{n+m-1}}{\sum_{k=n+1}^{\infty} pq^{k-1}} \\
&= pq^{m-1} = P(X = m). \qquad \square
\end{aligned}
$$

现在解释定理的意义. 事件 "$X > n$" 表示在前 n 次试验中 A 未出现, "$X = n+m$" 表示在接下来的试验中 A 首次出现在第 m 次 (重新计数). 等式 (2.2.9) 表明, 在前 n 次试验中 A 未出现的条件下, A 首次出现在第 m 次 (再做 m 次, 即第 $n+m$ 次) 的条件概率只与 m 有关, 而与前 n 次试验无关, 好像忘记了前 n 次试验的结果, 就像试验重新开始一样. 这种性质称为无记忆性. 可以证明定理 2.2.2 的逆命题也成立, 即在离散型随机变量中只有几何分布才具有无记忆性.

6. 负二项分布 (negative binomial distribution)

考虑伯努利试验序列, 每次成功的概率为 $p, 0 < p < 1$, 试验进行到累计成功 r 次为止. 令 X 表示所需要的试验次数, 则

$$P(X = n) = C_{n-1}^{r-1} p^r (1-p)^{n-r}, \quad n = r, r+1, r+2, \cdots. \tag{2.2.10}$$

我们称此概率分布为负二项分布, 记作 $X \sim \text{NB}(r,p)$.

公式 (2.2.10) 之所以成立, 是因为要使得第 n 次试验时正好是第 r 次成功, 那么前 $n-1$ 次试验中有 $r-1$ 次成功, 且第 n 次试验必然是成功. "前 $n-1$ 次试验中有 $r-1$ 次成功"这一事件的概率为 $C_{n-1}^{r-1} p^{r-1}(1-p)^{n-r}$, 而 "第 n 次试验成功"的概率是 p. 因为这两个事件相互独立, 将两个概率值相乘就得到公式 (2.2.10).

对于负二项分布, 要验证 $P(X = n)$ 满足式 (2.2.1) 不是一件容易的事, 不过若将二项式定理推广到负指数的情形, 则证明十分显然. 有关详细内容可参阅文献 [6].

显然几何分布就是 $r = 1$ 时的负二项分布, 即 $\text{NB}(1,p) = \text{G}(p)$.

R 语言的函数 dnbinom()、pnbinom() 和 rnbinom() 可以分别计算负二项随机变量的分布列和分布函数以及产生服从几何分布的随机数. 与几何分布类似, 在 R 软件中的负二项随机变量表示的是 r 次"成功"出现之前的"失败"次数, 即

$$\text{dnbinom}(n,r,p) = C_{n+r-1}^{r-1} p^r (1-p)^n; \quad \text{pnbinom}(x,r,p) = \sum_{i=0}^{[x]} C_{i+r-1}^{r-1} p^r (1-p)^i.$$

例 2.2.5 考虑伯努利试验序列, 每次成功的概率为 p, 求第 3 次成功发生在 3 次失败之前的概率.

解 设 X 表示第 3 次成功时的试验次数, 则 $X \sim \mathrm{NB}(3,p)$. 而 "第 3 次成功发生在 3 次失败之前" 等价于 "在小于 6 次试验中取得 3 次成功", 所以, 所求概率为

$$
\begin{aligned}
P(X < 6) &= P(X = 3) + P(X = 4) + P(X = 5) \\
&= C_2^2 p^3 (1-p)^0 + C_3^2 p^3 (1-p)^1 + C_4^2 p^3 (1-p)^2 \\
&= p^3 + 3p^3(1-p) + 6p^3(1-p)^2.
\end{aligned}
$$

这个例子就是体育比赛中通常采用的 "5 局 3 胜制" 的概率模型. 甲乙双方对阵 5 局, 若每局甲胜 (成功) 的概率为 p, 则最终 "甲胜" 就是 "第 3 次成功出现在 3 次失败之前", 也就是说 "第 3 次成功出现之前最多有 2 次失败". 对于不同的 p, 下面的 R 语言代码可以算出 "甲胜" 的概率.

```
> p <- seq(0, 1, by = 0.1); PofWin <- pnbrom(2, 3, p)
```
其结果为

表 2.2　5 局 3 胜赛制中最终取胜概率

每局取胜概率 p	0.1	0.2	0.3	0.4	0.5	0.6	0.7	0.8	0.9	1.0
最终取胜概率	0.0086	0.0579	0.1631	0.3174	0.5000	0.6826	0.8369	0.9421	0.9914	1.0000

例 2.2.6 某人随身带着两盒火柴, 一盒放在左边口袋, 另一盒放在右边口袋. 每次他需要火柴时, 都是随机地从两个口袋中任取一盒, 并取出其中一根. 假设开始时两盒中都是 N 根火柴, 问在他第一次发现其中有一个盒子已经空了的时候, 另一盒中恰好有 k 根火柴的概率有多大? $k = 0, 1, 2, \cdots, N$.

解 令 E 表示事件 "某人第一次发现右边口袋的火柴盒已空, 而此时左边口袋的火柴盒里还有 k 根火柴". 现在我们将取到右边口袋看作 "成功", 设 X 表示第 $N+1$ 次成功 (首次发现右边口袋已空) 时的试验次数, 则 $X \sim \mathrm{NB}(N+1, 0.5)$. 因此,

$$
P(E) = P(X = 2N - k + 1) = C_{2N-k}^N \left(\frac{1}{2}\right)^{2N-k+1}.
$$

另外, 还有同样概率的事件是首次发现左边口袋的火柴盒已空, 而此时右边口袋的火柴盒里还有 k 根火柴. 而这两个事件是互不相容的, 因此所求概率为

$$
2P(E) = C_{2N-k}^N \left(\frac{1}{2}\right)^{2N-k}.
$$

在结束本节之前, 我们介绍一种特殊的概率分布.

如果随机变量 X 取 C (常数) 的概率为 1, 即 $P(X = C) = 1$, 则称 X 服从**退化分布** (degenerate distribution) 或**单点分布** (one-point distribution).

尽管服从退化分布的随机变量本质上已经无随机性可言, 但我们仍然将它列入随机变量, 这就像我们将不可能事件和必然事件仍视为随机事件一样, 以便统一处理.

习 题 2.2

1 求下列离散型随机变量 X 的分布列:

(1) 设有产品 100 件, 其中有 5 件次品, 从中随机抽取 20 件, X 表示抽取到的次品数;

(2) 设某射手每次击中目标的概率为 0.8 , 现连续射击 30 次, X 表示击中目标的次数;

(3) 设某射手每次击中目标的概率为 0.8, 现在连续向一目标射击, 直到第一次击中目标, X 表示射击次数;

(4) 将一枚骰子连掷两次, 以 X 表示两次所得点数之和;

(5) 一袋中有 5 个球, 编号为 1 至 5, 从中任取 3 个, X 表示取出的最大号码;

(6) 将一枚硬币连掷 n 次, 以 X 表示 n 次中出现正面的次数;

(7) 抛掷一枚硬币, 直到出现"正面朝上", 以 X 表示抛掷次数;

(8) 在汽车经过的路上有 4 个交叉路口, 设在每个交叉路口碰到红灯的概率为 p 且各路口的红绿灯是相互独立的. 以 X 表示当汽车碰到红灯前, 已通过的交叉路口个数.

2 设随机变量 X 的分布列为: $P(X=k)=k/15, k=1,2,3,4,5$. 求:

(1) $P(X=1$ 或 $X=2)$;   (2) $P(\frac{1}{2} < X \leqslant \frac{5}{2})$;

(3) $P(1 \leqslant X \leqslant 2)$;   (4) X 的分布函数 $F(x)$.

3 设随机变量 X 的分布列为 $P(X=i)=C/3^i, i=1,2,3$. 求常数 C 的值.

4 从 1, 2, 3, 4, 5 五个数中任取三个, 按大小排列记为 $x_1 < x_2 < x_3$, 令 $X=x_2$, 求:

(1) X 的分布函数;   (2) $P(X<2)$ 及 $P(X>4)$.

5 设随机变量 $X \sim B(2,p), Y \sim B(3,p)$, 若 $P(X \geqslant 1)=5/9$, 求 $P(Y \geqslant 1)$.

6 设 $X \sim P(\lambda)$, 且 $P(X=1)=P(X=2)$, 求 $P(X=4)$.

7 设 X 为服从参数为 λ 的泊松分布的随机变量, 求 $P(X$ 为偶数).

8 设某商店中每月销售某种商品的数量服从参数为 7 的泊松分布, 问在月初进货时应进多少件此种商品, 才能保证当月不脱销的概率为 99.9%.

9 有 10000 名同年龄段且同社会阶层的人参加了某保险公司的一项人寿保险. 每个投保人在每年初需交纳 200 元保费. 而在这一年中若投保人死亡, 则受益人可从保险公司获得 100000 元的赔偿费. 据寿命表知这类人的年死亡率为 0.001. 试求保险公司在这项业务上

(1) 亏本概率;

(2) 至少获利 500000 元的概率.

10 三人聚餐, 决定通过掷硬币确定付账人: 每人掷一枚硬币, 如果有人掷出的结果不同于其他两人, 那么由他付账; 如果三人掷出的结果一样, 那么就重新掷, 直到确定出付账人. 求以下事件的概率:

(1) 进行到了第 2 轮确定了付账人;

(2) 进行了 3 轮还没有确定付账人.

11 甲乙双方对阵若干局, 每次甲胜的概率为 p, 约定采用"7 局 4 胜制", 求"甲胜"的概率.

2.3 连续型随机变量及其概率密度函数

2.3.1 连续型随机变量的概念及概率密度函数

我们先看一个例子.

例 2.3.1 某射手向一个半径为 R 的圆盘靶子射击, 假设该射手每次射击都能中靶, 且他击中靶上任何一同心圆盘的概率与该圆盘的半径平方成正比. 以 X 表示弹着点与圆心的距离, 试求随机变量 X 的分布函数.

分析 显然, 这里的随机变量 X 的有效取值范围是 $[0, R]$. 且在 $[0, R]$ 内可以任意取值, 其值不是集中在有限个或可数个点上, 因此, 它不是 2.2 节学习的离散型随机变量, 其分布函数也不是阶梯函数.

解 当 $x < 0$ 时, 事件 $\{X \leqslant x\} = \varnothing$, 于是 $F(x) = P(X \leqslant x) = 0$;

当 $x > R$ 时, 事件 $\{X \leqslant x\} = \Omega$, 于是 $F(x) = P(X \leqslant x) = 1$;

当 $0 \leqslant x \leqslant R$ 时, $F(x) = P(X \leqslant x) = P(0 \leqslant X \leqslant x) = Cx^2$ (C 为待定常数);

由于 $F(x)$ 在 $x = R$ 处右连续, 即 $F(R) = F(R+0)$, 可以确定 $C = 1/R^2$.

综上所述, X 的分布函数为

$$F(x) = \begin{cases} 0, & x < 0; \\ \dfrac{x^2}{R^2}, & 0 \leqslant x \leqslant R; \\ 1, & x > R. \end{cases}$$

该函数 (图 2.5) 不是阶梯函数, 除了 $x = R$ 外处处可导, 因而 X 不是离散型随机变量.

如果令 (参见图 2.6)

$$f(x) = \begin{cases} \dfrac{2x}{R^2}, & 0 \leqslant x \leqslant R; \\ 0, & \text{其他}. \end{cases}$$

则不难验证有 $F(x) = \int_{-\infty}^{x} f(t)\mathrm{d}t$.

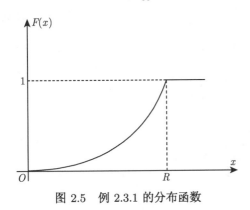

图 2.5 例 2.3.1 的分布函数

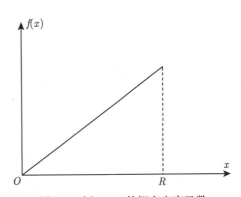

图 2.6 例 2.3.1 的概率密度函数

这引出本节要讲的另一类重要的特殊随机变量——连续型随机变量.

定义 2.3.1 设随机变量 X 的分布函数为 $F(x)$, 如果存在非负函数 $f(x)$, 使得对任意实数 x 有

$$F(x) = \int_{-\infty}^{x} f(t)\mathrm{d}t, \tag{2.3.1}$$

则称 X 为连续型随机变量 (continuous random variable); 称 $f(x)$ 为 X 的概率密度函数 (probability density function), 简称为密度函数 (简写为 pdf).

可见例 2.3.1 中的 X 为连续型随机变量, 其分布函数和概率密度函数的图形如图 2.5 和图 2.6 所示.

对于连续型随机变量, 可以在某一区间内任意取值, 因此, 我们通常需要知道它取值于区间上的概率, 才能掌握它取值的概率分布情况.

由式 (2.3.1), 结合分布函数的性质, 即可验证任一连续型随机变量的概率密度函数 $f(x)$ 必满足下述性质:

$$f(x) \geqslant 0, \quad -\infty < x < +\infty;$$
$$\int_{-\infty}^{+\infty} f(x)\mathrm{d}x = 1. \tag{2.3.2}$$

反过来, 任意一个 $\mathbb{R}$ 上的函数 $f(x)$, 如果具有性质 (2.3.2), 则由式 (2.3.1) 可确定一个分布函数 $F(x)$.

由定义 2.3.1 可知, 连续型随机变量的分布函数 $F(x)$ 是概率密度函数 $f(x)$ 的变上限定积分, 是连续函数, 并且对于 $f(x)$ 的连续点 x 有

$$F'(x) = f(x). \tag{2.3.3}$$

因此对于连续型随机变量而言, 分布函数和概率密度函数都能对相应的随机变量全面描述, 但概率密度函数更为方便一些.

如果随机变量 X 的概率密度函数为 $f(x)$, 则对任意的实数集合 B (严格地讲, 要求 B 是可测集合), 有

$$P(X \in B) = \int_{B} f(x)\mathrm{d}x. \tag{2.3.4}$$

即随机点 X 落入集合 B 中的概率, 恰好等于概率密度函数 $f(x)$ 在集合 B 上的积分. 例如, 令 $B = [a, b]$, 则由式 (2.3.4) 可以得到 (图 2.7 中阴影部分的面积)

$$P(a \leqslant X \leqslant b) = \int_{a}^{b} f(x)\mathrm{d}x. \tag{2.3.5}$$

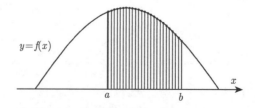

图 2.7 连续型随机变量在 $[a, b]$ 上取值的概率示意图

在式 (2.3.5) 中令 $a = b$, 可以得到

$$P(X = a) = \int_a^a f(x)\mathrm{d}x = 0.$$

也就是说, 对于一个连续型随机变量, 它取任何一个固定值的概率等于 0. 因此, 对于一个连续型随机变量, 有

$$P(X < a) = P(X \leqslant a) = F(a) = \int_{-\infty}^a f(x)\mathrm{d}x.$$

例 2.3.2 假设 X 是一个连续型随机变量, 其概率密度函数为

$$f(x) = \begin{cases} C(4x - 2x^2), & 0 < x < 2; \\ 0, & \text{其他}. \end{cases}$$

(1) 求 C 的值; (2) 求 $P(X > 1)$.

解 (1) 既然 f 是一个概率密度函数, 那么一定有

$$1 = \int_{-\infty}^\infty f(x)\mathrm{d}x = C \int_0^2 (4x - 2x^2)\mathrm{d}x = \frac{8}{3}C,$$

于是 $C = 3/8$.

(2) $P(X > 1) = \int_1^\infty f(x)\mathrm{d}x = \frac{3}{8} \int_1^2 (4x - 2x^2)\mathrm{d}x = \frac{1}{2}.$ □

2.3.2 常见连续型随机变量及其概率密度函数

下面我们讨论几个常用的连续型随机变量.

1. 均匀分布 (uniform distribution)

如果随机变量 X 的概率密度函数为

$$f(x) = \begin{cases} \dfrac{1}{b-a}, & a \leqslant x \leqslant b; \\ 0, & \text{其他}. \end{cases} \tag{2.3.6}$$

则称 X 服从区间 $[a, b]$ 上的均匀分布, 也称 X 为均匀随机变量, 记作 $X \sim \mathrm{U}[a, b]$.

容易证明由式 (2.3.6) 确定的 $f(x)$ 满足式 (2.3.2).

由式 (2.3.1) 可得 X 的分布函数为

$$F(x) = \begin{cases} 0, & x < a; \\ \dfrac{x-a}{b-a}, & a \leqslant x \leqslant b; \\ 1, & x > b. \end{cases} \tag{2.3.7}$$

$f(x)$ 和 $F(x)$ 的图形如图 2.8 和图 2.9 所示.

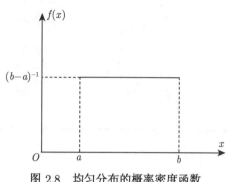

图 2.8　均匀分布的概率密度函数

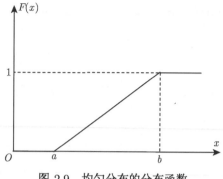

图 2.9　均匀分布的分布函数

如果随机变量 $X \sim \mathrm{U}[a,b]$, 则对于任意满足 $a \leqslant c < d \leqslant b$ 的 c 和 d, 有

$$P(c \leqslant X \leqslant d) = \int_c^d f(x)\mathrm{d}x = \frac{d-c}{b-a}.$$

这说明 X 落入区间 $[a,b]$ 中任一子区间的概率与该子区间的长度成正比, 而与子区间的具体位置无关, 这就是均匀分布的概率意义.

在数值计算中, 由于四舍五入, 小数点后第一位小数所引起的误差 $X \sim \mathrm{U}[-0.5, +0.5]$. 又如, 在 $[a,b]$ 中随机掷点, 用 X 表示点的坐标, 则一般有 $X \sim \mathrm{U}[a,b]$.

在 R 语言中, 与均匀分布有关的一些函数如下.

dunif: 计算均匀分布的概率密度函数值 $f(x)$, 该函数的调用方法为 dunif(x,a,b).

punif: 计算均匀分布的分布函数值 $F(x)$, 该函数的调用方法为 punif(x,a,b).

qunif: 计算均匀分布函数的反函数值 $F^{-1}(p)$, 该函数的调用方法为 qunif(p,a,b).

runif: 生成服从均匀分布的随机数, 该函数的调用方法为 runif(m,a,b), 其中 m 是生成的随机数的个数.

2. 指数分布 (exponential distribution)

如果随机变量 X 的概率密度函数为

$$f(x) = \begin{cases} \lambda \mathrm{e}^{-\lambda x}, & x \geqslant 0; \\ 0, & x < 0. \end{cases} \tag{2.3.8}$$

则称 X 服从参数为 λ 的指数分布, 也称 X 为指数随机变量, 记为 $X \sim \mathrm{Exp}(\lambda)$.

不难验证由式 (2.3.8) 确定的 $f(x)$ 满足式 (2.3.2).

由式 (2.3.1) 可求得指数分布的分布函数为

$$F(x) = \begin{cases} 1 - \mathrm{e}^{-\lambda x}, & x \geqslant 0; \\ 0, & x < 0. \end{cases} \tag{2.3.9}$$

$f(x)$ 和 $F(x)$ 的图形如图 2.10 和图 2.11 所示.

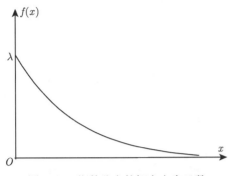

图 2.10　指数分布的概率密度函数　　　　图 2.11　指数分布的分布函数

指数分布经常用来描述某个事件出现的等待时间. 比如, 地震发生的时间间隔、从现在开始某人接到一个误拨电话的等待时间、电子元件的寿命、顾客接受服务的时间等.

R 软件中与指数分布有关的函数也有四个: dexp()、pexp()、qexp()、rexp(). 其含义读者可以猜测出来, 如前两个分别计算指数随机变量的概率密度函数和分布函数值, 即

$$\text{dexp}(x, \lambda) = \lambda \text{e}^{-\lambda x} I_{(0, +\infty)}(x); \quad \text{pexp}(x, \lambda) = (1 - \text{e}^{-\lambda x}) I_{(0, +\infty)}(x).$$

例 2.3.3　自动取款机对每位顾客的服务时间 (以分钟计算) 服从参数为 $\lambda = 1/3$ 的指数分布. 如果你与另一位顾客几乎同时到达一部空闲的取款机前接受服务, 但是你稍后一步. 试计算你至少等待 3 分钟的概率, 等待时间在 3~6 分钟的概率.

解　以 X 表示你前面一位顾客接受服务所需要的时间, 则 $X \sim \text{Exp}(1/3)$. 由题意知你的等待时间就是前一位顾客接受服务的时间, 故所求二事件的概率分别是

$$p_1 = P(X > 3) = \text{e}^{-1} \approx 0.3678794;$$
$$p_2 = P(3 < X < 6) = F(6) - F(3) = \text{e}^{-1} - \text{e}^{-2} \approx 0.2325442. \qquad \square$$

下面的 R 代码可以完成此题的计算:
```
> P1 <- 1 - pexp(3, 1/3); P2 <- pexp(6, 1/3) - pexp(3, 1/3)
```
指数分布的无记忆性. 与几何分布类似, 指数分布也是一种 "无记忆性" 分布, 并且是唯一具有无记忆性的连续型分布, 对此我们描述如下.

设 X 服从参数为 λ 的指数分布, 则对任意的 $x > 0, y > 0$ 有

$$P(X > x + y \mid X > y) = \frac{P(X > x + y, X > y)}{P(X > y)}$$
$$= \frac{P(X > x + y)}{P(X > y)} = \frac{\text{e}^{-\lambda(x+y)}}{\text{e}^{-\lambda y}} = \text{e}^{-\lambda x} = P(X > x).$$

如果我们用 X 表示某个产品的寿命, 上式说明, 在已知该产品使用 y 小时的条件下寿命至少为 $x + y$ 的概率, 与开始时寿命至少为 x 的概率一样. 换言之, 如果该产品在使用 y 小时后还能使用, 那么剩余寿命和开始寿命的分布相同, 就好像该产品对已经使用的 y 小时没有记忆了.

例 2.3.4(例 2.3.3 续)　现在假设你到达时, 已有一位顾客在取款, 此外再无别人在等候, 再求例 2.3.3 二事件的概率.

解　仍然以 X 表示你前面一位顾客接受服务所需要的时间, 则 $X \sim \mathrm{Exp}(1/3)$. 由题意知你的等待时间是前一位顾客继续接受服务的时间, 由指数分布的无记忆性知, 不论前一位顾客已接受多长时间的服务, 他继续接受服务的时间的分布都与从头开始接受服务的时间的分布相同, 所以所求二事件的概率与例 2.3.3 完全相同.　　　　　　　　　　　□

3. **正态分布** (normal distribution)

设随机变量 X 的概率密度函数为

$$f(x) = \frac{1}{\sqrt{2\pi}\sigma}\exp\left\{-\frac{(x-\mu)^2}{2\sigma^2}\right\}. \tag{2.3.10}$$

其中 μ, $\sigma(\sigma > 0)$ 为常数, 则称 X 为服从参数为 (μ, σ^2) 的正态分布, 也称 X 为正态变量, 记作 $X \sim \mathrm{N}(\mu, \sigma^2)$.

可以证明式 (2.3.10) 的 $f(x)$ 满足式 (2.3.2), 因而式 (2.3.10) 给出的确实是一个概率密度函数. 相应的分布函数为

$$F(x) = \frac{1}{\sqrt{2\pi}\sigma}\int_{-\infty}^{x}\exp\left\{-\frac{(t-\mu)^2}{2\sigma^2}\right\}\mathrm{d}t. \tag{2.3.11}$$

$f(x)$ 和 $F(x)$ 的图形如图 2.12 和图 2.13 所示.

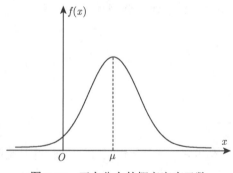

图 2.12　正态分布的概率密度函数

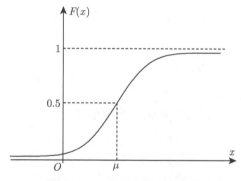

图 2.13　正态分布的分布函数

正态分布又称高斯 (Gauss) 分布, 是因为据说正态分布最初是由德国著名数学家高斯在研究偏差理论时发现的. 正态分布是概率统计中最重要的一个分布, 这是因为许多随机变量均可认为服从 (或近似服从) 正态分布; 另外, 正态分布可以作为其他一些分布的极限分布.

正态分布的概率密度函数 $f(x)$ 具有下列分析性质.

在直角坐标系内 $f(x)$ 的图形呈钟形. 在 $x = \mu$ 处取得最大值 $f(\mu) = 1/\sqrt{2\pi}\sigma$, 关于直线 $x = \mu$ 对称; 在 $x = \mu \pm \sigma$ 处有拐点; 以 x 轴为渐近线; 当 σ 较大时, 曲线平缓, 当 σ 较小时, 曲线陡峭 (图 2.14).

另外, 如果 σ 固定, 改变 μ 的值, 则 $f(x)$ 的图形沿着 x 轴平行移动, 而其形状不变 (图 2.15). 可见 $f(x)$ 的形状完全由 σ 决定, 而位置由 μ 来决定.

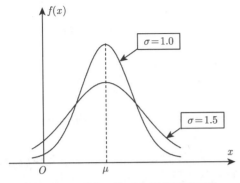
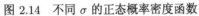

图 2.14 不同 σ 的正态概率密度函数

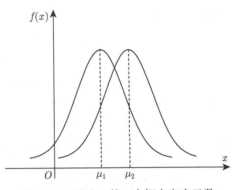

图 2.15 不同 μ 的正态概率密度函数

当 $\mu = 0, \sigma = 1$ 时, 正态分布 $N(0,1)$ 称为标准正态分布, 其概率密度函数和分布函数分别记为 $\varphi(x)$ 和 $\Phi(x)$. 即

$$\varphi(x) = \frac{1}{\sqrt{2\pi}} \exp\left\{-\frac{x^2}{2}\right\}, \tag{2.3.12}$$

$$\Phi(x) = \frac{1}{\sqrt{2\pi}} \int_{-\infty}^{x} \exp\left\{-\frac{t^2}{2}\right\} \mathrm{d}t. \tag{2.3.13}$$

$\varphi(x)$ 和 $\Phi(x)$ 的图形如图 2.16 和图 2.17 所示.

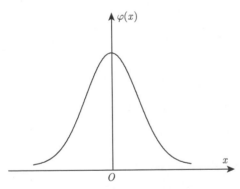

图 2.16 标准正态概率密度函数

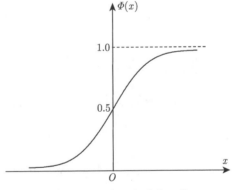

图 2.17 标准正态分布函数

易见, 若 $Z \sim N(0,1)$, $\varphi(x)$ 和 $\Phi(x)$ 是概率密度函数和分布函数, 则有下列性质:

(1) $\varphi(x)$ 是偶函数: $\varphi(-x) = \varphi(x)$;

(2) 当 $x = 0$ 时, $\varphi(x)$ 取最大值 $\varphi(0) = \dfrac{1}{\sqrt{2\pi}}$;

(3) $\Phi(-x) = 1 - \Phi(x)$;

(4) $P(Z > c) = 1 - \Phi(c)$;

(5) $P(a < Z < b) = \Phi(b) - \Phi(a)$;

(6) $P(|Z| < c) = 2\Phi(c) - 1, c > 0$;

(7) $P(|Z| > c) = 2 - 2\Phi(c), c > 0$.

对于标准正态, 其分布函数 $\Phi(x)$ 的值 $(x > 0)$ 由表可查 (见附表 3), 也可以用 Excel 或 R 软件计算.

例 2.3.5   设 $Z \sim N(0,1)$, 利用附表 3 可以求得下列事件的概率:

(1) $P(Z < 1.52) = \Phi(1.52) = 0.9357$.

(2) $P(Z > 1.52) = 1 - \Phi(1.52) = 1 - 0.9357 = 0.0643$.

(3) $P(Z < -1.52) = 1 - \Phi(1.52) = 0.0643$.

(4) $P(-0.75 \leqslant Z \leqslant 1.52) = \Phi(1.52) - \Phi(-0.75) = \Phi(1.52) - [1 - \Phi(0.75)]$
$$= 0.9357 - 1 + 0.7734 = 0.7091.$$

(5) $P(|Z| < 1.52) = 2\Phi(1.52) - 1 = 2 \times 0.9357 - 1 = 0.8714$.

对于服从一般正态分布的随机变量 X, 可以通过一个线性变换 (标准化), 使变换后的随机变量服从标准正态分布, 从而正态变量的有关概率均可由标准正态分布计算. 可见标准正态分布 $N(0,1)$ 对一般正态分布 $N(\mu, \sigma^2)$ 的计算起着关键的作用.

定理 2.3.1   若 $X \sim N(\mu, \sigma^2)$, 则 $U = \dfrac{X - \mu}{\sigma} \sim N(0,1)$.

证   记 U 的分布函数为 $F_U(x)$, 则由分布函数的定义知

$$F_U(x) = P(U \leqslant x) = P\left(\frac{X - \mu}{\sigma} \leqslant x\right) = P(X \leqslant \mu + \sigma x)$$
$$= \frac{1}{\sigma\sqrt{2\pi}} \int_{-\infty}^{\mu + \sigma x} \exp\left\{-\frac{(t - \mu)^2}{2\sigma^2}\right\} \mathrm{d}t$$
$$= \frac{1}{\sqrt{2\pi}} \int_{-\infty}^{x} \exp\left\{-\frac{u^2}{2}\right\} \mathrm{d}u \quad 令\ u = \frac{t - \mu}{\sigma}$$
$$= \Phi(x).$$

故有 $U = \dfrac{X - \mu}{\sigma} \sim N(0,1)$.   □

由以上定理, 我们可以得到一些在实际中有用的计算公式, 若 $X \sim N(\mu, \sigma^2)$, 则

$$P(X \leqslant c) = F_X(c) = \Phi\left(\frac{c - \mu}{\sigma}\right); \tag{2.3.14}$$
$$P(a \leqslant X \leqslant b) = \Phi\left(\frac{b - \mu}{\sigma}\right) - \Phi\left(\frac{a - \mu}{\sigma}\right). \tag{2.3.15}$$

例 2.3.6   设 $X \sim N(108, 3^2)$, 求

(1) $P(102 \leqslant X \leqslant 117)$;   (2) 确定常数 c, 使得 $P(X < c) = 0.95$.

解   (1) 由公式 (2.3.15) 和 $\Phi(\cdot)$ 的性质可得

$$P(102 \leqslant X \leqslant 117) = \Phi\left(\frac{117 - 108}{3}\right) - \Phi\left(\frac{102 - 108}{3}\right)$$
$$= \Phi(3) - \Phi(-2) = \Phi(3) + \Phi(2) - 1$$
$$\approx 0.9987 + 0.9772 - 1 = 0.9759.$$

(2) 要求满足 $P(X < c) = \Phi\left(\dfrac{c - 108}{3}\right) = 0.95$, 也就是 $\Phi^{-1}(0.95) = \dfrac{c - 108}{3}$. 由附表 3 由里向外反查得

$$\Phi(1.64) = 0.9495, \quad \Phi(1.65) = 0.9505.$$

利用线性插值可得 $\Phi(1.645) = 0.95$, 即 $\dfrac{c-108}{3} = 1.645$, 故 $c = 112.935$.

可见由附表 3 计算正态分布的有关概率, 首先要对随机变量标准化, 将问题转化为标准正态分布的概率问题.

R 软件中 dnorm()、pnorm()、qnorm() 和 rnorm() 函数可以方便计算正态随机变量的概率密度函数、分布函数、分布函数的反函数值以及产生服从正态分布的随机数, 即

$$\text{dnorm}(x, \mu, \sigma) = f(x) = \frac{1}{\sqrt{2\pi}\sigma}\exp\left\{-\frac{(x-\mu)^2}{2\sigma^2}\right\};$$

$$\text{pnorm}(x, \mu, \sigma) = F(x) = \frac{1}{\sqrt{2\pi}\sigma}\int_{-\infty}^{x}\exp\left\{-\frac{(t-\mu)^2}{2\sigma^2}\right\}\mathrm{d}t;$$

$$\text{qnorm}(p, \mu, \sigma) = F^{-1}(p).$$

下面的代码可以完成例 2.3.6 的计算:

```
> pnorm(117, 108, 3) - pnorm(102, 108, 3)    # P(102<=X<=117) 的计算
> qnorm(0.95, 108, 3)    # 确定常数 c, 使得 P(X<c)=0.95.
```

例 2.3.7 已知 $X \sim \mathrm{N}(\mu, \sigma^2)$, 分别求 X 落入区间 $[\mu-\sigma, \mu+\sigma]$, $[\mu-2\sigma, \mu+2\sigma]$, $[\mu-3\sigma, \mu+3\sigma]$ 内的概率.

解 由公式 (2.3.15) 和 $\Phi(\cdot)$ 的对称性可得

$$P(\mu-\sigma \leqslant X \leqslant \mu+\sigma) = \Phi\left(\frac{\mu+\sigma-\mu}{\sigma}\right) - \Phi\left(\frac{\mu-\sigma-\mu}{\sigma}\right)$$
$$= \Phi(1) - \Phi(-1) = 2\Phi(1) - 1$$
$$\approx 2 \times 0.8413 - 1 = 0.6826.$$

同理, $\quad P(\mu-2\sigma \leqslant X \leqslant \mu+2\sigma) = 2\Phi(2) - 1 \approx 2 \times 0.97725 - 1 = 0.9545.$
$$P(\mu-3\sigma \leqslant X \leqslant \mu+3\sigma) = 2\Phi(3) - 1 \approx 2 \times 0.9987 - 1 = 0.9974.$$

图 2.18 说明, 尽管正态随机变量 X 的取值范围是 $(-\infty, \infty)$, 但是它以 68% 以上的概率取值在以 μ 为中心, σ 为半径的邻域内; 以 95% 以上的概率取值在以 μ 为中心, 2σ 为半径的邻域内; 以 99% 以上的概率取值在以 μ 为中心, 3σ 为半径的邻域内. 这种近似的说法被一些实际工作者称为正态分布的"3σ 原则". □

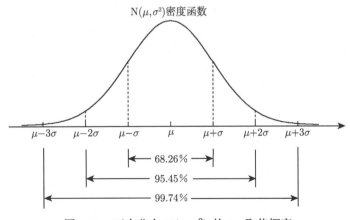

图 2.18 正态分布 $\mathrm{N}(\mu, \sigma^2)$ 的 3σ 取值概率

4. **伽马分布** (Gamma distribution)

如果随机变量 X 的概率密度函数为

$$f(x) = \begin{cases} \dfrac{\beta^{\alpha}}{\Gamma(\alpha)} x^{\alpha-1}\mathrm{e}^{-\beta x}, & x > 0; \\ 0, & x \leqslant 0. \end{cases} \tag{2.3.16}$$

其中 $\alpha > 0, \beta > 0$ 为参数, $\Gamma(\alpha)$ 是微积分中的伽马函数[①], 则称 X 服从参数为 (α, β) 的伽马分布, 记为 $X \sim \Gamma(\alpha, \beta)$.

可以验证, 式 (2.3.16) 中的 $f(x)$ 满足式 (2.3.2).

伽马分布含有两个参数 α 和 β, α 和 β 的不同取值将得到不同的分布, 如图 2.19 所示.

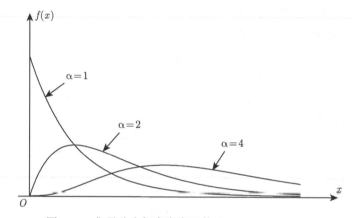

图 2.19　伽马分布概率密度函数 $(\beta = 1, \alpha = 1, 2, 4)$

伽马分布是一种重要的非对称分布, 它包含了几个常见的分布:

(1) $\Gamma(1, \beta)$ 就是参数为 β 的指数分布, 即 $\Gamma(1, \beta) = \mathrm{Exp}(\beta)$.

(2) $\Gamma(n/2, 1/2)$ 是自由度为 n 的卡方分布 (后面学习), 即 $\Gamma(n/2, 1/2) = \chi^2(n)$.

(3) 当 α 为正整数时, $\Gamma(\alpha, \beta)$ 也称为埃尔朗分布 (Erlang distribution).

R 中与伽马分布有关的四个函数是 `dgamma()`、`pgamma()`、`qgamma()` 和 `rgamma()`, 即

$$\mathtt{dgamma}(x, \alpha, \beta) = \frac{\beta^{\alpha}}{\Gamma(\alpha)} x^{\alpha-1}\mathrm{e}^{-\beta x} I_{(0,+\infty)}(x);$$

$$\mathtt{pgamma}(x, \alpha, \beta) = F(x) = \frac{\beta^{\alpha}}{\Gamma(\alpha)} \int_0^x t^{\alpha-1}\mathrm{e}^{-\beta t}\mathrm{d}t I_{(0,+\infty)}(x);$$

$$\mathtt{qgamma}(q, \alpha, \beta) = F^{-1}(q).$$

5. **贝塔分布** (Beta distribution)

如果一个随机变量 X 的概率密度函数为

$$f(x) = \begin{cases} \dfrac{1}{\mathrm{B}(\alpha, \beta)} x^{\alpha-1}(1-x)^{\beta-1}, & 0 < x < 1; \\ 0, & \text{其他}. \end{cases}$$

[①] 称函数 $\Gamma(s) = \int_0^{+\infty} x^{s-1}\mathrm{e}^{-x}\mathrm{d}x$ 为伽马函数, 其中自变量 $s > 0$. 伽马函数具有递推公式 $\Gamma(s+1) = s\Gamma(s)$ 和特殊函数值: $\Gamma(1/2) = \sqrt{\pi}, \quad \Gamma(n) = (n-1)!$.

其中 $\alpha > 0, \beta > 0$ 为参数, $B(\alpha, \beta)$ 是贝塔函数[①], 则称 X 服从贝塔分布, 记作 $X \sim \text{Beta}(\alpha, \beta)$. 参数 $\alpha > 0, \beta > 0$ 的不同取值对应不同的概率密度函数, 如图 2.20 所示.

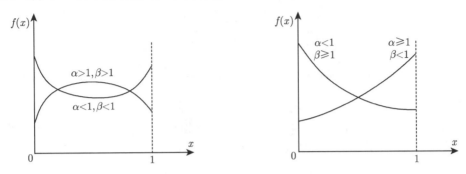

图 2.20 贝塔分布概率密度函数

服从贝塔分布 $\text{Beta}(\alpha, \beta)$ 的随机变量是仅在区间 $(0,1)$ 取值的, 所以不合格品率、机器的维修率、市场的占有率、射击的命中率等各种比率常选用贝塔分布作为它们的概率分布. 特别地, 当 $\alpha = \beta = 1$ 时, $\text{Beta}(1,1)$ 就是均匀分布 $\text{U}(0,1)$.

R 中有关贝塔分布的四个函数是: dbeta()、pbeta()、qbeta() 和 rbeta(), 即

$$\text{dbeta}(x, \alpha, \beta) = \frac{1}{B(\alpha, \beta)} x^{\alpha-1}(1-x)^{\beta-1} I_{(0,1)}(x);$$

$$\text{pbeta}(x, \alpha, \beta) = F(x) = \frac{1}{B(\alpha, \beta)} \int_0^x t^{\alpha-1}(1-t)^{\beta-1} \mathrm{d}t I_{(0,1)}(x);$$

$$\text{qbeta}(q, \alpha, \beta) = F^{-1}(q).$$

6. 柯西分布 (Cauchy distribution)

如果一个随机变量 X 的概率密度函数为

$$f(x) = \frac{\gamma}{\pi \left[(x-\theta)^2 + \gamma^2\right]}, \quad -\infty < x < \infty.$$

其中 $\theta \in \mathbb{R}$ 为位置参数, $\gamma > 0$ 为尺度参数, 则称 X 服从参数为 (θ, γ) 的柯西分布, 记为 $X \sim \text{Cauchy}(\theta, \gamma)$.

柯西分布 $\text{Cauchy}(\theta, \gamma)$ 的分布函数为

$$F(x) = \frac{1}{2} + \frac{1}{\pi} \arctan\left(\frac{x-\theta}{\gamma}\right), \quad -\infty < x < \infty.$$

柯西分布是一类对称分布, 参数 θ 是分布的中心, 概率密度函数形状呈钟形. $\text{Cauchy}(\theta, 1)$ 和 $\text{N}(\theta, 1)$ 的概率密度函数形状相似, 但柯西分布的尾部更重一些, 如图 2.21 所示.

R 软件中 dcauchy()、pcauchy() 和 qcauchy() 函数可以方便计算 $\text{Cauchy}(\theta, \gamma)$ 随机变

[①] 称函数 $B(\alpha, \beta) = \int_0^1 x^{\alpha-1}(1-x)^{\beta-1}\mathrm{d}x$ 为贝塔函数, 其中自变量 $\alpha > 0, \beta > 0$. 贝塔函数有两个重要性质: (1) $B(\alpha, \beta) = B(\beta, \alpha)$; (2) 贝塔函数与 Γ 函数间有关系: $B(\alpha, \beta) = \dfrac{\Gamma(\alpha)\Gamma(\beta)}{\Gamma(\alpha+\beta)}$.

量的概率密度函数、分布函数和分布函数的反函数值, 即

$$\mathrm{dcauchy}(x,\alpha,\gamma) = \frac{\gamma}{\pi\left[(x-\theta)^2 + \gamma^2\right]};$$

$$\mathrm{pcauchy}(x,\alpha,\gamma) = F(x) = \frac{1}{2} + \frac{1}{\pi}\arctan\left(\frac{x-\theta}{\gamma}\right);$$

$$\mathrm{qcauchy}(q,\alpha,\gamma) = F^{-1}(q).$$

以下例子说明柯西分布与均匀分布之间的一个联系.

例 2.3.8　假设自 y 轴上的点 $(0,1)$ 处有一束光线照向 x 轴上一点 X, 如图 2.22 所示, X 由 y 轴与光线的夹角 θ 确定. 假设 θ 服从 $(-\pi/2, \pi/2)$ 上的均匀分布, 则 X 的分布函数可如下计算

$$F(x) = P(X \leqslant x) = P(\tan\theta \leqslant x) = P(\theta \leqslant \arctan x) = \frac{1}{2} + \frac{1}{\pi}\arctan x,$$

其中最后一个等式是因为 $\theta \sim \mathrm{U}(-\pi/2, \pi/2)$. 因此 X 的概率密度函数为

$$f(x) = F'(x) = \frac{1}{\pi(1+x^2)}, \quad -\infty < x < \infty,$$

可见 $X \sim \mathrm{Cauchy}(0,1)$. □

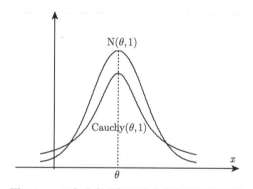

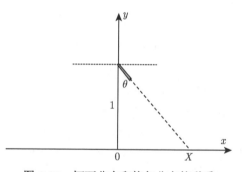

图 2.21　正态分布和柯西分布的概率密度函数　　　图 2.22　柯西分布和均匀分布的联系

在结束本节之前, 我们强调指出, 离散型随机变量和连续型随机变量是两种特殊的随机变量, 切不能认为随机变量只有这两种类型. 我们举一个既不是离散型的也不是连续型的随机变量的例子.

例 2.3.9　设 X 是一个随机变量, 其分布函数为

$$F(x) = \begin{cases} 0, & x < 0; \\ (x+1)/2, & 0 \leqslant x < 1; \\ 1, & x \geqslant 1. \end{cases}$$

这个分布函数不是阶梯函数 (请读者自己画出函数图像), 因而 X 不是离散型随机变量; 这个分布函数也不是连续函数, 因而 X 也不是连续型随机变量. □

习 题 2.3

1 设随机变量 X 的概率密度函数为

$$f(x) = \begin{cases} Cx, & 0 \leqslant x \leqslant 1; \\ 0, & 其他. \end{cases}$$

求: (1) 常数 C; (2) X 落在 $(0.3, 0.7)$ 内的概率.

2 设随机变量 X 的概率密度函数为

$$f(x) = \begin{cases} \dfrac{C}{\sqrt{1-x^2}}, & |x| < 1; \\ 0, & 其他. \end{cases}$$

求: (1) 常数 C; (2) X 落在 $(-0.5, 0.5)$ 内的概率.

3 设随机变量 X 与 Y 有相同的概率密度函数

$$f(x) = \begin{cases} \dfrac{3}{8}x^2, & 0 < x < 2; \\ 0, & 其他. \end{cases}$$

已知事件 $A = \{X > a\}$ 和 $B = \{Y > a\}$ 独立, 且 $P(A \cup B) = \dfrac{3}{4}$, 求常数 a.

4 设 $f(x)$ 为某分布的概率密度函数, $f(1+x) = f(1-x)$, $\displaystyle\int_0^2 f(x)\mathrm{d}x = 0.6$, 求 $P(X < 0)$.

5 设随机变量 X 的概率密度函数为

$$f(x) = \begin{cases} x, & 0 \leqslant x \leqslant 1; \\ 2-x, & 1 < x \leqslant 2; \\ 0, & 其他. \end{cases}$$

(1) 求相应的分布函数 $F(x)$, 并画图;

(2) 求 $P(X < 0.5)$, $P(X > 1.3)$, $P(0.2 \leqslant X \leqslant 1.2)$.

6 设随机变量 X 的概率密度函数为

$$f(x) = \begin{cases} 1/3, & 0 \leqslant x \leqslant 1; \\ 2/9, & 3 \leqslant x \leqslant 6; \\ 0, & 其他. \end{cases}$$

若 $P(X \geqslant k) = 2/3$, 试求 k 的取值范围.

7 设随机变量 X 的概率密度函数 $f(x)$ 为偶函数, $F(x)$ 为相应的分布函数. 证明: $\forall a > 0$, 有

(1) $F(-a) = 1 - F(a) = \dfrac{1}{2} - \displaystyle\int_0^a f(x)\mathrm{d}x$;

(2) $P(|X| < a) = 2F(a) - 1$;

(3) $P(|X| > a) = 2[1 - F(a)]$.

8　设随机变量 X 服从 $(0,5)$ 上的均匀分布, 求关于 t 的方程

$$4t^2 + 4Xt + X + 2 = 0$$

无实根的概率.

9　设随机变量 $X \sim \mathrm{Exp}(1)$, a 为常数且大于零, 求 $P(X \leqslant 1 + a \mid X > a)$.

10　如果某设备任何长为 t 的时间 $[0,t]$ 内发生故障的次数 $N(t)$ 服从参数为 λt 的泊松分布, 证明相继两次故障之间的时间间隔 T 服从参数为 λ 的指数分布.

11　设 $X \sim \mathrm{N}(1,0.36)$, 求: (1) $P(X > 0)$;　(2) $P(0.2 < X < 1.8)$.

12　设 X_1, X_2, X_3 是随机变量, 且 $X_1 \sim \mathrm{N}(0,1)$, $X_2 \sim \mathrm{N}(0,4)$, $X_3 \sim \mathrm{N}(5,9)$, 记

$$p_i = P(-2 \leqslant X_i \leqslant 2), \quad i = 1, 2, 3.$$

试讨论 p_1, p_2, p_3 之间的大小关系.

13　设随机变量 X 服从正态分布 $\mathrm{N}(\mu, \sigma^2)\,(\sigma > 0)$, 且二次方程 $y^2 + 4y + X = 0$ 无实数根的概率为 0.5, 求 μ.

14　设 $f_1(x)$ 为 $\mathrm{N}(0,1)$ 的概率密度函数, $f_2(x)$ 为 $\mathrm{U}[-1,3]$ 的概率密度函数, 若

$$f(x) = \begin{cases} af_1(x), & x \leqslant 0; \\ bf_2(x), & x > 0. \end{cases} \quad (a > 0,\ b > 0)$$

为概率密度函数, 则 a,b 应满足什么条件?

15　设随机变量 X 服从正态分布 $\mathrm{N}(0,1)$, 对给定的 $\alpha\,(0 < \alpha < 1)$, 数 $u_{1-\alpha}$ 满足 $P(X > u_{1-\alpha}) = \alpha$, 若 $P(|X| < x) = \alpha$, 则 x 等于什么?

16　某种电池的寿命 X 服从正态分布 $\mathrm{N}(\mu, \sigma^2)$, 其中 $\mu = 300$ (小时), $\sigma = 35$ (小时).

(1) 求电池寿命在 250 小时以下的概率;

(2) 求 x, 使 $P(\mu - x \leqslant X \leqslant \mu + x) \geqslant 0.9$.

17　设随机变量 X 服从正态分布 $\mathrm{N}(\mu, \sigma^2)$, 记 $p = P(X \leqslant \mu + \sigma^2)$, 试讨论 p 的大小与 μ, σ 的关系.

18　设随机变量 X 服从正态分布 $\mathrm{N}(\mu_1, \sigma_1^2)$, Y 服从正态分布 $\mathrm{N}(\mu_2, \sigma_2^2)$, 且 $P(|X-\mu_1| < 1) > P(|Y-\mu_2| < 1)$, 试讨论 σ_1 与 σ_2 的关系.

19　电子产品的失效常常是由于外界的 "冲击" 引起的. 若在 $(0,t)$ 内发生冲击的次数 $N(t)$ 服从参数为 λt 的泊松分布, 试证第 n 次冲击来到的时间 S_n 服从伽马分布 $\Gamma(n,\lambda)$.

20　某人群漏缴税款的比率 X 服从参数 $\alpha = 2, \beta = 9$ 的贝塔分布, 试求此比率小于 10% 的概率.

2.4　多维随机变量及其分布

到现在为止, 我们仅仅讨论了单一随机变量的概率分布, 然而在实际问题中, 有些随机试验的结果必须用两个或两个以上的随机变量来描述. 例如, 某人的身高和体重, 打靶时弹着点的位置 (横坐标和纵坐标), 飞机在空中位置 (三个坐标) 等都必须用两个或两个以上的随机变量表示, 这就是多维随机变量.

2.4.1 二维随机变量及其分布函数

定义 2.4.1 设 X, Y 为定义在同一概率空间上的两个随机变量, 则 (X, Y) 称为二维随机变量, 或二维随机向量. 二元函数

$$F(x, y) = P(X \leqslant x, Y \leqslant y), \quad x \in \mathbb{R}, y \in \mathbb{R}. \tag{2.4.1}$$

称为 (X, Y) 的联合分布函数 (joint distribution function), 简称为分布函数.

联合分布函数 $F(x, y) = P(X \leqslant x, Y \leqslant y)$ 是两个随机事件 $\{X \leqslant x\}$ 和 $\{Y \leqslant y\}$ 同时发生 (交事件) 的概率. 如果将 (X, Y) 看作平面上的随机点, 则联合分布函数 $F(x, y)$ 表示随机点 (X, Y) 落在无限矩形区域 $(-\infty, x] \times (-\infty, y]$ 内的概率, 参见图 2.23. 依此解释, 不难看出随机点 (X, Y) 落在矩形区域 $(a_1, a_2] \times (b_1, b_2]$ 的概率为 (图 2.24)

$$P(a_1 < X \leqslant a_2, b_1 < Y \leqslant b_2) = F(a_2, b_2) - F(a_1, b_2) - F(a_2, b_1) + F(a_1, b_1).$$

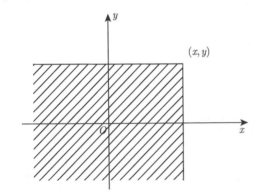
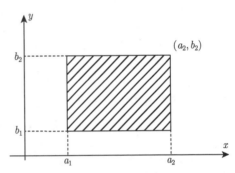

图 2.23　联合分布函数的几何意义　　图 2.24　随机向量在矩形区域取值的概率

如同一元分布函数, 还可以证明联合分布函数 $F(x, y)$ 具有下述性质.

(1) **单调性** $F(x, y)$ 对 x 和 y 分别单调不减;

(2) **右连续性** $F(x, y)$ 对每个变元是右连续的;

(3) **有界性** $\lim\limits_{x \to -\infty} F(x, y) = F(-\infty, y) = 0$, $\quad \lim\limits_{y \to -\infty} F(x, y) = F(x, -\infty) = 0$,

$$\lim\limits_{x, y \to +\infty} F(x, y) = F(+\infty, +\infty) = 1;$$

(4) **非负性** 对任意四个实数 $a_1 < a_2$, $b_1 < b_2$, 有

$$F(a_2, b_2) - F(a_1, b_2) - F(a_2, b_1) + F(a_1, b_1) \geqslant 0.$$

反过来还可证明, 任意一个具有上述四个性质的二元函数, 必定可以作为某二维随机变量的联合分布函数, 因而, 满足这四个条件的二元函数通常就称为二元联合分布函数.

如果二维随机变量 (X, Y) 的联合分布函数 $F(x, y)$ 为已知, 那么它的两个分量 X 与 Y 作为一维随机变量, 其分布函数 $F_X(x)$ 和 $F_Y(y)$ 可由 $F(x, y)$ 求得, 事实上

$$F_X(x) = P(X \leqslant x) = P(X \leqslant x, Y < +\infty) = F(x, +\infty); \tag{2.4.2}$$

$$F_Y(y) = P(Y \leqslant y) = P(X < +\infty, Y \leqslant y) = F(+\infty, y). \tag{2.4.3}$$

分别称 $F_X(x)$ 和 $F_Y(y)$ 为 $F(x,y)$ 关于 X 和关于 Y 的**边际分布函数** (marginal distribution function), 或简称为 X 和 Y 的边际分布.

与一维时的情形一样, 二维随机变量也有两种特殊的类型: 离散型与连续型.

2.4.2　二维离散型随机变量

定义 2.4.2　如果二维随机变量 (X,Y) 只能取到有限对或可数对值, 则称 (X,Y) 是离散型随机变量.

设 X 的可能取值为 $a_i, i = 1, 2, \cdots$, Y 的可能取值为 $b_j, j = 1, 2, \cdots$, 则 (X,Y) 的可能取值为 $(a_i, b_j), i, j = 1, 2, \cdots$, 我们把

$$p_{ij} = P(X = a_i, Y = b_j), \quad i, j = 1, 2, \cdots \tag{2.4.4}$$

称为 (X,Y) 的**联合分布列** (joint distribution series), 或称为 (X,Y) 的**联合概率质量函数** (joint probability mass function). 显然, p_{ij} 具有下述性质:

$$
\begin{aligned}
& p_{ij} \geqslant 0, \quad i, j = 1, 2, \cdots; \\
& \sum_i \sum_j p_{ij} = 1.
\end{aligned}
\tag{2.4.5}
$$

正如一维离散型随机变量的分布列完全确定了该随机变量的概率分布, 二维随机变量 (X,Y) 的联合分布列也完全确定了 (X,Y) 的概率分布. 联合分布列和联合分布函数之间的关系为

$$F(x,y) = p(X \leqslant x, Y \leqslant y) = \sum_{a_i \leqslant x} \sum_{b_j \leqslant y} p_{ij}.$$

另外, 当已知 (X,Y) 为二维离散型随机变量时, X 和 Y 作为一维随机变量也是离散型随机变量, 其分布列相对于联合分布列称为**边际分布列** (marginal distribution series).

定理 2.4.1　设二维离散型随机变量 (X,Y) 的联合分布列为

$$p_{ij} = P(X = a_i, Y = b_j), \quad i, j = 1, 2, \cdots.$$

则 X 和 Y 的边际分布列分别为

$$P(X = a_i) = p_{i\cdot} = \sum_j p_{ij}, \tag{2.4.6}$$

$$P(Y = b_j) = p_{\cdot j} = \sum_i p_{ij}. \tag{2.4.7}$$

证　用全概率公式很容易证明. □

与一维时的情形相似, 我们也常常习惯于把二维离散型随机变量的联合分布列以及边际分布列写成表格形式 (表 2.3).

表 2.3 二维离散型随机变量的联合分布列

X	\multicolumn{5}{c}{Y}	$p_{i\cdot} = \sum_j p_{ij}$
	b_1	b_2	$\cdots$	b_j	$\cdots$	
a_1	p_{11}	p_{12}	$\cdots$	p_{1j}	$\cdots$	$p_{1\cdot}$
a_2	p_{21}	p_{22}	$\cdots$	p_{2j}	$\cdots$	$p_{2\cdot}$
$\vdots$	$\vdots$	$\vdots$		$\vdots$		$\vdots$
a_i	p_{i1}	p_{i2}	$\cdots$	p_{ij}	$\cdots$	$p_{i\cdot}$
$\vdots$	$\vdots$	$\vdots$		$\vdots$		$\vdots$
$p_{\cdot j} = \sum_i p_{ij}$	$p_{\cdot 1}$	$p_{\cdot 2}$	$\cdots$	$p_{\cdot j}$	$\cdots$	1

例 2.4.1 从 $1,2,3,4$ 四个数中随机地取一个, 记所取得的数为 X, 再从 1 到 X 中随机地取一个, 记所取得的数为 Y, 求 (X,Y) 的分布列及 X 和 Y 的边际分布列.

解 显然 X, Y 均为离散型随机变量, 它们的可能取值均为 $1,2,3,4$.

当 $i < j$ 时, $p_{ij} = P(X=i, Y=j) = 0$;

当 $i \geqslant j$ 时, $p_{ij} = P(X=i)P(Y=j|X=i) = \frac{1}{4} \times \frac{1}{i}$.

(X,Y) 的分布列及 X 和 Y 的边际分布列如下所示.

X	\multicolumn{4}{c}{Y}	$p_{i\cdot} = \sum_{j=1}^4 p_{ij}$
	1	2	3	4	
1	1/4	0	0	0	1/4
2	1/8	1/8	0	0	1/4
3	1/12	1/12	1/12	0	1/4
4	1/16	1/16	1/16	1/16	1/4
$p_{\cdot j} = \sum_{i=1}^4 p_{ij}$	25/48	13/48	7/48	3/48	1

2.4.3 二维连续型随机变量

定义 2.4.3 设 $F(x,y)$ 是二维随机变量 (X,Y) 的联合分布函数, 如果存在二元非负函数 $f(x,y)$, 使得

$$F(x,y) = \int_{-\infty}^y \int_{-\infty}^x f(u,v)\mathrm{d}u\mathrm{d}v, \tag{2.4.8}$$

则称 (X,Y) 是二维连续型随机变量, 函数 $f(x,y)$ 称为二维随机变量 (X,Y) 的联合概率密度函数 (joint probability density function), 简称为密度函数.

由分布函数 $F(x,y)$ 的性质可知, 任意二元概率密度函数 $f(x,y)$ 必具有下述性质:

$$f(x,y) \geqslant 0;$$
$$\int_{-\infty}^{+\infty} \int_{-\infty}^{+\infty} f(x,y)\mathrm{d}x\mathrm{d}y = F(+\infty, +\infty) = 1. \tag{2.4.9}$$

反过来, 任何一个具有上述两个性质的二元函数 $f(x,y)$, 必定可以作为某个二维随机变量的概率密度函数. 此外, 概率密度函数还具有以下性质.

(1) 若 $f(x,y)$ 在 (x,y) 处连续, $F(x,y)$ 是相应的分布函数, 则有

$$\frac{\partial^2 F(x,y)}{\partial x \partial y} = f(x,y);\tag{2.4.10}$$

(2) 若 G 是平面上的某一区域, 则

$$P\big((X,Y)\in G\big) = \iint\limits_G f(x,y)\mathrm{d}x\mathrm{d}y.\tag{2.4.11}$$

与一维连续型随机变量的概率密度函数类似, 从式 (2.4.11) 可以看出, 二维连续型随机变量 (X,Y) 取值在平面区域 G 内的概率, 就等于概率密度函数 $f(x,y)$ 在 G 上的二重积分. 这就将概率的计算转化为一个二重积分的计算了.

下面我们指出, 当 (X,Y) 是二维连续型随机变量时, X 和 Y 作为一维随机变量也是连续型随机变量, 其概率密度函数称为边际概率密度函数 (marginal probability density function).

定理 2.4.2   设二维连续型随机变量 (X,Y) 的联合概率密度函数为 $f(x,y)$, 则 X 和 Y 也是连续型随机变量, 其边际概率密度函数分别为

$$f_X(x) = \int_{-\infty}^{+\infty} f(x,y)\mathrm{d}y,\tag{2.4.12}$$

$$f_Y(y) = \int_{-\infty}^{+\infty} f(x,y)\mathrm{d}x.\tag{2.4.13}$$

证   按照连续型随机变量的定义, 只需验证由式 (2.4.12) 和式 (2.4.13) 给出的 $f_X(x)$ 和 $f_Y(y)$ 分别是 X 和 Y 的概率密度函数即可. 为此需要计算 X 和 Y 的分布函数, 由式 (2.4.11), 可知

$$\begin{aligned}
F_X(x) &= P(X \leqslant x) = P(X \leqslant x, Y < +\infty)\\
&= \int_{-\infty}^x \int_{-\infty}^{+\infty} f(u,v)\mathrm{d}u\mathrm{d}v = \int_{-\infty}^x \left[\int_{-\infty}^{+\infty} f(u,v)\mathrm{d}v\right]\mathrm{d}u\\
&= \int_{-\infty}^x f_X(u)\mathrm{d}u.
\end{aligned}$$

这就说明了 X 是连续型随机变量, 且 $f_X(x)$ 是其概率密度函数. 同理 $f_Y(y)$ 是 Y 的概率密度函数.   □

例 2.4.2   设 G 是平面上的一个有界区域, 其面积为 A, 令

$$f(x,y) = \begin{cases} A^{-1}, & (x,y)\in G;\\ 0, & \text{其他}. \end{cases}$$

则 $f(x,y)$ 是一个二元联合概率密度函数. 以 $f(x,y)$ 为概率密度函数的二维分布称为 G 上的均匀分布. 此处 "均匀" 的含义与区间 $[a,b]$ 上的一维均匀分布类似.   □

例 2.4.3   设二维随机变量 (X,Y) 具有联合概率密度函数

$$f(x,y) = \begin{cases} C\mathrm{e}^{-(x+y)}, & x\geqslant 0, y\geqslant 0;\\ 0, & \text{其他}. \end{cases}$$

试求: (1) 常数 C; (2) (X, Y) 落入区域 $[0,1] \times [0,1]$ 的概率; (3) 边际概率密度函数 $f_X(x)$ 和 $f_Y(y)$.

解 (1) 由联合概率密度函数的性质式 (2.4.9) 可知

$$1 = \int_{-\infty}^{+\infty} \int_{-\infty}^{+\infty} f(x,y)\mathrm{d}x\mathrm{d}y = C \int_0^{+\infty} \int_0^{+\infty} \mathrm{e}^{-(x+y)}\mathrm{d}x\mathrm{d}y$$
$$= C \int_0^{+\infty} \mathrm{e}^{-x}\mathrm{d}x \int_0^{+\infty} \mathrm{e}^{-y}\mathrm{d}y = C.$$

所以 $C = 1$.

(2) $P(0 \leqslant X \leqslant 1,\ 0 \leqslant Y \leqslant 1) = \int_0^1 \mathrm{d}x \int_0^1 \mathrm{e}^{-(x+y)}\mathrm{d}y = \int_0^1 \mathrm{e}^{-x}\mathrm{d}x \int_0^1 \mathrm{e}^{-y}\mathrm{d}y = (1-\mathrm{e}^{-1})^2.$

(3) $f_X(x) = \int_{-\infty}^{+\infty} f(x,y)\mathrm{d}y = \begin{cases} \int_0^{+\infty} \mathrm{e}^{-(x+y)}\mathrm{d}y, & x \geqslant 0; \\ 0, & x < 0. \end{cases} = \begin{cases} \mathrm{e}^{-x}, & x \geqslant 0; \\ 0, & x < 0. \end{cases}$

同理 $f_Y(y) = \begin{cases} \mathrm{e}^{-y}, & y \geqslant 0; \\ 0, & y < 0. \end{cases}$ □

例 2.4.4 如果二维随机变量 (X, Y) 的概率密度函数为

$$f(x,y) = \frac{1}{2\pi\sigma_1\sigma_2\sqrt{1-\rho^2}} \exp\left\{ \frac{-1}{2(1-\rho^2)} \left[\frac{(x-\mu_1)^2}{\sigma_1^2} - 2\rho\frac{(x-\mu_1)(y-\mu_2)}{\sigma_1\sigma_2} + \frac{(y-\mu_2)^2}{\sigma_2^2} \right] \right\},$$

则称 (X, Y) 服从二维正态分布 (two-dimensional normal distribution), 记作

$$(X, Y) \sim \mathrm{N}(\mu_1, \mu_2, \sigma_1^2, \sigma_2^2, \rho).$$

其中 $\mu_1, \mu_2, \sigma_1, \sigma_2, \rho$ 为五个参数, 且 $\sigma_1 > 0, \sigma_2 > 0, |\rho| < 1$. 求关于 X 和 Y 的边际概率密度函数.

解 按式 (2.4.12), $f_X(x) = \int_{-\infty}^{+\infty} f(x,y)\mathrm{d}y$. 为了计算这个积分, 先把 $f(x,y)$ 的指数部分

$$\frac{-1}{2(1-\rho^2)} \left[\frac{(x-\mu_1)^2}{\sigma_1^2} - 2\rho\frac{(x-\mu_1)(y-\mu_2)}{\sigma_1\sigma_2} + \frac{(y-\mu_2)^2}{\sigma_2^2} \right]$$

对 y 进行配方变形 (其中 x 看作常数), 改写成

$$-\frac{1}{2}\left[\frac{y-\mu_2}{\sigma_2\sqrt{1-\rho^2}} - \rho\frac{x-\mu_1}{\sigma_1\sqrt{1-\rho^2}} \right]^2 - \frac{(x-\mu_1)^2}{2\sigma_1^2}$$

再对积分

$$\int_{-\infty}^{+\infty} \exp\left\{ -\frac{1}{2}\left[\frac{y-\mu_2}{\sigma_2\sqrt{1-\rho^2}} - \rho\frac{x-\mu_1}{\sigma_1\sqrt{1-\rho^2}} \right]^2 \right\}\mathrm{d}y$$

作变量变换 (x 是常量)

$$t = \frac{y-\mu_2}{\sigma_2\sqrt{1-\rho^2}} - \rho\frac{x-\mu_1}{\sigma_1\sqrt{1-\rho^2}},$$

则有

$$f_X(x) = \int_{-\infty}^{+\infty} f(x,y)\mathrm{d}y$$

$$= \frac{1}{2\pi\sigma_1\sigma_2\sqrt{1-\rho^2}} \exp\left\{-\frac{(x-\mu_1)^2}{2\sigma_1^2}\right\} \sigma_2\sqrt{1-\rho^2} \cdot \int_{-\infty}^{+\infty} \exp\left\{-\frac{t^2}{2}\right\} \mathrm{d}t.$$

注意到上式中的积分等于 $\sqrt{2\pi}$, 所以有

$$f_X(x) = \frac{1}{\sqrt{2\pi}\sigma_1} \exp\left\{-\frac{(x-\mu_1)^2}{2\sigma_1^2}\right\}.$$

这正是一维正态分布 $\mathrm{N}(\mu_1, \sigma_1^2)$ 的概率密度函数, 即 $X \sim \mathrm{N}(\mu_1, \sigma_1^2)$. 同理, $Y \sim \mathrm{N}(\mu_2, \sigma_2^2)$. 由此可见

(1) 二维正态分布的边际分布是一维正态.

(2) 二维正态分布的边际分布中不含 ρ.

(3) 二维正态分布 $\mathrm{N}(\mu_1, \mu_2, \sigma_1^2, \sigma_2^2, 0)$、$\mathrm{N}(\mu_1, \mu_2, \sigma_1^2, \sigma_2^2, 0.4)$ 和 $\mathrm{N}(\mu_1, \mu_2, \sigma_1^2, \sigma_2^2, 0.8)$ 的边际分布是相同的, 参见图 2.25 和图 2.26.

(4) 具有相同边际分布的二维联合分布可以不同, 边际分布不能确定出联合分布.

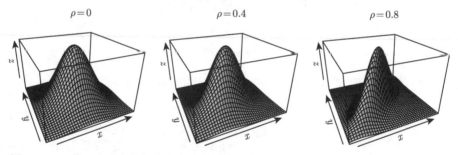

图 2.25   二维正态分布的概率密度函数图 ($\mu_1 = \mu_2 = 0$, $\sigma_1 = \sigma_2 = 1$, $\rho = 0, 0.4, 0.8$)

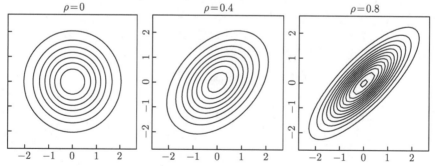

图 2.26   二维正态分布的概率密度函数等高线 ($\mu_1 = \mu_2 = 0$, $\sigma_1 = \sigma_2 = 1$, $\rho = 0, 0.4, 0.8$)

2.4.4 n 维随机变量

设 $X_1, X_2, \cdots, X_n$ 是定义在同一概率空间上的随机变量, 则称 $(X_1, X_2, \cdots, X_n)$ 是 n 维随机变量或 n 维随机向量.

对于任意的 n 个实数 $x_1, x_2, \cdots, x_n$, 称 n 元函数

$$F(x_1, x_2, \cdots, x_n) = P(X_1 \leqslant x_1, X_2 \leqslant x_2, \cdots, X_n \leqslant x_n)$$

为 n 维随机变量 $(X_1, X_2, \cdots, X_n)$ 的联合分布函数. 值得注意的是, 上式表示 n 个随机事件 $\{X_1 \leqslant x_1\}, \{X_2 \leqslant x_2\}, \cdots, \{X_n \leqslant x_n\}$ 同时发生的概率. 称

$$\begin{aligned} F_{X_i}(x_i) &= P(X_i \leqslant x_i) \\ &= P(X_1 < +\infty, \cdots, X_{i-1} < +\infty, X_i \leqslant x_i, X_{i+1} < +\infty, \cdots, X_n < +\infty) \\ &= F(+\infty, \cdots, +\infty, x_i, +\infty, \cdots, +\infty) \end{aligned}$$

为 X_i 的边际分布函数, $i = 1, 2, \cdots, n$.

如果 n 维随机变量 $(X_1, X_2, \cdots, X_n)$ 可能的取值为 $\mathbb{R}^n$ 中的有限个点或可数多个点, 则称 $(X_1, X_2, \cdots, X_n)$ 为 n 维离散型随机变量, 其分布列称为联合分布列. 此时 $X_1, X_2, \cdots, X_n$ 作为 n 个一维随机变量都是离散型随机变量, 它们的分布列称为边际分布列.

如果存在 n 元非负函数 $f(x_1, x_2, \cdots, x_n)$ 使得

$$F(x_1, x_2, \cdots, x_n) = \int_{-\infty}^{x_n} \cdots \int_{-\infty}^{x_2} \int_{-\infty}^{x_1} f(u_1, u_2, \cdots, u_n) \mathrm{d}u_1 \mathrm{d}u_2 \cdots \mathrm{d}u_n,$$

则称 $(X_1, X_2, \cdots, X_n)$ 是 n 维连续型随机变量, $f(x_1, x_2, \cdots, x_n)$ 称为 $(X_1, X_2, \cdots, X_n)$ 的联合概率密度函数. 此时 $X_1, X_2, \cdots, X_n$ 作为 n 个一维随机变量都是连续型随机变量, 且 X_i 的 (边际) 概率密度函数为

$$f_{X_i}(x_i) = \int \cdots \int_{\mathbb{R}^{n-1}} f(x_1, x_2, \cdots, x_n) \mathrm{d}x_1 \cdots \mathrm{d}x_{i-1} \mathrm{d}x_{i+1} \cdots \mathrm{d}x_n, \quad i = 1, 2, \cdots, n.$$

习 题 2.4

1 设二维随机变量 (X, Y) 的分布函数为

$$F(x, y) = A(B + \arctan x)(C + \arctan y), \quad -\infty < x < \infty, -\infty < y < \infty.$$

求: (1) 常数 A, B, C;   (2) $P(X > 1)$.

2 设有二元函数 $G(x, y) = \begin{cases} 1, & x + y \geqslant 1; \\ 0, & x + y < 1. \end{cases}$ 问该函数是否是一个分布函数.

3 将一枚硬币连掷三次, 以 X 表示三次中出现正面的次数, 以 Y 表示三次中出现正面次数与出现背面次数之差的绝对值, 试求 X 与 Y 的联合分布列及边际分布列.

4 设二维离散型随机变量 (X, Y) 的联合分布列为

$$P(X = n, Y = m) = \frac{\lambda^n p^m (1-p)^{n-m}}{m!(n-m)!} \mathrm{e}^{-\lambda}, \quad \lambda > 0, 0 < p < 1,$$

$$m = 0, 1, 2, \cdots, n, \quad n = 0, 1, 2, \cdots.$$

求 X 和 Y 的边际分布列.

5 设随机变量 Y 服从参数为 $\lambda = 1$ 的指数分布. 定义随机变量 X_k 如下:

$$X_k = \begin{cases} 0, & Y \leqslant k; \\ 1, & Y > k. \end{cases} \quad k = 1, 2.$$

求 X_1 和 X_2 的联合分布列.

6 从数 $1, 2, 3, 4$ 中任取一个数, 记为 X, 再从 $1, 2, \cdots, X$ 中任取一个数, 记为 Y, 求 $P(Y = 2)$.

7 设某班车起点站上客人数 $X \sim \mathrm{P}(\lambda)$, 每位乘客在中途下车的概率为 $p\,(0 < p < 1)$, 且中途下车与否相互独立, 以 Y 表示中途下车的人数, 求

(1) 在发车时有 n 个乘客的条件下, 中途有 m 人下车的概率;

(2) 二维随机变量 (X, Y) 的概率分布.

8 设二维随机变量 (X, Y) 的联合概率密度函数为

$$f(x, y) = \begin{cases} C\mathrm{e}^{-(3x+4y)}, & x > 0, y > 0; \\ 0, & \text{其他}. \end{cases}$$

(1) 确定常数 C;　(2) 求 (X, Y) 的分布函数;　(3) 求 $P(0 < X < 1, 0 \leqslant Y \leqslant 2)$.

9 设二维随机变量 (X, Y) 的概率密度函数为

$$f(x, y) = \begin{cases} 6x, & 0 \leqslant x \leqslant y \leqslant 1; \\ 0, & \text{其他}. \end{cases}$$

求 $P\{X + Y \leqslant 1\}$.

10 二维随机变量 (X, Y) 的联合概率密度函数为

$$f(x, y) = \begin{cases} C(R - \sqrt{x^2 + y^2}), & x^2 + y^2 < R^2; \\ 0, & \text{其他}. \end{cases}$$

求: (1) 常数 C;　(2) (X, Y) 落在圆 $x^2 + y^2 < r^2\ (r < R)$ 内的概率.

11 设 X, Y 的联合概率密度函数为

$$f(x, y) = \frac{C}{(1 + x^2)(1 + y^2)}.$$

求: (1) 常数 C;　(2) (X, Y) 落在以 $(0, 0), (0, 1), (1, 0), (1, 1)$ 为顶点的的正方形内的概率.

12 设 (X, Y) 的概率密度函数为

$$f(x, y) = \begin{cases} A\sin(x + y), & 0 < x < \dfrac{\pi}{2}, 0 < y < \dfrac{\pi}{2}; \\ 0, & \text{其他}. \end{cases}$$

求: (1) 常数 A;　(2) 关于 X 和 Y 的边际概率密度函数.

13 设平面区域 D 由曲线 $y = 1/x$ 及直线 $y = 0, x = 1, x = \mathrm{e}^2$ 所围成, 二维随机变量 (X, Y) 服从区域 D 上的均匀分布, 求 (X, Y) 关于 X 的边际概率密度函数在 $x = 2$ 处的值.

14 设 (X, Y) 服从平面区域 D 上的均匀分布, 其中 D 为直线 $y = x$ 和抛物线 $y = x^2$ 所围成的区域, 试求 (X, Y) 的联合概率密度函数以及关于 X 和 Y 的边际概率密度函数.

15 设 (X, Y) 的概率密度函数为

$$f(x, y) = \begin{cases} \dfrac{1}{2}, & 0 \leqslant x \leqslant 1, 0 \leqslant y \leqslant 2; \\ 0, & \text{其他}. \end{cases}$$

求 X 与 Y 中至少有一个小于 $1/2$ 的概率.

16 一个电子器件包含两个主要元件, 分别以 X 和 Y 表示这两个元件的寿命 (以小时计), 设 (X, Y) 的分布函数为

$$F(x, y) = \begin{cases} 1 - \mathrm{e}^{-0.01x} - \mathrm{e}^{-0.01y} + \mathrm{e}^{-0.01(x+y)}, & x > 0, y > 0; \\ 0, & \text{其他}. \end{cases}$$

求两个元件的寿命都超过 120 小时的概率.

17 设 (X, Y) 服从二维正态分布, 其概率密度函数为

$$f(x, y) = \frac{1}{2\pi\sigma^2} \exp\left\{ -\frac{1}{2}\left(\frac{x^2}{\sigma^2} + \frac{y^2}{\sigma^2} \right) \right\}.$$

求 $P(X < Y)$.

18 设 (X, Y) 的概率密度函数为

$$f(x, y) = \begin{cases} x^2 + \dfrac{1}{3}xy, & 0 \leqslant x \leqslant 1, 0 \leqslant y \leqslant 2; \\ 0, & \text{其他}. \end{cases}$$

求 $P(X + Y \geqslant 1)$.

19 随机变量 X 的概率密度函数为

$$f_X(x) = \begin{cases} 1/2, & -1 < x < 0; \\ 1/4, & 0 \leqslant x < 2; \\ 0, & \text{其他}. \end{cases}$$

令 $Y = X^2$, $F(x, y)$ 为二维随机变量 (X, Y) 的分布函数. 求:

(1) Y 的概率密度函数 $f_Y(y)$;   (2) $F(-\frac{1}{2}, 4)$.

2.5 随机变量的独立性和条件分布

2.5.1 相互独立的随机变量

第 1 章已经给出了两个随机事件 A, B 相互独立的充要条件是

$$P(AB) = P(A)P(B).$$

对于两个随机变量 X, Y 来说, 我们用随机事件 $\{X \leqslant x\}, \{Y \leqslant y\}$ 是否独立来定义 X 与 Y 是否独立, 具体来说有下述定义.

定义 2.5.1　设 X, Y 是两个随机变量, 如果对于任意的实数 x 和 y, 事件 $\{X \leqslant x\}$ 和 $\{Y \leqslant y\}$ 相互独立, 即

$$P(X \leqslant x, Y \leqslant y) = P(X \leqslant x) \cdot P(Y \leqslant y). \tag{2.5.1}$$

则称 X 和 Y **相互独立** (mutual independence).

设 $F(x, y)$ 为 (X, Y) 的联合分布函数, $F_X(x)$, $F_Y(y)$ 分别为 X 与 Y 的边际分布函数, 则不难看出式 (2.5.1) 即为

$$F(x, y) = F_X(x) \cdot F_Y(y). \tag{2.5.2}$$

2.4 节中指出, 边际分布并不能确定它们的联合分布. 现在由式 (2.5.2) 可以断言: 如果 X 与 Y 独立, 则 (X, Y) 的联合分布可由 X 和 Y 的边际分布唯一确定. 可见若 X 和 Y 独立, 则 (X, Y) 的概率结构比较简单.

对于离散型和连续型随机变量, 独立性条件 (2.5.2) 也可以用分布列和概率密度函数分别表示, 这就是下面两个定理 (证明是直接的, 略去).

定理 2.5.1　设 (X, Y) 是二维离散型随机变量, X 的可能取值为 $a_1, a_2, \cdots, a_i, \cdots$; Y 的可能取值为 $b_1, b_2, \cdots, b_j, \cdots$. 则 X 与 Y 相互独立的充要条件为: 对一切 i, j, 都有

$$p_{ij} = P(X = a_i, Y = b_j) = P(X = a_i)P(Y = b_j) = p_{i\cdot}p_{\cdot j}. \tag{2.5.3}$$

即联合分布列等于边际分布列的乘积.

定理 2.5.2　设二维连续型随机变量 (X, Y) 的联合概率密度函数为 $f(x, y)$, X 和 Y 的概率密度函数分别为 $f_X(x)$ 和 $f_Y(y)$, 则 X 与 Y 相互独立的充要条件是: 在 $\mathbb{R}^2$ 上几乎处处[①]有

$$f(x, y) = f_X(x) \cdot f_Y(y). \tag{2.5.4}$$

即联合概率密度函数等于边际概率密度函数的乘积.

例 2.5.1　考虑进行 $n + m$ 次独立重复试验, 每次成功的概率为 p, 如果 X 表示前 n 次试验中成功的次数, Y 表示后 m 次试验中成功的次数, 那么 X 和 Y 是独立的, 因为知道了前 n 次试验中成功的次数并不影响后 m 次试验中成功次数的分布 (因为假设试验是独立的). 事实上, 对于整数 x 和 y, 有

$$\begin{aligned} P(X = x, Y = y) &= C_n^x p^x (1-p)^{n-x} C_m^y p^y (1-p)^{m-y} \\ &= P(X = x)P(Y = y). \quad 0 \leqslant x \leqslant n, \ 0 \leqslant y \leqslant m. \end{aligned}$$

但是, 如果用 Z 表示在 $n + m$ 次试验中成功总次数, 则 X 和 Z 是不独立的 (为什么?).　　□

例 2.5.2　假设某一天内进入银行的人数服从参数为 λ 的泊松分布, 且每个进入银行的人为男性的概率为 p, 为女性的概率为 $1 - p$. 试证: 进入银行的男人数和女人数是相互独立的泊松随机变量, 它们的参数分别为 λp 和 $\lambda(1 - p)$.

---

① 这里 "几乎处处" 意指, 公式 (2.5.4) 对除去一个零测集以外的所有 (x, y) 都成立.

解 令 X 和 Y 分别表示进入银行的男人数和女人数, 则 $Z = X + Y$ 是进入银行的总人数, 且根据题意知 $Z \sim P(\lambda)$. 为证明 X 和 Y 独立, 只需证明式 (2.5.3) 成立. 注意到

$$P(X = i, Y = j) = P(X = i, Y = j \mid X + Y = i + j)P(X + Y = i + j), \tag{2.5.5}$$

其中

$$P(X + Y = i + j) = P(Z = i + j) = \mathrm{e}^{-\lambda} \frac{\lambda^{i+j}}{(i+j)!}, \tag{2.5.6}$$

而且在给定 $Z = i + j$ 的条件下, 正好有 i 个是男性 (且正好有 j 个女性) 的概率为

$$P(X = i, Y = j \mid X + Y = i + j) = C_{i+j}^{i} p^i (1-p)^j. \tag{2.5.7}$$

将式 (2.5.6) 和式 (2.5.7) 代入式 (2.5.5), 可得

$$\begin{aligned}
P(X = i, Y = j) &= C_{i+j}^{i} p^i (1-p)^j \mathrm{e}^{-\lambda} \frac{\lambda^{i+j}}{(i+j)!} \\
&= \frac{\mathrm{e}^{-\lambda p}(\lambda p)^i}{i!} \mathrm{e}^{-\lambda(1-p)} \frac{[\lambda(1-p)]^j}{j!}.
\end{aligned} \tag{2.5.8}$$

因此

$$P(X = i) = \mathrm{e}^{-\lambda p} \frac{(\lambda p)^i}{i!} \sum_{j=0}^{\infty} \mathrm{e}^{-\lambda(1-p)} \frac{[\lambda(1-p)]^j}{j!} = \mathrm{e}^{-\lambda p} \frac{(\lambda p)^i}{i!}. \tag{2.5.9}$$

类似地, 有

$$P(Y = j) = \mathrm{e}^{-\lambda(1-p)} \frac{[\lambda(1-p)]^j}{j!}. \tag{2.5.10}$$

式 (2.5.8), 式 (2.5.9) 和式 (2.5.10) 说明欲证结论成立. □

例 2.5.3 设 X 和 Y 相互独立, 都服从指数分布 $\mathrm{Exp}(1)$. 试求 $P(X + Y \leqslant 1)$.

解 设 $f_X(x)$ 和 $f_Y(y)$ 分别为 X 与 Y 的概率密度函数, 则

$$f_X(x) = \begin{cases} \mathrm{e}^{-x}, & x \geqslant 0; \\ 0, & x < 0. \end{cases} \qquad f_Y(y) = \begin{cases} \mathrm{e}^{-y}, & y \geqslant 0; \\ 0, & y < 0. \end{cases}$$

由于 X 与 Y 相互独立, 所以 X 与 Y 的联合概率密度函数为

$$f(x, y) = f_X(x) \cdot f_Y(y) = \begin{cases} \mathrm{e}^{-(x+y)}, & x \geqslant 0, y \geqslant 0; \\ 0, & \text{其他}. \end{cases}$$

于是

$$P(X + Y \leqslant 1) = \iint_{x+y \leqslant 1} f(x, y)\mathrm{d}x\mathrm{d}y = \int_0^1 \mathrm{d}x \int_0^{1-x} \mathrm{e}^{-(x+y)}\mathrm{d}y = 1 - 2\mathrm{e}^{-1}. \qquad \square$$

例 2.5.4　设二维随机变量 (X, Y) 服从 $N(\mu_1, \mu_2, \sigma_1^2, \sigma_2^2, 0)$, 其联合概率密度函数为

$$f(x,y) = \frac{1}{2\pi\sigma_1\sigma_2} \exp\left\{-\frac{(x-\mu_1)^2}{2\sigma_1^2} - \frac{(y-\mu_2)^2}{2\sigma_2^2}\right\}.$$

X 和 Y 的边际分布由例 2.4.4 已经算出, 由定理 2.5.2 可知, X 和 Y 相互独立. □

由此可见, 二维正态分布中第 5 个参数 $\rho = 0$ 时, 相应的二维随机变量两个分量是相互独立的. 事实上, 有下述定理.

定理 2.5.3　设 (X, Y) 服从二维正态分布, 则 X, Y 相互独立的充要条件是 $\rho = 0$.

证　充分性由上例得证, 下证必要性.

当 $f(x,y) = f_X(x) \cdot f_Y(y)$ 时, 令 $x = \mu_1$, $y = \mu_2$, 则有

$$\frac{1}{2\pi\sigma_1\sigma_2\sqrt{1-\rho^2}} = \frac{1}{\sqrt{2\pi}\sigma_1} \cdot \frac{1}{\sqrt{2\pi}\sigma_2},$$

得证 $\rho = 0$. □

直接利用式 (2.5.4) 验证独立性需要事先知道 f_X 和 f_Y, 下面的结论提供的方法则更为便捷, 只需判断联合概率密度函数为 $f(x,y)$ 中的两个变量是否可以分离即可.

定理 2.5.4　设二维连续型随机变量 (X, Y) 的联合概率密度函数为 $f(x,y)$, 则 X 与 Y 相互独立的充要条件是: 存在函数 $g(x)$ 和 $h(y)$, 使得在 $\mathbb{R}^2$ 上几乎处处有

$$f(x,y) = g(x) \cdot h(y). \tag{2.5.11}$$

证　必要性显然. 为证充分性, 设 $\int_{-\infty}^{+\infty} g(x)\mathrm{d}x = c$, 且 $\int_{-\infty}^{+\infty} h(y)\mathrm{d}y = d$, 则 c, d 满足

$$cd = \int_{-\infty}^{+\infty}\int_{-\infty}^{+\infty} f(x,y)\mathrm{d}x\mathrm{d}y = 1,$$

而且

$$f_X(x) = \int_{-\infty}^{+\infty} f(x,y)\mathrm{d}y = d \cdot g(x), \quad f_Y(y) = \int_{-\infty}^{+\infty} f(x,y)\mathrm{d}x = c \cdot h(y).$$

可见 $f(x,y) = f_X(x) \cdot f_Y(y)$. □

例 2.5.5　设二维随机变量 (X, Y) 的联合概率密度函数如下, 判断 X, Y 的独立性.

(1) $f(x,y) = \begin{cases} 8xy, & 0 \leqslant x \leqslant y \leqslant 1; \\ 0, & \text{其他.} \end{cases}$

(2) $f(x,y) = \begin{cases} 6xy^2, & 0 \leqslant x, y \leqslant 1; \\ 0, & \text{其他.} \end{cases}$

(3) $f(x,y) = \begin{cases} 12y^2, & 0 \leqslant y \leqslant x \leqslant 1; \\ 0, & \text{其他.} \end{cases}$

(4) $f(x,y) = \begin{cases} 6\exp\{-2x-3y\}, & x > 0, y > 0; \\ 0, & \text{其他.} \end{cases}$

(5) $f(x,y) = \begin{cases} x^2 + xy/3, & 0 < x < 1, 0 < y < 2; \\ 0, & \text{其他}. \end{cases}$

解 (1) 直观上看, 联合概率密度函数 $f(x,y)$ 似乎可以分离变量, 但由于其非零区域是一个三角形, x 的取值范围受到 y 的取值影响 $(0 \leqslant x \leqslant y)$, y 的取值范围也受 x 的取值影响 $(x \leqslant y \leqslant 1)$, 最后导致 $f(x,y)$ 不能分离为两个一元函数之积, 从而随机变量 X 和 Y 不可能相互独立.

(2)(4) $f(x,y)$ 可以写成两个一元函数之积 (读者可以动手试试), 从而随机变量 X 和 Y 相互独立.

(3) 与 (1) 相同的理由, 随机变量 X 和 Y 不相互独立.

(5) $f(x,y)$ 不能分离为两个一元函数之积, 从而随机变量 X 和 Y 不相互独立. □

独立性的概念可推广到 n 维随机变量的情形.

设 n 维随机变量 $(X_1, X_2, \cdots, X_n)$ 的联合分布函数为 $F(x_1, x_2, \cdots, x_n)$, X_1, X_2, $\cdots$, X_n 的边际分布函数分别为 $F_{X_1}(x_1), F_{X_2}(x_2), \cdots, F_{X_n}(x_n)$. 如果对任意的实数 $x_1, x_2, \cdots, x_n$ 有

$$F(x_1, x_2, \cdots, x_n) = F_{X_1}(x_1)F_{X_2}(x_2) \cdots F_{X_n}(x_n),$$

则称 n 个随机变量 $X_1, X_2, \cdots, X_n$ **相互独立**.

设 $X_1, X_2, \cdots, X_n$ 是 n 个离散型随机变量, X_i 的可能取值为 $a_{ik}(i = 1, 2, \cdots, n; k = 1, 2, \cdots)$, 则 $X_1, X_2, \cdots, X_n$ 相互独立的充要条件为: 对任意的一组 $a_{1k_1}, a_{2k_2}, \cdots, a_{nk_n}$, 恒有

$$P(X_1 = a_{1k_1}, X_2 = a_{2k_2}, \cdots, X_n = a_{nk_n}) = P(X_1 = a_{1k_1})P(X_2 = a_{2k_2}) \cdots P(X_n = a_{nk_n}).$$

设 $(X_1, X_2, \cdots, X_n)$ 是 n 维连续型随机变量, 联合概率密度函数为 $f(x_1, x_2, \cdots, x_n)$, 相应的边际概率密度函数为 $f_{X_1}(x_1), f_{X_2}(x_2), \cdots, f_{X_n}(x_n)$, 则 $X_1, X_2, \cdots, X_n$ 相互独立的充要条件是, 关于 $\mathbb{R}^n$ 中几乎处处有

$$f(x_1, x_2, \cdots, x_n) = f_{X_1}(x_1)f_{X_2}(x_2) \cdots f_{X_n}(x_n).$$

例 2.5.6 设 X, Y, Z 都服从 $(0,1)$ 上均匀分布, 且相互独立, 求 $P(X \geqslant YZ)$.

解 因为 (X, Y, Z) 的联合概率密度函数为

$$f_{X,Y,Z}(x,y,z) = f_X(x)f_Y(y)f_Z(z) = \begin{cases} 1, & 0 \leqslant x \leqslant 1, 0 \leqslant y \leqslant 1, 0 \leqslant z \leqslant 1; \\ 0, & \text{其他}. \end{cases}$$

我们有

$$P(X \geqslant YZ) = \iiint_{x \geqslant yz} f_{X,Y,Z}(x,y,z)\mathrm{d}x\mathrm{d}y\mathrm{d}z = \int_0^1\int_0^1\int_{yz}^1 \mathrm{d}x\mathrm{d}y\mathrm{d}z$$
$$= \int_0^1\int_0^1 (1 - yz)\mathrm{d}y\mathrm{d}z = \int_0^1 \left(1 - \frac{z}{2}\right)\mathrm{d}z = \frac{3}{4}.$$

2.5.2 条件分布

仿照条件概率的定义, 我们可以定义随机变量的条件分布. 下面分别讨论随机变量 X, Y 为离散型和连续型的情形.

1. 二维离散型随机变量的条件分布

设 (X, Y) 是二维离散型随机变量, 其分布列为

$$P(X = a_i, Y = b_j) = p_{ij}, \quad i, j = 1, 2, \cdots.$$

X 和 Y 的边际分布列分别为

$$P(X = a_i) = p_{i\cdot} = \sum_j p_{ij}, \quad i = 1, 2, \cdots;$$

$$P(Y = b_j) = p_{\cdot j} = \sum_i p_{ij}, \quad j = 1, 2, \cdots.$$

设 $p_{\cdot j} > 0$, 由条件概率公式, 在事件 $\{Y = b_j\}$ 发生的条件下, 事件 $\{X = a_i\}$ 的条件概率为

$$P(X = a_i \,|\, Y = b_j) = \frac{P(X = a_i, Y = b_j)}{P(Y = b_j)} = \frac{p_{ij}}{p_{\cdot j}}.$$

由此我们给出下面的定义.

定义 2.5.2　设 (X, Y) 是二维离散型随机变量, 且对固定的 j, $P(Y = b_j) > 0$, 则称

$$P(X = a_i \,|\, Y = b_j) = \frac{p_{ij}}{p_{\cdot j}}, \quad i = 1, 2, \cdots. \tag{2.5.12}$$

为在 $Y = b_j$ 条件下, 随机变量 X 的条件分布列 (conditional distribution series), 或条件概率质量函数 (conditional probability mass function).

同样, 对于固定的 i, 若 $P(X = a_i) > 0$, 则称

$$P(Y = b_j \,|\, X = a_i) = \frac{p_{ij}}{p_{i\cdot}}, \quad j = 1, 2, \cdots \tag{2.5.13}$$

为在 $X = a_i$ 条件下, 随机变量 Y 的条件分布列, 或条件概率质量函数.

容易看出条件分布列具有下列性质:

$$P(X = a_i \,|\, Y = b_j) \geqslant 0;$$
$$\sum_i P(X = a_i \,|\, Y = b_j) = 1.$$

例 2.5.7　一射手进行射击, 击中目标的概率为 $p(0 < p < 1)$, 射击进行到击中目标两次为止. 设 X 为第一次击中目标时所进行的射击次数, Y 表示总的射击次数. 试求

(1) (X, Y) 的联合分布列;

(2) (X, Y) 的边际分布列;

(3) (X, Y) 的条件分布列.

解　(1) 由题意, $\{X = i\}$ 表示第 i 次射击首次击中目标, $\{Y = j\}$ 表示第 j 次射击时第二次击中目标, $i < j$. $\{X = i, Y = j\}$ 表示第 i 次和第 j 次击中目标, 而其余 $j - 2$ 次均未击中目标. 我们可以认为各次射击相互独立, 于是, X 和 Y 的联合分布列为

$$P(X = i, Y = j) = p^2 q^{j-2}, \quad i = 1, 2, \cdots; \; j = i+1, i+2, \cdots,$$

其中 $q = 1 - p$.

(2) 边际分布列

$$P(X = i) = \sum_{j=i+1}^{\infty} p_{ij} = \sum_{j=i+1}^{\infty} p^2 q^{j-2} = pq^{i-1}, \quad i = 1, 2, \cdots;$$

$$P(Y = j) = \sum_{i=1}^{j-1} p_{ij} = \sum_{i=1}^{j-1} p^2 q^{j-2} = (j-1)p^2 q^{j-2}, \quad j = 2, 3, \cdots.$$

(3) 条件分布列

$$P(X = i \,|\, Y = j) = \frac{p_{ij}}{p_{\cdot j}} = \frac{p^2 q^{j-2}}{(j-1)p^2 q^{j-2}} = \frac{1}{j-1},$$

其中 $j = 2, 3, \cdots; \ i = 1, 2, \cdots, j-1$.

$$P(Y = j \,|\, X = i) = \frac{p_{ij}}{p_{i\cdot}} = \frac{p^2 q^{j-2}}{pq^{i-1}} = pq^{j-i-1},$$

其中 $i = 1, 2, \cdots; \ j = i+1, i+2, \cdots.$ □

2. 二维连续型随机变量的条件分布

由于对连续型随机变量 X 和 Y 来说, $Y = y$ 的概率为零, 因而不能直接用条件概率公式来定义在 $Y = y$ 的条件下的条件分布. 这里我们直接使用条件概率密度函数来避免这一问题. 我们将离散情形定义中的概率质量函数 (分布列) 换成概率密度函数, 而得到条件概率密度函数的概念.[①]

定义 2.5.3 设 (X, Y) 的联合概率密度函数为 $f(x, y)$, 边际概率密度函数为 $f_X(x)$ 和 $f_Y(y)$, 对满足 $f_Y(y) > 0$ 的 y, X 在条件 $Y = y$ 下的条件概率密度函数是 x 的一个函数, 定义为

$$f_{X|Y}(x \,|\, y) = \frac{f(x, y)}{f_Y(y)}. \tag{2.5.14}$$

完全类似地, 可以定义在 $X = x$ 的条件下 Y 的条件概率密度函数为

$$f_{Y|X}(y \,|\, x) = \frac{f(x, y)}{f_X(x)}. \tag{2.5.15}$$

条件概率密度函数仍然满足概率密度函数的两个基本性质:

$$f_{X|Y}(x \,|\, y) \geqslant 0, \quad f_{Y|X}(y \,|\, x) \geqslant 0;$$

$$\int_{-\infty}^{+\infty} f_{Y|X}(t \,|\, x)\mathrm{d}t = 1, \quad \int_{-\infty}^{+\infty} f_{X|Y}(t \,|\, y)\mathrm{d}t = 1.$$

有了条件概率密度函数的概念之后, 条件分布函数可如下表示:

$$F_{X|Y}(x \,|\, y) = \int_{-\infty}^{x} f_{X|Y}(t \,|\, y)\mathrm{d}t, \tag{2.5.16}$$

$$F_{Y|X}(y \,|\, x) = \int_{-\infty}^{y} f_{Y|X}(t \,|\, x)\mathrm{d}t. \tag{2.5.17}$$

① 事实上, 在高等课程里面, 对这种情形有严格的定义, 这里我们只简单将其看作一个定义.

从而对任意的 (可测) 集合 A, 有

$$P(X \in A \,|\, Y = y) = \int_A f_{X|Y}(x \,|\, y) \mathrm{d}x. \tag{2.5.18}$$

例 2.5.8   设 (X, Y) 服从二维正态分布 $\mathrm{N}(0, 0, 1, 1, \rho)$, 试求 $f_{X|Y}(x \,|\, y)$ 和 $f_{Y|X}(y \,|\, x)$.

解   由已知可得

$$f(x, y) = \frac{1}{2\pi\sqrt{1-\rho^2}} \exp\left\{-\frac{x^2 - 2\rho xy + y^2}{2(1-\rho^2)}\right\},$$

$$f_X(x) = \int_{-\infty}^{\infty} f(x, y)\mathrm{d}y = \frac{1}{\sqrt{2\pi}} \exp\left\{-\frac{x^2}{2}\right\},$$

$$f_Y(y) = \int_{-\infty}^{\infty} f(x, y)\mathrm{d}x = \frac{1}{\sqrt{2\pi}} \exp\left\{-\frac{y^2}{2}\right\}.$$

由式 (2.5.15), 我们有

$$f_{Y|X}(y \,|\, x) = \frac{f(x, y)}{f_X(x)} = \frac{1}{\sqrt{2\pi}\sqrt{1-\rho^2}} \exp\left\{-\frac{(y - \rho x)^2}{2(1-\rho^2)}\right\}.$$

这说明在 $X = x$ 的条件下, Y 的条件分布为 $\mathrm{N}(\rho x, 1 - \rho^2)$. 同理可得

$$f_{X|Y}(x \,|\, y) = \frac{1}{\sqrt{2\pi}\sqrt{1-\rho^2}} \exp\left\{-\frac{(x - \rho y)^2}{2(1-\rho^2)}\right\}.$$

这说明在 $Y = y$ 的条件下, X 的条件分布为 $\mathrm{N}(\rho y, 1 - \rho^2)$.   □

例 2.5.9   设二维随机变量 (X, Y) 服从 $D: x^2 + y^2 \leqslant 1$ 上的均匀分布, 求 $f_{X|Y}(x \,|\, y)$ 和 $P\left(X > \sqrt{2}/4 \,\middle|\, Y = \sqrt{2}/2\right)$.

解   区域 D 的面积为 π, 所以 (X, Y) 的联合概率密度函数和 Y 的边际概率密度函数分别为

$$f(x, y) = \begin{cases} \pi^{-1}, & x^2 + y^2 \leqslant 1; \\ 0, & \text{其他}. \end{cases}$$

$$f_Y(y) = \int_{-\infty}^{+\infty} f(x, y)\mathrm{d}x = \frac{1}{\pi} \int_{-\sqrt{1-y^2}}^{\sqrt{1-y^2}} \mathrm{d}x = \frac{2}{\pi}\sqrt{1-y^2}, \qquad -1 \leqslant y \leqslant 1.$$

所以

$$f_Y(y) = \begin{cases} \dfrac{2}{\pi}\sqrt{1-y^2}, & -1 \leqslant y \leqslant 1; \\ 0, & \text{其他}. \end{cases}$$

当 $-1 < y < 1$ 时, $f_Y(y) > 0$,

$$f_{X|Y}(x \,|\, y) = \frac{f(x, y)}{f_Y(y)} = \begin{cases} \dfrac{1}{2\sqrt{1-y^2}}, & -\sqrt{1-y^2} \leqslant x \leqslant \sqrt{1-y^2}; \\ 0, & \text{其他}. \end{cases}$$

现在取 $y = \sqrt{2}/2$, 则 $f_Y(\sqrt{2}/2) > 0$,

$$f_{X|Y}\left(x \,\middle|\, \sqrt{2}/2\right) = \begin{cases} \sqrt{2}/2, & -\sqrt{2}/2 \leqslant x \leqslant \sqrt{2}/2; \\ 0, & \text{其他}. \end{cases}$$

即当 $y = \sqrt{2}/2$ 时, X 的条件分布为 $[-\sqrt{2}/2, \sqrt{2}/2]$ 上的均匀分布, 因此

$$\begin{aligned} P\left(X > \sqrt{2}/4 \,\middle|\, Y = \sqrt{2}/2\right) &= \int_{\sqrt{2}/4}^{\infty} f_{X|Y}\left(x \,\middle|\, \sqrt{2}/2\right) \mathrm{d}x \\ &= \int_{\sqrt{2}/4}^{\sqrt{2}/2} f_{X|Y}\left(x \,\middle|\, \sqrt{2}/2\right) \mathrm{d}x = \frac{1}{4}. \quad \square \end{aligned}$$

最后, 需要注意的是当随机变量 X 和 Y 独立时, 条件分布等于边际分布, 其中的条件不起作用. 即

$$F_{X|Y}(x \,|\, y) = F_X(x), \quad F_{Y|X}(y \,|\, x) = F_Y(y).$$

这时对于二维离散型随机变量有

$$P(X = a_i \,|\, Y = b_j) = P(X = a_i), \quad P(Y = b_j \,|\, X = a_i) = P(Y = b_j).$$

对于二维连续型随机变量有

$$f_{X|Y}(x \,|\, y) = f_X(x), \quad f_{Y|X}(y \,|\, x) = f_Y(y).$$

习 题 2.5

1 设随机变量 X 和 Y 独立同分布, $Z = X \cdot Y$ 且 $P(X = \pm 1) = P(Y = \pm 1) = \frac{1}{2}$.
(1) 试求 $P(X = Y)$;　　(2) 证明 X, Y, Z 两两独立, 但不相互独立.

2 设随机变量 X 与 Y 相互独立, 下表列出了二维随机变量 (X, Y) 联合分布列及关于 X 和关于 Y 的边际分布列中的部分数值, 试将其余值填入表中的空白处.

X	Y			$P(X = x_i) = p_i$
	y_1	y_2	y_3	
x_1		1/8		
x_2	1/8			
$P(Y = y_j) = p_j$	1/6			1

3 设二维离散型随机变量 (X, Y) 的联合分布列为

X	Y		
	1	2	3
1	1/6	1/9	1/18
2	1/3	α	β

问其中的 α, β 取什么值时, X 与 Y 相互独立?

4　设随机变量 X 和 Y 相互独立, 且 X 和 Y 的概率分布分别为

X	0	1	2	3
P	1/2	1/4	1/8	1/8

Y	-1	0	1
P	1/3	1/3	1/3

求 $P(X + Y = 2)$.

5　设二维随机变量 (X, Y) 的概率分布为

	Y	
X	0	1
0	0.4	a
1	b	0.1

已知随机事件 $\{X = 0\}$ 与 $\{X + Y = 1\}$ 相互独立, 求 a, b.

6　袋中有 1 个红球, 2 个黑球与 3 个白球, 现有回放地从袋中取两次, 每次取一球, 以 X, Y, Z 分别表示两次取球所取得的红球、黑球与白球的个数.

(1) 求 $P(X = 1 | Z = 0)$;　(2) 求二维随机变量 (X, Y) 的概率分布.

7　已知二维随机变量 (X, Y) 在矩形区域 $D = \{(x, y) \mid a < x < b, c < y < d\}$ 内服从均匀分布, 求 X, Y 的联合概率密度函数和边际概率密度函数, 并判断 X 与 Y 是否独立.

8　设随机变量 (X, Y) 的联合概率密度函数如下, 试问 X 与 Y 是否独立?

(1) $f(x, y) = \begin{cases} 6xy^2, & 0 < x < 1, 0 < y < 1; \\ 0, & \text{其他}. \end{cases}$

(2) $f(x, y) = \begin{cases} x\mathrm{e}^{-(x+y)}, & x > 0, y > 0; \\ 0, & \text{其他}. \end{cases}$

(3) $f(x, y) = \dfrac{1}{\pi^2(1 + x^2)(1 + y^2)}, \quad -\infty < x, y < \infty.$

(4) $f(x, y) = \begin{cases} 2, & 0 < x < y < 1; \\ 0, & \text{其他}. \end{cases}$

(5) $f(x, y) = \begin{cases} 24xy, & 0 < x < 1, 0 < y < 1, x + y < 1; \\ 0, & \text{其他}. \end{cases}$

(6) $f(x, y) = \begin{cases} 12xy(1 - x), & 0 < x < 1, 0 < y < 1; \\ 0, & \text{其他}. \end{cases}$

(7) $f(x, y) = \begin{cases} \frac{21}{4}x^2 y, & x^2 < y < 1; \\ 0, & \text{其他}. \end{cases}$

9　设三维随机变量 (X, Y, Z) 的概率密度函数为

$$f(x, y, z) = \begin{cases} \dfrac{1}{8\pi^3}(1 - \sin x \sin y \sin z), & 0 \leqslant x, y, z \leqslant 2\pi; \\ 0, & \text{其他}. \end{cases}$$

试证明 X, Y, Z 两两独立, 但不相互独立.

10 设随机变量 X 与 Y 相互独立, 且有相同分布 $U(0,1)$, 求 $P\left(X^2 + Y^2 \leqslant 1\right)$.

11 设随机变量 X 与 Y 相互独立, 且分别服从参数为 1 与参数为 4 的指数分布, 求 $P(X < Y)$.

12 设在一段时间内进入某一商店的顾客人数 X 服从泊松分布 $P(\lambda)$, 每个顾客购买某种物品的概率为 p, 并且各个顾客是否购买该种物品相互独立, 求进入商店的顾客购买这种物品的人数 Y 的分布列.

13 设二维随机变量 (X, Y) 的概率密度函数为 $f(x, y) = A\mathrm{e}^{-2x^2 + 2xy - y^2}$, $-\infty < x, y < +\infty$. 求常数 A 及条件概率密度函数 $f_{Y|X}(y\,|\,x)$.

14 设有二维随机变量 (X, Y), X 的边际概率密度函数为

$$f_X(x) = \begin{cases} 3x^2, & 0 < x < 1; \\ 0, & \text{其他}. \end{cases}$$

在给定 $X = x\,(0 < x < 1)$ 的条件下, Y 的条件概率密度函数为

$$f_{Y|X}(y\,|\,x) = \begin{cases} \dfrac{3y^2}{x^3}, & 0 < y < x; \\ 0, & \text{其他}. \end{cases}$$

(1) 求 (X, Y) 的联合概率密度函数 $f(x, y)$;

(2) 求 Y 的边际概率密度函数 $f_Y(y)$.

15 设二维随机变量 (X, Y) 的联合概率密度函数为

$$f(x, y) = \begin{cases} x + y, & 0 < x < 1, 0 < y < 1; \\ 0, & \text{其他}. \end{cases}$$

求在 $0 < X < \dfrac{1}{n}$ 的条件下, Y 的条件分布函数和条件概率密度函数.

16 设随机变量 X 的分布为 $P(X = 1) = P(X = 2) = \frac{1}{2}$, 在给定 $X = i$ 的条件下, 随机变量 Y 服从均匀分布 $U(0, i)$, $i = 1, 2$. 求 Y 的分布函数.

17 设二维随机变量 (X, Y) 服从二维正态分布 $N(0, 0, 1, 1, 0)$, 在 $Y = y$ 的条件下, 求 X 的条件概率密度函数 $f_{X|Y}(x|y)$.

18 设二维随机变量 (X, Y) 服从二维正态分布 $N(1, 0, 1, 1, 0)$, 求 $P(XY - Y < 0)$.

2.6 随机变量的变换及其分布

随机变量的某一变换是一个新的随机变量. 如何由原来随机变量的分布去求出变换后的随机变量的分布? 这个问题无论是在理论上还是实际中都有重要意义. 下面我们针对一些具体的变换形式讨论这个问题.

2.6.1 一维随机变量函数的分布

设 X 为一随机变量, 其分布函数为 $F_X(x)$, 则 X 的函数 $Y = g(X)$ 一般也是随机变量. Y 的概率性态可以利用 X 的概率性态描述, 即对任意实数集合 A, 有

$$P(Y \in A) = P\big(g(X) \in A\big) = P\big(X \in g^{-1}(A)\big), \tag{2.6.1}$$

其中 $g^{-1}(A) = \{x : g(x) \in A\}$. 这表明 Y 的分布依赖于函数 F_X 和 g. 对于某些函数 g, 式 (2.6.1) 可以化简为更容易处理的形式.

在讨论一个随机变量 X 的概率分布时, 首先应该明确它可能的 "有效取值" 范围 $\mathcal{X}$. 这里 "有效" 的含义对于离散型随机变量就是指有可能取到的值, 对于连续型随机变量就是指概率密度函数大于零的值. 这样的集合称为 X 的概率分布的**支撑集** (support set).

1. 离散型随机变量函数的分布

设 X 是离散型随机变量, 则 $Y = g(X)$ 也是离散型随机变量. 根据式 (2.6.1), Y 的分布列为

$$P(Y = y) = P\big(X \in g^{-1}(y)\big) = \sum_{g(x)=y} P(X = x). \tag{2.6.2}$$

于是为确定 Y 的分布列, 只需对 Y 的每个可能取值 y, 确定 X 的相应取值集 $\{x : g(x) = y\}$, 然后将对应概率累加即可.

例 2.6.1 已知离散型随机变量 X 的分布列如下表所示

X	0	1	2	3	4	5
P	1/12	1/6	1/3	1/12	2/9	1/9

求 $Y = (X - 2)^2$ 的分布列.

解 不难看出, Y 的可能取值为 0, 1, 4, 9. 且
$P(Y = 0) = P(X = 2) = 1/3$,
$P(Y = 1) = P(X = 1) + P(X = 3) = 1/6 + 1/12 = 1/4$,
$P(Y = 4) = P(X = 0) + P(X = 4) = 1/12 + 2/9 = 11/36$,
$P(Y = 9) = P(X = 5) = 1/9$.
列表表示如下

Y	0	1	4	9
P	1/3	1/4	11/36	1/9

□

2. 连续型随机变量函数的分布

若 X 是连续型随机变量, 其概率密度函数为 $f_X(x)$, 此时 $Y = g(X)$ 的分布比较复杂, 这里主要取决于 $g(\cdot)$ 的形式.

定理 2.6.1 设 X 是连续型随机变量, 其概率密度函数为 $f_X(x)$, 其支撑集为 $\mathcal{X}$, $Y = g(X)$ 是另一个随机变量, 其支撑集为 $\mathcal{Y}$. 若 $g(x)$ 严格单调, 其反函数 $g^{-1}(y)$ 有连续导函数, 则 $Y = g(X)$ 也是连续型随机变量, 其概率密度函数为

$$f_Y(y) = \begin{cases} f_X\big(g^{-1}(y)\big) \left| \dfrac{\mathrm{d}}{\mathrm{d}y} g^{-1}(y) \right|, & y \in \mathcal{Y}; \\ 0, & y \notin \mathcal{Y}. \end{cases} \tag{2.6.3}$$

证 不妨设 $g(x)$ 是严格单调增函数, 这时它的反函数 $g^{-1}(y)$ 也是严格单调增函数, 且 $\dfrac{\mathrm{d}}{\mathrm{d}y}g^{-1}(y) > 0$. 这时不妨设 $\mathcal{X}$ 是某个区间 (L, U) [也可以是 $(-\infty, +\infty)$], 则 $\mathcal{Y} = (g(L), g(U))$. 这就意味着 $Y = g(X)$ 仅在区间 $(g(L), g(U))$ 取值. 于是

当 $y < g(L)$ 时, $F_Y(y) = P(Y \leqslant y) = 0$;

当 $y > g(U)$ 时, $F_Y(y) = P(Y \leqslant y) = 1$;

当 $g(L) < y < g(U)$ 时, $F_Y(y) = P(g(X) \leqslant y) = P(X \leqslant g^{-1}(y)) = \int_{-\infty}^{g^{-1}(y)} f_X(x)\mathrm{d}x$.

对 Y 的分布函数 $F_Y(y)$ 求导数, 得 Y 的概率密度函数为

$$
f_Y(y) = \begin{cases} f_X\big(g^{-1}(y)\big)\dfrac{\mathrm{d}}{\mathrm{d}y}g^{-1}(y), & g(L) < y < g(U); \\ 0, & \text{其他}. \end{cases}
$$

同理可证, 当 $g(x)$ 是严格单调减函数时, 结论也成立. 但此时要注意 $\dfrac{\mathrm{d}}{\mathrm{d}y}g^{-1}(y) < 0$, 故要加上绝对值, 这时 $\mathcal{Y} = (g(U), g(L))$. □

利用以上定理, 可以得到一些有用的结论. 下面举例说明.

例 2.6.2 设随机变量 X 的概率密度函数为 $f_X(x)$, 求 $Y = aX + b\,(a \neq 0)$ 的概率密度函数.

解 这里 $g(x) = ax + b$ 是严格单调函数, $g^{-1}(y) = \dfrac{1}{a}(y - b)$. 根据 X 的支撑集 $\mathcal{X}$ 确定 Y 的支撑集 $\mathcal{Y}$. 然后利用定理 2.6.1 得

$$
f_Y(y) = \begin{cases} \dfrac{1}{|a|}f_X\Big(\dfrac{y-b}{a}\Big), & y \in \mathcal{Y}; \\ 0, & y \notin \mathcal{Y}. \end{cases} \tag{2.6.4}
$$

□

定理 2.6.2 设随机变量 X 服从正态分布 $\mathrm{N}(\mu, \sigma^2)$, 则当 $a \neq 0$ 时, $Y = aX + b \sim \mathrm{N}(a\mu + b, a^2\sigma^2)$.

证 $X \sim \mathrm{N}(\mu, \sigma^2)$, 概率密度函数为

$$
f_X(x) = \frac{1}{\sqrt{2\pi}\sigma}\exp\left\{-\frac{(x-\mu)^2}{2\sigma^2}\right\}.
$$

$Y = aX + b$ 支撑集为 $(-\infty, \infty)$, 由式 (2.6.4) 可得其概率密度函数为

$$
f_Y(y) = \frac{1}{|a|}f_X\Big(\frac{y-b}{a}\Big) = \frac{1}{\sqrt{2\pi}|a|\sigma}\exp\left\{-\frac{[y-(a\mu+b)]^2}{2a^2\sigma^2}\right\}.
$$

这是正态分布 $\mathrm{N}(a\mu + b, a^2\sigma^2)$ 的概率密度函数, 结论得证. □

推论 2.6.3 如果 $X \sim \mathrm{N}(0, 1)$, 则 $Y = \sigma X + \mu \sim \mathrm{N}(\mu, \sigma^2)$; 如果 $X \sim \mathrm{N}(\mu, \sigma^2)$, 则 $Y = \dfrac{1}{\sigma}(X - \mu) \sim \mathrm{N}(0, 1)$.

例 2.6.3(对数正态分布) 设随机变量 $X \sim \mathrm{N}(\mu, \sigma^2)$, 求 $Y = \mathrm{e}^X$ 的概率密度函数.

解 这里的函数 $g(x) = \mathrm{e}^x$ 是严格增函数, 其反函数为 $g^{-1}(y) = \ln y$. X 的支撑集为 $(-\infty, +\infty)$, $Y = g(X) = \mathrm{e}^X$ 的支撑集为 $(0, +\infty)$. 由定理 2.6.1 可得 $Y = \mathrm{e}^X$ 的概率密度函

数为

$$
f_Y(y) = \begin{cases} \dfrac{1}{y} f_X(\ln y), & y > 0; \\ 0, & y \leqslant 0. \end{cases}
$$

$$
= \begin{cases} \dfrac{1}{\sqrt{2\pi}\sigma y} \exp\left\{ -\dfrac{(\ln y - \mu)^2}{2\sigma^2} \right\}, & y > 0; \\ 0, & y \leqslant 0. \end{cases}
$$

这个分布称为**对数正态分布** (lognormal distribution), 记作 $Y \sim \mathrm{LN}(\mu, \sigma^2)$, 是常见的寿命分布之一, 实际中有不少随机变量服从对数正态分布, 比如

(1) 绝缘材料的寿命服从对数正态分布.

(2) 故障设备的维修时间服从对数正态分布.

(3) 家中仅有两个孩子的年龄差服从对数正态分布.

直接利用定理 2.6.1 求 $Y = g(X)$ 的概率密度函数很方便, 但定理条件要求太高. 有些场合就无法满足这个条件, 如 $Y = X^2$ 就不满足定理条件, 因此需要一个更为一般的方法. 所谓的 "分布函数法" 就是这样一个方法, 其基本步骤有三步.

第一步: 对每个实数 y, 确定集合 $A_y = \{x : g(x) \leqslant y\}$;

第二步: 求分布函数 $F_Y(y) = P(Y \leqslant y) = P(g(X) \leqslant y) = \int_{A_y} f_X(x)\mathrm{d}x$;

第三步: 对分布函数 $F_Y(y)$ 求导数, 得 $f_Y(y) = \dfrac{\mathrm{d}}{\mathrm{d}y} F_Y(y)$.

例 2.6.4　设 $X \sim \mathrm{N}(0,1)$, 求 $Y = X^2$ 的概率密度函数 $f_Y(y)$.

解　显然 Y 的支撑集为 $(0, \infty)$, 当 $y \leqslant 0$ 时有 $F_Y(y) = 0$; 当 $y > 0$ 时, 有

$$
F_Y(y) = P(Y \leqslant y) = P(X^2 \leqslant y) = P(-\sqrt{y} \leqslant X \leqslant \sqrt{y}) = \int_{-\sqrt{y}}^{\sqrt{y}} \varphi(x)\mathrm{d}x.
$$

由此得 Y 的概率密度函数

$$
f_Y(y) = \frac{\mathrm{d}}{\mathrm{d}y} F_Y(y) = \begin{cases} \dfrac{1}{\sqrt{2\pi}} y^{-\frac{1}{2}} \mathrm{e}^{-y/2}, & y > 0; \\ 0, & y \leqslant 0. \end{cases}
$$

由上式不难看出, $Y \sim \Gamma\left(\dfrac{1}{2}, \dfrac{1}{2}\right)$.

例 2.6.4 中求 Y 的概率密度函数的方法是先求出 $Y = X^2$ 的分布函数 $F_Y(y)$, 然后对 $F_Y(y)$ 求导数得 Y 的概率密度函数, 这种求连续型随机变量概率密度函数的方法通常称为 "分布函数法", 它并没有套用现成的定理和公式, 是很有用的.

例 2.6.5　设随机变量 X 的概率密度函数

$$
f_X(x) = \begin{cases} \dfrac{2x}{\pi^2}, & 0 < x < \pi; \\ 0, & 其他. \end{cases}
$$

求 $Y = \sin X$ 的概率密度函数 $f_Y(y)$.

解　X 的支撑集为 $(0, \pi)$, 因而 Y 的支撑集为 $(0, 1)$, 支撑集以外 $f_Y(y) = 0$.

当 $0 < y < 1$ 时, $A_y = \{x : \sin(x) \leqslant y\} = [0, \arcsin y] \cup [\pi - \arcsin y, \pi]$, 如图 2.27 所示. 故

$$F_Y(y) = P(Y \leqslant y) = \int_0^{\arcsin y} f_X(x)\mathrm{d}x + \int_{\pi - \arcsin y}^{\pi} f_X(x)\mathrm{d}x$$
$$= \int_0^{\arcsin y} \frac{2x}{\pi^2}\mathrm{d}x + \int_{\pi - \arcsin y}^{\pi} \frac{2x}{\pi^2}\mathrm{d}x.$$

上式两端对 y 求导数, 得 Y 的概率密度函数

$$f_Y(y) = \frac{2\arcsin y}{\pi^2\sqrt{1-y^2}} + \frac{2(\pi - \arcsin y)}{\pi^2\sqrt{1-y^2}} = \frac{2}{\pi\sqrt{1-y^2}}, \quad 0 < y < 1. \qquad \square$$

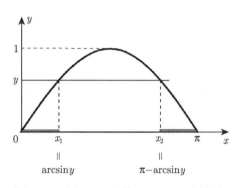

图 2.27 例 2.6.5 函数 $y = \sin x$ 映射图

2.6.2 二维随机变量函数的分布

设 (X, Y) 是二维随机变量, 其联合分布已知, 求 $Z = g(X, Y)$ 的分布, 其中 g 为二元函数.

如果 (X, Y) 为二维离散型随机变量, 则 $Z = g(X, Y)$ 是一维离散型随机变量, 其分布列的求法比较简单, 类似于一维离散型随机变量函数的分布列.

例 2.6.6 (X, Y) 的联合分布列如下所示.

X	Y		
	-1	1	2
-1	5/20	2/20	6/20
2	3/20	3/20	1/20

试求下面随机变量的分布列: (1) $Z_1 = X + Y$; (2) $Z_2 = X - Y$; (3) $Z_3 = \max\{X, Y\}$.

解 首先确定 (X, Y) 以及 Z_1, Z_2, Z_3 的所有可能的取值, 汇总如下

P	5/20	2/20	6/20	3/20	3/20	1/20
(X, Y)	$(-1, -1)$	$(-1, 1)$	$(-1, 2)$	$(2, -1)$	$(2, 1)$	$(2, 2)$
$Z_1 = X + Y$	-2	0	1	1	3	4
$Z_2 = X - Y$	0	-2	-3	3	1	0
$Z_3 = \max\{X, Y\}$	-1	1	2	2	2	2

然后分别对 Z_1, Z_2, Z_3 的相同取值, 合并对应的概率, 即得各自的分布列.

$Z_1 = X + Y$	-2	0	1	3	4
P	5/20	2/20	9/20	3/20	1/20

$Z_2 = X - Y$	-3	-2	0	1	3
P	6/20	2/20	6/20	3/20	3/20

$Z_3 = \max\{X, Y\}$	-1	1	2
P	5/20	2/20	13/20

例 2.6.7　设 $X \sim P(\lambda_1)$, $Y \sim P(\lambda_2)$, 且 X 与 Y 相互独立. 求 $Z = X + Y$ 的分布列.

解　这里 X 与 Y 的支撑集都是自然数集 $\mathbb{N}$, 因而 $Z = X + Y$ 的支撑集也是自然数集 $\mathbb{N}$. 考虑到 X 与 Y 的独立性, 对于 $k \in \mathbb{N}$ 有

$$
\begin{aligned}
P(Z = k) &= \sum_{i=0}^{k} P(X = i, Y = k - i) \\
&= \sum_{i=0}^{k} P(X = i) \cdot P(Y = k - i) \quad (X \text{ 与 } Y \text{ 独立}) \\
&= \sum_{i=0}^{k} \frac{\lambda_1^i}{i!} e^{-\lambda_1} \cdot \frac{\lambda_2^{k-i}}{(k-i)!} e^{-\lambda_2} \\
&= e^{-(\lambda_1+\lambda_2)} \sum_{i=0}^{k} \frac{\lambda_1^i}{i!} \frac{\lambda_2^{k-i}}{(k-i)!} \\
&= e^{-(\lambda_1+\lambda_2)} \frac{1}{k!} \sum_{i=0}^{k} C_k^i \lambda_1^i \cdot \lambda_2^{k-i} \\
&= \frac{(\lambda_1 + \lambda_2)^k}{k!} e^{-(\lambda_1+\lambda_2)}, \quad k = 0, 1, 2, \cdots.
\end{aligned}
$$

由此可见 $Z \sim P(\lambda_1 + \lambda_2)$, 因而服从泊松分布的两个独立随机变量之和仍服从泊松分布, 且参数为原来两个参数之和. 这一性质通常称为泊松分布的可加性.

定理 2.6.4　设 $X_i \sim P(\lambda_i)$, $i = 1, 2, \cdots, n$. 且 $X_1, X_2, \cdots, X_n$ 相互独立, 则

$$
\sum_{i=1}^{n} X_i \sim P\left(\sum_{i=1}^{n} \lambda_i\right).
$$

下面重点讨论二维连续型随机变量 (X, Y) 的某些特殊函数的分布.

1. 和 $(Z = X + Y)$ 的分布

已知 (X, Y) 的联合概率密度函数是 $f(x, y)$, 现在求 $Z = X + Y$ 的概率密度函数. 先求 Z 的分布函数, 按定义,

$$
\begin{aligned}
F_Z(z) = P(Z \leqslant z) &= P(X + Y \leqslant z) \\
&= \iint_{x+y \leqslant z} f(x, y) \mathrm{d}x \mathrm{d}y = \int_{-\infty}^{+\infty} \left(\int_{-\infty}^{z-y} f(x, y) \mathrm{d}x \right) \mathrm{d}y.
\end{aligned}
$$

假设积分与求导数可以交换次序, 那么

$$\frac{\mathrm{d}}{\mathrm{d}z}F_Z(z) = \int_{-\infty}^{+\infty} \frac{\mathrm{d}}{\mathrm{d}z}\left(\int_{-\infty}^{z-y} f(x,y)\mathrm{d}x\right)\mathrm{d}y = \int_{-\infty}^{+\infty} f(z-y,y)\mathrm{d}y.$$

由此得到 Z 的概率密度函数

$$f_Z(z) = \int_{-\infty}^{+\infty} f(z-y,y)\mathrm{d}y, \tag{2.6.5}$$

或者

$$f_Z(z) = \int_{-\infty}^{+\infty} f(x,z-x)\mathrm{d}x. \tag{2.6.6}$$

当 X 和 Y 相互独立时, $f(x,y) = f_X(x)f_Y(y)$, 将这个结果代入式 (2.6.5) 式 (2.6.6) 得

$$f_Z(z) = \int_{-\infty}^{+\infty} f_X(z-y)f_Y(y)\mathrm{d}y, \tag{2.6.7}$$

及

$$f_Z(z) = \int_{-\infty}^{+\infty} f_X(x)f_Y(z-x)\mathrm{d}x. \tag{2.6.8}$$

式 (2.6.7) 和式 (2.6.8) 称为**卷积公式** (convolution formula), 函数 f_Z 称为 f_X 和 f_Y 的卷积. 结论如下.

定理 2.6.5 如果 X, Y 是连续型随机变量, 且 X 与 Y 相互独立, 则 $Z = X + Y$ 也是连续型随机变量, 且它的概率密度函数为 X, Y 的概率密度函数的卷积.

例 2.6.8 设 X 和 Y 相互独立, 且都服从 $N(0,1)$. 求 $Z = X + Y$ 的概率密度函数 $f_Z(z)$.

解 由式 (2.6.8) 得

$$\begin{aligned}
f_Z(z) &= \int_{-\infty}^{+\infty} f_X(x)f_Y(z-x)\mathrm{d}x \\
&= \frac{1}{2\pi} \int_{-\infty}^{+\infty} \exp\left\{-x^2 + xz - \frac{1}{2}z^2\right\}\mathrm{d}x \\
&= \frac{1}{2\pi}\mathrm{e}^{-\frac{1}{4}z^2} \int_{-\infty}^{+\infty} \exp\left\{-\left(x - \frac{z}{2}\right)^2\right\}\mathrm{d}x \\
&= \frac{\mathrm{e}^{-\frac{1}{4}z^2}}{2\pi\sqrt{2}} \int_{-\infty}^{+\infty} \exp\left\{-\frac{t^2}{2}\right\}\mathrm{d}t \qquad \left(\diamondsuit\ x - \frac{z}{2} = \frac{t}{\sqrt{2}}\right) \\
&= \frac{1}{\sqrt{2\pi}\sqrt{2}} \exp\left\{-\frac{z^2}{2(\sqrt{2})^2}\right\}.
\end{aligned}$$

由此可见, $Z \sim N(0,2)$. □

一般地, 可以证明: 若 X, Y 相互独立, $X \sim N(\mu_1, \sigma_1^2)$, $Y \sim N(\mu_2, \sigma_2^2)$. 则

$$X + Y \sim N(\mu_1 + \mu_2, \sigma_1^2 + \sigma_2^2).$$

用数学归纳法进一步可以证明定理 2.6.6.

定理 2.6.6　设 $X_i \sim \mathrm{N}(\mu_i, \sigma_i^2)\ (i = 1, 2, \cdots, n)$, 且相互独立, 则

$$\sum_{i=1}^{n} X_i \sim \mathrm{N}\left(\sum_{i=1}^{n} \mu_i, \sum_{i=1}^{n} \sigma_i^2\right).$$

由此可见, 正态分布具有可加性.

我们已经证明了泊松分布、正态分布具有可加性, 其实还有一些其他分布, 也具有可加性. 如 Γ 分布对第一参数具有可加性.

例 2.6.9　设 $X \sim \Gamma(\alpha_1, \beta)$, $Y \sim \Gamma(\alpha_2, \beta)$, X 与 Y 相互独立, 试求 $Z = X + Y$ 的概率密度函数 $f_Z(z)$.

解　由卷积公式 (2.6.7) 知,

$$f_Z(z) = \int_{-\infty}^{+\infty} f_X(z-y) f_Y(y) \mathrm{d}y = \int_0^{+\infty} f_X(z-y) \frac{\beta^{\alpha_2}}{\Gamma(\alpha_2)} y^{\alpha_2-1} \mathrm{e}^{-\beta y} \mathrm{d}y.$$

当 $z \leqslant 0$ 时, 上式中被积函数 $f_X(z-y) = 0\ (y > 0)$, 从而 $f_Z(z) = 0$;

当 $z > 0$ 时,

$$\begin{aligned} f_Z(z) &= \int_0^{+\infty} f_X(z-y) \frac{\beta^{\alpha_2}}{\Gamma(\alpha_2)} y^{\alpha_2-1} \mathrm{e}^{-\beta y} \mathrm{d}y \\ &= \frac{\beta^{\alpha_1+\alpha_2}}{\Gamma(\alpha_1)\Gamma(\alpha_2)} \mathrm{e}^{-\beta z} \cdot \int_0^z (z-y)^{\alpha_1-1} y^{\alpha_2-1} \mathrm{d}y, \end{aligned}$$

令 $y/z = t$, 则有

$$\int_0^z (z-y)^{\alpha_1-1} y^{\alpha_2-1} \mathrm{d}y = z^{\alpha_1+\alpha_2-1} \int_0^1 (1-t)^{\alpha_1-1} t^{\alpha_2-1} \mathrm{d}t.$$

考虑到微积分中贝塔函数和 Γ 函数的关系:

$$\int_0^1 (1-t)^{\alpha_1-1} t^{\alpha_2-1} \mathrm{d}t = \mathrm{B}(\alpha_1, \alpha_2) = \frac{\Gamma(\alpha_1)\Gamma(\alpha_2)}{\Gamma(\alpha_1+\alpha_2)},$$

于是, 当 $z > 0$ 时,

$$f_Z(z) = \frac{\beta^{\alpha_1+\alpha_2}}{\Gamma(\alpha_1)\Gamma(\alpha_2)} \mathrm{e}^{-\beta z} z^{\alpha_1+\alpha_2-1} \frac{\Gamma(\alpha_1)\Gamma(\alpha_2)}{\Gamma(\alpha_1+\alpha_2)} = \frac{\beta^{\alpha_1+\alpha_2}}{\Gamma(\alpha_1+\alpha_2)} z^{\alpha_1+\alpha_2-1} \mathrm{e}^{-\beta z}.$$

这说明 $Z = X + Y \sim \Gamma(\alpha_1+\alpha_2, \beta)$. 由此可知, Γ 分布关于第一参数具有可加性.　□

进一步可以证明定理 2.6.7.

定理 2.6.7　若 $X_1, X_2, \cdots, X_n$ 相互独立, 且 $X_i \sim \Gamma(\alpha_i, \beta)$, $i = 1, 2, \cdots, n$, 则

$$X_1 + X_2 + \cdots + X_n \sim \Gamma(\alpha_1 + \alpha_2 + \cdots + \alpha_n, \beta).$$

2. 最大值和最小值的分布

设随机变量 X, Y 相互独立, 分布函数分别为 $F_X(x)$ 和 $F_Y(y)$. 求 $M = \max(X, Y)$ 和 $N = \min(X, Y)$ 的分布函数 $F_M(z)$ 和 $F_N(z)$.

对于任意的实数 z, 不难发现有 $\{\max(X, Y) \leqslant z\} = \{X \leqslant z, Y \leqslant z\}$, 从而

$$F_M(z) = P(M \leqslant z) = P(X \leqslant z, Y \leqslant z) = P(X \leqslant z) \cdot P(Y \leqslant z) = F_X(z) \cdot F_Y(z),$$

欲求 $N = \min(X, Y)$ 的分布函数 $F_N(z)$, 注意到 $\{\min(X, Y) > z\} = \{X > z, Y > z\}$, 则有

$$\begin{aligned}
F_N(z) &= P(N \leqslant z) = 1 - P(N > z) \\
&= 1 - P(X > z, Y > z) = 1 - P(X > z) \cdot P(Y > z) \\
&= 1 - [1 - F_X(z)][1 - F_Y(z)].
\end{aligned}$$

一般地, 设 $X_1, X_2, \cdots, X_n$ 相互独立, 分布函数分别为 $F_{X_1}(x), F_{X_2}(x), \cdots, F_{X_n}(x)$. 则有

$M = \max(X_1, X_2, \cdots, X_n)$ 的分布函数为

$$F_M(z) = \prod_{i=1}^{n} F_{X_i}(z), \tag{2.6.9}$$

$N = \min(X_1, X_2, \cdots, X_n)$ 的分布函数为

$$F_N(z) = 1 - \prod_{i=1}^{n} [1 - F_{X_i}(z)]. \tag{2.6.10}$$

特别地, 当 $X_1, X_2, \cdots, X_n$ 独立且有相同的分布函数 $F(x)$ 时, 则有

$$F_M(z) = [F(z)]^n, \tag{2.6.11}$$
$$F_N(z) = 1 - [1 - F(z)]^n. \tag{2.6.12}$$

例 2.6.10 设 $X_1, X_2, \cdots, X_5$ 相互独立且同分布, 其概率密度函数为

$$f(x) = \begin{cases} xe^{-\frac{1}{2}x^2}, & x > 0; \\ 0, & x \leqslant 0. \end{cases}$$

试求: (1) $M = \max(X_1, X_2, \cdots, X_5)$ 的概率密度函数; (2) $P(M > 4)$.

解 (1) 不难算出, X_i 的分布函数为

$$F(x) = \int_{-\infty}^{x} f(t)\mathrm{d}t = \begin{cases} 1 - e^{-\frac{1}{2}x^2}, & x > 0; \\ 0, & x \leqslant 0. \end{cases}$$

于是由式 (2.6.11) 可知, M 的分布函数为

$$F_M(z) = [F(z)]^5.$$

从而可得 M 的概率密度函数为

$$\begin{aligned}
f_M(z) &= \frac{\mathrm{d}}{\mathrm{d}z} F_M(z) = 5[F(z)]^4 F'(z) = 5[F(z)]^4 f(z) \\
&= \begin{cases} 5ze^{-\frac{1}{2}z^2}[1 - e^{-\frac{1}{2}z^2}]^4, & z > 0; \\ 0, & z \leqslant 0. \end{cases}
\end{aligned}$$

(2) $P(M > 4) = 1 - P(M \leqslant 4) = 1 - F_M(4) = 1 - [F(4)]^5 = 1 - (1 - e^{-8})^5.$ $\square$

3. 二维变换的联合分布

设 (X, Y) 是二维随机变量, 前面讨论了如何求 (X, Y) 的一个函数的概率分布. 现在考察由 $U = g_1(X, Y)$ 和 $V = g_2(X, Y)$ 所定义的二维随机变量 (U, V) 的联合分布, 其中 $g_1(x, y)$ 和 $g_2(x, y)$ 是两个指定的函数.

设 (X, Y) 的联合概率密度函数为 $f_{X,Y}(x, y)$, 如果二元变换

$$u = g_1(x, y), \quad v = g_2(x, y)$$

有唯一的逆变换

$$x = h_1(u, v), \quad y = h_2(u, v),$$

且 g_1, g_2 有连续偏导数, 变换的雅可比行列式

$$J = \frac{\partial(x, y)}{\partial(u, v)} = \begin{vmatrix} \dfrac{\partial x}{\partial u} & \dfrac{\partial x}{\partial v} \\ \dfrac{\partial y}{\partial u} & \dfrac{\partial y}{\partial v} \end{vmatrix} = \left[\frac{\partial(u, v)}{\partial(x, y)} \right]^{-1} \neq 0.$$

记 $U = g_1(X, Y), V = g_2(X, Y)$, 则 (U, V) 的联合概率密度函数为

$$f_{U,V}(u, v) = f_{X,Y}(h_1(u, v), h_2(u, v))|J|, \tag{2.6.13}$$

其中 $|J|$ 表示雅可比行列式 J 的绝对值.

这个方法实际上就是二重积分的变量变换法. 其证明可参阅数学分析教材. 如果变换 $u = g_1(x, y), v = g_2(x, y)$ 没有唯一的逆变换, 则要将 (x, y) 的取值范围进行划分处理, 详细情况这里不再讨论, 参见参考文献 [7].

例 2.6.11   设 X 和 Y 是一对独立的标准正态随机变量, 考察变换:

$$U = X + Y, \quad V = X - Y,$$

求 (U, V) 的联合概率密度函数.

解   沿用前面的记号, 即

$$u = g_1(x, y) = x + y, \quad v = g_2(x, y) = x - y$$

有唯一的逆变换

$$x = h_1(u, v) = (u + v)/2, \quad y = h_2(u, v) = (u - v)/2,$$

变换的雅可比行列式

$$J = \frac{\partial(x, y)}{\partial(u, v)} = \begin{vmatrix} 1/2 & 1/2 \\ 1/2 & -1/2 \end{vmatrix} = -\frac{1}{2}.$$

由于 X 和 Y 独立, (X, Y) 的联合概率密度函数为

$$f_{X,Y}(x, y) = f_X(x)f_Y(y) = \frac{1}{2\pi} \exp\left\{ -\frac{x^2 + y^2}{2} \right\}.$$

由式 (2.6.13), 可知 (U, V) 的联合概率密度函数为

$$
\begin{aligned}
f_{U,V}(u,v) &= f_{X,Y}(h_1(u,v), h_2(u,v))|J| \\
&= \frac{1}{2\pi} \exp\left\{ -\frac{1}{2}\left(\frac{u+v}{2}\right)^2 - \frac{1}{2}\left(\frac{u-v}{2}\right)^2 \right\} \frac{1}{2} \\
&= \frac{1}{4\pi} \exp\left\{ -\frac{u^2+v^2}{4} \right\}
\end{aligned}
$$

这就是二维正态 $N(0,0,2,2,0)$ 的概率密度函数, 其边际分布为 $U \sim N(0,2)$, $V \sim N(0,2)$, 不难看出 U 与 V 独立. $\square$

例 2.6.12(商的分布) 已知 (X, Y) 的联合概率密度函数为 $f(x,y)$, 试求 $U = X/Y$ 的分布.

解 令 $U = X/Y, V = Y$, 先求出 (U, V) 的联合概率密度函数, 再求出 U 的概率密度函数.

变换 $u = x/y$, $v = y$ 有唯一的逆变换 $x = uv$, $y = v$, 变换的雅可比行列式

$$
J = \frac{\partial(x,y)}{\partial(u,v)} = \begin{vmatrix} v & u \\ 0 & 1 \end{vmatrix} = v.
$$

所以 (U, V) 的联合概率密度函数为

$$
f_{U,V}(u,v) = f(uv, v)|v|
$$

对 $f_{U,V}(u,v)$ 关于 v 积分, 就可以得到 $U = X/Y$ 的概率密度函数为

$$
f_U(u) = \int_{-\infty}^{+\infty} |v| f(uv, v) \mathrm{d}v. \tag{2.6.14}
$$

特别地, 如果 X 与 Y 相互独立, 则

$$
f_U(u) = \int_{-\infty}^{+\infty} |y| f_X(uy) f_Y(y) \mathrm{d}y. \tag{2.6.15}
$$

例 2.6.13 设 X 和 Y 是一对独立的标准正态随机变量, 求 $Z = \dfrac{X}{Y}$ 的概率密度函数.

解 直接用式 (2.6.15) 得 Z 的概率密度函数为

$$
\begin{aligned}
f_Z(z) &= \int_{-\infty}^{+\infty} |y| f_X(zy) f_Y(y) \mathrm{d}y \\
&= \frac{1}{2\pi} \int_{-\infty}^{+\infty} |y| \exp\left\{ -\frac{y^2 + (zy)^2}{2} \right\} \mathrm{d}y \\
&= \frac{1}{\pi} \int_0^\infty y \exp\left\{ -\frac{1}{2}(1+z^2)y^2 \right\} \mathrm{d}y \\
&= \frac{1}{\pi(1+z^2)}, \quad -\infty < z < +\infty.
\end{aligned}
$$

即两个独立的标准正态变量之比是柯西随机变量. $\square$

2.6.3 χ^2 分布、t 分布、F 分布

应用前面讲过的知识, 我们现在讨论在统计学中有着重要应用的三种分布.

定义 2.6.1 如果随机变量 X 的概率密度函数为

$$f(x) = \begin{cases} \dfrac{1}{2^{n/2}\Gamma(n/2)} x^{\frac{n}{2}-1} \mathrm{e}^{-\frac{x}{2}}, & x > 0; \\ 0, & x \leqslant 0. \end{cases} \tag{2.6.16}$$

则称 X 服从自由度为 n 的 χ^2 分布 (chi-squared distribution with n degrees of freedom), 记作 $X \sim \chi^2(n)$.

显然, χ^2 分布是 Γ 分布的特殊情形. 自由度为 n 的 χ^2 分布就是 $\alpha = n/2$, $\beta = 1/2$ 时的 Γ 分布, 即

$$\chi^2(n) = \Gamma(n/2, 1/2).$$

图 2.28 是 $\chi^2(3)$, $\chi^2(6)$, $\chi^2(16)$ 的概率密度函数图, 随着自由度的增大, 密度重心右移, 且函数图形趋于对称.

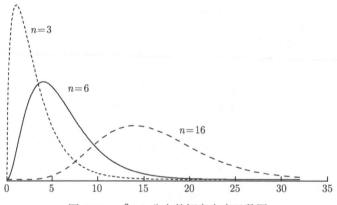

图 2.28 $\chi^2(n)$ 分布的概率密度函数图

R 软件中计算 χ^2 分布概率密度函数、分布函数、分布函数的反函数值以及产生服从 χ^2 分布的随机数的函数分别是 dchisq()、pchisq()、qchisq() 和 rchisq(). 比如 qchisq(0.95, 10) = 18.30704, 意味着 $P(X \leqslant 18.30704) = 0.95$ pchisq(18.30704, 10) = 0.95, 其中 $X \sim \chi^2(10)$.

χ^2 分布与正态分布也有密切联系, 下面的定理说明了它们之间的关系, 而且给出了自由度的解释.

定理 2.6.8 设 $X_1, X_2, \cdots, X_n$ 相互独立, 都服从 $N(0,1)$, 则 $\displaystyle\sum_{i=1}^{n} X_i^2 \sim \chi^2(n)$.

证(用数学归纳法) 当 $n = 1$ 时, 例 2.6.4 已证结论成立.

假设当 $n = k$ 时, 结论成立, 则由 Γ 分布关于第一参数的可加性, 易见当 $n = k+1$ 时结论也成立.   □

这个定理说明 $\chi^2(n)$ 分布中的自由度 n 表示了独立随机变量的个数.

推论 2.6.9 设 $X_1, X_2, \cdots, X_n$ 相互独立, 都服从 $\mathrm{N}(\mu, \sigma^2)$, 则

$$\sum_{i=1}^{n}\left(\frac{X_i - \mu}{\sigma}\right)^2 \sim \chi^2(n).$$

推论 2.6.10 设 $X_1, X_2, \cdots, X_n$ 相互独立, 都服从 $\mathrm{N}(0, 1)$, 则 $Z = \sqrt{\frac{1}{n}\sum_{i=1}^{n}X_i^2}$ 的概率密度函数为

$$f_Z(x) = \begin{cases} \dfrac{2(n/2)^{n/2}}{\Gamma(n/2)}x^{n-1}\mathrm{e}^{-\frac{n}{2}x^2}, & x > 0; \\ 0, & x \leqslant 0. \end{cases}$$

证 由定理 2.6.8 知, $\sum_{i=1}^{n}X_i^2 \sim \chi^2(n)$, 记 $\sum_{i=1}^{n}X_i^2$ 的分布函数为 $F(x)$, 概率密度函数为 $f(x)$ (即式 (2.6.16)); Z 的分布函数为 $F_Z(x)$, 概率密度函数为 $f_Z(x)$. 显然, 当 $x \leqslant 0$ 时, $F_Z(x) = 0$. 现设 $x > 0$, 则

$$F_Z(x) = P(Z \leqslant x) = P\left(\sum_{i=1}^{n}X_i^2 \leqslant nx^2\right) = F(nx^2).$$

所以

$$f_Z(x) = F_Z'(x) = f(nx^2) \cdot 2nx = \begin{cases} \dfrac{2(n/2)^{n/2}}{\Gamma(n/2)}x^{n-1}\mathrm{e}^{-\frac{n}{2}x^2}, & x > 0; \\ 0, & x \leqslant 0. \end{cases}$$

定义 2.6.2 如果随机变量 X 的概率密度函数为

$$f(x) = \frac{\Gamma\big((n+1)/2\big)}{\Gamma(n/2)\sqrt{n\pi}}\left(1 + \frac{x^2}{n}\right)^{-\frac{n+1}{2}}, \tag{2.6.17}$$

则称 X 服从自由度为 n 的 t 分布 (t distribution with n degrees of freedom), 记作 $X \sim \mathrm{t}(n)$.

t 分布的概率密度函数 $f(x)$ 是偶函数, 其图形关于 y 轴对称. 显然, 当 $n = 1$ 时, $\mathrm{t}(1)$ 分布就是柯西分布, 即 $\mathrm{t}(1) = \mathrm{Cauchy}(0, 1)$. 当 n 很大时, 很像标准正态概率密度函数的图形. 事实上, 利用微积分的知识可以证明

$$\lim_{n \to \infty}\frac{\Gamma\big((n+1)/2\big)}{\Gamma(n/2)\sqrt{n\pi}}\left(1 + \frac{x^2}{n}\right)^{-\frac{n+1}{2}} = \frac{1}{\sqrt{2\pi}}\mathrm{e}^{-x^2/2}. \tag{2.6.18}$$

因此, 当 n 很大时可以用标准正态分布近似 $\mathrm{t}(n)$ 分布.

图 2.29 是 $\mathrm{t}(1)$, $\mathrm{t}(3)$, $\mathrm{N}(0, 1)$ 的概率密度函数图, 随着自由度的增大, t 分布密度趋于标准正态概率密度函数.

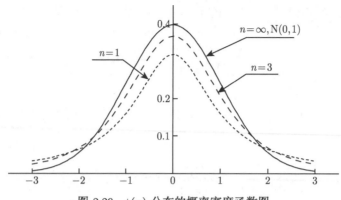

图 2.29　t(n) 分布的概率密度函数图

R 软件中计算 t 分布概率密度函数、分布函数、分布函数的反函数以及产生服从 t 分布的随机数的函数分别是 dt()、pt()、qt() 和 rt(). 如, $\mathrm{pt}(-1,3) = 0.1955011$, 意味着 $P(X \leqslant -1) = 0.1955011$, 其中 $X \sim \mathrm{t}(3)$.

下面定理描述了导出 t 分布的一个途径.

定理 2.6.11　设 $X \sim \mathrm{N}(0,1)$, $Y \sim \chi^2(n)$, 且 X 与 Y 相互独立, 则

$$Z = \frac{X}{\sqrt{Y/n}} \sim \mathrm{t}(n).$$

证　因 X, Y 相互独立, 易知 $X, \sqrt{Y/n}$ 相互独立. 记 $X, \sqrt{Y/n}$ 和 Z 的概率密度函数分别为 $f_1(x), f_2(x)$ 和 $f(x)$. 由定理 2.6.8 和推论 2.6.10 知

$$f_2(x) = \begin{cases} \dfrac{2(n/2)^{n/2}}{\Gamma(n/2)} x^{n-1} \mathrm{e}^{-\frac{n}{2}x^2}, & x > 0; \\ 0, & x \leqslant 0. \end{cases}$$

由式 (2.6.15), 有

$$
\begin{aligned}
f(x) &= \int_{-\infty}^{+\infty} |y| f_1(xy) f_2(y) \mathrm{d}y \\
&= \frac{2(n/2)^{n/2}}{\Gamma(n/2)\sqrt{2\pi}} \int_0^{+\infty} \mathrm{e}^{-\frac{1}{2}(x^2 y^2)} y^n \mathrm{e}^{-\frac{1}{2}ny^2} \mathrm{d}y \\
&= \frac{2(n/2)^{n/2}}{\Gamma(n/2)\sqrt{2\pi}} \int_0^{+\infty} y^n \mathrm{e}^{-\frac{1}{2}(x^2+n)y^2} \mathrm{d}y \\
&= \frac{2(n/2)^{n/2}}{\Gamma(n/2)\sqrt{2\pi}} \int_0^{+\infty} \left(\frac{n+x^2}{2}\right)^{-\frac{n+1}{2}} \frac{1}{2} t^{(n-1)/2} \mathrm{e}^{-t} \mathrm{d}t \quad \left(\text{令 } t = \frac{1}{2}(x^2+n)y^2\right) \\
&= \frac{n^{n/2}\Gamma((n+1)/2)}{\Gamma(n/2)\sqrt{\pi}} (n+x^2)^{-\frac{n+1}{2}} \\
&= \frac{\Gamma((n+1)/2)}{\Gamma(n/2)\sqrt{n\pi}} \left(1+\frac{x^2}{n}\right)^{-\frac{n+1}{2}}.
\end{aligned}
$$

定义 2.6.3 设随机变量 X 的概率密度函数为

$$f(x) = \begin{cases} \dfrac{\Gamma\big((n_1+n_2)/2\big)}{\Gamma(n_1/2)\cdot\Gamma(n_2/2)}\left(\dfrac{n_1}{n_2}\right)^{\frac{n_1}{2}} x^{\frac{n_1}{2}-1}\left(1+\dfrac{n_1}{n_2}x\right)^{-\frac{n_1+n_2}{2}}, & x > 0; \\ 0, & x \leqslant 0. \end{cases} \quad (2.6.19)$$

则称 X 服从自由度为 n_1 和 n_2 的 F 分布 (F distribution with n_1 and n_2 degrees of freedom), 其中 n_1 称为第一自由度, n_2 称为第二自由度, 记作 $X \sim \mathrm{F}(n_1, n_2)$.

图 2.30 是 $\mathrm{F}(2,4)$, $\mathrm{F}(4,9)$, $\mathrm{F}(19,19)$ 的概率密度函数.

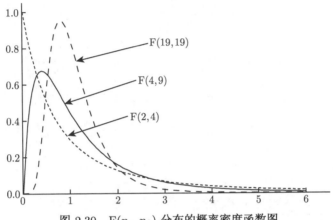

图 2.30　$\mathrm{F}(n_1, n_2)$ 分布的概率密度函数图

R 软件中计算 F 分布概率密度函数、分布函数、分布函数的反函数以及产生服从 F 分布的随机数的函数分别是 `df()`、`pf()`、`qf()` 和 `rf()`. 如, $\mathrm{qf}(0.95, 5, 10) = 3.325835$, 意味着 $P(X \leqslant 3.325835) = \mathrm{pf}(3.325835, 5, 10) = 0.95$, 其中 $X \sim \mathrm{F}(5, 10)$.

下面定理描述了 F 分布产生的机制.

定理 2.6.12 设 $X \sim \chi^2(n_1)$, $Y \sim \chi^2(n_2)$, 且 X 与 Y 相互独立, 则

$$Z = \frac{X/n_1}{Y/n_2} \sim \mathrm{F}(n_1, n_2).$$

证 由 X 和 Y 的概率密度函数容易求得 X/n_1 和 Y/n_2 的概率密度函数分别为

$$f_1(x) = \begin{cases} \dfrac{(n_1/2)^{n_1/2}}{\Gamma(n_1/2)} x^{\frac{n_1}{2}-1}\mathrm{e}^{-n_1 x/2}, & x > 0; \\ 0, & x \leqslant 0. \end{cases}$$

$$f_2(x) = \begin{cases} \dfrac{(n_2/2)^{n_2/2}}{\Gamma(n_2/2)} x^{\frac{n_2}{2}-1}\mathrm{e}^{-n_2 x/2}, & x > 0; \\ 0, & x \leqslant 0. \end{cases}$$

于是由式 (2.6.15) 得 Z 的概率密度函数为

$$f(x) = \int_{-\infty}^{+\infty} |y| f_1(xy) f_2(y)\,\mathrm{d}y = \int_{0}^{+\infty} |y| f_1(xy) f_2(y)\,\mathrm{d}y.$$

易见, 当 $x \leqslant 0$ 时, 由于上式右端积分的被积函数中 $f_1(xy) = 0$, 从而 $f(x) = 0$;

当 $x > 0$ 时,

$$
\begin{aligned}
f(x) &= \frac{(n_1/2)^{n_1/2} \, (n_2/2)^{n_2/2}}{\Gamma(n_1/2) \, \Gamma(n_2/2)} \int_0^{+\infty} (xy)^{\frac{n_1}{2}-1} \mathrm{e}^{-\frac{n_1}{2}xy} y^{\frac{n_2}{2}-1} \mathrm{e}^{-\frac{n_2}{2}y} y \, \mathrm{d}y \\
&= \frac{(n_1/2)^{n_1/2} \, (n_2/2)^{n_2/2}}{\Gamma(n_1/2) \, \Gamma(n_2/2)} x^{\frac{n_1}{2}-1} \int_0^{+\infty} y^{\frac{1}{2}(n_1+n_2)-1} \mathrm{e}^{-\frac{1}{2}(n_1 x + n_2)y} \mathrm{d}y.
\end{aligned}
$$

令 $t = \frac{1}{2}(n_1 x + n_2)y$, 则有

$$
\begin{aligned}
& \int_0^{+\infty} y^{\frac{1}{2}(n_1+n_2)-1} \mathrm{e}^{-\frac{1}{2}(n_1 x + n_2)y} \mathrm{d}y \\
&= \int_0^{+\infty} \left(\frac{2t}{n_1 x + n_2} \right)^{\frac{1}{2}(n_1+n_2)-1} \mathrm{e}^{-t} \frac{2}{n_1 x + n_2} \mathrm{d}t \\
&= 2^{\frac{n_1+n_2}{2}} (n_1 + n_2)^{-\frac{n_1+n_2}{2}} \int_0^{+\infty} t^{\frac{n_1+n_2}{2}-1} \mathrm{e}^{-t} \mathrm{d}t \\
&= 2^{\frac{n_1+n_2}{2}} (n_1 + n_2)^{-\frac{n_1+n_2}{2}} \Gamma\left(\frac{n_1 + n_2}{2} \right).
\end{aligned}
$$

从而

$$
f(x) = \begin{cases}
\dfrac{\Gamma((n_1 + n_2)/2)}{\Gamma(n_1)/2) \cdot \Gamma(n_2/2)} \left(\dfrac{n_1}{n_2} \right)^{\frac{n_1}{2}} x^{\frac{n_1}{2}-1} \left(1 + \dfrac{n_1}{n_2}x \right)^{-\frac{n_1+n_2}{2}}, & x > 0; \\
0, & x \leqslant 0.
\end{cases}
$$

由定理 2.6.8、定理 2.6.11 以及定理 2.6.12 可得如下常用的结论.

命题 2.6.1　若 $X \sim \mathrm{N}(0,1)$, 则 $X^2 \sim \chi^2(1)$; 若 $X \sim \mathrm{t}(n)$, 则 $X^2 \sim \mathrm{F}(1,n)$; 若 $X \sim \mathrm{F}(n_1, n_2)$, 则 $X^{-1} \sim \mathrm{F}(n_2, n_1)$.

习　题　2.6

1　已知离散型随机变量 X 的分布列为

X	-2	-1	0	1	3
P	$1/5$	$1/6$	$1/5$	$1/15$	$11/30$

求 $Y = X^2$ 和 $Z = |X|$ 的分布列.

2　设随机变量 X 服从 $[-1, 2]$ 上的均匀分布, 记

$$
Y = g(X) = \begin{cases}
1, & X \geqslant 0; \\
-1, & X < 0.
\end{cases}
$$

试求 Y 的分布列.

3　设 $X \sim \mathrm{N}(0,1)$, 求 $Y = |X|$ 的概率密度函数.

4　设 $X \sim \Gamma(\alpha, \beta)$, 常数 $k > 0$, 证明 $kX \sim \Gamma(\alpha, \beta/k)$.

5 设随机变量 X 具有严格单调上升且连续的分布函数 $F(x)$, 证明 $Y = F(X)$ 服从 $[0,1]$ 上的均匀分布 $\mathrm{U}(0,1)$.

6 设随机变量 $X \sim \mathrm{U}(-\pi/2, \pi/2)$, 求随机变量 $Y = \cos X$ 的概率密度函数 $f_Y(y)$.

7 设随机变量 $X \sim \mathrm{LN}(\mu, \sigma^2)$, 证明 $Y = \ln X \sim \mathrm{N}(\mu, \sigma^2)$.

8 设随机变量 X 的概率密度为 $f(x) = \begin{cases} 2^{-x} \ln 2, & x > 0; \\ 0, & x \leqslant 0. \end{cases}$ 对 X 进行独立重复的观测, 直到有两次大于 3 的观测值出现时停止. 记 Y 为总观测次数. 求 Y 的概率分布.

9 设随机变量 X 的概率密度为 $f(x) = \begin{cases} x^2/9, & 0 < x < 3; \\ 0, & \text{其他}. \end{cases}$ 令随机变量

$$Y = g(X) = \begin{cases} 2, & X \leqslant 1; \\ X, & 1 < X < 2; \\ 1, & X \geqslant 2. \end{cases}$$

(1) 求 Y 的分布函数;

(2) 求概率 $P(X \leqslant Y)$.

10 设随机变量 $X \sim \mathrm{B}(n,p)$, $Y \sim \mathrm{B}(m,p)$ 且 X 与 Y 独立, 证明 $Z = X + Y$ 服从 $\mathrm{B}(n+m, p)$.

11 设随机变量 X 与 Y 相互独立, 且 X 的概率分布为 $P(X = 1) = P(X = -1) = \dfrac{1}{2}$, Y 服从参数为 λ 的泊松分布, 求 $Z = XY$ 的概率分布.

12 设随机变量 X 与 Y 相互独立, 且 X 的概率分布为 $P(X = 0) = P(X = 2) = \dfrac{1}{2}$, Y 的概率密度函数为

$$f(y) = \begin{cases} 2y, & 0 < y < 1; \\ 0, & \text{其他}. \end{cases}$$

求 $Z = X + Y$ 的概率分布.

13 设随机变量 X, Y 独立同分布于 $\mathrm{U}(0,3)$, 求 $P\{\max\{X, Y\} \leqslant 1\}$.

14 设二维随机变量 (X, Y) 的概率密度函数为

$$f(x,y) = \frac{1}{2\pi\sigma^2} \exp\left\{ -\frac{1}{2}\left(\frac{x^2}{\sigma^2} + \frac{y^2}{\sigma^2} \right) \right\}.$$

求 $Z = \sqrt{X^2 + Y^2}$ 的概率密度函数.

15 设二维随机变量 (X, Y) 的概率密度函数为

$$f(x,y) = \begin{cases} 1, & 0 < x < 1, 0 < y < 2x; \\ 0, & \text{其他}. \end{cases}$$

求: (1) (X, Y) 的边际概率密度函数 $f_X(x), f_Y(y)$;

(2) $Z = 2X - Y$ 的概率密度函数 $f_Z(z)$.

16 设二维随机变量 (X, Y) 的概率密度函数为

$$f(x,y) = \begin{cases} 2 - x - y, & 0 < x < 1, 0 < y < 1; \\ 0, & \text{其他}. \end{cases}$$

求: (1) $P(X > 2Y)$;   (2) $Z = X + Y$ 的概率密度函数.

17 设相互独立的随机变量 X 和 Y 分别服从正态分布 $\mathrm{N}(0,1)$ 和 $\mathrm{N}(1,1)$. 求 $P(X + Y \leqslant 1)$.

18 设随机变量 X 与 Y 相互独立, 服从相同的拉普拉斯分布, 其概率密度函数为

$$f(x) = \frac{1}{2a} \exp\left\{ -\frac{|x|}{a} \right\}, \quad a > 0$$

求 $Z = X + Y$ 的概率密度函数.

19 设随机变量 X 与 Y 相互独立, 服从相同的柯西分布, 其概率密度函数为

$$f(x) = \frac{1}{\pi(1 + x^2)}.$$

求 $Z = \frac{1}{2}(X + Y)$ 的概率密度函数.

20 设随机变量 X 与 Y 相互独立, 概率密度函数分别为

$$f_X(x) = \begin{cases} \lambda \mathrm{e}^{-\lambda x}, & x > 0; \\ 0, & x \leqslant 0. \end{cases} \qquad f_Y(y) = \begin{cases} \mu \mathrm{e}^{-\mu y}, & y > 0; \\ 0, & y \leqslant 0. \end{cases}$$

求 $Z = X + Y$ 的概率密度函数 (其中 $\lambda > 0$, $\mu > 0$).

21 设二维随机变量 (X, Y) 的联合概率密度函数为

$$f(x, y) = \begin{cases} \dfrac{1}{4}\left[1 + xy(x^2 - y^2)\right], & |x| \leqslant 1, |y| \leqslant 1; \\ 0, & \text{其他}. \end{cases}$$

求 $Z = X + Y$ 的概率密度函数.

22 设随机变量 X 与 Y 相互独立, 都服从 $(0, 1)$ 上的均匀分布, 求 $Z = |X - Y|$ 的概率密度函数和 $P(Z < \frac{1}{2})$.

23 设随机变量 X 与 Y 相互独立, 都服从参数为 λ 的指数分布, 求 X/Y 的概率密度函数.

24 设二维随机变量 (X, Y) 的联合概率密度函数为

$$f(x, y) = \begin{cases} x\mathrm{e}^{-x(1+y)}, & x > 0, y > 0; \\ 0, & \text{其他}. \end{cases}$$

求 $Z = X \cdot Y$ 的概率密度函数.

25 设随机变量 X 与 Y 相互独立, 并且有相同的几何分布:

$$P(X = k) = p(1 - p)^{k-1}, \quad k = 1, 2, \cdots.$$

(1) 证明: $P(X = k \,|\, X + Y = n) = \dfrac{1}{n - 1}, \quad k = 1, 2, \cdots, n - 1$;

(2) 求 $Z = \max\{X, Y\}$ 的分布;

(3) 求 Z 与 X 的联合分布.

26 设 $X_1, X_2, \cdots, X_n$ 独立同分布于 $\mathrm{Exp}(\lambda)$, 求 $N = \min\{X_1, X_2, \cdots, X_n\}$ 的概率密度函数.

27 设二维随机变量 (X, Y) 在区域 $D = \big\{(x, y)\,\big|\,0 < x < 1, x^2 < y < \sqrt{x}\big\}$ 上服从均匀分布, 令

$$U = g(X, Y) = \begin{cases} 1, & X \leqslant Y; \\ 0, & X > Y. \end{cases}$$

(1) 写出 (X, Y) 的概率密度;

(2) 问 U 与 X 是否相互独立? 并说明理由;

(3) 求 $Z = U + X$ 的分布函数.

28 设随机变量 X 与 Y 相互独立同分布:

$$f_X(x) = f_Y(x) = \begin{cases} \mathrm{e}^{-x}, & x > 0; \\ 0, & x \leqslant 0. \end{cases}$$

求证: (1) $X + Y$ 与 X/Y 相互独立; (2) $X + Y$ 与 $X/(X+Y)$ 相互独立.

29 设随机变量 $X \sim \mathrm{t}(n)$, $Y \sim \mathrm{F}(1, n)$, 对于给定的 $\alpha \in (0, 0.5)$, 已知正常数 c 满足 $P(X > c) = \alpha$, 求 $P(Y > c^2)$.

第3章 随机变量的数字特征

随机变量的分布函数 (分布列或密度函数) 全面地描述了随机变量的统计规律. 但是, 求一个随机变量的分布函数往往是不容易的, 有时甚至是不可能的. 而在实际问题中, 我们感兴趣的往往是随机变量的某些数字特征. 这些数字特征比分布函数更容易计算 (估计), 并且不少问题只要知道它的数字特征也就够了, 不必细致地了解它的概率分布. 例如, 在一个同一品种的母鸡群中, 一只母鸡的产蛋量 X 是一个随机变量, 如果要比较两个品种母鸡的年产蛋量, 通常只要比较这两个品种的母鸡的年产蛋量的平均值就可以了. 而一个随机变量的平均值就是我们下面要讲的数字特征之一, 因此在对随机变量的研究中, 某些数字特征的确是很重要的. 最常用的数字特征是随机变量的数学期望和方差.

3.1 随机变量的数学期望

本节主要研究离散型、连续型随机变量及其函数的数学期望和性质.

3.1.1 离散型随机变量的数学期望

设随机变量 X 的分布列为

$$P(X = x_i) = p_i, \quad i = 1, 2, \cdots.$$

我们希望能够找到这样一个数值, 它体现 X 取值的 "平均" 大小, 这类似于通常意义下的一组数的平均数.

对 n 个数 $a_1, a_2, \cdots, a_n$, 它们的平均值为 $(a_1 + a_2 + \cdots + a_n)/n$. 可是, 对于一个随机变量 X, 若它的可能取值为 $a_1, a_2, \cdots, a_n$, 则这种方式的 "平均", 并不能真正起到平均的作用, 因为随机变量 X 取到 $a_1, a_2, \cdots, a_n$ 的可能性不一定相同, 因而不能用简单的算术平均作为 X 的平均值.

例如, 某车间生产某种产品, 检验员每天随机地抽取 n 件产品做检验, 查出的废品数 X 是一个随机变量, 它的可能取值为 $0, 1, 2, \cdots, n$. 设检验员共查 N 天, 出现废品数为 $0, 1, 2, \cdots, n$ 的天数分别为 $m_0, m_1, \cdots, m_n$ $(\sum_{k=0}^{n} m_k = N)$. 问 N 天出现的废品数的平均值为多少?

要想求出 N 天出现的废品数的平均值应知道两个数值, 其一是 N 天中出现的总的废品数 $\sum_{k=0}^{n} k m_k$. 其二是总的天数 N, 于是, N 天出现的废品数的平均数是

$$\frac{N \text{天出现的废品数}}{N} = \frac{\sum_{k=0}^{n} k m_k}{N} = \sum_{k=0}^{n} k \frac{m_k}{N}.$$

在上面的和式中, 每一项都是两个数的乘积, 其中一个数 k 是废品数, 而另一个数是 X 取到 k 的频率, 因而上式对废品数 $0, 1, 2, \cdots, n$ 而言, 不是简单的平均而是加权平均. 由第 1 章中关于频率和概率关系的讨论可知, 在求平均值时, 理论上应该用概率 p_k 去代替上述和

式中的频率, 这时得到的平均值才是理论上的 (也是真实的) 平均值. 由此, 我们给出下面的定义.

定义 3.1.1 设离散型随机变量 X 的概率分布列为

$$P(X = x_i) = p_i, \quad i = 1, 2, \cdots.$$

若级数 $\sum_{i=1}^{\infty} x_i p_i$ 绝对收敛, 则称该级数的和为 X 的**数学期望** (mathematical expectation), 简称为**期望**或**均值** (mean), 记作 $\mathrm{E}(X)$ 或 $\mathrm{E}X$. 即

$$\mathrm{E}(X) = \sum_{i=1}^{\infty} x_i p_i. \tag{3.1.1}$$

期望这一概念可以类比于物理概念 —— 重心. 假设一个离散型随机变量 X 的概率分布列为

X	-1	0	1	2
P	0.10	0.25	0.30	0.35

我们设想有一根没有质量的刚性竹竿, 在点 $-1, 0, 1, 2$ 处分别放置质量为 0.10, 0.25, 0.30, 0.35(图 3.1). 那么使得竹竿保持平衡状态的点就是重心, 由力学基本性质, 这个点就是 $\mathrm{E}(X) = 0.9$.

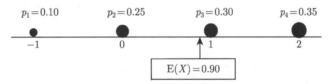

图 3.1 数学期望类比于重心示意图

显然 $\mathrm{E}(X)$ 是一个实数, 当 X 的概率分布已知时, $\mathrm{E}(X)$ 由式 (3.1.1) 算出, 因此也称为分布的数学期望. 级数 $\sum_{i=1}^{\infty} x_i p_i$ 的绝对收敛性保证了 $\sum_{i=1}^{\infty} x_i p_i$ 的值不随级数项排列次序的改变而改变, 这是必需的, 因为数学期望反映的是客观事实 (X 的平均值), 它自然不应随排序的主观性而改变. 如果 $\sum_{i=1}^{\infty} x_i p_i$ 不绝对收敛, 则称 X 不存在数学期望.

例 3.1.1 甲、乙两人进行打靶, 命中环数分别为 X 和 Y, X 和 Y 的分布列分别由下表给出, 试评定他们技术之优劣.

X	0	5	6	7	8	9	10
P	0.05	0.05	0.05	0.05	0.10	0.20	0.50

Y	0	5	6	7	8	9	10
P	0.25	0.20	0.20	0.10	0.10	0.10	0.05

解 为了评价甲、乙技术优劣, 我们先求随机变量 X 与 Y 的数学期望.

$$\mathrm{E}(X) = 0 \times 0.05 + 5 \times 0.05 + 6 \times 0.05 + 7 \times 0.05 + 8 \times 0.1 + 9 \times 0.2 + 10 \times 0.5 = 8.5,$$

$$\mathrm{E}(Y) = 0 \times 0.25 + 5 \times 0.20 + 6 \times 0.20 + 7 \times 0.1 + 8 \times 0.1 + 9 \times 0.1 + 10 \times 0.05 = 5.1.$$

从平均命中环数看, 甲的射击水平比乙的高.   □

离散型随机变量的期望就是该随机变量所有可能取值的一个加权平均, 其计算可以用 R 语言中的函数 weighted.mean() 实现. 比如, 例 3.1.1 中的计算可由下面代码实现:

```
>  X <- c(0, 5, 6, 7, 8, 9, 10);  Y <- X
> PX <- c(0.05, 0.05, 0.05, 0.05, 0.10, 0.20, 0.50)
> PY <- c(0.25, 0.20, 0.20, 0.10, 0.10, 0.10, 0.05)
> EX <- weighted.mean(X, PX); EY <- weighted.mean(Y, PY)
> c(EX, EY)
[1] 8.5 5.1
```

3.1.2 连续型随机变量的数学期望

对于连续型随机变量 X, 设其概率密度函数为 $f(x)$, 那么有

$$f(x)\mathrm{d}x \approx P(x \leqslant X \leqslant x + \mathrm{d}x), \quad 对很小的 \ \mathrm{d}x$$

类比于离散型随机变量数学期望的定义, 只要将分布列换成 $f(x)\mathrm{d}x$, 将求和换成积分, 定义连续型随机变量的期望值为 $\mathrm{E}(X) = \int_{-\infty}^{+\infty} xf(x)\mathrm{d}x$, 其正式表述如下.

定义 3.1.2 设连续型随机变量 X 的密度函数为 $f(x)$, 若广义积分 $\int_{-\infty}^{+\infty} xf(x)\mathrm{d}x$ 绝对收敛, 则称它为 X 的**数学期望**, 简称为**期望**或**均值**, 记作 $\mathrm{E}(X)$ 或 $\mathrm{E}X$. 即

$$\mathrm{E}(X) = \int_{-\infty}^{+\infty} xf(x)\mathrm{d}x. \tag{3.1.2}$$

广义积分 $\int_{-\infty}^{+\infty} xf(x)\mathrm{d}x$ 的绝对收敛性的要求类似于离散型随机变量的情形. 如果 $\int_{-\infty}^{+\infty} |x|f(x)\mathrm{d}x = \infty$, 则称 X 不存在数学期望.

例 3.1.2 设随机变量 X 的概率密度函数为

$$f(x) = \begin{cases} 2x, & 0 \leqslant x \leqslant 1; \\ 0, & 其他. \end{cases}$$

则 $\mathrm{E}(X) = \int_0^1 2x^2\mathrm{d}x = 2/3$.   □

例 3.1.3 (柯西分布) 设 $X \sim \mathrm{Cauchy}(0,1)$, 求 $\mathrm{E}(X)$.

解 X 的密度函数为

$$f(x) = \frac{1}{\pi(1 + x^2)},$$

由于

$$\int_{-\infty}^{+\infty} |x| \frac{1}{\pi(1 + x^2)}\mathrm{d}x = \infty.$$

因此柯西分布的数学期望不存在. □

连续型随机变量数学期望的计算要用到积分, 其数值计算可以用 R 语言中的函数 integrate() 实现, 比如例 3.1.2 中的计算代码为

```
f <- function(x) {2*x^2}  # 定义函数f(x)
EX <- integrate(f, 0, 1)
# 计算函数f(x)在区间[0,1]上的积分
```

3.1.3 数学期望的一般定义

前面对于离散型和连续型随机变量分别给出了数学期望的定义, 如定义 3.1.1 和定义 3.1.2. 但对于一般的随机变量 (既非离散型也非连续型) 的数学期望没有给出定义. 因此, 至少在理论上需要给出更一般的定义来解决上述问题. 为此, 我们需要借助勒贝格 (Lebesgue)–斯蒂尔切斯 (Stieltjes) 积分 (简称为 L-S 积分)[①] 来定义随机变量的数学期望.

定义 3.1.3 设随机变量 X 的分布函数为 $F(x)$, 若 L–S 积分

$$\int_{-\infty}^{+\infty} |x| \mathrm{d}F(x) < \infty,$$

则记

$$\mathrm{E}(X) = \int_{-\infty}^{+\infty} x \mathrm{d}F(x). \tag{3.1.3}$$

并称 $\mathrm{E}(X)$ 为 X 的数学期望.

不难验证当 X 为离散型随机变量时, $F(x)$ 是阶梯函数, 式 (3.1.3) 就是式 (3.1.1); 当 X 为连续型随机变量时, $F(x)$ 是绝对连续函数, 其导数为 $f(x)$, 则式 (3.1.3) 就是式 (3.1.2). 对于数学期望一般性的严格讨论, 可参阅参考文献 [8].

3.1.4 随机变量函数的数学期望

设 X 为一随机变量, 下面研究 X 的函数 $Y = g(X)$ 的数学期望. 当然可以先由 X 的分布算出 Y 的分布, 然后按式 (3.1.1) 或式 (3.1.2) 来计算 $\mathrm{E}(Y)$, 那么是否可以不先求 $g(X)$ 的分布而只根据 X 的分布求得 $\mathrm{E}[g(X)]$ 呢? 下面的定理指出, 答案是肯定的.

定理 3.1.1 设 $Y = g(X)$ 是随机变量 X 的某一函数.

(1) 设 X 是离散型随机变量, 其分布列为 $P(X = x_i) = p_i, \quad i = 1, 2, \cdots$. 如果级数 $\sum_{k=1}^{\infty} g(x_k)p_k$ 绝对收敛, 则

$$\mathrm{E}(Y) = \mathrm{E}[g(X)] = \sum_{k=1}^{\infty} g(x_k)p_k. \tag{3.1.4}$$

---

①对于不熟悉 L–S 积分的读者, 应该明白式 (3.1.3) 的直观含义. 考虑近似和

$$\sum_{i=1}^{n} x_i [F(x_i) - F(x_{i-1})],$$

将 X 的取值 x_i 乘以 X 落入区间 $(x_{i-1}, x_i]$ 的概率, 再将这些乘积加起来, 就是 X 的期望的近似值. 当分割的细度趋于 0 时, 上述近似值的极限就是 X 的期望值.

(2) 设 X 是连续型随机变量, 其密度函数为 $f(x)$. 若无穷限广义积分 $\displaystyle\int_{-\infty}^{+\infty} g(x)f(x)\mathrm{d}x$ 绝对收敛, 则

$$\mathrm{E}(Y) = \mathrm{E}[g(X)] = \int_{-\infty}^{+\infty} g(x)f(x)\mathrm{d}x. \tag{3.1.5}$$

定理的证明涉及较多的工具, 在此省略了.

这个定理的意义在于当我们计算 $Y = g(X)$ 的期望时, 不必求出 $g(X)$ 的分布, 可以直接利用 X 的分布计算, 如图 3.2 所示.

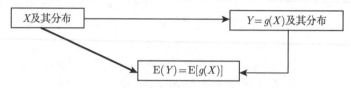

图 3.2   计算随机变量函数的数学期望的两种路径

该定理可以推广到多个随机变量的情形. 如对二维随机变量, 类似地有以下定理.

定理 3.1.2 设 $Z = g(X, Y)$ 是二维随机变量 (X, Y) 的某一个二元实函数.

(1) 设 (X, Y) 是离散型随机变量, 其联合分布列为

$$P(X = a_i, Y = b_j) = p_{ij}, \quad i, j = 1, 2, \cdots.$$

如果 $\displaystyle\sum_i \sum_j g(a_i, b_j)p_{ij}$ 绝对收敛, 则

$$\mathrm{E}(Z) = \mathrm{E}[g(X, Y)] = \sum_i \sum_j g(a_i, b_j)p_{ij}. \tag{3.1.6}$$

(2) 设 (X, Y) 是连续型随机变量, 其联合密度函数为 $f(x, y)$. 若无穷限广义积分

$$\int_{-\infty}^{+\infty}\int_{-\infty}^{+\infty} g(x, y)f(x, y)\mathrm{d}x\mathrm{d}y$$

绝对收敛, 则

$$\mathrm{E}(Z) = \mathrm{E}[g(X, Y)] = \int_{-\infty}^{+\infty}\int_{-\infty}^{+\infty} g(x, y)f(x, y)\mathrm{d}x\mathrm{d}y. \tag{3.1.7}$$

例 3.1.4 设随机变量 X 的分布列如下表, 求 $\mathrm{E}(X^2 + X - 1)$.

X	−1	0	1	2
P	0.1	0.2	0.3	0.4

解   按式 (3.1.4) 得

$$\begin{aligned}
\mathrm{E}(X^2 + X - 1) &= [(-1)^2 + (-1) - 1] \times 0.1 + [0^2 + 0 - 1] \times 0.2 \\
&\quad + [1^2 + 1 - 1] \times 0.3 + [2^2 + 2 - 1] \times 0.4 = 2.0.
\end{aligned}$$ □

例 3.1.4 中的计算可由下面代码实现:

```
> X <- c(-1, 0, 1, 2)
> PX <- c(0.1, 0.2, 0.3, 0.4)
> EY <- weighted.mean(X^2+X-1, PX)
```

例 3.1.5 已知 $X \sim \mathrm{N}(0,1)$, 求 $\mathrm{E}(X^2)$.

解 按式 (3.1.5) 得

$$
\begin{aligned}
\mathrm{E}(X^2) &= \int_{-\infty}^{+\infty} x^2 \frac{1}{\sqrt{2\pi}} \mathrm{e}^{-x^2/2} \mathrm{d}x = \frac{2}{\sqrt{2\pi}} \int_0^{+\infty} x^2 \mathrm{e}^{-x^2/2} \mathrm{d}x \\
&= \frac{2}{\sqrt{\pi}} \int_0^{+\infty} t^{1/2} \mathrm{e}^{-t} \mathrm{d}t \quad (\diamondsuit x^2 = 2t) \\
&= \frac{2}{\sqrt{\pi}} \Gamma\left(\frac{3}{2}\right) = \frac{1}{\sqrt{\pi}} \Gamma\left(\frac{1}{2}\right) = 1.
\end{aligned}
$$
□

例 3.1.5 中积分的数值计算可由下面代码实现:

```
> fx <- function(x) {x^2*dnorm(x)} # 定义被积函数 fx
> integrate(fx, -Inf, Inf) # 计算被积函数在指定区间的积分
```

3.1.5 数学期望的性质

上面给出了数学期望的定义和随机变量函数的数学期望的计算公式. 下面讨论数学期望的一些重要性质. 虽然只给出了这些性质的不完全证明, 但它们对一般随机变量都是成立的.

定理 3.1.3 (线性性) 设随机变量 X 有数学期望 $\mathrm{E}(X)$, 则 $Y = aX + b(a, b$ 均为常数) 的数学期望是

$$
\mathrm{E}(Y) = a\mathrm{E}(X) + b.
$$

特别当 $a = 0$ 时, 有 $\mathrm{E}(b) = b$. 即常数的数学期望就是它自己本身.

证 只证 X 为连续型随机变量的情形. 设 X 的密度函数为 $f(x)$, 则由式 (3.1.5) 得

$$
\mathrm{E}(Y) = \mathrm{E}(aX + b) = \int_{-\infty}^{+\infty} (ax + b)f(x)\mathrm{d}x = a\int_{-\infty}^{+\infty} xf(x)\mathrm{d}x + b = a\mathrm{E}(X) + b. \quad □
$$

定理 3.1.4 (可加性) 设随机变量 X, Y 有数学期望 $\mathrm{E}(X), \mathrm{E}(Y)$. 则 $Z = X + Y$ 的数学期望是

$$
\mathrm{E}(X + Y) = \mathrm{E}(X) + \mathrm{E}(Y).
$$

证 只证 (X, Y) 为连续型随机变量的情形, 设 (X, Y) 的联合密度函数为 $f(x, y)$, 则由

式 (3.1.7) 得

$$
\begin{aligned}
\mathrm{E}(X+Y) &= \int_{-\infty}^{+\infty}\int_{-\infty}^{+\infty}(x+y)f(x,y)\mathrm{d}x\mathrm{d}y \\
&= \int_{-\infty}^{+\infty}\int_{-\infty}^{+\infty}xf(x,y)\mathrm{d}x\mathrm{d}y + \int_{-\infty}^{+\infty}\int_{-\infty}^{+\infty}yf(x,y)\mathrm{d}x\mathrm{d}y \\
&= \int_{-\infty}^{+\infty}xf_X(x)\mathrm{d}x + \int_{-\infty}^{+\infty}yf_Y(y)\mathrm{d}y \\
&= \mathrm{E}(X)+\mathrm{E}(Y).
\end{aligned}
$$
$\hfill\square$

推论 3.1.5　设随机变量 X_i 有数学期望 $\mathrm{E}(X_i)$, $i=1,2,\cdots,n$. 则 $Y=\sum_{i=1}^{n}X_i$ 的数学期望是

$$
\mathrm{E}(Y)=\sum_{i=1}^{n}\mathrm{E}(X_i).
$$

定理 3.1.6 (保序性)　设随机变量 X,Y 有数学期望 $\mathrm{E}(X)$, $\mathrm{E}(Y)$, 且 $X\leqslant Y$. 则

$$
\mathrm{E}(X)\leqslant\mathrm{E}(Y).
$$

证　对于 (X,Y) 为连续型随机变量的情形, 由积分的保序性得; 对于离散型随机变量的情形, 由求和的保序性得.　$\hfill\square$

推论 3.1.7　随机变量 X 存在数学期望, 且满足 $a\leqslant X\leqslant b$, a,b 为常数. 则

$$
a\leqslant\mathrm{E}(X)\leqslant b.
$$

定理 3.1.8　设随机变量 X,Y 有数学期望 $\mathrm{E}(X)$, $\mathrm{E}(Y)$, 且 X,Y 相互独立, 则

$$
\mathrm{E}(XY)=\mathrm{E}(X)\cdot\mathrm{E}(Y).
$$

证　只证 (X,Y) 为连续型随机变量的情形. 设 (X,Y) 的联合密度函数为 $f(x,y)$, 则由式 (3.1.7),

$$
\begin{aligned}
\mathrm{E}(XY) &= \int_{-\infty}^{+\infty}\int_{-\infty}^{+\infty}xyf(x,y)\mathrm{d}x\mathrm{d}y \\
&= \int_{-\infty}^{+\infty}\int_{-\infty}^{+\infty}xyf_X(x)f_Y(y)\mathrm{d}x\mathrm{d}y \quad (x,y \text{ 相互独立}) \\
&= \int_{-\infty}^{+\infty}xf_X(x)\mathrm{d}x\int_{-\infty}^{+\infty}yf_Y(y)\mathrm{d}y \\
&= \mathrm{E}(X)\mathrm{E}(Y).
\end{aligned}
$$
$\hfill\square$

推论 3.1.9　随机变量 X_i 有数学期望为 $\mathrm{E}(X_i)$, $i=1,2,\cdots,n$, 且 $X_1,X_2,\cdots,X_n$ 相互独立. 则 $Y=\prod_{i=1}^{n}X_i$ 的数学期望是

$$
\mathrm{E}(X_1X_2\cdots X_n)=\mathrm{E}(X_1)\mathrm{E}(X_2)\cdots\mathrm{E}(X_n).
$$

例 3.1.6 设 $A_1, A_2, \cdots, A_n$ 是 n 个随机事件, $X_1, X_2, \cdots, X_n$ 表示这 n 个随机事件的示性函数,

$$X_i = \begin{cases} 1, & A_i \text{ 发生}; \\ 0, & A_i \text{ 不发生}. \end{cases} \quad i = 1, 2, \cdots, n.$$

则 X_i 是服从 0–1 两点分布的随机变量, 其数学期望为 $\mathrm{E}(X_i) = P(A_i)$. 令

$$X = X_1 + X_2 + \cdots + X_n,$$

则 X 表示 $A_1, A_2, \cdots, A_n$ 这 n 个随机事件在试验中发生的个数, 由期望的可加性, 有

$$\mathrm{E}(X) = \mathrm{E}(X_1) + \mathrm{E}(X_2) + \cdots + \mathrm{E}(X_n) = P(A_1) + P(A_2) + \cdots + P(A_n)$$

表示这一系列事件在试验中发生的平均个数. 再令

$$Y = \begin{cases} 1, & X \geqslant 1; \\ 0, & X = 0. \end{cases}$$

显然 $X \geqslant Y$, 由期望的保序性, 有 $\mathrm{E}(X) \geqslant \mathrm{E}(Y)$, 其中

$$\mathrm{E}(Y) = P(X \geqslant 1) = P(A_1, A_2, \cdots, A_n \text{ 至少有一个发生}) = P\left(\bigcup_{i=1}^{n} A_i\right).$$

这样我们就得到如下概率不等式:

$$P\left(\bigcup_{i=1}^{n} A_i\right) \leqslant \sum_{i=1}^{n} P(A_i).$$

现在讨论随机变量期望的另一个性质, 此时我们设想用一个常数 b 去估计 X 的值. $\mathrm{E}(X - b)^2$ 作为这个估计的误差, 则下面性质表明该误差在 $b = \mathrm{E}(X)$ 达到最小, 也就是说 $\mathrm{E}(X)$ 是 X 的 "最佳" 估计.

定理 3.1.10 设随机变量 X 有数学期望 $\mathrm{E}(X)$, 则

$$\min_b \mathrm{E}(X - b)^2 = \mathrm{E}[X - \mathrm{E}(X)]^2.$$

证 由期望的可加性,

$$\mathrm{E}(X - b)^2 = b^2 - 2b\mathrm{E}(X) + [\mathrm{E}(X)]^2$$

作为 b 的函数, 显然在 $b = \mathrm{E}(X)$ 时达到最小. □

定理 3.1.11 [施瓦茨 (Schwarz) 不等式] 设对随机变量 X, Y, $\mathrm{E}(X^2), \mathrm{E}(Y^2)$ 存在. 则

$$\left|\mathrm{E}(XY)\right|^2 \leqslant \mathrm{E}(X^2) \cdot \mathrm{E}(Y^2).$$

证 对任意实数 λ, 显然有 $\mathrm{E}(\lambda X + Y)^2 \geqslant 0$, 即

$$\lambda^2 \mathrm{E}(X^2) + 2\lambda \mathrm{E}(XY) + \mathrm{E}(Y^2) \geqslant 0.$$

故判别式 $4\left|\mathrm{E}(XY)\right|^2 - 4\mathrm{E}(X^2)\mathrm{E}(Y^2) \leqslant 0$, 即

$$\left|\mathrm{E}(XY)\right|^2 \leqslant \mathrm{E}(X^2) \cdot \mathrm{E}(Y^2).$$ □

定理 3.1.12 (Jensen 不等式) 设 X 是任意随机变量, $g(x)$ 是一个凸函数[①], 相应的数学期望存在, 则有

$$\mathrm{E}[g(X)] \geqslant g[\mathrm{E}(X)].$$

如果 $g(x)$ 是一个凹函数, 则有

$$\mathrm{E}[g(X)] \leqslant g[\mathrm{E}(X)].$$

证 设曲线 $y = g(x)$ 在 $\mathrm{E}(X)$ 处的切线方程为 $y = l(x) = ax + b$, 则 $l(\mathrm{E}(X)) = g(\mathrm{E}(X))$(相切的意思). 考虑到凸函数的曲线总是位于曲线上任意一点处切线的上方, $g(x) \geqslant l(x)$, 又因为期望运算保持不等式, 故有

$$\mathrm{E}[g(X)] \geqslant \mathrm{E}[l(X)] = \mathrm{E}(aX + b) = a\mathrm{E}(X) + b = l[\mathrm{E}(X)] = g[\mathrm{E}(X)].$$

凹函数的情形类似. □

例 3.1.7 (平均值不等式) 设 $a_1, a_2, \cdots, a_n$ 是 n 个正数, 定义

算术平均数: $A = \dfrac{1}{n}(a_1 + a_2 + \cdots + a_n)$;

几何平均数: $G = (a_1 a_2 \cdots a_n)^{\frac{1}{n}}$;

调和平均数: $H = \left[\dfrac{1}{n}(a_1^{-1} + a_2^{-1} + \cdots + a_n^{-1})\right]^{-1}$.

试证 $H \leqslant G \leqslant A$.

证 设随机变量 X 服从 $\{a_1, a_2, \cdots, a_n\}$ 上的离散均匀分布 (即在每个点取值的概率相同, 均为 $1/n$), 则 $Y = 1/X$ 服从 $\{a_1^{-1}, a_2^{-1}, \cdots, a_n^{-1}\}$ 上的离散均匀分布. 容易计算得,

$$\mathrm{E}(X) = \frac{1}{n}(a_1 + a_2 + \cdots + a_n) = A,$$

$$\mathrm{E}(\ln X) = \frac{1}{n}(\ln a_1 + \ln a_2 + \cdots + \ln a_n) = \ln G,$$

$$\mathrm{E}(Y) = \frac{1}{n}(a_1^{-1} + a_2^{-1} + \cdots + a_n^{-1}) = H^{-1},$$

$$\mathrm{E}(\ln Y) = \frac{1}{n}(\ln a_1^{-1} + \ln a_2^{-1} + \cdots + \ln a_n^{-1}) = -\ln G.$$

考虑到 $g(x) = \ln x$ 是凹函数, 则由 Jensen 不等式, 有

$$\mathrm{E}(\ln X) \leqslant \ln \mathrm{E}(X), \quad \mathrm{E}(\ln Y) \leqslant \ln \mathrm{E}(Y);$$

$$\ln G \leqslant \ln A, \quad -\ln G \leqslant -\ln H.$$

故有 $H \leqslant G \leqslant A$. □

[①]如果对于 $\forall x, y \in I$ 及 $0 < \lambda < 1$, 函数 $f(x)$ 满足

$$f(\lambda x + (1-\lambda)y) \leqslant \lambda f(x) + (1-\lambda)f(y),$$

则称 $f(x)$ 为 I 上的凸函数. 如果 $-f(x)$ 为凸函数, 则 $f(x)$ 是凹函数.

习 题 3.1

1 某射手每次射击击中目标的概率为 p, 他手中有 10 发子弹, 准备对一目标连续射击 (每次打一发), 一旦击中目标或子弹打完了就立刻转移到别的地方去, 问他在转移前平均射击几次?

2 对三架仪器进行检验, 各仪器产生故障是相互独立的, 且概率分别为 p_1, p_2, p_3, 求产生故障的仪器数的数学期望.

3 射击比赛, 每人射击四次 (每次一发), 约定全部不中得 0 分, 只中一弹得 15 分, 中两弹得 30 分, 中三弹得 55 分, 中四弹得 100 分. 某人每次射击的命中率为 0.6. 求他得分的期望值.

4 从学校乘汽车到火车站的途中有 3 个交通岗, 假设在各个交通岗遇到红灯的事件是相互独立的, 且概率都是 2/5, 设 X 为途中遇到红灯的次数, 求随机变量 X 的分布列、分布函数和数学期望.

5 有一种赌博方法, 赌徒押注于 1 到 6 中的某个数, 然后庄家掷 3 次骰子, 如果赌徒押注的点数没有出现, 他将损失 100 元; 如果赌徒押注的点数出现了 i 次, 那么他将赢得 $100i$ 元, $i = 1, 2, 3$. 问这个赌博对赌徒是否公平?

6 在伯努利试验中, 每次试验"成功"的概率为 p, 试验进行到"成功"与"失败"均出现时停止, 求试验次数的期望值.

7 从数字 $0, 1, \cdots, n$ 中任取两个不同的数字, 求这两个数字之差的绝对值的数学期望.

8 已知甲、乙两箱中装有同种产品, 其中甲箱中装有 3 件合格品和 3 件次品, 乙箱中仅装有 3 件合格品. 从甲箱中任取 3 件产品放入乙箱后, 求:

(1) 乙箱中次品件数的数学期望;

(2) 从乙箱中任取一件产品是次品的概率.

9 设离散型随机变量 X 的分布列为

$$P\left(X = (-1)^k \frac{2^k}{k}\right) = \frac{1}{2^k}, \quad k = 1, 2, \cdots.$$

问 X 是否有数学期望?

10 设随机变量 X 的密度函数为

$$f(x) = \begin{cases} \dfrac{3}{8}x^2, & 0 < x < 2; \\ 0, & \text{其他}. \end{cases}$$

试求 $\dfrac{1}{X^2}$ 的数学期望.

11 某新产品在未来市场上的占有率 X 是在区间 $(0,1)$ 上取值的随机变量, 它的密度函数为

$$f(x) = \begin{cases} 4(1-x)^3, & 0 < x < 1; \\ 0, & \text{其他}. \end{cases}$$

试求平均市场占有率.

12　设随机变量 X 服从标准正态分布, 求 $E(Xe^{2X})$.

13　设随机变量 X 的密度函数为

$$f(x) = \begin{cases} a + bx^2, & 0 \leqslant x \leqslant 1; \\ 0, & 其他. \end{cases}$$

已知 $E(X) = 2/3$, 求 a 和 b.

14　设 X 与 Y 的联合密度函数为

$$f(x,y) = \begin{cases} 4xye^{-(x^2+y^2)}, & x > 0, y > 0; \\ 0, & 其他. \end{cases}$$

求 $Z = \sqrt{X^2 + Y^2}$ 的数学期望.

15　设 X 为取非负整数值的离散型随机变量, 其数学期望存在, 证明:

(1) $E(X) = \sum_{n=1}^{\infty} P(X \geqslant n)$;

(2) $\sum_{n=1}^{\infty} nP(X \geqslant n) = \frac{1}{2}\left[E(X)^2 + E(X)\right]$.

16　设 Y 是一个非负连续型随机变量, 其数学期望存在, 证明

$$E(Y) = \int_0^{+\infty} P(Y > y)\mathrm{d}y.$$

17　设随机变量 X 的分布函数为 $F(x) = 0.3\Phi(x) + 0.7\Phi\left(\dfrac{x-1}{2}\right)$, 其中 $\Phi(x)$ 为标准正态分布函数, 求 $E(X)$.

18　设 $X_1, X_2, \cdots, X_n$ 为同分布的正随机变量, 证明对 $k\ (1 \leqslant k \leqslant n)$, 有

$$E\left(\frac{X_1 + \cdots + X_k}{X_1 + \cdots + X_n}\right) = \frac{k}{n}.$$

19　设 X 和 Y 是两个随机变量, 定义:

$$X \wedge Y = \min(X,Y), \quad X \vee Y = \max(X,Y).$$

证明 $E(X \vee Y) = E(X) + E(Y) - E(X \wedge Y)$.

3.2　随机变量的方差

3.2.1　方差的定义

对于随机变量 X, 数学期望 $E(X)$ 反映了它的平均特征. 在某些场合中, 仅知道平均特征是不够的, 还要考虑 X 偏离其 "中心" $E(X)$ 的程度. 例如, 有两个随机变量 X_1 和 X_2, 其分布列分别如下所示:

X_1	−1	0	1		
P	0.1	0.8	0.1		

X_2	−2	−1	0	1	2
P	0.1	0.2	0.4	0.2	0.1

容易验证, 这时 $E(X_1) = E(X_2) = 0$, 即它们有相同的期望值 0. 如果仔细分析这两个分布列, 可得出结论: X_1 的取值比较集中, 而 X_2 的取值比较分散.

我们就是要寻找一个数字指标来度量一个随机变量取值的离散程度.

设 X 是要讨论的随机变量, $E(X)$ 是它的数学期望, 如果将 $E(X)$ 理解为 X 取值的一个 "中心", 则 $|X - E(X)|$ 就是 X 离开其中心之绝对偏差. 但考虑到绝对值运算有许多不便之处, 人们便用 $[X - E(X)]^2$ 度量这个偏差. 但是 $[X - E(X)]^2$ 是一个随机变量, 应该用它的期望值, 即用 $E[X - E(X)]^2$ 这个数字来度量 X 取值的离散程度. 这就引出了下述定义.

定义 3.2.1 设 X 是一随机变量, 若 $E[X - E(X)]^2$ 存在, 则称它为 X 的**方差** (variance). 记作 $\mathrm{Var}(X)$ 或 $D(X)$, 简记为 $\mathrm{Var}X$ 或 DX, 即

$$D(X) = \mathrm{Var}(X) = E\big[X - E(X)\big]^2. \tag{3.2.1}$$

称 $\sqrt{D(X)}$ 为 X 的**标准差** (standard deviation) 或**均方差**, 记为 $\sigma(X)$.

比如, 在本节开始的例子中, X_1 和 X_2 的方差分别为

$$D(X_1) = (-1-0)^2 \times 0.1 + (0-0)^2 \times 0.8 + (1-0)^2 \times 0.1 = 0.2;$$

$$D(X_2) = (-2-0)^2 \times 0.1 + (-1-0)^2 \times 0.2 + (0-0)^2 \times 0.4$$
$$+ (1-0)^2 \times 0.2 + (2-0)^2 \times 0.1 = 1.2.$$

可见 X_2 的方差大于 X_1 的方差, 这与我们的直观分析是一致的, 同时也说明式 (3.2.1) 所定义的 $D(X)$ 的确反映了 X 的离散程度.

由定义 3.2.1 可知, 随机变量的方差事实上是这个随机变量函数的数学期望, 方差存在的先决条件是期望存在. 利用数学期望的性质, 可得

$$E[X - E(X)]^2 = E[X^2 - 2X \cdot E(X) + [E(X)]^2]$$
$$= E(X^2) - 2E(X) \cdot E(X) + [E(X)]^2 = E(X^2) - [E(X)]^2.$$

即

$$D(X) = E(X^2) - [E(X)]^2. \tag{3.2.2}$$

式 (3.2.2) 经常用于求随机变量的方差.

3.2.2 方差的性质及切比雪夫不等式

由于方差是用数学期望定义的, 因而方差的运算性质均可由数学期望的性质推得.

定理 3.2.1 设随机变量 X 存在方差 $D(X)$, 则 $Y = aX + b(a, b$ 均为常数$)$ 的方差为

$$D(aX + b) = a^2 D(X).$$

特别当 $a = 0$ 时, 有 $D(b) = 0$, 即常数的方差为零.

证　根据方差的定义和数学期望的性质, 可得

$$\begin{aligned}
\mathrm{D}(Y) &= \mathrm{E}[Y - \mathrm{E}(Y)]^2 = \mathrm{E}[(aX+b) - \mathrm{E}(aX+b)]^2 \\
&= \mathrm{E}[aX - a\mathrm{E}(X)]^2 \\
&= a^2 \mathrm{E}[X - \mathrm{E}(X)]^2 \\
&= a^2 \mathrm{D}(X).
\end{aligned}$$

□

定理 3.2.2　设随机变量 X, Y 存在方差 $\mathrm{D}(X), \mathrm{D}(Y)$, 则 $Z = X \pm Y$ 的方差为

$$\mathrm{D}(X \pm Y) = \mathrm{D}(X) + \mathrm{D}(Y) \pm 2\mathrm{E}\big\{[X - \mathrm{E}(X)][Y - \mathrm{E}(Y)]\big\}.$$

特别地, 若 X, Y 相互独立, 则

$$\mathrm{D}(X \pm Y) = \mathrm{D}(X) + \mathrm{D}(Y).$$

证　由方差的定义可得

$$\begin{aligned}
\mathrm{D}(X \pm Y) &= \mathrm{E}[(X \pm Y) - \mathrm{E}(X \pm Y)]^2 \\
&= \mathrm{E}\{[X - \mathrm{E}(X)] \pm [Y - \mathrm{E}(Y)]\}^2 \\
&= \mathrm{E}[X - \mathrm{E}(X)]^2 + \mathrm{E}[Y - \mathrm{E}(Y)]^2 \pm 2\mathrm{E}\big\{[X - \mathrm{E}(X)][Y - \mathrm{E}(Y)]\big\} \\
&= \mathrm{D}(X) + \mathrm{D}(Y) \pm 2\mathrm{E}\big\{[X - \mathrm{E}(X)][Y - \mathrm{E}(Y)]\big\}.
\end{aligned}$$

当 X 和 Y 独立时, $X - \mathrm{E}(X)$ 和 $Y - \mathrm{E}(Y)$ 也独立, 因而有

$$\mathrm{E}\big\{[X - \mathrm{E}(X)][Y - \mathrm{E}(Y)]\big\} = \mathrm{E}[X - \mathrm{E}(X)] \cdot \mathrm{E}[Y - \mathrm{E}(Y)] = 0.$$

从而

$$\mathrm{D}(X \pm Y) = \mathrm{D}(X) + \mathrm{D}(Y).$$

□

推论 3.2.3　设随机变量 X_i 存在方差, $i = 1, 2, \cdots, n$, 且 $X_1, X_2, \cdots, X_n$ 相互独立. 则 $Y = X_1 + X_2 + \cdots + X_n$ 的方差为

$$\mathrm{D}(X_1 + X_2 + \cdots + X_n) = \mathrm{D}(X_1) + \mathrm{D}(X_2) + \cdots + \mathrm{D}(X_n).$$

下面性质给出的马尔可夫 (Markov) 不等式, 在概率论中应用非常广泛.

定理 3.2.4(马尔可夫不等式)　设 X 是随机变量, $g(\cdot)$ 是非负函数, 则对任何常数 $C > 0$, 有

$$P\big[g(X) \geqslant C\big] \leqslant \frac{\mathrm{E}\big[g(X)\big]}{C}. \tag{3.2.3}$$

证　引入一个新的随机变量 Y, 是 $g(X)$ 的函数:

$$Y = \begin{cases} 1, & g(X) \geqslant C; \\ 0, & g(X) < C. \end{cases}$$

显然 Y 是 0-1 分布随机变量, 其数学期望为

$$\mathrm{E}(Y) = 1 \times P(Y=1) + 0 \times P(Y=0)$$
$$= 1 \times P[g(X) \geqslant C] + 0 \times P[g(X) < C] = P[g(X) \geqslant C].$$

由于 $g(X)$ 是非负的, 故有 $Y \leqslant \dfrac{g(X)}{C}$. 两边求期望得

$$\mathrm{E}(Y) = P[g(X) \geqslant C] \leqslant \frac{1}{C}\mathrm{E}[g(X)]. \qquad \square$$

用 $[X - \mathrm{E}(X)]^2$ 代替式 (3.2.3) 中的 $g(X)$, ε^2 代替常数 C, 则有

$$P[(X - \mathrm{E}(X))^2 \geqslant \varepsilon^2] \leqslant \frac{\mathrm{E}[(X-\mathrm{E}(X))^2]}{\varepsilon^2}$$
$$\Longleftrightarrow P[|X - \mathrm{E}(X)| \geqslant \varepsilon] \leqslant \frac{\mathrm{D}(X)}{\varepsilon^2}.$$

得下面的切比雪夫 (Chebyshev) 不等式.

定理 3.2.5 (切比雪夫不等式)   设随机变量 X 存在方差, 则对任意的 $\varepsilon > 0$, 有

$$P[|X - \mathrm{E}(X)| \geqslant \varepsilon] \leqslant \frac{\mathrm{D}(X)}{\varepsilon^2}. \qquad (3.2.4)$$

或

$$P[|X - \mathrm{E}(X)| < \varepsilon] \geqslant 1 - \frac{\mathrm{D}(X)}{\varepsilon^2}. \qquad (3.2.5)$$

马尔可夫不等式和切比雪夫不等式的重要性在于: 当我们只知道随机变量的期望, 或者期望与方差都知道时, 可以给出有关概率的上 (下) 界, 它在理论上有重要意义. 当然, 如果能够直接计算概率的值, 自然不必计算概率的界.

下面利用切比雪夫不等式给出方差的一条重要性质.

定理 3.2.6   设 X 为一随机变量, 则 $\mathrm{D}(X) = 0$ 的充要条件是 $P(X = C) = 1$, 其中 C 为常数.

证   充分性由定理 3.2.1 得证, 下证必要性.

已知 $\mathrm{D}(X) = 0$, 则由式 (3.2.5), 对任意 $\varepsilon > 0$, 有 $P[|X - \mathrm{E}(X)| < \varepsilon] \geqslant 1 - \dfrac{\mathrm{D}(X)}{\varepsilon^2} = 1$. 即

$$P[|X - \mathrm{E}(X)| < \varepsilon] = 1.$$

令 $\varepsilon \to 0^+$, 考虑到概率的连续性, 得

$$P[|X - \mathrm{E}(X)| = 0] = 1,$$

即 $P[X = \mathrm{E}(X)] = 1$, 取 $C = \mathrm{E}(X)$. $\qquad \square$

例 3.2.1   设随机变量 X 的密度函数为

$$f(x) = \begin{cases} \dfrac{x^m}{m!}\mathrm{e}^{-x}, & x > 0; \\ 0, & x \leqslant 0. \end{cases}$$

其中 m 为非负整数, 试证明

$$P\big(0 < X < 2(m+1)\big) \geqslant \frac{m}{m+1}.$$

证   先求出 X 的期望和方差.

$$E(X) = \int_0^{+\infty} x \frac{x^m}{m!} e^{-x} dx = \frac{1}{m!} \int_0^{+\infty} x^{m+1} e^{-x} dx = \frac{1}{m!} \Gamma(m+2) = m+1,$$

$$E(X^2) = \int_0^{+\infty} x^2 \frac{x^m}{m!} e^{-x} dx = \frac{1}{m!} \Gamma(m+3) = (m+2)(m+1).$$

因而 $D(X) = E(X^2) - [E(X)]^2 = (m+2)(m+1) - (m+1)^2 = m+1.$

所以, 利用切比雪夫不等式

$$\begin{aligned}
P\big(0 < X < 2(m+1)\big) &= P\big(-(m+1) < X - (m+1) < m+1\big)\\
&= P\big(|X - (m+1)| < m+1\big)\\
&= P\big(|X - E(X)| < m+1\big)\\
&\geqslant 1 - \frac{D(X)}{(m+1)^2} = \frac{m}{m+1}.
\end{aligned}$$

习 题 3.2

1   设随机变量 X 满足: $E(X) = -2$, $E(X^2) = 5$, 求 $D(5-3X)$.

2   设 $P(X=1) = 1 - P(X=0)$, 且 $E(X) = 3D(X)$, 求 $P(X=1)$.

3   随机变量 X 满足: $E(X) = D(X) = \lambda$, 且 $E[(X-1)(X-2)] = 1$, 求 λ.

4   设随机变量 X 的概率分布为: $P(X=-2) = 1/2$, $P(X=1) = a$, $P(X=3) = b$, 已知 $E(X) = 0$, 求 $D(X)$.

5   盒子中有 5 个球, 其中有 3 个白球, 2 个黑球, 从中任取两个球, 求白球数 X 的数学期望和方差.

6   掷 n 颗骰子, 求点数之和的数学期望和方差.

7   证明事件在一次试验中发生的次数的方差不超过 $1/4$.

8   设随机变量 X 的密度函数为

$$f(x) = \begin{cases} \dfrac{2}{\pi} \cos^2 x, & |x| \leqslant \dfrac{\pi}{2}; \\ 0, & |x| > \dfrac{\pi}{2}. \end{cases}$$

求 $E(X)$ 和 $D(X)$.

9   设连续型随机变量 X 的分布函数为

$$F(x) = \begin{cases} 0, & x < -1; \\ a + b \arcsin x, & -1 \leqslant x < 1; \\ 1, & x \geqslant 1. \end{cases}$$

试确定常数 a, b, 并求 $E(X)$ 和 $D(X)$.

10 设随机变量 X 的密度函数为

$$f(x) = \begin{cases} \dfrac{1}{\pi\sqrt{1-x^2}}, & |x| < 1; \\ 0, & \text{其他.} \end{cases}$$

求 X 的数学期望和标准差.

11 设随机变量 X 的密度函数为

$$f(x) = \frac{1}{2}\mathrm{e}^{-|x|}, \quad -\infty < x < +\infty.$$

求 $E(X)$ 和 $D(X)$.

12 设随机变量 $X \sim \mathrm{U}(-0.5, 0.5)$, 求 $Y = \sin(\pi X)$ 的数学期望与方差.

13 点随机地落在中心在原点、半径为 R 的圆周上, 并对弧长是均匀分布的. 求落点横坐标的期望和方差.

14 设两个随机变量 X, Y 相互独立, 且都服从 $N(0, \frac{1}{2})$, 求随机变量 $|X - Y|$ 的方差.

15 设两个相互独立的随机变量 X 和 Y 的方差分别是 4 和 2, 求随机变量 $3X - 2Y$ 的方差.

16 设相互独立的两个连续型随机变量 X_1, X_2 的概率密度分别为 $f_1(x), f_2(x)$, 且方差均存在. 随机变量 Y_1 的概率密度函数为 $g(x) = \frac{1}{2}[f_1(x) + f_2(x)]$, 随机变量 $Y_2 = \frac{1}{2}(X_1 + X_2)$. 试证明 $E(Y_1) = E(Y_2)$, $D(Y_1) \geqslant D(Y_2)$.

17 设 X 为随机变量, 且 $E(|X|^r) < +\infty, (r > 0)$, 试证明对任意的 $\varepsilon > 0$, 有

$$P(|X| \geqslant \varepsilon) \leqslant \frac{E(|X|^r)}{\varepsilon^r}.$$

3.3 常见概率分布的期望和方差

对于常见的离散型和连续型随机变量, 本节讨论数学期望和方差的计算问题. 粗略地讲, 数学期望和方差的计算主要有两个途径: 一是按照期望的定义计算级数或积分; 二是充分利用期望和方差的性质 (如可加性) 进行期望计算. 我们尽量采用后一种途径, 意在加深对期望和方差的认识.

3.3.1 常见离散型随机变量的期望和方差

例 3.3.1 (0–1 分布) 设 X 服从 0–1 分布, 其分布列为

$$P(X = 0) = q, \ P(X = 1) = p, \quad p + q = 1.$$

则 $E(X) = 0 \cdot q + 1 \cdot p = p$;

$D(X) = E(X^2) - [E(X)]^2 = 1^2 \cdot p + 0^2 \cdot q - p^2 = p - p^2 = pq.$ □

例 3.3.2 (二项分布) 设 $X \sim \mathrm{B}(n, p)$, 计算其期望和方差.

由于
$$\mathrm{E}(X^r) = \sum_{k=0}^{n} k^r P(X=k) = \sum_{k=1}^{n} k^r C_n^k p^k (1-p)^{n-k}.$$

利用恒等式 $kC_n^k = nC_{n-1}^{k-1}$, 可以得到

$$\begin{aligned}
\mathrm{E}(X^r) &= np \sum_{k=1}^{n} k^{r-1} C_{n-1}^{k-1} p^{k-1} (1-p)^{n-k} \\
&= np \sum_{j=0}^{n-1} (j+1)^{r-1} C_{n-1}^{j} p^{j} (1-p)^{n-1-j} \quad (\diamondsuit j = k-1) \\
&= np \, \mathrm{E}\big[(Y+1)^{r-1}\big],
\end{aligned} \tag{3.3.1}$$

其中 Y 是一个参数为 $(n-1, p)$ 的二项随机变量. 在式 (3.3.1) 中, 令 $r=1$ 和 $r=2$, 就可以得到

$$\mathrm{E}(X) = np, \quad \mathrm{E}(X^2) = np \, \mathrm{E}(Y+1) = np[(n-1)p+1].$$

后一个等式用到了前面关于服从二项分布的随机变量 Y 的期望的计算结果. 从而可得

$$\mathrm{D}(X) = \mathrm{E}(X^2) - [\mathrm{E}(X)]^2 = np[(n-1)p+1] - (np)^2 = np(1-p). \qquad \square$$

二项分布的期望和方差也可以利用期望和方差的性质得到.

设 $X_k \, (k=1,2,\cdots,n)$ 都服从参数为 p 的 0-1 分布, 且相互独立, 则

$$X = X_1 + X_2 + \cdots + X_n \sim \mathrm{B}(n,p).$$

由例 3.3.1 可知, $\mathrm{E}(X_i) = p$, $\mathrm{D}(X_i) = p(1-p)$. 于是 (方差的计算用到了独立性)

$$\mathrm{E}(X) = \mathrm{E}(X_1) + \mathrm{E}(X_2) + \cdots + \mathrm{E}(X_n) = np,$$
$$\mathrm{D}(X) = \mathrm{D}(X_1) + \mathrm{D}(X_2) + \cdots + \mathrm{D}(X_n) = np(1-p).$$

例 3.3.3 (超几何分布)　设 X 服从参数为 $N, M, n \, (n \leqslant N-M)$ 的超几何分布, 即

$$P(X=k) = \frac{C_M^k C_{N-M}^{n-k}}{C_N^n}, \quad k=0,1,2,\cdots,l.$$

其中 $l = \min\{M,n\}$, 则

$$\mathrm{E}(X^r) = \sum_{k=0}^{l} k^r P(X=k) = \sum_{k=1}^{l} k^r \frac{C_M^k C_{N-M}^{n-k}}{C_N^n}.$$

利用恒等式 $kC_M^k = MC_{M-1}^{k-1}$ 和 $nC_N^n = NC_{N-1}^{n-1}$ 可得

$$\begin{aligned}
\mathrm{E}(X^r) &= \frac{nM}{N} \sum_{k=1}^{l} k^{r-1} \frac{C_{M-1}^{k-1} C_{N-M}^{n-k}}{C_{N-1}^{n-1}} \\
&= \frac{nM}{N} \sum_{j=0}^{l-1} (j+1)^{r-1} \frac{C_{M-1}^{j} C_{N-M}^{n-1-j}}{C_{N-1}^{n-1}} \quad (\diamondsuit k = j+1) \\
&= \frac{nM}{N} \mathrm{E}\big[(Y+1)^{r-1}\big].
\end{aligned} \tag{3.3.2}$$

其中, Y 是一个服从超几何分布的随机变量, 其参数为 $(N-1, M-1, n-1)$, 因此在式 (3.3.2) 中令 $r = 1$, 有

$$\mathrm{E}(X) = n\frac{M}{N}.$$

在式 (3.3.2) 中令 $r = 2$, 得

$$\mathrm{E}(X^2) = \frac{nM}{N}\mathrm{E}(Y+1) = \frac{nM}{N}\left[\frac{(n-1)(M-1)}{N-1} + 1\right].$$

后一个等式用到了前面关于服从超几何分布的随机变量 Y 的期望的计算结果, 因此

$$\mathrm{D}(X) = \mathrm{E}(X^2) - [\mathrm{E}(X)]^2 = \frac{nM}{N}\left[\frac{(n-1)(M-1)}{N-1} + 1 - \frac{nM}{N}\right].$$

令 $p = M/N$, 并利用等式 $\dfrac{M-1}{N-1} = \dfrac{pN-1}{N-1} = p - \dfrac{1-p}{N-1}$ 得

$$\mathrm{D}(X) = np\left[(n-1)p - (n-1)\frac{1-p}{N-1} + 1 - np\right] = np(1-p)\left(1 - \frac{n-1}{N-1}\right). \qquad \Box$$

这个例子说明, 从 N 个产品 (其中次品率为 p) 中无放回抽取 n 个, 那么抽取到的次品数的期望值是 np. 而且, 当 N 很大时, 有 $\mathrm{D}(X) \approx np(1-p)$, 也就是说, $\mathrm{E}(X)$ 与有放回抽样 [此时次品数服从参数为 (n, p) 的二项分布] 情形下是一样的. 而且如果总的产品数 N 很大, 那么 $\mathrm{D}(X)$ 近似等于有放回的情形.

例 3.3.4 (泊松分布) 设 $X \sim \mathrm{P}(\lambda)$, 则

$$\mathrm{E}(X) = \sum_{k=1}^{\infty} kP(X=k) = \sum_{k=1}^{\infty} k\frac{\lambda^k}{k!}\mathrm{e}^{-\lambda} = \mathrm{e}^{-\lambda}\sum_{k=1}^{\infty}\frac{\lambda^k}{(k-1)!} = \mathrm{e}^{-\lambda}\lambda\mathrm{e}^{\lambda} = \lambda.$$

$$\mathrm{E}(X^2) = \sum_{k=0}^{\infty} k^2\frac{\lambda^k}{k!}\mathrm{e}^{-\lambda}$$

$$= \mathrm{e}^{-\lambda}\sum_{k=1}^{\infty}(k-1+1)\frac{\lambda^k}{(k-1)!}$$

$$= \lambda\mathrm{e}^{-\lambda}\sum_{k=2}^{\infty}(k-1)\frac{\lambda^{k-1}}{(k-1)!} + \lambda\mathrm{e}^{-\lambda}\sum_{k=1}^{\infty}\frac{\lambda^{k-1}}{(k-1)!}$$

$$= \lambda\mathrm{E}(X) + \lambda = \lambda^2 + \lambda.$$

$$\mathrm{D}(X) = \mathrm{E}(X^2) - [\mathrm{E}(X)]^2 = \lambda^2 + \lambda - \lambda^2 = \lambda.$$

由此看出, 泊松分布的参数 λ 就是它的期望值, 也是方差. $\qquad \Box$

例 3.3.5 (几何分布) 设 X 服从参数为 p 的几何分布 $\mathrm{G}(p)$, 即

$$P(X=k) = q^{k-1}p, \quad k = 1, 2, \cdots.$$

其中 $q = 1 - p$, 则

$$\mathrm{E}(X) = \sum_{k=1}^{\infty} kP(X=k) = \sum_{k=1}^{\infty} kq^{k-1}p = p\sum_{k=1}^{\infty}\frac{\mathrm{d}}{\mathrm{d}q}q^k = p\frac{\mathrm{d}}{\mathrm{d}q}\left(\sum_{k=1}^{\infty} q^k\right)$$

$$= p\frac{\mathrm{d}}{\mathrm{d}q}\left(\frac{q}{1-q}\right) = p\frac{1}{(1-q)^2} = \frac{1}{p};$$

$$E(X^2) = \sum_{k=1}^{\infty} k^2 P(X=k) = \sum_{k=1}^{\infty} k^2 q^{k-1} p = p\sum_{k=1}^{\infty} \frac{\mathrm{d}}{\mathrm{d}q}(kq^k)$$

$$= p\frac{\mathrm{d}}{\mathrm{d}q}\left(\sum_{k=1}^{\infty} kq^k\right) = p\frac{\mathrm{d}}{\mathrm{d}q}\left[\frac{q}{1-q}E(X)\right] = p\frac{\mathrm{d}}{\mathrm{d}q}\left[q(1-q)^{-2}\right]$$

$$= p\left[\frac{1}{p^2} + \frac{2(1-p)}{p^3}\right]$$

$$= \frac{2}{p^2} - \frac{1}{p}.$$

$$D(X) = E(X^2) - [E(X)]^2$$

$$= \frac{1-p}{p^2}. \qquad \square$$

例 3.3.6 (负二项分布) 设随机变量 X 服从负二项分布 $\mathrm{NB}(r,p)$, 即

$$P(X=n) = C_{n-1}^{r-1} p^r (1-p)^{n-r}, \quad n = r, r+1, r+2, \cdots.$$

则

$$E(X^k) = \sum_{n=r}^{\infty} n^k C_{n-1}^{r-1} p^r (1-p)^{n-r}$$

$$= \frac{r}{p}\sum_{n=r}^{\infty} n^{k-1} C_n^r p^{r+1} (1-p)^{n-r} \quad (\text{因为 } nC_{n-1}^{r-1} = rC_n^r)$$

$$= \frac{r}{p}\sum_{m=r+1}^{\infty} (m-1)^{k-1} C_{m-1}^r p^{r+1} (1-p)^{m-(r+1)} \quad (\diamondsuit\, m = n+1)$$

$$= \frac{r}{p}E\big[(Y-1)^{k-1}\big].$$

其中 Y 是一个参数为 $(r+1,p)$ 的负二项分布随机变量. 在上式中令 $k=1$, 可以得到负二项分布的数学期望公式:

$$E(X) = \frac{r}{p}.$$

在上式中令 $k=2$, 并利用负二项分布的期望公式, 可以得到

$$E(X^2) = \frac{r}{p}E(Y-1) = \frac{r}{p}\left(\frac{r+1}{p} - 1\right).$$

因此

$$D(X) = \frac{r}{p}\left(\frac{r+1}{p} - 1\right) - \left(\frac{r}{p}\right)^2 = \frac{r(1-p)}{p^2}. \qquad \square$$

这个例子说明, 如果进行独立重复试验, 每次成功的概率为 p, 则需要累积 r 次成功的总试验次数的期望和方差分别为 r/p 和 $r(1-p)/p^2$. 由于几何分布是参数为 $r=1$ 的负二项分布, 由例 3.3.6 可得参数为 p 的几何分布的期望和方差分别为 $1/p$ 和 $(1-p)/p^2$, 这样就再一次验证了例 3.3.5 的结果.

以下将常见离散型分布的期望和方差总结为表 3.1.

表 3.1   常见离散型分布的期望和方差

分布名称	概率分布列	期望	方差
0-1 分布 $\mathrm{B}(1,p)$	$p_k = p^k(1-p)^{1-k},$ $k = 0,1.$	p	$p(1-p)$
二项分布 $\mathrm{B}(n,p)$	$p_k = C_n^k p^k(1-p)^{n-k}$ $k = 0,1,\cdots,n.$	np	$np(1-p)$
泊松分布 $\mathrm{P}(\lambda)$	$p_k = \dfrac{\lambda^k}{k!}\mathrm{e}^{-\lambda}$ $k = 0,1,2,\cdots.$	λ	λ
超几何分布 $\mathrm{HG}(N,M,n)$	$p_k = \dfrac{C_M^k C_{N-M}^{n-k}}{C_N^n}$ $k = 0,1,2,\cdots,l.$	$n\dfrac{M}{N}$	$n\dfrac{M}{N}\left(1-\dfrac{M}{N}\right)\left(1-\dfrac{n-1}{N-1}\right)$
几何分布 $X \sim \mathrm{G}(p)$	$p_k = (1-p)^{k-1}p$ $k = 1,2,\cdots.$	$\dfrac{1}{p}$	$\dfrac{1-p}{p^2}$
负二项分布 $\mathrm{NB}(r,p)$	$p_k = C_{n-1}^{r-1}p^r(1-p)^{n-r}$ $n = r,r+1,r+2,\cdots.$	$\dfrac{r}{p}$	$\dfrac{r(1-p)}{p^2}$

3.3.2   常见连续型变量的期望和方差

例 3.3.7 (均匀分布)   设 X 服从 $[a,b]$ 上的均匀分布, 求 $\mathrm{E}(X)$ 和 $\mathrm{D}(X)$.

解   由式 (3.1.2) 和式 (3.1.5) 得

$$\mathrm{E}(X) = \int_a^b x\frac{1}{b-a}\mathrm{d}x = \frac{1}{b-a}\frac{x^2}{2}\bigg|_a^b = \frac{a+b}{2};$$

$$\mathrm{E}(X^2) = \frac{1}{b-a}\int_a^b x^2\mathrm{d}x = \frac{b^3-a^3}{3(b-a)} = \frac{1}{3}(b^2+ab+a^2).$$

于是 $\mathrm{D}(X) = \mathrm{E}(X^2) - [\mathrm{E}(X)]^2 = \dfrac{1}{3}(b^2+ab+a^2) - \dfrac{1}{4}(a+b)^2 = \dfrac{1}{12}(b-a)^2.$ □

这个结果和人们的直观是吻合的, 因为 X 在 $[a,b]$ 上均匀分布, 它取值的平均当然应该在 $[a,b]$ 的中点, 也就是 $(a+b)/2$. 方差与区间长度的平方成正比, 区间长度越长, 方差 $\mathrm{D}(X)$ 越大.

例 3.3.8 (指数分布)   设 X 服从参数为 λ 的指数分布 $\mathrm{Exp}(\lambda)$, 求 $\mathrm{E}(X)$ 和 $\mathrm{D}(X)$.

解   由式 (3.1.2) 和式 (3.1.5) 得

$$\mathrm{E}(X) = \int_0^{+\infty} x\lambda\mathrm{e}^{-\lambda x}\mathrm{d}x = \int_0^{+\infty} \mathrm{e}^{-\lambda x}\mathrm{d}x = \frac{1}{\lambda};$$

$$\mathrm{E}(X^2) = \lambda\int_0^{+\infty} x^2\mathrm{e}^{-\lambda x}\mathrm{d}x = \frac{1}{\lambda^2}\int_0^{+\infty} t^2\mathrm{e}^{-t}\mathrm{d}t \quad (\text{令 } t=\lambda x)$$

$$= \frac{1}{\lambda^2}\Gamma(3) = \frac{2}{\lambda^2}.$$

于是 $\mathrm{D}(X) = \mathrm{E}(X^2) - [\mathrm{E}(X)]^2 = \dfrac{2}{\lambda^2} - \dfrac{1}{\lambda^2} = \dfrac{1}{\lambda^2}.$ □

例 3.3.9 (正态分布) 设 $X \sim \mathrm{N}(\mu, \sigma^2)$, 要求计算 $\mathrm{E}(X)$ 和 $\mathrm{D}(X)$.

解 由定理 2.3.1 可知, $Z = (X - \mu)/\sigma \sim \mathrm{N}(0,1)$, 而由公式 (3.1.2) 可得

$$\mathrm{E}(Z) = \int_{-\infty}^{+\infty} z \frac{1}{\sqrt{2\pi}} \mathrm{e}^{-z^2/2} \mathrm{d}z = 0. \quad (\text{奇函数在对称区间上的积分为零})$$

由例 3.1.5 可知, $\mathrm{E}(Z^2) = 1$. 利用数学期望和方差的性质可得

$$\mathrm{E}(X) = \mathrm{E}(\sigma Z + \mu) = \sigma \mathrm{E}(Z) + \mu = \mu;$$

$$\mathrm{D}(X) = \mathrm{D}(\sigma Z + \mu) = \sigma^2 \mathrm{D}(Z) = \sigma^2.$$

由此可见, 对于正态分布 $\mathrm{N}(\mu, \sigma^2)$ 来说, 其中参数 μ, σ^2 正好分别是其期望 $\mathrm{E}(X)$ 和方差 $\mathrm{D}(X)$. □

一般地, 我们说对一个随机变量 X(不一定是正态变量) 进行标准化, 就是指做变换

$$X^* = \frac{X - \mathrm{E}(X)}{\sqrt{\mathrm{D}(X)}} = \frac{X - \mathrm{E}(X)}{\sigma(X)}.$$

所谓"标准"是指 $\mathrm{E}(X^*) = 0$, $\mathrm{D}(X^*) = 1$, 这由数学期望的性质是显然的. 例 3.3.9 就是先对 X 进行了标准化处理.

例 3.3.10 (Γ 分布) 设 $X \sim \Gamma(\alpha, \beta)$, 计算 $\mathrm{E}(X)$ 和 $\mathrm{D}(X)$.

解 X 的密度函数为

$$f(x) = \begin{cases} \dfrac{\beta^\alpha}{\Gamma(\alpha)} x^{\alpha-1} \mathrm{e}^{-\beta x}, & x > 0; \\ 0, & \text{其他}, \end{cases}$$

由式 (3.1.2), 以及 Γ 函数的定义与性质, 得

$$\mathrm{E}(X) = \frac{\beta^\alpha}{\Gamma(\alpha)} \int_0^{+\infty} x^\alpha \mathrm{e}^{-\beta x} \mathrm{d}x = \frac{\Gamma(\alpha+1)}{\Gamma(\alpha)} \frac{1}{\beta} = \frac{\alpha}{\beta};$$

$$\mathrm{E}(X^2) = \frac{\beta^\alpha}{\Gamma(\alpha)} \int_0^{+\infty} x^{\alpha+1} \mathrm{e}^{-\beta x} \mathrm{d}x = \frac{\Gamma(\alpha+2)}{\Gamma(\alpha)} \frac{1}{\beta^2} = \frac{\alpha(\alpha+1)}{\beta^2}.$$

于是 $\mathrm{D}(X) = \mathrm{E}(X^2) - [\mathrm{E}(X)]^2 = \dfrac{\alpha(\alpha+1)}{\beta^2} - \left(\dfrac{\alpha}{\beta}\right)^2 = \dfrac{\alpha}{\beta^2}.$ □

特别地, 当 $X \sim \chi^2(n)$ [即 $\Gamma(n/2, 1/2)$ 分布] 时, $\mathrm{E}(X) = n$, $\mathrm{D}(X) = 2n$.

例 3.3.11 (贝塔分布) 设 X 服从贝塔分布 $\mathrm{Beta}(\alpha, \beta)$, 计算 $\mathrm{E}(X)$ 和 $\mathrm{D}(X)$.

解 X 的密度函数为

$$f(x) = \begin{cases} \dfrac{1}{\mathrm{B}(\alpha, \beta)} x^{\alpha-1}(1-x)^{\beta-1}, & 0 < x < 1; \\ 0, & \text{其他}. \end{cases}$$

由式 (3.1.2), 以及贝塔函数的定义与性质, 得

$$\mathrm{E}(X) = \frac{1}{\mathrm{B}(\alpha,\beta)} \int_0^1 x^{\alpha}(1-x)^{\beta-1}\mathrm{d}x = \frac{\mathrm{B}(\alpha+1,\beta)}{\mathrm{B}(\alpha,\beta)} = \frac{\alpha}{\alpha+\beta};$$

$$\mathrm{E}(X^2) = \frac{1}{\mathrm{B}(\alpha,\beta)} \int_0^1 x^{\alpha+1}(1-x)^{\beta-1}\mathrm{d}x$$

$$= \frac{\mathrm{B}(\alpha+2,\beta)}{\mathrm{B}(\alpha,\beta)} = \frac{\alpha(\alpha+1)}{(\alpha+\beta)(\alpha+\beta+1)};$$

$$\mathrm{D}(X) = \mathrm{E}(X^2) - [\mathrm{E}(X)]^2$$

$$= \frac{\alpha(\alpha+1)}{(\alpha+\beta)(\alpha+\beta+1)} - \left(\frac{\alpha}{\alpha+\beta}\right)^2 = \frac{\alpha\beta}{(\alpha+\beta)^2(\alpha+\beta+1)}. \qquad \square$$

以下将常见连续型分布的期望和方差总结为表 3.2.

表 3.2　常见连续型分布的期望和方差

分布名称	概率密度函数	期望	方差
均匀分布 U(a,b)	$f(x) = \dfrac{1}{b-a},\ a < x < b.$	$\dfrac{a+b}{2}$	$\dfrac{(b-a)^2}{12}$
指数分布 Exp(λ)	$f(x) = \lambda \mathrm{e}^{-\lambda x}, x \geqslant 0$	$\dfrac{1}{\lambda}$	$\dfrac{1}{\lambda^2}$
正态分布 N(μ,σ^2)	$f(x) = \dfrac{1}{\sqrt{2\pi}\sigma} \exp\left\{ -\dfrac{(x-\mu)^2}{2\sigma^2} \right\},$ $-\infty < x < \infty.$	μ	σ^2
伽马分布 $\Gamma(\alpha,\beta)$	$f(x) = \dfrac{\beta^{\alpha}}{\Gamma(\alpha)} x^{\alpha-1}\mathrm{e}^{-\beta x},\ x \geqslant 0$	$\dfrac{\alpha}{\beta}$	$\dfrac{\alpha}{\beta^2}$
卡方分布 $\chi^2(n)$	$f(x) = \dfrac{x^{n/2-1}\mathrm{e}^{-x/2}}{\Gamma(n/2)2^{n/2}},\ x \geqslant 0.$	n	$2n$
贝塔分布 Beta(α,β)	$f(x) = \dfrac{x^{\alpha-1}(1-x)^{\beta-1}}{\mathrm{B}(\alpha,\beta)},\ 0 < x < 1.$	$\dfrac{\alpha}{\alpha+\beta}$	$\dfrac{\alpha\beta}{(\alpha+\beta)^2(\alpha+\beta+1)}$

习　题　3.3

1　某射手每次射击击中目标的概率都是 p, 现连续向一目标射击, 直到第一次击中, 求射击次数 X 的数学期望和方差.

2　某流水线上生产的每个产品为不合格品的概率为 p, 各产品合格与否相互独立, 当生产出 k 个不合格品时即停工检修一次. 求在两次检修之间生产产品数 X 的数学期望和方差.

3　某种产品上的缺陷数 X 服从下列分布列:

$$P(X=k) = \frac{1}{2^{k+1}},\ k = 0, 1, 2, \cdots.$$

求此种产品上的平均缺陷数.

4　设随机变量 $X \sim \mathrm{B}(n,p)$, 已知 $\mathrm{E}(X) = 2.4$, $\mathrm{D}(X) = 1.44$, 求两个参数 n 与 p 各为多少?

5　设随机变量 $X \sim \mathrm{B}(2,p)$, 随机变量 $Y \sim \mathrm{B}(4,p)$, 且 $P(X \geqslant 1) = 8/9$, 求 $P(Y \geqslant 1)$.

6   设随机变量 X 的密度函数为

$$f(x) = \begin{cases} \dfrac{1}{2}\cos\dfrac{x}{2}, & 0 \leqslant x \leqslant \pi; \\ 0, & \text{其他}. \end{cases}$$

对 X 独立地重复观察 4 次, 用 Y 表示观察值大于 $\pi/3$ 的次数, 求 Y^2 的数学期望.

7   设随机变量 X 的密度函数为

$$f(x) = \begin{cases} 2^{-x}\ln 2, & x > 0; \\ 0, & x \leqslant 0. \end{cases}$$

对 X 独立地重复观察, 直到 2 个大于 3 的观测值出现时停止, 用 Y 表示观察次数, 求 Y 的数学期望.

8   设随机变量 X 服从参数为 1 的泊松分布, 求 $P[X = \mathrm{E}(X^2)]$.

9   设随机变量 X 服从参数为 λ 的指数分布, 求 $P[X > \sqrt{\mathrm{D}(X)}]$.

10   某种设备的使用寿命 X(以年计) 服从指数分布, 其平均寿命为 4 年. 制造此种设备的厂家规定, 若设备在使用一年之内损坏, 则可以予以调换. 如果设备制造厂每售出一台设备可赢利 100 元, 而调换一台设备需花费 300 元. 试求每台设备的平均利润.

11   写出下列正态分布的数学期望和标准差:

$$f_1(x) = \frac{1}{\sqrt{\pi}}\mathrm{e}^{-(x^2+4x+4)}; \quad f_2(x) = \sqrt{\frac{2}{\pi}}\mathrm{e}^{-2x^2}; \quad f_3(x) = \frac{1}{\sqrt{\pi}}\mathrm{e}^{-x^2}.$$

12   (韦布尔分布)   设随机变量 X 的密度函数为

$$f(x) = \begin{cases} \dfrac{\beta}{\lambda}\left(\dfrac{x}{\lambda}\right)^{\beta-1}\mathrm{e}^{-\left(\frac{x}{\lambda}\right)^{\beta}}, & x > 0; \\ 0, & x \leqslant 0. \end{cases}$$

其中 $\beta > 0$, $\lambda > 0$, 则称 X 服从韦布尔分布. 求 $\mathrm{E}(X)$ 和 $\mathrm{D}(X)$.

13   设 X 服从自由度为 n 的 t 分布, 求 $\mathrm{E}(X)$ 和 $\mathrm{D}(X)$.

14   设随机变量 $X \sim \mathrm{F}(n_1, n_2)$, 求 $\mathrm{E}(X)$ 和 $\mathrm{D}(X)$.

15   某班级学生中数学成绩不及格的比率 X 服从 $\alpha = 1$, $\beta = 4$ 的贝塔分布, 试求 $P[X > \mathrm{E}(X)]$.

3.4   多维随机变量的数字特征

3.4.1   协方差和相关系数

前面讨论了两个随机变量之间的独立关系, 事实上, 两个随机变量还存在其他关系, 这些关系有些强, 有些弱. 协方差和相关系数就是定量描述两个随机变量之间某种关系强度的数字特征.

为了理解两个随机变量之间关系的强弱程度, 我们先看两个试验. 第一个试验是测量某液体样本的重量 (X) 和体积 (Y). 显然 X 和 Y 之间存在很强的联系, 并且若测量液体多份

样本的 (X, Y) 值并绘制成散点图, 则由物理学知识可知, 全体数据点应位于某直线上, 尽管由于测量误差以及液体中杂质等因素, 数据点不一定能严格在一条直线上, 但数据必定近似位于某一直线上. 第二个试验是测量某人的体重 (X) 和身高 (Y), 显然这里的 X 和 Y 之间也存在联系, 但这种联系远比第一个试验弱, 因为我们难以保证不同个体的 (X, Y) 值绘得的散点图是一条直线 (尽管从图像上看, 身高越高往往体重越重). 下面要介绍的协方差和相关系数的概念将帮助我们量化两个随机变量之间关系强度的这种差异.

定义 3.4.1 设 (X, Y) 是二维随机变量, 若

$$E\{[X - E(X)][Y - E(Y)]\}$$

存在, 则把它称作 X 和 Y 的**协方差** (covariance), 记作 $\text{Cov}(X, Y)$. 即

$$\text{Cov}(X, Y) = E\{[X - E(X)][Y - E(Y)]\}. \tag{3.4.1}$$

定义 3.4.2 又若 $D(X) > 0, D(Y) > 0$, 则称

$$\rho_{XY} = \frac{\text{Cov}(X, Y)}{\sqrt{D(X)} \cdot \sqrt{D(Y)}} \tag{3.4.2}$$

为 X 和 Y 的**相关系数** (correlation coefficient), 也记作 $\text{Corr}(X, Y)$.

$\text{Cov}(X, Y)$ 常常简记为 σ_{XY}, 与之相对应, 方差 $D(X), D(Y)$ 也常分别记为 σ_{XX} 和 σ_{YY}.

$\text{Cov}(X, Y)$ 与 X, Y 的量纲有关, 如果将 X 和 Y 事先标准化得

$$X^* = \frac{X - E(X)}{\sqrt{D(X)}}, \quad Y^* = \frac{Y - E(Y)}{\sqrt{D(Y)}}$$

然后再求 X^* 和 Y^* 的协方差, 则可消除量纲的影响. 事实上这样得到的 $\text{Cov}(X^*, Y^*)$ 正是 X 和 Y 的相关系数 ρ_{XY}. 因而相关系数可以理解为标准化随机变量的协方差.

由协方差的定义式 (3.4.1) 可以看出, 它是 X 的偏差 $[X - E(X)]$ 和 Y 的偏差 $[Y - E(Y)]$ 乘积的期望. 由于偏差可正可负, 协方差也可正可负, 也可以为零.

当 $\text{Cov}(X, Y) > 0$ 时, 称 X 和 Y 正相关, 这时 X 取值较大时 Y 的取值也趋于较大, X 取值较小时 Y 的取值也趋于较小;

当 $\text{Cov}(X, Y) < 0$ 时, 称 X 和 Y 负相关, 这时 X 取值较大时 Y 的取值反而趋于较小, X 取值较小时 Y 的取值反而趋于较大;

当 $\text{Cov}(X, Y) = 0$ 时, 称 X 和 Y 不相关.

下面定理的结论有助于协方差的简化计算.

定理 3.4.1 设 X, Y 是任意随机变量, 其协方差存在, 则

$$\text{Cov}(X, Y) = E(XY) - E(X) \cdot E(Y).$$

证 由协方差的定义和数学期望的性质容易证明. □

定理 3.4.2 设随机变量 X, Y 相互独立, 则它们不相关, 即 $\text{Cov}(X, Y) = 0 = \rho_{XY}$.

证 由独立性可知 $E(XY) = E(X) \cdot E(Y)$, 考虑公式 (3.4.1) 得协方差为零. □

值得注意的是, 上面定理的逆命题不真, 反例如下.

例 3.4.1　设随机变量 $X \sim N(0,1)$, 且令 $Y = X^2$, 则显然 X 与 Y 不独立. 但此时 X 与 Y 的协方差为

$$\text{Cov}(X,Y) = \text{Cov}(X, X^2) = E(X^3) - E(X)E(X^2) = 0.$$

最后的等式是因为 $E(X^3) = E(X) = 0$.　　　　　　　　　　　　　　　　　　　□

图 3.3　不相关与独立的关系

这个例子表明, "独立"必导致"不相关", 而"不相关"不一定导致"独立", 如图 3.3 所示. 直观上看, 独立性是用分布定义的, 要求强; 不相关性只是用期望和方差定义的, 要求弱.

　　下面定理对我们计算和理解随机变量和的方差非常有用.

定理 3.4.3　设 X 和 Y 是任意两个随机变量, 方差存在, a, b 是任意两个常数, 则

$$D(aX + bY) = a^2 D(X) + b^2 D(Y) + 2ab\text{Cov}(X,Y).$$

如果 X 与 Y 不相关, 则

$$D(aX + bY) = a^2 D(X) + b^2 D(Y).$$

证　由方差的定义知

$$\begin{aligned}
D(aX + bY) &= E\big[(aX + bY) - E(aX + bY)\big]^2 \\
&= E\big\{a[X - E(X)] + b[Y - E(Y)]\big\}^2 \\
&= E\big\{a^2[X - E(X)]^2 + b^2[Y - E(Y)]^2 + 2ab[X - E(X)][Y - E(Y)]\big\} \\
&= a^2 D(X) + b^2 D(Y) + 2ab\text{Cov}(X,Y).
\end{aligned}$$

如果 X 与 Y 不相关, 则 $\text{Cov}(X,Y) = 0$.　　　　　　　　　　　　　　□

　　这个定理是定理 3.2.2 的一个推广, 这里的条件"不相关"弱于定理 3.2.2 中的"独立". 也就是说: 两个不相关的随机变量和的方差等于方差的和. 这个结论对于多个随机变量的情形也成立.

　　如果 n 个随机变量 $X_1, X_2, \cdots, X_n$ 两两不相关, 则

$$D\left(\sum_{i=1}^{n} X_i\right) = \sum_{i=1}^{n} D(X_i).$$

　　协方差还有下面几个有用的性质.

定理 3.4.4　设 $D(X), D(Y)$ 均存在, 则

(1) $\text{Cov}(X,Y) = \text{Cov}(Y,X)$;

(2) $\text{Cov}(a_1 X + b_1, a_2 Y + b_2) = a_1 a_2 \text{Cov}(X,Y)$, 其中 a_1, a_2, b_1, b_2 均为常数;

(3) $\text{Cov}(X_1 + X_2, Y) = \text{Cov}(X_1, Y) + \text{Cov}(X_2, Y)$;

(4) $\big|\text{Cov}(X,Y)\big|^2 \leqslant D(X) \cdot D(Y)$.

证 (1) 是显然的. (2), (3) 由协方差的定义, 用数学期望的性质易得.

(4) 由施瓦茨不等式 (定理 3.1.11),

$$\big|\mathrm{E}\{[X-\mathrm{E}(X)][Y-\mathrm{E}(Y)]\}\big|^2 \leqslant \mathrm{E}[X-\mathrm{E}(X)]^2 \cdot \mathrm{E}[Y-\mathrm{E}(Y)]^2,$$

即 $|\mathrm{Cov}(X,Y)|^2 \leqslant \mathrm{D}(X) \cdot \mathrm{D}(Y)$. □

此性质也说明, 当 X, Y 的方差存在时, 它们之间的协方差必定存在.

随机变量的相关系数反映了随机变量之间的相关——也就是它们相互之间的一种联系. 到底是哪一种联系呢? 这是我们希望进一步弄清楚的问题.

定理 3.4.5 设 ρ_{XY} 是随机变量 X 与 Y 的相关系数, 则有

(1) $|\rho_{XY}| \leqslant 1$;

(2) $|\rho_{XY}| = 1$ 的充要条件是 X 与 Y 以概率为 1 的线性相关 (完全线性相关), 即存在常数 $a \neq 0$ 和 b, 使得

$$P(Y = aX + b) = 1.$$

证 (1) 由定理 3.4.4(4) 可知 $|\rho_{XY}| \leqslant 1$ 成立.

(2) 先证充分性.

设存在常数 $a \neq 0$ 和 b, 使得 $P(Y = aX + b) = 1$, 于是

$$\sigma_{XY} = \mathrm{Cov}(X, Y) = \mathrm{Cov}(X, aX + b) = a\sigma_{XX}.$$

而 $\sigma_{YY} = \mathrm{D}(aX + b) = a^2\sigma_{XX}$, 因而

$$\rho_{XY}^2 = \frac{\sigma_{XY}^2}{\sigma_{XX}\sigma_{YY}} = \frac{a^2\sigma_{XX}^2}{\sigma_{XX}a^2\sigma_{XX}} = 1.$$

所以 $|\rho_{XY}| = 1$.

再证必要性.

设 $|\rho_{XY}| = 1$, 记 $\sigma_1 = \sqrt{\sigma_{XX}}$, $\sigma_2 = \sqrt{\sigma_{YY}}$, $\sigma_1 > 0$, $\sigma_2 > 0$. 考虑

$$\mathrm{D}\left(\frac{X}{\sigma_1} \pm \frac{Y}{\sigma_2}\right) = \frac{1}{\sigma_1^2}\mathrm{D}(X) + \frac{1}{\sigma_2^2}\mathrm{D}(Y) \pm \frac{2}{\sigma_1\sigma_2}\mathrm{Cov}(X, Y)$$

$$= 2 \pm 2\rho_{XY} = 2(1 \pm \rho_{XY}).$$

当 $\rho_{XY} = 1$ 时, $\mathrm{D}\left(\dfrac{X}{\sigma_1} - \dfrac{Y}{\sigma_2}\right) = 0$, 由方差的性质定理 3.2.6 可知, 存在常数 c, 使得

$$P\left(\frac{X}{\sigma_1} - \frac{Y}{\sigma_2} = c\right) = 1,$$

即 $P(Y = aX + b) = 1$. 其中 $a = \dfrac{\sigma_2}{\sigma_1}$, $b = -\sigma_2 c$.

当 $\rho_{XY} = -1$ 时, $\mathrm{D}\left(\dfrac{X}{\sigma_1} + \dfrac{Y}{\sigma_2}\right) = 0$, 存在常数 d, 使得

$$P\left(\frac{X}{\sigma_1} + \frac{Y}{\sigma_2} = d\right) = 1,$$

即 $P(Y = aX + b) = 1$. 其中 $a = -\dfrac{\sigma_2}{\sigma_1}$, $b = \sigma_2 d$.　　　□

定理说明了相关系数 ρ_{XY} 刻画了 X, Y 之间的线性相关关系, 更确切地说, 应该把 ρ_{XY} 称作线性相关系数. 当 $|\rho_{XY}| = 1$ 时, 上述定理表明 X 与 Y 间存在着线性关系 (完全线性相关), 并且从证明过程可以看出, 当 $\rho_{XY} = 1$ 时为完全正线性相关 $(a > 0)$, 当 $\rho_{XY} = -1$ 时为完全负线性相关 $(a < 0)$. 当 $|\rho_{XY}| < 1$ 时, 这种线性相关程度就随着 $|\rho_{XY}|$ 的减小而减弱. 当 $\rho_{XY} = 0$ 时, X 与 Y 不相关或零相关 (注意, 我们这里指的是它们之间没有线性相关关系). 如图 3.4 所示.

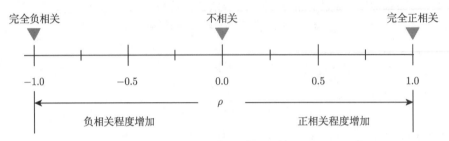

图 3.4　相关系数的含义

一般而言, 当 X, Y 相互独立时, 由定理 3.4.2 知 $\mathrm{Cov}(X, Y) = 0$, $\rho_{XY} = 0$, 即 X, Y 不相关; 反过来, 当 X, Y 不相关时, X, Y 不一定独立. 这由相关系数的含义容易解释, $\rho_{XY} = 0$ 仅意味着 X 与 Y 之间不存在线性关系, 但可能存在别的 (函数) 关系, 从而不一定独立.

但下面例子表明, 对于正态分布而言, 不相关和独立是等价的.

例 3.4.2　设二维随机变量 (X, Y) 服从 $\mathrm{N}(\mu_1, \mu_2, \sigma_1^2, \sigma_2^2, \rho)$. 求 ρ_{XY}.

解　由例 2.4.4 可知 $X \sim \mathrm{N}(\mu_1, \sigma_1^2)$, $Y \sim \mathrm{N}(\mu_2, \sigma_2^2)$. 因而 $\mathrm{E}(X) = \mu_1$, $\mathrm{D}(X) = \sigma_1^2$, $\mathrm{E}(Y) = \mu_2$, $\mathrm{D}(Y) = \sigma_2^2$.

$$
\begin{aligned}
\mathrm{Cov}(X, Y) &= \mathrm{E}\big\{[X - \mathrm{E}(X)][Y - \mathrm{E}(Y)]\big\} \\
&= \int_{-\infty}^{+\infty} \int_{-\infty}^{+\infty} (x - \mu_1)(y - \mu_2) f(x, y) \mathrm{d}x \mathrm{d}y. \quad (\text{令 } x - \mu_1 = \sigma_1 u,\ y - \mu_2 = \sigma_2 v) \\
&= \int_{-\infty}^{+\infty} \int_{-\infty}^{+\infty} \frac{\sigma_1 \sigma_2}{2\pi \sqrt{1 - \rho^2}} uv \exp\left\{ -\frac{1}{2(1 - \rho^2)}(u^2 - 2\rho uv + v^2) \right\} \mathrm{d}u \mathrm{d}v \\
&= \frac{\sigma_1 \sigma_2}{2\pi \sqrt{1 - \rho^2}} \int_{-\infty}^{+\infty} \mathrm{d}v \int_{-\infty}^{+\infty} uv \exp\left\{ -\frac{1}{2(1 - \rho^2)}[(u - \rho v)^2 + (1 - \rho^2)v^2] \right\} \mathrm{d}u \\
&= \frac{\sigma_1 \sigma_2}{2\pi} \int_{-\infty}^{+\infty} \mathrm{d}v \int_{-\infty}^{+\infty} v e^{-\frac{v^2}{2}} \frac{1}{\sqrt{2\pi} \sqrt{1 - \rho^2}} u \exp\left\{ -\frac{1}{2(1 - \rho^2)}(u - \rho v)^2 \right\} \mathrm{d}u \\
&= \frac{\sigma_1 \sigma_2}{\sqrt{2\pi}} \int_{-\infty}^{+\infty} v e^{-\frac{v^2}{2}} \rho v \mathrm{d}v = \sigma_1 \sigma_2 \rho.
\end{aligned}
$$

所以　$\rho_{XY} = \dfrac{\mathrm{Cov}(X, Y)}{\sqrt{\mathrm{D}(X)} \sqrt{\mathrm{D}(Y)}} = \dfrac{\sigma_1 \sigma_2 \rho}{\sigma_1 \sigma_2} = \rho$.　　　□

由此例可知, 若 (X, Y) 服从 $\mathrm{N}(\mu_1, \mu_2, \sigma_1^2, \sigma_2^2, \rho)$, 则第五个参数 ρ 就是 X 与 Y 的相关系数, 因而 X, Y 不相关就是 $\rho = 0$. 而定理 2.5.3 表明, $\rho = 0$ 和 X, Y 相互独立等价. 因此就

二维正态分布而言, 不相关和独立等价.

3.4.2 多维随机变量的期望和协方差矩阵

对于多维随机变量 $\boldsymbol{X} = (X_1, X_2, \cdots, X_n)^{\mathrm{T}}$, 也有类似于数学期望和方差的概念.

定义 3.4.3 设 $\boldsymbol{X} = (X_1, X_2, \cdots, X_n)^{\mathrm{T}}$ 是 n 维随机变量, 称 n 维向量 $[\mathrm{E}(X_1), \mathrm{E}(X_2), \cdots, \mathrm{E}(X_n)]^{\mathrm{T}}$ 为 $\boldsymbol{X}$ 的数学期望, 记为 $\mathrm{E}(\boldsymbol{X})$, 称矩阵

$$\mathrm{Var}(\boldsymbol{X}) \triangleq \Sigma = \begin{bmatrix} \sigma_{11} & \sigma_{12} & \cdots & \sigma_{1n} \\ \sigma_{21} & \sigma_{22} & \cdots & \sigma_{2n} \\ \vdots & \vdots & & \vdots \\ \sigma_{n1} & \sigma_{n2} & \cdots & \sigma_{nn} \end{bmatrix} \quad 和 \quad \mathrm{Corr}(\boldsymbol{X}) \triangleq R = \begin{bmatrix} 1 & \rho_{12} & \cdots & \rho_{1n} \\ \rho_{21} & 1 & \cdots & \rho_{2n} \\ \vdots & \vdots & & \vdots \\ \rho_{n1} & \rho_{n2} & \cdots & 1 \end{bmatrix}$$

分别为 $\boldsymbol{X}$ 的**协方差矩阵** (covariance matrix) 和**相关系数矩阵** (correlation coefficient matrix), 其中 $\sigma_{ij} = \mathrm{Cov}(X_i, X_j)$, $\rho_{ij} = \rho_{X_iY_j}$, $i, j = 1, 2, \cdots, n$.

定理 3.4.6 协方差 (相关系数) 矩阵有下述性质:

(1) $\Sigma(R)$ 是对称矩阵;

(2) $\sigma_{ii} = \mathrm{D}(X_i)$, $(\rho_{ii} = 1)$, $i = 1, 2, \cdots, n$;

(3) $\sigma_{ij}^2 \leqslant \sigma_{ii} \cdot \sigma_{jj}$, $(\rho_{ij}^2 \leqslant 1)$, $i, j = 1, 2, \cdots, n$;

(4) Σ (R) 是非负定矩阵.

证 (1) 和 (2) 由协方差的性质直接得到, 而 (3) 由施瓦茨不等式得到. 下面证明 (4). 记 $\mathrm{E}(X_i) = \mu_i$, $i = 1, 2, \cdots, n$. 于是对任意的 n 维向量 $\alpha = (\alpha_1, \alpha_2, \cdots, \alpha_n)^{\mathrm{T}}$,

$$\begin{aligned} \alpha^{\mathrm{T}}\Sigma\alpha &= \sum_{i=1}^{n}\sum_{j=1}^{n} \sigma_{ij}\alpha_i\alpha_j \\ &= \sum_{i=1}^{n}\sum_{j=1}^{n} \alpha_i\alpha_j\mathrm{E}\big[(X_i - \mu_i)(X_j - \mu_j)\big] \\ &= \sum_{i=1}^{n}\sum_{j=1}^{n} \mathrm{E}\big[(\alpha_i X_i - \alpha_i\mu_i)(\alpha_j X_j - \alpha_j\mu_j)\big] \\ &= \mathrm{E}\left[\sum_{i=1}^{n}\sum_{j=1}^{n}(\alpha_i X_i - \alpha_i\mu_i)(\alpha_j X_j - \alpha_j\mu_j)\right] \\ &= \mathrm{E}\left[\sum_{i=1}^{n}(\alpha_i X_i - \alpha_i\mu_i) \cdot \sum_{j=1}^{n}(\alpha_j X_j - \alpha_j\mu_j)\right] \\ &= \mathrm{E}\left[\sum_{i=1}^{n}(\alpha_i X_i - \alpha_i\mu_i)\right]^2 \geqslant 0. \end{aligned}$$

这就证明了 Σ 是非负定矩阵. □

对于多维随机变量 $\boldsymbol{X} = (X_1, X_2, \cdots, X_n)^{\mathrm{T}}$, 其线性变换一般仍然是多维随机变量, 变换后的随机向量的期望和协方差有如下性质.

定理 3.4.7　设 $\boldsymbol{X} = (X_1, X_2, \cdots, X_n)^{\mathrm{T}}$ 是 n 维随机变量, $A = (a_{ij})_{m \times n}$ 是常数矩阵, 则 $\boldsymbol{Y} = A\boldsymbol{X}$ 是 m 维随机变量, 其期望和协方差矩阵有下述性质:

(1) $\mathrm{E}(\boldsymbol{Y}) = \mathrm{E}(A\boldsymbol{X}) = A\mathrm{E}(\boldsymbol{X})$;

(2) $\mathrm{Var}(\boldsymbol{Y}) = \mathrm{Var}(A\boldsymbol{X}) = A\mathrm{Var}(\boldsymbol{X})A^{\mathrm{T}}$.

证　(1) 直接得到. 下面证明 (2). 由定义 3.4.3 可见,

$$
\begin{aligned}
\mathrm{Var}(\boldsymbol{Y}) &= \begin{bmatrix}
\mathrm{Cov}(Y_1, Y_1) & \mathrm{Cov}(Y_1, Y_2) & \cdots & \mathrm{Cov}(Y_1, Y_n) \\
\mathrm{Cov}(Y_2, Y_1) & \mathrm{Cov}(Y_2, Y_2) & \cdots & \mathrm{Cov}(Y_2, Y_n) \\
\vdots & \vdots & & \vdots \\
\mathrm{Cov}(Y_n, Y_1) & \mathrm{Cov}(Y_n, Y_2) & \cdots & \mathrm{Cov}(Y_2, Y_n)
\end{bmatrix} \\
&= \mathrm{E}\left\{ \left[\boldsymbol{Y} - \mathrm{E}(\boldsymbol{Y})\right]\left[\boldsymbol{Y} - \mathrm{E}(\boldsymbol{Y})\right]^{\mathrm{T}} \right\} \\
&= \mathrm{E}\left\{ \left[A\boldsymbol{X} - A\mathrm{E}(\boldsymbol{X})\right]\left[A\boldsymbol{X} - A\mathrm{E}(\boldsymbol{X})\right]^{\mathrm{T}} \right\} \\
&= \mathrm{E}\left\{ A\left[\boldsymbol{X} - \mathrm{E}(\boldsymbol{X})\right]\left[\boldsymbol{X} - \mathrm{E}(\boldsymbol{X})\right]^{\mathrm{T}} A^{\mathrm{T}} \right\} \\
&= A\mathrm{E}\left\{ \left[\boldsymbol{X} - \mathrm{E}(\boldsymbol{X})\right]\left[\boldsymbol{X} - \mathrm{E}(\boldsymbol{X})\right]^{\mathrm{T}} \right\} A^{\mathrm{T}} = A\mathrm{Var}(\boldsymbol{X})A^{\mathrm{T}}.
\end{aligned}
$$

在所有的 n 维随机变量中, 最重要的是 n 维正态随机变量, 其密度函数为 n 元函数, 引入矩阵表示, 记

$$
\boldsymbol{x} = \begin{bmatrix} x_1 \\ x_2 \\ \vdots \\ x_n \end{bmatrix}, \qquad \boldsymbol{\mu} = \begin{bmatrix} \mu_1 \\ \mu_2 \\ \vdots \\ \mu_n \end{bmatrix}, \qquad \Sigma = \begin{bmatrix} \sigma_{11} & \sigma_{12} & \cdots & \sigma_{1n} \\ \sigma_{21} & \sigma_{22} & \cdots & \sigma_{2n} \\ \vdots & \vdots & & \vdots \\ \sigma_{n1} & \sigma_{n2} & \cdots & \sigma_{nn} \end{bmatrix}.
$$

其中 $\boldsymbol{x}$ 和 $\boldsymbol{\mu}$ 是 n 维向量, Σ 是 n 阶对称正定矩阵, 称以 n 元函数

$$
f(\boldsymbol{x}) = \frac{1}{(2\pi)^{\frac{n}{2}}|\Sigma|^{\frac{1}{2}}} \exp\left\{ -\frac{1}{2}(\boldsymbol{x} - \boldsymbol{\mu})^{\mathrm{T}}\Sigma^{-1}(\boldsymbol{x} - \boldsymbol{\mu}) \right\}, \quad \boldsymbol{x} \in \mathbb{R}^n \tag{3.4.3}
$$

为密度函数的 n 维随机变量 $\boldsymbol{X}$ 为 n 维正态变量, 记作

$$
\boldsymbol{X} \sim \mathrm{N}_n(\boldsymbol{\mu}, \Sigma)
$$

其中 $\mathrm{E}(\boldsymbol{X}) = \boldsymbol{\mu}$, $\mathrm{Var}(\boldsymbol{X}) = \Sigma$.

对于二维正态分布 $\mathrm{N}(\mu_1, \mu_2, \sigma_1^2, \sigma_2^2, \rho)$ 而言, 用矩阵可以表示为 $\mathrm{N}_2(\boldsymbol{\mu}, \Sigma)$, 其中

$$
\boldsymbol{x} = \begin{bmatrix} x_1 \\ x_2 \end{bmatrix}, \qquad \boldsymbol{\mu} = \begin{bmatrix} \mu_1 \\ \mu_2 \end{bmatrix}, \qquad \Sigma = \begin{bmatrix} \sigma_1^2 & \sigma_1\sigma_2\rho \\ \sigma_1\sigma_2\rho & \sigma_2^2 \end{bmatrix}.
$$

n 维正态分布是一种最重要的多维分布, 它在概率论、数理统计和随机过程中都占有重要地位. 最后我们不加证明地指出多维正态分布的一个性质.

定理 3.4.8 设 n 维随机变量 $\boldsymbol{X} = (X_1, X_2, \cdots, X_n)^{\mathrm{T}}$ 服从正态分布 $\mathrm{N}_n(\boldsymbol{\mu}, \Sigma)$, $A = (a_{ij})_{m \times n}$ 是常数矩阵, 则 $\boldsymbol{Y} = A\boldsymbol{X}$ 服从正态分布 $\mathrm{N}_m(A\boldsymbol{\mu}, A\Sigma A^{\mathrm{T}})$.

习 题 3.4

1 设 $X_1, X_2, \cdots, X_n$ 独立同分布, 且其方差为 $\sigma^2 > 0$, 令 $Y = \dfrac{1}{n}\sum_{i=1}^{n} X_i$, 求 $\mathrm{Cov}(X_1, Y)$.

2 设二维离散型随机变量 (X, Y) 的联合分布列为

X	Y		
	0	1	2
0	1/4	0	1/4
1	0	1/3	0
2	1/12	0	1/12

求: (1) $P(X = 2Y)$;   (2) $\mathrm{Cov}(X - Y, Y)$.

3 抛一枚硬币 n 次, X 和 Y 分别表示正面和反面出现的次数, 求 X 和 Y 的相关系数.

4 随机试验 E 有三种两两不相容的结果 A_1, A_2, A_3, 且三种结果发生的概率相等, 将试验 E 独立重复做两次, X 表示两次试验中结果 A_1 发生的次数, Y 表示两次试验中结果 A_2 发生的次数, 求 X 和 Y 的相关系数.

5 设 A, B 为随机事件, 且 $P(A) = 1/4$, $P(B\,|\,A) = 1/3$, $P(A\,|\,B) = 1/2$. 令

$$X = \begin{cases} 1, & A \text{ 发生}; \\ 0, & A \text{ 不发生}. \end{cases} \qquad Y = \begin{cases} 1, & B \text{ 发生}; \\ 0, & B \text{ 不发生}. \end{cases}$$

求: (1) 二维随机变量 (X, Y) 的概率分布;

(2) X 和 Y 的相关系数 ρ_{XY};

(3) $Z = X^2 + Y^2$ 的概率分布.

6 设随机变量 X 与 Y 的共同分布是 $\mathrm{B}(1, 2/3)$, 且相关系数为 $1/2$. 求:

(1) (X, Y) 的概率分布;   (2) $P(X + Y \leqslant 1)$.

7 设随机变量 X 与 Y 不相关, 且 $\mathrm{E}(X) = 2$, $\mathrm{E}(Y) = 1$, $\mathrm{D}(X) = 3$, 求 $\mathrm{E}[X(X + Y - 2)]$.

8 设 (X, Y) 服从二维正态分布, 求随机变量 $\xi = X + Y$ 与 $\eta = X - Y$ 不相关的充分必要条件.

9 设二维随机变量 (X, Y) 的联合密度函数为

$$f(x, y) = \begin{cases} \dfrac{1}{3}(x + y), & 0 < x < 1,\, 0 < y < 2; \\ 0, & \text{其他}. \end{cases}$$

求 $\mathrm{Cov}(X, Y)$.

10 已知随机向量 (X, Y) 的联合密度函数为

$$f(x, y) = \begin{cases} \dfrac{8}{3}, & 0 < x - y < 0.5,\, 0 < x, y < 1; \\ 0, & \text{其他}. \end{cases}$$

求 X, Y 的相关系数.

11 设随机变量 $X \sim \mathrm{N}(0,1)$, $Y \sim \mathrm{N}(1,4)$ 且相关系数 $\rho_{XY} = 1$, 试确定 X, Y 之间的关系.

12 设随机变量 $X \sim \mathrm{N}(0,1)$, $Z \sim \mathrm{U}(0,0.1)$, X 与 Z 独立. 令 $Y = X + Z$, 求 X 与 Y 的相关系数.

13 已知 $\mathrm{D}(X) = 25$, $\mathrm{D}(Y) = 36$, $\rho_{XY} = 0.4$. 求 $\mathrm{D}(X + Y)$ 和 $\mathrm{D}(X - Y)$.

14 设 $X_1, X_2, \cdots, X_n$ 独立同分布, 数学期望为 μ, 方差为 σ^2. 记 $Y = \dfrac{1}{n}(X_1 + X_2 + \cdots + X_n)$, 求 $\mathrm{E}(Y)$ 和 $\mathrm{D}(Y)$.

15 设有随机变量 X, Y, Z, 已知 $\mathrm{E}(X) = \mathrm{E}(Y) = 1$, $\mathrm{E}(Z) = -1$, $\mathrm{D}(X) = \mathrm{D}(Y) = \mathrm{D}(Z) = 1$, $\rho_{XY} = 0$, $\rho_{XZ} = 0.5$, $\rho_{YZ} = -0.5$, 求 $\mathrm{E}(X + Y + Z)$ 和 $\mathrm{D}(X + Y + Z)$.

16 已知三维随机变量 (X, Y, Z) 的协方差矩阵为

$$\begin{bmatrix} 9 & 1 & -2 \\ 1 & 20 & 3 \\ -2 & 3 & 12 \end{bmatrix}.$$

令 $U = 2X + 3Y + Z$, $V = X - 2Y + 5Z$, $W = Y - Z$, 求 (U, V, W) 的协方差矩阵.

17 设 $X_1, X_2, \cdots, X_n$ 两两不相关, 证明

$$\mathrm{D}\left(\sum_{i=1}^{n} X_i\right) = \sum_{i=1}^{n} \mathrm{D}(X_i).$$

18 设 $X_1, X_2, \cdots, X_{n+m}(n > m)$ 是独立同分布且方差存在的随机变量, 求 $Y = X_1 + X_2 + \cdots + X_n$ 与 $Z = X_{m+1} + X_{m+2} + \cdots + X_{m+n}$ 的相关系数.

19 设随机变量 $X_1, X_2, \cdots, X_{2n}$ 的数学期望均为零, 方差均为 1, 且任意两个随机变量的相关系数为 ρ, 求 $Y = X_1 + X_2 + \cdots + X_n$ 与 $Z = X_{n+1} + X_{n+2} + \cdots + X_{2n}$ 的相关系数.

20 设 θ 服从 $[-\pi, \pi]$ 上的均匀分布, 又 $X = \sin\theta$, $Y = \cos\theta$. 试求 ρ_{XY}.

3.5 其他常用数字特征

随机变量除了数学期望和方差外, 还有其他一些数字特征.

3.5.1 矩

定义 3.5.1 设 X 是随机变量, k 是正整数, 如果以下数学期望都存在, 则

$$\mu_k \triangleq \mathrm{E}(X^k) \tag{3.5.1}$$

称为 X 的 k 阶原点矩, 简称为 k 阶矩 (kth moment).

$$\nu_k \triangleq \mathrm{E}[X - \mathrm{E}(X)]^k \tag{3.5.2}$$

称为 X 的 k 阶中心矩 (kth central moment).

显然, 数学期望是一阶原点矩, 方差是二阶中心矩.

上述定义的原点矩和中心矩之间可以互相确定, 记 $\mu_k = \mathrm{E}(X^k)$, $\nu_k = \mathrm{E}[X - \mathrm{E}(X)]^k$, 则利用二项式定理, 有如下关系:

$$\nu_k = \sum_{i=0}^{k} C_k^i (-1)^{k-i} \mu_i \mu_1^{k-i}. \tag{3.5.3}$$

特别地, 前四阶矩有关系:

$$\nu_1 = 0;$$
$$\nu_2 = \mu_2 - \mu_1^2;$$
$$\nu_3 = \mu_3 - 3\mu_2\mu_1 + 2\mu_1^3;$$
$$\nu_4 = \mu_4 - 4\mu_3\mu_1 + 6\mu_2\mu_1^2 - 3\mu_1^4.$$

公式 (3.5.3) 说明, 由原点矩可求中心矩. 反过来, 由中心矩也可求原点矩. 事实上,

$$\mu_n = \mathrm{E}(X^n) = \mathrm{E}[X - \mathrm{E}(X) + \mathrm{E}(X)]^n$$
$$= \sum_{k=0}^{n} C_n^k \mathrm{E}[X - \mathrm{E}(X)]^k [\mathrm{E}(X)]^{n-k} = \sum_{k=0}^{n} C_n^k \nu_k \mu_1^{n-k}.$$

例 3.5.1 设随机变量 $X \sim \mathrm{N}(\mu, \sigma^2)$, 求 X 的 k 阶中心矩 $\mathrm{E}[X - \mathrm{E}(X)]^k$.

解 直接计算可得

$$\mathrm{E}[X - \mathrm{E}(X)]^k = \mathrm{E}(X - \mu)^k$$
$$= \frac{1}{\sqrt{2\pi}\sigma} \int_{-\infty}^{+\infty} (x - \mu)^k \exp\left\{-\frac{(x-\mu)^2}{2\sigma^2}\right\} \mathrm{d}x$$
$$= \frac{\sigma^k}{\sqrt{2\pi}} \int_{-\infty}^{+\infty} y^k \mathrm{e}^{-y^2/2} \mathrm{d}y. \qquad \left(\text{令 } y = \frac{x-\mu}{\sigma}\right)$$

当 k 为奇数时, 由于被积函数为奇函数, 故 $\mathrm{E}[X - \mathrm{E}(X)]^k = 0$;

当 k 为偶数时, 被积函数为偶函数, 于是

$$\mathrm{E}(X - \mu)^k = \frac{2\sigma^k}{\sqrt{2\pi}} \int_0^{+\infty} y^k \mathrm{e}^{-y^2/2} \mathrm{d}y$$
$$= \sqrt{\frac{2}{\pi}} \sigma^k 2^{(k-1)/2} \int_0^{+\infty} t^{(k-1)/2} \mathrm{e}^{-t} \mathrm{d}t \quad (\text{令 } y^2 = 2t)$$
$$= \sqrt{\frac{1}{\pi}} \sigma^k 2^{k/2} \Gamma\left(\frac{k+1}{2}\right) = \sigma^k (k-1)!!, \quad (k \geqslant 2).$$

因而

$$\mathrm{E}(X - \mu)^k = \begin{cases} \sigma^k (k-1)!!, & k \text{为偶数}; \\ 0, & k \text{为奇数}. \end{cases} \qquad \square$$

3.5.2   变异系数

方差 (标准差) 反映了随机变量取值的波动程度, 但在比较两个随机变量的波动大小时, 如果仅看方差的大小有时候会产生不合理的现象. 这有两个原因: ① 随机变量的取值有量纲, 不同量纲的随机变量用其方差去比较它们的波动大小不太合理. ② 在量纲相同的情况下, 取值的大小有一个相对性问题, 取值较大的随机变量的方差也允许大一些. 比如, 要测量地球赤道的周长和测量一支铅笔的长度, 前者的方差理应大于后者. 弥补方差这一缺陷的一个办法是用标准差除以其数学期望, 得到一个无量纲的数, 这样就可以避免上述两个问题了.

定义 3.5.2   设随机变量 X 的二阶矩存在, 则称

$$\text{CV}(X) = \frac{\sqrt{\text{D}(X)}}{|\text{E}(X)|} \cdot 100\% \tag{3.5.4}$$

为随机变量 X 的**变异系数** (coefficient of variation) (这里自然假定 $\text{E}(X) \neq 0$).

变异系数也是一个用于刻画 X 的离散程度的数量指标, 它在比较不同群体的离散程度时经常用到.

例 3.5.2   用 X 表示某种树的高度, 其单位是米, 用 Y 表示某年龄段儿童的身高, 其单位也是米. 设

$$\text{E}(X) = 10, \ \text{D}(X) = 1; \quad \text{E}(Y) = 1, \ \text{D}(Y) = 0.04.$$

你是否可以从 $\text{D}(X) = 1$ 和 $\text{D}(Y) = 0.04$ 就认为 Y 的波动小? 在此用变异系数进行比较是恰当的.

$$\text{CV}(X) = \frac{\sqrt{\text{D}(X)}}{|\text{E}(X)|} = \frac{\sqrt{1}}{10} = 0.1; \quad \text{CV}(Y) = \frac{\sqrt{\text{D}(Y)}}{|\text{E}(Y)|} = \frac{\sqrt{0.04}}{1} = 0.2.$$

说明 Y(儿童身高) 的波动比 X(树高) 的波动大.   □

3.5.3   偏态系数

定义 3.5.3   设随机变量 X 的三阶矩存在, 则称

$$\gamma_3 = \frac{\text{E}[X - \text{E}(X)]^3}{[\text{D}(X)]^{3/2}} = \text{E}\left[\frac{X - \text{E}(X)}{\sigma(X)}\right]^3 = \frac{\nu_3}{(\nu_2)^{3/2}} \tag{3.5.5}$$

为随机变量 X 的**偏态 (或偏度)系数** (skewness coefficient).

随机变量 X 的偏态系数就是 X 标准化后的三阶矩, 用以刻画 X 的分布关于 $\text{E}(X)$ 对称的状况. 如果是对称分布, 则 $\gamma_3 = 0$; 如果分布越偏斜, 则 $|\gamma_3|$ 就越大. 当 $\gamma_3 > 0$ 时, 分布为右偏; 当 $\gamma_3 < 0$ 时, 分布为左偏; 当 $\gamma_3 = 0$ 时, 分布关于 $\text{E}(X)$ 对称, 如图 3.5 所示.

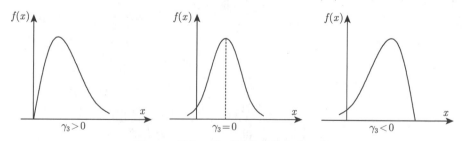

图 3.5   具有三种不同偏度的密度函数

3.5.4 峰态系数

定义 3.5.4 设随机变量 X 的四阶矩存在, 则称

$$\gamma_4 = \frac{\mathrm{E}[X-\mathrm{E}(X)]^4}{[\mathrm{D}(X)]^2} - 3 = \mathrm{E}\left[\frac{X-\mathrm{E}(X)}{\sigma(X)}\right]^4 - 3 = \frac{\nu_4}{(\nu_2)^2} - 3 \tag{3.5.6}$$

为随机变量 X 的**峰态 (或峰度) 系数** (kurtosis coefficient).

随机变量 X 的峰态系数就是 X 标准化后的四阶矩与 3 的差值, 用以描述分布密度的尖峭程度. 由于标准正态变量的四阶矩等于 3, 对于任何一个正态分布, 都有 $\gamma_4 = 0$. 随机变量 X 的峰态系数就是 X 标准化变量 X^* 的四阶矩相对于标准正态变量的超出量.

因此对于连续型随机变量, 如果 $\gamma_4 > 0$, 这表明其标准化后的密度函数比标准正态密度函数更尖峭; 如果 $\gamma_4 < 0$, 表明其标准化后的密度函数比标准正态密度函数更平坦; 如果 $\gamma_4 = 0$, 这表明其标准化后的密度函数与标准正态密度函数相当.

例 3.5.3 计算指数分布 $\mathrm{Exp}(\lambda)$ 的偏态系数与峰态系数.

解 首先计算指数分布 $\mathrm{Exp}(\lambda)$ 的前四阶原点矩

$$\mu_1 = \mathrm{E}(X) = 1/\lambda;$$
$$\mu_2 = \mathrm{E}(X^2) = 2/\lambda^2;$$
$$\mu_3 = \mathrm{E}(X^3) = 3!/\lambda^3 = 6/\lambda^3;$$
$$\mu_4 = \mathrm{E}(X^4) = 4!/\lambda^4 = 24/\lambda^4.$$

由此时得 二、三、四 阶中心矩

$$\nu_2 = \mu_2 - \mu_1^2 = 1/\lambda^2;$$
$$\nu_3 = \mu_3 - 3\mu_2\mu_1 + 2\mu_1^3 = 2/\lambda^3;$$
$$\nu_4 = \mu_4 - 4\mu_3\mu_1 + 6\mu_2\mu_1^2 - 3\mu_1^4 = 9/\lambda^4.$$

最后可得指数分布 $\mathrm{Exp}(\lambda)$ 的偏态系数与峰态系数

$$\gamma_3 = \frac{\nu_3}{(\nu_2)^{3/2}} = 2; \quad \gamma_4 = \frac{\nu_4}{(\nu_2)^2} - 3 = 6.$$

几种常用分布的偏态系数与峰态系数见表 3.3.

表 3.3　几种常用分布的偏态与峰态系数

分布	数学期望	方差	偏态系数	峰态系数
均匀分布 $\mathrm{U}(a,b)$	$(a+b)/2$	$(b-a)^2/12$	0	-1.2
正态分布 $\mathrm{N}(\mu,\sigma^2)$	μ	σ^2	0	0
指数分布 $\mathrm{Exp}(\lambda)$	$1/\lambda$	$1/\lambda^2$	2	6
伽马分布 $\Gamma(\alpha,\beta)$	α/β	α/β^2	$2/\sqrt{\alpha}$	$6/\alpha$

3.5.5　分位数

定义 3.5.5　设连续型随机变量 X 的分布函数为 $F(x)$, 概率密度函数为 $f(x)$, 对任意的 $p \in (0,1)$, 实数 x_p 和 x'_p 分别满足

$$F(x_p) = \int_{-\infty}^{x_p} f(x)\mathrm{d}x = p; \tag{3.5.7}$$

$$1 - F(x'_p) = \int_{x'_p}^{+\infty} f(x)\mathrm{d}x = p. \tag{3.5.8}$$

则称 x_p 为该分布的下 p 分位数 (lower p-quantile), 称 x'_p 为此分布的上 p 分位数 (upper p-quantile), 两者都可简称为分位数 (quantile).

如图 3.6 所示, 下分位数 x_p 和上分位数 x'_p 都是把密度函数分为两部分, 使图中阴影部分的面积等于 p. 在应用问题中, 要注意区分上 (下) 分位数, 本书所说的分位数均指下分位数.

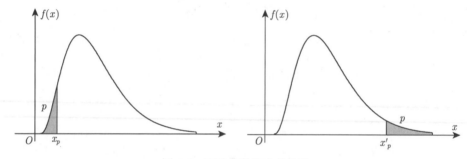

图 3.6　下分位数和上分位数

上分位数和下分位数可以相互转换, 其转换公式如下:

$$x'_p = x_{1-p}, \quad x_p = x'_{1-p}. \tag{3.5.9}$$

例 3.5.4　标准正态分布 N$(0,1)$ 的 p 分位数记为 u_p, 它是方程

$$\Phi(u_p) = p$$

的唯一解, 其解为 $u_p = \Phi^{-1}(p)$, 其中 $\Phi^{-1}(\cdot)$ 是标准正态分布函数的反函数. 利用标准正态分布函数表 (见附表 3). 可由 p 查得 u_p, 如 $u_{0.975} = 1.960$. 当然也可以用 Excel 或 R 软件计算得到. 事实上, 这里的 $u_p = \mathtt{qnorm(p, 0, 1)}$.

由于标准正态分布的密度函数是偶函数, 故其分位数有如下性质.

定理 3.5.1　设 u_p 是 N$(0,1)$ 的 p 分位数, 则

(1) 当 $p < 0.5$ 时, $u_p < 0$;

(2) 当 $p > 0.5$ 时, $u_p > 0$;

(3) 当 $p = 0.5$ 时, $u_p = 0$;

(4) 当 $p_1 < p_2$ 时, $u_{p_1} < u_{p_2}$;

(5) 对任意的 $p \in (0,1)$, 有 $u_p = -u_{1-p}$.

分位数在统计中经常被使用, 特别对统计中常用的三大分布: χ^2 分布, F 分布和 t 分布, 都特地编制了它们的分位数表 (见附表 4、附表 5 和附表 6). 以后分别以 $\chi^2_\alpha(n)$, $t_\alpha(n)$, 和 $F_\alpha(n_1, n_2)$ 记这些分布的分位数. 在 R 软件中分别对应着: $\chi^2_\alpha(n) = \mathtt{qchisq}(\alpha, \mathtt{n})$, $t_\alpha(n) = \mathtt{qt}(\alpha, \mathtt{n})$, 和 $F_\alpha(n_1, n_2) = \mathtt{qf}(\alpha, \mathtt{n_1}, \mathtt{n_2})$.

3.5.6 中位数

定义 3.5.6 对随机变量 X 及其分布函数 $F(x)$, 定义中位数 (median) 为一实数 $\mathrm{Me}(X) = m$, 满足

$$F(m) = P(X \leqslant m) \geqslant \frac{1}{2} \ \text{且} \ 1 - F(m-0) = P(X \geqslant m) \geqslant \frac{1}{2}.$$

设连续型随机变量 X 的分布函数为 $F(x)$, 密度函数为 $f(x)$, 则中位数唯一, 且就是 0.5 分位数 $x_{0.5}$, 中位数如图 3.7 所示.

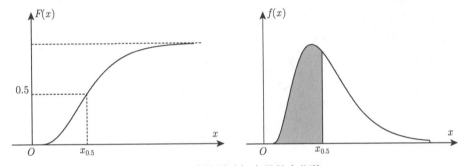

图 3.7 连续型随机变量的中位数

中位数和期望值都是表示随机变量中心位置的数字特征, 但在某些场合可能中位数比期望值更能说明问题. 比如, 某省某年的高考成绩的中位数为 500 分, 则表明大约有一半的考生成绩高于 500 分, 另一半考生的成绩低于 500 分. 而如果考生平均成绩的均值为 500 分, 则无法得出上述结论.

例 3.5.5 指数分布 $\mathrm{Exp}(\lambda)$ 的中位数 $x_{0.5}$ 是方程

$$1 - \mathrm{e}^{-\lambda x_{0.5}} = 0.5$$

的解, 解得 $x_{0.5} = \dfrac{\ln 2}{\lambda}$.

假如某城市电话的通话时间 X 服从均值 $\mathrm{E}(X) = 2$(分钟) 的指数分布, 此时由 $\lambda = 0.5$ 可得中位数

$$x_{0.5} = \frac{\ln 2}{0.5} = 1.39.$$

表明该城市大约有一半的电话在 1.39 分钟内结束, 另一半通话时间超时 1.39 分钟. □

习 题 3.5

1 设 X 服从二项分布 $\mathrm{B}(n, p)$, 证明 $\mathrm{E}(X - np)^4 = npq(p^3 + q^3) + 3p^2q^2(n^2 - n)$.

2　设 X 为服从参数为 λ 的泊松分布的随机变量, 证明

$$E(X^n) = \lambda E\big[(X+1)^{n-1}\big],$$

并利用该结果计算 $E(X^3)$.

3　设 $X \sim N(0,1)$, 而 $Y = X^n$ (n 为正整数), 求 ρ_{XY}.

4　设随机变量 $X \sim U(0,\theta)$, 求此分布的变异系数.

5　设随机变量 $X \sim \Gamma(\alpha,\beta)$, 求此分布的变异系数、偏态系数和峰态系数.

6　求下列概率密度函数对应随机变量的中位数.

(1) $f(x) = 3x^2$, $0 < x < 1$;

(2) $f(x) = [\pi(1+x^2)]^{-1}$, $-\infty < x < +\infty$.

7　求以下分布的中位数:

(1) 区间 (a,b) 上的均匀分布;

(2) 正态分布 $N(\mu, \sigma^2)$;

(3) 对数正态分布 $LN(\mu, \sigma^2)$.

8　设随机变量 X 服从正态分布 $N(10,9)$, 试求 $x_{0.1}$ 和 $x_{0.9}$.

9　自由度为 2 的 χ^2 分布的密度函数为

$$f(x) = \frac{1}{2}e^{-\frac{x}{2}}, \quad x \geqslant 0.$$

试求出其分布函数及分位数 $x_{0.1}, x_{0.5}, x_{0.8}$.

10　某厂决定按过去生产状况对月生产额最高的 5% 的工人发放高产奖. 已知过去每人每月生产额 $X \sim N(4000, 60^2)$(单位: kg), 试问高产奖发放标准应把生产额定为多少?

11　设 X 为连续型随机变量, 证明

$$\min_a E(|X-a|) = E(|X-m|).$$

其中 m 是 X 的中位数.

3.6　条件数学期望

在 2.5 节中, 我们讨论了条件分布函数, 给出了在条件 $X = x$ 下, 随机变量 Y 的条件分布函数 $F(y|x) = P(Y \leqslant y \,|\, X = x)$ 以及在条件 $Y = y$ 下, 随机变量 X 的条件分布函数 $F(x|y) = P(X \leqslant x \,|\, Y = y)$ 的定义. 仿照 3.1 节, 对于上述条件分布函数, 我们分别就离散型和连续型随机变量两种情形引入条件数学期望的定义, 平行地列出有关性质, 并且对条件数学期望的某些特有的性质做简要叙述.

定义 3.6.1　设 (X, Y) 是二维离散型随机变量, 其概率分布列为

$$P(X = a_i, Y = b_j) = p_{ij}, \quad i, j = 1, 2, \cdots.$$

若级数

$$\sum_{i=1}^{\infty} a_i P(X = a_i \,|\, Y = b_j) = \sum_{i=1}^{\infty} a_i \frac{p_{ij}}{p_{\cdot j}}$$

绝对收敛, 则称它为在 $Y = b_j$ 的条件下, X 的条件数学期望, 记作 $\mathrm{E}(X \,|\, Y = b_j)$ 或 $\mathrm{E}(X \,|\, b_j)$. 即

$$\mathrm{E}(X \,|\, Y = b_j) = \sum_{i=1}^{\infty} a_i P(X = a_i \,|\, Y = b_j) = \sum_{i=1}^{\infty} a_i \frac{p_{ij}}{p_{\cdot j}}, \quad j = 1, 2, \cdots. \tag{3.6.1}$$

同理, 在 $X = a_i$ 的条件下, Y 的条件数学期望为

$$\mathrm{E}(Y \,|\, X = a_i) = \sum_{j=1}^{\infty} b_j P(Y = b_j \,|\, X = a_i) = \sum_{j=1}^{\infty} b_j \frac{p_{ij}}{p_{i\cdot}}, \quad i = 1, 2, \cdots. \tag{3.6.2}$$

定义 3.6.2 设 (X, Y) 是二维连续型随机变量, 其联合密度函数为 $f(x, y)$, 条件密度为 $f_{X|Y}(x \,|\, y)$ 和 $f_{Y|X}(y \,|\, x)$, 若积分 $\displaystyle\int_{-\infty}^{+\infty} x f_{X|Y}(x \,|\, y)\mathrm{d}x$ 绝对收敛, 则称它为在 $Y = y$ 的条件下, X 的条件数学期望, 记作 $\mathrm{E}(X \,|\, Y = y)$ 或 $\mathrm{E}(X \,|\, y)$. 即

$$\mathrm{E}(X \,|\, Y = y) = \int_{-\infty}^{+\infty} x f_{X|Y}(x \,|\, y)\mathrm{d}x = \int_{-\infty}^{+\infty} x \frac{f(x, y)}{f_Y(y)}\mathrm{d}x = \frac{\displaystyle\int_{-\infty}^{+\infty} x f(x, y)\mathrm{d}x}{\displaystyle\int_{-\infty}^{+\infty} f(x, y)\mathrm{d}x}. \tag{3.6.3}$$

同理, 在 $X = x$ 的条件下, Y 的条件数学期望为

$$\mathrm{E}(Y \,|\, X = x) = \int_{-\infty}^{+\infty} y f_{Y|X}(y \,|\, x)\mathrm{d}y = \int_{-\infty}^{+\infty} y \frac{f(x, y)}{f_X(x)}\mathrm{d}y = \frac{\displaystyle\int_{-\infty}^{+\infty} y f(x, y)\mathrm{d}y}{\displaystyle\int_{-\infty}^{+\infty} f(x, y)\mathrm{d}y}. \tag{3.6.4}$$

例 3.6.1 设 (X, Y) 的联合密度函数为

$$f(x, y) = \frac{\mathrm{e}^{-x/y}\mathrm{e}^{-y}}{y}, \quad 0 < x < +\infty,\ 0 < y < +\infty.$$

计算 $\mathrm{E}(X \,|\, Y = y)$.

解 先计算条件密度, 当 $y > 0$ 时, $f_Y(y) > 0$,

$$f_{X|Y}(x \,|\, y) = \frac{f(x, y)}{f_Y(y)} = \frac{f(x, y)}{\displaystyle\int_{-\infty}^{+\infty} f(x, y)\mathrm{d}x}$$

$$= \frac{(1/y)\mathrm{e}^{-x/y}\mathrm{e}^{-y}}{\displaystyle\int_0^{+\infty} (1/y)\mathrm{e}^{-x/y}\mathrm{e}^{-y}\mathrm{d}x} = \frac{\mathrm{e}^{-x/y}}{\displaystyle\int_0^{+\infty} \mathrm{e}^{-x/y}\mathrm{d}x} = \frac{1}{y}\mathrm{e}^{-x/y}.$$

可见在给定 $Y = y > 0$ 之下, X 的条件分布是参数为 $1/y$ 的指数分布, 其期望值为 y, 故

$$\mathrm{E}(X \,|\, Y = y) = \int_0^{+\infty} \frac{x}{y}\mathrm{e}^{-x/y}\mathrm{d}x = y. \qquad \square$$

条件期望 $E(X \mid Y = y)$ 是 y 的函数, 它与无条件期望 $E(X)$ 的区别, 不仅是计算公式不同, 而且其含义也不同. 比如, X 表示中国成年人的身高, Y 表示中国成年人的脚长, 则 $E(X)$ 表示中国成年人的平均身高, 而 $E(X \mid Y = y)$ 表示脚长为 y 的中国成年人的平均身高. 比如, 我国公安部门研究得知 $E(X \mid Y = y) = 6.876y$. 这个公式可以看出不同的 y 对应不同的 $E(X \mid y)$. 例如, 当 $y = 25.3\text{cm}$ 时, $E(X \mid Y = 25.3) = 174(\text{cm})$, 说明脚长为 25.3 cm 的人平均身高为 174 cm.

既然条件期望 $E(X \mid Y = y)$ 是 y 的函数. 我们可以记

$$h(y) = E(X \mid Y = y).$$

考虑随机变量 Y 的函数 $h(Y)$ 仍然是一个随机变量, 这个随机变量可以表示为

$$h(Y) = E(X \mid Y).$$

对随机变量 $h(Y)$ 也可以再求其期望值, 这有下面重要结论.

定理 3.6.1 (双重期望公式)　设 (X, Y) 是二维随机变量, 且 $E(X)$ 存在, 则

$$E\big[E(X \mid Y)\big] = E(X) \tag{3.6.5}$$

证　设 (X, Y) 为连续型随机变量, 其联合概率密度函数、边际概率密度函数、条件概率密度函数的记号如前.

$$\begin{aligned}
E\big[E(X \mid Y)\big] &= \int_{-\infty}^{+\infty} E(X \mid y) f_Y(y) \mathrm{d}y \\
&= \int_{-\infty}^{+\infty} \left(\int_{-\infty}^{+\infty} x f_{X \mid Y}(x \mid y) \mathrm{d}x \right) f_Y(y) \mathrm{d}y \\
&= \int_{-\infty}^{+\infty} \int_{-\infty}^{+\infty} x f_{X \mid Y}(x \mid y) f_Y(y) \mathrm{d}x \mathrm{d}y \\
&= \int_{-\infty}^{+\infty} \int_{-\infty}^{+\infty} x f(x, y) \mathrm{d}x \mathrm{d}y \\
&= \int_{-\infty}^{+\infty} x \left(\int_{-\infty}^{+\infty} f(x, y) \mathrm{d}y \right) \mathrm{d}x \\
&= \int_{-\infty}^{+\infty} x f_X(x) \mathrm{d}x = E(X).
\end{aligned}$$

对于离散型随机变量的情形, 可类似证明.　　　　　　　　　　　　　　□

双重期望公式的具体使用如下:

(1) 如果 Y 是一个离散型随机变量, 则公式 (3.6.5) 成为

$$E(X) = \sum_j E(X \mid Y = b_j) P(Y = b_j); \tag{3.6.6}$$

(2) 如果 Y 是一个连续型随机变量, 则公式 (3.6.5) 成为

$$E(X) = \int_{-\infty}^{+\infty} E(X \mid Y = y) f_Y(y) \mathrm{d}y. \tag{3.6.7}$$

例 3.6.2 一矿工在井下迷了路, 迷路处有三个门. 如走 1 号门, 经过 3 小时后, 可达安全区; 如走 2 号门, 5 小时后回到原地; 如走 3 号门, 7 小时后回到原地. 假设矿工在任何时候都是随机地选择一个门, 问此矿工平均需要多长时间才能到达安全区.

解 设 X 表示该矿工到达安全区所需时间, 又设 Y 为他选择的门号码, 则由公式 (3.6.6), 有

$$
\begin{aligned}
\mathrm{E}(X) &= \mathrm{E}(X\,|\,Y=1)P(Y=1) + \mathrm{E}(X\,|\,Y=2)P(Y=2) + \mathrm{E}(X\,|\,Y=3)P(Y=3) \\
&= \frac{1}{3}\big[\mathrm{E}(X\,|\,Y=1) + \mathrm{E}(X\,|\,Y=2) + \mathrm{E}(X\,|\,Y=3)\big].
\end{aligned}
$$

而根据题意, 有

$$
\mathrm{E}(X\,|\,Y=1)=3, \quad \mathrm{E}(X\,|\,Y=2)=5+\mathrm{E}(X), \quad \mathrm{E}(X\,|\,Y=3)=7+\mathrm{E}(X).
$$

因此 $\mathrm{E}(X) = \dfrac{1}{3}\big[3+5+7+2\mathrm{E}(X)\big]$, 从而 $\mathrm{E}(X)=15$. □

例 3.6.3 (随机个随机变量和的期望) 设 $X_1, X_2, \cdots$ 为一列独立同分布的随机变量, N 是只取正整数值的随机变量, 且 N 和 $\{X_n\}$ 独立, 则

$$
\mathrm{E}\bigg(\sum_{i=1}^{N} X_i\bigg) = \mathrm{E}(X_1)\mathrm{E}(N).
$$

证 由双重期望公式 (3.6.6) 知

$$
\begin{aligned}
\mathrm{E}\bigg(\sum_{i=1}^{N} X_i\bigg) &= \mathrm{E}\bigg[\mathrm{E}\bigg(\sum_{i=1}^{N} X_i \,\bigg|\, N\bigg)\bigg] \\
&= \sum_{n=1}^{\infty} \mathrm{E}\bigg(\sum_{i=1}^{N} X_i \,\bigg|\, N=n\bigg)P(N=n) \\
&= \sum_{n=1}^{\infty} \mathrm{E}\bigg(\sum_{i=1}^{n} X_i\bigg)P(N=n) \\
&= \sum_{n=1}^{\infty} n\mathrm{E}(X_1)P(N=n) \quad (X_1, X_2, \cdots \text{同分布}) \\
&= \mathrm{E}(X_1)\sum_{n=1}^{\infty} nP(N=n) \\
&= \mathrm{E}(X_1)\mathrm{E}(N).
\end{aligned}
$$
□

利用此题结论, 可以解决很多实际问题, 例如:

(1) 设一天内到达某商场的顾客数为 N, 且 $\mathrm{E}(N)=100$, 又设进入该商场的顾客的购物金额 X_i 相互独立同分布, 且每位顾客平均购物金额为 80 元, 并且还假定顾客的购物金额与进入商场的顾客数也独立, 则一天内该商场营业额的期望值为

$$
\mathrm{E}\bigg(\sum_{i=1}^{N} X_i\bigg) = \mathrm{E}(X_1)\mathrm{E}(N) = 100 \times 80 = 8000(\text{元}).
$$

(2) 一只昆虫一次产卵数 N 服从参数为 λ 的泊松分布, 每一个卵能成活的概率为 p, 可设 X_i 服从 0–1 分布, 而 $\{X_i = 1\}$ 表示第 i 个卵成活, 则一只昆虫一次产卵后平均成活卵数为

$$\mathrm{E}\left(\sum_{i=1}^{N} X_i\right) = \mathrm{E}(X_1)\mathrm{E}(N) = \lambda p.$$

因为条件期望是条件分布的期望, 所以它具有期望的一切性质. 下面我们给出条件数学期望的若干性质, 建议读者多多考虑各性质的直观含义.

定理 3.6.2　设 X, Y, Z 都是随机变量, $g(\cdot)$ 为一元连续函数, 且所涉及的期望都存在, 则

(1) 当 X 与 Y 相互独立时, $\mathrm{E}(X \,|\, Y) = \mathrm{E}(X)$;

(2) $\mathrm{E}(C \,|\, Y) = C$, 　C 为常数;

(3) $\mathrm{E}\big[g(Y) \,|\, Y\big] = g(Y)$;

(4) $\mathrm{E}\big[(aX + bY) \,|\, Z\big] = a\mathrm{E}(X \,|\, Z) + b\mathrm{E}(Y \,|\, Z)$, a, b 为常数.

证　(1) 当 X 与 Y 相互独立时, 条件分布等于无条件分布, 即

$$F(x \,|\, Y = y) = F_X(x)$$

因而显然有 $\mathrm{E}(X \,|\, Y) = \mathrm{E}(X)$.

(2) 由定义即得.

(3) 当 $Y = y$ 时, 随机变量 $g(Y)$ 只能取一个值 $g(y)$, 因而 $\mathrm{E}\big[g(Y) \,|\, Y = y\big] = g(y)$.

(4) 用条件数学期望的定义可得. □

习　题　3.6

1　设二维离散型随机变量 (X, Y) 的联合分布列为

X	Y			
	0	1	2	3
0	0	0.01	0.01	0.01
1	0.01	0.02	0.03	0.02
2	0.03	0.04	0.05	0.04
3	0.05	0.05	0.05	0.06
4	0.07	0.06	0.05	0.06
5	0.09	0.08	0.06	0.05

试求 $\mathrm{E}(X \,|\, Y = 2)$ 和 $\mathrm{E}(Y \,|\, X = 0)$.

2　设随机变量 X 与 Y 相互独立, 分别服从参数为 λ_1 与 λ_2 的泊松分布, 试求 $\mathrm{E}(X \,|\, X + Y = n)$.

3　口袋中有编号为 $1, 2, \cdots, n$ 的 n 个球, 从中任取 1 个球. 若取到 1 号球, 则得 1 分, 且停止取球; 若取到 i 号球 $(i \geqslant 2)$, 则得 i 分, 且将此球放回, 重新取球. 如此下去, 试求得分的期望值.

4 已知 (X, Y) 的联合密度函数为

$$f(x, y) = \begin{cases} 3x, & 0 < y < x,\, 0 < x < 1; \\ 0, & \text{其他}. \end{cases}$$

求 $\mathrm{E}(X \,|\, Y = 0.5)$.

5 已知 (X, Y) 的联合密度函数为

$$f(x, y) = \begin{cases} x + y, & 0 < x,\, y < 1; \\ 0, & \text{其他}. \end{cases}$$

求 $\mathrm{E}(X \,|\, Y = 0.5)$.

6 设随机变量 X 和 Y 方差存在, 证明:

(1) $\mathrm{Cov}(X, Y) = \mathrm{Cov}\big(X, \mathrm{E}(Y \,|\, X)\big)$; (2) X 和 $Y - \mathrm{E}(Y \,|\, X)$ 不相关.

7 设电力公司每月可以供应某工厂的电力 X 服从 $(10, 30)$ 上的均匀分布 (单位: $10^4\mathrm{kW}$), 而该工厂每月实际需要的电力 Y 服从 $(10, 20)$(单位: $10^4\mathrm{kW}$) 上的均匀分布. 如果工厂能从电力公司得到足够的电力, 则每 $10^4\mathrm{kW}$ 可以创造 30 万元利润, 若工厂从电力公司得不到足够的电力, 则不足部分由工厂通过其他途径解决, 由其他途径得到的电力每 $10^4\mathrm{kW}$ 只有 10 万元利润. 试求该工厂每月利润的期望值.

8 设 $X_1, X_2, \cdots$ 为独立同分布的随机变量序列, 且方差存在. 随机变量 N 只取正整数值, $\mathrm{D}(N)$ 存在, 且 N 与 $\{X_n\}$ 独立. 证明

$$\mathrm{D}\left(\sum_{i=1}^{N} X_i\right) = \mathrm{D}(N)\big[\mathrm{E}(X_1)\big]^2 + \mathrm{E}(N) \cdot \mathrm{D}(X_1).$$

第4章 大数定律与中心极限定理

4.1 特 征 函 数

在第 2 章中我们知道, 通常用分布函数来全面描述一个随机变量的概率分布情况. 本节引入另外一个全面描述随机变量概率分布的分析工具——特征函数, 它是概率论中研究极限定理的重要工具. 虽然它不像分布函数那样具有明显的概率意义, 但是却具有很好的分析性质. 具体而言, 特征函数主要有三个方面的应用: 它能把计算各阶矩的积分运算转换成微分运算; 它能把独立随机变量和的分布的卷积运算转换成乘积运算; 它能把寻求随机变量序列的极限分布转换成一般的函数极限问题.

4.1.1 特征函数的概念

前面讨论的随机变量都是实值随机变量, 现在引入复值随机变量的概念.

设 X 与 Y 是定义在同一概率空间 $(\Omega, \mathscr{F}, P)$ 上的两个 (实值) 随机变量, $\mathrm{i} = \sqrt{-1}$ 为虚数单位. 那么

$$Z = X + \mathrm{i}Y$$

就是一个定义在概率空间 $(\Omega, \mathscr{F}, P)$ 上的复值随机变量.

如果 X 与 Y 的数学期望都存在, 那么就定义 Z 的数学期望为

$$\mathrm{E}(Z) = \mathrm{E}(X) + \mathrm{i}\,\mathrm{E}(Y).$$

定义 4.1.1 设 X 为一实值随机变量, 称实变复值函数

$$\phi_X(t) = \mathrm{E}(\mathrm{e}^{\mathrm{i}tX}) = \mathrm{E}[\cos(tX)] + \mathrm{i}\,\mathrm{E}[\sin(tX)], \quad -\infty < t < \infty \tag{4.1.1}$$

为 X 的**特征函数** (characteristic function), 也将 $\phi_X(t)$ 记为 $\phi(t)$.

由于对任意实数 t, 都有 $|\mathrm{e}^{\mathrm{i}tX}| = 1$, 所以 $\mathrm{E}(\mathrm{e}^{\mathrm{i}tX})$ 总是存在的, 即对任意随机变量, 它的特征函数 $\phi(t)$ 一定存在.

若 X 是离散型随机变量, 其分布列为

$$P(X = x_k) = p_k, \quad k = 1, 2, \cdots,$$

则 X 的特征函数为

$$\phi(t) = \sum_k p_k \mathrm{e}^{\mathrm{i}tx_k}, \quad -\infty < t < \infty. \tag{4.1.2}$$

若 X 是连续型随机变量, 其密度函数为 $f(x)$, 则 X 的特征函数为

$$\phi(t) = \int_{-\infty}^{+\infty} \mathrm{e}^{\mathrm{i}tx} f(x)\, \mathrm{d}x, \quad -\infty < t < \infty. \tag{4.1.3}$$

特征函数只依赖于随机变量的分布, 相同的分布一定对应着相同的特征函数, 因而 $\phi_X(t)$ 也称为 X 的分布函数的特征函数. 表 4.1 给出了常见随机变量的特征函数.

表 4.1   常用分布的特征函数

分布名称	分布列 p_k 或密度函数 $f(x)$	特征函数
单点分布	$P(X = C) = 1$	$\phi(t) = e^{iCt}$
0–1 分布 B$(1,p)$	$p_k = p^k(1-p)^{1-k},$ $k = 0, 1.$	$\phi(t) = pe^{it} + q$
二项分布 B(n,p)	$p_k = C_n^k p^k(1-p)^{n-k},$ $k = 0, 1, \cdots, n.$	$\phi(t) = (pe^{it} + q)^n$
泊松分布 P(λ)	$p_k = \dfrac{\lambda^k}{k!}e^{-\lambda},$ $k = 0, 1, 2, \cdots.$	$\phi(t) = \exp\{\lambda(e^{it} - 1)\}$
几何分布 $X \sim$ G(p)	$p_k = (1-p)^{k-1}p,$ $k = 1, 2, \cdots.$	$\phi(t) = \dfrac{pe^{it}}{1 - (1-p)e^{it}}$
负二项分布 NB(r,p)	$p_n = C_{n-1}^{r-1} p^r(1-p)^{n-r},$ $n = r, r+1, r+2, \cdots.$	$\phi(t) = \left[\dfrac{pe^{it}}{1 - (1-p)e^{it}}\right]^r$
均匀分布 U(a,b)	$f(x) = \dfrac{1}{b-a},\ a < x < b.$	$\phi(t) = \dfrac{e^{itb} - e^{ita}}{it(b-a)},\ t \neq 0$
指数分布 Exp(λ)	$f(x) = \lambda e^{-\lambda x}, x \geqslant 0.$	$\phi(t) = \left(1 - i\dfrac{t}{\lambda}\right)^{-1}$
正态分布 N(μ, σ^2)	$f(x) = \dfrac{1}{\sqrt{2\pi}\sigma}\exp\left\{-\dfrac{(x-\mu)^2}{2\sigma^2}\right\},$ $-\infty < x < \infty.$	$\phi(t) = \exp\left\{i\mu t - \dfrac{\sigma^2}{2}t^2\right\}$
伽马分布 $\Gamma(\alpha, \beta)$	$f(x) = \dfrac{\beta^\alpha}{\Gamma(\alpha)}x^{\alpha-1}e^{-\beta x},\ x \geqslant 0.$	$\phi(t) = \left(1 - i\dfrac{t}{\beta}\right)^{-\alpha}$
卡方分布 $\chi^2(n)$	$f(x) = \dfrac{x^{n/2-1}e^{-x/2}}{\Gamma(n/2)2^{n/2}},\ x \geqslant 0.$	$\phi(t) = (1 - 2it)^{-n/2}$
贝塔分布 Beta(α, β)	$f(x) = \dfrac{\Gamma(\alpha+\beta)}{\Gamma(\alpha)\Gamma(\beta)}x^{\alpha-1}(1-x)^{\beta-1},$ $0 < x < 1.$	$\phi(t) = \dfrac{\Gamma(\alpha+\beta)}{\Gamma(\alpha)}\sum\limits_{k=0}^{\infty}\dfrac{(it)^k\Gamma(\alpha+k)}{k!\Gamma(\alpha+b+k)\Gamma(1+k)}$
柯西分布 Cauchy(0,1)	$f(x) = \dfrac{1}{\pi(1+x^2)},\ -\infty < x < \infty.$	$\phi(t) = e^{-|t|}$

4.1.2   特征函数的性质

定理 4.1.1   设 $\phi(t)$ 是随机变量 X 的特征函数, 则 $\phi(t)$ 有下列性质:

(1) $|\phi(t)| \leqslant \phi(0) = 1, \quad \forall t \in (-\infty, +\infty);$

(2) $\phi(-t) = \overline{\phi(t)}$, 其中 $\overline{\phi(t)}$ 为 $\phi(t)$ 的共轭复数;

(3) $Y = aX + b$(其中 a, b 为常数) 的特征函数为 $\phi_Y(t) = e^{ibt}\phi(at).$

证   (1) 仅就 X 为连续型随机变量的情形加以证明. 设 $f(x)$ 为 X 的密度函数, 则

$$|\phi(t)| = \left| \int_{-\infty}^{+\infty} \mathrm{e}^{\mathrm{i}tx} f(x)\mathrm{d}x \right| \leqslant \int_{-\infty}^{+\infty} |\mathrm{e}^{\mathrm{i}tx}| f(x)\mathrm{d}x$$

$$= \int_{-\infty}^{+\infty} f(x)\mathrm{d}x = \phi(0) = 1.$$

(2) 根据特征函数的定义, 可得

$$\phi(-t) = \mathrm{E}(\mathrm{e}^{-\mathrm{i}tX}) = \mathrm{E}[\cos(tX)] - \mathrm{i}\mathrm{E}[\sin(tX)]$$

$$= \overline{\mathrm{E}[\cos(tX)] + \mathrm{i}\mathrm{E}[\sin(tX)]} = \overline{\mathrm{E}(\mathrm{e}^{\mathrm{i}tX})} = \overline{\phi(t)}.$$

(3) 利用数学期望的性质, 可得

$$\phi_Y(t) = \mathrm{E}(\mathrm{e}^{\mathrm{i}tY}) = \mathrm{E}[\mathrm{e}^{\mathrm{i}t(aX+b)}]$$

$$= \mathrm{E}[\mathrm{e}^{\mathrm{i}taX}\mathrm{e}^{\mathrm{i}bt}] = \mathrm{e}^{\mathrm{i}bt}\mathrm{E}[\mathrm{e}^{\mathrm{i}(at)X}] = \mathrm{e}^{\mathrm{i}bt}\phi(at). \qquad \square$$

定理 4.1.2　随机变量 X 的特征函数 $\phi(t)$ 在区间 $(-\infty, +\infty)$ 上一致连续.

证　仅就 X 为连续型随机变量的情形加以证明. 设 X 的密度函数为 $f(x)$, 对于任给的 $\varepsilon > 0$, 选足够大的正数 A, 使得

$$\int_{|x|\geqslant A} f(x)\,\mathrm{d}x < \varepsilon/4;$$

对于 $|x| < A$, 选足够小的 h, 使得

$$\left| \sin\frac{h}{2}x \right| < \varepsilon/4.$$

从而

$$|\phi(t+h) - \phi(t)| \leqslant \int_{-\infty}^{+\infty} \left| \mathrm{e}^{\mathrm{i}tx}(\mathrm{e}^{\mathrm{i}hx} - 1) \right| f(x)\mathrm{d}x$$

$$= \int_{-\infty}^{+\infty} \left| \mathrm{e}^{\mathrm{i}hx} - 1 \right| f(x)\mathrm{d}x = \int_{-\infty}^{+\infty} \left| \mathrm{e}^{\mathrm{i}\frac{h}{2}x}(\mathrm{e}^{\mathrm{i}\frac{h}{2}x} - \mathrm{e}^{-\mathrm{i}\frac{h}{2}x}) \right| f(x)\mathrm{d}x$$

$$= \int_{-\infty}^{+\infty} 2 \left| \sin\frac{h}{2}x \right| f(x)\mathrm{d}x$$

$$\leqslant 2\int_{-A}^{A} \left| \sin\frac{h}{2}x \right| f(x)\mathrm{d}x + 2\int_{|x|\geqslant A} f(x)\,\mathrm{d}x$$

$$< 2 \cdot \varepsilon/4 + 2 \cdot \varepsilon/4 = \varepsilon.$$

因而 $\phi(t)$ 在区间 $(-\infty, +\infty)$ 上一致连续. $\qquad \square$

定理 4.1.3　随机变量 X 的特征函数 $\phi(t)$ 是非负定的, 即对于任意正整数 n 以及任意 n 个复数 $z_1, z_2, \cdots, z_n$ 和任意 n 个实数 $t_1, t_2, \cdots, t_n$, 恒有

$$\sum_{r=1}^{n}\sum_{s=1}^{n} \phi(t_r - t_s)z_r\overline{z_s} \geqslant 0.$$

证 仍就 X 为连续型随机变量加以证明. 设 X 的密度函数为 $f(x)$, 那么

$$
\begin{aligned}
\sum_{r=1}^{n}\sum_{s=1}^{n}\phi(t_r-t_s)z_r\overline{z_s} &= \sum_{r=1}^{n}\sum_{s=1}^{n}z_r\overline{z_s}\int_{-\infty}^{+\infty}\mathrm{e}^{\mathrm{i}(t_r-t_s)x}f(x)\,\mathrm{d}x \\
&= \sum_{r=1}^{n}\sum_{s=1}^{n}z_r\overline{z_s}\int_{-\infty}^{+\infty}\mathrm{e}^{\mathrm{i}t_r x}\mathrm{e}^{-\mathrm{i}t_s x}f(x)\,\mathrm{d}x \\
&= \int_{-\infty}^{+\infty}\left(\sum_{r=1}^{n}z_r\mathrm{e}^{\mathrm{i}t_r x}\right)\left(\sum_{s=1}^{n}\overline{z_s}\mathrm{e}^{-\mathrm{i}t_s x}\right)f(x)\,\mathrm{d}x \\
&= \int_{-\infty}^{+\infty}\left(\sum_{r=1}^{n}z_r\mathrm{e}^{\mathrm{i}t_r x}\right)\left(\overline{\sum_{s=1}^{n}z_s\mathrm{e}^{\mathrm{i}t_s x}}\right)f(x)\,\mathrm{d}x \\
&= \int_{-\infty}^{+\infty}\left|\sum_{r=1}^{n}z_r\mathrm{e}^{\mathrm{i}t_r x}\right|^2 f(x)\,\mathrm{d}x \geqslant 0. \qquad\square
\end{aligned}
$$

我们知道, 求随机变量的各阶矩, 有时需要计算比较复杂的积分. 下面定理说明, 有了特征函数后, 就可以通过对特征函数求导数来计算各阶矩.

定理 4.1.4 设随机变量 X 的 n 阶原点矩 $\mathrm{E}(X^n)$ 存在, 则 X 的特征函数 $\phi(t)$ 有 n 阶导数, 且对于 $k \leqslant n$, 有

$$
\mathrm{E}(X^k) = \mathrm{i}^{-k}\phi^{(k)}(0). \tag{4.1.4}
$$

其中 $\phi^{(k)}(t)$ 为 $\phi(t)$ 的 k 阶导数.

证 仅就 X 为连续型随机变量的情形加以证明. 设 $f(x)$ 为 X 的密度函数, 特征函数为 $\phi(t)$, 则由公式 (4.1.3) 有

$$
\phi(t) = \int_{-\infty}^{+\infty}\mathrm{e}^{\mathrm{i}tx}f(x)\,\mathrm{d}x.
$$

由定理条件可以确保在上述积分号下对 t 可求 n 次导数, 于是对于 $k \leqslant n$,

$$
\phi^{(k)}(t) = \int_{-\infty}^{+\infty}(\mathrm{i}x)^k\mathrm{e}^{\mathrm{i}tx}f(x)\,\mathrm{d}x.
$$

令 $t = 0$ 得

$$
\phi^{(k)}(0) = \int_{-\infty}^{+\infty}\mathrm{i}^k x^k f(x)\,\mathrm{d}x = \mathrm{i}^k\mathrm{E}(X^k).
$$

从而 $\mathrm{E}(X^k) = \mathrm{i}^{-k}\phi^{(k)}(0)$. $\qquad\square$

利用这个定理可以比较方便地计算随机变量的各阶矩.

例 4.1.1 设 $X \sim \Gamma(\alpha,\beta)$, 利用特征函数方法求 $\mathrm{E}(X)$ 和 $\mathrm{D}(X)$.

解 已知 $\Gamma(\alpha,\beta)$ 的特征函数为 $\phi(t) = \left(1-\mathrm{i}\dfrac{t}{\beta}\right)^{-\alpha}$. 从而

$$
\phi'(t) = \frac{\alpha\mathrm{i}}{\beta}\left(1-\mathrm{i}\frac{t}{\beta}\right)^{-\alpha-1},
$$

$$
\phi''(t) = \frac{\alpha(\alpha+1)\mathrm{i}^2}{\beta^2}\left(1-\mathrm{i}\frac{t}{\beta}\right)^{-\alpha-2}.
$$

于是 $\phi'(0) = i\alpha/\beta,\ \phi''(0) = -\alpha(\alpha+1)/\beta^2.$ 由公式 (4.1.4) 可得

$$E(X) = \frac{\phi'(0)}{i} = \frac{\alpha}{\beta};$$

$$D(X) = -\phi''(0) + [\phi'(0)]^2 = \frac{\alpha(\alpha+1)}{\beta^2} + \left(\frac{i\alpha}{\beta}\right)^2 = \frac{\alpha}{\beta^2}.$$

这与已知的计算结果相同, 但计算简单了许多.   □

定理 4.1.5 设 X_1, X_2 相互独立, 则 $Y = X_1 + X_2$ 的特征函数为

$$\phi_Y(t) = \phi_1(t)\phi_2(t). \tag{4.1.5}$$

其中 $\phi_i(t)$ 为随机变量 X_i 的特征函数, $i = 1, 2.$

证 由于 X_1, X_2 相互独立, 易知 e^{itX_1}, e^{itX_2} 也是相互独立的, 因而

$$\phi_Y(t) = E(e^{itY}) = E(e^{itX_1 + itX_2}) = E(e^{itX_1}) \cdot E(e^{itX_2}) = \phi_1(t) \cdot \phi_2(t). \qquad \square$$

定理说明, 独立随机变量和的特征函数等于各自特征函数的乘积, 但定理 4.1.5 的逆命题不真. 即式 (4.1.5) 成立, 不一定有 X_1, X_2 相互独立, 反例如下.

例 4.1.2 设随机变量 (X, Y) 的联合密度函数为

$$f(x,y) = \begin{cases} \frac{1}{4}[1 + xy(x^2 - y^2)], & |x| \leqslant 1,\ |y| \leqslant 1; \\ 0, & 其他. \end{cases}$$

试证明 X 和 Y 不独立, 但 $X + Y$ 的特征函数却等于 X 与 Y 的特征函数之积.

证 设 $f_X(x), f_Y(y)$ 分别为 X 和 Y 的边际密度函数, 则可算得

$$f_X(x) = \begin{cases} \frac{1}{2}, & |x| \leqslant 1; \\ 0, & 其他. \end{cases} \qquad f_Y(y) = \begin{cases} \frac{1}{2}, & |y| \leqslant 1; \\ 0, & 其他. \end{cases}$$

显然 $f_X(x) \cdot f_Y(y) \neq f(x,y)$, 从而 X, Y 不独立.

再设 $Z = X + Y$, 我们要计算 Z 的特征函数, 为此先求出 Z 的密度函数. 经计算 Z 的密度函数为

$$f_Z(z) = \begin{cases} \frac{1}{4}(2 - |z|), & |z| \leqslant 2; \\ 0, & |z| > 2. \end{cases}$$

从而 Z 的特征函数为

$$\phi_Z(t) = \frac{1}{4}\int_{-2}^0 (2+z)e^{itz}dz + \frac{1}{4}\int_0^2 (2-z)e^{itz}\,dz$$

$$= -\frac{1}{4}\int_2^0 (2-u)e^{-itu}du + \frac{1}{4}\int_0^2 (2-z)e^{itz}\,dz$$

$$= \frac{1}{2} \int_0^2 (2-u) \frac{\mathrm{e}^{\mathrm{i}tu} + \mathrm{e}^{-\mathrm{i}tu}}{2} \, \mathrm{d}u$$

$$= \frac{1}{2} \int_0^2 (2-u) \cos tu \, \mathrm{d}u$$

$$= \begin{cases} \dfrac{\sin^2 t}{t^2}, & t \neq 0; \\ 1, & t = 0. \end{cases}$$

X 和 Y 服从均匀分布, 其特征函数分别为

$$\phi_X(t) = \begin{cases} \dfrac{\sin t}{t}, & t \neq 0; \\ 1, & t = 0. \end{cases} \qquad \phi_Y(t) = \begin{cases} \dfrac{\sin t}{t}, & t \neq 0; \\ 1, & t = 0. \end{cases}$$

显然有 $\phi_X(t) \cdot \phi_Y(t) = \phi_Z(t)$. □

4.1.3 特征函数和分布函数之间的关系

由特征函数的定义可知, 若知道了一个随机变量 X 的分布函数, 则 X 的特征函数 $\phi(t)$ 由公式 (4.1.1) 唯一确定. 反之, 若知道了 X 的特征函数 $\phi(t)$, 也能唯一地确定它的分布. 这就是反演公式.

定理 4.1.6 (反演公式) 设随机变量 X 的分布函数和特征函数分别为 $F(x)$ 和 $\phi(t)$, 则对于 $F(x)$ 的连续点 x_1 和 x_2, 有

$$F(x_2) - F(x_1) = \lim_{T \to +\infty} \frac{1}{2\pi} \int_{-T}^T \frac{\mathrm{e}^{-\mathrm{i}tx_1} - \mathrm{e}^{-\mathrm{i}tx_2}}{\mathrm{i}t} \phi(t) \mathrm{d}t. \tag{4.1.6}$$

证明略. 值得注意的是, 由于分布函数是单调函数, 其连续点上的值确定后, 该函数即被确定.

我们称公式 (4.1.6) 为反演公式, 也称为逆转公式. 由反演公式可以确定分布函数, 这由下面的定理可以保证.

定理 4.1.7 (唯一性定理) 随机变量的分布函数由其特征函数唯一确定.

证 对于分布函数 $F(x)$ 的每一个连续点 x, 当 y 沿着 $F(x)$ 的连续点趋于 $-\infty$ 时,

$$F(x) = F(x) - F(-\infty)$$

$$= \lim_{y \to -\infty} [F(x) - F(y)]$$

$$= \lim_{y \to -\infty} \lim_{T \to +\infty} \frac{1}{2\pi} \int_{-T}^T \frac{\mathrm{e}^{-\mathrm{i}ty} - \mathrm{e}^{-\mathrm{i}tx}}{\mathrm{i}t} \phi(t) \, \mathrm{d}t$$

由于分布函数是非降函数, 因此我们一定能保证在上式中让 y 沿着 $F(x)$ 的连续点趋于 $-\infty$, 而且分布函数由其连续点上的值唯一确定, 故结论成立. □

由此可知, 若知道随机变量 X 的分布函数, 则可由公式 (4.1.1) 可以唯一确定特征函数. 反之若知道 X 的特征函数, 则由反演公式 (4.1.6) 可唯一确定 X 的分布函数.

例如, 若知道 X 的特征函数为 $\phi(x) = \mathrm{e}^{-\frac{1}{2}t^2}$, 则由唯一性定理可知 $X \sim \mathrm{N}(0,1)$. 因而这个定理建立了分布函数与特征函数之间的一一对应关系.

对于连续型和离散型随机变量, 反演公式有更加具体的形式.

定理 4.1.8 若随机变量 X 的特征函数在 $(-\infty, +\infty)$ 上绝对可积, 即

$$\int_{-\infty}^{+\infty} |\phi(t)| \mathrm{d}t < +\infty.$$

则 X 为连续型随机变量且密度函数为

$$f(x) = \frac{1}{2\pi} \int_{-\infty}^{+\infty} \mathrm{e}^{-\mathrm{i}tx} \phi(t) \mathrm{d}t. \tag{4.1.7}$$

定理 4.1.9 设 X 是取整数值的离散型随机变量, 其分布列为

$$p_k = P(X = k), \quad k = 0, \pm 1, \pm 2, \cdots,$$

其特征函数为 $\phi(t)$, 则

$$p_k = \frac{1}{2\pi} \int_{-\pi}^{\pi} \mathrm{e}^{-\mathrm{i}kt} \phi(t) \mathrm{d}t. \tag{4.1.8}$$

上述两个定理的证明在此略去. 我们在此指出, 公式 (4.1.3) 和公式 (4.1.7) 实质上是一对互逆的变换:

$$\phi(t) = \int_{-\infty}^{+\infty} \mathrm{e}^{\mathrm{i}tx} f(x)\, \mathrm{d}x, \qquad f(x) = \frac{1}{2\pi} \int_{-\infty}^{+\infty} \mathrm{e}^{-\mathrm{i}tx} \phi(t) \mathrm{d}t.$$

即特征函数是密度函数的傅里叶变换, 而密度函数是特征函数的傅里叶逆变换.

例 4.1.3 已知连续型随机变量的特征函数如下, 求其分布.

(1) $\phi_1(t) = \mathrm{e}^{-|t|}$; (2) $\phi_2(t) = \dfrac{\sin at}{at}$.

解 (1) 由反演公式 (4.1.7) 可知其密度函数为

$$\begin{aligned}
f(x) &= \frac{1}{2\pi} \int_{-\infty}^{+\infty} \mathrm{e}^{-\mathrm{i}tx} \mathrm{e}^{-|t|} \mathrm{d}t \\
&= \frac{1}{2\pi} \int_0^{+\infty} \mathrm{e}^{-(1+\mathrm{i}x)t} \mathrm{d}t + \frac{1}{2\pi} \int_{-\infty}^0 \mathrm{e}^{(1-\mathrm{i}x)t} \mathrm{d}t \\
&= \frac{1}{2\pi} \left(\frac{1}{1+\mathrm{i}x} + \frac{1}{1-\mathrm{i}x} \right) = \frac{1}{\pi(1+x^2)}.
\end{aligned}$$

这是参数为 0 的柯西分布, 所以特征函数 $\phi_1(t) = \mathrm{e}^{-|t|}$ 对应的是柯西分布.

(2) $\phi_2(t) = \dfrac{\sin at}{at}$ 是均匀分布 $\mathrm{U}(-a, a)$ 的特征函数, 由唯一性定理知, 该特征函数对应的分布就是均匀分布 $\mathrm{U}(-a, a)$. □

我们曾在第 2 章证明过二项分布、泊松分布、Γ 分布和正态分布的可加性. 现在也可以用特征函数方法 (定理 4.1.5 和定理 4.1.7) 给出十分方便的证明. 这里我们只给出正态分布的证明, 其余留作练习.

例 4.1.4 设随机变量 $X_k \sim \mathrm{N}(\mu_k, \sigma_k^2)$, $k = 1, 2, \cdots, n$, 且 $X_1, X_2, \cdots, X_n$ 独立. 求 $Y = X_1 + X_2 + \cdots + X_n$ 的分布.

解 已知 X_k 的特征函数为 $\phi_k(t) = \exp\left\{\mathrm{i}\mu_k t - \dfrac{1}{2}\sigma_k^2 t^2\right\}$, 由定理 4.1.5 知, $Y = X_1 + X_2 + \cdots + X_n$ 的特征函数为

$$\phi(t) = \prod_{k=1}^n \phi_k(t) = \exp\left(\mathrm{i}t\sum_{k=1}^n \mu_k - \frac{1}{2}t^2\sum_{k=1}^n \sigma_k^2\right).$$

而这是正态分布 $\mathrm{N}\left(\sum_{k=1}^n \mu_k, \sum_{k=1}^n \sigma_k^2\right)$ 的特征函数. 由唯一性定理 4.1.7 可知

$$Y \sim \mathrm{N}\left(\sum_{k=1}^n \mu_k, \sum_{k=1}^n \sigma_k^2\right). \qquad \square$$

习 题 4.1

1 设离散型随机变量 X 的分布列如下, 试求 X 的特征函数.

X	0	1	2	3
P	0.4	0.3	0.2	0.1

2 设 $\phi(t)$ 为实值特征函数, 试证明 $1 + \phi(2t) \geqslant 2[\phi(t)]^2$.

3 设随机变量 X 服从几何分布, $P(X = k) = q^{k-1}p$, $k = 1, 2, \cdots$, 求 X 的特征函数.

4 设连续型随机变量 X 的密度函数为 $f(x)$, 试证 $f(x)$ 为偶函数 (对称于 y 轴) 的充分必要条件是它的特征函数是实的偶函数.

5 已知 $X_1, X_2, \cdots, X_n$ 相互独立, 并都服从 $\mathrm{N}(0,1)$, 试利用特征函数证明

$$\sqrt{\frac{1}{n}}\sum_{k=1}^n X_k \sim \mathrm{N}(0,1).$$

6 设随机变量 X 的密度函数为

$$f(x) = \frac{1}{2}\mathrm{e}^{-|x|}.$$

求 X 的特征函数.

7 试用特征函数方法证明二项分布的可加性: 若 $X \sim \mathrm{B}(n,p)$, $Y \sim \mathrm{B}(m,p)$, 且 X 与 Y 独立, 则 $X + Y \sim \mathrm{B}(n+m,p)$.

8 试用特征函数方法证明泊松分布的可加性: 若 $X \sim \mathrm{P}(\lambda_1)$, $Y \sim \mathrm{P}(\lambda_2)$, 且 X 与 Y 独立, 则 $X + Y \sim \mathrm{P}(\lambda_1 + \lambda_2)$.

9 试用特征函数方法证明 Γ 分布的可加性: 若 $X \sim \Gamma(\alpha_1, \beta)$, $Y \sim \Gamma(\alpha_2, \beta)$, 且 X 与 Y 独立, 则 $X + Y \sim \Gamma(\alpha_1 + \alpha_2, \beta)$.

10 试用特征函数方法证明 χ^2 分布的可加性: 若 $X \sim \chi^2(n)$, $Y \sim \chi^2(m)$, 且 X 与 Y 独立, 则 $X + Y \sim \chi^2(n+m)$.

11　设 $X_1, X_2, \cdots, X_n$ 独立同分布于参数为 λ 的指数分布. 试用特征函数方法证明:

$$Y_n = \sum_{k=1}^{n} X_k \sim \Gamma(n, \lambda).$$

4.2　随机变量序列的两种收敛性

在微积分中我们已经知道, 极限理论中"收敛性"的概念极为重要, 如果收敛性的定义改变, 那么全部极限理论都要相应地改变. 概率论中也是这样, 因此, 在叙述极限定理之前, 必须先把收敛的定义弄清楚.

随机变量序列的收敛性有多种, 其中最常用的是两种: 依概率收敛和依分布收敛. 本节将给出这两种收敛性的定义及其有关性质, 我们假定所讨论的随机变量序列定义在同一概率空间上.

4.2.1　依概率收敛

定义 4.2.1　设 $\{X_n\}(n = 1, 2, \cdots)$ 是随机变量序列, 若存在随机变量 X, 使得对任意的 $\varepsilon > 0$, 都有

$$\lim_{n \to \infty} P(|X_n - X| < \varepsilon) = 1. \tag{4.2.1}$$

或等价地

$$\lim_{n \to \infty} P(|X_n - X| \geqslant \varepsilon) = 0, \tag{4.2.2}$$

则称随机变量序列 $\{X_n\}$依概率收敛 (converge in probability) 于随机变量 X(可以是常数), 记作

$$\lim_{n \to \infty} X_n \overset{P}{=} X \quad \text{或} \quad X_n \overset{P}{\longrightarrow} X \ (n \to \infty).$$

粗略地讲, 公式 (4.2.1) 表示, 对于很大的 n, X_n 靠近 X 的概率很大. 学过实变函数论的读者可能已经看出, 依概率收敛相当于依测度收敛, 事实上, 概率就是定义在样本空间上的一个正则测度.

上述极限本质上是数列的极限, 这是因为对于固定的 ε, 令 $p_n = P(|X_n - X| \geqslant \varepsilon)$, 则式 (4.2.2) 意味着 $p_n \to 0$.

定理 4.2.1　设 $\{X_n\}$ 是随机变量序列, 若 $X_n \overset{P}{\longrightarrow} X$ 且 $X_n \overset{P}{\longrightarrow} Y$, 则 $P(X = Y) = 1$.
证　因为对任意的 $\varepsilon > 0$ 和自然数 n, 有

$$\{|X - Y| \geqslant \varepsilon\} \subseteq \{|X_n - X| + |X_n - Y| \geqslant \varepsilon\}$$
$$\subseteq \{|X_n - X| \geqslant \varepsilon/2 \text{ 或 } |X_n - Y| \geqslant \varepsilon/2\}$$
$$\subseteq \{|X_n - X| \geqslant \varepsilon/2\} \cup \{|X_n - Y| \geqslant \varepsilon/2\}.$$

再根据 $X_n \overset{P}{\longrightarrow} X$ 和 $X_n \overset{P}{\longrightarrow} Y$ 得

$$0 \leqslant P(|X - Y| \geqslant \varepsilon)$$
$$\leqslant P(|X_n - X| \geqslant \varepsilon/2) + P(|X_n - Y| \geqslant \varepsilon/2) \to 0, \ (n \to \infty)$$

故对任意的 $\varepsilon > 0$, $P(|X - Y| \geqslant \varepsilon) = 0$. 由概率的连续性及随 $\varepsilon \downarrow 0$ 有

$$P(X \neq Y) = \lim_{\varepsilon \downarrow 0} P(|X - Y| \geqslant \varepsilon) = 0,$$

从而 $P(X = Y) = 1$. □

此定理表明, 随机变量序列在概率意义下的极限在概率意义下是唯一的.

定理 4.2.2 设 $\{X_n\}$, $\{Y_n\}$ 是两个随机变量序列, a, b 是两个常数. 若 $X_n \xrightarrow{P} a$ 且 $Y_n \xrightarrow{P} b$, 则

(1) $X_n \pm Y_n \xrightarrow{P} a \pm b$;

(2) $X_n \times Y_n \xrightarrow{P} a \times b$;

(3) $X_n \div Y_n \xrightarrow{P} a \div b \ (b \neq 0)$.

证 (1) 因为对任意的 $\varepsilon > 0$ 和自然数 n, 有

$$\{|(X_n + Y_n) - (a + b)| \geqslant \varepsilon\} \subseteq \{|X_n - a| + |Y_n - b| \geqslant \varepsilon\}$$
$$\subseteq \{|X_n - a| \geqslant \varepsilon/2\} \cup \{|Y_n - b| \geqslant \varepsilon/2\}.$$

考虑到 $X_n \xrightarrow{P} a$ 和 $Y_n \xrightarrow{P} b$ 得

$$0 \leqslant P(|(X_n + Y_n) - (a + b)| \geqslant \varepsilon)$$
$$\leqslant P(|X_n - a| \geqslant \varepsilon/2) + P(|Y_n - b| \geqslant \varepsilon/2) \to 0, \quad (n \to \infty)$$

由此得 $X_n + Y_n \xrightarrow{P} a + b$. 类似地有 $X_n - Y_n \xrightarrow{P} a - b$.

(2) 这部分的证明可以分为如下几个步骤, 具体细节由定义直接验证.

$$X_n \xrightarrow{P} a \implies X_n - a \xrightarrow{P} 0$$
$$\implies (X_n - a)^2 \xrightarrow{P} 0$$
$$\implies X_n^2 - a^2 = (X_n - a)^2 + 2a(X_n - a) \xrightarrow{P} 0$$
$$\implies X_n^2 \xrightarrow{P} a^2$$
$$\implies X_n \times Y_n = \frac{1}{2}\left[(X_n + Y_n)^2 - X_n^2 - Y_n^2\right]$$
$$\xrightarrow{P} \frac{1}{2}\left[(a + b)^2 - a^2 - b^2\right] = a \times b.$$

(3) 我们先证明 $1/Y_n \xrightarrow{P} 1/b$. 对任意的 $\varepsilon > 0$, 有

$$P\left(\left|\frac{1}{Y_n} - \frac{1}{b}\right| \geqslant \varepsilon\right) = P\left(\left|\frac{Y_n - b}{Y_n b}\right| \geqslant \varepsilon\right)$$
$$= P\left(\left|\frac{Y_n - b}{b^2 + b(Y_n - b)}\right| \geqslant \varepsilon, |Y_n - b| < \varepsilon\right) + P\left(\left|\frac{Y_n - b}{b^2 + b(Y_n - b)}\right| \geqslant \varepsilon, |Y_n - b| \geqslant \varepsilon\right)$$
$$\leqslant P\left(|Y_n - b| \geqslant (b^2 - \varepsilon|b|)\varepsilon\right) + P\left(|Y_n - b| \geqslant \varepsilon\right)$$
$$\to 0 \quad (n \to \infty).$$

这就证明了 $1/Y_n \xrightarrow{P} 1/b$, 再利用 (2) 的结果, 得 $X_n/Y_n \xrightarrow{P} a/b$.   □

这个定理表明, 随机变量序列依概率收敛于常数满足四则运算法则. 这与微积分中的极限非常类似. 事实上, 随机变量序列依概率收敛于随机变量也满足四则运算法则 (参见文献 [8]).

4.2.2　依分布收敛、弱收敛

下面讨论一个分布函数序列 $\{F_n(x)\}$ 收敛到一个分布函数 $F(x)$ 的问题. 当然分布函数是在微积分中学过的普通实函数, 我们自然可以考虑函数列的逐点收敛, 然而遗憾的是, 逐点收敛的要求在概率论中太高了, 需要引入一个较弱的收敛性, 这就是下面的概念.

定义 4.2.2　设随机变量 $X_n(n = 1, 2, \cdots)$ 和 X 的分布函数分别为 $F_n(x)(n = 1, 2, \cdots)$ 和 $F(x)$. 如果对于 $F(x)$ 的任一连续点 x 都有

$$\lim_{n \to \infty} F_n(x) = F(x), \tag{4.2.3}$$

则称分布函数列 $\{F_n(x)\}$ **弱收敛** (weak converge) 于 $F(x)$, 记作

$$\lim_{n \to \infty} F_n(x) \overset{W}{=} F(x) \quad \text{或} \quad F_n(x) \xrightarrow{W} F(x).$$

同时也称随机变量序列 $\{X_n\}$ **依分布收敛** (converge in distribution) 于随机变量 X(可以是常数), 记作

$$\lim_{n \to \infty} X_n \overset{L}{=} X \quad \text{或} \quad X_n \xrightarrow{L} X.$$

不难看出, 这里的 "弱收敛" 是自然的, 因为比逐点收敛的要求的确是 "弱" 了一些. 如果 $F(x)$ 是连续函数, 则 "弱收敛" 就是分布函数列的逐点收敛.

注:　在上述定义中, 对分布函数序列 $F_n(x)$ 称为弱收敛, 而对随机变量序列 X_n 称为依分布收敛. 这是就不同对象给出的两个名称, 其本质是一样的, 都要求在 $F(x)$ 的连续点处有式 (4.2.3) 成立.

对随机变量序列的收敛性而言, 下面定理说明依概率收敛强于依分布收敛.

定理 4.2.3　若 $X_n \xrightarrow{P} X$, 则 $X_n \xrightarrow{L} X$.

证明略, 有兴趣的读者可以参阅参考文献 [8]. 这里我们给出定理逆命题不真的一个例子.

例 4.2.1　设随机变量 X 的分布列为

$$P(X = -1) = 0.5, \quad P(X = 1) = 0.5.$$

令 $X_n = -X$, 则 X_n 与 X 同分布, 即 X_n 与 X 有相同的分布函数, 故 $X_n \xrightarrow{L} X$.

但对任意的 $0 < \varepsilon < 2$, 有

$$P(|X_n - X| \geqslant \varepsilon) = P(2|X| \geqslant \varepsilon) = 1.$$

即 X_n 不是依概率收敛于 X.   □

这个例子说明, 一般依概率收敛和依分布收敛不等价. 但对于特殊情形它们可以是等价的, 下面我们不加证明地引入一个定理.

定理 4.2.4 设 C 是一个常数, 则 $X_n \xrightarrow{P} C \Longleftrightarrow X_n \xrightarrow{L} C$.

正如我们前面所说: 分布函数和特征函数都全面描述了随机变量的统计规律, 并且它们之间具有一一对应关系. 而分布函数序列的弱收敛不便于验证, 那么可否利用特征函数呢? 为此首先要研究: 分布函数序列的弱收敛和特征函数序列的逐点收敛之间有什么关系? 下面的定理说明它们是等价的.

定理 4.2.5 分布函数列 $\{F_n(x)\}$ 弱收敛于分布函数 $F(x)$ 的充要条件是 $\{F_n(x)\}$ 的特征函数列 $\{\phi_n(t)\}$ 收敛于 $F(x)$ 的特征函数 $\phi(t)$.

证明略, 有兴趣的读者可以参阅参考文献 [8].

这个定理通常也称为特征函数的连续性定理, 它表明分布函数和特征函数之间的一一对应关系具有连续性. 运用此定理可以通过验证特征函数序列的逐点收敛, 而得到相应分布函数序列的弱收敛性.

例 4.2.2 设 X_λ 服从参数为 λ 的泊松分布, 证明

$$\lim_{\lambda \to \infty} P\left(\frac{X_\lambda - \lambda}{\sqrt{\lambda}} \leqslant x\right) = \frac{1}{\sqrt{2\pi}} \int_{-\infty}^{x} \mathrm{e}^{-t^2/2} \mathrm{d}t.$$

证 已知 X_λ 的特征函数为 $\phi_\lambda(t) = \exp\{\lambda(\mathrm{e}^{it}-1)\}$, 故 $Y_\lambda = (X_\lambda - \lambda)/\sqrt{\lambda}$ 的特征函数为

$$\phi_{Y_\lambda}(t) = \phi_\lambda(t/\sqrt{\lambda}) \exp\{-it\sqrt{\lambda}\} = \exp\left\{\lambda(\mathrm{e}^{it/\sqrt{\lambda}}-1) - it\sqrt{\lambda}\right\}$$

对任意的 t, 考虑 $\mathrm{e}^{it/\sqrt{\lambda}}$ 的泰勒 (Taylor) 展开, 有

$$\mathrm{e}^{it/\sqrt{\lambda}} = 1 + it/\sqrt{\lambda} - t^2/(2!\lambda) + o(1/\lambda),$$

于是

$$\lambda(\mathrm{e}^{it/\sqrt{\lambda}}-1) - it\sqrt{\lambda} = -t^2/2 + \lambda \cdot o(1/\lambda) \to -t^2/2, \quad \lambda \to +\infty.$$

从而有

$$\lim_{\lambda \to +\infty} \phi_{Y_\lambda}(t) = \mathrm{e}^{-t^2/2}.$$

而 $\mathrm{e}^{-t^2/2}$ 正是标准正态分布 $\mathrm{N}(0,1)$ 的特征函数, 由定理 4.2.5 即知结论成立. □

这个例子给出了当 λ 很大时, 泊松分布的一个近似计算公式:

$$P(X_\lambda \leqslant n) \approx \Phi\left(\frac{n-\lambda}{\sqrt{\lambda}}\right).$$

习 题 4.2

1 设随机变量序列 $\{X_n\}$ 独立同分布, 其密度函数为

$$f(x) = \begin{cases} \theta^{-1}, & 0 < x < \theta; \\ 0, & 其他. \end{cases}$$

其中常数 $\theta > 0$, 令 $Y_n = \max(X_1, X_2, \cdots, X_n)$, 试证 $Y_n \xrightarrow{P} \theta$.

2　设随机变量序列 $\{X_n\}$ 独立同分布, 其密度函数为

$$f(x) = \begin{cases} \mathrm{e}^{-(x-\theta)}, & x \geqslant \theta; \\ 0, & x < \theta. \end{cases}$$

令 $Y_n = \min(X_1, X_2, \cdots, X_n)$, 试证 $Y_n \xrightarrow{P} \theta$.

3　设随机变量 X_n 的密度函数为

$$f_n(x) = \frac{n}{\pi(1 + n^2 x^2)}, \quad -\infty < x < +\infty.$$

试证 $X_n \xrightarrow{P} 0$.

4　设随机变量序列 $\{X_n\}$ 依概率收敛于随机变量 X, $g(\cdot)$ 为实数集上的连续函数, 证明 $\{g(X_n)\}$ 依概率收敛于 $g(X)$.

5　设随机变量序列 $\{X_n\}$ 独立同分布, 且 $X_1 \sim \mathrm{U}(0, 1)$, 令 $Y_n = (X_1 X_2 \cdots X_n)^{1/n}$, 证明 $Y_n \xrightarrow{P} c$, 其中 c 为常数, 并求出 c.

6　试证: $X_n \xrightarrow{P} X$ 的充要条件是: 当 $n \to \infty$ 时, 有

$$\mathrm{E}\left(\frac{|X_n - X|}{1 + |X_n - X|}\right) \to 0.$$

7　设随机变量 $X \sim \Gamma(\alpha, \beta)$, 试利用特征函数证明: 当 $\alpha \to \infty$ 时, 随机变量 $(\beta X - \alpha)/\sqrt{\alpha}$ 依分布收敛于标准正态变量.

8　设有函数列

$$F_n(x) = \begin{cases} 0, & x \leqslant -n; \\ \dfrac{x + n}{2n}, & -n < x \leqslant n; \\ 1, & x > n. \end{cases} \qquad n = 1, 2, \cdots$$

显然 $F_n(x)$ 为分布函数, 求 $F(x) = \lim\limits_{n \to \infty} F_n(x)$, 并判断 $F(x)$ 是否仍然为分布函数.

9　设随机变量序列 $\{X_n\}$ 依分布收敛于随机变量 X, 又数列 $a_n \to a$, $b_n \to b$. 证明 $\{a_n X_n + b_n\}$ 依分布收敛于 $aX + b$.

10　设 $\{X_n\}$ 为独立同分布随机变量序列, 数学期望为 a, 方差有限. 证明

$$\frac{2}{n(n+1)} \sum_{k=1}^{n} k X_k \xrightarrow{P} a.$$

4.3　大数定律

4.3.1　伯努利大数定律

我们早已知道, "频率的稳定性" 是可观察的一种客观存在. 用较精确的语言表述, 就是在 n 次伯努利试验中, 若以 μ_n 记 n 次试验中 A 出现的次数, 则 μ_n/n 便是在这 n 次试验中事件 A 出现的频率, 频率是一个随机变量, 而所谓频率的稳定性是指当试验次数 n 增大时, 频率 μ_n/n 趋近于某个固定的常数.

这个固定的常数就是事件 A 在一次试验中发生的概率 p. 由此可见, 讨论频率 μ_n/n 的极限行为是理解概率论中最基本的概念——概率所不可缺少的.

下面直观分析 μ_n/n 的极限行为.

显然, 当 n 很大时, μ_n 一般也很大. 所以直接研究 μ_n 不很恰当, 还是研究 μ_n/n 比较好. 由于 $\mu_n \sim \mathrm{B}(n,p)$, $\mathrm{E}(\mu_n) = np$, $\mathrm{D}(\mu_n) = np(1-p)$, 因而

$$\mathrm{E}\left(\frac{\mu_n}{n}\right) = p, \quad \mathrm{D}\left(\frac{\mu_n}{n}\right) = \frac{p(1-p)}{n}. \tag{4.3.1}$$

所以当 $n \to \infty$ 时, 频率 μ_n/n 的数学期望保持不变, 等于 p, 而方差则趋于 0. 我们知道方差为 0 的随机变量是常数, 于是我们自然预期频率 μ_n/n 将趋于常数 p(即事件 A 发生的概率), 但是频率 μ_n/n 是随机变量, 因此不能视为通常微积分中的极限概念.

事实上, 有了 4.2 节的准备, 我们现在可以给出上述说法严格的数学描述, 这便是所谓的伯努利大数定律.

定理 4.3.1 (伯努利大数定律) 设 μ_n 是 n 次伯努利试验中事件 A 出现的次数, p 是事件 A 在每次试验中发生的概率, 则对于任意的 $\varepsilon > 0$, 有

$$\lim_{n\to\infty} P\left(\left|\frac{\mu_n}{n} - p\right| < \varepsilon\right) = 1.$$

即

$$\frac{\mu_n}{n} \xrightarrow{P} p, \ (n \to \infty).$$

证 频率 μ_n/n 数学期望和方差如式 (4.3.1) 所示, 由切比雪夫不等式得

$$1 \geqslant P\left(\left|\frac{\mu_n}{n} - p\right| < \varepsilon\right) \geqslant 1 - \frac{1}{\varepsilon^2}\mathrm{D}\left(\frac{\mu_n}{n}\right) = 1 - \frac{p(1-p)}{n\varepsilon^2} \to 1.$$

定理得证. $\qquad\square$

该定理说明, 事件 A 发生的频率 $\frac{\mu_n}{n}$ 依概率收敛到事件 A 发生的概率 p. 这就以严格的数学形式表达了频率的稳定性. 就是说, 当 n 很大时, 事件 A 发生的频率 $\frac{\mu_n}{n}$ 与概率 p 的偏差 $\left|\frac{\mu_n}{n} - p\right|$ 大于事先给定的精度 ε 的可能性越来越小, 小到可以忽略不计.

例如, 投掷一枚硬币, 正面出现的概率为 $p = 0.5$, 若连续投掷 n 次, 则正面出现的频率与 0.5 之偏差超过给定精度 0.01 的概率

$$P\left(\left|\frac{\mu_n}{n} - 0.5\right| > 0.01\right) \leqslant \frac{0.5 \times 0.5}{0.01^2 n} = \frac{10^4}{4n}.$$

如投掷 10 次, 则正面出现的频率与 0.5 之偏差可能会偏大; 如投掷 10^5 次, 则正面出现的频率与 0.5 之偏差超过 0.01 的概率小于 0.025; 如投掷 10^6 次, 则该概率小于 0.0025. 可见投掷次数越多, 大的偏差发生的可能性越小.

伯努利大数定律提供了用频率确定概率的依据, 也是第 1 章统计概率的理论基础.

4.3.2   大数定律的一般形式

伯努利大数定律研究了频率 μ_n/n 的极限行为. 其中 μ_n 表示 n 次伯努利试验中我们关心的事件出现的次数, 如果用 X_k 表示第 k 次试验中我们关心的事件出现的次数 (注意事件在一次试验中出现的次数要么是 0, 要么是 1), 则

$$X_k = \begin{cases} 1, & \text{若第 } k \text{ 次试验出现 } A; \\ 0, & \text{若第 } k \text{ 次试验不出现 } A. \end{cases}$$

显然 $\mu_n = \sum_{k=1}^{n} X_k$, 而 $X_k\,(k=1,2,\cdots)$ 相互独立, 且

$$\mathrm{E}(X_k) = p, \quad \mathrm{D}(X_k) = p(1-p), \quad k = 1, 2, \cdots.$$

伯努利大数定律表明

$$\lim_{n \to \infty} P\left(\left| \frac{1}{n} \sum_{k=1}^{n} X_k - p \right| < \varepsilon \right) = 1.$$

对于一个一般的随机变量序列 (不一定是 0–1 分布), 考虑上面类似的极限行为, 便是所谓的大数定律, 我们给出如下定义.

定义 4.3.1   设 $\{X_n\}$ 为一随机变量序列, 如果存在常数列 $\{a_n\}$, 有

$$\frac{1}{n} \sum_{k=1}^{n} X_k - a_n \xrightarrow{P} 0 \ (n \to \infty), \tag{4.3.2}$$

则称随机变量序列 $\{X_n\}$ 服从**大数定律** (law of large number).

不同的大数定律的差别只是对不同的随机变量序列而言的. 有的是相互独立的随机变量序列, 有的是相依的随机变量序列, 有的是同分布的随机变量序列, 有的是不同分布的随机变量序列, 等等. 另外定义中的常数序列 a_n 通常为 $\frac{1}{n} \sum_{k=1}^{n} \mathrm{E}(X_k)$.

4.3.3   切比雪夫大数定律

定理 4.3.2 (切比雪夫大数定律)   设随机变量 $X_n\,(n=1,2,\cdots)$ 两两不相关, 又设它们的方差有界, 即存在常数 $C > 0$, 使有

$$\mathrm{D}(X_i) \leqslant C, \quad i = 1, 2, \cdots.$$

则对任意的 $\varepsilon > 0$, 有

$$\lim_{n \to \infty} P\left(\left| \frac{1}{n} \sum_{k=1}^{n} X_k - \frac{1}{n} \sum_{k=1}^{n} \mathrm{E}(X_k) \right| < \varepsilon \right) = 1. \tag{4.3.3}$$

即 $\{X_n\}$ 服从大数定律.

证   利用切比雪夫不等式 (3.2.4), 并注意到两两不相关的随机变量和的方差等于方差

的和, 对于任意的 $\varepsilon > 0$, 有

$$
\begin{aligned}
P\left(\left|\frac{1}{n}\sum_{k=1}^{n}X_k - \frac{1}{n}\sum_{k=1}^{n}\mathrm{E}(X_k)\right| \geqslant \varepsilon\right) &\leqslant \frac{1}{\varepsilon^2}\mathrm{D}\left(\frac{1}{n}\sum_{k=1}^{n}X_k\right) \\
&= \frac{1}{n^2\varepsilon^2}\mathrm{D}\left(\sum_{k=1}^{n}X_k\right) \\
&= \frac{1}{n^2\varepsilon^2}\sum_{k=1}^{n}\mathrm{D}(X_k) \\
&\leqslant \frac{1}{n^2\varepsilon^2}nC = \frac{C}{n\varepsilon^2} \to 0 \quad (n\to\infty).
\end{aligned}
$$

从而定理得证. □

注意: 切比雪夫大数定律只要求 $\{X_i\}$ 互不相关, 并不要求它们是独立的. 因此, 伯努利大数定律是切比雪夫大数定律的特例, 且有如下推论.

推论 4.3.3 设随机变量 $X_n\,(n=1,2,\cdots)$ 相互独立, 且有相同的数学期望和方差:

$$\mathrm{E}(X_k) = \mu, \quad \mathrm{D}(X_k) = \sigma^2, \quad k=1,2,\cdots.$$

则对任意的 $\varepsilon > 0$, 有

$$\lim_{n\to\infty} P\left(\left|\frac{1}{n}\sum_{k=1}^{n}X_k - \mu\right| < \varepsilon\right) = 1.$$

本推论说明, n 个随机变量, 如果它们是相互独立的, 且有相同的数学期望和方差, 那么当 n 很大时, 这 n 个随机变量的算术平均值几乎是一个常数, 就是它们的数学期望.

我们还常常考虑在 n 次试验中, 事件 A 发生的概率随着试验次数 k 而变化, 在这种情况下有如下定理 (伯努利大数定律的推广).

定理 4.3.4 (泊松大数定律) 设 μ_n 是 n 次独立试验中事件 A 发生的次数, 事件 A 在第 k 次试验中发生的概率为 p_k, 则对任意的 $\varepsilon > 0$, 有

$$\lim_{n\to\infty} P\left(\left|\frac{\mu_n}{n} - \frac{1}{n}\sum_{k=1}^{n}p_k\right| < \varepsilon\right) = 1.$$

证 引入随机变量序列

$$X_k = \begin{cases} 1, & \text{若第 } k \text{ 次试验出现 } A; \\ 0, & \text{若第 } k \text{ 次试验不出现 } A. \end{cases}$$

显然 $\mu_n = \sum_{k=1}^{n}X_k$. 而 $X_k\,(k=1,2,\cdots)$ 相互独立, 且 $\mathrm{E}(X_k)=p_k$, $\mathrm{D}(X_k)=p_k(1-p_k)$, $k=1,2,\cdots$. 于是

$$\mathrm{E}\left(\frac{\mu_n}{n}\right) = \mathrm{E}\left(\frac{1}{n}\sum_{k=1}^{n}X_k\right) = \frac{1}{n}\sum_{k=1}^{n}p_k,$$

$$\mathrm{D}(X_k) = p_k(1-p_k) \leqslant 1/4, \quad k=1,2,\cdots.$$

由定理 4.3.2 可知结论成立. □

例 4.3.1 设 $\{X_n\}$ 是独立同分布的随机变量序列, $\mathrm{E}(X_n^4) < +\infty$. 若令 $\mathrm{E}(X_n) = \mu$, $\mathrm{D}(X_n) = \sigma^2$, $Y_n = (X_n - \mu)^2$, 问随机变量序列 $\{Y_n\}$ 是否服从大数定律.

解 显然 $\{Y_n\}$ 是独立同分布的随机变量序列, 且

$$\mathrm{E}(Y_n) = \mathrm{E}(X_n - \mu)^2 = \mathrm{D}(X_n) = \sigma^2,$$
$$\mathrm{D}(Y_n) = \mathrm{D}(X_n - \mu)^2 = \mathrm{E}(X_1 - \mu)^4 - \sigma^4.$$

由定理 4.3.2 知

$$\lim_{n \to \infty} P\left(\left| \frac{1}{n} \sum_{k=1}^{n} Y_k - \sigma^2 \right| < \varepsilon \right) = 1.$$

即 $\{Y_n\}$ 服从大数定律. □

例 4.3.2 设 $\{X_n\}$ 是同分布、方差存在的随机变量序列, 而且 X_n 仅与 X_{n-1} 和 X_{n+1} 相关, 而与其他的 X_i 不相关. 试问该随机变量序列 $\{X_n\}$ 是否服从大数定律?

解 $\{X_n\}$ 是相依随机变量序列, 其分布相同, 因而数学期望和方差也相同. 设 $\mathrm{E}(X_n) = \mu$, $\mathrm{D}(X_n) = \sigma^2$, 则由协方差的性质可知 $|\mathrm{Cov}(X_i, X_j)| \leqslant \sigma^2$, 于是

$$\frac{1}{n^2} \mathrm{D}\left(\sum_{i=1}^{n} X_i \right) = \frac{1}{n^2}\left[\sum_{i=1}^{n} \mathrm{D}(X_i) + 2\sum_{i=1}^{n-1} \mathrm{Cov}(X_i, X_{i+1}) \right]$$
$$\leqslant \frac{1}{n^2}\left[n\sigma^2 + 2(n-1)\sigma^2 \right] \to 0, \quad (n \to \infty)$$

由切比雪夫不等式 (3.2.4) 可知, 对于任意的 $\varepsilon > 0$, 有

$$P\left(\left| \frac{1}{n}\sum_{k=1}^{n} X_k - \frac{1}{n}\sum_{k=1}^{n}\mathrm{E}(X_k) \right| \geqslant \varepsilon \right) \leqslant \frac{1}{\varepsilon^2}\mathrm{D}\left(\frac{1}{n}\sum_{k=1}^{n} X_k \right)$$
$$= \frac{1}{\varepsilon^2 n^2}\mathrm{D}\left(\sum_{k=1}^{n} X_k \right) \to 0, \ (n \to \infty).$$

因此随机变量序列 $\{X_n\}$ 服从大数定律. □

4.3.4 欣钦大数定律

可以看出, 伯努利大数定律和泊松大数定律都是切比雪夫大数定律的特例. 在它们的证明中, 都是以切比雪夫不等式为基础的, 所以要求随机变量具有方差.

但是进一步的研究表明, 方差存在这个条件并不是必要的, 下面给出一个独立同分布时的欣钦 (Khinchine) 大数定律.

定理 4.3.5 (欣钦大数定律) 设随机变量序列 $\{X_n\}$ 独立同分布, 其数学期望存在:

$$\mathrm{E}(X_i) = \mu, \quad i = 1, 2, \cdots.$$

则对任意的 $\varepsilon > 0$, 有

$$\lim_{n \to \infty} P\left(\left| \frac{1}{n}\sum_{k=1}^{n} X_k - \mu \right| < \varepsilon \right) = 1. \tag{4.3.4}$$

证 记 $Y_n = \frac{1}{n} \sum_{k=1}^{n} X_k$, 要证 $Y_n \xrightarrow{P} \mu$, 由定理 4.2.4 知只需证明 $Y_n \xrightarrow{L} \mu$. 又由定理 4.2.5 知, 只需证明 Y_n 的特征函数 $\phi_{Y_n}(t)$ 逐点收敛到单点分布 μ 的特征函数 $\mathrm{e}^{\mathrm{i}t\mu}$.

因为 $\{X_n\}$ 同分布, 所以它们有相同的特征函数, 记这个特征函数为 $\phi(t)$, 又因为 X_n 有数学期望 μ, 因而由定理 4.1.4 知, $\phi(t)$ 存在一阶导数, 且 $\phi'(t) = \mathrm{i}\mu$, 从而 $\phi(t)$ 在 0 点有泰勒展开式

$$\phi(t) = \phi(0) + \phi'(0)t + o(t) = 1 + \mathrm{i}\mu t + o(t).$$

由 $\{X_n\}$ 的独立性, $Y_n = \frac{1}{n} \sum_{k=1}^{n} X_k$ 的特征函数为

$$\phi_{Y_n}(t) = \left[\phi\left(\frac{t}{n}\right)\right]^n = \left[1 + \mathrm{i}\mu\frac{t}{n} + o\left(\frac{t}{n}\right)\right]^n.$$

对任意的 t, 有

$$\lim_{n\to\infty} \phi_{Y_n}(t) = \lim_{n\to\infty}\left[1 + \mathrm{i}\mu\frac{t}{n} + o\left(\frac{t}{n}\right)\right]^n = \mathrm{e}^{\mathrm{i}\mu t}.$$

由此证得 $Y_n \xrightarrow{P} \mu$.   □

欣钦大数定律表明, 对于独立同分布的随机变量序列, 前 n 个随机变量的算术平均值 $\frac{1}{n} \sum_{k=1}^{n} X_k$ 依概率收敛于它们共同的期望值 μ, 这正是 "大数定律" 的含义所在, 这也就为计算随机变量的期望值提供了一条实际可行的途径. 设想对随机变量 X 独立重复地观测 n 次, 第 k 次观测值为 X_k, 则 $X_1, X_2, \cdots, X_n$ 应该是相互独立的, 且它们的分布应该与 X 的分布相同. 所以在 $\mathrm{E}(X)$ 存在的条件下, 按照欣钦大数定律, 当 n 足够大时, 可以把平均观测值

$$\frac{1}{n} \sum_{k=1}^{n} X_k$$

作为 $\mathrm{E}(X)$ 的近似值. 这个做法的优点是不用追究 X 的分布, 目的只是寻求 X 的数学期望的近似值.

例如, 要估计全国小学生的平均身高, 只要选择一部分有代表性的小学生, 测量并计算他们的平均身高: $\frac{1}{n} \sum_{k=1}^{n} X_k$. 在 n 比较大时, 它可以作为全国小学生平均身高的近似值.

进一步, 设 $\{X_i\}$ 为独立同分布的随机变量序列, 且 $\mathrm{E}(X_1^r)$ 存在, 其中 r 为正整数, 则 $\{X_i^r\}$ 服从大数定律. 这个结论在数理统计中是很有用的, 也就是我们可以将 $\frac{1}{n} \sum_{k=1}^{n} X_i^r$ 作为 $\mathrm{E}(X_1^r)$ 的近似值.

关于大数定律还有许多形式, 我们这里就不一一列举了 (有兴趣的读者可以参阅文献 [8]). 最后我们讨论一下大数定律在定积分计算中的应用.

例 4.3.3 设函数 $f(x)$ 在区间 $[a,b]$ 上连续, 试利用大数定律给出如下定积分的近似计算公式:

$$I = \int_a^b f(x)\mathrm{d}x.$$

解 取随机变量 $X \sim \mathrm{U}[a,b]$, 则有

$$\mathrm{E}\big[f(X)\big] = \int_a^b f(x)\frac{1}{b-a}\mathrm{d}x = \frac{1}{b-a}\int_a^b f(x)\mathrm{d}x = \frac{I}{b-a}.$$

这样定积分 I 的计算就化归为数学期望 $\mathrm{E}[f(X)]$ 的计算问题. 取 X 的 n 次重复观测 X_1, $X_2, \cdots, X_n$, 根据欣钦大数定律有

$$\frac{1}{n}\sum_{k=1}^{n} f(X_k) \xrightarrow{P} \mathrm{E}[f(X)] = \frac{I}{b-a}\ (n\to\infty),$$

因此, 当 n 充分大时, 有近似计算公式

$$I = \int_a^b f(x)\mathrm{d}x \approx \frac{b-a}{n}\sum_{k=1}^{n} f(X_k).$$

例 4.3.4　试利用上述定积分的近似计算公式计算积分

$$I = \int_0^2 \mathrm{e}^{-x^2}\mathrm{d}x.$$

解　我们先运用 R 语言的积分函数 integrate 求得 $I = \int_0^2 \mathrm{e}^{-x^2}\mathrm{d}x = 0.8820814$. 将这个值理解为所求积分的精确值, 与近似计算公式算得结果进行比较. 运行下面的 R 代码可以求出积分的近似值

```
> x <- runif(10000, 0, 2);  # 产生10000个[0,2]上均匀分布随机数
> I <- 2*mean(x)            # 求10000个随机数的平均值乘以区间长度
```

需要说明的是, 上述代码每次运行的结果不尽相同, 我们运行了两次, 得到的结果分别是 0.8819864, 0.8865805, 与精确值 0.8820814 相差不大. 这种运用随机模拟解决问题的方法, 称为**蒙特卡罗方法** (Monte Carlo method).

习　题　4.3

1　设 $\{X_n\}$ 为相互独立的随机变量序列, 且

$$P(X_n = \pm\sqrt{n}) = \frac{1}{n}, \quad P(X_n = 0) = 1 - \frac{2}{n}, \quad n = 2, 3, \cdots.$$

试证 $\{X_n\}$ 服从大数定律.

2　设 $\{X_n\}$ 为相互独立的随机变量序列, 且

$$P(X_n = 1) = p_n, \quad P(X_n = 0) = 1 - p_n, \quad n = 1, 2, 3, \cdots.$$

证明 $\{X_n\}$ 服从大数定律.

3　设 $\{X_n\}$ 为独立随机变量序列, 且

$$P(X_k = \pm 2^k) = \frac{1}{2^{2k+1}}, \quad P(X_k = 0) = 1 - \frac{1}{2^{2k}}, \quad k = 1, 2, \cdots.$$

证明 $\{X_n\}$ 服从大数定律.

4　如果随机变量序列 $\{X_n\}$, 当 $n\to\infty$ 时, 有

$$\frac{1}{n^2}\mathrm{D}\left(\sum_{k=1}^{n} X_k\right) \to 0.$$

证明 $\{X_n\}$ 服从大数定律.

5 如果随机变量序列 $\{X_n\}$ 相互独立, 且

$$P\big(X_k = \pm\sqrt{\ln(k)}\big) = \frac{1}{2}, \quad k = 1, 2, \cdots.$$

证明 $\{X_n\}$ 服从大数定律.

6 设 $\{X_n\}$ 为独立的随机变量序列, 其中 X_k 服从参数为 $\sqrt{k}$ 的泊松分布, 试问 $\{X_n\}$ 是否服从大数定律?

7 设 $\{X_n\}$ 为独立同分布的随机变量序列, 其共同分布为

$$P\left(X_1 = \frac{2^k}{k^2}\right) = \frac{1}{2^k}, \quad k = 1, 2, \cdots.$$

试问 $\{X_n\}$ 是否服从大数定律?

8 设 $\{X_n\}$ 为独立同分布的随机变量序列, 数学期望为零, 方差为 σ^2. 试证明

$$\frac{1}{n}\sum_{k=1}^{n} X_k^2 \xrightarrow{P} \sigma^2.$$

9 设 $\{X_n\}$ 为独立同分布的随机变量序列, 且 $\mathrm{D}(X_n) = \sigma^2 < +\infty$, 令

$$\overline{X}_n = \frac{1}{n}\sum_{k=1}^{n} X_k, \quad T_n = \frac{1}{n}\sum_{k=1}^{n}(X_k - \overline{X}_n)^2.$$

试证明 $T_n \xrightarrow{P} \sigma^2$.

10 设 $\{X_n\}$ 为独立同分布随机变量序列, 方差存在, 又 $\sum_{k=1}^{\infty} a_k$ 为绝对收敛的数项级数, 令 $Y_n = \sum_{k=1}^{n} X_k$. 证明 $\{a_nY_n\}$ 服从大数定律.

4.4 中心极限定理

4.4.1 中心极限定理的一般概念

大数定律讨论的是多个随机变量的平均 $\frac{1}{n}\sum_{i=1}^{n} X_i$ 的渐近性质 (依概率收敛). 本节讨论独立随机变量和的极限分布 (依分布收敛).

独立随机变量和的背景是这样的: 有些随机变量可以理解为大量的、相互独立的随机因素作用的总效果. 比如, 工厂加工的零件的误差是人们经常遇到的一个随机变量. 研究表明, 误差的产生是由大量微小的、相互独立的随机因素叠加而成的. 其中的因素包括了生产设备的振动与转速的影响、机器装配与磨损的影响、材料的成分与产地的影响、工人的情绪与操作技能的影响、工厂的环境因素、测量的水平等. 这些因素很多, 每个因素对加工零件的精度的影响都是很微小的、随机的, 这些因素的综合影响最后就使加工零件产生误差. 若将这个误差记为 S_n, 那么 S_n 是随机变量, 且可以将 S_n 看作很多微小的随机波动 $X_1, X_2, \cdots, X_n$ 之和,

$$S_n = X_1 + X_2 + \cdots + X_n.$$

我们关心的是当 $n \to \infty$ 时, S_n 的极限分布是什么?

为了研究 S_n 的极限分布, 一般先将 S_n 进行标准化. 然后研究标准化后的随机变量序列在什么条件下极限分布为标准正态分布的问题. 回答这个问题的所有定理都称为中心极限定理.

定义 4.4.1　设 $X_n\,(n=1,2,\cdots)$ 为相互独立的随机变量序列, 并存在数学期望和方差: $\mathrm{E}(X_k)=\mu_k$, $\mathrm{D}(X_k)=\sigma_k^2$, $k=1,2,\cdots$. 令

$$B_n^2 = \mathrm{D}\left(\sum_{k=1}^n X_k\right) = \sum_{k=1}^n \sigma_k^2, \quad Y_n = \sum_{k=1}^n \frac{X_k-\mu_k}{B_n}, \quad n=1,2,\cdots.$$

如果对任意的 $x \in (-\infty, +\infty)$, 有

$$\lim_{n\to\infty} P(Y_n \leqslant x) = \Phi(x) = \frac{1}{\sqrt{2\pi}} \int_{-\infty}^x \mathrm{e}^{-\frac{t^2}{2}}\,\mathrm{d}t. \tag{4.4.1}$$

则称 $\{X_n\}$ 服从**中心极限定理** (central limit theorem).

不难看出, Y_n 是 $S_n = \sum_{k=1}^n X_k$ 的标准化, 式 (4.4.1) 意味着 $\{Y_n\}$ 依分布收敛于标准正态变量.

中心极限定理早在 18 世纪由棣莫弗 (De Moivre) 首先提出, 现在内容已经十分丰富, 本节仅介绍几个比较经典的结果.

4.4.2　独立同分布情形的中心极限定理

定理 4.4.1 [林德贝格–莱维 (Lindeberg–Lévy)]　若 $X_1, X_2, \cdots, X_n, \cdots$ 独立同分布, 且 $\mathrm{E}(X_k)=\mu$, $\mathrm{D}(X_k)=\sigma^2 > 0$ 都存在, 则对任意的 $x \in (-\infty, +\infty)$, 有

$$\lim_{n\to\infty} P\left(\sum_{k=1}^n \frac{X_k-\mu}{\sigma\sqrt{n}} \leqslant x\right) = \Phi(x) = \frac{1}{\sqrt{2\pi}} \int_{-\infty}^x \mathrm{e}^{-\frac{t^2}{2}}\,\mathrm{d}t. \tag{4.4.2}$$

即 $\{X_n\}$ 服从中心极限定理.

证　记 $Y_n = \sum_{k=1}^n \dfrac{X_k-\mu}{\sigma\sqrt{n}}$, 只须证明 Y_n 的分布函数序列弱收敛到标准正态分布函数, 由定理 4.2.5, 只须证明 Y_n 的特征函数序列 $\phi_{Y_n}(t)$ 收敛到标准正态分布的特征函数 $\exp(-t^2/2)$ 即可.

设 $X_k - \mu$ 的特征函数为 $\phi(t)$, 则 Y_n 的特征函数为

$$\phi_{Y_n}(t) = \left[\phi\left(\frac{t}{\sigma\sqrt{n}}\right)\right]^n.$$

由 $\mathrm{E}(X_k-\mu)=0$, $\mathrm{D}(X_k-\mu)=\sigma^2$ 以及定理 4.1.4 得

$$\phi'(0)=0, \quad \phi''(0)=-\sigma^2.$$

因而 $\phi(t)$ 有下面泰勒展开式

$$\phi(t) = \phi(0)+\phi'(0)+\phi''(0)\frac{t^2}{2}+o(t^2) = 1-\frac{1}{2}\sigma^2 t^2+o(t^2).$$

于是对固定的 t,

$$\phi_{Y_n}(t) = \left[\phi\left(\frac{t}{\sigma\sqrt{n}}\right)\right]^n = \left[1 - \frac{t^2}{2n} + o\left(\frac{t^2}{n}\right)\right]^n \longrightarrow e^{-\frac{t^2}{2}}.$$

由唯一性定理 4.1.7 可知这时式 (4.4.2) 成立. □

我们应该指出这个定理令人"吃惊"之处在于: 任何独立同分布的随机变量序列, 无论服从什么分布 (可以是离散型也可以是连续型的), 只要它们非退化且二阶矩存在, 那么它们前面 n 项和的标准化 Y_n 的分布函数就可以用标准正态分布函数去逼近.

一个具体例子是设 $X_1, X_2, \cdots, X_n, \cdots$ 独立同分布于 0-1 分布 $B(1, p)$, 则 $\mu_n = X_1 + X_2 + \cdots + X_n \sim B(n, p)$, 这时可得林德贝格–莱维中心极限定理的一个直接推论.

推论 4.4.2 [棣莫弗–拉普拉斯 (De Moivre–Laplace)] 设随机变量 $\mu_n \sim B(n, p)$. 则

$$\lim_{n\to\infty} P\left(\frac{\mu_n - np}{\sqrt{np(1-p)}} \leqslant x\right) = \Phi(x) = \frac{1}{\sqrt{2\pi}} \int_{-\infty}^{x} e^{-\frac{t^2}{2}} \, dt. \tag{4.4.3}$$

这个结论是概率论历史上第一个中心极限定理, 它是专门针对二项分布的, 因此也称为**二项分布的正态逼近**. 第 2 章中给出了 "二项分布的泊松近似", 两者相比, 一般在 p 较小时, 用泊松分布近似较好, 而在 $np > 5$ 和 $n(1 - p) > 5$ 时, 用正态分布近似较好.

现以 $p = 0.4$ 为例, 我们分别观察 $n = 5, 10, 20$ 时 μ_n 的概率质量分布情况 (密度分布), 如图 4.1 所示, 各个小矩形的高度表示 μ_n 的概率值, 曲线表示相应的正态密度曲线. 可见, n 越大, 密度分布就越呈现中间大、两头小的趋势. 这正是正态分布的特点.

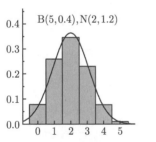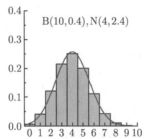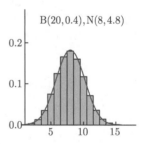

图 4.1 二项分布 $B(n, 0.4)$ 的正态近似 $N(0.4n, 0.24n)$

下面再举连续型的一个例子, 说明中心极限定理的应用.

例 4.4.1 设 $\{X_n\}$ 为独立同分布的随机变量序列, 其共同分布为区间 $(0, 1)$ 上的均匀分布, 记 $S_n = \sum_{i=1}^{n} X_i$, 根据定理 4.4.1, X_n 服从中心极限定理. 即

$$\frac{S_n - n/2}{\sqrt{n/12}} \xrightarrow{L} Z \sim N(0, 1).$$

这说明, 当 n 充分大时, $\dfrac{S_n - n/2}{\sqrt{n/12}}$ 近似服从标准正态分布, 也可以等价地说 S_n 近似服从正态分布 $N(n/2, n/12)$. □

现在假如要求出 S_n 的精确密度函数 $f_n(x)$, 由第 2 章知, 需要利用 $n - 1$ 次卷积公式.

当 $n = 2$ 时, 利用一次卷积公式可得到 $S_2 = X_1 + X_2$ 的密度函数

$$f_2(x) = \begin{cases} x, & 0 < x < 1; \\ 2 - x, & 1 \leqslant x < 2; \\ 0, & \text{其他}. \end{cases}$$

近似分布为 $\mathrm{N}(1, 1/6)$. 当 $n = 4$ 时, 对 $f_2(x)$ 和自身进行卷积运算可得到 $S_4 = X_1 + X_2 + X_3 + X_4$ 的密度函数

$$f_4(x) = \begin{cases} x^3/6, & 0 < x < 1; \\ \left[x^3 - 4(x-1)^3\right]/6, & 1 \leqslant x < 2; \\ \left[(4-x)^3 - 4(3-x)^3\right]/6, & 2 \leqslant x < 3; \\ (4-x)^3/6, & 3 \leqslant x < 4; \\ 0, & \text{其他}. \end{cases}$$

近似分布为 $\mathrm{N}(1, 1/3)$. 如图 4.2 所示, 实线表示 $f_2(x)$ 和 $f_4(x)$, 虚线表示 $\mathrm{N}(1, 1/6)$ 和 $\mathrm{N}(2, 1/3)$ 密度函数. 从图形可以看出, 当 $n = 4$ 时, $\mathrm{N}(2, 1/3)$ 是 $f_4(x)$ 的一个不错的近似, 也就是说 $\mathrm{N}(2, 1/3)$ 作为 S_4 的近似分布是可以接受的.

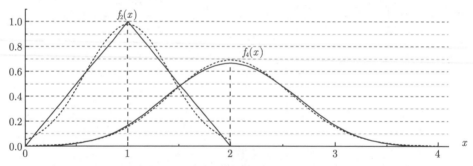

图 4.2　独立均匀分布随机变量和的分布及正态近似

例 4.4.2　一加法器同时收到 20 个噪声电压 V_k $(k = 1, 2, \cdots, 20)$, 设它们是相互独立的随机变量, 且都服从 $(0, 10)$ 上的均匀分布, 记 $V = \sum_{k=1}^{20} V_k$, 求 $V > 105$ 的概率.

解　$\mathrm{E}(V_k) = 5$, $\mathrm{D}(V_k) = 100/12 = 25/3$, $k = 1, 2, \cdots, 20$. 由定理 4.4.1

$$Z = \frac{V - 20 \times 5}{\sqrt{20 \times 25/3}} = \frac{V - 100}{12.91}$$

近似服从 $\mathrm{N}(0, 1)$. 于是

$$P(V > 105) = P\left(\frac{V - 100}{12.91} > \frac{105 - 100}{12.91}\right)$$
$$= P(Z > 0.387) \approx 1 - \varPhi(0.387) = 0.3501. \qquad \square$$

例 4.4.3　设某车间有 400 台同类型的机器, 每台机器的电功率为 Q 千瓦, 设每台机器开动时间为总工作时间的 3/4, 且每台机器的开与停是相互独立的, 为了保证以 0.99 的概率有足够的电力, 问本车间至少要供应多大的电功率?

解 设 X 表示 400 台机器中同时开动的机器数, 则 $X \sim \mathrm{B}(400, 0.75)$. 我们的问题是要计算 $N \cdot Q$, 使得

$$P(X \leqslant N) \geqslant 0.99.$$

显然, 直接由二项分布解出 N 的工作量是惊人的, 现在由式 (4.4.3)

$$P(X \leqslant N) = P\left(\frac{X - 400 \times 0.75}{\sqrt{400 \times 0.75 \times 0.25}} \leqslant \frac{N - 400 \times 0.75}{\sqrt{400 \times 0.75 \times 0.25}} \right)$$

$$\approx \Phi\left(\frac{N - 400 \times 0.75}{\sqrt{400 \times 0.75 \times 0.25}} \right)$$

查表得 $\Phi(2.326) = 0.99$, 故

$$N \geqslant 2.326 \times \sqrt{400 \times 0.75 \times 0.25} + 400 \times 0.75 \approx 320.14.$$

所以该车间至少应供 $321Q$ 千瓦的电力才能满足要求. □

推论 4.4.2 的主要应用是二项分布概率的近似计算. 特别地, 当 k 和 l 都是整数时, 可做如下修正:

$$P(k \leqslant \mu_n \leqslant l) = P(k - 1/2 \leqslant \mu_n \leqslant l + 1/2)$$

$$= P\left(\frac{k - 1/2 - np}{\sqrt{np(1-p)}} \leqslant \frac{\mu_n - np}{\sqrt{np(1-p)}} \leqslant \frac{l + 1/2 - np}{\sqrt{np(1-p)}} \right)$$

$$= \Phi\left(\frac{l + 1/2 - np}{\sqrt{np(1-p)}} \right) - \Phi\left(\frac{k - 1/2 - np}{\sqrt{np(1-p)}} \right).$$

其中随机变量 $\mu_n \sim \mathrm{B}(n, p)$.

上述处理也是容易理解的, 事实上, 二项分布是离散型分布, 正态分布是连续型分布, 所以用正态分布作为二项分布的近似计算时, 相应区间的左右两边各做适当延伸也是合理的. 出现在 $k - 1/2$ 和 $l + 1/2$ 中的 $1/2$ 称为**连续修正量** (continuity correction). 一般而言, 当 np 和 $n(1-p)$ 均大于 5 时, 可以使用上述近似计算.

比如, $X \sim \mathrm{B}(25, 0.4)$, 要计算 $P(5 \leqslant X \leqslant 15)$, 其精确值 (为图 4.3 中阴影矩形的面积之和)

$$P(5 \leqslant X \leqslant 15) = \sum_{k=5}^{15} C_{25}^k 0.4^k 0.6^{25-k} = 0.9774.$$

直接使用推论 4.4.2, 不使用修正的正态近似 (为图 4.3 中正态分布 $\mathrm{N}(10, 6)$ 的密度曲线与 $[5, 15]$ 所成的曲边梯形之面积)

$$P(5 \leqslant X \leqslant 15) \approx \Phi\left(\frac{15 - 10}{\sqrt{6}} \right) - \Phi\left(\frac{5 - 10}{\sqrt{6}} \right) = 2\Phi(2.0412) - 1 = 0.9589.$$

使用修正的正态近似 (为图 4.3 中正态分布 $\mathrm{N}(10, 6)$ 的密度曲线与 $[4.5, 15.5]$ 所成的曲边梯形之面积)

$$P(5 \leqslant X \leqslant 15) = P(5 - 0.5 \leqslant X \leqslant 15 + 0.5)$$

$$\approx \Phi\left(\frac{15 - 10 + 0.5}{\sqrt{6}} \right) - \Phi\left(\frac{5 - 10 - 0.5}{\sqrt{6}} \right) = 2\Phi(2.2454) - 1 = 0.9753.$$

可见不用修正的正态近似误差较大.

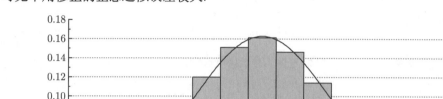
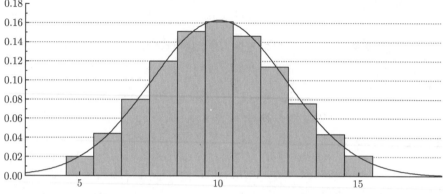

图 4.3   二项分布 B(25, 0.4) 的正态 N(10, 6) 近似

4.4.3   独立不同分布情形的中心极限定理

前面已经解决了独立同分布随机变量序列和的极限分布问题. 但是定理 4.4.1 的条件中 "同分布" 的假设在实际问题中有时是不满足的, 因而, 有必要进一步研究独立但不一定同分布的中心极限定理.

下面只对满足中心极限定理的林德贝格充分条件作一下介绍.

定义 4.4.2   独立随机变量序列 $\{X_n\}(n = 1, 2, \cdots)$ 满足林德贝格 (Linderberg) 条件是指: 对任意的 $\varepsilon > 0$, 有

$$\lim_{n \to \infty} \frac{1}{B_n^2} \sum_{k=1}^n \int_{|x - \mu_k| > \varepsilon B_n} (x - \mu_k)^2 \mathrm{d}F_k(x) = 0. \tag{4.4.4}$$

其中 $F_k(x)$ 是 X_k 的分布函数, $\mu_k = \mathrm{E}(X_k)$, $\sigma_k^2 = \mathrm{D}(X_k)$, $B_n^2 = \sum_{k=1}^n \sigma_k^2$.

若 $\{X_n\}$ 是连续型随机变量, 密度函数为 $\{f_n(x)\}$, 则林德贝格条件式 (4.4.4) 为

$$\lim_{n \to \infty} \frac{1}{B_n^2} \sum_{k=1}^n \int_{|x - \mu_k| > \varepsilon B_n} (x - \mu_k)^2 f_k(x) \, \mathrm{d}x = 0. \tag{4.4.5}$$

若 $\{X_n\}$ 是离散型随机变量, X_n 的分布列为: $P(X_n = x_{ni}) = p_{ni}$, $i = 1, 2, \cdots$. 则林德贝格条件式 (4.4.4) 为

$$\lim_{n \to \infty} \frac{1}{B_n^2} \sum_{k=1}^n \sum_{|x_{ki} - \mu_k| > \varepsilon B_n} (x_{ki} - \mu_k)^2 p_{ki} = 0. \tag{4.4.6}$$

下面解释一下林德贝格条件. 根据定义 4.4.1, 所谓随机变量序列 $\{X_n\}$ 服从中心极限定理, 就是指和 $S_n = X_1 + X_2 + \cdots + X_n$ 的极限分布是正态分布. 直观分析告诉我们, 要使中心极限定理成立, 则 S_n 的各项要求在概率意义下 "均匀地小", 不能有起决定作用的项, 否则 S_n 的分布就取决于决定项, 而不能是正态分布.

下面进一步说明这种直观分析的数学表示. 首先对 S_n 标准化, 得到

$$Y_n = \sum_{k=1}^n \frac{X_k - \mu_k}{B_n}.$$

要求上式中各项 $(X_k - \mu_k)/B_n$ "均匀地小", 就意味着 $\forall \varepsilon > 0$, 事件

$$A_{nk} = \left\{ \frac{\mid X_k - \mu_k \mid}{B_n} > \varepsilon \right\} = \{\mid X_k - \mu_k \mid > \varepsilon B_n\}$$

发生的概率很小、概率趋于 0. 为此, 可要求

$$\lim_{n \to \infty} P \left(\max_k \mid X_k - \mu_k \mid > \varepsilon B_n \right) = 0.$$

由于

$$P \left(\max_k \mid X_k - \mu_k \mid > \varepsilon B_n \right) = P \left(\bigcup_{k=1}^n \left(\mid X_k - \mu_k \mid > \varepsilon B_n \right) \right)$$

$$\leqslant \sum_{k=1}^n P \left(\mid X_k - \mu_k \mid > \varepsilon B_n \right)$$

$$= \sum_{k=1}^n \int_{|x - \mu_k| > \varepsilon B_n} \mathrm{d} F_k(x)$$

$$\leqslant \frac{1}{\varepsilon^2 B_n^2} \sum_{k=1}^n \int_{|x - \mu_k| > \varepsilon B_n} (x - \mu_k)^2 \mathrm{d} F_k(x)$$

因此, 只要 $\forall \varepsilon > 0$, 有式 (4.4.4) 成立, 就可保证 Y_n 中各加项 "均匀地小".

定理 4.4.3 (林德贝格定理) 设独立随机变量序列 $\{X_n\}(n = 1, 2, \cdots)$ 满足林德贝格条件式 (4.4.4), 则对任意的 x 有

$$\lim_{n \to \infty} P \left\{ \frac{1}{B_n} \sum_{k=1}^n (X_k - \mu_k) \leqslant x \right\} = \frac{1}{\sqrt{2\pi}} \int_{-\infty}^x \mathrm{e}^{-\frac{t^2}{2}} \, \mathrm{d}t. \tag{4.4.7}$$

证明略.

我们还可以验证, 当 $\{X_n\}$ 独立同分布且方差存在时, 必满足林德贝格条件. 因而定理 4.4.1 也可以看作定理 4.4.3 的特殊情形.

定理 4.4.3 中的条件虽然较一般, 但有时不便于验证, 相比之下, 下面的李雅普诺夫 (Lyapunov) 定理则比较容易验证.

定理 4.4.4(李雅普诺夫定理) 设随机变量序列 $\{X_n\}$ 独立, 又 $\mathrm{E}(X_k) = \mu_k$, $\mathrm{D}(X_k) = \sigma_k^2$, $k = 1, 2, \cdots$. 记 $B_n^2 = \sum_{k=1}^n \sigma_k^2$. 若存在 $\delta > 0$, 使得

$$\lim_{n \to \infty} \frac{1}{B_n^{2+\delta}} \sum_{k=1}^n \mathrm{E} |X_k - \mu_k|^{2+\delta} = 0. \tag{4.4.8}$$

则对任意的 x, 有

$$\lim_{n \to \infty} P \left\{ \frac{1}{B_n} \sum_{k=1}^n (X_k - \mu_k) \leqslant x \right\} = \frac{1}{\sqrt{2\pi}} \int_{-\infty}^x \mathrm{e}^{-\frac{t^2}{2}} \, \mathrm{d}t.$$

即 $\{X_n\}$ 服从中心极限定理.

证　只须验证当式 (4.4.8) 成立时, 林德贝格条件式 (4.4.4) 满足即可. 仅对 X_k 是连续型随机变量的情形加以验证. 设 X_k 的密度函数为 $f_k(x)$, $k = 1, 2, \cdots$. 则有

$$\frac{1}{B_n^2} \sum_{k=1}^n \int_{|x-\mu_k|>\varepsilon B_n} (x-\mu_k)^2 f_k(x)\,\mathrm{d}x$$

$$\leqslant \frac{1}{(\varepsilon B_n)^\delta B_n^2} \sum_{k=1}^n \int_{|x-\mu_k|>\varepsilon B_n} |x-\mu_k|^{2+\delta} f_k(x)\,\mathrm{d}x$$

$$\leqslant \frac{1}{\varepsilon^\delta B_n^{2+\delta}} \sum_{k=1}^n \int_{-\infty}^{+\infty} |x-\mu_k|^{2+\delta} f_k(x)\,\mathrm{d}x$$

$$= \frac{1}{\varepsilon^\delta B_n^{2+\delta}} \sum_{k=1}^n \mathrm{E}|X_k-\mu_k|^{2+\delta} \longrightarrow 0.$$

因而满足林德贝格条件, 定理得证.　　　　　□

例 4.4.4　设 $\{X_n\}$ 为独立随机变量序列, 其中 X_k 服从均匀分布 $\mathrm{U}(-\sqrt{k}, \sqrt{k})$, 证明 $\{X_n\}$ 服从中心极限定理.

证　易得 $\mathrm{E}(X_k) = \mu_k = 0$, $\mathrm{D}(X_k) = \sigma_k^2 = k/3$, $k = 1, 2, \cdots$. 所以

$$B_n^2 = \sum_{k=1}^n \mathrm{D}(X_k) = \sum_{k=1}^n \frac{k}{3} = \frac{n(n-1)}{6}.$$

下面验证李雅普诺夫定理的条件成立 (取 $\delta = 2$). 有 $B_n^{2+\delta} = B_n^4 = \left\{\frac{n(n-1)}{6}\right\}^2$. 而

$$\sum_{k=1}^n \mathrm{E}(|X_k-\mu_k|^{2+\delta}) = \sum_{k=1}^n \mathrm{E}(X_k^4) = \sum_{k=1}^n \frac{1}{2\sqrt{k}} \int_{-\sqrt{k}}^{\sqrt{k}} x^4 \mathrm{d}x$$

$$= \sum_{k=1}^n \frac{k^2}{5} = \frac{n(n+1)(2n+1)}{30}$$

所以

$$\lim_{n\to\infty} \frac{1}{B_n^{2+\delta}} \sum_{k=1}^n \mathrm{E}(|X_k-\mu_k|^{2+\delta}) = \lim_{n\to\infty} \frac{6(2n+1)}{5n(n+1)} = 0.$$

即定理 4.4.4 的条件成立, 结论得证.　　　　　□

习　题　4.4

1　已知生男孩的概率为 0.515, 求在 10000 个婴儿中女孩不少于男孩的概率.

2　设一个系统由 100 个相互独立起作用的部件所组成, 每个部件损坏的概率为 0.1. 必须有 85 个以上的部件工作才能使整个系统工作, 求整个系统工作的概率.

3　现有一批种子, 其中良种占 1/6, 今任取 6000 粒, 问能以 0.99 的概率保证这 6000 粒种子中良种所占的比例与 1/6 的差不超过多少? 相应的良种粒数在什么范围内?

4　某单位有 200 台电话分机, 每台分机有 5% 的时间要用外线通话, 假定每台分机是否使用外线是相互独立的. 问该单位总机要安装多少条外线, 才能以 90% 以上的概率保证分机使用外线时不等待?

5 一家有 500 间客房的大旅馆的每间客房装有一台 2 kW 的空调机. 若开房率为 80%, 需要多少千瓦的电力才能有 99% 的可能性保证有足够的电力使用空调.

6 独立重复地对某物体的长度 μ 进行 n 次测量, 设各次测量结果 X_k 服从正态分布 $\mathrm{N}(\mu, 0.2^2)$. 记 $\overline{X}_n$ 为 n 次测量结果的算术平均值, 为保证有 95% 的把握使平均值与实际值 μ 的差异小于 0.1, 问至少需要测量多少次?

7 掷一颗骰子 100 次, 记第 k 次掷出的点数为 X_k, $k = 1, 2, \cdots, 100$, 所得点数之平均为 $\overline{X} = \frac{1}{100} \sum_{k=1}^{100} X_k$, 试求概率 $P(3 \leqslant \overline{X} \leqslant 4)$.

8 有 20 个灯泡, 设每个灯泡的寿命服从指数分布, 其平均寿命为 25 天. 每次用一个灯泡, 当使用的灯泡坏了以后立即换上一个新的, 求这些灯泡总共可使用 450 天以上的概率.

9 计算机在进行加法运算时对每个加数取整数 (取最为接近它的整数). 设所有的取整误差是相互独立的, 且它们都服从 $(-0.5, 0.5)$ 上的均匀分布.

(1) 若将 1500 个数相加, 求误差总和的绝对值超过 15 的概率;

(2) 最多几个数加在一起可使得误差总和的绝对值小于 10 的概率不小于 90%.

10 设各零件的质量都是随机变量, 它们相互独立, 且服从相同的分布, 其数学期望为 0.5 kg. 标准差为 0.1 kg, 问 5000 只零件的总质量超过 2510 kg 的概率是多少?

11 设 $X_1, X_2, \cdots, X_{50}$ 为独立同分布的随机变量, 共同分布为 U$(0, 5)$. 其算术平均为 $\overline{X} = \frac{1}{50} \sum_{k=1}^{50} X_k$, 试求概率 $P(2 \leqslant \overline{X} \leqslant 3)$.

12 对于独立同分布的随机变量序列 $\{X_n\}$, 如果二阶矩存在, 证明 $\{X_n\}$ 满足林德贝格条件.

13 一份考卷由 99 个题组成, 并按由易到难顺序排列. 某学生答对第 1 题的概率为 0.99, 答对第 2 题的概率为 0.98. 一般地, 他答对第 k 题的概率为 $1 - k/100$, $k = 1, 2, \cdots$. 假如该学生回答各题目是相互独立的, 并且要正确回答其中 60 个以上 (包括 60 个) 题目才算通过考试. 试算该学生通过考试的可能性多大?

14 利用中心极限定理证明

$$\mathrm{e}^{-n} \sum_{k=0}^{n} \frac{n^k}{k!} \to \frac{1}{2}, \quad n \to \infty.$$

第 5 章 统计学的基本概念

5.1 导 言

5.1.1 统计学的任务

前 4 章内容构成了概率论的基本内容. 在概率论中, 一般是在随机变量分布已知的情况下, 着重讨论随机变量的性质 (包括数字特征). 但是在实际问题中, 对某个具体的随机变量来说, 如何判断它服从某种分布? 即使已知它服从某种分布, 又该如何确定它的各个参数? 这些问题都是统计学所要研究的内容, 并且这些问题的研究都直接或间接地建立在试验的基础上.

例 5.1.1 设想有一大批产品, 每件产品要么是合格品要么是次品, 整批产品的次品率记为 p, 它反映了整批产品的质量. 如果从该批产品中任取一件, 用 X 表示其中的次品数, 则 X 服从两点分布 $B(1, p)$, 其中 p 是未知的. 人们对 p 可能会关心如下一些问题:

(1) 估计 p 的大小;

(2) 估计 p 的取值范围;

(3) 判断 p 是否不超过某个值, 如 0.05.

以上问题都属于统计学的研究内容, 并且为了回答这些问题, 都需要从该批产品中抽取一部分进行检验, 得到一些数据.

对随机现象 (比如, 例 5.1.1 中抽到一件产品, 可能是合格品也可能是次品) 进行试验或观测的结果就是统计数据. 统计学就是运用概率论的理论, 研究有关收集、整理、分析带有随机性影响的统计数据, 从而对所考察的问题做出科学推断的方法和理论, 其内容非常丰富.

值得一提的是, "数理统计学" 和 "统计学" 这两个词的主要区别在于, 数理统计学强调了理论与方法的数学 (特别是概率论) 基础, 要用到较多的概率论知识; 而统计学泛指收集、分析、表述和解释数据的科学. 统计学有广泛的应用, 其方法的正确使用既需要了解问题的背景知识, 也需要良好的统计学素养. 在本书中, 我们不严格区分 "数理统计学" 和 "统计学". 下面结合几个例子, 对统计学的任务的若干方面做一些解释.

例 5.1.2 设想一个人口众多的国家要对其人口状况做一次调查, 调查的项目包括年龄结构、婚姻状况、就业状况、文化水平等. 若采用普查的方法, 则工作量很大, 需耗费大量人力、物力、时间和财力, 且由于缺乏足够的、训练有素的工作人员, 工作难免粗糙, 调查结果就不见得理想. 故常使用抽样法, 即只抽取全国人口中很小的一部分做调查, 以其结果去推断全国整体的人口状况. 人们自然需要考虑如下几个方面的问题.

(1) 如何抽取这一部分人口. 如果考虑不周, 则抽取出来的那一部分缺乏代表性, 以此为基础而做出的结论就不可靠. 故首先要设计抽样方案, 这就是关于*数据收集*的问题.

(2) 原始数据的整理. 对于大量的原始数据, 需要按不同项目分门别类加以整理, 把最主要的信息用直观且醒目的形式表达出来. 这就是关于*数据整理*的问题, 通常称为描述性统计,它只是对已有的数据资料进行描述而已.

(3) 由部分推断整体. 对收集到的数据属于抽到的部分人的范围, 而调查的最终目的是要对全国人口的状况做出推断. 例如, 所抽查的那部分人口中, 15 岁以下的人占 37.3%, 若据此推断在全国人口中, 15 岁以下的人占 37.1% ~ 37.5%, 就构成了关于全国人口状况的一个结论. 如何做出这类推断, 是统计学中研究的主要问题. 例 5.1.1 也是这类问题. □

例 5.1.3 某工厂要开发一种产品, 假如对此产品的质量有影响的因素有 6 个, 每个因素选 4 个值参与试验, 这样一共就有 $4^6 = 4096$ 种配合. 因条件的限制, 通常做这么多组配合的试验是不现实的, 也没有必要. 故存在一个怎样从这 4096 组配合中挑选出一部分来做试验的问题, 也就是如何 "设计" 这个试验. 设计不好, 随后对试验数据进行分析就有困难. 该问题属于 "试验设计" 的研究范围.

统计学的内容及其分支学科, 就是依据这几个方面的任务而建立的. 在收集数据方面有两个分支学科, 即抽样调查和试验设计. 它们分别相当于例 5.1.2 和例 5.1.3 的情况, 由于篇幅所限, 本书基本不涉及这方面的工作. 在大型统计工作中 (如例 5.1.2), 整理数据的工作量是繁复而重要的, 我们在 5.3 节中将介绍最常用的整理数据的方法. 统计学方法的重点在于分析推断方面, 这部分内容被划分为大量的分支学科, 我们在第 6~9 章将介绍其最基本的一些内容.

还须明确指出的是, 统计学所研究的数据必须带有随机性的影响. 比如, 为了要知道一物件的重量, 把它放在天平上去称, 若天平是没有误差的, 则称一次就知道其确切重量, 也就没有什么统计问题可言. 若天平有误差, 且误差是随机的, 不可预测的, 就存在统计问题. 通常的做法是把这物件重复称量几次, 以其结果的平均值去 "估计" 物重. 该 "估计" 就是一种统计方法. "估计" 仍可能有误差, 误差如何度量? 这都是统计问题. 又如, 例 5.1.2 中的人口调查, 如果采用普查且调查数据准确无误, 也就无统计可言. 如果采用抽查, 则就会有误差, 这误差是由抽查的随机性而产生的, 因此这误差也有随机性. 总之, 是否假设数据有随机性的影响, 是区别统计方法和其他数据处理方法的根本点.

5.1.2　统计学的应用

随机性的普遍存在, 为统计学的应用提供了广阔的用武之地.

(1) 在农业方面, 诸如在若干个种子品种中挑选一些优良品种, 以通过田间试验决定种种最优的生产条件等, "试验设计" 及 "方差分析" 已经是常规手段; 在工农业生产中, 新产品、新工艺、新材料的开发研究, 大批产品的抽样检验, 元件和设备的可靠性分析等, 皆依赖于统计方法.

(2) 统计方法在医疗卫生中有广泛的应用. 例如, 一种药品的疗效如何, 要通过细心安排的试验并使用正确的统计分析方法, 才能比较可靠地做出结论. 其他, 如分析某种疾病的发生是否与特定因素有关 (一个著名的例子是吸烟与患肺病的关系), 关系如何? 再如, 在污染大气的许多有害成分中, 哪些成分对人体有何种程度的影响, 这些问题常常是用统计方法去研究的.

(3) 现在用统计方法进行社会调查很普遍. 如社会学家在研究种种社会问题, 心理学家在研究各种心理学问题时, 离不开实地调查的工作, 而这些工作常用 "抽样调查" 的方式进行. 统计方法在确定调查规模和制定适当的抽样方案, 以及对所得来的资料进行正确分析上, 都是很有用的.

(4) 经济活动离不开种种数量指标及其关系, 因而这个领域是统计方法得到较早和较多使用的一个领域. 例如, 在市场预测方面, 现在有一门名为 "数量经济学" 的学科, 其内容主要就是将统计方法用于分析种种经济问题的数量方面.

(5) 统计方法在气象预报、地震和地质探矿等方面有一些应用. 在这类领域中, 人们对事物的规律性认识尚不充分, 使用统计分析方法可能有助于获得一些对潜在的规律性的认识, 而用以指导人们的行动. 不过, 在人们对事物的规律性认识很不充分的情况下, 一些起较大作用的系统性因素, 只好当作随机性因素来处理, 这样, 统计分析的精度或可靠性就较差.

(6) 自然科学的任务是揭示自然界的规律性. 一般是先根据若干观察或试验资料提出某种初步理论或假说, 然后再从种种途径通过试验去验证. 统计方法在这里起相当的作用. 一个好的统计方法有助于提取观察或试验数据中带根本性的信息, 因而有助于提出正确的理论或假说. 在有了一定的理论或假说后, 统计方法可以指导人们如何安排进一步的观察或试验, 以使所得数据更有助于判定理论或假说是否正确. 统计学同时也提供了一些理论上健全的方法, 以估计观察或试验数据与理论的符合程度. 一个著名的例子是遗传学中的孟德尔 (Mendel) 定律. 这个根据观察资料提出的定律, 经历了严格的统计检验. 数量遗传学的基本定律——哈迪–温伯格 (Hardy-Weinberg) 平衡定律, 也是属于这种性质.

综上所述, 统计方法有很广泛的实用性, 它与很多专门学科都有关系. 而且随着计算机和计算技术的普及, 以前因计算上的困难而限制应用的统计方法重新被不同领域的学者所认识而焕发出新的活力, 从而为统计学的应用打开了一个前所未有的广阔空间. 但是应当了解, 统计方法所处理的只是在各门学科中带有普遍性的数据收集、整理和分析问题, 而不涉及各种专门学科中的具体问题.

由此可引申出统计学的一个重要特点: 统计方法只是从事物的外在数量上的表现去推断事物可能的规律性. 统计方法本身不能说明何以会有这种规律性, 这是各专业学科的任务.

例如, 用统计方法分析一些资料得出, 吸烟与患肺癌有关. 这纯粹是以吸烟者和不吸烟者的发病率的对比上得出的结论, 它不能解释吸烟为何会增加患肺癌的危险性, 这是医学这个专业学科的任务. 当然这里并不是说, 统计学者不需了解各种学科的专业知识. 相反, 一个统计学家如具备相应的专业知识, 就能更好地运用他所掌握的统计方法去解决该领域内的一些数据分析问题.

在互联网的信息时代, "数据" 获取成本越来越低, 不断形成有待分析的行业 "大数据", 这一方面为统计方法的应用提供了广阔的空间, 另一方面也给传统的统计学提出了挑战, 各种各样应用上的需求是统计方法得以发展的直接动力. 近年来, 随着计算机和计算技术的突飞猛进, 统计方法建模的能力得到了大幅度提高, 统计学在大数据时代的工具性地位也日益突出.

5.1.3　学习建议

统计学的内容非常丰富, 本书以介绍重要的基本统计方法及其应用为重点, 不涉及艰深的纯理论问题, 只假定读者具有微积分和线性代数以及初等概率论的知识 (前 4 章). 尽管如此, 我们还是要求读者在 "思考" 上多下工夫. 多数统计方法看似简单, 只涉及加、减、乘、除、开方等简单计算, 但其思想方法, 不仅与数学不同, 且在一定程度上, 与一些人在日常生活中养成的思考方式也不同. 只有掌握了这门学科的精神和思想方法, 才能领会平易的结果的深刻含义, 并能在应用中培养正确的鉴别力. 实践证明, 初学者在这门学科上的困难, 往往不是在数学上, 而是在这些地方. 因此, 我们在这本书中, 突出对基本概念和基本思想的阐述, 突出思想上的广度而放弃数学上的难度.

我们建议读者在学习中使用统计方法时, 不要停留在记住一些公式并能加以套用的水平上, 要在统计思想、方法的直观背景与统计意义方面, 在正确理解和使用一些统计方法以及对其结果的解释方面, 都能获得一定的修养, 并在自己的思想方法上获得统计精神的熏陶. 逐步培养用统计思想方法分析和解决有关问题的习惯与能力. 另外, 对有关的计算问题, 也建议读者能够借助计算机软件 (如 Excel 或 R) 来解决, 这是学习统计方法的重要辅助手段, 也是将来处理大量数据的基础.

5.2 总体与样本

5.2.1 总体与样本的概念

下面我们学习统计学中最基本的概念 "总体" 和 "样本".

直观地说, 我们把被观察对象的全体称作总体 (population); 总体的每个基本单元称为个体 (individual); 从总体中抽出的一部分个体组成样本 (sample); 样本中所包含个体的数量称为样本容量 (sample size).

例 5.2.1 某钢铁厂某天生产 10000 根 16 Mn 型钢筋, 强度小于 $52 \, \text{kg/mm}^2$ 的算作次品, 如何求这 10000 根钢筋的次品率? 10000 根钢筋的强度形成一个总体, 包含 10000 个可能的观察值, 每根钢筋的强度就是个体.

我们现在只关心产品是否为次品, 以 0 表示产品为正品, 以 1 表示产品为次品. 设次品率为 p, 那么总体就由一些 1 和一些 0 组成, 这一总体就对应一个参数为 p(未知) 的两点分布

$$P(X = 1) = p, \quad P(X = 0) = 1 - p.$$

每个值 (0 或 1) 看作随机变量 X 的取值. 这样总体就对应了一个随机变量 X, 对总体的研究就是对 X 的研究, 比如, 求次品率的问题就是求 X 的分布参数 p.

可见, 我们真正关心的是研究对象的某个数量指标, 如例 5.2.1 中钢筋强度. 忽略具体背景, 总体就是数量指标可能取值的全体, 这些值有大有小, 有的出现的机会大, 有的出现的机会小, 因而可以用一个概率分布来描述总体, 称为总体分布, 而其数量指标就是服从这个分布的随机变量, 每一个体的数量指标就是这个随机变量的一个取值. 从这个意义上说, 总体就是一个分布, 也是一个随机变量.

例 5.2.2 一本很厚的书的印刷质量指标之一是每个印刷页面中的错误数, 每页都有一个错误数, 整本书的错误数构成一个总体. 这个总体由一些 0, 一些 1, 一些 2⋯⋯ 构成, 经验表明, 这些值出现的机会可以用泊松分布 $P(\lambda)$ 描述, 如此一来总体就是随机变量 $X \sim P(\lambda)$, $\{X = k\}$ 的概率表示任一页错误数为 k 的概率, 其中的参数 λ 未知. 显然 λ 反映了该书的印刷质量, 如何确定 λ 的取值, 是统计学研究的内容.

例 5.2.3   考虑对一个物理量 μ 进行测量, 此时一切可能的测量结果是 $(-\infty, \infty)$, 因而总体是一个取值于 $(-\infty, \infty)$ 的随机变量 X, 由中心极限定理, 通常假设该总体的分布为正态分布 $N(\mu, \sigma^2)$, 其中 (μ, σ^2) 未知, 如何确定其取值, 是统计学研究的问题.

在有些问题中, 我们关心对象的数量指标可能不止一个, 有两个或者更多, 这时就要用多维随机变量及其联合分布来描述总体. 比如, 我们要研究某人群的年龄、身高、体重, 则我们可以用三维随机变量描述该总体, 这是多元统计分析所研究的对象. 本书只研究一维总体, 偶尔会涉及二维总体.

为了研究总体的分布, 是否需要对总体的所有个体进行测量呢? 如例 5.2.1 中, 是否需要测量每根钢筋的强度呢? 一般来说是不需要的. 只要从这 10000 根钢筋中随机地抽出一部分, 如 100 根, 测量这 100 根钢筋的强度, 就可以推断出这批钢筋的次品率了, 这就是抽样检验.

事实上, 在很多情况下进行全面检验是困难的, 甚至是不可能的. 其原因有二: 一是有些检验是破坏性的, 如检测显像管的寿命, 检验完了, 产品也就不能再使用了. 二是产品数量大, 或检验成本太高, 人力、物力、时间不允许做全面检验. 例如, 有一批棉花, 需要检查纤维的长度, 我们当然不可能去测量每一根棉花纤维的长度, 其实, 这也是不必要的. 统计学已经为我们提供了一整套办法, 保证可以通过抽样检验做出可靠的科学结论.

现在我们为了了解总体的分布, 就要从总体中抽样, 一个非常重要的问题是如何选取样品, 才能使抽样结果有效地、正确地反映出总体的情况? 这便是抽样方法的选择问题.

单从统计推断的立场看, 抽样最为重要的一点要求, 就是保证其代表性, 即抽样应该是随机进行的. 换言之, 总体的每一个个体都有可能被抽到且机会均等. 例如, 设想总体中有 N 个个体, 从中抽出 n 个样品, 先抽第一个, 让每个个体都有 $1/N$ 的机会被抽出. 这以后总体还剩下 $N-1$ 个个体, 再从中抽第二个, 使这 $N-1$ 个中的每一个个体都有 $1/(N-1)$ 的机会被抽出. 这样下去, 直到抽满 n 个. 换一个说法, 由组合知, 从 N 个个体中选 n 个, 可能的方法共有 C_N^n 种, 抽样方法要保证每种方法出现的机会相等. 如果抽样是有放回的, 则每次抽样时, N 个个体都有 $1/N$ 的机会被抽出.

5.2.2   无限总体与有限总体

在许多问题中, 总体由有限个 (即使数目可能很大, 但仍有限)"看得见、摸得着"的个体构成. 在这种情况下, 随机抽样即使不容易实施, 但其意义还是清楚的.

但在一些问题中, 总体与个体的关系不像这么清楚, 且原则上来说, 总体中所含个体数为无限, 这种总体称为无限总体. 现举例说明如下.

(1) 为调查某条江的水污染情况, 以 100 ml 江水为单位, 抽取若干单位化验. 这里, "此江中任何 100 ml 水"都是一个个体. 原则上, 总体包含无限个个体, 而且, 此处的个体是在抽样中现场"制造"出来的, 抽样之前, 江中的水并没有自然地分成 100 ml 一堆.

(2) 为了研究某种工艺生产的灯泡的寿命, 要具体实施这一工艺, 生产出若干个灯泡去做试验. 在此问题中, "每一个在这种工艺下生产的灯泡的寿命"都是一个个体. 由它们所组成的总体不但在原则上是无限的, 且其存在只能凭想象: 你不去生产, 就没有这种灯泡. 因而该总体中的个体不是早就等在那里让你去抽, 而是要随着试验的过程产生出来.

(3) 在天平上称一物件估计其重量. 这时, 每次称量的结果是一个个体, 所有可以想象的这种称量的结果的全体, 构成这个问题的总体. 这是一个其存在只能加以想象的无限总体. 总体中的个体不是现成摆着的, 每称量一次, 就造出这样一个个体.

在有限总体下, 虽然在实践中要保持抽样的随机性往往并不容易, 但在原则上是可行的. 而在无限总体下则不然, 这时我们已经无法给出随机抽样的确切含义, 也不能给出一个具有一般性的可行性实施的方法. 在无限总体下保证其随机性, 往往就在于尽力避免能注意到的偏差, 如在江水的例子中, 尽量多选几个点抽样, 不要太靠近工厂排水管取样等. 关于抽样的进一步的问题我们此处不再叙述, 有兴趣的读者可以参阅文献 [9].

有限总体的分布必是离散型的. 无限总体的分布, 既可以是离散型, 也可以是连续型. 而连续型中包含了重要的正态分布. 以后几章中我们会看到, 在总体分布为正态时, 许多统计问题就有满意的解答. 因此, 从理论和方法的角度看, "无限总体" 这个概念实在比 "有限总体" 更简单. 由于这个原因, 在统计上, 常把某些包含极大数目个体的有限总体当作无限总体处理. 比如, 考虑国内男大学生身高 X, 这个总体当然是有限的, 但因男大学生人数很大, 不妨当作无限总体去看, 还可以假定 X 服从正态分布.

5.2.3 样本的二重性和样本分布

由于样本是从总体中随机抽取的, 抽样之前无法预知它们的数值, 因此把样本看作 n 个随机变量 $X_1, X_2, \cdots, X_n$. 另外, 在抽取之后就得到了 n 个观测值, $x_1, x_2, \cdots, x_n$, 称作一组样本值 (sample value). 样本的这种二重性有很大的重要性. 对理论工作者而言, 他们更多注意到样本是随机变量这一点, 因为他们所发展的统计方法应有一定的普遍性, 不止是可用于某些具体样本值. 反之, 对应用工作者而言, 他们虽习惯于把样本看作具体数值, 但仍然不能忽视 "样本是随机变量" 这个背景. 为方便起见, 今后我们通常用大写字母表示样本时, 意味着将样本看作随机变量, 样本值通常用小写字母 (或数字) 表示.

我们的任务是根据样本 $X_1, X_2, \cdots, X_n$ 对总体 X 进行估计和推断. 为了能根据样本对总体做出比较可靠的推断, 就要求样本尽可能地代表总体, 这就需要对样本提出一些要求.

(1) 要求 $X_1, X_2, \cdots, X_n$ 相互独立, 这个要求意味着每个个体的取值不影响其他个体的取值;

(2) 要求 $X_1, X_2, \cdots, X_n$ 与总体 X 具有相同的分布, 这意味着每一个个体都有同等机会被选入样本.

满足这两个要求的样本称作简单随机样本 (simple random sample). 由于本书只讨论简单随机样本, 故今后凡提到样本均指简单随机样本.

样本独立同分布 (independent identically distributed, 简记为 iid) 的假设, 对于无限总体, 情况反而简单些. 因为总体中既然包含无限多个个体, 抽走若干个后, 可以认为对总体的分布没有什么影响, 因而样本独立同分布必然成立. 对于有限总体而言, 有放回重复随机抽样所得到的样本就是简单随机样本. 不放回抽样不能保证独立性, 但当样本容量相对于总量很小时, 不放回抽样所得到的样本可以近似地看作独立同分布样本.

综上所述, 我们给出下述定义.

定义 5.2.1 设 X 是一个随机变量, $X_1, X_2, \cdots, X_n$ 是一组相互独立的, 与 X 具有相同分布的随机变量. 我们称 X 为总体, $X_1, X_2, \cdots, X_n$ 为来自总体 X 的简单随机样本, 简称样本, n 称为样本的容量, 样本的观察值 $x_1, x_2, \cdots, x_n$ 称为样本值.

根据定义, 若总体 X 具有分布函数 $F(x)$, 则样本 $X_1, X_2, \cdots, X_n$ 的联合分布函数为

$$F^*(x_1, x_2, \cdots, x_n) = F(x_1)F(x_2)\cdots F(x_n). \tag{5.2.1}$$

若 X 是离散型随机变量, 其分布列为 $p_k = P(X = a_k)$, $k = 1, 2, \cdots$, 则样本 $X_1, X_2, \cdots, X_n$ 的联合分布列为

$$P(X_1 = a_{i_1}, X_2 = a_{i_2}, \cdots, X_n = a_{i_n}) = p_{i_1}p_{i_2}\cdots p_{i_n}, \tag{5.2.2}$$
$$i_1, i_2, \cdots, i_n = 1, 2, 3, \cdots.$$

若 X 是连续型随机变量, 其概率密度函数为 $f(x)$, 则样本 $X_1, X_2, \cdots, X_n$ 的联合概率密度函数为

$$f^*(x_1, x_2, \cdots, x_n) = f(x_1)f(x_2)\cdots f(x_n). \tag{5.2.3}$$

例 5.2.4　设有一批产品共 N 个, 需要进行抽样检验以了解其不合格品率 p, 现从中有放回地逐个抽出 n 个检查它们是否合格. 如果把合格品记为 0, 不合格品记为 1, 则总体就是一个 0–1 分布.

$$P(X = x) = p^x(1-p)^{1-x}, \; x = 0, 1.$$

设想样本是一个一个抽出的, 采取有放回抽样, 结果记为 $X_1, X_2, \cdots, X_n$. 则由公式 (5.2.2), 得 $X_1, X_2, \cdots, X_n$ 的联合概率分布列为

$$P(X_1 = x_1, X_2 = x_2, \cdots, X_n = x_n) = \prod_{i=1}^{n} p^{x_i}(1-p)^{1-x_i} = p^{\sum_{i=1}^{n} x_i}(1-p)^{n - \sum_{i=1}^{n} x_i},$$
$$x_1, x_2, \cdots, x_n = 0, 1. \quad \square$$

例 5.2.5　设某电子元件的寿命 X 服从参数为 λ 的指数分布, 其概率密度函数为

$$f(x; \lambda) = \begin{cases} \lambda e^{-\lambda x}, & x \geqslant 0; \\ 0, & x < 0. \end{cases}$$

现从一批电子元件中独立地抽取 n 件进行寿命试验, 测得寿命数据为 $X_1, X_2, \cdots, X_n$, 则由公式 (5.2.3) 可知, $X_1, X_2, \cdots, X_n$ 的联合概率密度函数为

$$f^*(x_1, x_2, \cdots, x_n; \lambda) = \prod_{i=1}^{n} f(x_i; \lambda) = \begin{cases} \lambda^n \exp\left\{-\lambda \sum_{i=1}^{n} x_i\right\}, & x_1, x_2, \cdots, x_n \geqslant 0; \\ 0. & \text{其他}. \end{cases}$$

这里在密度函数中写出参数 λ, 表示该分布与 λ 有关. $\quad \square$

习　题　5.2

1　设某工厂大量生产某种产品, 其不合格品率 p 未知, 每 m 件产品包装为一盒. 为了检查产品质量, 任意抽取 n 盒, 查其中的不合格数, 试说明什么是总体, 什么是样本, 并说明样本的联合分布.

2 假设一名射手在完全相同的条件下重复进行了 n 次射击, 考察是否击中目标, 试给出总体和样本的描述, 并指出样本的联合分布.

3 设有 N 个产品, 其中有 M 个次品. 现进行有放回抽样, 定义 X_i 如下

$$X_i = \begin{cases} 1, & \text{第 } i \text{ 次取得次品}; \\ 0, & \text{第 } i \text{ 次取得正品}. \end{cases}$$

求样本 $X_1, X_2, \cdots, X_n$ 的联合分布.

4 设总体 X 服从正态分布 $N(\mu, \sigma^2)$, $X_1, X_2, \cdots, X_n$ 是来自 X 的样本, 试写出 $(X_1, X_2, \cdots, X_n)$ 的概率密度函数.

5 设总体 X 服从区间 $[a, b]$ 上的均匀分布, $X_1, X_2, \cdots, X_n$ 是来自 X 的样本, 试写出 $(X_1, X_2, \cdots, X_n)$ 的概率密度函数.

6 设总体 X 具有概率密度函数

$$f(x) = \begin{cases} 6x(1-x), & 0 < x < 1; \\ 0, & \text{其他}. \end{cases}$$

X_1, X_2, X_3 是来自 X 的样本, 试写出 (X_1, X_2, X_3) 的概率密度函数.

7 设总体 X 服从参数为 λ 的泊松分布, $X_1, X_2, \cdots, X_n$ 是来自 X 的样本, 试写出 $(X_1, X_2, \cdots, X_n)$ 的联合分布列.

5.3 样本数据及其分布的描述

一般而言, 统计分析可分为描述统计和推断统计两个部分. 描述统计是通过绘制统计图、统计表等方法来表述数据的分布特征. 它是数据分析的基本步骤, 也是进行统计推断的基础. 本节简单介绍一下常用的数据整理与显示的方法, 属于描述统计的范畴.

5.3.1 数据的类型

按照所采用的计量尺度, 可以将统计数据分为**定量数据** (quantitative data) 和**定性数据** (qualitative data) 两大类. 定性数据常见的有分类数据和顺序数据, 而定量数据也称为数值型数据.

定义 5.3.1 只能归于某一类别的非数字型数据, 称为**分类数据** (categorical data).

分类数据是对事物进行分类的结果, 数据表现为类别, 是用文字来表述的. 它是由分类尺度计量形成的. 例如, 人口按照性别分为男、女两类; 企业按照经济性质分为国有、集体、私营、合资、独资企业等, 这些均属于分类数据.

定义 5.3.2 只能归于某一有序类别的非数字型数据, 称为**顺序数据** (ordinal data).

顺序数据也是对事物进行分类的结果, 但这些类别是有顺序的. 它是由顺序尺度计量形成的. 例如, 将产品分为一等品、二等品、三等品、次等品等; 考试成绩分为优、良、中、及格、不及格等; 一个人受教育的程度分为小学、初中、高中、大学及以上; 一个人对某一事物的态度分为非常同意、同意、保持中立、不同意、非常不同意; 等等.

定义 5.3.3　按数字尺度测量的观测值, 称为 **数值型数据** (metric data).

数值型数据是使用自然或度量衡单位对事物进行测量的结果, 其结果表现为具体的数值. 现实中我们所处理的数据大部分属于这种情形. 例如, 一个企业中职工的人数、某种商品的价格、某种产品的次品率、某种钢材的年产量等.

按照被描述对象与时间的关系, 可以将统计数据分为截面数据和时间序列数据.

定义 5.3.4　在相同或相近时间点上收集的数据, 称为 **截面数据** (cross-sectional data).

截面数据所描述的是现象在某一时刻的状态. 比如, 2010 年 11 月 1 日 0 时中国公民的人数.

定义 5.3.5　在不同时间上收集到的数据, 称为 **时间序列数据** (time series data), 简称为时序数据.

时间序列数据所描述的是现象随时间而变化的情况, 例如, 1990~2019 年我国的国内生产总值数据; 一个人从出生到 20 岁每年测量一次身高所得数据等.

统计数据分类如图 5.1 所示.

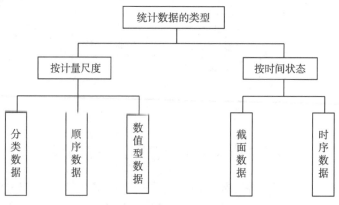

图 5.1　统计数据分类

区分数据的类型是十分重要的, 因为对不同类型的数据, 我们应该采用不同的统计方式来处理和分析. 例如, 对分类数据, 它只有"相等"和"不相等"的数学特性, 其层次最低, 没有加、减、乘、除的数学特性, 也没有序特性, 自然不能说"男"和"女"的和是什么, 也不能说"男"和"女"的序; 对顺序数据, 它除了"相等"和"不相等"的数学特性外, 又具有一个"序"特性, 但同样没有加、减、乘、除的数学特性, 比如在谈论学生成绩时, 不能说一个良加上一个良等于什么; 数值型数据具有较多的数学特性, 其层次最高, 可以使用的统计方法也较多. 一般来说, 适用于低层次数据的统计方法, 也适用于高层次数据, 但反之不然. 我们重点考虑的也是数值型数据, 而且是截面数据.

在对统计数据进行整理时, 首先要搞清楚我们所面对的是什么类型的数据, 因为不同类型的数据, 所采取的处理方式和所适用的处理方法是不同的. 对分类数据和顺序数据主要是做分类整理, 对数值型数据则主要是做分组整理.

5.3.2　频数与频率

对于分类数据而言, 它本身就是对事物的一种分类, 所对应的总体是离散型随机变量.

因此, 在整理时除了列出所有的类别, 通常还要计算出每一类别的频数和频率等, 并以适当的图形, 如柱形图 (bar chart)、饼图 (pie chart) 等, 进行表示, 以便对数据及其特征有一个初步的了解.

设一组类别为 $a_1, a_2, \cdots, a_m$ 的分类数据: $x_1, x_2, \cdots, x_n$. 不妨设 $x_1, x_2, \cdots, x_n$ 取到 $a_1, a_2, \cdots, a_m$ 的次数分别为 $\mu_1, \mu_2, \cdots, \mu_m$, 则样本容量 $n = \sum_{i=1}^{m} \mu_i$. 我们称 μ_i 为 a_i 出现的频数 (absolute frequency), 而 a_i 出现的频率 (relative frequency) 为 $f_i = \mu_i/n, \ i = 1, 2, \cdots, m$. 显然 $\sum_{i=1}^{m} f_i = 1$.

根据样本值把各个 a_i 的频数和频率列成表格, 称为频数分布表和频率分布表, 由于频率可看作概率的近似, 因而频率分布表近似地给出了总体 X 的概率分布列.

例 5.3.1 对 100 块焊接完的电路板进行检查, 每块板上不光滑焊点数如表 5.1 所示.

表 5.1 不光滑焊点频数、频率分布表

a_i(不光滑焊点数)	μ_i(频数)	$f_i = (\mu_i/100)$
1	4	0.04
2	4	0.04
3	5	0.05
4	10	0.10
5	9	0.09
6	15	0.15
7	15	0.15
8	14	0.14
9	9	0.09
10	7	0.07
11	5	0.05
12	3	0.03
合计	100	1

由表 5.1 中数据利用 Excel 可做出频率分布的柱形图 5.2. 由图表可大体知道这批电路板不光滑焊点的分布情况, 即近似地代替 "每块电路板上不光滑焊点个数 X" 的概率分布. 下面的 R 代码可以完成画图:

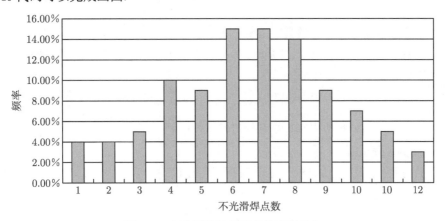

图 5.2 电路板不光滑焊点的频率分布

```
> a <- c(1:12)
> mu <- c(4, 4, 5, 10, 9, 15, 15, 14, 9, 7, 5, 3)
> names(mu) <- a    # 每个柱子下面的标记
> barplot(height=mu, space=1)
```

当一组数据对应的总体 X 是连续型时, 处理的办法有所不同, 具体步骤如下.

(1) 简化数据. 令 $x_i' = d(x_i - c)$, $\quad i = 1, 2, \cdots, n$.

由于样本值总是在总体 X 的期望附近波动, 它们通常是一组比较接近的数, 可以选取适当的常数 c 和 d, 把 $x_1, x_2, \cdots, x_n$ 化简成位数较少的整数 $x_1', x_2', \cdots, x_n'$, 以便于计算处理. 方便起见, 仍把变换后的数据 $x_1', x_2', \cdots, x_n'$ 记成 $x_1, x_2, \cdots, x_n$.

(2) 求 $x_1, x_2, \cdots, x_n$ 中的最大值和最小值, 记 $x_{(1)} = \min x_i$, $x_{(n)} = \max x_i$.

(3) 分组.

① 确定组数和组距. 选定组数 m, 取组距 $\Delta = (x_{(n)} - x_{(1)})/m$.

组数 m 要选择适当. 组数太小, 落入一组内的数据会很多, 可能掩盖了组内数据的变化情况; 组数太大, 组距就会很小, 有可能使落入各组的数据或多或少, 或有或无, 波动不定. 一般来说, 组数 m 的大小与样本容量有关. 样本容量大, 组数 m 应取大些; 样本容量小, m 也应取小些. 如样本容量 $n = 100$ 时, 可取 m 为 10 左右; 当 n 小于 50 时, 取 m 为 $5 \sim 6$; 当 $n > 100$ 时, 取 m 为 $12 \sim 20$.

② 确定各组的上、下界 (组限). 取第一组的下界 t_0 略小于 $x_{(1)}$, 使得 $x_{(1)}$ 落入第一组内, 即

$$t_0 < x_{(1)} < t_0 + \Delta.$$

然后以 Δ 为组距依次确定各组的分点, 令　$t_i = t_0 + i\Delta$, $\quad i = 1, 2, \cdots, m$.

为了使每一个数据都落在某一组内 (不会恰好等于某一个分点 t_i), 应使分点 t_i 比样本值多一位小数.

(4) 计算频率. 用唱票的方法, 数出样本值落入各区间 (t_{i-1}, t_i) 内的个数, 即频数, 记作 $\mu_i, i = 1, 2, \cdots, m$. 然后计算落入各区间内的频率:

$$f_i = \frac{\mu_i}{n}, \quad i = 1, 2, \cdots, m.$$

(5) 做类似于例 5.3.1 中的频数、频率分布表, 只须注意表中第一列是一些分组区间.

事实上, 总体 X 为离散型随机变量时, 如果样本观测值 $x_1, x_2, \cdots, x_n$ 取到的值 $a_1, a_2, \cdots, a_m$ 较多, 也可以采用上述分组的办法.

例 5.3.2　对生产同种螺钉的 20 个工人每百只螺钉的次品数进行登记, 数据如:

$$8, 1, 4, 9, 15, 7, 3, 6, 8, 10, 7, 4, 5, 11, 8, 5, 5, 7, 11, 8.$$

求螺钉次品数的频数分布和频率分布.

此例的特点在于数据全为整数, 这时数据不用化简, 分组方法如表 5.2 所示, 频率分布的柱形图如图 5.3 所示.　　　　　　　　　　　　　　　　　　　　　　　　　□

表 5.2   螺钉次品数的频数、频率分布表

次品数	频数	频率
1～3	2	0.1
4～6	6	0.3
7～9	8	0.4
10～12	3	0.15
13～15	1	0.05
总计	20	1

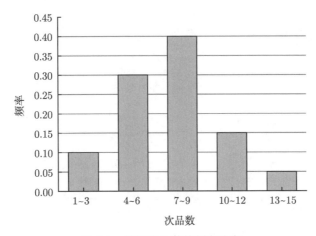

图 5.3   螺钉次品数的频率分布

例 5.3.3   频率分布表对若干批数据的比较很有用. 随机抽取城市 A 和 B 在某月内交通数据, 考察交通事故引起的经济损失如表 5.3 (以万元为单位). 虽然它们的分组相同, 但由于两个城市抽取样本数不同, 难以直接从中对两城市经济损失进行比较. 但如果分别算出 A、B 两城市经济损失的频率分布 (表 5.3), 则可以作为比较的依据.

如图 5.4, 从频率分布可看出 A、B 两城市在此问题上的相似性和差异. 比如, 两城市都以一次事故经济损失在 1 万～2 万元的情况较多. 经济损失超过 2 万元或更多时, 其所占比例下降. 同时还可以看出经济损失较小的事故比例, 在城市 B 比城市 A 高, 就是说, 在城市 A 中, 交通事故的后果一般比城市 B 要严重.   □

表 5.3   某月城市 A、B 交通事故的经济损失频数和频率分布表

经济损失 (万元)	城市 A		城市 B	
	频数	频率	频数	频率
(0,1]	56	0.15	304	0.19
(1,2]	128	0.34	591	0.37
(2,3]	115	0.30	431	0.27
(3,4]	81	0.21	272	0.17
总计	380	1	1598	1

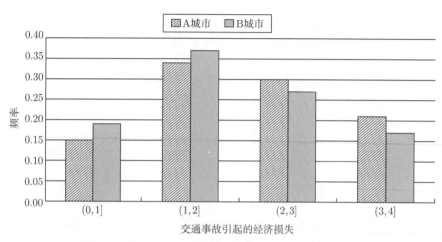

图 5.4　某月城市 A、B 交通事故的经济损失频率分布

5.3.3　累加频数和累加频率

对顺序数据的整理, 在应用中往往需要知道在指定值以下的数据频数和频率, 称为**累加频数**和**累加频率**. 累加频率分布是描述数据性质的一种有用工具, 在例 5.3.3 中, 我们曾经用频率分布对某月城市 A、B 交通事故的经济损失做过分析, 该问题也可以从累加频率分布的角度去分析.

例 5.3.4　某月城市 A、B 交通事故经济损失的累加频率如表 5.4 和图 5.5 所示.

表 5.4　某月城市 A、B 交通事故的经济损失累加频率分布

经济损失 (万元)	城市 A	城市 B
$\leqslant 1$	0.15	0.19
$\leqslant 2$	0.49	0.56
$\leqslant 3$	0.79	0.83
$\leqslant 4$	1	1

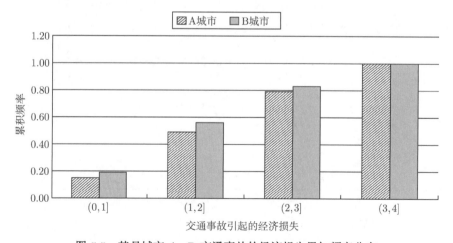

图 5.5　某月城市 A、B 交通事故的经济损失累加频率分布

由表 5.4 可以看出, 经济损失不超过一定数值的事故比例, 在城市 B 总是大于城市 A. 例如, 经济损失不超过 1 万元的事故比例, 在城市 B 中占 19%, 而在城市 A 中占 15% 等等. 这清楚地表明: 在城市 B 中严重交通事故的比例比城市 A 低, 但表 5.4 看不出交通事故的频繁程度. □

5.3.4 直方图

数据的图形表示能以醒目的方式揭示频数 (率) 分布的基本特征, 因而常被采用. 而直方图是最常用的一种数据图形表示工具.

直方图多用于描述连续型数据的频数 (率) 分布. 下面说明直方图的画法. 具体步骤与数值型数据的频率分布的处理类似. 现在假设数据的简化、分组以及相应的频率计算都已完成, 对应于第 (5) 步, 我们有

(5') 画直方图. 在 xy 平面上, 对每一个 i $(i = 1, 2, \cdots, m)$, 以区间 $[t_{i-1}, t_i]$ 为底, $y_i = f_i/\Delta$ 为高画长方形. 如图 5.6 所示, 称为频率直方图 (frequency histogram).

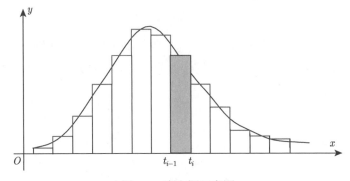

图 5.6 直方图示意图

显然, 频率直方图中每一个小长方形的面积表示样本值落入相应小区间中的频率, 所有小长方形面积之和等于 1.

根据大数定律, f_i 近似等于随机变量 X 落入区间 $(t_i - 1, t_i)$ 内的概率, 即

$$f_i \approx P(t_{i-1} < X < t_i).$$

设 X 的密度函数为 $f(x)$, 则上式为

$$f_i \approx \int_{t_{i-1}}^{t_i} f(x)\,\mathrm{d}x.$$

如果 $f(x)$ 在 (t_{i-1}, t_i) 上连续, 则

$$y_i \approx \frac{1}{\Delta} \int_{t_{i-1}}^{t_i} f(x)\,\mathrm{d}x.$$

可见, 频率直方图在 $[t_{i-1}, t_i]$ 上的小长方形的面积近似等于以密度函数 $f(x)$ 为顶在相同底边上的曲边梯形的面积, 而小长方形的高近似等于 $f(x)$ 在 $[t_{i-1}, t_i]$ 上某一点的高度. 于是, 我们过每一个长方形的顶边做一条光滑曲线, 这条曲线可以作为密度函数的近似曲线.

从而, 频率直方图给出了总体 X 的密度函数的大致样子. 可以看出, 样本容量越大, 分组越细, 频率直方图越接近密度函数曲线下的曲边梯形, 从而提供了密度函数图形的更加准确的形状.

下面举例说明画直方图的全过程及注意事项.

例 5.3.5　某工厂生产一种零件, 由于各种偶然因素的影响, 各个零件的重量是有些差异的, 因而应将重量 X 看成一个随机变量, 现在要用直方图大致分析 X 服从什么分布. 100 个零件的重量 (即 $n = 100$ 的样本值如下:).

1.36,	1.49,	1.43,	1.41,	1.37,	1.40,	1.32,	1.42,	1.47,	1.39,	1.35,	1.36,	1.39,	1.40,	1.38,
1.41,	1.36,	1.40,	1.34,	1.42,	1.42,	1.45,	1.35,	1.42,	1.39,	1.35,	1.38,	1.43,	1.42,	1.42,
1.44,	1.42,	1.39,	1.42,	1.42,	1.30,	1.34,	1.42,	1.37,	1.36,	1.42,	1.40,	1.41,	1.37,	1.46,
1.37,	1.34,	1.37,	1.37,	1.44,	1.45,	1.32,	1.48,	1.40,	1.45,	1.36,	1.37,	1.27,	1.37,	1.38,
1.39,	1.46,	1.39,	1.53,	1.36,	1.48,	1.40,	1.39,	1.38,	1.40,	1.42,	1.34,	1.43,	1.42,	1.41,
1.36,	1.45,	1.50,	1.43,	1.38,	1.43,	1.41,	1.48,	1.39,	1.45,	1.41,	1.44,	1.48,	1.55,	1.37,
1.37,	1.37,	1.39,	1.45,	1.31,	1.41,	1.44,	1.44,	1.42,	1.47.

解　(1) 简化数据.

取 $c = 1$, $d = 100$, 即令 $x_i' = 100(x_i - 1)$, $1 \leqslant i \leqslant 100$. 简化后的数据如下, 它们都是二位数, 简化后的数据仍记作 x_i, $1 \leqslant i \leqslant 100$. 这样的简化不改变直方图的形状, 而仅仅把图形做了平移和放大.

36,	49,	43,	41,	37,	40,	32,	42,	47,	39,	35,	36,	39,	40,	38,
41,	36,	40,	34,	42,	42,	45,	35,	42,	39,	35,	38,	43,	42,	42,
44,	42,	39,	42,	42,	30,	34,	42,	37,	36,	42,	40,	41,	37,	46,
37,	34,	37,	37,	44,	45,	32,	48,	40,	45,	36,	37,	27*,	37,	38,
39,	46,	39,	53,	36,	48,	40,	39,	38,	40,	42,	34,	43,	42,	41,
36,	45,	50,	43,	38,	43,	41,	48,	39,	45,	41,	44,	48,	55*,	37,
37,	37,	39,	45,	31,	41,	44,	44,	42,	47.

(2) 求最大值和最小值., 最小值 $x_{(1)} = 27$, 最大值 $x_{(100)} = 55$.

(3) 分组.

① 确定组数和组距: 由于样本容量 $n = 100$, 取组数 $m = 10$. 注意到 $\frac{1}{10}(55 - 27) = 2.8$, 我们取 $\Delta = 3$.

② 确定组限: 取 $t_0 = 26.5$, 依次得 $29.5, 32.5, \cdots, 56.5$. 它们都比简化的数据多一位小数.

(4) 计算频率. 样本值落入各组的频数和频率列于表 5.7 中.

(5) 画直方图.

注意到 $y_i = \dfrac{f_i}{\Delta} = \dfrac{\mu_i}{n\Delta}$. 如果取 $\dfrac{1}{n\Delta}$ 作为纵坐标的长度单位, 则 y_i 为 μ_i 个单位, 作图较为方便, 在本例中, $\dfrac{1}{n\Delta} = \dfrac{1}{300}$. 诸 y_i 值如表 5.5 所示.

直方图如图 5.7 所示.

表 5.5 频数和频率分布表

分组	频数 μ_i	频率 f_i	$y_i\left(\text{以 } \dfrac{1}{300} \text{ 为单位}\right)$
$26.5 \sim 29.5$	1	0.01	1
$29.5 \sim 32.5$	4	0.04	4
$32.5 \sim 35.5$	7	0.07	7
$35.5 \sim 38.5$	22	0.22	22
$38.5 \sim 41.5$	24	0.24	24
$41.5 \sim 44.5$	24	0.24	24
$44.5 \sim 47.5$	10	0.10	10
$47.5 \sim 50.5$	6	0.06	6
$50.5 \sim 53.5$	1	0.01	1
$53.5 \sim 56.5$	1	0.01	1
总计	100	1.00	

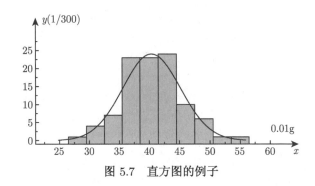

图 5.7　直方图的例子

根据直方图, 可以看出总体 X 大致服从正态分布. 在第 7 章还要介绍检验 X 是否服从某个分布的方法. □

在 R 语言中, 用函数 hist 可以制作直方图, 如例 5.3.5 的直方图使用如下代码实现:

```
> x <- c(1.36, 1.49, 1.43, 1.41, 1.37, ..., 1.47)   # 输入100个零件的重量
> xx <- 100*(x-1)    # 化简100个零件的重量数据
> g <- seq(26.5, 56.5, 3)   # 确定分组边界
> hist(xx,breaks=g, freq=T, main="", xlab="零件重量", ylab="频数/组距")
```

直方图和柱形图有所不同. 首先, 柱形图的长方形高度 (长度) 表示各类别频率的大小, 其宽度是固定的, 且没有实际意义; 直方图是用矩形面积表示各组频率的大小, 其宽度表示各组的组距, 因而其高度和宽度均有意义. 其次, 由于数据分组时具有连续性, 直方图的各矩形通常连续排列, 而柱形图通常是分开排列. 最后, 柱形图主要用于展示分类数据, 而直方图则主要用于展示数值型数据.

为作图方便, 直方图也可以将矩形的高度取为频率, 如此得到的直方图差别仅在于纵轴刻度的选择, 直方图本身的形状不变. 但这时候, 频率直方图和相应的密度函数曲线不能直接叠加比较.

5.3.5　茎叶图

直方图主要用于展示分组数据的分布, 对未分组的原始数据还可以用茎叶图来展示.

茎叶图 (stem-and-leaf display) 是普林斯顿大学 Tukey 教授于 1977 年发展出来的一种直观描述数据分布的方法. 当统计数据不是很多时 (通常指不超过 100), 用茎叶图刻画数据的分布特征非常形象、直观和有效, 而且不丢失信息.

茎叶图由 "茎" 和 "叶" 两部分构成, 其图形是由数字组成的, 通过茎叶图可以看出数据的分布形状及数据的离散状况, 例如, 分布是否对称, 数据是否集中, 是否有离群点等.

绘制茎叶图的关键是设计好树茎, 通常是以该数据的高位数值作为树茎, 而且树叶上只保留该数值的最后一个数字. 树茎一经确定, 树叶就自然地长在树茎上了. 下面通过例子说明茎叶图的绘制.

例 5.3.6　某计算机公司在连续的 120 天中, 每天的销量数据 (单位: 台) 如下所示.

234, 143, 187, 161, 150, 228, 153, 166, 154, 174, 156, 203, 159, 198, 160,
152, 161, 162, 163, 196, 164, 226, 165, 165, 187, 141, 214, 149, 178, 223,
218, 179, 215, 180, 175, 196, 155, 167, 168, 211, 168, 170, 180, 171, 233,
172, 210, 172, 172, 194, 173, 196, 174, 165, 175, 233, 175, 190, 207, 176,
183, 225, 178, 234, 153, 179, 144, 179, 188, 172, 181, 182, 182, 177, 184,
185, 186, 186, 178, 187, 237, 187, 205, 188, 177, 189, 209, 189, 190, 175,
191, 173, 194, 189, 195, 195, 163, 196, 176, 196, 160, 197, 197, 174, 198,
200, 201, 202, 158, 203, 188, 206, 171, 208, 192, 210, 168, 211, 172, 213,

我们用茎叶图来展示这批数据. 具体操作过程是这样的: 把每一个数值分为两部分, 前一部分 (百位和十位) 称为**茎**, 后面部分 (个位) 称为**叶**. 比如:

数值: 234　⟹　分开: 23|4　⟹　茎: 23 + 叶: 4

图 5.8 就是利用所给数据绘制的茎叶图.

树茎	树叶	数据个数
14	1 3 4 9	4
15	0 2 3 3 4 5 6 8 9	9
16	0 0 1 1 2 3 3 4 5 5 5 6 7 8 8 8	16
17	0 1 1 2 2 2 2 2 3 3 4 4 4 5 5 5 5 6 6 7 7 8 8 8 9 9 9	27
18	0 0 1 2 2 3 4 5 6 6 7 7 7 7 8 8 8 9 9 9	20
19	0 0 1 2 4 4 5 5 6 6 6 6 6 7 7 8 8	17
20	0 1 2 3 3 5 6 7 8 9	10
21	0 0 1 1 3 4 5 8	8
22	3 5 6 8	4
23	3 3 4 4 7	5

图 5.8　某计算机公司销售量数据的茎叶图

茎叶图 5.8 显示得过于拥挤, 我们可以把它扩展, 形成扩展的茎叶图. 例如, 可以将图 5.8 扩展一倍, 即每一个树茎重复两次, 一次有记号 "⋆", 表示该叶子上的数 0~4, 另一次有记号

"·", 表示该行叶子上的数为 5~9, 于是可得图 5.9.

茎叶图的外观很像横放的直方图, 但茎叶图中增加了具体的数值, 使我们对数据的具体值一目了然, 从而保留了原始数据的全部信息, 而直方图则不能给出原始的数值.

在 R 语言中, 用函数 stem 可以制作茎叶图, 如例 5.3.6 的茎叶图用如下代码实现:

```
> x <- c(234,143,187,161,150,228,153,166,154,...,213)   # 输入120天销售数据
> stem(x)   # 画茎叶图
```

树茎	树叶	数据个数
14*	1 3 4	3
14·	9	1
15*	0 2 3 3 4	5
15·	5 6 8 9	4
16*	0 0 1 1 2 3 3 4	8
16·	5 5 5 6 7 8 8 8	8
17*	0 1 1 2 2 2 2 2 3 3 4 4 4	13
17·	5 5 5 5 6 6 7 7 8 8 8 9 9 9	14
18*	0 0 1 2 2 3 4	7
18·	5 6 6 7 7 7 7 8 8 8 9 9 9	13
19*	0 0 1 2 4 4	6
19·	5 5 6 6 6 6 6 7 7 8 8	11
20*	0 1 2 3 3	5
20·	5 6 7 8 9	5
21*	0 0 1 1 3 4	6
21·	5 8	2
22*	3	1
22·	5 6 8	3
23*	3 3 4	4
23·	7	1

图 5.9 某计算机公司销售量数据的扩展茎叶图

在要比较两组样本的分布情况时, 可利用背靠背的茎叶图, 这是一个简单直观而有效的对比方法.

例 5.3.7 某厂两个车间各 40 名员工生产同一种产品, 以下给出了某一天每名员工的产量数据.

现在要对其进行比较, 我们将这些数据放到一个背靠背的茎叶图上, 如图 5.10 所示. 从茎叶图可以看出, 甲车间员工的产量偏于上方, 而乙车间员工的产量大多位于中间, 乙车间的平均产量要高于甲车间, 乙车间各员工的产量比较集中, 而甲车间员工的产量则比较分散.

50,	52,	56,	61,	61,	62,	64,	65,
65,	65,	67,	67,	67,	68,	71,	72,
甲车间: 74,	74,	76,	76,	77,	77,	78,	82,
83,	85,	87,	88,	90,	91,	86,	92,
86,	93,	93,	97,	100,	100,	103,	105;

		56,	66,	67,	67,	68,	68,	72,	72,
		74,	75,	75,	75,	75,	76,	76,	76,
乙车间：		76,	78,	78,	79,	80,	81,	81,	83,
		83,	83,	84,	84,	84,	86,	86,	87,
		87,	88,	92,	92,	93,	95,	98,	107.

个数	甲车间 树叶	树茎	乙车间 树叶	个数
3	6 2 0	5	6	1
11	8 7 7 7 5 5 5 5 4 2 1 1	6	6 7 7 8 8	5
9	8 7 7 6 6 4 4 2 1	7	2 2 4 5 5 5 5 6 6 6 6 8 8 9	14
7	8 7 6 6 5 3 2	8	0 1 1 3 3 3 4 4 4 6 6 7 7 8	14
6	7 3 3 2 1 0	9	2 2 3 5 8	5
4	5 3 0 0	10	7	1

图 5.10 某两车间产量的背靠背茎叶图

在 R 语言中, 调用宏包 aplpack 可以制作背靠背的茎叶图, 如例 5.3.7 的茎叶图用如下代码实现:

```
> install.packages("aplpack")
> library(aplpack)
> x <- c(50,52,56,61,61,62,64,65,65,65,...,105) #输入甲车间40个产量数据
> y <- c(56,66,67,67,68,68,72,72,74,75,...,107) #输入乙车间40个产量数据
> stem.leaf.backback(x,y)  # 画背靠背茎叶图
```

5.3.6 经验分布函数

设总体 X 的分布函数为 $F(x)$, 对给定的一组样本值 $x_1, x_2, \cdots, x_n$, 设 $x_{(1)}, x_{(2)}, \cdots, x_{(n)}$ 是样本值 $x_1, x_2, \cdots, x_n$ 由小到大的排列, 利用 $x_{(1)}, x_{(2)}, \cdots, x_{(n)}$ 可以定义如下一个函数:

$$F_n(x) = \begin{cases} 0, & x < x_{(1)}; \\ \dfrac{k}{n}, & x_{(k)} \leqslant x < x_{(k+1)},\ k = 1, 2, \cdots, n-1; \\ 1, & x_{(n)} \leqslant x. \end{cases}$$

不难验证, 函数 $F_n(x)$ 是不减右连续函数, 且满足

$$F_n(-\infty) = 0 \text{ 和 } F_n(+\infty) = 1.$$

因而, $F_n(x)$ 是一个分布函数, 称为经验分布函数 (empirical distribution function).

例 5.3.8 从某校新生中抽取 15 名学生, 调查其年龄, 得到容量为 15 样本值

$$18, 18, 17, 19, 18, 19, 16, 17, 18, 20, 18, 19, 19, 18, 17$$

经排序以后可得

$$x_{(1)} = 16, \quad x_{(2)} = x_{(3)} = x_{(4)} = 17,$$

$$x_{(5)} = x_{(6)} = x_{(7)} = x_{(8)} = x_{(9)} = x_{(10)} = 18,$$

$$x_{(11)} = x_{(12)} = x_{(13)} = x_{(14)} = 19, \quad x_{(15)} = 20.$$

其经验分布函数为

$$F_n(x) = \begin{cases} 0, & x < 16; \\ 1/15, & 16 \leqslant x < 17; \\ 4/15, & 17 \leqslant x < 18; \\ 10/15, & 18 \leqslant x < 19; \\ 14/15, & 19 \leqslant x < 20; \\ 1, & x \geqslant 20. \end{cases}$$

其图像如图 5.11 所示.

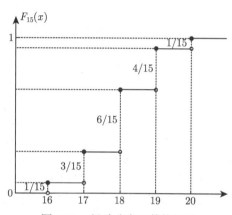

图 5.11 经验分布函数的例子

对于固定的 x, 根据经验分布函数的定义, $F_n(x)$ 等于样本值中落入区间 $(-\infty, x]$ 内的频率. 换言之, 把样本值 $x_1, x_2, \cdots, x_n$ 看作 n 次独立试验的结果, 在这 n 次试验中结果落入区间 $(-\infty, x]$ 内的频率为 $F_n(x)$. 另外, 根据分布函数的定义, 总体 X 的分布函数 $F(x)$ 表示随机变量 X 落入区间 $(-\infty, x]$ 内的概率.

根据伯努利大数定律, 对于任意的 $\varepsilon > 0$, 有

$$\lim_{n \to \infty} P\left(|F_n(x) - F(x)| < \varepsilon\right) = 1.$$

事实上, 还可以进一步证明下述定理.

定理 5.3.1 (格利文科 (Glivenko))   当 $n \to \infty$ 时, $F_n(x)$ 以概率 1 关于 x 一致地收敛于 $F(x)$, 即

$$P\left(\lim_{n \to \infty} \sup_{-\infty < x < +\infty} |F_n(x) - F(x)| = 0\right) = 1.$$

上述事实表明, 当样本容量 n 充分大时, 经验分布函数 $F_n(x)$ 是 $F(x)$ 的一个良好的近似. 从而, 有可能通过样本值来了解总体 X 的情况, 这也是统计推断以样本为依据的理由.

例 5.3.9   假设总体服从标准正态分布, 分别考虑随机产生容量为 20 和 50 的两组样本. 图 5.12 画出了对应的两个经验分布函数和标准正态分布函数.

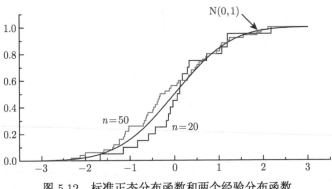

图 5.12 标准正态分布函数和两个经验分布函数

习 题 5.3

1 某食品厂对某天生产的罐头抽查了 90 个, 重量数据如下 (单位: g):

342, 340, 348, 346, 343, 342, 346, 341, 344, 348, 346, 346, 340, 344, 342,
344, 345, 340, 344, 344, 336, 348, 344, 345, 332, 342, 342, 340, 350, 343,
347, 340, 344, 353, 340, 340, 356, 346, 345, 346, 340, 339, 342, 352, 342,
350, 348, 344, 350, 335, 340, 338, 345, 345, 349, 336, 342, 338, 343, 343,
341, 347, 341, 347, 344, 339, 347, 348, 343, 347, 346, 344, 345, 350, 341,
338, 343, 339, 343, 346, 342, 339, 343, 350, 341, 346, 341, 345, 344, 342.

(1) 构造该批数据的频率分布表 (分 9 组);

(2) 画出频率直方图.

2 某公司有 250 名员工, 现在对每名员工从住所到公司上班所需要的时间 (单位: m) 进行了统计, 下面是所得到的数据信息:

所需时间	$0 \sim 10$	$10 \sim 20$	$20 \sim 30$	$30 \sim 40$	$40 \sim 50$
频率	0.10	0.24	0.34		0.14

(1) 将频率分布表补充完整;

(2) 该公司上班所需时间在 30 分钟以上的有多少人?

3 根据调查, 某群体人员的年薪数据如下 (单位: 千元):

40.6, 39.6, 37.8, 36.2, 38.8, 38.6, 39.6, 40.0, 34.7, 41.7,

38.9, 37.9, 37.0, 35.1, 36.7, 37.1, 37.7, 39.2, 36.9, 38.3.

试画出茎叶图.

4 某食品厂生产听装饮料, 现从生产线上随机抽取 5 听饮料, 称得其净重 (单位: g) 为

351,   347,   355,   344,   351.

求其经验分布函数.

5.4 统计量和抽样分布

5.4.1 统计量

前面反复叙述这样的观点: 为了研究一个问题而收集数据, 数据就是样本. 样本本身是一堆杂乱无章的数据, 要对这些数据进行加工整理, 计算出一些能够概括样本信息的量用于统计推断. 可以这样理解: 这种由样本计算出来的量, 把样本中与所要解决的问题有关的信息集中起来了. 在统计上, 这种量是一个非常重要的概念.

定义 5.4.1 设 $X_1, X_2, \cdots, X_n$ 是来自总体 X 的一个样本, $g(x_1, x_2, \cdots, x_n)$ 是一个 n 元函数. 如果 g 中不含有未知参数, 则称 $T = g(X_1, X_2, \cdots, X_n)$ 为一个统计量 (statistic).

例如, 设总体 $X \sim \mathrm{N}(\mu, \sigma^2)$. 考虑

$$T = g(X_1, X_2, \cdots, X_n) = \frac{1}{n} \sum_{i=1}^{n} (X_i - \mu)^2.$$

当 μ 是已知量时, T 是一个统计量. 当 μ 是未知量时, T 就不是一个统计量, 因为统计量中不允许含有未知参数.

由定义可知, 统计量是 n 个随机变量的一个函数, 由 2.6 节的内容可知, 统计量也是一个随机变量. 由于统计量的分布通常要由样本的分布导出, 故称统计量的分布为**抽样分布** (sampling distribution). 事实上, 抽样分布就是随机变量函数的分布.

如果 $x_1, x_2, \cdots, x_n$ 是一组样本值, 则 $g(x_1, x_2, \cdots, x_n)$ 是统计量 $g(X_1, X_2, \cdots, X_n)$ 的一个观察值, 可以计算出来. 和样本一样, 我们也往往不去严格区分统计量和统计量的观察值.

必须指出的是: 尽管统计量不依赖于未知参数, 但是它的分布 (抽样分布) 一般是依赖于未知参数的.

下面定义一些常用的统计量.

定义 5.4.2 设 $X_1, X_2, \cdots, X_n$ 是由总体 X 抽取的简单随机样本. 统计量

$$\overline{X} = \frac{1}{n} \sum_{i=1}^{n} X_i \tag{5.4.1}$$

称为**样本均值** (sample mean); 统计量

$$S^2 = \frac{1}{n-1} \sum_{i=1}^{n} (X_i - \overline{X})^2 \tag{5.4.2}$$

称为**样本方差** (sample variance); 其平方根 $S = \sqrt{S^2}$ 称为**样本标准差** (sample standard deviation); 统计量

$$M_k = \frac{1}{n} \sum_{i=1}^{n} X_i^k, \quad k = 1, 2, \cdots \tag{5.4.3}$$

称为**样本 k 阶原点矩** (sample kth moment); 统计量

$$M_k' = \frac{1}{n} \sum_{i=1}^{n} (X_i - \overline{X})^k, \quad k = 2, 3, \cdots \tag{5.4.4}$$

称为样本 k 阶中心矩 (sample kth central moment).

显然 $M_1 = \overline{X}$, $M_2' = \dfrac{n-1}{n}S^2$, 当 n 很大时 $M_2' \approx S^2$.

在得到样本观测值 $x_1, x_2, \cdots, x_n$ 后, 这些统计量的观测值分别为

$$\overline{x} = \frac{1}{n}\sum_{i=1}^{n} x_i;$$

$$s^2 = \frac{1}{n-1}\sum_{i=1}^{n}(x_i - \overline{x})^2 = \frac{1}{n-1}\left[\sum_{i=1}^{n} x_i^2 - n(\overline{x})^2\right];$$

$$s = \sqrt{s^2};$$

$$m_k = \frac{1}{n}\sum_{i=1}^{n} x_i^k, \quad k = 1, 2, \cdots;$$

$$m_k' = \frac{1}{n}\sum_{i=1}^{n}(x_i - \overline{x})^k, \quad k = 2, 3, \cdots.$$

在 R 语言中, 用函数 mean() 计算样本均值, 用函数 var() 和 sd() 分别计算样本方差和标准差. 现举例说明如下:

```
> x <- c(75.0, 64.0, 47.4, 66.9, 62.2, 62.2, 58.7, 63.5, 66.6, 64.0,
        57.0, 69.0, 56.9, 50.0, 72.0)       # 有15名学生的体重
> x.mean<-mean(x)      # 计算体重平均值
> x.var<-var(x)        # 计算体重方差
> x.sd<-sd(x)          # 计算体重标准差
```

执行上述代码, 得到 15 名学生体重的平均值为 62.36, 方差为 56.47, 标准差为 7.51.

由 5.3 节内容中我们知道, 样本数据有时候是分组样本, 它是一种不完全的样本. 对于分组样本如何计算相应的统计量的值呢? 其基本原则是用组中值代表所在组的所有数据. 比如, 一个组的组中值是 z, 对应的频数是 μ, 则这一分组就可以理解为 μ 个数都是 z, 各组都这样理解之后, 就可以计算统计量了. 下面给出分组样本情形下, 样本均值和样本方差的计算公式.

设有 n 个分组样本, 共分了 m 组, 分组表示如表 5.6 所示.

表 5.6　分组样本

组别	组 1	组 2	$\cdots$	组 m	总计
组中值	z_1	z_2	$\cdots$	z_m	
频数 μ_i	μ_1	μ_2	$\cdots$	μ_m	n

此时样本均值和样本方差有如下 (近似) 计算公式:

$$\overline{x} = \frac{1}{n}\sum_{i=1}^{m}\mu_i z_i, \quad n = \sum_{i=1}^{m}\mu_i; \tag{5.4.5}$$

$$s^2 = \frac{1}{n-1}\sum_{i=1}^{m}\mu_i(z_i - \overline{x})^2 = \frac{1}{n-1}\left[\sum_{i=1}^{m}\mu_i z_i^2 - n(\overline{x})^2\right]. \tag{5.4.6}$$

以上各统计量又称为样本的数字特征 (通常是随机变量或观测值), 与总体的数字特征 (通常是常数但未知) 相对应, 其物理意义也对应. 比如, 样本均值反映了数据的集中趋势, 样本方差 (标准差) 反映了数据的离散程度; 进一步可以定义样本的变异系数、偏态系数、峰态系数等.

我们指出, 若总体 X 的 k 阶矩 $E(X^k) = \mu_k$ 存在, 则由于 $X_1, X_2, \cdots, X_n$ 独立且与总体 X 同分布, 所以 $X_1^k, X_2^k, \cdots, X_n^k$ 独立且与 X^k 同分布, 故有

$$E(X_1^k) = E(X_2^k) = \cdots = E(X_n^k) = \mu_k$$

从而由欣钦大数定律知,

$$M_k = \frac{1}{n}\sum_{i=1}^{n} X_i^k \xrightarrow{P} \mu_k, \quad n \to \infty, \quad k = 1, 2, \cdots$$

进而由依概率收敛的性质得到

$$g(M_1, M_2, \cdots, M_k) \xrightarrow{P} g(\mu_1, \mu_2, \cdots, \mu_k), \quad n \to \infty$$

其中 g 为连续函数. 由此我们得出以下结论:

当样本容量无限增大时, 样本的矩依概率收敛于相应的总体矩.

这正就是后面用已知的样本矩推断未知的总体矩的依据.

最常用的统计量是样本均值和样本方差 (或样本标准差). 样本均值代表了样本的中心趋势, 它有如下两个性质.

定理 5.4.1 设 $x_1, x_2, \cdots, x_n$ 是一组样本观测值, 则 $\sum_{i=1}^{n}(x_i - \overline{x}) = 0$.

证 $\sum_{i=1}^{n}(x_i - \overline{x}) = \sum_{i=1}^{n} x_i - n\overline{x} = \sum_{i=1}^{n} x_i - \sum_{i=1}^{n} x_i = 0$. □

这个性质说明: $\overline{x}$ 是样本 $x_1, x_2, \cdots, x_n$ 的中心, 其计算公式用到了所有的样本 x_i, 且每个样本同等重要 (等权), 每个样本 x_i 与 $\overline{x}$ 的偏差 (也称为离差) 可正可负, 其和为零.

定理 5.4.2 设 $x_1, x_2, \cdots, x_n$ 是一组样本观测值, 则

$$\sum_{i=1}^{n}(x_i - \overline{x})^2 = \min_{c \in \mathbb{R}} \sum_{i=1}^{n}(x_i - c)^2.$$

证 对任意的常数 c,

$$\begin{aligned}
\sum_{i=1}^{n}(x_i - c)^2 &= \sum_{i=1}^{n}(x_i - \overline{x} + \overline{x} - c)^2 \\
&= \sum_{i=1}^{n}(x_i - \overline{x})^2 + n(\overline{x} - c)^2 + 2\sum_{i=1}^{n}(x_i - \overline{x})(\overline{x} - c) \\
&= \sum_{i=1}^{n}(x_i - \overline{x})^2 + n(\overline{x} - c)^2 \\
&\geqslant \sum_{i=1}^{n}(x_i - \overline{x})^2.
\end{aligned}$$

这个定理说明在形如 $\sum_{i=1}^{n}(x_i-c)^2$ 的函数中 (c 是自变量), $\sum_{i=1}^{n}(x_i-\overline{x})^2$ 最小.

样本方差 (或标准差) 是度量样本散布程度的一个统计量, 使用非常广泛, 其值越大, 说明样本散布程度越大; 其值越小, 说明样本散布程度越小. 相对于样本方差而言, 样本标准差通常更有实际意义, 因为它与样本均值具有相同的量纲.

在样本方差 s^2 的定义中, n 是样本容量, $\sum_{i=1}^{n}(x_i-\overline{x})^2$ 称为离差平方和, $n-1$ 称为离差平方和的自由度. 其含义是 n 个离差的平方和, 本应有 n 个自由度, 有一个约束 $\sum_{i=1}^{n}(x_i-\overline{x})=0$, 丢失了一个自由度, 因而自由度是 $n-1$. 为方便计算, 离差平方和有如下三个不同的表达式:

$$\sum_{i=1}^{n}(x_i-\overline{x})^2=\sum_{i=1}^{n}x_i^2-n(\overline{x})^2=\sum_{i=1}^{n}x_i^2-\frac{1}{n}\Big(\sum_{i=1}^{n}x_i\Big)^2 \tag{5.4.7}$$

下面的定理给出了样本均值的数学期望和方差, 以及样本方差的数学期望, 它与总体的具体分布形式无关. 这些结论在后面的讨论中很有用的.

定理 5.4.3　设总体 X 具有二阶矩, 记 $E(X)=\mu$, $D(X)=\sigma^2$, 若 $X_1,X_2,\cdots,X_n$ 是来自于这一总体的一个样本, 则

$$E(\overline{X})=\mu,\quad D(\overline{X})=\frac{1}{n}\sigma^2,\quad E(S^2)=\sigma^2.$$

证　由数学期望和方差的性质直接计算得

$$E(\overline{X})=E\Big(\frac{1}{n}\sum_{i=1}^{n}X_i\Big)=\frac{1}{n}\sum_{i=1}^{n}E(X_i)=\frac{1}{n}\sum_{i=1}^{n}\mu=\mu;$$

$$D(\overline{X})=D\Big(\frac{1}{n}\sum_{i=1}^{n}X_i\Big)=\frac{1}{n^2}\sum_{i=1}^{n}D(X_i)=\frac{1}{n^2}\sum_{i=1}^{n}\sigma^2=\frac{1}{n}\sigma^2;$$

$$E(S^2)=\frac{1}{n-1}E\Big[\sum_{i=1}^{n}\big(X_i-\overline{X}\big)^2\Big]$$

$$=\frac{1}{n-1}E\Big[\sum_{i=1}^{n}X_i^2-n\big(\overline{X}\big)^2\Big]$$

$$=\frac{1}{n-1}\sum_{i=1}^{n}E(X_i^2)-\frac{n}{n-1}E(\overline{X})^2$$

$$=\frac{1}{n-1}\sum_{i=1}^{n}\big[D(X_i)+E^2(X_i)\big]-\frac{n}{n-1}\big[D(\overline{X})+E^2(\overline{X})\big]$$

$$=\frac{1}{n-1}\sum_{i=1}^{n}\big(\sigma^2+\mu^2\big)-\frac{n}{n-1}\Big(\frac{1}{n}\sigma^2+\mu^2\Big)$$

$$=\frac{1}{n-1}\big(n\sigma^2+n\mu^2-\sigma^2-n\mu^2\big)=\sigma^2.\qquad\square$$

此定理表明, 样本均值的期望与总体期望相同, 而样本均值的方差是总体方差的 $1/n$.

统计量作为样本的函数, 其分布在统计推断中有非常重要的地位. 因而寻找种种统计量的抽样分布或近似分布, 是一件极重要的工作. 一般来说, 要确定一个统计量的精确分布是有一定难度的, 但当总体是正态分布时, 已经有比较完善的结果.

5.4.2 正态总体抽样分布

下面我们针对正态总体, 推导与 $\overline{X}$ 和 S^2 这两个统计量相关的一些统计量的分布. 为此, 我们首先回顾一下第 2 章学习过的三个分布: χ^2 分布、t 分布、F 分布, 这三个分布被称为统计学的三大抽样分布. 初学者可以重点关注其产生机制.

设 $X_1, X_2, \cdots, X_n$ 和 $Y_1, Y_2, \cdots, Y_m$ 是来自标准正态分布 $N(0,1)$ 的两个相互独立的样本, 则此三个分布的构造及其概率密度函数如表 5.7 所示.

表 5.7 三大抽样分布及其构造

统计量的构造	密度函数
若 $X_1, X_2, \cdots, X_n \sim \text{iid}\,N(0,1)$, 则 $X_1^2 + X_2^2 + \cdots + X_n^2 \sim \chi^2(n)$	$f(x) = \dfrac{1}{2^{n/2}\Gamma\left(\frac{n}{2}\right)} x^{\frac{n}{2}-1} \mathrm{e}^{-\frac{x}{2}}$, $x > 0$
若 $X \sim N(0,1)$ 和 $Y \sim \chi^2(n)$ 独立, 则 $\dfrac{X}{\sqrt{Y/n}} \sim t(n)$	$f(x) = \dfrac{\Gamma\left(\frac{n+1}{2}\right)}{\Gamma\left(\frac{n}{2}\right)\sqrt{n\pi}} \left(1 + \dfrac{x^2}{n}\right)^{-\frac{n+1}{2}}$, $-\infty < x < \infty$
若 $X \sim \chi^2(n_1)$ 和 $Y \sim \chi^2(n_2)$ 独立, 则 $\dfrac{X/n_1}{Y/n_2} \sim F(n_1, n_2)$ 分布	$f(x) = \dfrac{\Gamma\left(\frac{n_1+n_2}{2}\right)}{\Gamma\left(\frac{n_1}{2}\right) \cdot \Gamma\left(\frac{n_2}{2}\right)} \left(\dfrac{n_1}{n_2}\right)^{\frac{n_1}{2}}$ $\cdot x^{\frac{n_1}{2}-1}\left(1 + \dfrac{n_1}{n_2}x\right)^{-\frac{n_1+n_2}{2}}$, $x > 0$

由第 2 章的知识, 我们知道 χ^2 分布是伽马分布的特例, 即 $\chi^2(n) = \Gamma(n/2, 1/2)$. 该密度函数的图像是一个只取非负值的偏态分布, 图 5.13 画出了不同自由度的 χ^2 分布密度函数, 其数学期望等于自由度, 方差等于 2 倍自由度, 即 $\mathrm{E}(\chi^2(n)) = n$, $\mathrm{D}(\chi^2(n)) = 2n$.

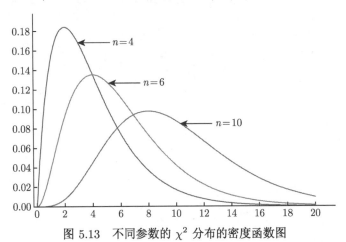

图 5.13 不同参数的 χ^2 分布的密度函数图

当随机变量 $X \sim \chi^2(n)$ 时, 对于给定的 $\alpha\,(0 < \alpha < 1)$, $\chi^2(n)$ 分布的 $1-\alpha$ 分位数记为 $\chi^2_{1-\alpha}(n)$, 即

$$P\big(X \leqslant \chi^2_{1-\alpha}(n)\big) = 1 - \alpha.$$

对于一些常见的 α 和 n, 由附表 4 可以查到 $\chi^2_{1-\alpha}(n)$ 的值.

　　t 分布的密度函数是一个偶函数, 其图像关于纵轴对称, 具有 "中间高, 两边低, 左右对称" 的形态, 与标准正态分布的密度函数类似, 只是中峰比标准正态分布低一些, 同时尾部的值要比标准正态分布大一些, 这种现象称为 "厚尾", 或者 "重尾". 图 5.14 画出了自由度为 2 和 4 的 t 分布, 以及标准正态密度函数图.

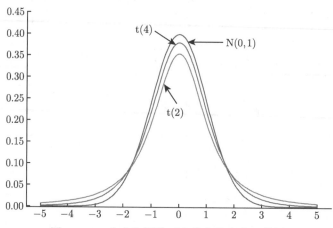

图 5.14   t 分布和标准正态分布的密度函数图

关于 t 分布需要注意如下几点:

(1) 当 $n = 1$ 时, t 分布就是柯西分布, 没有数学期望;

(2) 当 $n > 1$ 时, t 分布的数学期望存在, 且为 0;

(3) 当 $n > 2$ 时, t 分布的方差存在, 且为 $n/(n-2)$;

(4) 应用中, 当 $n > 30$ 时, 常用标准正态分布近似代替 $t(n)$ 分布.

　　自由度为 n 的 t 分布的 $1-\alpha$ 分位数记为 $t_{1-\alpha}(n)$, 对于一些常见的 α 和 n, 由附表 6 可以查到 $t_{1-\alpha}(n)$ 的值.

　　F 分布有两个自由度, 分别称为第一自由度和第二自由度, 该密度函数的图像是一个只取非负值的偏态分布, 图 5.15 画出了三组自由度的 F 分布密度函数.

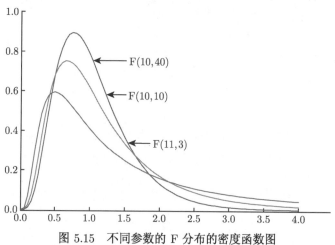

图 5.15   不同参数的 F 分布的密度函数图

自由度为 (n_1, n_2) 的 F 分布的 $1-\alpha$ 分位数记为 $F_{1-\alpha}(n_1, n_2)$.

由 F 分布的构造过程可知, 若随机变量 $X \sim F(n_1, n_2)$, 则有 $X^{-1} \sim F(n_2, n_1)$, 故对于给定的 $\alpha\ (0 < \alpha < 1)$, 有

$$\alpha = P\Big(\frac{1}{X} \leqslant F_\alpha(n_2, n_1)\Big) = P\Big(X \geqslant \frac{1}{F_\alpha(n_2, n_1)}\Big)$$

从而

$$P\Big(X \leqslant \frac{1}{F_\alpha(n_2, n_1)}\Big) = 1 - \alpha$$

这说明

$$F_{1-\alpha}(n_1, n_2) = \frac{1}{F_\alpha(n_2, n_1)}. \tag{5.4.8}$$

对于小的 α, 分位数 $F_{1-\alpha}(n, m)$ 可以从附表 5 中查到, 而分位数 $F_\alpha(n, m)$ 则可以通过关系式 (5.4.8) 得到.

下面给出关于正态总体统计量分布的几个定理, 它们在统计学中具有基础地位.

定理 5.4.4 设 $X_1, X_2, \cdots, X_n$ 是来自总体 $N(\mu, \sigma^2)$ 的一个样本, 则

(1) $\overline{X}$ 与 S^2 独立;

(2) $\overline{X} \sim N(\mu, \sigma^2/n)$;

(3) $\frac{n-1}{\sigma^2}S^2 \sim \chi^2(n-1)$.

证 由于 $X_1, X_2, \cdots, X_n$ 独立同分布于 $N(\mu, \sigma^2)$, 因而 n 维随机变量 $(X_1, X_2, \cdots, X_n)$ 的联合密度函数为

$$\begin{aligned}
f(x_1, x_2, \cdots, x_n) &= (2\pi\sigma^2)^{-n/2} \exp\left\{-\frac{1}{2\sigma^2}\sum_{k=1}^n (x_k - \mu)^2\right\} \\
&= (2\pi\sigma^2)^{-n/2} \exp\left\{-\frac{1}{2\sigma^2}\sum_{k=1}^n (x_k^2 - 2\mu x_k + \mu^2)\right\} \\
&= (2\pi\sigma^2)^{-n/2} \exp\left\{-\frac{1}{2\sigma^2}\left[\sum_{k=1}^n x_k^2 - 2n\mu\overline{x} + n\mu^2\right]\right\}.
\end{aligned}$$

下面对 n 维随机变量 $(X_1, X_2, \cdots, X_n)$ 作一正交变换:

$$(Y_1, Y_2, \cdots, Y_n)^{\mathrm{T}} = A(X_1, X_2, \cdots, X_n)^{\mathrm{T}},$$

其中 A 是选取的正交矩阵

$$A = \begin{bmatrix}
1/\sqrt{n} & 1/\sqrt{n} & 1/\sqrt{n} & \cdots & 1/\sqrt{n} \\
1/\sqrt{1\cdot 2} & -1/\sqrt{1\cdot 2} & 0 & \cdots & 0 \\
1/\sqrt{2\cdot 3} & 1/\sqrt{2\cdot 3} & -2/\sqrt{2\cdot 3} & \cdots & 0 \\
\vdots & \vdots & \vdots & \vdots & \vdots \\
1/\sqrt{(n-1)n} & 1/\sqrt{(n-1)n} & 1/\sqrt{(n-1)n} & \cdots & -(n-1)/\sqrt{(n-1)n}
\end{bmatrix},$$

注意 A 除了第一行外每行元素之和等于零, 且该变换的雅可比行列式等于 1. 不难看出这个变换有

$$Y_1 = \frac{1}{\sqrt{n}} \sum_{k=1}^{n} X_k = \sqrt{n}\,\overline{X}, \tag{5.4.9}$$

$$\sum_{k=1}^{n} Y_k^2 = (Y_1, Y_2, \cdots, Y_n) \begin{bmatrix} Y_1 \\ Y_2 \\ \vdots \\ Y_n \end{bmatrix} = (X_1, X_2, \cdots, X_n) A^{\mathrm{T}} A \begin{bmatrix} X_1 \\ X_2 \\ \vdots \\ X_n \end{bmatrix} = \sum_{k=1}^{n} X_k^2. \tag{5.4.10}$$

接下来考察变换后的 n 维随机变量 $(Y_1, Y_2, \cdots, Y_n)$ 的联合分布密度函数. 2.6 节中讨论了二维变换情形, 容易将公式 (2.6.13) 推广到 n 维变换的情形, 同时由关系式 (5.4.9) 和式 (5.4.10) 可得 $(Y_1, Y_2, \cdots, Y_n)$ 的联合密度函数为

$$h(y_1, y_2, \cdots, y_n) = (2\pi\sigma^2)^{-n/2} \exp\left\{ -\frac{1}{2\sigma^2} \left[\sum_{k=1}^{n} y_k^2 - 2\sqrt{n}\,y_1\mu + n\mu^2 \right] \right\}$$

$$= (2\pi\sigma^2)^{-n/2} \exp\left\{ -\frac{1}{2\sigma^2} \left[\sum_{k=2}^{n} y_k^2 + (y_1 - \sqrt{n}\mu)^2 \right] \right\}.$$

可见, 这个联合密度函数的 n 个变量是可以分离的, 因而 $Y_1, Y_2, \cdots, Y_n$ 相互独立, 且都服从正态分布, 具体有

$$Y_1 = \frac{1}{\sqrt{n}}(X_1 + \cdots + X_n) \sim \mathrm{N}(\sqrt{n}\mu,\ \sigma^2), \tag{5.4.11}$$

$$Y_i \sim \mathrm{N}(0, \sigma^2), \quad i = 2, 3, \cdots, n. \tag{5.4.12}$$

由式 (5.4.11) 得 $\overline{X} = \dfrac{Y_1}{\sqrt{n}} \sim \mathrm{N}(\mu, \sigma^2/n)$. (2) 得证.

利用关系式 (5.4.9) 和式 (5.4.10) 可得

$$\frac{n-1}{\sigma^2} S^2 = \frac{1}{\sigma^2} \sum_{i=1}^{n} (X_i - \overline{X})^2 = \frac{1}{\sigma^2} \left(\sum_{i=1}^{n} X_i^2 - n(\overline{X})^2 \right)$$

$$= \frac{1}{\sigma^2} \left(\sum_{i=1}^{n} Y_i^2 - Y_1^2 \right) = \sum_{i=2}^{n} \left(\frac{Y_i}{\sigma} \right)^2.$$

由式 (5.4.12) 可知, 上式是 $n-1$ 个独立标准正态随机变量的平方和, 故服从 $\chi^2(n-1)$ 分布. 于是, (3) 得证. 由于

$$\overline{X} = \frac{Y_1}{\sqrt{n}}, \quad (n-1)S^2 = \sum_{i=1}^{n} (X_i - \overline{X})^2 = \sum_{i=2}^{n} Y_i^2,$$

说明 $\overline{X}$ 是 Y_1 的函数, S^2 是 $Y_2, Y_3, \cdots, Y_n$ 的函数, 因而相互独立, 这就证明了 (1).　　□

定理 5.4.5　设 $X_1, X_2, \cdots, X_n$ 是来自总体 $\mathrm{N}(\mu, \sigma^2)$ 的一个样本, 则

$$T = \frac{\overline{X} - \mu}{\sqrt{S^2/n}} = \frac{\sqrt{n}(\overline{X} - \mu)}{S} \sim \mathrm{t}(n-1). \tag{5.4.13}$$

证 令

$$U = \frac{\overline{X} - \mu}{\sqrt{\sigma^2/n}}, \quad V = \frac{1}{\sigma^2} \sum_{i=1}^{n} (X_i - \overline{X})^2 = \frac{(n-1)S^2}{\sigma^2}.$$

由定理 5.4.4 得知: $U \sim N(0,1)$, $V \sim \chi^2(n-1)$, 并且 U 和 V 相互独立. 再由 t 分布的构成机制知

$$\frac{U}{\sqrt{V/(n-1)}} \sim t(n-1),$$

而

$$\frac{U}{\sqrt{V/(n-1)}} = \frac{\overline{X} - \mu}{\sqrt{\sigma^2/n}} \Big/ \sqrt{\frac{S^2}{\sigma^2}} = \frac{\overline{X} - \mu}{\sqrt{S^2/n}}.$$

从而定理结论成立. □

定理 5.4.6 设 $X_1, X_2, \cdots, X_n$ 和 $Y_1, Y_2, \cdots, Y_m$ 是分别来自两个总体 $N(\mu_1, \sigma_1^2)$ 和 $N(\mu_2, \sigma_2^2)$ 的样本 $(n \geqslant 2, m \geqslant 2)$, 且上述两样本相互独立, 则

$$T = \frac{\sigma_2^2 S_1^2}{\sigma_1^2 S_2^2} \sim F(n-1, m-1). \tag{5.4.14}$$

其中 S_1^2 和 S_2^2 分别是这两个样本的样本方差.

证 由定理 5.4.4 可知

$$U = \frac{n-1}{\sigma_1^2} S_1^2 \sim \chi^2(n-1), \quad V = \frac{m-1}{\sigma_2^2} S_2^2 \sim \chi^2(m-1).$$

由于 $X_1, X_2, \cdots, X_n$ 与 $Y_1, Y_2, \cdots, Y_m$ 相互独立, 不难证明 U 和 V 相互独立. 由 F 分布的构成机制可知

$$\frac{U/(n-1)}{V/(m-1)} = \frac{\sigma_2^2 S_1^2}{\sigma_1^2 S_2^2} \sim F(n-1, m-1).$$

即定理结论成立. □

定理 5.4.7 设 $X_1, X_2, \cdots, X_n$ 和 $Y_1, Y_2, \cdots, Y_m$ 是分别来自两个总体 $N(\mu_1, \sigma^2)$ 和 $N(\mu_2, \sigma^2)$ 的样本 $(n \geqslant 2, m \geqslant 2)$, 且此两样本相互独立, 则

$$\frac{(\overline{X} - \overline{Y}) - (\mu_1 - \mu_2)}{S_W \sqrt{\frac{1}{n} + \frac{1}{m}}} \sim t(n+m-2). \tag{5.4.15}$$

其中 $S_W^2 = \dfrac{(n-1)S_1^2 + (m-1)S_2^2}{n+m-2}$, S_1^2 和 S_2^2 分别是这两个样本的样本方差.

证 由定理 5.4.4 得知

$$\overline{X} \sim N(\mu_1, \sigma^2/n), \qquad\qquad \overline{Y} \sim N(\mu_2, \sigma^2/m);$$
$$U = \frac{n-1}{\sigma^2} S_1^2 \sim \chi^2(n-1), \quad V = \frac{m-1}{\sigma^2} S_2^2 \sim \chi^2(m-1).$$

且上述四个随机变量两两相互独立. 从而由正态分布和 χ^2 分布的可加性, 得

$$\overline{X} - \overline{Y} \sim N(\mu_1 - \mu_2, \sigma^2/n + \sigma^2/m), \quad U + V \sim \chi^2(n+m-2).$$

且两者也相互独立, 于是由 t 分布的构成机制可知

$$T = \frac{\dfrac{(\overline{X} - \overline{Y}) - (\mu_1 - \mu_2)}{\sqrt{\sigma^2/n + \sigma^2/m}}}{\sqrt{\dfrac{U + V}{n + m - 2}}} \sim \mathrm{t}(n + m - 2).$$

不难验证

$$T = \frac{(\overline{X} - \overline{Y}) - (\mu_1 - \mu_2)}{S_W \sqrt{\dfrac{1}{n} + \dfrac{1}{m}}},$$

从而定理结论成立.   □

上述四个定理是关于正态总体统计推断的基础, 以后可能会反复用到.

5.4.3　非正态总体抽样分布

抽样分布与总体分布有关, 也与统计量有关, 前面讨论了正态总体样本均值和样本方差的抽样分布. 对于非正态总体, 统计量的精确分布一般很难得到, 本小节只讨论样本均值的分布. 需要指出的是, 随着计算机技术的发展, 利用计算机通过 "随机模拟法" 来研究统计量的近似分布也是一个非常重要的途径, 这部分内容属于 "计算统计学" 的范畴, 有兴趣的读者可参阅参考文献 [10].

例 5.4.1　设总体 X 服从泊松分布 $\mathrm{P}(\lambda)$, $X_1, X_2, \cdots, X_n$ 是抽自该总体的一个简单随机样本, 求样本均值 $\overline{X}$ 的分布.

解　根据泊松分布的可加性知

$$\sum_{k=1}^{n} X_k = n\overline{X} \sim \mathrm{P}(n\lambda),$$

对于样本均值 $\overline{X}$, 其取值不再是自然数, 而是 k/n, $k = 0, 1, 2, \cdots$, 相应的分布列为

$$P\left(\overline{X} = \frac{k}{n}\right) = P\left(\sum_{k=1}^{n} X_k = k\right) = \frac{(n\lambda)^k}{k!} \mathrm{e}^{-n\lambda}, \quad k = 0, 1, 2, \cdots. \qquad \square$$

例 5.4.2　设总体 X 服从指数分布 $\mathrm{Exp}(\lambda)$, $X_1, X_2, \cdots, X_n$ 是抽自该总体的一个简单随机样本, 求样本均值 $\overline{X}$ 的分布.

解　指数分布 $\mathrm{Exp}(\lambda)$ 就是伽马分布 $\Gamma(1, \lambda)$, 因而根据伽马分布的可加性得

$$\sum_{k=1}^{n} X_k = n\overline{X} \sim \Gamma(n, \lambda),$$

进而可得 $\overline{X} \sim \Gamma(n, n\lambda)$.   □

例 5.4.1 和例 5.4.2 都是先求出样本和 $\sum_{k=1}^{n} X_k$ 的分布, 再求样本均值的分布, 而样本和的分布通常不易求得, 所幸的是利用中心极限定理可以求出近似分布, 从而可以求得样本均值的近似分布.

定理 5.4.8 设 $X_1, X_2, \cdots, X_n$ 是来自某个总体的一个简单随机样本, 样本均值为 $\overline{X}$.

(1) 若总体为正态分布 $\mathrm{N}(\mu, \sigma^2)$, 则 $\overline{X}$ 的精确分布为 $\mathrm{N}(\mu, \sigma^2/n)$;

(2) 若总体分布未知或不是正态分布, 且 $\mathrm{E}(X) = \mu$, $\mathrm{D}(X) = \sigma^2$ 存在, 则当 $n \to \infty$ 时, $\overline{X}$ 的渐近分布为 $\mathrm{N}(\mu, \sigma^2/n)$.

证 (1) 前面已述, 这里重复出现意在和近似分布比较.

(2) 由中心极限定理

$$\frac{\sum_{k=1}^{n} X_k - n\mu}{\sqrt{n}\sigma} = \frac{\overline{X} - \mu}{\sigma/\sqrt{n}} \xrightarrow{L} Z \sim \mathrm{N}(0,1),$$

这说明当 $n \to \infty$ 时, $\overline{X}$ 的近似分布是 $\mathrm{N}(\mu, \sigma^2/n)$. $\qquad\square$

例 5.4.3 (例 5.4.2 续) 设总体 X 服从指数分布 $\mathrm{Exp}(1)$, $\mathrm{E}(X) = \mathrm{D}(X) = 1$, 样本均值 $\overline{X}$ 的精确分布是伽马分布 $\Gamma(n, n)$; 根据定理 5.4.8, 样本均值 $\overline{X}$ 的近似分布是正态分布 $\mathrm{N}(1, 1/n)$. 图 5.16 画出了精确分布和近似分布的密度函数. $\qquad\square$

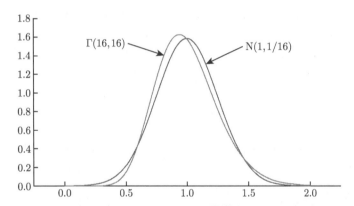

图 5.16 指数分布 $\mathrm{Exp}(1)$ 样本均值 $\overline{X}$ 的精确分布和正态近似

例 5.4.4 设总体 X 服从均匀分布 $\mathrm{U}(1,5)$, $\mathrm{E}(X) = 3$, $\mathrm{D}(X) = 4/3$, 若从该总体中抽取容量为 16 的样本, 则样本均值 $\overline{X}$ 的近似分布是正态分布 $\mathrm{N}(3, 1/12)$. 其精确分布表达式非常繁杂, 需要对均匀分布的密度函数做 15 次卷积运算, 我们这里不求理会精确分布, 而是给出样本均值 $\overline{X}$ 概率分布的频率解释 (直方图).

设想我们抽取了一个容量为 16 的样本, 也就是 16 个数, 可以算出一个均值 $\overline{x}_1$; 然后再抽第二个容量为 16 的样本, 又得到 16 个数, 又算出一个均值 $\overline{x}_2$; 如此重复抽取, 要求每次抽取的条件保持一致, 对于离散分布, 采用有放回抽样, 就可以算出一系列的均值:

$$\overline{x}_1, \ \overline{x}_2, \ \overline{x}_3, \cdots$$

它们之间的差异是由抽样的随机性引起的, 假设无限制地一直抽下去, 就得到大量的 $\overline{x}$ 的值, 根据伯努利大数定律, 这些值在某个区间上的频率就是样本均值这个随机变量在该区间取值的概率的近似值, 因而这些 $\overline{x}$ 的频率直方图就反映了 $\overline{X}$ 的概率密度. 图 5.17 就是这样得到的 500 个 $\overline{x}$ 所形成的频率直方图, 曲线是正态分布 $\mathrm{N}(3, 1/12)$ 的密度函数图. $\qquad\square$

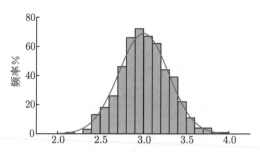

图 5.17   样本均值 $\overline{X}$ 的频率直方图和正态近似

5.4.4   次序统计量及其分布

除了样本矩, 样本的最小值、最大值、中间值等都在一定程度上概括了样本的信息. 例如, 记录过去 50 年洪水的最高水位及夏天的最高气温都为我们提供了重要信息. 这类统计量就是次序统计量, 它在实际和理论中都有广泛的应用.

定义 5.4.3   设 $X_1, X_2, \cdots, X_n$ 是抽自总体 X 的一个简单随机样本, $x_1, x_2, \cdots, x_n$ 为样本观测值, 将 $x_1, x_2, \cdots, x_n$ 按照从小到大的顺序排列为

$$x_{(1)} \leqslant x_{(2)} \leqslant \cdots \leqslant x_{(n)}.$$

当样本 $X_1, X_2, \cdots, X_n$ 取值为 $x_1, x_2, \cdots, x_n$ 时, 定义 $X_{(k)}$ 取值为 $x_{(k)}$ $(k = 1, 2, \cdots, n)$, 则称 $X_{(1)}, X_{(2)}, \cdots, X_{(n)}$ 为 $X_1, X_2, \cdots, X_n$ 的*次序统计量* (order statistic).

显然 $X_{(1)}$ 是样本观测取值中最小的一个, 称为*最小次序统计量* (smallest order statistic). $X_{(n)}$ 是样本观测取值中最大的一个, 称为*最大次序统计量* (largest order statistic). 称 $X_{(r)}$ 为第 r 个次序统计量.

需要注意的是: 虽然样本是独立同分布的, 但次序统计量 $X_{(1)}, X_{(2)}, \cdots, X_{(n)}$ 一般来说既不独立, 分布也不相同, 具体参考下面的例子.

例 5.4.5   设总体 X 为取值是 $0, 1, 2$ 的离散型均匀分布, 分布列为

X	0	1	2
P	1/3	1/3	1/3

现从中抽取容量为 3 的样本 (X_1, X_2, X_3), 其一切可能取值有 27 种, 现将它们一一列出, 如表 5.8 所示.

表 5.8   容量为 3 的一个样本和次序统计量的所有取值

X_1	X_2	X_3	$X_{(1)}$	$X_{(2)}$	$X_{(3)}$	X_1	X_2	X_3	$X_{(1)}$	$X_{(2)}$	$X_{(3)}$	X_1	X_2	X_3	$X_{(1)}$	$X_{(2)}$	$X_{(3)}$
0	0	0	0	0	0	1	0	0	0	0	1	2	0	0	0	0	2
0	0	1	0	0	1	1	0	1	0	1	1	2	0	1	0	1	2
0	0	2	0	0	2	1	0	2	0	1	2	2	0	2	0	2	2
0	1	0	0	0	1	1	1	0	0	1	1	2	1	0	0	1	2
0	1	1	0	1	1	1	1	1	1	1	1	2	1	1	1	1	2
0	1	2	0	1	2	1	1	2	1	1	2	2	1	2	1	2	2
0	2	0	0	0	2	1	2	0	0	1	2	2	2	0	0	2	2
0	2	1	0	1	2	1	2	1	1	1	2	2	2	1	1	2	2
0	2	2	0	2	2	1	2	2	1	2	2	2	2	2	2	2	2

由于样本取为所有 27 个观测值的概率都是 $1/27$, 因此 $X_{(1)}, X_{(2)}, X_{(3)}$ 的分布列为

$X_{(1)}$	0	1	2
P	19/27	7/27	1/27

$X_{(2)}$	0	1	2
P	7/27	13/27	7/27

$X_{(3)}$	0	1	2
P	1/27	7/27	19/27

可见这三个次序统计量的分布是不同的.

$X_{(1)}$ 和 $X_{(2)}$ 的联合分布列如表 5.9 所示, 容易看出 $X_{(1)}$ 和 $X_{(2)}$ 不独立.

表 5.9　两个次序统计量的联合分布列

$X_{(1)}$	$X_{(2)}$		
	0	1	2
0	7/27	9/27	3/27
1	0	4/27	3/27
2	0	0	1/27

次序统计量作为样本的函数, 其概率分布由样本概率分布计算确定, 下面讨论次序统计量的抽样分布.

1. 单个次序统计量的分布

如果总体是离散型随机变量, 由例 5.4.5 可见, 次序统计量概率的计算完全是计数问题, 具体有如下结论.

定理 5.4.9　设随机样本 $X_1, X_2, \cdots, X_n$ 取自分布列为 $P(X = a_i) = p_i$ 的离散型总体, 其中 $a_1 < a_2 < \cdots$ 是 X 的所有可能的取值 (按升序排列), 记

$$P_0 = 0,$$
$$P_1 = p_1,$$
$$P_2 = p_1 + p_2,$$
$$\vdots$$
$$P_i = p_1 + p_2 + \cdots + p_i,$$
$$\vdots$$

则次序统计量 $X_{(j)}$ 的分布列为

$$P\big(X_{(j)} = a_i\big) = \sum_{k=j}^{n} C_n^k \big[P_i^k (1 - P_i)^{n-k} - P_{i-1}^k (1 - P_{i-1})^{n-k} \big]. \tag{5.4.16}$$

证　固定 i, 令随机变量 Y 表示 $X_1, X_2, \cdots, X_n$ 中小于等于 a_i 的样本个数. 则由于 $X_1, X_2, \cdots, X_n$ 独立同分布, 因而 $Y \sim \mathrm{B}(n, P_i)$.

随机事件 $\{X_{(j)} \leqslant a_i\}$ 等于 $\{Y \geqslant j\}$, 它们都表示至少有 j 个样本小于等于 a_i, 故

$$P\big(X_{(j)} \leqslant a_i\big) = P(Y \geqslant j) = \sum_{k=j}^{n} C_n^k P_i^k (1 - P_i)^{n-k}.$$

因而

$$P\big(X_{(j)} = a_i\big) = P\big(X_{(j)} \leqslant a_i\big) - P\big(X_{(j)} \leqslant a_{i-1}\big)$$
$$= \sum_{k=j}^{n} C_n^k \big[P_i^k (1 - P_i)^{n-k} - P_{i-1}^k (1 - P_{i-1})^{n-k} \big]. \qquad \square$$

如果总体是连续型随机变量, 则任意两个 X_j 相等的概率为 0, 此时 $P(X_{(1)} < X_{(2)} < \cdots < X_{(n)}) = 1$, 且 $(X_{(1)}, X_{(2)}, \cdots, X_{(n)})$ 的取值空间为

$$\{(x_1, x_2, \cdots, x_n) : x_1 < x_2 < \cdots < x_n\}.$$

类似于定理 5.4.9, 有如下结论.

定理 5.4.10　设总体的分布函数为 $F(x)$, 概率密度函数为 $f(x)$, $X_1, X_2, \cdots, X_n$ 为来自该总体的样本, $(X_{(1)}, X_{(2)}, \cdots, X_{(n)})$ 为次序统计量, 则 $X_{(j)}$ 的概率密度函数为

$$f_j(x) = \frac{n!}{(j-1)!(n-j)!} f(x)[F(x)]^{j-1}[1 - F(x)]^{n-j}. \qquad (5.4.17)$$

证　先求 $X_{(j)}$ 的分布函数, 再通过求导得到其密度函数. 对于固定的实数 x, 令随机变量 Y 表示 $X_1, X_2, \cdots, X_n$ 中小于等于 x 的样本个数, 则 $Y \sim \mathrm{B}(n, F(x))$. 于是 $X_{(j)}$ 的分布函数为

$$F_j(x) = P(X_{(j)} \leqslant x) = P(Y \geqslant j) = \sum_{k=j}^{n} C_n^k \big[F(x)\big]^k [1 - F(x)]^{n-k},$$

故 $X_{(j)}$ 的密度函数为

$$
\begin{aligned}
f_j(x) &= \frac{\mathrm{d}}{\mathrm{d}x} F_j(x) \\
&= \sum_{k=j}^{n} C_n^k f(x) \Big(k[F(x)]^{k-1}[1 - F(x)]^{n-k} - (n-k)[F(x)]^k[1 - F(x)]^{n-k-1} \Big) \\
&= C_n^j j f(x)[F(x)]^{j-1}[1 - F(x)]^{n-j} + \sum_{k=j+1}^{n} C_n^k k f(x)[F(x)]^{k-1}[1 - F(x)]^{n-k} \\
&\quad - \sum_{k=j}^{n-1} C_n^k (n-k) f(x)[F(x)]^k[1 - F(x)]^{n-k-1} \\
&= \frac{n!}{(j-1)!(n-j)!} f(x)[F(x)]^{j-1}[1 - F(x)]^{n-j}
\end{aligned}
$$

$$+ \sum_{k=j}^{n-1} C_n^{k+1}(k+1)f(x)[F(x)]^k[1-F(x)]^{n-k-1}$$

$$- \sum_{k=j}^{n-1} C_n^k(n-k)f(x)[F(x)]^k[1-F(x)]^{n-k-1}$$

$$= \frac{n!}{(j-1)!(n-j)!}f(x)[F(x)]^{j-1}[1-F(x)]^{n-j}.$$

上面最后一个等式用到了 $(k+1)C_n^{k+1} = (n-k)C_n^k$. ☐

公式 (5.4.17) 中 $j = 1$ 和 $j = n$ 分别对应的特例就是第 2 章讲过的最小值和最大值, 我们这里再次回顾如下.

推论 5.4.11 次序统计量 $X_{(1)}$ 和 $X_{(n)}$ 的分布函数和概率密度函数分别为

$$F_1(x) = 1 - [1-F(x)]^n, \quad f_1(x) = n[1-F(x)]^{n-1}f(x); \tag{5.4.18}$$

$$F_n(x) = [F(x)]^n, \quad f_n(x) = n[F(x)]^{n-1}f(x). \tag{5.4.19}$$

例 5.4.6 设 $X_1, X_2, \cdots, X_n$ 是独立同分布的随机变量, 且都服从 U$(0,1)$ 分布, 则第 j 个次序统计量 $X_{(j)}$ 的概率密度函数为

$$f_j(x) = \frac{n!}{(j-1)!(n-j)!}x^{j-1}(1-x)^{n-j}$$

$$= \frac{\Gamma(n+1)}{\Gamma(j)\Gamma(n-j+1)}x^{j-1}(1-x)^{n-j}, \quad x \in (0,1).$$

即 $X_{(j)} \sim \text{Beta}(j, n-j+1)$, 从而

$$\text{E}(X_{(j)}) = \frac{j}{n+1}, \quad \text{D}(X_{(j)}) = \frac{j(n-j+1)}{(n+1)^2(n+2)}. \qquad ☐$$

2. 多个次序统计量的分布

有时我们还要考虑两个次序统计量的联合分布, 下面定理给出了相应的结果.

定理 5.4.12 设总体的分布函数为 $F(x)$, 概率密度函数为 $f(x)$, $X_1, X_2, \cdots, X_n$ 为来自该总体的样本, $(X_{(1)}, X_{(2)}, \cdots, X_{(n)})$ 为次序统计量, 则 $X_{(i)}$ 和 $X_{(j)}$ $(1 \leqslant i < j \leqslant n)$ 的联合概率密度函数为

$$f_{ij}(u,v) = \frac{n!}{(i-1)!(j-i-1)!(n-j)!} \cdot$$

$$f(u)f(v)[F(u)]^{i-1}[F(v)-F(u)]^{j-i-1}[1-F(v)]^{n-j}, \tag{5.4.20}$$

$$-\infty < u < v < +\infty.$$

证明略. 类似可以求出三个或三个以上次序统计量的联合密度函数, 不过讨论起来更加复杂. 下面定理给出全体次序统计量的联合密度函数.

定理 5.4.13 设总体的分布函数为 $F(x)$, 概率密度函数为 $f(x)$, $X_1, X_2, \cdots, X_n$ 为来自该总体的样本, $X_{(1)}, X_{(2)}, \cdots, X_{(n)}$ 为其次序统计量, 则 $X_{(1)}, X_{(2)}, \cdots, X_{(n)}$ 的联合概率密

度函数为

$$f(x_1, x_2, \cdots, x_n) = \begin{cases} n! f(x_1) f(x_2) \cdots f(x_n), & x_1 < x_2 < \cdots < x_n; \\ 0, & \text{其他}. \end{cases} \quad (5.4.21)$$

证明略.

次序统计量在统计学中有基础性地位, 在实际问题中会用到一些次序统计量的函数, 如 $R = X_{(n)} - X_{(1)}$ 称为样本极差, 是一个常用的统计量. 理论上讲, R 的密度函数可以由 $X_{(1)}$ 和 $X_{(n)}$ 的联合密度函数导出, 但最终的结果不总是能够用初等函数表示. 下面是能够用初等函数表示的一个例子.

例 5.4.7   设总体分布为 U(0,1), $X_1, X_2, \cdots, X_n$ 为样本, 求 $R = X_{(n)} - X_{(1)}$ 的分布.

解   由式 (5.4.20), 得 $X_{(1)}$ 和 $X_{(n)}$ 的联合密度函数为

$$f_{1n}(u, v) = n(n-1)(v-u)^{n-2}, \quad 0 < u < v < 1.$$

记 R 的分布函数为 $F_R(r)$, 由于

$$\begin{aligned} 1 - F_R(r) = P(R > r) &= \iint_{v-u>r} f_{1n}(u, v) \mathrm{d}u \mathrm{d}v \\ &= \int_0^{1-r} \mathrm{d}u \int_{u+r}^1 n(n-1)(v-u)^{n-2} \mathrm{d}v \\ &= \int_0^{1-r} [n(1-u)^{n-1} - nr^{n-1}] \mathrm{d}u \\ &= 1 - nr^{n-1} + (n-1)r^n, \qquad r \in (0, 1). \end{aligned}$$

因此 $F_R(r) = nr^{n-1} - (n-1)r^n$, 密度函数 $f_R(r) = n(n-1)r^{n-2}(1-r)$, 这正是参数为 $(n-1, 2)$ 的贝塔分布. $\qquad\qquad\square$

3. 样本中位数和分位数

通过次序统计量可定义一些在实际应用上有重要意义的统计量.

1) 样本中位数

定义 5.4.4   设 $X_{(1)}, X_{(2)}, \cdots, X_{(n)}$ 为次序统计量, 称

$$M = M(X_1, X_2, \cdots, X_n) = \begin{cases} X_{(\frac{n+1}{2})}, & n \text{ 为奇数}; \\ \dfrac{1}{2} \left[X_{(\frac{n}{2})} + X_{(\frac{n}{2}+1)} \right], & n \text{ 为偶数}. \end{cases}$$

为**样本中位数** (sample median), 它是次序统计量中位置在正中的那一个, 或位置最居中的那两个的平均.

比如, 当 $n = 11$ 时, $M = X_{(6)}$; 当 $n = 10$ 时, $M = (X_{(5)} + X_{(6)})/2$. 在 R 软件中, 函数 median() 给出观测数据的中位数.

样本中位数与样本均值都反映了样本的集中趋势, 它们各有优势, 样本均值对极端值比较敏感, 中位数则受极端值的影响较小, 这个性质称为中位数的稳健性. 但是样本均值具有很好的算术运算性质, 中位数则不然.

2) 样本 p 分位数 $(0 < p < 1)$

定义 5.4.5 设 $X_{(1)}, X_{(2)}, \cdots, X_{(n)}$ 为次序统计量, 称

$$Q_p = \begin{cases} X_{([np+1])}, & \text{若 } np \text{ 不是整数}; \\ \dfrac{1}{2}\Big[X_{(np)} + X_{(np+1)}\Big], & \text{若 } np \text{ 是整数}. \end{cases}$$

为 **样本 p 分位数** (sample p quantile).

p 分位数又称为第 $100p$ 百分位数. 大体上整个样本的 $100p\%$ 的观测值不超过 p 分位数. 当 $p = 0.5$ 时, $Q_{0.5}$ 就是中位数, 即 $Q_{0.5} = M$. 在实际计算时, 0.75 分位数和 0.25 分位数比较常用, 它们分别称为上四分位数和下四分位数, 并分别记为 Q_U 和 Q_L.

在 R 软件中, 用函数 quantile() 计算样本数据的分位数. 如

```
> x <- c(75.0, 64.0, 47.4, 66.9, 62.2, 62.2, 58.7, 63.5, 66.6, 64.0,
         57.0, 69.0, 56.9, 50.0, 72.0)        # 有15名学生的体重
> quantile(x)    # 计算0.00, 0.25, 0.50, 0.75, 1.00分位数
   0%    25%    50%    75%   100%
47.40  57.85  63.50  66.75  75.00
```

如果打算给出 $0\%, 20\%, 40\%, 60\%, 80\%, 100\%$ 的百分位数, 则选择

```
> quantile(x, probs = seq(0, 1, 0.2))
   0%    20%    40%    60%    80%   100%
47.40  56.98  62.20  64.00  67.32  75.00
```

样本分位数的精确分布一般不容易得到, 幸运的是当样本容量 $n \to \infty$ 时, 样本 p 分位数 Q_p 的渐近分布是正态分布. 这里我们不加证明地叙述如下 (回顾在第 3 章学习的随机变量的分位数 x_p).

定理 5.4.14 设总体 X 的密度函数为 $f(x)$, 其 p 分位数是 x_p, $f(x)$ 在 x_p 处连续且大于零, 则当 $n \to \infty$ 时, 样本 p 分位数 Q_p 的渐近分布是

$$Q_p \sim \mathrm{N}\Big(x_p, \frac{p(1-p)}{nf^2(x_p)}\Big). \tag{5.4.22}$$

特别地, 样本中位数 M 的渐近分布是

$$M \overset{\cdot}{\sim} \mathrm{N}\Big(x_{0.5}, \frac{1}{4nf^2(x_{0.5})}\Big). \tag{5.4.23}$$

例 5.4.8 设总体为柯西分布 $\mathrm{Cauchy}(\theta, 1)$, 其密度函数为

$$f(x) = \frac{1}{\pi[1 + (x - \theta)^2]}, \quad -\infty < x < \infty.$$

易见, 该总体的中位数为 θ, 即 $x_{0.5} = \theta$, $X_1, X_2, \cdots, X_n$ 为来自该总体的样本, 当样本容量 $n \to \infty$ 时, 样本中位数 M 的渐近分布是

$$M \overset{\cdot}{\sim} \mathrm{N}\Big(\theta, \frac{\pi^2}{4n}\Big). \tag{5.4.24}$$

3) 箱线图

次序统计量的应用之一是构造箱线图 (box plot). 首先需要计算五个次序统计量:

$$X_{(1)}, \quad Q_L = Q_{0.25}, \quad M = Q_{0.5}, \quad Q_U = Q_{0.75}, \quad X_{(n)}$$

它们分别是最小次序统计量, 下四分位数, 中位数, 上四分位数, 最大次序统计量. 然后连接两个四分位数画出一个矩形盒子, 并标记中位数, 再将两个最值点与盒子相连接即得到箱线图, 如图 5.18 所示.

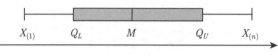

图 5.18　箱线图和五数概括

箱线图通常用来大致描述一组数据的轮廓, 多组数据可以用多个箱线图描述.

例 5.4.9　设分别随机抽查了 25 名男子和 25 名女子的肺活量 (以升记), 数据如下.

女子组:　2.7,　2.8,　2.9,　3.1,　3.1,　3.1,　3.2,　3.4,　3.4,　3.4,　3.4,　3.4,　3.5,
　　　　3.5,　3.5,　3.6,　3.7,　3.7,　3.7,　3.8,　3.8,　4.0,　4.1,　4.2,　4.2

男子组:　4.1,　4.1,　4.3,　4.3,　4.5,　4.6,　4.7,　4.8,　4.8,　5.1,　5.3,　5.3,　5.3,
　　　　5.4,　5.4,　5.5,　5.6,　5.7,　5.8,　5.8,　6.0,　6.1,　6.3,　6.7,　6.7

分别求得五数概括如下

女子组:　$X_{(1)} = 2.7$, $Q_L = 3.2$, $M = 3.5$, $Q_U = 3.7$, $X_{(25)} = 4.2$;

男子组:　$X_{(1)} = 4.1$, $Q_L = 4.7$, $M = 5.3$, $Q_U = 5.8$, $X_{(25)} = 6.7$.

画出箱线图如图 5.19 所示. 从图中可见, 男子组的肺活量明显要比女子组的大, 男子组的肺活量数据也明显比女子组分散.

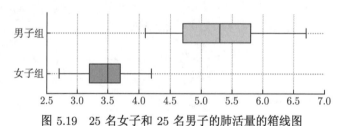

图 5.19　25 名女子和 25 名男子的肺活量的箱线图

习　题　5.4

1　设从总体 X 抽得一个容量为 10 的样本, 其值为

2.4,　4.5,　2.0,　1.0,　1.5,　3.4,　6.6,　5.0,　3.5,　4.0.

试计算样本均值、样本方差、样本标准差、样本二阶原点矩及样本二阶中心矩.

2　设 $(x_1, x_2, \cdots, x_n)$ 是一组样本观测值, 作变换: $x_i' = d(x_i - c)$, $i = 1, 2, \cdots, n$. 其中 c, d 为常数, 求

(1) 样本均值 $\overline{x} = \frac{1}{n} \sum_{i=1}^{n} x_i$ 和 $\overline{x'} = \frac{1}{n} \sum_{i=1}^{n} x_i'$ 之间的关系;

(2) 样本方差 $s_x^2 = \frac{1}{n-1}\sum_{i=1}^{n}(x_i-\overline{x})^2$ 和 $s_{x'}^2 = \frac{1}{n-1}\sum_{i=1}^{n}(x_i'-\overline{x'})^2$ 之间的关系.

3 若样本观测值 $x_1, x_2, \cdots, x_m$ 的频数分别为 $\mu_1, \mu_2, \cdots, \mu_m$, 试写出计算样本均值 $\overline{x}$ 和样本方差 s^2 的公式 (其中 $\mu_1 + \mu_2 + \cdots + \mu_m = n$).

4 设 $\overline{X}_n$ 和 S_n^2 分别为样本 $X_1, X_2, \cdots, X_n$ 的样本均值和样本方差, 试证:

(1) $\overline{X}_{n+1} = \overline{X}_n + \frac{1}{n+1}(X_{n+1} - \overline{X}_n)$;

(2) $S_{n+1}^2 = \frac{n-1}{n}S_n^2 + \frac{1}{n+1}(X_{n+1} - \overline{X}_n)^2$.

5 样本 $X_1, X_2, \cdots, X_n$ 的样本均值和样本方差分别记为 $\overline{X}$ 和 S_X^2, 样本 $Y_1, Y_2, \cdots, Y_m$ 的样本均值和样本方差分别记为 $\overline{Y}$ 和 S_Y^2, 现将两个样本合并在一起, 以 $\overline{Z}$ 和 S_Z^2 记合并样本的样本均值和样本方差, 试证:

(1) $\overline{Z} = \frac{n\overline{X} + m\overline{Y}}{n+m}$;

(2) $S_Z^2 = \frac{(n-1)S_X^2 + (m-1)S_Y^2}{n+m-1} + \frac{nm}{(n+m)(n+m-1)}(\overline{X} - \overline{Y})^2$.

6 设 $X_1, X_2, \cdots, X_n$ 为来自总体 X 的样本, 试求: $\mathrm{E}(\overline{X}), \mathrm{D}(\overline{X})$ 及 $\mathrm{E}(S^2)$. 设总体 X 的分布为

(1) 均匀分布 $\mathrm{U}(-1,1)$;

(2) 二项分布 $\mathrm{B}(10, 0.3)$;

(3) 泊松分布 $\mathrm{P}(3)$;

(4) 指数分布 $\mathrm{Exp}(2.5)$;

(5) 正态分布 $\mathrm{N}(\mu, \sigma^2)$.

7 设总体 $X \sim \mathrm{B}(m, \theta)$, $X_1, X_2, \cdots, X_n$ 是来自此总体的一个样本, $\overline{X}$ 为样本均值. 试求 $\mathrm{E}\left[\sum_{i=1}^{n}(X_i - \overline{X})^2\right]$.

8 设总体 X 的二阶矩存在, $X_1, X_2, \cdots, X_n$ 是来自此总体的一个样本, $\overline{X}$ 为样本均值. 试求 $(X_i - \overline{X})$ 与 $(X_j - \overline{X})$ 的相关系数 $(i \neq j)$.

9 在总体 $\mathrm{N}(52, 6.3^2)$ 中随机抽一容量为 36 的样本, 求样本均值 $\overline{X}$ 落在 50.8 到 53.8 之间的概率.

10 设 X_1, X_2, X_3, X_4 为从总体 $\mathrm{N}(0, \sigma^2)$ 中随机抽取的样本, 求下面两个统计量的分布.

$$T_1 = \frac{X_1 - X_2}{\sqrt{2}|X_3|}, \quad T_2 = \frac{X_1 - X_2}{|X_3 + X_4|}.$$

11 设 $X_1, X_2, \cdots, X_n$ 为正态总体 $\mathrm{N}(\mu, 16)$ 的样本, 问 n 多大时, 能使得 $P(|\overline{X} - \mu| < 1) \geqslant 0.95$ 成立?

12 设 $X_1, X_2, \cdots, X_n$ 为正态总体 $\mathrm{N}(0,1)$ 的样本, 求下面统计量的抽样分布.

$$Y = \frac{1}{m}\Big(\sum_{i=1}^{m} X_i\Big)^2 + \frac{1}{n-m}\Big(\sum_{i=m+1}^{n} X_i\Big)^2.$$

13 设 $X_1, X_2, \cdots, X_{10}$ 为 $\mathrm{N}(0, 0.3^2)$ 的一个样本, 求 $P\left(\sum_{i=1}^{10} X_i^2 > 1.44\right)$.

14 设 $X_1, X_2, \cdots, X_n$ 为正态总体 $N(0, \sigma^2)$ 的样本, 求下列统计量的抽样分布.

$$(1)\ Y_1 = \frac{1}{n}\Big(\sum_{i=1}^{n} X_i\Big)^2; \qquad\qquad (2)\ Y_2 = \frac{1}{n}\sum_{i=1}^{n} X_i^2.$$

15 设总体 X 服从正态分布 $N(\mu, \sigma^2)$, $\overline{X}$ 和 S^2 分别为样本均值和样本方差. 又设 X_{n+1} 和 $X_1, X_2, \cdots, X_n$ 独立同分布, 试求统计量

$$Y = \frac{X_{n+1} - \overline{X}}{S}\sqrt{\frac{n}{n+1}}$$

的分布, 其中 $\overline{X} = \frac{1}{n}\sum_{i=1}^{n} X_i$, $S^2 = \frac{1}{n-1}\sum_{i=1}^{n}(X_i - \overline{X})^2$.

16 设 $X_1, X_2, \cdots, X_n\ (n \geqslant 2)$ 为来自总体 $N(0,1)$ 的简单随机样本, 则统计量

$$\frac{(n-1)X_1^2}{\sum_{i=2}^{n} X_i^2}$$

服从什么分布?

17 设 $X_1, X_2, \cdots, X_n$ 为正态总体 $N(\mu, \sigma^2)$ 的样本, 令 $\Delta = \frac{1}{n}\sum_{i=1}^{n}|X_i - \mu|$. 试证:

$$E(\Delta) = \sqrt{\frac{2}{\pi}}\sigma, \quad D(\Delta) = \Big(1 - \frac{2}{\pi}\Big)\frac{\sigma^2}{n}.$$

18 设由总体 $N(\mu, \sigma^2)$ 抽简单随机样本 $X_1, X_2, \cdots, X_{2n}(n \geqslant 2)$, $\overline{X} = \frac{1}{2n}\sum_{i=1}^{2n} X_i$, 求 $Y = \sum_{i=1}^{n}(X_i + X_{n+i} - 2\overline{X})^2$ 的数学期望 $E(Y)$.

19 求总体 $N(20, 3)$ 的容量分别为 $10, 15$ 的两个独立样本均值之差的绝对值大于 0.3 的概率.

20 设 $X_1, X_2, \cdots, X_n$ 和 $Y_1, Y_2, \cdots, Y_m$ 分别为来自总体 $N(\mu_1, \sigma^2)$ 和 $N(\mu_2, \sigma^2)$ 的样本, 且两个样本相互独立, α 和 β 是两个已知常数, 试求

$$W = \frac{\alpha(\overline{X} - \mu_1) + \beta(\overline{Y} - \mu_2)}{\sqrt{\dfrac{(n-1)S_1^2 + (m-1)S_2^2}{n+m-2}\Big(\dfrac{\alpha^2}{n} + \dfrac{\beta^2}{m}\Big)}}$$

的分布, 其中 $\overline{X} = \frac{1}{n}\sum_{i=1}^{n} X_i$, $\overline{Y} = \frac{1}{m}\sum_{i=1}^{m} Y_i$, $S_1^2 = \frac{1}{n-1}\sum_{i=1}^{n}(X_i - \overline{X})^2$, $S_2^2 = \frac{1}{m-1}\sum_{i=1}^{m}(Y_i - \overline{Y})^2$.

21 设 $X_1, X_2, \cdots, X_n$ 是从两点分布 $B(1, p)$ 抽取的样本, 求 $\overline{X}$ 的精确分布和渐近分布.

22 设 $X_1, X_2, \cdots, X_n$ 是从均匀分布 $U(0, 5)$ 抽取的样本, 求 $\overline{X}$ 的渐近分布.

23 设 $X_1, X_2, \cdots, X_n$ 是来自总体 X 的样本, X 服从参数为 λ 的指数分布, 密度函数为

$$f(x) = \begin{cases} \lambda e^{-\lambda x}, & x \geqslant 0 \\ 0, & x < 0. \end{cases}$$

求证: $2n\lambda\overline{X} \sim \chi^2(2n)$, 其中 $\overline{X} = \frac{1}{n}\sum_{i=1}^{n} X_i$.

24 设 $X_1, X_2, \cdots, X_{n+m}$ 是来自总体 X 的样本, X 服从参数为 λ 的指数分布, 求统计量:

$$Y = \frac{m\sum_{i=1}^{n} X_i}{n\sum_{i=n+1}^{n+m} X_i}$$

的分布.

25 设 $X_1, X_2, \cdots, X_5$ 是来自总体 $N(12,4)$ 的样本. 求:

(1) 样本均值与总体均值之差的绝对值大于 1 的概率;

(2) $P(X_{(5)} > 15)$;

(3) $P(X_{(1)} < 10)$.

26 设总体 X 的密度函数为

$$f(x) = \begin{cases} 6x(1-x), & 0 < x < 1; \\ 0, & \text{其他.} \end{cases}$$

$X_1, X_2, \cdots, X_5$ 为来自此总体的一样本, 设 $X_{(1)} < X_{(2)} < \cdots < X_{(5)}$ 是次序统计量, 求

(1) $X_{(1)}$ 和 $X_{(3)}$ 的密度函数;

(2) 样本中位数 M 的精确分布和渐近分布.

27 设总体 X 的密度函数如下, $X_1, X_2, \cdots, X_n$ 为来自此总体的样本, 求样本中位数 M 的渐近分布.

(1) $f(x) = \frac{1}{\sqrt{2\pi}\sigma} \exp\left\{ -\frac{(x-\mu)^2}{2\sigma^2} \right\}$;

(2) $f(x) = 2x, \ 0 < x < 1$;

(3) $f(x) = \frac{\lambda}{2} e^{\lambda|x|}$.

28 设总体 X 服从几何分布, 概率分布为

$$P(X = k) = p(1-p)^{k-1}, \quad k = 1, 2, \cdots.$$

$X_1, X_2, \cdots, X_n$ 为来自此总体的样本, 求 $X_{(1)}$ 的概率分布.

5.5 充分统计量

5.5.1 充分统计量的概念

统计量是由样本计算出来的量, 它把样本中与所要解决的问题有关的信息集中起来了. 例如, 为了估计总体的均值 μ, 人们把样本 $(X_1, X_2, \cdots, X_n)$ 加工成样本均值 $\overline{X}$; 为了估计总体的方差 σ^2, 把样本 $(X_1, X_2, \cdots, X_n)$ 加工成样本方差 S^2. 然后用样本均值 $\overline{X}$ 和样本方差 S^2 分别去估计总体均值 μ 和方差 σ^2. 一个自然的问题是: 统计量 $\overline{X}$ 和 S^2 与样本 $(X_1, X_2, \cdots, X_n)$ 中所含 μ 或 σ^2 的信息是否一样多? 换言之, 统计量 $\overline{X}$ 和 S^2 是否把样本 $(X_1, X_2, \cdots, X_n)$ 中所含 μ 或 σ^2 的信息全部提炼出来了? 如果某个统计量包含了样本中关

于感兴趣问题的所有信息, 则这个统计量对将来的统计推断会很有用, 这就是充分统计量的直观含义, 是由英国著名统计学家费希尔 (Fisher) 于 1922 年提出的一个重要概念. 粗略地讲, 充分统计量就是不损失信息的统计量. 其精确定义如下.

定义 5.5.1　设 $X_1, X_2, \cdots, X_n$ 是来自某个总体的样本, 总体分布函数为 $F(x; \theta)$, 统计量 $T = T(X_1, X_2, \cdots, X_n)$ 称为 θ 的充分统计量, 如果在给定 T 的取值后, $(X_1, X_2, \cdots, X_n)$ 的条件分布 (条件分布列或条件密度函数) 与 θ 无关.

充分统计量的含义是直观的: 我们知道, 样本的联合分布函数与 θ 有关, 它包含了样本中关于未知参数 θ 的全部信息. 对于统计量 T, 其抽样分布一般也与 θ 有关, 也包含未知参数 θ 的信息. 我们希望两者包含未知参数 θ 的信息一样多. 也就是说, 在给定统计量 T 的取值之后, 样本的联合条件分布与 θ 无关, 这意味着 T 提炼了样本中关于 θ 的全部信息, 无所留余. 这就是所谓"充分"的含义.

例 5.5.1　设总体 X 服从两点分布 $\mathrm{B}(1, p)$, 即

$$P(X = x) = p^x (1-p)^{1-x}, \quad x = 0, 1$$

其中 $0 < p < 1$, $X_1, X_2, \cdots, X_n$ 是来自总体 X 的样本, 试证 $T = X_1 + X_2 + \cdots + X_n$ 是参数 p 的充分统计量.

证　样本 $(X_1, X_2, \cdots, X_n)$ 的联合分布列为

$$
\begin{aligned}
P(X_1 = x_1, X_2 = x_2, \cdots, X_n = x_n) &= \prod_{i-1}^{n} p^{x_i}(1-p)^{1-x_i} \\
&= p^{\sum_{i=1}^{n} x_i}(1-p)^{n-\sum_{i=1}^{n} x_i},
\end{aligned}
$$

$$x_1, x_2, \cdots, x_n = 0, 1.$$

统计量 $T = X_1 + X_2 + \cdots + X_n$ 服从二项分布 $\mathrm{B}(n, p)$, 当已知 $T = X_1 + X_2 + \cdots + X_n = t$ 时, 样本 $(X_1, X_2, \cdots, X_n)$ 的条件分布列为

$$
\begin{aligned}
&P(X_1 = x_1, X_2 = x_2, \cdots, X_n = x_n | T = t) \\
&= \frac{P(X_1 = x_1, X_2 = x_2, \cdots, X_n = x_n, T = t)}{P(T = t)} \\
&= \begin{cases} \dfrac{p^{\sum_{i=1}^{n} x_i}(1-p)^{n-\sum_{i=1}^{n} x_i}}{C_n^t p^t (1-p)^{n-t}}, & \sum_{i=1}^{n} x_i = t; \\ 0, & \sum_{i=1}^{n} x_i \neq t. \end{cases} \\
&= \begin{cases} \dfrac{1}{C_n^t}, & \sum_{i=1}^{n} x_i = t; \\ 0, & \sum_{i=1}^{n} x_i \neq t. \end{cases}
\end{aligned}
$$

与 p 无关, 所以 $T = X_1 + X_2 + \cdots + X_n$ 是参数 p 的充分统计量.　　　□

5.5.2　因子分解定理

根据充分统计量的含义, 如果充分统计量存在, 那么对总体未知参数的推断应该基于充分统计量进行, 这是统计学中的一个基本原则, 这个原则称为**充分性原则**. 然而, 在一般情况

下由定义验证一个统计量的充分性是困难的, 因为条件分布的计算通常并不容易. 下面给出一个定理——因子分解定理, 运用该定理, 判别甚至寻找一个充分统计量有时会比较方便.

定理 5.5.1 (1) 连续型情形. 设总体 X 的概率密度函数为 $f(x;\theta)$, $X_1, X_2, \cdots, X_n$ 是一样本, 则 $T(X_1, X_2, \cdots, X_n)$ 为充分统计量的充要条件是: 存在两个函数 $h(x_1, x_2, \cdots, x_n)$ 和 $g(t,\theta)$ 使得样本的联合密度函数可以分解为

$$f^*(x_1, x_2, \cdots, x_n; \theta) \triangleq \prod_{i=1}^{n} f(x_i; \theta)$$
$$= g\big(T(x_1, x_2, \cdots, x_n), \theta\big) \cdot h(x_1, x_2, \cdots, x_n), \tag{5.5.1}$$

其中 h 是 $x_1, x_2, \cdots, x_n$ 的非负函数且与 θ 无关, g 仅通过 T 依赖于 $x_1, x_2, \cdots, x_n$.

(2) 离散型情形. 设总体 X 的分布列为 $P(X = x) = p(x; \theta)$, $X_1, X_2, \cdots, X_n$ 是一样本, 则 $T(X_1, X_2, \cdots, X_n)$ 为充分统计量的充要条件是: 存在两个函数 $h(x_1, x_2, \cdots, x_n)$ 和 $g(t,\theta)$ 使得样本的联合分布列可以分解为

$$P(X_1 = x_1, X_2 = x_2, \cdots, X_n = x_n) \triangleq \prod_{i=1}^{n} P(X_i = x_i)$$
$$= g\big(T(x_1, x_2, \cdots, x_n), \theta\big) \cdot h(x_1, x_2, \cdots, x_n), \tag{5.5.2}$$

其中 h 是 $x_1, x_2, \cdots, x_n$ 的非负函数且与 θ 无关, g 仅通过 T 依赖于 $x_1, x_2, \cdots, x_n$.

定理 5.5.1 的一般证明超出了本书的范围, 故从略.

需要说明的是, 定理 5.5.1 也适合于多个未知参数的情形. 比如, 正态总体 $N(\mu, \sigma^2)$ 中, μ, σ^2 都未知, 记 $\boldsymbol{\theta} = (\mu, \sigma^2)$ 为参数向量, 统计量 $\boldsymbol{T}$ 也是随机向量. 如果式 (5.5.1) 或式 (5.5.2) 成立, 则 $\boldsymbol{T}$ 是 $\boldsymbol{\theta}$ 的充分统计量.

值得注意的是, 我们不能由 $\boldsymbol{T}$ 关于 $\boldsymbol{\theta}$ 的充分性得出的 $\boldsymbol{T}$ 分量是 $\boldsymbol{\theta}$ 的对应分量的充分性.

例 5.5.2 设 $X_1, X_2, \cdots, X_n$ 是来自均匀分布 $U(0, \theta)$ 的样本, 其联合概率密度函数为

$$f^*(x_1, x_2, \cdots, x_n; \theta) = \prod_{i=1}^{n} f(x_i; \theta)$$
$$= \begin{cases} \theta^{-n}, & 0 < x_1, x_2, \cdots, x_n < \theta; \\ 0, & \text{其他}. \end{cases} = \theta^{-n} I_{\{x_{(n)} < \theta\}}$$

取 $T = x_{(n)}$, 并令 $g(t, \theta) = \theta^{-n} I_{\{t < \theta\}}$, $h(x_1, x_2, \cdots, x_n) \equiv 1$, 由因子分解定理知 $T = X_{(n)}$ 是 θ 的充分统计量.

例 5.5.3 设 $X_1, X_2, \cdots, X_n$ 是来自泊松分布总体 $P(\lambda)$ 的样本, 其联合分布列为

$$P(X_1 = x_1, X_2 = x_2, \cdots, X_n = x_n) = \frac{\lambda^{x_1 + x_2 + \cdots + x_n}}{x_1! x_2! \cdots x_n!} e^{-n\lambda}$$

若取

$$h(x_1, x_2, \cdots, x_n) = \frac{1}{x_1! x_2! \cdots x_n!},$$

$$T(x_1, x_2, \cdots, x_n) = x_1 + x_2 + \cdots + x_n,$$

$$g(t, \lambda) = \lambda^t e^{-n\lambda}$$

则有 $P(X_1 = x_1, X_2 = x_2, \cdots, X_n = x_n) = g\big(T(x_1, x_2, \cdots, x_n), \lambda\big) h(x_1, x_2, \cdots, x_n)$. 由因子分解定理知 $T = \sum_{i=1}^n X_i$ 是 λ 的充分统计量.

例 5.5.4 设 $X_1, X_2, \cdots, X_n$ 是来自正态总体 $N(\mu, \sigma^2)$ 的样本, $\boldsymbol{\theta} = (\mu, \sigma^2)$ 是未知参数, 样本的联合密度函数为

$$f^*(x_1, x_2, \cdots, x_n; \theta) = (2\pi\sigma^2)^{-n/2} \exp\left\{-\frac{1}{2\sigma^2} \sum_{i=1}^n (x_i - \mu)^2\right\}$$

$$= (2\pi\sigma^2)^{-n/2} \exp\left\{-\frac{n\mu^2}{2\sigma^2}\right\} \cdot \exp\left\{-\frac{1}{2\sigma^2}\left(\sum_{i=1}^n x_i^2 - 2\mu \sum_{i=1}^n x_i\right)\right\}$$

若取

$$\boldsymbol{T} = (T_1, T_2) = \left(\sum_{i=1}^n x_i, \sum_{i=1}^n x_i^2\right), \quad h(x_1, x_2, \cdots, x_n) \equiv 1$$

$$g(\boldsymbol{T}, \boldsymbol{\theta}) = (2\pi\sigma^2)^{-n/2} \exp\left\{-\frac{n\mu^2}{2\sigma^2}\right\} \cdot \exp\left\{-\frac{1}{2\sigma^2}(T_2 - 2\mu T_1)\right\}$$

则由因子分解定理知 $\boldsymbol{T} = \left(\sum_{i=1}^n X_i, \sum_{i=1}^n X_i^2\right)$ 是 (μ, σ^2) 的充分统计量. 需要注意的是, 此时不能说 $\sum_{i=1}^n X_i^2$ 是 σ^2 的充分统计量.

习　题　5.5

1 设 $X_1, X_2, \cdots, X_n$ 是来自几何分布总体 $G(\theta)$ 的样本, θ 是未知参数, 证明 $T = \sum_{i=1}^n X_i$ 是 θ 的充分统计量.

2 设 $X_1, X_2, \cdots, X_n$ 是来自正态总体 $N(\mu, 1)$ 的样本, μ 是未知参数, 证明 $T = \sum_{i=1}^n X_i$ 是 μ 的充分统计量.

3 设 $X_1, X_2, \cdots, X_n$ 是来自概率密度函数为

$$f(x; \theta) = \theta x^{\theta-1}, \quad 0 < x < 1, \quad \theta > 0$$

的总体的样本, θ 是未知参数, 试给出 θ 的一个充分统计量.

4 设 $X_1, X_2, \cdots, X_n$ 是来自拉普拉斯分布的样本, 总体的密度函数为

$$f(x; \theta) = \frac{1}{2\theta} e^{-|x|/\theta}, \quad \theta > 0$$

θ 是未知参数, 试给出 θ 的一个充分统计量.

5 设 $X_1, X_2, \cdots, X_n$ 是来自正态总体 $N(\mu, \sigma^2)$ 的样本.

(1) 在 μ 已知时, 给出 σ^2 的一个充分统计量;

(2) 在 σ^2 已知时, 给出 μ 的一个充分统计量.

6 设 $X_1, X_2, \cdots, X_n$ 是来自均匀分布 $\mathrm{U}(\theta_1, \theta_2)$ 的样本, 试给出 (θ_1, θ_2) 的一个充分统计量.

7 设 $X_1, X_2, \cdots, X_n$ 是来自均匀分布 $\mathrm{U}(\theta, 2\theta)$ 的样本, 试给出 θ 的一个充分统计量.

第6章 参数估计

第 5 章曾多次提到, 统计学的基本问题是根据样本所提供的信息, 对总体做出某种推断, 这类问题一般称为统计推断 (statistical inference) 问题. 其中有一类是总体分布的类型已知, 而它的某些参数 (往往是总体的一些数字特征) 未知, 我们的任务是利用样本信息对总体参数进行推断, 这就是参数统计推断 (parametric statistical inference). 例如, 已知总体分布为 $N(\mu, 1)$, 其中 μ 未知, 只要对 μ 这个参数做出推断, 也就对整个总体分布做出了推断. 参数统计推断的主要内容分为两大类: **参数估计** (parameter estimation) 和**假设检验** (hypotheses testing). 这些内容的关系如下:

$$\text{统计推断} \begin{cases} \text{非参数统计推断 (nonparametric statistical inference)} \\ \text{参数统计推断} \begin{cases} \text{参数估计} \begin{cases} \text{点估计 (point estimation)} \\ \text{区间估计 (interval estimation)} \end{cases} \\ \text{假设检验} \end{cases} \end{cases}$$

6.1 点 估 计

6.1.1 点估计的概念

参数估计有两种常用的方式, 一种为点估计, 就是用一个具体的数值去估计一个未知参数; 另一种为区间估计, 就是把未知参数估计在两个界限 (上限、下限) 之间. 例如, 估计某地公务员的平均工资为 6000 元, 这是一个点估计; 若估计平均工资在 5000 元到 10000 元, 则是一个区间估计. 本节讨论的是未知参数的点估计问题.

设总体 X 的分布函数为 $F(x; \theta)$, 其中 θ 为参数, θ 取值于 Θ 内, Θ 称为**参数空间** (parameter space). 我们的任务是, 要由样本提供的信息, 估计出 θ 的值, 或者估计出 θ 的某个函数 $g(\theta)$ 的值, 也就是在分布族 $\{F(x; \theta) | \theta \in \Theta\}$ 中选定一个分布作为总体的分布, 这样就能使总体的分布性质从不明确变成明确.

定义 6.1.1 设 $X_1, X_2, \cdots, X_n$ 是来自总体 X 的一个样本, θ 是总体的待估参数. 我们用一个统计量 $\widehat{\theta} = \widehat{\theta}(X_1, X_2, \cdots, X_n)$ 来估计 θ, 称 $\widehat{\theta}$ 为 θ 的一个**估计量** (estimator). 用样本值 $x_1, x_2, \cdots, x_n$ 代入 $\widehat{\theta}$ 得 θ 的**估计值** (estimate) $\widehat{\theta}(x_1, x_2, \cdots, x_n)$, 仍用 $\widehat{\theta}$ 表示.

这个定义没有提及估计量与待估参数之间的任何关系, 这似乎过于笼统, 然而这也意味着不能把任何可能的选择排除在外. 有一点是必须注意的, 就是估计量和估计值的区别. 估计量乃是样本的一个函数 (它是一个随机变量), 而估计值是一个估计量的实现值 (它是一个数), 这对应于样本的二重性. 以后, 我们不总是处处指明何者为估计量, 何者为估计值, 但可以按上下文意思理解.

现在很自然地有两个问题需要解决, 其一是如何构造一个未知参数的估计量; 其二是依据某种法则构造的估计量, 如何评价其优劣, 即如何确定估计量的评价准则. 本节回答第一个问题, 第二个问题留到 6.2 节回答.

所谓构造一个未知参数的估计量, 就是选择一个合适的统计量. 很多情况下, 对于某个待估参数, 仅凭一般的直观就能得到比较好的估计量. 例如, 样本均值作为总体数学期望的估计就是一个自然的选择. 但是对于实际中出现的比较复杂的模型, 我们就需要一些专门的统计方法, 这些方法为我们提供了可以遵循的选择途径. 下面我们将要叙述的是两种常用的求估计量的方法: 矩法和最大似然法.

需要注意的是, 这些统计方法产生的点估计量仍然需要经过评价 (评价准则见 6.2 节) 才能确立其价值.

6.1.2 矩估计

设总体 X 的分布函数为 $F(x; \theta_1, \theta_2, \cdots, \theta_l)$, 其中 $\theta_1, \theta_2, \cdots, \theta_l$ 为待估参数, 则通常情况下, X 的 k 阶原点矩 $\mu_k = \mathrm{E}(X^k)$ 也是 $\theta_1, \theta_2, \cdots, \theta_l$ 的函数, 记

$$\mu_k = \mathrm{E}(X^k) = g_k(\theta_1, \theta_2, \cdots, \theta_l), \quad k = 1, 2, \cdots, l.$$

设 $X_1, X_2, \cdots, X_n$ 是来自总体 X 的样本, 其 k 阶样本原点矩

$$M_k = \frac{1}{n} \sum_{i=1}^{n} X_i^k, \quad k = 1, 2, \cdots, l.$$

矩估计量是这样得到的: 令前 l 阶样本原点矩与相应的前 l 阶总体原点矩相等, 这样就得到一个联立方程组, 解之, 就得到矩估计量. 具体而言, 就是令

$$\begin{cases} g_1(\theta_1, \theta_2, \cdots, \theta_l) = M_1 \\ g_2(\theta_1, \theta_2, \cdots, \theta_l) = M_2 \\ \quad\vdots \\ g_l(\theta_1, \theta_2, \cdots, \theta_l) = M_l \end{cases} \qquad (6.1.1)$$

可解出 $\widehat{\theta}_k = \widehat{\theta}_k(X_1, X_2, \cdots, X_n)$, $k = 1, 2, \cdots, l$, 然后用 $\widehat{\theta}_k$ 作为 θ_k 的估计, 用这种方法得到的估计称为 **矩估计** (moment estimation).

矩估计的本质是用样本矩 (可以是原点矩也可以是中心矩) 代替相应的总体矩 (称为替换原则), 从而得到总体未知参数的一种估计. 这一方法最初是由皮尔逊 (Pearson) 于 1894 年在一项工作中提出来的, 其思想十分简单, 它的实质是用经验分布函数替换总体分布函数.

根据这个替换原则, 当总体的分布形式未知时, 也可以对各种参数构造估计, 比如:

(1) 用样本均值 $\overline{X}$ 估计总体 $\mathrm{E}(X)$;

(2) 用样本二阶中心矩 $M_2' = \dfrac{n-1}{n} S^2$ 估计总体方差 $\mathrm{D}(X)$;

(3) 用事件 A 出现的频率估计事件 A 发生的概率;

(4) 用样本的 p 分位数估计总体的 p 分位数, 特别, 用样本中位数估计总体中位数.

下面举例说明求矩估计的方法.

例 6.1.1 设 $X_1, X_2, \cdots, X_n$ 是来自总体 X 的样本, $\mathrm{E}(X) = \mu$, $\mathrm{D}(X) = \sigma^2$. 求 μ 和 σ^2 的矩估计量.

解　$E(X) = \mu$ 是总体的一阶矩, $D(X) = \sigma^2$ 是总体的二阶中心矩, 分别用样本的一阶矩 $\overline{X}$ 和二阶中心矩 $M_2' = \dfrac{n-1}{n}S^2$ 代替, 得 μ 和 σ^2 的矩估计为

$$\widehat{\mu} = \overline{X},$$

$$\widehat{\sigma^2} = M_2' = \frac{1}{n}\sum_{i=1}^{n}(X_i - \overline{X})^2 = \frac{n-1}{n}S^2. \qquad \square$$

这个例子表明, 总体均值和方差的矩估计量的表达式与总体分布无关.

例 6.1.2　设总体 X 服从均匀分布 $U(a,b)$, a, b 是两个未知参数. $X_1, X_2, \cdots, X_n$ 是来自这一总体 X 的样本, 求 a, b 的矩估计.

解　我们知道, 均匀分布 $U(a,b)$ 的数学期望和方差分别为

$$E(X) = \frac{a+b}{2}, \quad D(X) = \frac{(b-a)^2}{12}.$$

二者分别用样本的一阶矩 $\overline{X}$ 和二阶中心矩 $M_2' = \frac{n-1}{n}S^2$ 代替, 得 a 和 b 的矩估计为

$$\widehat{a} = \overline{X} - \sqrt{3M_2'} = \overline{X} - \sqrt{\frac{3(n-1)}{n}}S, \quad \widehat{b} = \overline{X} + \sqrt{3M_2'} = \overline{X} + \sqrt{\frac{3(n-1)}{n}}S.$$

例 6.1.3　设总体 X 服从泊松分布:

$$P(X = k) = \frac{\lambda^k}{k!}e^{-\lambda}, \ k = 0, 1, 2, \cdots; \ \lambda > 0.$$

λ 为未知参数. $X_1, X_2, \cdots, X_n$ 是来自这一总体 X 的样本, 现在要估计 λ.

解　我们知道, 对于泊松分布而言, 参数 λ 既是其数学期望又是方差. 按二者可分别构造出 λ 的矩估计:

$$\widehat{\lambda}_1 = \overline{X}, \quad \widehat{\lambda}_2 = M_2'.$$

它们自然是不同的. 　　　　　　　　　　　　　　　　　　　　　　　　　　　　　$\square$

可见, 矩估计可以有不止一个. 这样, 我们最好把矩估计看成是构造估计量的一种一般性的方法, 而不将其看成是一种有固定程序的算法.

6.1.3　最大似然估计

最大似然估计是求估计量的另一种方法, 它是由费希尔在 1912 年的一项工作中提出来的. 在正态分布这个特殊情况下, 这方法的由来可追溯到高斯 (Gauss) 在 19 世纪初关于最小二乘法的工作. 这一方法目前仍然得到广泛应用. 我们只研究总体 X 为连续型和离散型随机变量两种情形, 为了叙述方便, 首先引入一个对两种情形均适用的概念 —— 概率函数.

定义 6.1.2　设 X 是一个连续型或离散型随机变量, 其概率函数 $p(x)$ 定义为

$$p(x) = \begin{cases} P(X = x), & X \text{ 为离散型随机变量}; \\ f(x), & X \text{ 为连续型随机变量}, f(x) \text{ 为 } X \text{ 的密度函数}. \end{cases}$$

有了概率函数的概念, 就可以对离散型和连续型总体统一处理. 对于离散型随机变量概率函数就是概率质量函数, 对于连续型随机变量概率函数就是概率密度函数.

定义 6.1.3 设 $X_1, X_2, \cdots, X_n$ 是来自总体 X 的样本, X 的概率函数为 $p(x; \theta)$, 其中参数 $\theta \in \Theta$, Θ 为参数空间. 样本 $(X_1, X_2, \cdots, X_n)$ 的联合概率函数

$$p(x_1; \theta) p(x_2; \theta) \cdots p(x_n; \theta)$$

作为 θ 的函数, 称为似然函数 (likelihood function), 记为 $L(\theta) = L(\theta; x_1, x_2, \cdots, x_n)$, 即

$$L(\theta) = L(\theta; x_1, x_2, \cdots, x_n) = p(x_1; \theta) p(x_2; \theta) \cdots p(x_n; \theta). \tag{6.1.2}$$

注: 样本的联合概率函数与似然函数可以说是一回事, 只是看法不同: 联合概率函数是固定 θ, 被看作 $(x_1, x_2, \cdots, x_n)$ 的函数, 似然函数则固定 $(x_1, x_2, \cdots, x_n)$, 被看作 θ 的函数.

似然函数 $L(\theta)$ 代表得到样本观测值 $(x_1, x_2, \cdots, x_n)$ 的概率, 且这个值与 θ 有关. 一个直观的想法是, 概率大的事件比概率小的事件易于发生. 现在 $x_1, x_2, \cdots, x_n$ 是一组样本观察值, 它是已经发生的事件, 可以认为取到这组值的概率应该比较大, 即似然函数的值比较大. 可是对似然函数而言, 它是参数 θ 的函数, 因而有些参数值使 $L(\theta)$ 较大, 有些参数值使 $L(\theta)$ 较小. 我们将使得 L 取到最大值的参数值 $\widehat{\theta}$ 作为 θ 的估计, 这就是最大似然估计.

定义 6.1.4 对于样本观测值 $(x_1, x_2, \cdots, x_n)$, 若参数值 $\widehat{\theta}$ 满足条件

$$L(\widehat{\theta}; x_1, x_2, \cdots, x_n) = \sup_{\theta \in \Theta} L(\theta; x_1, x_2, \cdots, x_n), \tag{6.1.3}$$

则称 $\widehat{\theta}$ 为参数 θ 的最大似然估计值, 相应的统计量 $\widehat{\theta}(X_1, X_2, \cdots, X_n)$ 称为 θ 的最大似然估计量 (maximum likelihood estimator), 简称为 MLE.

由最大似然估计的定义可知, 求 MLE 就是求一个函数的最大值问题. 这里有两个固有的问题. 第一个就是如何实际求出全局最大值并且验证它确实为最大. 很多情况下, 这个问题可以归结为一个微积分的应用问题, 但有些时候, 即便对于普通的总体概率函数, 也会产生困难. 第二个是数值敏感性. 也就是说样本数据的微小改变, 是否对估计值产生巨大影响. 下面主要考虑如何求 MLE 的问题.

似然函数 $L(\theta; x_1, x_2, \cdots, x_n)$ 的对数 $\ln L(\theta; x_1, x_2, \cdots, x_n) = \sum_{i=1}^{n} \ln p(x_i; \theta)$ 称为对数似然函数 (loglikelihood function). 由于 $\ln L$ 和 L 同时达到最大值, 自然地, 最大似然估计 $\widehat{\theta}$ 也可等价地定义为要求满足如下条件.

$$\ln L(\widehat{\theta}; x_1, x_2, \cdots, x_n) = \sup_{\theta \in \Theta} \ln L(\theta; x_1, x_2, \cdots, x_n). \tag{6.1.4}$$

在使用上 $\ln L(\theta; x_1, x_2, \cdots, x_n)$ 往往较方便. 下面举例说明最大似然估计的求法.

例 6.1.4 设一个盒子里有 5 个大小形状相同的球, 其中有些是白色的, 有些是黑色的. 为了估计白色球的比例 θ, 有放回的抽样检查 3 个球, 得到 2 个白球 1 个黑球. 写出似然函数, 并用它来确定 θ 的最大似然估计.

解 显然 θ 的取值范围 (参数空间) 为 $\dfrac{1}{5}, \dfrac{2}{5}, \dfrac{3}{5}, \dfrac{4}{5}$. 样本观测值为 $\boldsymbol{x} = ($ 白 w, 白 w,

黑 h), 相应的似然函数为

$$L(\theta; \boldsymbol{x} = (\mathrm{w}, \mathrm{w}, \mathrm{h})) = P(\mathrm{w}; \theta) \times P(\mathrm{w}; \theta) \times P(\mathrm{h}; \theta)$$

对于不同的 θ 似然函数 $L(\theta; \boldsymbol{x})$ 的取值为

$$L\left(\frac{1}{5}; \boldsymbol{x}\right) = \frac{1}{5} \cdot \frac{1}{5} \cdot \frac{4}{5} = \frac{4}{125};$$

$$L\left(\frac{2}{5}; \boldsymbol{x}\right) = \frac{2}{5} \cdot \frac{2}{5} \cdot \frac{3}{5} = \frac{12}{125};$$

$$L\left(\frac{3}{5}; \boldsymbol{x}\right) = \frac{3}{5} \cdot \frac{3}{5} \cdot \frac{2}{5} = \frac{18}{125};$$

$$L\left(\frac{4}{5}; \boldsymbol{x}\right) = \frac{4}{5} \cdot \frac{4}{5} \cdot \frac{1}{5} = \frac{16}{125}.$$

由于 $\theta = \dfrac{3}{5}$ 使得似然函数值达到最大, 所以当样本观测值为 $\boldsymbol{x} = ($ 白 w, 白 w, 黑 h) 时, 白色球的比例 θ 的最大似然估计为 $\widehat{\theta} = \dfrac{3}{5}$.　□

例 6.1.5　设 $X \sim \mathrm{P}(\lambda)$, 求 λ 的最大似然估计.

解　泊松分布的概率函数为

$$p(x; \lambda) = \frac{\lambda^x}{x!} \mathrm{e}^{-\lambda}, x = 0, 1, 2, \cdots.$$

似然函数为

$$L(\lambda; x_1, x_2, \cdots, x_n) = \prod_{i=1}^{n} p(x_i; \lambda) = \frac{\lambda^{x_1 + x_2 + \cdots + x_n}}{x_1! x_2! \cdots x_n!} \mathrm{e}^{-n\lambda},$$

两边取对数得

$$\ln L(\lambda; x_1, x_2, \cdots, x_n) = \ln \lambda \sum_{i=1}^{n} x_i - \sum_{i=1}^{n} \ln(x_i!) - n\lambda,$$

将之关于 λ 求导数并令其为 0, 得到似然方程

$$\frac{1}{\lambda} \sum_{i=1}^{n} x_i - n = 0.$$

解方程得

$$\widehat{\lambda} = \frac{1}{n} \sum_{i=1}^{n} x_i = \overline{x}.$$

进一步可以验证 $\overline{x}$ 是 $L(\lambda)$ 的最大值点, 因而 λ 的最大似然估计值是 $\overline{x}$, 相应的最大似然估计量为 $\overline{X}$.　□

例 6.1.6　设总体 X 的概率分布为

X	0	1	2	3
P	θ^2	$2\theta(1-\theta)$	θ^2	$1-2\theta$

其中未知参数 $\theta \in (0, 0.5)$, 现有样本值: 3, 1, 3, 0, 3, 1, 2, 3. 求 θ 的最大似然估计值.

解 总体的概率函数为

$$p(x;\theta) = \begin{cases} \theta^2, & x=0 \text{ 或 } 2; \\ 2\theta(1-\theta), & x=1; \\ 1-2\theta, & x=3. \end{cases}$$

似然函数为

$$\begin{aligned} L(\theta) &= \prod_{i=1}^{8} p(x_i;\theta) \\ &= p(3;\theta) \cdot p(1;\theta) \cdot p(3;\theta) \cdot p(0;\theta) \cdot p(3;\theta) \cdot p(1;\theta) \cdot p(2;\theta) \cdot p(3;\theta) \\ &= p(0;\theta) \cdot [p(1;\theta)]^2 \cdot p(2;\theta) \cdot [p(3;\theta)]^4 \\ &= \theta^2 \cdot [2\theta(1-\theta)]^2 \cdot \theta^2 \cdot (1-2\theta)^4 \\ &= 4\theta^6 (1-\theta)^2 (1-2\theta)^4. \end{aligned}$$

取对数得 $\ln L(\theta) = \ln 4 + 6\ln(\theta) + 2\ln(1-\theta) + 4\ln(1-2\theta)$, 求导数得

$$\frac{\mathrm{d}}{\mathrm{d}\theta}\ln L(\theta) = \frac{6}{\theta} - \frac{2}{1-\theta} - \frac{8}{1-2\theta} = \frac{6-28\theta+24\theta^2}{\theta(1-\theta)(1-2\theta)}.$$

令 $\dfrac{\mathrm{d}}{\mathrm{d}\theta}\ln L(\theta) = 0$, 解得 $\theta_1 = \dfrac{7-\sqrt{13}}{12} \approx 0.2829$, $\theta_2 = \dfrac{7+\sqrt{13}}{12} \approx 0.8838 > 0.5$ (不合题意), 进一步可以验证 $\theta_1 = 0.2829$ 是 $\ln L(\theta)$ 的最大值点, 所以 θ 的最大似然估计值为 $\widehat{\theta} = 0.2829$. □

R 语言中的函数 optimize() 可以返回一个单变量连续函数的局部最优值, 该函数可以搜索给定函数在给定区间上的最大 (小) 值. 对于多变量函数, 可以利用函数 optim() 或者 nlm() 搜索给定函数的最大值. 具体调用格式参见文献 [11]. 下面利用 optimize() 完成例 6.1.6 中对数似然函数最小值的计算:

```
> loglike <- function(x) {log(4) + 6 * log(x) + 2 * log(1 - x) +
+                         4 * log(1 - 2 * x)}        # 定义对数似然函数
> optimize(f = loglike, interval = c(0,0.5), maximum = TRUE)  # 求函数最大值
```
程序运行结果为
```
$maximum
[1] 0.2828569
```

例 6.1.7 设 $X_1, X_2, \cdots, X_n$ 是来自正态总体 $N(\mu, \sigma^2)$ 的一个样本, 其中 μ, σ^2 是未知参数, 参数空间 $\Theta = \{-\infty < \mu < +\infty, \sigma^2 > 0\}$. 求 μ 和 σ^2 的最大似然估计.

解 总体的概率函数就是 $N(\mu, \sigma^2)$ 的密度函数, 似然函数为

$$L(\mu,\sigma^2) = L(\mu,\sigma^2; x_1, x_2, \cdots, x_n) = \frac{1}{(2\pi\sigma^2)^{n/2}} \exp\left\{-\frac{1}{2\sigma^2}\sum_{i=1}^{n}(x_i-\mu)^2\right\},$$

两边取对数得

$$\ln L(\mu, \sigma^2) = -\frac{n}{2}\ln(2\pi) - \frac{n}{2}\ln(\sigma^2) - \frac{1}{2\sigma^2}\sum_{i=1}^{n}(x_i - \mu)^2.$$

将之分别对 μ 和 σ^2 求偏导数并令其为 0, 得似然方程组

$$\frac{1}{\sigma^2}\sum_{i=1}^{n}(x_i - \mu) = 0,$$

$$-\frac{n}{2\sigma^2} + \frac{1}{2\sigma^4}\sum_{i=1}^{n}(x_i - \mu)^2 = 0.$$

解方程组得

$$\widehat{\mu} = \frac{1}{n}\sum_{i=1}^{n}x_i = \overline{x}, \quad \widehat{\sigma}^2 = \frac{1}{n}\sum_{i=1}^{n}(x_i - \overline{x})^2.$$

用微积分学中求多元函数极值的方法可以进一步验证上述 $\widehat{\mu}$ 和 $\widehat{\sigma}^2$ 是似然函数 $L(\mu, \sigma^2)$ 的最大值点. 所以 $\overline{X}$ 和 $\frac{1}{n}\sum_{i=1}^{n}(X_i - \overline{X})^2$ 分别是 μ 和 σ^2 的最大似然估计量.   □

可见对于正态分布的参数 μ 和 σ^2 来说, 最大似然估计量和矩估计量 (参见例 6.1.1) 完全相同. 但是, 矩估计和最大似然估计并不总是一样的. 请看下面的例子.

例 6.1.8   设 X 服从 $[a, b]$ 上的均匀分布, 求 a, b 的最大似然估计量.

解   总体 X 的概率函数就是密度函数, 为

$$f(x) = \begin{cases} \dfrac{1}{b-a}, & a \leqslant x \leqslant b; \\ 0, & \text{其他}. \end{cases}$$

似然函数为

$$L(a, b; x_1, x_2, \cdots, x_n) = \prod_{i=1}^{n}f(x_i; a, b) = \begin{cases} \dfrac{1}{(b-a)^n}, & a \leqslant x_1, x_2, \cdots, x_n \leqslant b \\ 0, & \text{其他}. \end{cases}$$

$$= \begin{cases} \dfrac{1}{(b-a)^n}, & a \leqslant x_{(1)}, b \geqslant x_{(n)} \\ 0, & \text{其他}. \end{cases}$$

由于我们关心的是 $L(a, b)$ 的最大值点, 因而这里仅考虑 $L(a, b)$ 大于 0 的部分 $\dfrac{1}{(b-a)^n}$, 这时

$$\frac{\partial L}{\partial a} = \frac{n}{(b-a)^{n+1}} = 0,$$

$$\frac{\partial L}{\partial b} = \frac{-n}{(b-a)^{n+1}} = 0.$$

无解, 即 $L(a, b)$ 不存在驻点, 考虑在边界上的点. 由于

$$a \leqslant x_i \leqslant b, \ i = 1, 2, \cdots, n \iff a \leqslant \min\{x_i\} \text{ 且 } b \geqslant \max\{x_i\}.$$

而 L 取到最大值当且仅当 $b-a$ 取到最小值时, 所以, 当

$$a = \min\{x_i\}, \qquad b = \max\{x_i\}$$

时, L 取到最大值. 于是, 我们得到 a, b 的最大似然估计量分别为

$$\widehat{a} = \min\{X_i\} = X_{(1)}, \qquad \widehat{b} = \max\{X_i\} = X_{(n)}.$$

这时最大似然估计量和矩估计量 (参见例 6.1.2) 不相同. □

最后我们不加证明地给出最大似然估计一个简单而有用的性质.

定理 6.1.1 设 $\widehat{\theta}$ 为参数 θ 的最大似然估计, 并且函数 $\tau = g(\theta)$ 有单值反函数, 则 $\widehat{\tau} = g(\widehat{\theta})$ 是 $g(\theta)$ 的最大似然估计.

这一性质称为最大似然估计的不变性.

例 6.1.9 设 $X_1, X_2, \cdots, X_n$ 是来自正态总体 $N(\mu, \sigma^2)$ 的一个样本, 由例 6.1.7 知 μ, σ^2 的最大似然估计分别是

$$\widehat{\mu} = \overline{X}, \quad \widehat{\sigma}^2 = \frac{1}{n}\sum_{i=1}^{n}(X_i - \overline{X})^2$$

于是由最大似然估计的不变性可得如下参数的最大似然估计:

(1) 标准差 σ 的最大似然估计是 $\widehat{\sigma} = \sqrt{\frac{1}{n}\sum_{i=1}^{n}(X_i - \overline{X})^2}$;

(2) 概率 $P(X < 0) = \Phi(-\mu/\sigma)$ 的最大似然估计是 $\Phi(-\overline{X}/\widehat{\sigma})$;

(3) 总体的 p 分位数 $\mu + \sigma u_p$ 的最大似然估计是 $\overline{X} + \widehat{\sigma}u_p$, 其中 u_p 是标准正态分布的 p 分位数. □

我们还要提到的是, 似然函数式 (6.1.2) 或者对数似然函数的最大值点除了一些简单的情形外, 往往不易寻得. 通常需要利用数值方法求解近似值, 这方面的工作读者可以参考统计计算方面的参考书.

习 题 6.1

1 设总体 $X \sim B(N, p)$, $0 < p < 1$, $X_1, X_2, \cdots, X_n$ 为其样本, 求 p 和 N 的矩估计.

2 从一批电子元件中抽取 10 个进行寿命测试, 得到如下数据 (单位: 小时):

1150, 1050, 1100, 1130, 1040, 1250, 1300, 1200, 1080, 1210.

试对这批元件的平均寿命以及寿命分布的标准差给出矩估计.

3 设总体 X 的密度函数如下, $X_1, X_2, \cdots, X_n$ 为样本, 求未知参数的矩估计.

(1) $p(x; \theta) = \frac{2}{\theta^2}(\theta - x)$, $0 < x < \theta$, θ 是未知参数;

(2) $p(x; \theta) = (\theta + 1)x^{\theta}$, $0 < x < 1$, $\theta > -1$, θ 是未知参数;

(3) $p(x; \theta) = \sqrt{\theta}x^{\sqrt{\theta}-1}$, $0 < x < 1$, $\theta > 0$, θ 是未知参数;

(4) $p(x; \mu, \theta) = \frac{1}{\theta}\exp\left\{-\frac{x-\mu}{\theta}\right\}$, $x > \mu$, $\theta > 0$, μ 和 θ 是未知参数.

4 设总体 X 的概率密度函数为

$$f(x;\theta) = \begin{cases} 6x\theta^{-3}(\theta - x), & 0 < x < \theta; \\ 0, & \text{其他}. \end{cases}$$

$X_1, X_2, \cdots, X_n$ 是取自总体 X 的简单随机样本.

(1) 求 θ 的矩估计量 $\hat{\theta}$;　　(2) 求 $\hat{\theta}$ 的方差 $D(\hat{\theta})$.

5 设 $X_1, X_2, \cdots, X_n$ 为来自总体 $N(\mu, 1)$ 的一个样本, 求参数 μ 的最大似然估计; 又若总体为 $N(1, \sigma^2)$, 求参数 σ^2 的最大似然估计.

6 设某种元件的使用寿命 X 的概率密度函数为

$$f(x;\theta) = \begin{cases} 2e^{-2(x-\theta)}, & x > \theta; \\ 0, & x \leqslant \theta. \end{cases}$$

其中 $\theta > 0$ 为参数, 又设 $x_1, x_2, \cdots, x_n$ 是 X 的一组样本观测值, 求参数 θ 的最大似然估计值.

7 设一个实验有三种可能的结果, 对应的总体 X 的概率分布为

X	a	b	c
P	θ^2	$2\theta(1-\theta)$	$(1-\theta)^2$

其中 $\theta\,(0 < \theta < 1/2)$ 是未知参数, 现作了 n 次独立重复试验, 三种结果 a, b, c 出现的次数分别为 n_1, n_2, n_3. 求 θ 的最大似然估计值.

8 设总体 X 的概率密度函数为

$$f(x;\theta) = \begin{cases} \theta, & 0 < x < 1; \\ 1 - \theta, & 1 \leqslant x < 2; \\ 0, & \text{其他}. \end{cases}$$

其中 θ 是未知参数 $(0 < \theta < 1)$, $X_1, X_2, \cdots, X_n$ 为来自该总体的简单随机样本, 记 N 为样本中小于 1 的个数, 求 θ 的最大似然估计.

9 设总体概率密度函数如下, $X_1, X_2, \cdots, X_n$ 为样本, 求未知参数的最大似然估计.

(1) $f(x;\theta) = (\theta + 1)x^\theta$, $0 < x < 1$, $\theta > -1$, θ 是未知参数;

(2) $f(x;\theta) = \sqrt{\theta}x^{\sqrt{\theta}-1}$, $0 < x < 1$, $\theta > 0$, θ 是未知参数;

(3) $f(x;\mu,\theta) = \dfrac{1}{\theta}\exp\left\{-\dfrac{x-\mu}{\theta}\right\}$, $x > \mu$, $\theta > 0$, μ 和 θ 是未知参数;

(4) $f(x;\theta) = \dfrac{1}{2\theta}\exp\left\{-\dfrac{|x|}{\theta}\right\}$, $\theta > 0$, θ 是未知参数;

(5) $f(x;\theta) = 1$, $\theta - 1/2 < x < \theta + 1/2$, θ 是未知参数;

(6) $f(x;\theta) = (1-\theta)^{-1}$, $\theta \leqslant x \leqslant 1$, $\theta \in (0,1)$ 是未知参数.

10 设总体 X 的分布函数为

$$F(x;\beta) = \begin{cases} 1 - x^{-\beta}, & x > 1; \\ 0, & x \leqslant 1. \end{cases}$$

其中未知参数 $\beta > 1$, $X_1, X_2, \cdots, X_n$ 为来自总体 X 的样本, 求:

(1) β 的矩估计量;   (2) β 的最大似然估计量.

11 设总体 X 的概率密度函数为

$$f(x; \theta) = \frac{\theta^2}{x^3} \exp\left\{-\frac{\theta}{x}\right\}, \ x > 0,$$

其中 $\theta > 0$ 是未知参数, $X_1, X_2, \cdots, X_n$ 为来自总体 X 的样本.

(1) 求 θ 的矩估计量;   (2) 求 θ 的最大似然估计量.

12 设总体 X 的分布函数为

$$F(x; \theta) = 1 - \exp\left\{-\frac{x^2}{\theta}\right\}, \ \ x > 0,$$

其中 $\theta > 0$ 是未知参数, $X_1, X_2, \cdots, X_n$ 为来自总体 X 的样本,

(1) 求 $\mathrm{E}(X)$, $\mathrm{E}(X^2)$;

(2) 求未知参数 θ 的最大似然估计量 $\widehat{\theta}_n$;

(3) 是否存在常数 a, 使得对任意的 $\varepsilon > 0$ 都有

$$\lim_{n \to \infty} P\big(|\widehat{\theta}_n - a| \geqslant \varepsilon\big) = 0.$$

13 设总体 X 的分布函数为

$$F(x; \alpha, \beta) = 1 - \left(\frac{\alpha}{x}\right)^{\beta} I_{(\alpha, \infty)}(x),$$

其中 $\alpha > 0$; $\beta > 1$ 是未知参数, $X_1, X_2, \cdots, X_n$ 为来自总体 X 的样本,

(1) 当 $\alpha = 1$ 时, 求未知参数 β 的矩估计量;

(2) 当 $\alpha = 1$ 时, 求未知参数 β 的最大似然估计量;

(3) 当 $\beta = 2$ 时, 求未知参数 α 的最大似然估计量.

14 某工程师为了解一台天平的精度, 用该天平对一物体的质量做 n 次测量, 该物体的质量 μ 是已知的, 设 n 次测量结果 $X_1, X_2, \cdots, X_n$ 相互独立且均服从正态分布 $\mathrm{N}(\mu, \sigma^2)$. 该工程师记录的是 n 次测量的绝对误差 $Z_i = |X_i - \mu|$, $i = 1, 2, \cdots, n$, 利用 $Z_1, Z_2, \cdots, Z_n$ 估计 σ.

(1) 求 Z_i 的概率密度;

(2) 利用一阶矩求 σ 的矩估计量;

(3) 求 σ 的最大似然估计量.

6.2 评价估计量的准则

一般而言, 一个未知参数的估计量不止一个, 因而需要比较和选择. 统计学中评价估计量的标准有许多, 对于同一估计量使用不同的评价标准可能会得到完全不同的结论, 因此, 在评价一个估计量时, 要说明是在哪个标准下, 否则作出的评价无意义. 下面我们讨论几个常用的评价标准.

6.2.1　无偏性

由于估计量是随机变量, 故其估计值因样本而异; 但是人们希望所选估计值的平均值接近未知参数的值, 这便是估计量的无偏性.

定义 6.2.1　设 $\widehat{\theta} = \widehat{\theta}(X_1, X_2, \cdots, X_n)$ 是 θ 的一个估计量, Θ 是参数空间, 若对任意的 $\theta \in \Theta$, 都有

$$\mathrm{E}_\theta\big[\widehat{\theta}(X_1, X_2, \cdots, X_n)\big] = \theta, \tag{6.2.1}$$

则称 $\widehat{\theta}$ 为 θ 的无偏估计量 (unbiased estimator), 否则称为有偏估计量 (biased estimator); 如果对任意的 $\theta \in \Theta$, 有

$$\lim_{n \to \infty} \mathrm{E}_\theta\big[\widehat{\theta}(X_1, X_2, \cdots, X_n)\big] = \theta, \tag{6.2.2}$$

则称 $\widehat{\theta}$ 为 θ 的渐近无偏估计量 (asymptotic unbiased estimator); 称

$$B_n(\theta) = \mathrm{E}_\theta\big[\widehat{\theta}(X_1, X_2, \cdots, X_n)\big] - \theta \tag{6.2.3}$$

为估计量 $\widehat{\theta}$ 的偏差 (bias).

注:　定义中数学期望符号中出现的下标 θ, 意味着结果与 θ 有关, 以后类似记号意义相同.

直观上说, 无偏估计量是没有 "系统误差" 的估计量, 它的值在 θ 附近摆动.

当 $\mathrm{E}_\theta(\widehat{\theta}) > \theta$ 时, 说明 $\widehat{\theta}$ 有偏大于 θ 的倾向.

当 $\mathrm{E}_\theta(\widehat{\theta}) < \theta$ 时, 说明 $\widehat{\theta}$ 有偏小于 θ 的倾向.

当 $\mathrm{E}_\theta(\widehat{\theta}) = \theta$ 时, 说明 $\widehat{\theta}$ 与 θ 无系统的偏差, 故称 $\widehat{\theta}$ 是 θ 的无偏估计量.

初学者也许会误解为, 凡无偏估计, 就是指准确无误的估计. 我们可以举一个具体的例子来说明无偏性的概念. 到商店去买一斤糖, 由于秤不是绝对准的, 故拿回来的不会恰好是一斤, 多少有些误差. 可是如果你每天到商店去买一斤糖, 且售货员总用同一把秤, 则可能有如下两种情况.

(1) 这把秤在刻度上和其他方面无问题, 误差只是由于操作上和其他种种人为不能控制的随机因素所致, 则有时你拿回来一斤多一点, 有时少一点. 就一个较长的时期而言, 平均每天你拿回来的是一斤糖. 这时, 这台秤给出的是所称物品重量的无偏估计.

(2) 这把秤有问题. 这时, 虽然你每天拿回的糖也各不一样, 且甚至在个别天中也有达到或超过一斤的, 但平均说来肯定是少于一斤的. 这样这把秤给出的量偏低, 不是无偏的.

按目前统计上的习惯, 很注意一个估计的无偏性. 因此, 在选择一个参数的估计量时, 人们尽量使它有无偏性. 不过应当注意: 无偏性只保证这估计量在多次具体使用时平均的无偏差性, 而不保证在一次具体使用时偏差一定很小. 在具体问题中, 对无偏性的意义做评估时, 要注意这一点.

例 6.2.1　无论总体 X 服从什么样的分布, 由定理 5.4.3 可知, $\overline{X}$ 是 $\mathrm{E}(X)$ 的一个无偏估计量. 当总体 k 阶矩 $\mu_k = \mathrm{E}(X^k)$ 存在时, 样本 k 阶矩 $M_k = \dfrac{1}{n}\sum_{i=1}^n X_i^k$ 是 μ_k 的无偏估计量. 但对于 k 阶中心矩则不然, 如样本二阶中心矩 M_2' 就不是总体方差 $\mathrm{D}(X) = \sigma^2$ 的无

偏估计, 事实上,

$$\mathrm{E}(M_2') = \mathrm{E}\left(\frac{n-1}{n}S^2\right) = \frac{n-1}{n}\mathrm{E}(S^2) = \frac{n-1}{n}\sigma^2 < \sigma^2.$$

由此可见:

(1) M_2' 是 σ^2 的有偏估计, 有偏小于 σ^2 的倾向;

(2) $\lim_{n\to\infty} \mathrm{E}(M_2') = \sigma^2$, M_2' 是 σ^2 的渐近无偏估计;

(3) S^2 是 σ^2 的一个无偏估计量, S^2 可以看作对 M_2' 的无偏性修正. □

无偏性不具有不变性. 即若 $\widehat{\theta}$ 是 θ 的无偏估计, 一般而言, $g(\widehat{\theta})$ 不是 $g(\theta)$ 的无偏估计, 除非 $g(\theta)$ 是 θ 的线性函数.

例 6.2.2 设总体为泊松分布 $\mathrm{P}(\lambda)$, 其中 λ 是未知参数, $X_1, X_2, \cdots, X_n$ 是样本, 证明:

(1) $\overline{X}$ 是 λ 的无偏估计量;

(2) $2\overline{X}$ 是 2λ 的无偏估计量;

(3) $\overline{X}^2$ 是 λ^2 的有偏估计量.

证明 我们知道, 若 $X \sim \mathrm{P}(\lambda)$, 则 $\mathrm{E}(X) = \mathrm{D}(X) = \lambda$.

(1) 由于 $\mathrm{E}(\overline{X}) = \mathrm{E}(X) = \lambda$, 故 $\overline{X}$ 是 λ 的无偏估计量.

(2) 由于 $\mathrm{E}(2\overline{X}) = 2\mathrm{E}(X) = 2\lambda$, 故 $2\overline{X}$ 是 2λ 的无偏估计量.

(3) 由于 $\mathrm{E}(\overline{X}^2) = \mathrm{D}(\overline{X}) + [\mathrm{E}(\overline{X})]^2 = \frac{1}{n}\mathrm{D}(X) + \lambda^2 = \frac{1}{n}\lambda + \lambda^2$, 故 $\overline{X}^2$ 是 λ^2 的有偏估计

量. 但是, 因为 $\frac{1}{n}\lambda + \lambda^2 \to \lambda^2$ $(n\to\infty)$, 因而 $\overline{X}^2$ 是 λ^2 的渐近无偏估计. □

例 6.2.3 设总体为 $\mathrm{N}(\mu, \sigma^2)$, $X_1, X_2, \cdots, X_n$ 是样本, 判断样本标准差 S 是否为 σ 的无偏估计.

解 已知 S^2 是 σ^2 的无偏估计, 且 $Y = (n-1)S^2/\sigma^2 \sim \chi^2(n-1)$, 其密度函数为

$$f_Y(y) = \frac{1}{2^{(n-1)/2}\Gamma\left(\frac{n-1}{2}\right)}y^{\frac{n-1}{2}-1}\mathrm{e}^{-y/2}, \quad y > 0.$$

从而

$$\mathrm{E}(\sqrt{Y}) = \int_0^{+\infty} y^{1/2}f_Y(y)\mathrm{d}y = \sqrt{2}\frac{\Gamma(n/2)}{\Gamma((n-1)/2)}.$$

由此可得

$$\mathrm{E}(S) = \frac{\sigma}{\sqrt{n-1}}\mathrm{E}(\sqrt{Y}) = \sqrt{\frac{2}{n-1}}\frac{\Gamma(n/2)}{\Gamma((n-1)/2)}\sigma \neq \sigma.$$

这说明 S 不是 σ 的无偏估计. 读者可以考虑如何对 S 做无偏性修正, 使之成为 σ 的无偏估计.

另外, 可以证明 $\sqrt{\frac{2}{n-1}}\frac{\Gamma(n/2)}{\Gamma((n-1)/2)} \to 1$ $(n\to\infty)$, 即 S 是 σ 的渐近无偏估计. □

6.2.2　有效性

一般来说, 一个未知参数 θ 的无偏估计可以不止一个, 此时, 人们认为方差较小的估计量较好.

定义 6.2.2　设 $\widehat{\theta}_1$ 和 $\widehat{\theta}_2$ 是 θ 的两个无偏估计, 如果对任意的 $\theta \in \Theta$, 都有

$$D_\theta(\widehat{\theta}_1) \leqslant D_\theta(\widehat{\theta}_2), \tag{6.2.4}$$

且至少有一个 $\theta \in \Theta$ 使上述不等式严格成立, 则称估计量 $\widehat{\theta}_1$ 比 $\widehat{\theta}_2$ 有效.

例 6.2.4　总体 $X \sim N(\mu, \sigma^2)$, 其中 μ 已知, 考虑 σ^2 的两个无偏估计量:

$$S_0^2 = \frac{1}{n}\sum_{i=1}^n (X_i - \mu)^2, \quad S^2 = \frac{1}{n-1}\sum_{i=1}^n (X_i - \overline{X})^2.$$

试证明 S_0^2 比 S^2 有效.

证　不难验证 S_0^2 和 S^2 都是 σ^2 的无偏估计. 为比较它们的有效性, 我们需要求出 S_0^2 和 S^2 的方差.

由推论 2.6.9 及定理 5.4.4 可知

$$\frac{n}{\sigma^2}S_0^2 = \sum_{i=1}^n \left(\frac{X_i - \mu}{\sigma}\right)^2 \sim \chi^2(n),$$

$$\frac{n-1}{\sigma^2}S^2 = \frac{1}{\sigma^2}\sum_{i=1}^n (X_i - \overline{X})^2 \sim \chi^2(n-1).$$

于是 $D\left(\dfrac{n}{\sigma^2}S_0^2\right) = 2n$, $D\left(\dfrac{n-1}{\sigma^2}S^2\right) = 2(n-1)$, 故有

$$D(S_0^2) = \frac{2\sigma^4}{n}, \quad D(S^2) = \frac{2\sigma^4}{n-1}.$$

从而对所有的 σ^2, 有 $D(S_0^2) < D(S^2)$. 即 S_0^2 比 S^2 有效.　□

例 6.2.5　总体 $X \sim U(0, \theta)$, 其中 $\theta > 0$ 未知, 由例 6.1.8 可知 θ 的最大似然估计量是 $\widehat{\theta}_{ML} = X_{(n)}$, 其密度函数为

$$f_n(x) = n[F_X(x)]^{n-1}f_X(x) = n\left[\frac{x}{\theta}\right]^{n-1}\frac{1}{\theta} = \frac{n}{\theta^n}x^{n-1}, \ 0 < x < \theta.$$

因而

$$E(X_{(n)}) = \int_0^\theta x f_n(x)dx = \frac{n}{n+1}\theta < \theta,$$

$$E(X_{(n)}^2) = \int_0^\theta x^2 f_n(x)dx = \frac{n}{n+2}\theta^2,$$

$$D(X_{(n)}) = E(X_{(n)}^2) - [E(X_{(n)})]^2 = \frac{n}{n+2}\theta^2 - \left(\frac{n}{n+1}\theta\right)^2 = \frac{n}{(n+1)^2(n+2)}\theta^2.$$

可见 $X_{(n)}$ 是 θ 的有偏估计, 是渐近无偏估计. 经过修正后得到 θ 的一个无偏估计

$$\widehat{\theta}_1 = \frac{n+1}{n}X_{(n)}.$$

另外, 由矩估计方法可以得到 θ 的另一个无偏估计 $\widehat{\theta}_2 = 2\overline{X}$. 由于

$$\mathrm{D}(\widehat{\theta}_1) = \left(\frac{n+1}{n}\right)^2 \mathrm{D}(X_{(n)}) = \left(\frac{n+1}{n}\right)^2 \frac{n}{(n+1)^2(n+2)}\theta^2 = \frac{\theta^2}{n(n+2)},$$

$$\mathrm{D}(\widehat{\theta}_2) = 4\mathrm{D}(\overline{X}) = \frac{4}{n}\mathrm{D}(X) = \frac{4}{n}\cdot\frac{\theta^2}{12} = \frac{\theta^2}{3n}.$$

比较大小可知, 当 $n \geqslant 2$ 时, $\widehat{\theta}_1$ 比 $\widehat{\theta}_2$ 有效. □

一个自然的想法是: 是否存在一个方差最小的无偏估计呢? 其方差最小能达到多少? 这类问题是点估计理论的核心问题之一, 我们将在 6.3 节部分地回答这个问题, 更加全面的内容参阅参考文献 [12].

6.2.3 均方误差

无偏性是评价估计量优良性的一个准则, 对于不同的无偏估计我们还可以通过其方差的大小进行比较. 对于有偏估计而言, 首先不能认为有偏估计一定是不好的估计, 其次对其要求方差小是没有什么意义的, 方差小只是说明估计值在期望值附近摆动范围小, 但若期望值本身远离真实值 (有偏), 显然不能说明什么问题. 故提出均方误差准则, 旨在使估计值距离真实值尽可能近.

定义 6.2.3 设 $\widehat{\theta}$ 是参数 θ 的一个估计, 称

$$\mathrm{MSE}_\theta(\widehat{\theta}) = \mathrm{E}_\theta(\widehat{\theta} - \theta)^2 \tag{6.2.5}$$

为 $\widehat{\theta}$ 的**均方误差** (mean squared error).

$\mathrm{MSE}_\theta(\widehat{\theta})$ 是估计量 $\widehat{\theta}$ 与参数 θ 之差的平方的期望值, 是一个估计量与真实值之间距离的颇为合理的度量, 其下标喻示它是 θ 的一个函数, 为简洁起见, 常常省略下标.

一般而言, 绝对值 $|\widehat{\theta} - \theta|$ 的任一增函数都可以作为估计量 $\widehat{\theta}$ 优良性度量, 比如, 平均绝对误差 $\mathrm{E}(|\theta - \widehat{\theta}|)$ 就是一个合理的选择. 但是 MSE 至少有两个优点: 第一是易于解析处理; 第二是它有如下分解式:

$$\begin{aligned}\mathrm{MSE}_\theta(\widehat{\theta}) &= \mathrm{E}_\theta\left[\widehat{\theta} - \mathrm{E}_\theta(\widehat{\theta}) + \mathrm{E}_\theta(\widehat{\theta}) - \theta\right]^2 \\ &= \mathrm{E}_\theta\left[\widehat{\theta} - \mathrm{E}_\theta(\widehat{\theta})\right]^2 + \left[\mathrm{E}_\theta(\widehat{\theta}) - \theta\right]^2 + 2\mathrm{E}_\theta\left\{\left[\widehat{\theta} - \mathrm{E}_\theta(\widehat{\theta})\right]\left[\mathrm{E}_\theta(\widehat{\theta}) - \theta\right]\right\} \\ &= \mathrm{D}_\theta(\widehat{\theta}) + \left[\mathrm{E}_\theta(\widehat{\theta}) - \theta\right]^2 \\ &= \mathrm{D}_\theta(\widehat{\theta}) + \left[\mathrm{Bias}_\theta(\widehat{\theta})\right]^2. \end{aligned} \tag{6.2.6}$$

这样, MSE 由两部分组成, 其一是 $\mathrm{D}_\theta(\widehat{\theta})$, 反映该估计量的变异性 (精度), 其二是偏差 $\mathrm{Bias}_\theta(\widehat{\theta})$, 反映估计量的偏差 (准确度). 一个估计量在 MSE 意义下好, 就是要在方差和偏差两项上综合地小. 因此, 我们需要寻找方差与偏差两者都得到控制的估计量. 显然, 无偏性就是对偏差的最好的控制, 此时 MSE 的第二项为 0, MSE 就是方差, 这也说明了用方差度量无偏估计的有效性是合理的.

例 6.2.6 假设某款式 32 码牛仔裤的长度 (单位: cm) 服从正态分布 $\mathrm{N}(\mu, 1.5^2)$, 其中 μ 未知. 现在从不同商店随机购买了 3 条同款同号码的牛仔裤, 测得长度为 X_1, X_2, X_3, 考虑

μ 的两个估计:

$$\widehat{\mu}_1 = 0.33 \times (X_1 + X_2 + X_3), \quad \widehat{\mu}_2 = 0.50 \times (X_1 + X_2).$$

讨论 $\widehat{\mu}_1$ 和 $\widehat{\mu}_2$ 的无偏性并比较 MSE.

解 由于

$$\mathrm{E}(\widehat{\mu}_1) = 0.33 \times [\mathrm{E}(X_1) + \mathrm{E}(X_2) + \mathrm{E}(X_3)] = 0.99\mu,$$
$$\mathrm{E}(\widehat{\mu}_2) = 0.50 \times [\mathrm{E}(X_1) + \mathrm{E}(X_2)] = \mu.$$

故 $\widehat{\mu}_1$ 是 μ 的有偏估计, 其偏差为 $\mathrm{Bias}_\mu(\widehat{\mu}_1) = -0.01\mu$; $\widehat{\mu}_2$ 是 μ 的无偏估计, 其偏差为零.

$\widehat{\mu}_1$ 和 $\widehat{\mu}_2$ 的方差分别为

$$\mathrm{D}(\widehat{\mu}_1) = 0.33^2 \times [\mathrm{D}(X_1) + \mathrm{D}(X_2) + \mathrm{D}(X_3)] = 0.7351,$$
$$\mathrm{D}(\widehat{\mu}_2) = 0.50^2 \times [\mathrm{D}(X_1) + \mathrm{D}(X_2)] = 1.1250.$$

于是 $\widehat{\mu}_1$ 和 $\widehat{\mu}_2$ 的 MSE 分别为

$$\mathrm{MSE}(\widehat{\mu}_1) = \mathrm{D}(\widehat{\mu}_1) + [\mathrm{Bias}(\widehat{\mu}_1)]^2 = 0.7351 + 0.0001\mu^2,$$
$$\mathrm{MSE}(\widehat{\mu}_2) = \mathrm{D}(\widehat{\mu}_2) = 1.1250.$$

若进一步假设市面上出售的同款同号码牛仔裤的长度肯定大于 70 cm, 则说明 $\mu > 70$. 这时对所有的 $\mu > 70$, 有 $0.7351 + 0.0001\mu^2 > 1.1250$, 即 $\mathrm{MSE}(\widehat{\mu}_1) > \mathrm{MSE}(\widehat{\mu}_2)$, 所以在 MSE 标准下, $\widehat{\mu}_2$ 也是优于 $\widehat{\mu}_1$. 图 6.1 是 $\widehat{\mu}_1$ 和 $\widehat{\mu}_2$ 的概率密度函数图.   □

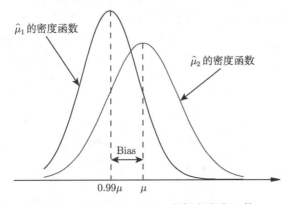

图 6.1   估计量 $\widehat{\mu}_1$ 和 $\widehat{\mu}_2$ 的概率密度函数

虽然很多无偏估计量从 MSE 的观点看是合理的, 但应注意到偏差的控制并不能保证 MSE 得到控制, 有时在权衡方差和偏差时会有这种情况: 增加很小的偏差可以换取方差的较大减小, 从而导致 MSE 较小.

例 6.2.7 设总体 $X \sim \mathrm{N}(\mu, \sigma^2)$, $X_1, X_2, \cdots, X_n$ 为 X 的样本, 考虑 σ^2 的两个估计:

$$W_1 = S^2 = \frac{1}{n-1} \sum_{i=1}^{n} (X_i - \overline{X})^2, \quad W_2 = \frac{n-1}{n+1} S^2 = \frac{1}{n+1} \sum_{i=1}^{n} (X_i - \overline{X})^2.$$

比较 W_1 和 W_2 的 MSE.

解 显然 W_1 是 σ^2 的无偏估计, W_2 是 σ^2 的有偏估计. 由定理 5.4.4 以及 χ^2 分布的期望和方差公式可知 $E(S^2) = \sigma^2$, $D(S^2) = \dfrac{2}{n-1}\sigma^4$, 于是

$$\mathrm{MSE}(W_1) = E(S^2 - \sigma^2)^2 = D(S^2) = \frac{2\sigma^4}{n-1},$$
$$\mathrm{MSE}(W_2) = E(W_2 - \sigma^2)^2 = D(W_2) + \left[E(W_2) - \sigma^2\right]^2$$
$$= D\left(\frac{n-1}{n+1}S^2\right) + \left[E\left(\frac{n-1}{n+1}S^2\right) - \sigma^2\right]^2$$
$$= \left(\frac{n-1}{n+1}\right)^2 D(S^2) + \left(\frac{n-1}{n+1}\sigma^2 - \sigma^2\right)^2$$
$$= \left(\frac{n-1}{n+1}\right)^2 \frac{2}{n-1}\sigma^4 + \frac{4}{(n+1)^2}\sigma^4$$
$$= \frac{2}{n+1}\sigma^4.$$

可见对所有的 σ^2, 有 $\mathrm{MSE}(W_2) < \mathrm{MSE}(W_1)$, 所以在 MSE 标准下, 有偏估计 W_2 优于无偏估计 W_1.

读者可以进一步考虑 σ^2 的估计类: $W_k = k\sum_{i=1}^n (X_i - \overline{X})^2$, 研究当 k 取何值时相应的 MSE 最小. □

一般而言, MSE 是参数的函数, 要求一个估计量的 MSE 对所有的参数都小于另一个估计量的 MSE, 往往不太现实. 两个估计量的 MSE 图像会出现相互交叉, 表明一个估计量在参数空间的这一部分上比另一个估计量是较优的, 而在另部分上相反. 这说明基于 MSE 对估计量进行比较未必能产生一个优胜者, 从而没有一个"最佳 MSE"估计量.

既然一致的"最佳 MSE"估计量一般都不存在, 人们通常就限制估计类的大小, 对估计提出一些合理性要求, 在满足这些要求的估计类中寻找一个"最佳 MSE"估计量. 比如, 例 6.2.7 中就限制 σ^2 的估计类: $W_k = k\sum_{i=1}^n (X_i - \overline{X})^2$; 6.3 节我们限制在无偏估计类中讨论"最佳 MSE"估计量, 此时问题等价于考虑方差最小的估计量.

6.2.4 相合性

我们知道, 估计量是一个随机变量, 待估参数是一个未知常数, 点估计就是用一个随机变量去估计一个未知常数, 我们不能要求估计量完全等同于参数的真实取值. 前面所说的评价准则都是在样本量一定的前提下, 度量在平均意义下估计量与参数之间的接近程度. 但是如果我们有足够多的样本, 随着样本量的不断增大, 完全可以要求估计量逼近参数真实值, 这就是相合性. 凡这类样本容量充分大时, 估计量所表现出的性质, 统称为*大样本性质*. 用概率论的语言, 相合性的定义如下.

定义 6.2.4 设 $T_n = T_n(X_1, X_2, \cdots, X_n)$ 是 $g(\theta)$ 的一个估计量序列, 如果对 $\forall \theta \in \Theta$,

$$\lim_{n\to\infty} T_n = \lim_{n\to\infty} T_n(X_1, X_2, \cdots, X_n) \overset{P}{=} g(\theta), \tag{6.2.7}$$

即随机变量序列 $\{T_n\}$ 依概率收敛于 $g(\theta)$, 则称 T_n 为 $g(\theta)$ 的相合估计 (consistent estimator).

从某种意义上说, 相合性对于估计量而言是起码的要求, 因为样本容量越大, 样本所含总体的信息就越多, 作为总体参数的估计自然要求越接近真实值, 如果这一点都做不到, 就说明这一估计量不能有效地利用数据的信息, 因此一般不是好的估计量. 当然在实际应用中, 未必都能抽到足够大的样本, 以至于相合性的优点不能体现, 但相合性至少提供了一种保证, 当可供利用的数据量很大时, 一定能得到满意的参数估计.

由于估计量 $\{T_n\}$ 是一个随机变量序列, 验证相合性可以运用依概率收敛的性质及各种大数定律. 另外, 下面两个定理在判断估计的相合性时, 很有用.

定理 6.2.1　设 $\widehat{\theta}_n = \widehat{\theta}_n(X_1, X_2, \cdots, X_n)$ 是 θ 的一个估计量序列, 若

$$\lim_{n\to\infty} \mathrm{E}_\theta(\widehat{\theta}_n) = \theta, \qquad \lim_{n\to\infty} \mathrm{D}_\theta(\widehat{\theta}_n) = 0,$$

则 $\widehat{\theta}_n$ 是 θ 的相合估计.

证　为简便, 下面暂且省去期望和方差中的下标 θ. 对任意的 $\varepsilon > 0$, 由切比雪夫不等式有

$$P\big(|\widehat{\theta}_n - \mathrm{E}(\widehat{\theta}_n)| \geqslant \varepsilon\big) \leqslant \frac{\mathrm{D}(\widehat{\theta}_n)}{\varepsilon^2}.$$

另外, $\lim_{n\to\infty} \mathrm{E}(\widehat{\theta}_n) = \theta$, 对充分大的 n 有 $|\mathrm{E}(\widehat{\theta}_n) - \theta| < \varepsilon$, 从而

$$|\widehat{\theta}_n - \theta| \leqslant |\widehat{\theta}_n - \mathrm{E}(\widehat{\theta}_n)| + |\mathrm{E}(\widehat{\theta}_n) - \theta| \leqslant |\widehat{\theta}_n - \mathrm{E}(\widehat{\theta}_n)| + \varepsilon,$$

故有 $\{|\widehat{\theta}_n - \mathrm{E}(\widehat{\theta}_n)| < \varepsilon\} \subseteq \{|\widehat{\theta}_n - \theta| < 2\varepsilon\}$, 等价地 $\{|\widehat{\theta}_n - \mathrm{E}(\widehat{\theta}_n)| \geqslant \varepsilon\} \supseteq \{|\widehat{\theta}_n - \theta| \geqslant 2\varepsilon\}$.

由此可得

$$P\{|\widehat{\theta}_n - \theta| \geqslant 2\varepsilon\} \leqslant P\{|\widehat{\theta}_n - \mathrm{E}(\widehat{\theta}_n)| \geqslant \varepsilon\} \leqslant \frac{\mathrm{D}(\widehat{\theta}_n)}{\varepsilon^2} \to 0.$$

定理得证.　□

例 6.2.8　总体 $X \sim \mathrm{U}(0, \theta)$, 证明最大次序统计量 $X_{(n)}$ 是 θ 的相合估计.

证　由例 6.2.5 可知, $X_{(n)}$ 的密度函数为

$$f_n(x) = \frac{n}{\theta^n} x^{n-1}, \ 0 < x < \theta.$$

而且

$$\mathrm{E}(X_{(n)}) = \frac{n}{n+1}\theta \to \theta,$$
$$\mathrm{D}(X_{(n)}) = \frac{n}{(n+1)^2(n+2)}\theta^2 \to 0.$$

由定理 6.2.1 可知, $X_{(n)}$ 是 θ 的相合估计.　□

定理 6.2.2　设 $\widehat{\theta}_n$ 是 θ 的相合估计, $g(\theta)$ 是连续函数, 则 $g(\widehat{\theta}_n)$ 是 $g(\theta)$ 的相合估计.

证　由 $g(x)$ 的连续性, 对于 $\forall \varepsilon > 0$, 存在 $\delta > 0$, 使得

$$|x - \theta| < \delta \Rightarrow |g(x) - g(\theta)| < \varepsilon,$$

故有 $\{|\widehat{\theta}_n - \theta| < \delta\} \subseteq \{|g(\widehat{\theta}_n) - g(\theta)| < \varepsilon\}$, 等价地, $\{|\widehat{\theta}_n - \theta| \geqslant \delta\} \supseteq \{|g(\widehat{\theta}_n) - g(\theta)| \geqslant \varepsilon\}$.

从而有

$$P\{|\widehat{\theta}_n - \theta| \geqslant \delta\} \geqslant P\{|g(\widehat{\theta}_n) - g(\theta)| \geqslant \varepsilon\}.$$

由于 $\widehat{\theta}_n$ 是 θ 的相合估计, $P\{|\widehat{\theta}_n - \theta| \geqslant \delta\} \to 0$, 所以 $P\{|g(\widehat{\theta}_n) - g(\theta)| \geqslant \varepsilon\} \to 0$, 即 $g(\widehat{\theta}_n)$ 是 $g(\theta)$ 的相合估计. □

例 6.2.9 设 $X_1, X_2, \cdots, X_n$ 是来自正态总体 $N(\mu, \sigma^2)$ 的样本, 则由欣钦大数定律和定理 6.2.2 容易验证如下结论:

(1) $\overline{X}$ 是 μ 的相合估计;

(2) S^2 是 σ^2 的相合估计;

(3) S 是 σ 的相合估计;

(4) $M_2' = \frac{1}{n} \sum_{i=1}^n (X_i - \overline{X})^2$ 是 σ^2 的相合估计.

最后我们指出, 在一定条件下, 矩估计和最大似然估计都是相合的.

6.2.5 渐近正态性

相合性反映了当 $n \to \infty$ 时估计量的优良性质, 但由于参数 θ 的相合估计可以不止一个, 它们之间必然有一定的差异. 那么, 如何反映这种差异呢? 一般地, 这种差异往往可由渐近分布的渐近方差反映出来. 而最常用的渐近分布是正态分布.

定义 6.2.5 设 $\widehat{\theta}_n = \widehat{\theta}_n(X_1, X_2, \cdots, X_n)$ 是 θ 的相合估计量, 如果存在趋于零的非负常数列 $\sigma_n(\theta)$, 使得当 $n \to \infty$ 时, 有

$$\frac{\widehat{\theta}_n - \theta}{\sigma_n(\theta)} \xrightarrow{L} Z \sim N(0,1) \tag{6.2.8}$$

则称 $\widehat{\theta}_n$ 是 θ 的渐近正态估计 (asymptotically normal estimator), 称 $\sigma_n^2(\theta)$ 为 $\widehat{\theta}_n$ 的渐近方差.

在上述定义中, 没有要求 θ 为 $\widehat{\theta}_n$ 的均值, 也没有要求 $\sigma_n^2(\theta)$ 为 $\widehat{\theta}_n$ 的方差, 但他们在渐近分布中起着类似于均值和方差的作用. 对于一个渐近正态估计 $\widehat{\theta}_n$, 当样本容量 n 足够大时, 可以用 $N(\theta, \sigma_n^2(\theta))$ 作为 $\widehat{\theta}_n$ 的近似分布, $\widehat{\theta}_n$ 渐近方差 $\sigma_n^2(\theta)$ 的大小标志着渐近正态估计 $\widehat{\theta}_n$ 的优劣.

由定义可知渐近正态估计一定是相合估计, 为此, 渐近正态估计也称为相合渐近正态估计 (consistent asymptotic normal estimator), 即式 (6.2.8) 中的分子 $\widehat{\theta}_n - \theta$ 依概率收敛于零. 而数列 $\sigma_n(\theta)$ 也趋于零, 渐近正态性要求两者的比值依分布收敛于标准正态分布. 因此, 分子和分母趋于零的速度应该是同阶的, 所以 $\sigma_n(\theta)$ 趋于 0 的速度就是 $\widehat{\theta}_n$ 依概率收敛于 θ 的速度.

验证渐近正态性可以运用依分布收敛的性质及各种中心极限定理.

例 6.2.10 设 $X_1, X_2, \cdots, X_n$ 是来自总体 $B(1, \theta)$ 的样本, $\overline{X}$ 是 θ 的相合估计, 由中心极限定理, 当 $n \to \infty$ 时, 有

$$\frac{\overline{X} - \theta}{\sqrt{\dfrac{\theta(1-\theta)}{n}}} \xrightarrow{L} Z \sim N(0,1)$$

故 $\overline{X}$ 是 θ 的渐近正态估计, 渐近方差为 $\sigma_n^2(\theta) = \theta(1-\theta)/n$.

例 6.2.11 设 $X_1, X_2, \cdots, X_n$ 是来自泊松总体 $\mathrm{P}(\theta)$ 的样本, 由矩法和最大似然法, 都得到 θ 的估计是 $\overline{X}$, 由中心极限定理, 当 $n \to \infty$ 时, 有

$$\frac{\overline{X} - \theta}{\sqrt{\theta/n}} \xrightarrow{L} Z \sim \mathrm{N}(0, 1)$$

故 $\overline{X}$ 是 θ 的渐近正态估计, 渐近方差为 $\sigma_n^2(\theta) = \theta/n$.

在例 6.2.10 和例 6.2.11 中, $\widehat{\theta}_n$ 依概率收敛于 θ 的速度都是 $1/\sqrt{n}$, 事实上, 大多数渐近正态估计都是以 $1/\sqrt{n}$ 的速度依概率收敛于待估参数.

本段最后我们不加证明地指出: 在很一般的条件下, 矩估计是渐近正态估计; 在一定条件下, 最大似然估计是渐近正态估计. 这些结论的证明比较复杂, 要用到较多的极限理论知识, 有兴趣的读者可以参考文献 [13].

6.2.6 稳健性

前面的准则都是假设样本为理想情况, 即样本严格来自于某个假设的总体. 但在实际问题中, 假设的模型 (总体分布) 与实际模型之间往往有一定的偏离. 这表现为样本有个别 (或一小部分) 数据受到 "污染", 即不是严格的来自于假设的总体. 依据这一样本去推断原总体, 如果还是用原来的估计量, 可能难以达到预期的效果. 为此, 统计学家寻找所谓比较 "稳健" 的估计量, 要求这种估计量, 在理想模型情形下, 其性能不一定是最优的, 但也是次优的, 而当实际模型偏离假定的理想模型时, 它的性能变化也不大. 这种性质表现为样本形式, 就是当样本实际未受到 "污染" 时, 这种估计量未必是最优的, 而当数据受到 "污染" 后, 该估计量仍然是较优的.

对于稳健性准则, 有其严格的一套理论, 在此我们不展开讨论, 有兴趣的读者可参阅参考文献 [14]. 下面我们举例说明稳健性的含义.

例 6.2.12 设有 n 个裁判为某运动员的表演评分, 试问用什么方法来最后评定运动员的表演为妥?

我们设 $X_1, X_2, \cdots, X_n$ 表示 n 个裁判给某运动员的评分, 则 $X_1, X_2, \cdots, X_n$ 可看作来自运动员这个总体的一个样本, 我们要评定的正是运动员的 (平均) 水平 μ, 此处 μ 可理解为总体的期望值. 可以证明, $\overline{X}$ 作为 μ 的估计量在几乎所有的评价准则下都是最优的. 但在实际问题中, 可能有个别或部分裁判与运动员有某种特殊的关系, 而这种关系就使得样本 $X_1, X_2, \cdots, X_n$ 中个别或部分受到 "污染", 如果此时仍采用 $\overline{X}$ 来估计 μ, 则结果是不公正的. 在这种情况下, 往往采用去掉一个或两个最高分, 去掉一个或两个最低分, 对剩下的分数进行平均, 这种平均称为截尾均值 (trimmed mean), 如此能保证运动员得分的公平性. 用统计学的语言来讲, 就是截尾均值比均值稳健. □

在 R 语言中截尾均值可由函数 mean() 及选择参数 trim 实现计算. 如下代码

```
> x <- c(0:10, 50)      # 定义数值向量, 数据为0,1,⋯,10,50
> c(mean(x), mean(x, trim = 0.10))  # 求12个数的平均值和截尾均值
```

输出结果为 8.75 和 5.50. 表示 12 个数据的平均值是 8.75, 截尾均值是 5.50, 其中的参数 trim 取值在 $[0, 0.5]$ 内, 表示计算截尾均值时, 数据大小两头去掉的比例, 这里去掉了最小值 0 和最大值 50.

样本中位数是特殊的截尾均值 (当截尾比例达到 0.5 时), 无论假设总体分布是否对称, 样本中位数都是总体分布中心的一个稳健估计. 类似地, 总体分布标准差的一个稳健估计是中位绝对偏差 (the median absolute deviation, MAD). 其定义为

$$\text{MAD} = \text{Median}\{\,|\,X_i - \text{Median}(X_1, X_2, \cdots, X_n)|\,\}. \tag{6.2.9}$$

利用 R 语言的函数 mad() 及参数 constant 的选择可以实现中位绝对偏差的计算.

例 6.2.13 一个植物学家测量 10 个三叶草样品的茎长 (单位: cm) 如下:

$$5.3, \quad 2.8, \quad 3.4, \quad 7.2, \quad 8.3, \quad 1.7, \quad 6.2, \quad 9.3, \quad 3.2, \quad 5.9.$$

计算相应的样本均值、标准差、中位数、MAD; 假如该植物学家将数字 8.3 误记为 83, 则相应的统计量有何变化?

解 将没有错误记录的数据记为 x1, 将有错误记录的数据记为 x2, 即 x2 中 83 代替 x1 中的 8.3. 如下 R 代码可以完成所求计算:

```
> x1 <- c(1.7, 2.8, 3.2, 3.4, 5.3, 5.9, 6.2, 7.2, 8.3, 9.3)
> x2 <- c(1.7, 2.8, 3.2, 3.4, 5.3, 5.9, 6.2, 7.2, 83, 9.3)
> y1 <- c(mean(x1), sd(x1), median(x1), mad(x1, constant = 1))
> y2 <- c(mean(x2), sd(x2), median(x2), mad(x2, constant = 1))
```

计算结果是

y1: 5.330000 2.516634 5.60000 2.30000

y2: 12.80000 24.77185 5.60000 2.30000

可见中位数和 MAD 对于记录错误并不敏感, 比较稳健. □

最后我们指出, 评定估计量准则的建立往往是从实际需要中抽象出来的, 每一种标准都是从不同的角度提出的, 都以一定的应用背景为依托, 因此不能说哪一个标准是绝对最佳的. 在决定按哪一个标准选用统计方法时, 应根据实际情况和需要选择.

习 题 6.2

1 设 $X_1, X_2, \cdots, X_n$ 为来自于总体 X 的一个简单随机样本, $E(X) = \mu$, $D(X) = \sigma^2$. 求常数 k, 使得 $T^2 = \frac{1}{k} \sum_{i=1}^{n-1} (X_{i+1} - X_i)^2$ 为 σ^2 的无偏估计量.

2 设总体 X 的概率密度函数为

$$f(x;\theta) = \frac{3x^2}{\theta^3}, \ 0 < x < \theta.$$

其中 $\theta > 0$ 为未知参数. 设 X_1, X_2, X_3 为来自于该总体的一个简单随机样本, 令 $T = \max(X_1, X_2, X_3)$,

(1) 求 T 的概率密度函数; (2) 求 a 的值, 使得 aT 为 θ 的无偏估计量.

3 设总体 X 的概率密度函数为

$$f(x;\theta) = \frac{2x}{3\theta^2}, \ \theta < x < 2\theta.$$

其中 $\theta > 0$ 为未知参数. 设 $X_1, X_2, \cdots, X_n$ 为来自于该总体的一个简单随机样本, 若 $C(X_1^2 + X_2^2 + \cdots + X_n^2)$ 是参数 θ^2 的无偏估计, 求常数 C.

4 设总体 X 的概率密度函数为

$$f(x) = \begin{cases} 2\mathrm{e}^{-2(x-\theta)}, & x > \theta; \\ 0, & x \leqslant \theta. \end{cases}$$

其中 $\theta > 0$ 是未知参数. 从总体 X 中抽取简单随机样本 $X_1, X_2, \cdots, X_n$, 记 $\widehat{\theta} = X_{(1)}$ 是最小次序统计量.

(1) 求总体 X 的分布函数 $F(x)$;

(2) 求统计量 $\widehat{\theta}$ 的分布函数 $F_{\widehat{\theta}}(x)$;

(3) 如果用 $\widehat{\theta}$ 作为 θ 的估计量, 讨论它是否具有无偏性.

5 设总体 X 服从 0–1 分布, 且 $P(X = 1) = p$, $P(X = 0) = 1 - p$. $X_1, X_2, \cdots, X_n$ 是来自这个总体的样本, 试验证 $T = (\overline{X})^2 - \dfrac{1}{n-1} M_2'$ 是 p^2 的无偏估计量, 其中

$$\overline{X} = \frac{1}{n} \sum_{i=1}^{n} X_i, \quad M_2' = \frac{1}{n} \sum_{i=1}^{n} (X_i - \overline{X})^2.$$

6 设 $X_1, X_2, \cdots, X_m$ 为来自二项分布 $\mathrm{B}(n,p)$ 的简单随机样本, $\overline{X}$ 和 S^2 分别为样本均值和样本方差. 若 $\overline{X} + kS^2$ 为 np^2 的无偏估计量, 求 k.

7 设总体 X 的概率密度函数为

$$f(x; \theta) = \begin{cases} \dfrac{1}{2\theta}, & 0 < x < \theta; \\ \dfrac{1}{2(1-\theta)}, & \theta \leqslant x < 1; \\ 0, & \text{其他.} \end{cases}$$

$X_1, X_2, \cdots, X_n$ 是来自总体 X 的简单随机样本, $\overline{X}$ 是样本均值.

(1) 求参数 θ 的矩估计量;

(2) 判断 $4\overline{X}^2$ 是否为 θ^2 的无偏估计量, 并说明理由.

8 设 $X_1, X_2, \cdots, X_n$ 是来自总体 $\mathrm{P}(\lambda)$ 的样本, 试求 λ^2 的无偏估计.

9 设 $\widehat{\theta}$ 是参数 θ 的无偏估计, 且有 $\mathrm{D}(\widehat{\theta}) > 0$, 试证 $(\widehat{\theta})^2$ 不是 θ^2 的无偏估计.

10 设总体 X 服从 $\mathrm{N}(\mu, 1)$, X_1, X_2, X_3 是一个样本. 试验证

$$\widehat{\mu}_1 = \frac{1}{5} X_1 + \frac{3}{10} X_2 + \frac{1}{2} X_3,$$

$$\widehat{\mu}_2 = \frac{1}{3} X_1 + \frac{1}{4} X_2 + \frac{5}{12} X_3,$$

$$\widehat{\mu}_3 = \frac{1}{3} X_1 + \frac{1}{6} X_2 + \frac{1}{2} X_3$$

都是 μ 的无偏估计量, 并分析哪一个最好?

11 设 $X_1, X_2, \cdots, X_n$ 为来自于均匀分布总体 $\mathrm{U}(\theta, \theta + 1)$ 的一个样本.

(1) 验证 $\widehat{\theta}_1 = \overline{X} - \dfrac{1}{2}$, $\widehat{\theta}_2 = X_{(1)} - \dfrac{1}{n+1}$, $\widehat{\theta}_3 = X_{(n)} - \dfrac{n}{n+1}$ 都是 θ 的无偏估计;

(2) 比较上述三个估计的有效性.

12 设总体 X 的概率分布为

X	1	2	3
P	$1-\theta$	$\theta - \theta^2$	θ^2

其中 $\theta \in (0,1)$ 是未知参数.

(1) 利用样本值: 3, 1, 3, 3, 1, 2, 3, 求 θ 的矩估计值和最大似然估计值;

(2) 设 $X_1, X_2, \cdots, X_n$ 是该总体的一个样本, 以 N_i 表示此样本中等于 i 的个数 ($i = 1, 2, 3$). 试求常数 a_1, a_2, a_3 使 $T = \sum_{i=1}^{3} a_i N_i$ 为 θ 的无偏估计.

13 设 $X_1, X_2, \cdots, X_n$ 为来自总体 $\mathrm{U}(\theta, 2\theta)$ 的样本, 其中 $\theta > 0$ 是未知参数.

(1) 证明 $\widehat{\theta} = \dfrac{2}{3} \overline{X}$ 是参数 θ 的无偏估计和相合估计;

(2) 求 θ 的最大似然估计, 它是否是无偏估计? 是否是相合估计?

14 设 $X_1, X_2, \cdots, X_n$ 为来自概率密度函数为 $f(x;\theta) = \mathrm{e}^{-(x-\theta)}$, $x > \theta$ 的样本, 其中 $\theta > 0$ 是未知参数.

(1) 求 θ 的最大似然估计 $\widehat{\theta}_1$, 它是否是无偏估计? 是否是相合估计?

(2) 求 θ 的矩估计 $\widehat{\theta}_2$, 它是否是无偏估计? 是否是相合估计?

15 设总体 X 服从指数分布 $\mathrm{Exp}(\theta^{-1})$, 其密度函数为

$$f(x;\theta) = \frac{1}{\theta} \exp\left\{ -\frac{x}{\theta} \right\}, \; x > 0.$$

验证样本均值 $\overline{X}$ 是 θ 的相合估计和无偏估计. 考虑估计类 $\{a\overline{X} : a \in \mathbb{R}\}$ 的 MSE, 说明在 MSE 准则下存在优于 $\overline{X}$ 的估计.

6.3 最小方差无偏估计和有效估计

正如 6.2 节所表明的, 对于一个待估参数 $g(\theta)$, 一般没有一个 "最佳 MSE" 估计量, 这是因为全部估计量的类是一个太大的类. 为了易于寻求 "最佳" 估计量, 一个策略是限制估计量的类. 考虑 $g(\theta)$ 的一切无偏估计组成的集合 $\mathscr{U}$, 称 $\mathscr{U}$ 为 $g(\theta)$ 的无偏估计类. 对于无偏估计量, 其 MSE 就是方差, 所以我们选择方差比较小的那个估计量.

6.3.1 一致最小方差无偏估计

定义 6.3.1 对于固定的样本容量 n, $T = T(X_1, X_2, \cdots, X_n)$ 是参数函数 $g(\theta)$ 的无偏估计, 若对于 $g(\theta)$ 的任一无偏估计量 $T' = T'(X_1, X_2, \cdots, X_n)$ 有

$$\mathrm{D}_{\theta}(T) \leqslant \mathrm{D}_{\theta}(T'), \quad \forall \, \theta \in \Theta. \tag{6.3.1}$$

则称 $T(X_1, X_2, \cdots, X_n)$ 为 $g(\theta)$ 的一致最小方差无偏估计量 (uniformly minimum variance unbiased estimator) 或最优无偏估计量 (best unbiased estimator), 简记为 UMVUE 或 BUE.

我们知道, 一个参数的无偏估计可以不止一个, 所谓 UMVUE (如果存在) 就是方差最小的那个无偏估计, 下面的定理说明 UMVUE 的唯一性.

定理 6.3.1 如果 $T = T(X_1, X_2, \cdots, X_n)$ 是 $g(\theta)$ 的 UMVUE, 则 T 是唯一的.

证 假设 $T' = T'(X_1, X_2, \cdots, X_n)$ 是 $g(\theta)$ 的另一个 UMVUE, 则

$$E_\theta(T') = E_\theta(T) = g(\theta), \quad D_\theta(T') = D_\theta(T), \quad \forall\, \theta \in \Theta.$$

考虑估计量 $T^* = \dfrac{1}{2}(T + T')$. 易知 T^* 是 $g(\theta)$ 的无偏估计, 且

$$\begin{aligned}
D_\theta(T^*) &= \frac{1}{4}D_\theta(T) + \frac{1}{4}D_\theta(T') + \frac{1}{2}\mathrm{Cov}_\theta(T, T')\\
&\leqslant \frac{1}{4}D_\theta(T) + \frac{1}{4}D_\theta(T') + \frac{1}{2}\big[D_\theta(T)D_\theta(T')\big]^{1/2} = D_\theta(T)
\end{aligned}$$

由于 T 是 UMVUE, 所以上述不等式只能取等号, 而由柯西–施瓦茨不等式中等号成立的条件知, 必有 $T' = a(\theta)T + b(\theta)$. 此时

$$D_\theta(T) = \mathrm{Cov}_\theta(T, T') = \mathrm{Cov}_\theta\big(T, a(\theta)T + b(\theta)\big) = a(\theta)D_\theta(T)$$

所以 $a(\theta) \equiv 1$, $T' = T + b(\theta)$. 再由 T 和 T' 的无偏性, 可得 $b(\theta) \equiv 0$. 因此 $T = T'$. $\square$

下面的定理可用于判断一个估计量是否是 UMVUE.

定理 6.3.2 设 $T = T(X_1, X_2, \cdots, X_n)$ 是参数函数 $g(\theta)$ 的无偏估计, $D_\theta(T) < \infty$, 则 T 为 $g(\theta)$ 的一致最小方差无偏估计量的充分必要条件是: 对于任一满足如下条件

$$E_\theta(L) = 0, \quad D_\theta(L) < \infty, \quad \forall\, \theta \in \Theta \tag{6.3.2}$$

的统计量 $L = L(X_1, X_2, \cdots, X_n)$, 都有

$$\mathrm{Cov}_\theta(T, L) = E_\theta(T \cdot L) = 0, \quad \forall\, \theta \in \Theta.$$

证 先证充分性. 对于 $g(\theta)$ 的任一无偏估计 $T' = T'(X_1, X_2, \cdots, X_n)$, 要证明 $D_\theta(T) \leqslant D_\theta(T')$, 不妨设 $D_\theta(T') < \infty$.

令 $L = T' - T$, 则 L 满足条件式 (6.3.2), 从而有

$$\begin{aligned}
D_\theta(T') &= D_\theta(T + L)\\
&= D_\theta(T) + D_\theta(L) + 2\mathrm{Cov}_\theta(T, L)\\
&= D_\theta(T) + D_\theta(L) \geqslant D_\theta(T).
\end{aligned}$$

故 $T = T(X_1, X_2, \cdots, X_n)$ 是 $g(\theta)$ 的 UMVUE.

再证必要性. 设 $T = T(X_1, X_2, \cdots, X_n)$ 是 $g(\theta)$ 的 UMVUE, L 满足条件式 (6.3.2). 考察估计量

$$T_\alpha = T + \alpha L,$$

其中 α 是常数. 显然 T_α 也是 $g(\theta)$ 的无偏估计, 下面考察其方差

$$D_\theta(T_\alpha) = D_\theta(T) + \alpha^2 D_\theta(L) + 2\alpha\mathrm{Cov}_\theta(T, L).$$

如果存在 $\theta_0 \in \Theta$, 使得 $\mathrm{Cov}_{\theta_0}(T,L) < 0$, 则取 $0 < \alpha < -2\mathrm{Cov}_{\theta_0}(T,L)/\mathrm{D}_{\theta_0}(L)$ 时, 有 $\mathrm{D}_{\theta_0}(T_\alpha) < \mathrm{D}_{\theta_0}(T)$, 这与 T 是 UMVUE 相矛盾.

类似地, 如果存在 $\theta_0 \in \Theta$, 使得 $\mathrm{Cov}_{\theta_0}(T,L) > 0$, 则取 $-2\mathrm{Cov}_{\theta_0}(T,L)/\mathrm{D}_{\theta_0}(L) < \alpha < 0$ 时, 有 $\mathrm{D}_{\theta_0}(T_\alpha) < \mathrm{D}_{\theta_0}(T)$, 这与 T 是 UMVUE 相矛盾.

所以, $\mathrm{Cov}_\theta(T,L) = \mathrm{E}_\theta(T \cdot L) = 0$, $\forall\, \theta \in \Theta$. □

注 满足条件式 (6.3.2) 的统计量称为 0 的无偏估计, 此定理表明: T 是 UMVUE 的充要条件是 T 与 0 的所有无偏估计不相关.

例 6.3.1 设 $X_1, X_2, \cdots, X_n$ 为 $\mathrm{N}(\mu, \sigma^2)$ 的样本, 证明 $\overline{X}$ 和 S^2 分别是 μ 和 σ^2 的 UMVUE.

证 已知 $\overline{X}$ 和 S^2 分别是 μ 和 σ^2 的无偏估计. 现设 $L = L(X_1, X_2, \cdots, X_n)$ 是 0 的任一无偏估计, 即 $\mathrm{E}_\theta(L) = 0$, $\forall\, \theta = (\mu, \sigma^2) \in (-\infty, \infty) \times (0, \infty)$. 则有

$$\int_{\mathbb{R}^n} L(x_1, x_2, \cdots, x_n) \exp\left\{-\frac{1}{2\sigma^2}\sum_{i=1}^n (x_i - \mu)^2\right\} \mathrm{d}x_1 \mathrm{d}x_2 \cdots \mathrm{d}x_n = 0. \tag{6.3.3}$$

两边对 μ 求导数, 并注意到 $E_\theta(L) = 0$ 得,

$$\int_{\mathbb{R}^n} L(x_1, x_2, \cdots, x_n)\overline{x} \exp\left\{-\frac{1}{2\sigma^2}\sum_{i=1}^n (x_i - \mu)^2\right\} \mathrm{d}x_1 \mathrm{d}x_2 \cdots \mathrm{d}x_n = 0. \tag{6.3.4}$$

从而 $\mathrm{E}(\overline{X}L) = 0$, 由定理 6.3.2 可知, $\overline{X}$ 是 μ 的 UMVUE.

式 (6.3.4) 两边对 μ 求二阶导数得

$$\int_{\mathbb{R}^n} L(x_1, x_2, \cdots, x_n)\overline{x}^2 \exp\left\{-\frac{1}{2\sigma^2}\sum_{i=1}^n (x_i - \mu)^2\right\} \mathrm{d}x_1 \mathrm{d}x_2 \cdots \mathrm{d}x_n = 0. \tag{6.3.5}$$

式 (6.3.3) 两边对 σ^2 求导数得

$$\int_{\mathbb{R}^n} L(x_1, x_2, \cdots, x_n)\sum_{i=1}^n (x_i - \mu)^2 \exp\left\{-\frac{1}{2\sigma^2}\sum_{i=1}^n (x_i - \mu)^2\right\} \mathrm{d}x_1 \mathrm{d}x_2 \cdots \mathrm{d}x_n = 0.$$

利用 $\sum_{i=1}^n (x_i - \overline{x})^2 = \sum_{i=1}^n (x_i - \mu)^2 - n(\overline{x} - \mu)^2$, 及式 (6.3.3), 式 (6.3.4), 式 (6.3.5) 得

$$\int_{\mathbb{R}^n} L(x_1, x_2, \cdots, x_n)\sum_{i=1}^n (x_i - \overline{x})^2 \exp\left\{-\frac{1}{2\sigma^2}\sum_{i=1}^n (x_i - \mu)^2\right\} \mathrm{d}x_1 \mathrm{d}x_2 \cdots \mathrm{d}x_n = 0.$$

故有 $\mathrm{E}_\theta(S^2 \cdot L) = 0$, $\forall\, \theta = (\mu, \sigma^2) \in (-\infty, \infty) \times (0, \infty)$. 由定理 6.3.2 可知, S^2 是 σ^2 的 UMVUE. □

定理 6.3.2 给出了判别一个无偏估计是否为 UMVUE 的方法. 另外, 对于一个无偏估计, 如果不是 UMVUE, 则面临一个进一步改善的任务, 充分统计量是一个强有力的工具.

6.3.2 充分性原则

定理 6.3.3 设 $T = T(X_1, X_2, \cdots, X_n)$ 是 $g(\theta)$ 的无偏估计, $S = S(X_1, X_2, \cdots, X_n)$ 是 θ 的充分统计量, 则条件数学期望 $\phi(S) = \mathrm{E}(T \mid S)$ 也是 $g(\theta)$ 的无偏估计, 且有

$$\mathrm{D}_\theta(\phi(S)) \leqslant \mathrm{D}_\theta(T), \quad \forall\, \theta \in \Theta.$$

即 $\phi(S)$ 是比 T 更有效的估计.

证 由于 S 是 θ 的充分统计量, 而 T 仅是样本的函数, 所以 $T \mid S$ 的分布与 θ 无关, 故 $\phi(S) = \mathrm{E}(T \mid S)$ 也与 θ 无关, 因此 $\phi(S)$ 是统计量.

根据双重期望公式, 有

$$\mathrm{E}_\theta\big[\phi(S)\big] = \mathrm{E}_\theta\big[\mathrm{E}(T \mid S)\big] = \mathrm{E}_\theta(T) = g(\theta),$$

说明 $\phi(S)$ 是 $g(\theta)$ 的无偏估计. 再考察其方差

$$\begin{aligned}\mathrm{D}_\theta(T) &= \mathrm{D}_\theta\big[\mathrm{E}(T \mid S)\big] + \mathrm{E}_\theta\big[\mathrm{D}(T \mid S)\big]\\&= \mathrm{D}_\theta\big[\phi(S)\big] + \mathrm{E}_\theta\big[\mathrm{D}(T \mid S)\big] \geqslant \mathrm{D}_\theta\big[\phi(S)\big]\end{aligned}$$

因此, $\phi(S)$ 是比 T 更有效的估计. □

定理 6.3.3 说明, 如果一个无偏估计不是充分统计量的函数, 则将其对一个充分统计量求条件期望, 可以得到一个新的无偏估计, 该估计的方差比原来估计的方差要小, 是原来估计量的一个改善. 因此, 我们在求最佳无偏估计时, 只需考虑充分统计量的函数即可, 这就是**充分性原则**.

现在的问题是, 假如我们有一个无偏估计, 已经知道它是某个充分统计量的函数, 我们怎么知道它就是 UMVUE? 定理 6.3.2 给出了一个判别方法, 该方法要验证一个估计量与 0 的所有无偏估计不相关. 而这一点通常不易做到, 原因是描述 0 的无偏估计量的特征有一定的困难. 为此, 需要对当前的概率函数附加一定的条件.

如果一个概率分布函数 $F(x;\theta)$ 具有这样的性质: 它没有 0 的无偏估计量 (0 本身除外), 那么我们寻找 UMVUE 的工作就结束了, 因为任何统计量都与 0 本身不相关. 对分布族的这个限制就有如下概念.

定义 6.3.2 设有概率分布函数族 $F(x;\theta)$, $\theta \in \Theta$, 如果对于任意一个满足

$$\mathrm{E}\big[g(X)\big] = 0, \ \forall \, \theta \in \Theta.$$

的随机变量 $g(X)$, 总有

$$P\big[g(X) = 0\big] = 1, \ \forall \, \theta \in \Theta.$$

则称 $F(x;\theta)$, $\theta \in \Theta$ 为**完全分布族**.

定义 6.3.3 设 $X_1, X_2, \cdots, X_n$ 是来自总体 $F(x;\theta)$ 的简单随机样本, 如果统计量 $T = T(X_1, X_2, \cdots, X_n)$ 的抽样分布族是完全分布族, 则称统计量 $T = T(X_1, X_2, \cdots, X_n)$ 为**完全统计量**.

需要注意的是, 完全性是整个概率分布族而非某个特定分布的性质. 另外完全性的含义不如充分性明确, 但由定义可知: 完全分布族除 0 本身外, 没有 0 的无偏估计量.

例 6.3.2 设 $X_1, X_2, \cdots, X_n$ 是来自总体 $\mathrm{B}(1,p)$ 的样本, 由第 5 章知统计量 $\overline{X} = \frac{1}{n}\sum_{i=1}^n X_i$ 是 p 充分统计量, 下面验证 $\overline{X}$ 也是完全统计量.

易见 $\overline{X}$ 的分布列为

$$P\left(\overline{X}=\frac{k}{n}\right)=C_n^k p^k(1-p)^{n-k},\ k=0,1,2,\cdots,n,\quad p\in(0,1)$$

设有随机变量 $g(\overline{X})$, 使得 $\mathrm{E}\big[g(\overline{X})\big]=0,\ \forall\,p\in(0,1)$. 即有

$$\sum_{k=1}^{n}g\left(\frac{k}{n}\right)C_n^k p^k(1-p)^{n-k}=0,\quad \forall\,p\in(0,1)$$

两边同除以 $(1-p)^n$ 得

$$\sum_{k=1}^{n}g\left(\frac{k}{n}\right)C_n^k\left(\frac{p}{1-p}\right)^k=0,\quad \forall\,p\in(0,1)$$

上式是 $p/(1-p)$ 的多项式, 对一切 $p\in(0,1)$ 要使多项式为零, 只能使它的每项系数为零, 即 $g(k/n)=0$. 所以 $\overline{X}$ 是完全统计量. □

例 6.3.3 设 $X_1,X_2,\cdots,X_n$ 是来自总体 $\mathrm{U}(0,\theta)$ 的样本, 由第 5 章知统计量 $X_{(n)}=\max\{X_i\}$ 是 θ 充分统计量, 下面验证 $X_{(n)}$ 也是完全统计量.

$X_{(n)}$ 的概率密度函数为

$$f(x;\theta)=\begin{cases}nx^{n-1}\theta^{-n}, & 0<x<\theta;\\ 0, & \text{其他}.\end{cases}$$

设有随机变量 $g(X_{(n)})$, 使得 $\mathrm{E}\big[g(X_{(n)})\big]=0,\ \forall\,\theta\in(0,\infty)$. 即有

$$\int_0^\theta g(x)nx^{n-1}\theta^{-n}\mathrm{d}x=n\theta^{-n}\int_0^\theta g(x)x^{n-1}\mathrm{d}x=0,\quad \forall\,\theta\in(0,\infty)$$

第二个等号两边对 θ 求导数得

$$\begin{aligned}0&=n\theta^{-n}g(\theta)\theta^{n-1}-n\theta^{-1}\int_0^\theta g(x)nx^{n-1}\theta^{-n}\mathrm{d}x\\ &=n\theta^{-1}g(\theta)-n\theta^{-1}\mathrm{E}\big[g(X_{(n)})\big]\\ &=n\theta^{-1}g(\theta),\quad \forall\,\theta\in(0,\infty)\end{aligned}$$

上式对一切 $\theta\in(0,\infty)$ 成立, 只能对任意的 $\theta>0$ 有 $g(\theta)=0$. 故 $X_{(n)}$ 是完全统计量. □

有了完全性的概念, 结合定理 6.3.2 和定理 6.3.3, 可得定理 6.3.4 (证明略).

定理 6.3.4 设 $T=T(X_1,X_2,\cdots,X_n)$ 是 $g(\theta)$ 的无偏估计, $S=S(X_1,X_2,\cdots,X_n)$ 是 θ 的充分完全统计量, 则条件数学期望 $\phi(S)=\mathrm{E}(T\mid S)$ 是 $g(\theta)$ 的唯一的 UMVUE.

定理 6.3.4 提供了一种寻求 $g(\theta)$ 的 UMVUE 的方法, 即先找到 θ 的一个充分完全统计量 S 和 $g(\theta)$ 的一个无偏估计 T, 再求条件期望 $\phi(S)=\mathrm{E}(T\mid S)$ 即可.

例 6.3.4 设 $X_1,X_2,\cdots,X_n$ 是来自总体 $\mathrm{U}(0,\theta)$ 的样本, 由例 6.2.5 可知 $\dfrac{n+1}{n}X_{(n)}$ 是 θ 的无偏估计; 由例 6.3.3 可知统计量 $X_{(n)}$ 是 θ 的充分完全统计量. 由定理 6.3.4 可知

$$\mathrm{E}\left[\frac{n+1}{n}X_{(n)}\,\bigg|\,X_{(n)}\right]=\frac{n+1}{n}X_{(n)}$$

是 θ 的 UMVUE.   □

例 6.3.5 设 $X_1, X_2, \cdots, X_n$ 是来自总体 $\mathrm{B}(1,p)$ 的样本, 由例 6.3.2 可知 $\overline{X} = \dfrac{1}{n}\sum_{i=1}^{n} X_i$ 是 p 的充分完全统计量, 也是 p 的无偏估计, 由定理 6.3.4 可知

$$\mathrm{E}\left(\overline{X} \mid \overline{X}\right) = \overline{X}$$

是 p 的 UMVUE.   □

例 6.3.6 设 $X_1, X_2, \cdots, X_n$ 是来自总体 $\mathrm{B}(m,p)$ 的样本, 问题是要估计在 m 次伯努利试验中恰好成功一次的概率, 也就是估计

$$g(p) = mp(1-p)^{m-1}$$

容易验证 $\sum_{i=1}^{n} X_i \sim \mathrm{B}(nm,p)$ 是 p 的充分完全统计量, 但是没有基于该统计量的显而易见的 $g(p)$ 的无偏估计. 为了找到 $g(p)$ 的一个无偏估计, 最简单的情形就是只利用 X_1 的信息, 构造如下统计量

$$T(X_1) = \begin{cases} 1, & X_1 = 1; \\ 0, & X_1 \neq 1. \end{cases}$$

由于 $\mathrm{E}\big[T(X_1)\big] = P(X_1 = 1) = mp(1-p)^{m-1} = g(p)$, 可见 $T(X_1)$ 是 $g(p) = mp(1-p)^{m-1}$ 的无偏估计. 由定理 6.3.4 可知

$$\phi\left(\sum_{i=1}^{n} X_i\right) = \mathrm{E}\left[T(X_1) \,\middle|\, \sum_{i=1}^{n} X_i\right]$$

是 $g(p)$ 的 UMVUE. 下面推导 $\phi(\sum_{i=1}^{n} X_i)$ 的表达式.

考虑到 $X_1 \sim \mathrm{B}(m,p)$, $\sum_{i=2}^{n} X_i \sim \mathrm{B}((n-1)m,p)$, $\sum_{i=1}^{n} X_i \sim \mathrm{B}(nm,p)$, 可得

$$
\begin{aligned}
\phi(t) &= \mathrm{E}\left[T(X_1) \,\middle|\, \sum_{i=1}^{n} X_i = t\right] = P\left(X_1 = 1 \,\middle|\, \sum_{i=1}^{n} X_i = t\right) \\
&= \frac{P\left(X_1 = 1, \sum_{i=2}^{n} X_i = t-1\right)}{P\left(\sum_{i=1}^{n} X_i = t\right)} = \frac{P(X_1 = 1)\,P\left(\sum_{i=2}^{n} X_i = t-1\right)}{P\left(\sum_{i=1}^{n} X_i = t\right)} \\
&= \frac{mp(1-p)^{m-1} \cdot C_{(n-1)m}^{t-1} p^{t-1}(1-p)^{(n-1)m-(t-1)}}{C_{nm}^{t} p^{t}(1-p)^{nm-t}} = m\frac{C_{(n-1)m}^{t-1}}{C_{nm}^{t}}.
\end{aligned}
$$

所以 $g(p)$ 的 UMVUE 为

$$\phi\left(\sum_{i=1}^{n} X_i\right) = m \left(\begin{matrix} \sum_{i=1}^{n} X_i - 1 \\ (n-1)m \end{matrix}\right) \bigg/ \left(\begin{matrix} \sum_{i=1}^{n} X_i \\ nm \end{matrix}\right).$$

                                                                                                    □

6.3.3 C–R 不等式和有效估计

UMVUE 是参数的一种优良估计, 它是参数无偏估计中方差一致最小者. 对于一个总体分布族 $p(x;\theta)$, 若能够为待估参数 $g(\theta)$ 的所有无偏估计量的方差指定一个下界, 并且能够找到一个估计量, 其方差达到此下界, 我们就找到了一个 UMVUE. 下面我们来寻找这样一个下界, 为此我们需要对总体分布族再做一些限制.

定义 6.3.4 设总体的概率函数 $p(x;\theta), \theta \in \Theta$ 满足下列条件:

(1) 参数空间 Θ 是直线上的一个开区间, 可以是 $(-\infty, +\infty)$;

(2) $p(x;\theta)$ 的支撑集合 $\{x \mid p(x;\theta) > 0\}$ 与 θ 无关;

(3) 导数 $\dfrac{\partial}{\partial \theta} p(x;\theta)$ 对一切 $\theta \in \Theta$ 都存在;

(4) 对 $p(x;\theta)$ 积分和求偏导数可交换次序, 即

$$\frac{\partial}{\partial \theta} \int_{-\infty}^{+\infty} p(x;\theta)\mathrm{d}x = \int_{-\infty}^{+\infty} \frac{\partial}{\partial \theta} p(x;\theta)\mathrm{d}x;$$

(5) $\mathrm{E}_\theta \left[\dfrac{\partial}{\partial \theta} \ln p(X;\theta) \right]^2 < +\infty.$

则称

$$I(\theta) = \mathrm{E}_\theta \left[\frac{\partial}{\partial \theta} \ln p(X;\theta) \right]^2 \tag{6.3.6}$$

为总体分布的**费希尔信息量**.

费希尔信息量可以解释为总体分布中包含未知参数的信息的多少, $I(\theta)$ 越大, 总体分布中包含未知参数 θ 的信息越多.

还可以证明费希尔信息量 $I(\theta)$ 的另一个表达式, 它有时用起来更方便:

$$I(\theta) = -\mathrm{E}_\theta \left[\frac{\partial^2 \ln p(X;\theta)}{\partial \theta^2} \right]. \tag{6.3.7}$$

例 6.3.7 设总体为泊松分布 $\mathrm{P}(\lambda)$, 其概率函数为

$$p(x;\lambda) = \frac{\lambda^x}{x!} \mathrm{e}^{-\lambda}, \quad x = 0, 1, 2, \cdots.$$

可以验证定义 6.3.4 的条件都满足 (此时积分变为求和), 且

$$\ln p(x;\lambda) = x \ln \lambda - \lambda - \ln(x!),$$

$$\frac{\partial}{\partial \lambda} \ln p(x;\lambda) = \frac{x}{\lambda} - 1.$$

于是泊松分布 $\mathrm{P}(\lambda)$ 的费希尔信息量为 $I(\lambda) = \mathrm{E} \left(\dfrac{X}{\lambda} - 1 \right)^2 = \dfrac{1}{\lambda^2} \mathrm{D}(X) = \dfrac{1}{\lambda}.$ □

例 6.3.8 设总体为指数分布 $\mathrm{Exp}(\theta^{-1})$, 其概率密度函数为

$$p(x;\theta) = \theta^{-1} \exp\{-\theta^{-1}x\}, \quad x > 0, \theta > 0.$$

可以验证定义 6.3.4 的条件都满足, 且

$$\frac{\partial}{\partial \theta} \ln p(x;\theta) = -\frac{1}{\theta} + \frac{x}{\theta^2} = \frac{x-\theta}{\theta^2}.$$

于是指数分布 $\mathrm{Exp}(\theta^{-1})$ 的费希尔信息量为 $I(\theta) = \mathrm{E}\left(\frac{X-\theta}{\theta^2}\right)^2 = \frac{\mathrm{D}(X)}{\theta^4} = \frac{1}{\theta^2}.$　□

定理 6.3.5(C–R 不等式)　设总体的概率函数 $p(x;\theta)$ 满足定义 6.3.4 的条件, 来自该总体的样本 $X_1, X_2, \cdots, X_n$ 的联合概率函数为　$p^*(x_1, x_2, \cdots, x_n;\theta) = p(x_1;\theta)p(x_2;\theta)\cdots p(x_n;\theta)$, $T = T(X_1, X_2, \cdots, X_n)$ 是 $g(\theta)$ 的任一无偏估计, 且满足条件:

$$g'(\theta) = \frac{\mathrm{d}}{\mathrm{d}\theta}\mathrm{E}_\theta(T) = \int_{\mathbb{R}^n} T(x_1, x_2, \cdots, x_n)\frac{\partial}{\partial \theta}p^*(x_1, x_2, \cdots, x_n;\theta)\mathrm{d}x_1\mathrm{d}x_2\cdots\mathrm{d}x_n, \quad (6.3.8)$$

则对一切 $\theta \in \Theta$, 有

$$\mathrm{D}_\theta(T) \geqslant \frac{[g'(\theta)]^2}{nI(\theta)}, \quad (6.3.9)$$

其中 $I(\theta)$ 是费希尔信息量.

特别当 $g(\theta) = \theta$ 时不等式 (6.3.9) 化为

$$\mathrm{D}_\theta(T) \geqslant \frac{1}{nI(\theta)}. \quad (6.3.10)$$

不等式 (6.3.9) 称为克拉默–拉奥 (Cramer-Rao) 不等式, 不等式的右端称为参数函数 $g(\theta)$ 无偏估计量的 C–R 下界, 简称为 $g(\theta)$ 的 C–R 下界.

证　这个定理的证明手法非常简洁, 其实质是施瓦茨不等式的一次运用. 即对两个随机变量 U 和 V, 有 $[\mathrm{Cov}(U,V)]^2 \leqslant \mathrm{D}(U)\mathrm{D}(V)$. 现在从选择 U 和 V 开始, 令

$$U = T(X_1, X_2, \cdots, X_n),$$
$$V = \frac{\partial}{\partial \theta}\ln p^*(X_1, X_2, \cdots, X_n;\theta) = \sum_{i=1}^n \frac{\partial}{\partial \theta}\ln p(X_i;\theta).$$

考虑到积分和微分可交换次序, 于是有

$$\begin{aligned}
\mathrm{E}(V) &= \sum_{i=1}^n \mathrm{E}_\theta\left[\frac{\partial}{\partial \theta}\ln p(X_i;\theta)\right] \\
&= n\int_{-\infty}^{+\infty}\left[\frac{\partial}{\partial \theta}\ln p(x;\theta)\right]p(x;\theta)\mathrm{d}x \\
&= n\int_{-\infty}^{+\infty}\frac{\partial}{\partial \theta}p(x;\theta)\mathrm{d}x = 0, \quad \left(\text{考虑到} \int_{-\infty}^{+\infty}p(x;\theta)\mathrm{d}x = 1\right) \\
\mathrm{D}(V) &= \sum_{i=1}^n \mathrm{D}\left[\frac{\partial}{\partial \theta}\ln p(X_i;\theta)\right] = n\mathrm{E}\left[\frac{\partial}{\partial \theta}\ln p(X;\theta)\right]^2 = nI(\theta), \\
\mathrm{Cov}(U,V) &= \mathrm{E}(UV) - \mathrm{E}(U)\mathrm{E}(V) = \mathrm{E}(UV) \\
&= \int_{\mathbb{R}^n}\left[T(x_1, \cdots, x_n)\frac{\partial}{\partial \theta}\ln p^*(x_1, \cdots, x_n;\theta)\right]p^*(x_1, \cdots, x_n;\theta)\,\mathrm{d}x_1\cdots\mathrm{d}x_n
\end{aligned}$$

$$= \int_{\mathbb{R}^n} T(x_1, \cdots, x_n) \frac{\partial}{\partial \theta} p^*(x_1, \cdots, x_n; \theta) \, \mathrm{d}x_1 \cdots \mathrm{d}x_n$$
$$= g'(\theta).$$

根据施瓦茨不等式有 $[g'(\theta)]^2 \leqslant nI(\theta)\mathrm{D}_\theta(T)$, 定理得证. $\qquad\square$

例 6.3.9 设总体为泊松分布 $\mathrm{P}(\lambda)$, 由例 6.3.7 可知, 该分布的费希尔信息量为 $I(\lambda) = \lambda^{-1}$. 因此由定理 6.3.5 对于 λ 的任一无偏估计 $\widehat{\lambda}$ 都有

$$\mathrm{D}(\widehat{\lambda}) \geqslant \frac{1}{nI(\lambda)} = \frac{\lambda}{n}.$$

已知 $\overline{X}$ 是 λ 的无偏估计, 且有 $\mathrm{D}(\overline{X}) = \dfrac{\lambda}{n}$. 因此 $\overline{X}$ 是 λ 的 UMVUE. $\qquad\square$

例 6.3.10 设总体为指数分布 $\mathrm{Exp}(\theta^{-1})$, 由例 6.3.8 可知, 该分布的费希尔信息量为 $I(\theta) = \theta^{-2}$. 因此由定理 6.3.5 对于 θ 的任一无偏估计 $\widehat{\theta}$ 都有

$$\mathrm{D}(\widehat{\theta}) \geqslant \frac{1}{nI(\theta)} = \frac{\theta^2}{n}.$$

已知 $\overline{X}$ 是 θ 的无偏估计, 且有 $\mathrm{D}(\overline{X}) = \dfrac{\theta^2}{n}$. 因此 $\overline{X}$ 是 θ 的 UMVUE. $\qquad\square$

上述两个例子中, 存在无偏估计, 其方差达到了 C–R 下界, 该无偏估计自然就是 UMVUE. 但是情况并非总是这样, 有时 C–R 下界可能本身是不可达的, 比如, 后面的例 6.3.11 的情形. 为此, 引入有效估计的概念.

定义 6.3.5 设 $\widehat{\theta}$ 为未知参数 θ 的一个无偏估计, 若 $\widehat{\theta}$ 的方差达到 C–R 下界, 即

$$\mathrm{D}(\widehat{\theta}) = \frac{1}{nI(\theta)},$$

则称 $\widehat{\theta}$ 为 θ 的一个**有效估计** (efficient estimator).

定义 6.3.6 若 $\widehat{\theta}$ 为 θ 的一个无偏估计, 则称

$$e_n(\widehat{\theta}) = \frac{1}{nI(\theta)\mathrm{D}(\widehat{\theta})} \tag{6.3.11}$$

为估计量 $\widehat{\theta}$ 的**效率** (efficiency).

显然有效估计是效率为 1 的估计.

定义 6.3.7 设 $\widehat{\theta}$ 为 θ 的一个无偏估计, 若

$$\lim_{n\to\infty} e_n(\widehat{\theta}) = 1,$$

则称 $\widehat{\theta}$ 是 θ 的**渐近有效估计** (asymptotically efficient estimator).

例 6.3.11 设总体 $X \sim \mathrm{N}(\mu, \sigma^2)$, $X_1, X_2, \cdots, X_n$ 为 X 的样本, 则 $\overline{X}$ 是 μ 的有效估计, S^2 是 σ^2 的渐近有效估计.

证 由定理 5.4.4, $\overline{X}$ 和 S^2 分别为 μ 和 σ^2 的无偏估计, 且

$$\mathrm{D}(\overline{X}) = \frac{\sigma^2}{n}, \quad \mathrm{D}(S^2) = \frac{2\sigma^4}{n-1}.$$

下面计算费希尔信息量 $I(\mu)$ 和 $I(\sigma^2)$.

$$\ln p(x; \mu, \sigma^2) = -\frac{1}{2}\ln(2\pi\sigma^2) - \frac{(x-\mu)^2}{2\sigma^2}, \qquad \frac{\partial \ln p(x; \mu, \sigma^2)}{\partial \mu} = \frac{x-\mu}{\sigma^2},$$

故由式 (6.3.6) 可得

$$I(\mu) = \mathrm{E}\left(\frac{X-\mu}{\sigma^2}\right)^2 = \frac{1}{\sigma^4}\mathrm{D}(X) = \frac{1}{\sigma^2}.$$

又

$$\frac{\partial \ln p(x; \mu, \sigma^2)}{\partial(\sigma^2)} = -\frac{1}{2\sigma^2} + \frac{1}{2\sigma^4}(x-\mu)^2,$$

$$\frac{\partial^2 \ln p(x; \mu, \sigma^2)}{\partial(\sigma^2)^2} = \frac{1}{2\sigma^4} - \frac{1}{\sigma^6}(x-\mu)^2,$$

故由式 (6.3.7) 可得

$$I(\sigma^2) = -\mathrm{E}\left(\frac{1}{2\sigma^4} - \frac{1}{\sigma^6}(X-\mu)^2\right) = -\frac{1}{2\sigma^4} + \frac{1}{\sigma^4} = \frac{1}{2\sigma^4}.$$

因此 $\overline{X}$ 和 S^2 分别作为 μ 和 σ^2 的无偏估计, 其效率分别为

$$e_n(\overline{X}) = \frac{1}{\mathrm{D}(\overline{X})nI(\mu)} = 1,$$

$$e_n(S^2) = \frac{1}{\mathrm{D}(S^2)nI(\sigma^2)} = \frac{n-1}{n} \to 1,\ n \to \infty.$$

所以 $\overline{X}$ 是 μ 的有效估计, S^2 是 σ^2 的渐近有效估计 (由例 6.3.1 知是 UMVUE). $\qquad\square$

可见, 有效估计是 UMVUE, 反之不然. 这是因为 C–R 下界不一定可达. 应该指出, 一个无偏估计量的方差达到 C–R 下界的条件, 就是施瓦茨不等式等号成立的条件. 但是能够到达 C–R 下界的无偏估计并不是很多, 这就给我们提出了两个问题: 第一, 如果总体分布不满足 C–R 定理的条件, 我们能做什么? 第二, 如果我们考虑的估计类不能到达 C–R 下界, 又该如何? 能否有较大的下界? 这些问题的回答均已经超出了本书的范围, 在此不再深入讨论, 有兴趣的读者可以参阅参考文献 [12].

习 题 6.3

1 设 T_1, T_2 分别是 θ_1, θ_2 的 UMVUE, 证明对于任意非零常数 a, b, $aT_1 + bT_2$ 是 $a\theta_1 + b\theta_2$ 的 UMVUE.

2 设 $\widehat{\theta}$ 是 θ 的 UMVUE, $\tilde{\theta}$ 是 θ 的一个无偏估计, 且 $\mathrm{D}(\tilde{\theta}) < +\infty$, 证明 $\mathrm{Cov}_\theta(\widehat{\theta}, \tilde{\theta}) \geqslant 0$.

3 设总体 X 的概率密度函数为

$$f(x; \theta) = \begin{cases} \theta^{-1}\mathrm{e}^{-x/\theta}, & x > 0; \\ 0, & x \leqslant 0, \end{cases} \qquad \theta > 0.$$

$X_1, X_2, \cdots, X_n$ 是来自该总体的样本, 求 θ 的 UMVUE.

4 设总体密度函数为 $p(x;\theta) = 2\theta x^{-3} \exp\{-\theta x^{-2}\}$, $x > 0$, $\theta > 0$, 求该总体的费希尔信息量.

5 设总体概率分布为 $P(X = x) = (x-1)\theta^2(1-\theta)^{x-2}$, $x = 2, 3, \cdots$, $0 < \theta < 1$, 求该总体的费希尔信息量.

6 设总体 X 服从几何分布:

$$P(X = k) = p(1-p)^{k-1}, \quad k = 1, 2, \cdots, 0 < p < 1.$$

证明样本均值 $\overline{X} = \dfrac{1}{n}\sum\limits_{i=1}^{n} X_i$ 是 $\mathrm{E}(X)$ 的相合、无偏和有效估计量.

7 设总体 X 服从泊松分布 $\mathrm{P}(\lambda)$, $X_1, X_2, \cdots, X_n$ 为其样本. 试求参数 λ^2 的无偏估计量的 C–R 下界.

8 设总体 $X \sim \mathrm{N}(\mu, \sigma^2)$, μ 已知, $X_1, X_2, \cdots, X_n$ 为一样本, 证明

$$T = \frac{1}{n}\sqrt{\frac{\pi}{2}}\sum_{i=1}^{n}|X_i - \mu|$$

为 σ 的无偏估计, 且效率为 $1/(\pi-2)$.

9 设总体 X 的概率密度函数为 $f(x;\theta) = \theta x^{\theta-1}$, $0 < x < 1$, $\theta > 0$, $X_1, X_2, \cdots, X_n$ 为其样本.

(1) 求 $g(\theta) = \theta^{-1}$ 的最大似然估计;

(2) 求 $g(\theta)$ 的有效估计.

10 设 $\widehat{\theta_1}$ 及 $\widehat{\theta_2}$ 是参数 θ 的两个独立的无偏估计量, 且 $\widehat{\theta_1}$ 的方差为 $\widehat{\theta_2}$ 的方差的两倍, 试确定常数 C_1 及 C_2, 使得 $C_1\widehat{\theta_1} + C_2\widehat{\theta_2}$ 为参数 θ 的无偏估计量, 并且在所有这样的线性估计中方差最小.

6.4 贝叶斯估计

统计学有两个学派, 即频率学派 (也称古典学派) 和贝叶斯学派. 本书主要讨论频率学派, 本节对贝叶斯学派的统计思想结合参数估计做一介绍, 更完整的内容参见文献 [15].

6.4.1 贝叶斯统计的基本思想

在前面关于参数估计的讨论中, 我们总是把待估参数 θ 看作参数空间 Θ 的一个未知常数 (或常数向量), 同时坚信这些参数的信息是由样本携带的, 于是通过对样本的"毫无偏见"的加工, 得到参数估计. 而我们的估计往往是按某种准则最优的, 这样我们应该可以相信这一估计了, 但事实也不尽然.

例 6.4.1 某学生通过物理实验确定当地的重力加速度, 得到数据如下 (单位: m/s²):

$$9.80, \quad 9.79, \quad 9.78, \quad 6.81, \quad 6.80.$$

平均结果是 $\overline{X} = 8.596$, 对这个结果你认为要如何看待?

很容易看出, 这个结果是很不理想的. 最后两次实验的结果肯定有问题. 这是因为事实上在做实验之前我们就对重力加速度有了一个先验的认识, 比如已经知道它大约为 9.8, 误差最大不超过 0.1. 试想, 如果没有对重力加速度的先验知识, 有什么理由认为三个靠近 9.8 的数据是正常的, 而两个靠近 6.8 的数据是不正常的呢? 可见, 对参数的先验知识对于正确估计参数往往是有益的.

在经典统计方法中, 参数 θ 被认为是一个未知但固定的量, 贝叶斯方法把参数 θ 看作在 Θ 中取值的随机变量. 这在实际中有两种理解:

(1) 从某一范围考察, 参数是随机的. 如用 p 表示某工厂每日的次品率, 尽管从某一天看, p 是一个常数, 但如果从几天或更长的时期看, 每天的次品率 p 会有所变化, 一般来说 p 的变化范围呈现一定的分布规律. 我们可以利用这点来作为某日次品率估计的参考资料.

(2) 参数可能确实是某一常数, 但人们无法知道或无法完全准确知道它, 只能通过它的观察值去认识它, 比如例 6.4.1 中当地的重力加速度. 这时, 我们也不妨把它看成一个随机变量, 认为它所服从的分布可以通过对它的先验知识获得.

承认并利用参数的历史资料或先验知识, 正是贝叶斯估计的基本出发点.

既然我们将参数 $\theta \in \Theta$ 看作一个取值于 Θ 的随机变量, 它便有一个概率分布, 记为 $\pi(\theta)$, 称为参数 θ 的先验分布 (prior distribution), 先验分布在抽样之前就已确定 (故得名先验分布). 另外, 还要从参数为 θ 的总体中抽取一组样本, 利用样本提供的信息对先验分布进行修正, 修正后的关于 θ 的分布称为后验分布 (posterior distribution). 后验分布是我们对参数 θ 的最新最完全的认识, 贝叶斯估计就是基于后验分布构造 θ 的估计量. 而从先验分布到后验分布的修正是通过贝叶斯公式来完成的.

6.4.2 贝叶斯公式的概率函数形式

下面我们分几个步骤给出贝叶斯公式的概率函数形式.

(1) 当处理一个参数 θ 的分布的时候, 我们将打破以往用大写字母表示随机变量, 用小写字母表示自变量的习惯, 于是我们可以这样表述: 随机变量 θ 具有分布 $\pi(\theta)$, 这不会引起混淆.

(2) 总体依赖于参数 θ 的概率函数在以前记为 $p(x; \theta)$, 它表示参数空间 Θ 中不同的 θ 对应不同的分布. 在贝叶斯统计中应记为 $p(x \mid \theta)$, 它表示在随机变量 θ 取某个给定的值时, 总体的条件概率函数.

(3) 样本 $(X_1, X_2, \cdots, X_n)$ 的产生可以理解成由两步完成的. 首先从先验分布 $\pi(\theta)$ 产生一个样本 θ_0, 这一步是假想的; 其次再从 $p(x \mid \theta_0)$ 中产生样本 $(X_1, X_2, \cdots, X_n)$. 因而样本 $(X_1, X_2, \cdots, X_n)$ 的联合概率函数为

$$p^*(x_1, x_2, \cdots, x_n \mid \theta_0) = \prod_{i=1}^{n} p(x_i \mid \theta_0).$$

这是在 $\theta = \theta_0$ 的条件下, $(X_1, X_2, \cdots, X_n)$ 的条件概率函数.

(4) 样本 $(X_1, X_2, \cdots, X_n)$ 和 θ 的联合概率函数为

$$h(x_1, x_2, \cdots, x_n, \theta) = p^*(x_1, x_2, \cdots, x_n \mid \theta)\pi(\theta).$$

这个联合分布包含了总体信息、样本信息和先验信息.

(5) 现在要依据 $h(x_1, x_2, \cdots, x_n, \theta)$ 对 θ 做出推断. 如果把 $h(x_1, x_2, \cdots, x_n, \theta)$ 做如下分解:

$$h(x_1, x_2, \cdots, x_n, \theta) = \pi(\theta \mid x_1, x_2, \cdots, x_n) m(x_1, x_2, \cdots, x_n),$$

其中 $m(x_1, x_2, \cdots, x_n)$ 是样本 $(X_1, X_2, \cdots, X_n)$ 的边际概率函数:

$$
\begin{aligned}
m(x_1, x_2, \cdots, x_n) &= \int_{\Theta} h(x_1, x_2, \cdots, x_n, \theta) \mathrm{d}\theta \\
&= \int_{\Theta} p^*(x_1, x_2, \cdots, x_n \mid \theta) \pi(\theta) \mathrm{d}\theta.
\end{aligned}
\tag{6.4.1}
$$

它与 θ 无关, 因而不含 θ 的任何信息, 所以可用的信息都包含在条件分布 $\pi(\theta \mid x_1, x_2, \cdots, x_n)$ 中. 具体有如下计算公式:

$$
\begin{aligned}
\pi(\theta \mid x_1, x_2, \cdots, x_n) &= \frac{h(x_1, x_2, \cdots, x_n, \theta)}{m(x_1, x_2, \cdots, x_n)} \\
&= \frac{p^*(x_1, x_2, \cdots, x_n \mid \theta) \pi(\theta)}{\displaystyle\int_{\Theta} p^*(x_1, x_2, \cdots, x_n \mid \theta) \pi(\theta) \mathrm{d}\theta} \propto p^*(x_1, x_2, \cdots, x_n \mid \theta) \pi(\theta)).
\end{aligned}
\tag{6.4.2}
$$

这就是贝叶斯公式的概率函数形式, 其中最后一步说明 $m(x_1, x_2, \cdots, x_n)$ 与参数无关, 有时不必算出. 如果 θ 的先验分布是离散型的, 只需将公式 (6.4.2) 中的积分换成求和.

6.4.3 贝叶斯估计

未知参数 θ 的后验分布包含了总体、样本和先验中有关 θ 的一切信息. 贝叶斯公式的功能是用总体和样本对先验分布 $\pi(\theta)$ 做修正而得到后验分布 $\pi(\theta \mid x_1, x_2, \cdots, x_n)$. 有理由认为后验分布 $\pi(\theta \mid x_1, x_2, \cdots, x_n)$ 比先验分布 $\pi(\theta)$ 更好地描述了 θ 的情况, 所以, 贝叶斯推断的任务就是利用 $\pi(\theta \mid x_1, x_2, \cdots, x_n)$ 对 θ 做出推断.

定义 6.4.1 用未知参数 θ 的后验分布的期望作为 θ 的估计 $\widehat{\theta}_{\mathrm{B}}$, 称为贝叶斯估计, 即

$$\widehat{\theta}_{\mathrm{B}}(x_1, x_2, \cdots, x_n) = \int_{\Theta} \theta \pi(\theta \mid x_1, x_2, \cdots, x_n) \mathrm{d}\theta. \tag{6.4.3}$$

例 6.4.2 设 $X_1, X_2, \cdots, X_n$ 是来自 $\mathrm{B}(1, p)$ 的样本, 则 $Y = \sum_{i=1}^{n} X_i$ 服从二项分布 $\mathrm{B}(n, p)$, 我们假定 p 的先验分布是均匀分布 $\mathrm{U}(0, 1)$, 求 p 的贝叶斯估计.

解 给定 p, 样本的联合概率函数为

$$p^*(x_1, x_2, \cdots, x_n \mid p) = p^y (1-p)^{n-y},$$

其中 $y = \sum_{i=1}^{n} x_i$, $x_i = 0$ 或 1, $i = 1, 2, \cdots, n$. 样本和 p 的联合分布为

$$h(x_1, x_2, \cdots, x_n, p) = p^y (1-p)^{n-y}, y = 0, 1, 2, \cdots, n, \ 0 < p < 1.$$

然后求出样本 (或 Y) 的边际分布列为

$$m(x_1, x_2, \cdots, x_n) = \int_0^1 p^y (1-p)^{n-y} \mathrm{d}p = \mathrm{B}(y+1, n+1-y).$$

其中 $B(\cdot,\cdot)$ 是 Beta 函数. 最后 p 的后验概率密度为

$$\pi(p \mid x_1, x_2, \cdots, x_n) = \frac{h(x_1, x_2, \cdots, x_n, p)}{m(x_1, x_2, \cdots, x_n)}$$
$$= \frac{1}{B(y+1, n+1-y)} p^y (1-p)^{n-y}, p \in (0,1).$$

这说明 p 的后验分布为 $\text{Beta}(y+1, n+1-y)$ 分布, 从而 p 的贝叶斯估计值为

$$\widehat{p}_B = \frac{y+1}{n+2}.$$

另外, 不难求得 p 的最大似然估计是

$$\widehat{p}_{ML} = \frac{y}{n},$$

它和贝叶斯估计不同. 某些场合, 贝叶斯估计要比最大似然估计更合理一点.

比如, 在产品抽样检验中只区分合格品和不合格品, 对质量好的产品, 抽检的产品常为合格品, 但"抽检 3 个全是合格品"与"抽检 10 个全是合格品"这两个事件在人们心目中留下的印象是不同的, 后者的质量比前者更信得过. 这种差别在不合格品率 p 的极大似然估计 $\widehat{p}_{ML}$ 中反映不出来 (两者都为 0), 而用贝叶斯估计 $\widehat{p}_B$ 则有所反映, 两者分别是 $1/(3+2) = 0.20$ 和 $1/(10+2) = 0.083$.

类似地, 对质量差的产品, 抽检的产品常为不合格品, 这时"抽检 3 个全是不合格品"与"抽检 10 个全是不合格品"也是有差别的两个事件, 后者质量更差. 这种差别用 $\widehat{p}_{ML}$ 也反映不出来 (两者都是 1), 而 $\widehat{p}_B$ 则分别是 $(3+1)/(3+2) = 0.80$ 和 $(10+1)/(10+2) = 0.917$. 由此可以看到, 在这些极端情况下, 贝叶斯估计比最大似然估计更符合人们的理念.

例 6.4.3　设总体 $X \sim N(\mu, \sigma^2)$, $\mu \sim N(\nu, \tau^2)$, 其中 ν, τ, σ 已知, $X_1, X_2, \cdots, X_n$ 为 X 的样本, 求 μ 的贝叶斯估计.

解　样本 $(X_1, X_2, \cdots, X_n)$ 关于 μ 的条件密度函数为

$$p^*(x_1, x_2, \cdots, x_n \mid \mu) = \frac{1}{(2\pi)^{n/2}\sigma^n} \exp\left\{-\frac{1}{2\sigma^2} \sum_{i=1}^{n} (x_i - \mu)^2\right\},$$

μ 的先验密度函数为

$$\pi(\mu) = \frac{1}{\sqrt{2\pi}\tau} \exp\left\{-\frac{(\mu-\nu)^2}{2\tau^2}\right\},$$

样本 $(X_1, X_2, \cdots, X_n)$ 与 μ 的联合密度函数为

$$h(x_1, x_2, \cdots, x_n, \mu) = p^*(x_1, x_2, \cdots, x_n \mid \mu)\pi(\mu)$$
$$= \frac{1}{(2\pi)^{(n+1)/2}\sigma^n\tau} \exp\left\{-\frac{1}{2\sigma^2} \sum_{i=1}^{n} (x_i - \mu)^2 - \frac{(\mu-\nu)^2}{2\tau^2}\right\}.$$

上式的指数部分含 μ 的项可整理为

$$-(\mu - t)^2 / 2\eta^2,$$

其中

$$t = \frac{n\sigma^{-2}\bar{x} + \nu\tau^{-2}}{n\sigma^{-2} + \tau^{-2}}, \quad \bar{x} = \frac{1}{n}\sum_{i=1}^{n}x_i, \quad \eta^2 = \frac{1}{n\sigma^{-2} + \tau^{-2}} = \frac{\sigma^2\tau^2}{n\tau^2 + \sigma^2}.$$

边际密度函数 $\int_{\Theta} h(x_1, x_2, \cdots, x_n, \mu)\mathrm{d}\mu$ 与 μ 无关, 不必算出, 于是 μ 的后验密度为

$$h(\mu \mid x_1, x_2, \cdots, x_n) = C \cdot \exp\left\{\frac{-(\mu - t)^2}{2\eta^2}\right\},$$

其中 C 为与 μ 无关的常数, 此后验分布仍是正态分布. 关于此分布的期望就是参数 μ 的贝叶斯估计:

$$\hat{\mu}_{\mathrm{B}} = \left(\frac{n\overline{X}}{\sigma^2} + \frac{\nu}{\tau^2}\right) \Big/ \left(\frac{n}{\sigma^2} + \frac{1}{\tau^2}\right). \tag{6.4.4}$$

仔细观察公式 (6.4.4), 可见 $\hat{\mu}_{\mathrm{B}}$ 事实上是样本均值 $\overline{X}$ 与先验期望值 ν 的加权平均, 其权重系数依赖于各自方差 (σ^2 和 τ^2) 的大小, 方差越大, 相应的权重越小. 此外, 样本容量越大, 加在样本上的权重也越大. 这显然是合理的, 因为样本容量越大, 所携带的关于 μ 的信息也越多, 就越应重视由此得到的样本均值; 而方差越大, 则表示样本或先验知识所含信息越少, 因此不能过分重视. □

例 6.4.4 我们重新来考察一下例 6.4.1, 如果我们假设该学生测重力加速度实验数据的总体服从 $\mathrm{N}(\mu, 1)$(事实上, 从样本方差所估计的 σ^2 超过 1), 又设 μ 的先验分布为 $\mathrm{N}(9.8, 0.1^2)$, 则依据式 (6.4.4), μ 的贝叶斯估计应为

$$\hat{\mu} = \left(\frac{5 \times 8.596}{1} + \frac{9.80}{0.1^2}\right) \Big/ \left(\frac{5}{1} + \frac{1}{0.1^2}\right) = 9.743.$$

这个结果看起来是能接受的. □

可见先验信息能够 "矫正" 样本带来的错误信息, 只要先验分布的方差足够小, 就能使估计值大大向先验信息方面靠拢, 从而缓解了质量差的数据对于估计量的不良影响. 但这里也带来了另外的问题, 就是所给出的先验分布本身究竟是否能反映客观实际, 它又是如何获得的? 这已是较深入的问题, 在此我们不多加讨论了.

最后我们要指出的是贝叶斯方法不仅是一种方法, 还提供了一种统计思想. 信奉贝叶斯统计方法并把贝叶斯观点作为关于统计推断的唯一正确观点的那些统计学者, 组成统计学中的贝叶斯学派. 尽管早在 20 世纪 30 年代, 就有一些学者推崇贝叶斯学派的观点. 但贝叶斯学派取得较大的影响还是从第二次世界大战以后, 特别是 20 世纪 60 年代以后. 时至今日, 每个学习统计学的人都应该对这个学派的观点和方法有所了解, 对主要兴趣在于应用的学者也不例外, 有进一步需求的读者可参阅参考文献 [15]. 我们在今后的章节中, 除特别声明外, 一般仍采用传统的 (即所谓 "频率学派") 的观点. 在传统观点下, 参数仍只作常数看待.

习 题 6.4

1 设总体 X 服从泊松分布 $\mathrm{P}(\lambda)$, $\lambda > 0$, $X_1, X_2, \cdots, X_n$ 为来自于这一总体的样本, 假

设 λ 有先验分布, 其密度函数为

$$\pi(\lambda) = \begin{cases} e^{-\lambda}, & \lambda > 0; \\ 0, & \lambda \leqslant 0. \end{cases}$$

求 λ 的贝叶斯估计.

2 设总体 X 服从几何分布, 概率分布为

$$P(X = k \mid \theta) = \theta(1-\theta)^k, \ k = 0, 1, 2, \cdots,$$

$4, 3, 1, 6$ 为来自于这一总体的 4 个样本观测值, 假设 θ 的先验分布为 U$(0,1)$, 求 θ 的贝叶斯估计.

3 设总体 X 为均匀分布 U$(\theta, \theta+1)$, θ 的先验分布为 U$(10, 16)$, $x_1, x_2, \cdots, x_n$ 为来自于这一总体的样本观测值, 求 θ 的后验分布.

4 设 $x_1, x_2, \cdots, x_n$ 为来自总体 X 的样本观测值, 总体 X 的概率密度函数为

$$p(x \mid \theta) = \frac{2x}{\theta^2}, \ 0 < x < \theta.$$

(1) 若 θ 的先验分布为 U$(0,1)$, 求 θ 的后验分布;

(2) 若 θ 的先验分布为 $\pi(\theta) = 3\theta^2$, $0 < \theta < 1$, 求 θ 的后验分布.

5 从一批产品中抽检 100 个, 发现 3 个不合格品, 假设该产品的不合格品率 θ 的先验分布为贝塔分布 Beta$(2, 200)$, 求 θ 的后验分布.

6.5 区间估计 (置信区间)

6.5.1 区间估计的概念

区间估计和点估计一样, 是参数估计的重要方法, 在某些问题中可能比点估计更有实用价值. 设 θ(或 $g(\theta)$) 是一个要估计的参数, $X_1, X_2, \cdots, X_n$ 是样本, 要构造 θ 的区间估计, 就是要设法找出两个统计量 $\widehat{\theta}_1 < \widehat{\theta}_2$, 一旦有了样本值后, 就能算出 $\widehat{\theta}_1$ 和 $\widehat{\theta}_2$ 的具体值, 把 θ 估计在 $\widehat{\theta}_1$ 与 $\widehat{\theta}_2$ 之间.

定义 6.5.1 设 θ 为总体的一个未知参数, 参数空间为 Θ, $X_1, X_2, \cdots, X_n$ 为来自这个总体的样本. 对于给定的 $\alpha \in (0,1)$, 如果存在两个统计量 $\widehat{\theta}_1 = \widehat{\theta}_1(X_1, X_2, \cdots, X_n)$ 和 $\widehat{\theta}_2 = \widehat{\theta}_2(X_1, X_2, \cdots, X_n)$ 使得对任意的 $\theta \in \Theta$, 有

$$P_\theta(\widehat{\theta}_1 \leqslant \theta \leqslant \widehat{\theta}_2) \geqslant 1 - \alpha, \tag{6.5.1}$$

则称随机区间 $[\widehat{\theta}_1, \widehat{\theta}_2]$ 为 θ 的一个置信水平 (confidence level) 为 $1 - \alpha$ 的置信区间 (confidence interval).

置信区间不同于一般的区间, 它是随机区间, 对于不同的样本值得到不同的区间. 在这些区间中有的包含参数的真值, 有些则不包含. 当置信水平为 $1 - \alpha$ 时, 这个区间包含 θ 的真值的概率至少为 $1 - \alpha$. 如 $\alpha = 0.05$, 置信水平为 95%, 说明 $[\widehat{\theta}_1, \widehat{\theta}_2]$ 以 95% 以上的概率包

含 θ 的真值. 粗略地说, 在随机区间 $[\hat{\theta}_1, \hat{\theta}_2]$ 的 100 个观察中, 至少有 95 个区间包含 θ 的真值, 这就是置信水平的频率解释.

评价一个区间估计量 $[\hat{\theta}_1, \hat{\theta}_2]$ 的优劣有两个要素: 一是其可靠度或置信水平, 它反映了 "随机区间 $[\hat{\theta}_1, \hat{\theta}_2]$ 包含参数 θ" 这个陈述是否可靠, 这一点可以由置信水平来保证; 另一个要素是其精度, 可以用区间之平均长度 $\mathrm{E}(\hat{\theta}_2 - \hat{\theta}_1)$ 来刻画 (或其他意义相当的指标也可以), 长度越大, 精度越低. 一般来说, 在样本容量 n 一定的前提下, 精度和置信水平是彼此矛盾的. 为提高区间 $[\hat{\theta}_1, \hat{\theta}_2]$ 的可靠度, 要把它取得大一些 ($\hat{\theta}_1$ 取得小, $\hat{\theta}_2$ 取得大), 但这样一来, 精度就差了.

区间估计的理论是 20 世纪著名统计学家奈曼 (Neyman) 在 1943 年开始建立的. 他处理上述矛盾的原则是先保证置信水平, 再考虑精度. 也就是说, 在构造置信区间时, 先保证式 (6.5.1) 成立, 且尽可能使得等号成立, 再设法使区间长度尽可能短.

在实际操作中, 当总体 X 是连续型时, 对于给定的 α, 我们总是按照 $P_\theta(\hat{\theta}_1 \leqslant \theta \leqslant \hat{\theta}_2) = 1 - \alpha$ 构造置信区间. 而当总体 X 是离散型时, 对于给定的 α, 通常不存在区间 $[\hat{\theta}_1, \hat{\theta}_2]$ 使得 $P_\theta(\hat{\theta}_1 \leqslant \theta \leqslant \hat{\theta}_2)$ 恰好等于 $1 - \alpha$. 此时, 我们去找区间 $[\hat{\theta}_1, \hat{\theta}_2]$ 使得 $P_\theta(\hat{\theta}_1 \leqslant \theta \leqslant \hat{\theta}_2)$ 不小于 $1 - \alpha$, 且尽可能地等于 $1 - \alpha$.

与点估计对比, 区间估计有其优越的地方, 它对估计的精度给出了一定的概念, 而点估计则不能. 例如, 以 4000 元去估计某地区高中教师平均月工资, 我们不知道这估计精确到多少. 如果用 $[2500, 5500]$ 这个区间估计, 则直接看出, 高低界限之间为 3000 元, 从而给人较明确的信息. 在日常生活中, 人们也常说像 "每月支出在 3000 ± 200 元的样子" 这类话, 这就是把每月平均支出估计为 $[2800, 3200]$. 另外, 在有些应用中, 需要提出一个明确的估计值, 这时点估计就不能少了. 因此, 这两种估计方法适用于不同的场合.

在有些应用中, 我们只关心参数的上限或下限. 如估计产品的次品率, 更关心其上限. 估计铁矿中含铁的百分比, 更关心其下限. 与这种情形相对应, 我们有以下定义.

定义 6.5.2 设 $\bar{\theta} = \bar{\theta}(X_1, X_2, \cdots, X_n)$ 是 θ 的一个上限估计, $0 < \alpha < 1$. 若对任意的 $\theta \in \Theta$, 有

$$P_\theta(\theta \leqslant \bar{\theta}) \geqslant 1 - \alpha, \tag{6.5.2}$$

则称 $\bar{\theta}$ 为 θ 的置信水平为 $1 - \alpha$ 的置信上限 (或上界). 设 $\underline{\theta} = \underline{\theta}(X_1, X_2, \cdots, X_n)$ 是 θ 的一个下限估计, $0 < \alpha < 1$. 若

$$P_\theta(\theta \geqslant \underline{\theta}) \geqslant 1 - \alpha, \tag{6.5.3}$$

则称 $\underline{\theta}$ 为 θ 的置信水平为 $1 - \alpha$ 的置信下限 (或下界).

关于置信区间、置信下限、置信上限, 有如下两个结论.

定理 6.5.1 设随机区间 $[\hat{\theta}_1, \hat{\theta}_2]$ 为 θ 的一个水平为 $1 - \alpha$ 的置信区间, $g(\theta)$ 是 θ 的严格增函数, 则 $[g(\hat{\theta}_1), g(\hat{\theta}_2)]$ 为 $g(\theta)$ 的一个水平为 $1 - \alpha$ 的置信区间. 置信上、下限也有类似的结果.

证 由严格增函数的性质易证.   □

定理 6.5.2 设 $\bar{\theta}$ 是 θ 的置信水平为 $1 - \alpha_1$ 的置信上限, $\underline{\theta}$ 是 θ 的置信水平为 $1 - \alpha_2$ 的置信下限, 且 $\underline{\theta} < \bar{\theta}$, 则 $[\underline{\theta}, \bar{\theta}]$ 是 θ 的置信水平为 $1 - \alpha_1 - \alpha_2$ 的置信区间.

证　由置信上、下限的定义知

$$P_\theta\big(\theta > \bar\theta\big) = 1 - P_\theta\big(\theta \leqslant \bar\theta\big) \leqslant \alpha_1,$$
$$P_\theta\big(\theta < \underline\theta\big) = 1 - P_\theta\big(\theta \geqslant \underline\theta\big) \leqslant \alpha_2$$

从而, 有

$$P_\theta\big(\underline\theta \leqslant \theta \leqslant \bar\theta\big) = 1 - P_\theta\big(\theta > \bar\theta\big) - P_\theta\big(\theta < \underline\theta\big) \geqslant 1 - \alpha_1 - \alpha_2.$$

这说明 $[\underline\theta, \bar\theta]$ 是 θ 的置信水平为 $1 - \alpha_1 - \alpha_2$ 的置信区间.　　　　□

从式 (6.5.1)、式 (6.5.2)、式 (6.5.3) 可以看出: 确定区间估计 (或上、下限), 牵涉到计算概率. 这概率与总体分布及统计量 $\hat\theta_1$、$\hat\theta_2$ 的形式有关, 一般不易计算. 因此, 除常见简单情形外, 区间估计并不容易求出. 下面我们讨论几种常见情况下, 区间估计的求法.

6.5.2　区间估计的求法 —— 枢轴量法

首先说明一般方法, 然后举例说明该方法的应用.

构造未知参数 θ 的置信区间的最常用方法是枢轴量法, 其步骤如下.

(1) 构造一个样本 $X_1, X_2, \cdots, X_n$ 和 θ 的函数 $W = W(X_1, X_2, \cdots, X_n, \theta)$, 使得 W 的分布不依赖于 θ 以及其他未知参数, 称具有这种性质的函数 W 为枢轴量 (pivotal quantity) 或枢轴 (pivot). 这就是说, 随机变量 W 对所有的 θ 具有相同的分布.

(2) 对于给定的置信水平 $1 - \alpha$, 给出两个常数 a, b, 使得

$$P(a \leqslant W \leqslant b) \geqslant 1 - \alpha. \tag{6.5.4}$$

注意这里 W 的分布与 θ 无关, 因而式 (6.5.4) 中的概率与 θ 无关, 故省去下标 θ.

(3) 若能将不等式 $a \leqslant W \leqslant b$ 等价变形为 $\hat\theta_1 \leqslant \theta \leqslant \hat\theta_2$, 其中 $\hat\theta_1(X_1, X_2, \cdots, X_n)$ 和 $\hat\theta_2(X_1, X_2, \cdots, X_n)$ 都是统计量, 则

$$P(\hat\theta_1 \leqslant \theta \leqslant \hat\theta_2) \geqslant 1 - \alpha. \tag{6.5.5}$$

这表明 $[\hat\theta_1, \hat\theta_2]$ 是 θ 的一个置信水平为 $1 - \alpha$ 的置信区间.

上述构造置信区间的关键在于构造枢轴量 W, 通常可以从 θ 的某个点估计着手考虑. 至于满足式 (6.5.4) 的 a, b 可以有很多, 选择的原则是保证置信区间的精度, 即使得置信区间的平均长度 $\mathrm{E}(\hat\theta_2 - \hat\theta_1)$ 尽可能小 (首先使式 (6.5.4) 中的概率尽可能等于 $1 - \alpha$).

如果能找到这样的 a, b 使 $\mathrm{E}(\hat\theta_2 - \hat\theta_1)$ 达到最小当然是最好的. 不过在很多时候这一点很难满足. 一个通常使用的方便方法是选取 a, b, 使得 a, b 分别为 W 的下 $\alpha/2$ 分位数和上 $\alpha/2$ 分位数, 即

$$P(W < a) = P(W > b) = \frac{\alpha}{2},$$

这样得到的置信区间称为等尾置信区间.

例 6.5.1　设 $X_1, X_2, \cdots, X_n$ 是来自均匀分布总体 $\mathrm{U}(0, \theta)$ 的样本, 对于给定的 $\alpha \in (0, 1)$, 试求 θ 的置信水平为 $1 - \alpha$ 的置信区间.

解 采用枢轴量法. 首先已知 θ 的最大似然估计为最大次序统计量 $X_{(n)}$, 可以求得 $X_{(n)}/\theta$ 的密度函数为

$$p(x) = nx^{n-1}, \quad 0 < x < 1.$$

可见它与 θ 无关, 故 $W = X_{(n)}/\theta$ 就是一个枢轴量.

其次对于给定的置信水平 $1-\alpha$, 令 $a,b\ (0 < a < b \leqslant 1)$ 满足

$$1 - \alpha = P(a \leqslant X_{(n)}/\theta \leqslant b) = \int_a^b nx^{n-1}\mathrm{d}x = b^n - a^n.$$

最后, 由于 $a \leqslant X_{(n)}/\theta \leqslant b \Leftrightarrow X_{(n)}/b \leqslant \theta \leqslant X_{(n)}/a$, 因而所求置信区间为 $[X_{(n)}/b, X_{(n)}/a]$. 为进一步确定 a,b 的值, 考察该置信区间的平均长度

$$L(a,b) = \left(\frac{1}{a} - \frac{1}{b}\right) \mathrm{E}\big[X_{(n)}\big] = \left(\frac{1}{a} - \frac{1}{b}\right) \frac{n}{n+1}\theta.$$

这样问题就转化为在约束条件 $1 - \alpha = b^n - a^n$ 下求 $L(a,b)$ 的最小值点的问题. 至于如何求解, 留给读者作为练习. □

6.5.3 单个正态总体参数的区间估计

设 $X_1, X_2, \cdots, X_n$ 为来自于总体 $\mathrm{N}(\mu, \sigma^2)$ 的样本, 对给定的置信水平 $1-\alpha$, 我们来分别研究参数 μ 和 σ^2 的区间估计.

1. 当 σ^2 已知时, 求 μ 的置信区间

考虑 μ 的点估计 $\overline{X} \sim \mathrm{N}(\mu, \sigma^2/n)$, 由于 $\dfrac{\overline{X} - \mu}{\sigma/\sqrt{n}} \sim \mathrm{N}(0,1)$, 因而枢轴量可取为 $W = \dfrac{\overline{X} - \mu}{\sigma/\sqrt{n}}$. 确定 $a < b$, 使得

$$P(a \leqslant W \leqslant b) = \Phi(b) - \Phi(a) = 1 - \alpha.$$

由于 $a \leqslant W \leqslant b$ 等价于 $\overline{X} - b\sqrt{\sigma^2/n} \leqslant \mu \leqslant \overline{X} - a\sqrt{\sigma^2/n}$, 故 μ 的 $1-\alpha$ 置信区间为

$$\left[\overline{X} - b\sqrt{\sigma^2/n},\ \overline{X} - a\sqrt{\sigma^2/n}\right].$$

该区间 (平均) 长度为 $(b-a)\sigma/\sqrt{n}$, 考虑到 $\mathrm{N}(0,1)$ 的密度函数为单峰对称的, 从图 6.2 可以看出, 在 $\Phi(b) - \Phi(a) = 1 - \alpha$ 的约束下, 当 $b = -a = u_{1-\alpha/2}$ 时, $(b-a)\sigma/\sqrt{n}$ 达到最小. 其中 $u_{1-\alpha/2}$ 是 $\mathrm{N}(0,1)$ 的分位数点, 可以查表 (见附表 3) 求出, 也可以直接利用计算机算出. 从而所求置信区间为

$$\left[\overline{X} - u_{1-\alpha/2}\sqrt{\sigma^2/n},\ \overline{X} + u_{1-\alpha/2}\sqrt{\sigma^2/n}\right]. \tag{6.5.6}$$

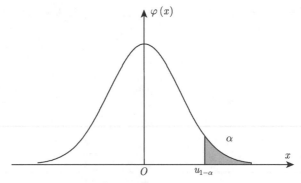

图 6.2 标准正态分位数点

例 6.5.2 设来自 $N(\mu, 0.1^2)$ 的容量为 36 的样本均值为 $\bar{x} = 14.9698$, 求 μ 的 0.95 置信区间.

解 此处 $1 - \alpha = 0.95, \alpha = 0.05$, 查表得 $u_{0.975} = 1.96$, 于是 μ 的 0.95 置信区间为

$$\left[\bar{x} - 1.96\sqrt{0.01/36}, \ \bar{x} + 1.96\sqrt{0.01/36}\right] = [14.9371, \ 15.0025].$$ □

需要说明的是, 这个区间 $[14.9371, 15.0025]$ 是由具体的样本得到的, 是随机区间式 (6.5.6) 的一个具体实现, 它要么包含参数 μ, 要么不包含, 没有概率可言, 故不能认为它包含参数 μ 的概率为 0.95. 置信水平 0.95 应该理解为在随机区间式 (6.5.6) 的大量具体实现观察中, 至少有 95% 的区间包含 μ 的值, 这就是置信水平的频率解释. 为了更好地理解这一点, 我们取例 6.5.2 中的 $\mu = 15$, 然后随机产生容量都是 36 的样本 100 次, 得到随机区间式 (6.5.6) 的 100 个实现, 这 100 个区间大约有 95 个包含了 $\mu = 15$. 图 6.3 表示一个具体的结果.

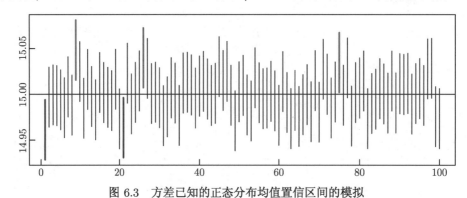

图 6.3 方差已知的正态分布均值置信区间的模拟

例 6.5.3 为得到某物体重量 μ 的置信水平为 0.95 的置信区间, 要求区间长度不超过 0.2. 现在用天平称量该物体若干次, 设该天平的标准差为 1, 问至少应称量多少次?

解 设 $x_1, x_2, \cdots, x_n$ 表示 n 次称量的结果, 可以看作来自总体 $N(\mu, 1)$ 的样本观测值, 则 μ 的 0.95 置信区间为

$$\left[\bar{x} - 1.96\sqrt{1/n}, \ \bar{x} + 1.96\sqrt{1/n}\right].$$

区间长度为 $2 \times 1.96\sqrt{1/n}$. 要求 $2 \times 1.96\sqrt{1/n} \leqslant 0.2$, 即 $n \geqslant 19.6^2 = 384.16$, 故至少要称量 385 次. □

根据置信上、下限的定义, 类似地可以推导出 μ 的一个置信水平为 $1-\alpha$ 的置信上、下限.

置信上限: $\overline{X} + u_{1-\alpha}\sqrt{\sigma^2/n}$.　　置信下限: $\overline{X} - u_{1-\alpha}\sqrt{\sigma^2/n}$.

2. 当 σ^2 未知时, 求 μ 的置信区间

这时 σ^2 未知, 以样本方差 S^2 代替 σ^2. 事实上, 由于 $\dfrac{\overline{X} - \mu}{\sqrt{S^2/n}} \sim \mathrm{t}(n-1)$(参见定理 5.4.5),

枢轴量可取为 $W = \dfrac{\overline{X} - \mu}{\sqrt{S^2/n}}$, t 分布的密度函数与 N$(0,1)$ 的密度函数有类似的形态, 因而完全类似于上一段的情形, 可得到 μ 的 $1-\alpha$ 置信区间为

$$\left[\overline{X} - t_{1-\alpha/2}(n-1)\sqrt{S^2/n},\ \overline{X} + t_{1-\alpha/2}(n-1)\sqrt{S^2/n}\right]. \tag{6.5.7}$$

其中 $t_{1-\alpha/2}(n-1)$ 是自由度为 $n-1$ 的 t 分布的分位数点, 如图 6.4 所示.

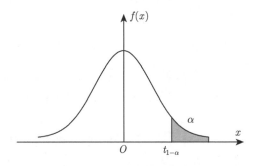

图 6.4　t 分布分位数点

可以查表 (见附表 6) 或直接计算得到.

置信上限: $\overline{X} + t_{1-\alpha}(n-1)\sqrt{S^2/n}$.　　置信下限: $\overline{X} - t_{1-\alpha}(n-1)\sqrt{S^2/n}$.

3. 求 σ^2 的置信区间

此时, 也可以分 μ 已知与否两种情况来讨论 σ^2 的置信区间, 但是实际中 μ 已知而 σ^2 未知的情形极少出现, 故这里只讨论 μ 未知的情形. 对于 μ 已知的情形, 留作练习.

由于 σ^2 的点 (无偏) 估计量为 S^2, 而且由定理 5.4.4 知, $\dfrac{(n-1)S^2}{\sigma^2} \sim \chi^2(n-1)$, 因而可取 $\dfrac{(n-1)S^2}{\sigma^2}$ 为枢轴量, 然后确定 a, b, 使得

$$P\left(a \leqslant \frac{(n-1)S^2}{\sigma^2} \leqslant b\right) = 1-\alpha.$$

考虑到 χ^2 分布是偏态的, 置信区间的平均长度最短很难实现, 一般采用等尾置信区间.

查表 (见附表 4) 求 χ^2 分布的分位点 $\chi^2_{\alpha/2}(n-1)$ 和 $\chi^2_{1-\alpha/2}(n-1)$, 如图 6.5 所示.

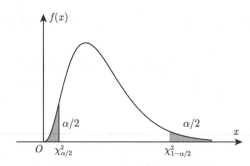

图 6.5　χ^2 分布分位点

取 $a = \chi^2_{\alpha/2}(n-1)$, $b = \chi^2_{1-\alpha/2}(n-1)$. 于是 σ^2 的置信区间为

$$\left[\frac{(n-1)S^2}{\chi^2_{1-\alpha/2}(n-1)}, \ \frac{(n-1)S^2}{\chi^2_{\alpha/2}(n-1)} \right]. \tag{6.5.8}$$

置信下限: $\dfrac{(n-1)S^2}{\chi^2_{1-\alpha}(n-1)}$;　　置信上限: $\dfrac{(n-1)S^2}{\chi^2_{\alpha}(n-1)}$.

6.5.4　两个正态总体参数的区间估计

设某产品的某项质量指标 X 服从正态分布. 由于工艺的改进、原料的不同、设备以及操作人员的变动等都会引起总体均值、方差的变化, 我们希望估计这种变化的大小. 这就是两个正态总体参数的区间估计问题.

设 $X_1, X_2, \cdots, X_{n_1}$ 和 $Y_1, Y_2, \cdots, Y_{n_2}$ 为分别来自总体 $\mathrm{N}(\mu_1, \sigma_1^2)$ 和 $\mathrm{N}(\mu_2, \sigma_2^2)$ 的两组相互独立的样本, 样本均值、方差分别记为 $\overline{X}$、S_1^2 和 $\overline{Y}$、S_2^2.

1. 当 σ_1^2 和 σ_2^2 已知时, 求 $\mu_1 - \mu_2$ 的置信区间

$\overline{X} - \overline{Y}$ 作为 $\mu_1 - \mu_2$ 的点估计, 是无偏的, 且

$$\overline{X} - \overline{Y} \sim \mathrm{N}\left(\mu_1 - \mu_2, \frac{\sigma_1^2}{n_1} + \frac{\sigma_2^2}{n_2} \right).$$

与前面单个正态总体情形完全类似, $\mu_1 - \mu_2$ 的 $1 - \alpha$ 置信区间为

$$\left[\overline{X} - \overline{Y} - u_{1-\alpha/2}\sqrt{\frac{\sigma_1^2}{n_1} + \frac{\sigma_2^2}{n_2}}, \ \overline{X} - \overline{Y} + u_{1-\alpha/2}\sqrt{\frac{\sigma_1^2}{n_1} + \frac{\sigma_2^2}{n_2}} \right]. \tag{6.5.9}$$

2. 当 $\sigma_1^2 = \sigma_2^2 = \sigma^2$, 但 σ^2 未知时, 求 $\mu_1 - \mu_2$ 的置信区间

由定理 5.4.7 知道, 此时

$$\frac{(\overline{X} - \overline{Y}) - (\mu_1 - \mu_2)}{S_W\sqrt{\dfrac{1}{n_1} + \dfrac{1}{n_2}}} \sim \mathrm{t}(n_1 + n_2 - 2).$$

其中 $S_W^2 = \dfrac{(n_1 - 1)S_1^2 + (n_2 - 1)S_2^2}{n_1 + n_2 - 2}$, 从而类似于单个正态总体情形, 得 $\mu_1 - \mu_2$ 的置信区间

(注意简写)

$$\left[\overline{X}-\overline{Y}\pm t_{1-\alpha/2}(n_1+n_2-2)S_W\sqrt{\frac{1}{n_1}+\frac{1}{n_2}}\,\right].\qquad(6.5.10)$$

3. 求方差比 σ_1^2/σ_2^2 的置信区间

取 S_1^2/S_2^2 估计 σ_1^2/σ_2^2, 考虑 $\dfrac{\sigma_1^2 S_2^2}{\sigma_2^2 S_1^2}\sim\mathrm{F}(n_2-1,n_1-1)$ (定理 5.4.6), 取枢轴量为 $\dfrac{\sigma_1^2 S_2^2}{\sigma_2^2 S_1^2}$. 查表 (见附表 5) 求 F 分布的分位数点 $F_{\alpha/2}$, $F_{1-\alpha/2}$ 如图 6.6 所示, 得

$$P\left[F_{\alpha/2}(n_2-1,n_1-1)\leqslant\frac{\sigma_1^2 S_2^2}{\sigma_2^2 S_1^2}\leqslant F_{1-\alpha/2}(n_2-1,n_1-1)\right]=1-\alpha.$$

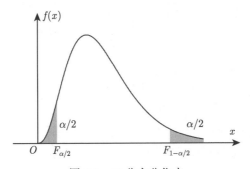

图 6.6　F 分布分位点

经不等式变形, 即得到 σ_1^2/σ_2^2 的 $1-\alpha$ 置信区间为

$$\left[F_{\alpha/2}(n_2-1,n_1-1)\frac{S_1^2}{S_2^2},\quad F_{1-\alpha/2}(n_2-1,n_1-1)\frac{S_1^2}{S_2^2}\right].\qquad(6.5.11)$$

例 6.5.4　某车间有两台自动机床加工一类零件, 假设零件尺寸服从正态分布. 现在从两个班次的产品中分别检查了 5 个和 6 个零件尺寸, 得其数据如下.

　　　甲班: 5.06, 5.08, 5.03, 5.05, 5.07.　　乙班: 4.98, 5.03, 4.97, 4.99, 5.02, 4.95.

试求两班加工零件尺寸的方差比 σ_1^2/σ_2^2 的 0.95 置信区间.

解　这里, $n_1=5$, $n_2=6$, $1-\alpha=0.95$, 算得 $S_1^2=0.00037$, $S_2^2=0.00092$, 查表得

$$F_{0.025}(5,4)=\frac{1}{F_{0.975}(4,5)}=\frac{1}{7.39},\quad F_{0.975}(5,4)=9.36.$$

故置信区间公式 (6.5.11) 的两端分别为

$$\frac{S_1^2}{S_2^2}F_{0.025}(5,4)=\frac{0.00037}{0.00092}\times\frac{1}{7.39}=0.0544,$$

$$\frac{S_1^2}{S_2^2}F_{0.975}(5,4)=\frac{0.00037}{0.00092}\times 9.36=3.7657.$$

故 σ_1^2/σ_2^2 的 0.95 置信区间为 $[0.0544, 3.7657]$.　　　　　　　　　　□

表 6.1 和表 6.2 分别列出了正态分布参数的置信区间和单侧置信限. 置信区间的计算量并不是很大, 其计算在 R 语言中是和假设检验同步进行的, 我们将在第 7 章作统一介绍.

表 6.1　单个正态分布和两个正态分布参数的置信区间

参数	总体	枢轴量及分布	置信区间
期望 μ	正态分布 σ^2 已知	$\dfrac{\overline{X}-\mu}{\sigma/\sqrt{n}}\sim N(0,1)$	$\left[\overline{X}\pm u_{1-\alpha/2}\dfrac{\sigma}{\sqrt{n}}\right]$
期望 μ	正态分布 σ^2 未知	$\dfrac{\overline{X}-\mu}{S/\sqrt{n}}\sim t(n-1)$	$\left[\overline{X}\pm t_{1-\alpha/2}(n-1)\dfrac{S}{\sqrt{n}}\right]$
方差 σ^2	正态分布 μ 未知	$\dfrac{(n-1)S^2}{\sigma^2}\sim\chi^2(n-1)$	$\left[\dfrac{(n-1)S^2}{\chi^2_{1-\alpha/2}(n-1)},\ \dfrac{(n-1)S^2}{\chi^2_{\alpha/2}(n-1)}\right]$
期望差 $\mu_1-\mu_2$	两个正态 方差已知	$\dfrac{(\overline{X}-\overline{Y})-(\mu_1-\mu_2)}{\sqrt{\dfrac{\sigma_1^2}{n_1}+\dfrac{\sigma_2^2}{n_2}}}\sim N(0,1)$	$\left[\overline{X}-\overline{Y}\pm u_{1-\alpha/2}\sqrt{\dfrac{\sigma_1^2}{n_1}+\dfrac{\sigma_2^2}{n_2}}\right]$
期望差 $\mu_1-\mu_2$	两个正态 方差相等	$\dfrac{(\overline{X}-\overline{Y})-(\mu_1-\mu_2)}{S_W\sqrt{\dfrac{1}{n_1}+\dfrac{1}{n_2}}}$ $\sim t(n_1+n_2-2)$	$\left[\overline{X}-\overline{Y}\pm t_{1-\alpha/2}(n_1+n_2-2)S_W\sqrt{\dfrac{1}{n_1}+\dfrac{1}{n_2}}\right]$
方差比 σ_1^2/σ_2^2	两个正态 期望未知	$\dfrac{S_2^2\sigma_1^2}{S_1^2\sigma_2^2}\sim F(n_2-1,n_1-1)$	$\left[F_{\frac{\alpha}{2}}(n_2-1,n_1-1)\dfrac{S_1^2}{S_2^2},\ F_{1-\frac{\alpha}{2}}(n_2-1,n_1-1)\dfrac{S_1^2}{S_2^2}\right]$

表 6.2　单个正态分布和两个正态分布参数的单侧置信限

参数	总体	单侧置信上限	单侧置信下限
期望 μ	正态分布 σ^2 已知	$\overline{X}+u_{1-\alpha}\dfrac{\sigma}{\sqrt{n}}$	$\overline{X}-u_{1-\alpha}\dfrac{\sigma}{\sqrt{n}}$
期望 μ	正态分布 σ^2 未知	$\overline{X}+t_{1-\alpha}(n-1)\dfrac{S}{\sqrt{n}}$	$\overline{X}-t_{1-\alpha}(n-1)\dfrac{S}{\sqrt{n}}$
方差 σ^2	正态分布 μ 未知	$\dfrac{(n-1)S^2}{\chi^2_{\alpha}(n-1)}$	$\dfrac{(n-1)S^2}{\chi^2_{1-\alpha}(n-1)}$
期望差 $\mu_1-\mu_2$	两个正态 方差已知	$\overline{X}-\overline{Y}+u_{1-\alpha}\sqrt{\dfrac{\sigma_1^2}{n_1}+\dfrac{\sigma_2^2}{n_2}}$	$\overline{X}-\overline{Y}-u_{1-\alpha}\sqrt{\dfrac{\sigma_1^2}{n_1}+\dfrac{\sigma_2^2}{n_2}}$
期望差 $\mu_1-\mu_2$	两个正态 方差相等	$\overline{X}-\overline{Y}+t_{1-\alpha}(n_1+n_2-2)S_W\sqrt{\dfrac{1}{n_1}+\dfrac{1}{n_2}}$	$\overline{X}-\overline{Y}-t_{1-\alpha}(n_1+n_2-2)S_W\sqrt{\dfrac{1}{n_1}+\dfrac{1}{n_2}}$
方差比 σ_1^2/σ_2^2	两个正态 期望未知	$F_{1-\alpha}(n_2-1,n_1-1)\dfrac{S_1^2}{S_2^2}$	$F_{\alpha}(n_2-1,n_1-1)\dfrac{S_1^2}{S_2^2}$

6.5.5　非正态总体参数的区间估计

例 6.5.1 讨论了均匀分布 $U(0,\theta)$ 参数 θ 的置信区间, 这里再研究指数分布的例子.

例 6.5.5　设总体 X 服从参数为 θ 的指数分布 $\mathrm{Exp}(\theta)$, $X_1,X_2,\cdots,X_n$ 为来自这个总体的样本. 求参数 θ^{-1} 的置信水平为 $1-\alpha$ 的置信区间.

解 注意到, 若 $X \sim \mathrm{Exp}(\theta)$, 则 $\theta X \sim \mathrm{Exp}(1) = \Gamma(1,1)$, 由 Γ 分布的可加性, 可得

$$\theta \sum_{i=1}^{n} X_i = n\theta\overline{X} \sim \Gamma(n,1).$$

进而, 考虑到 Γ 分布与 χ^2 分布的关系, 有

$$2\theta \sum_{i=1}^{n} X_i = 2n\theta\overline{X} \sim \Gamma(n,1/2) = \chi^2(2n).$$

该分布与 θ 无关, 故 $W = 2n\theta\overline{X}$ 就是一个枢轴量. 然后确定 a, b, 使得

$$P\left(a \leqslant 2n\theta\overline{X} \leqslant b\right) = 1 - \alpha.$$

考虑到 χ^2 分布是偏态的, 置信区间的平均长度最短很难实现, 一般采用等尾置信区间. 取 $a = \chi^2_{\alpha/2}(2n)$, $b = \chi^2_{1-\alpha/2}(2n)$. 于是 θ^{-1} 的置信区间为

$$\left[\frac{2n\overline{X}}{\chi^2_{1-\alpha/2}(2n)}, \frac{2n\overline{X}}{\chi^2_{\alpha/2}(2n)}\right].$$

由定理 6.5.1 可知, θ 的置信区间为

$$\left[\frac{\chi^2_{\alpha/2}(2n)}{2n\overline{X}}, \frac{\chi^2_{1-\alpha/2}(2n)}{2n\overline{X}}\right]. \qquad \square$$

对于非正态总体, 除了例 6.5.1 和例 6.5.5 的特殊情形, 一般而言精确的抽样分布难以计算, 不便做参数的区间估计. 但由中心极限定理, 我们可以求出某些统计量在大样本下的近似分布, 这样就将问题的本质又归结于正态总体情形. 当然这时的置信水平也只能是近似地满足要求.

例 6.5.6 设总体 X 服从参数为 p 的 0–1 分布, $X_1, X_2, \cdots, X_n$ 为来自这个总体的样本. 求 p 的置信水平为 $1 - \alpha$ 的置信区间.

解 根据中心极限定理, 有

$$\frac{n\overline{X} - np}{\sqrt{np(1-p)}} = \frac{\overline{X} - p}{\sqrt{p(1-p)/n}} \to \mathrm{N}(0,1), \quad n \to \infty$$

因而近似地有

$$P\left(-u_{1-\alpha/2} \leqslant \frac{\overline{X} - p}{\sqrt{p(1-p)/n}} \leqslant u_{1-\alpha/2}\right) \approx 1 - \alpha,$$

即

$$P(\widehat{p}_1 \leqslant p \leqslant \widehat{p}_2) \approx 1 - \alpha.$$

其中 $\widehat{p}_1$ 和 $\widehat{p}_2$ 为方程

$$(n + u_{1-\alpha/2}^2)p^2 - (2n\overline{X} + u_{1-\alpha/2}^2)p + n(\overline{X})^2 = 0$$

的两个实根, 且 $\widehat{p}_1 < \widehat{p}_2$. 读者可以自己验证上述方程的判别式大于零, 从而 $\widehat{p}_1$ 与 $\widehat{p}_2$ 是存在的. $\qquad \square$

习　题　6.5

1　设 $x_1, x_2, \cdots, x_n$ 为来自总体 $N(\mu, \sigma^2)$ 的样本观测值, 样本均值 $\bar{x} = 9.5$, 参数 μ 的置信度为 0.95 的双侧置信区间的上限为 10.8, 求 μ 的置信度为 0.95 的双侧置信区间.

2　某车间生产滚珠, 从长期实践中知道, 滚珠直径服从正态分布, 其方差为 0.05. 从某天的产品里随机抽取 6 个, 量得直径如下 (单位: mm):

$$14.70, \ 15.21, \ 14.90, \ 14.91, \ 15.32, \ 15.32.$$

分别求置信水平为 99% 和 90% 的均值 μ 的置信区间.

3　设总体 $X \sim N(\mu, \sigma^2)$, $X_1, X_2, \cdots, X_n$ 是一组样本. 如果 σ^2 已知, 问 n 取多大时方能保证 μ 的 95% 的置信区间的长度不大于 l?

4　对飞机的飞行速度进行 15 次独立试验, 测得飞机的最大飞行速度 (单位: m/s) 如下:

$$422.2, \quad 418.7, \quad 425.6, \quad 420.3, \quad 425.8,$$
$$423.1, \quad 431.5, \quad 428.2, \quad 438.3, \quad 434.0,$$
$$412.3, \quad 417.2, \quad 413.5, \quad 441.3, \quad 423.7.$$

根据长期的经验, 可以认为最大飞行速度服从正态分布, 试求总体均值 μ 的 95% 的置信区间.

5　为了解灯泡使用时数的均值 μ 及标准差 σ, 测量 10 个灯泡, 得 $\bar{x} = 1500$ 小时, $s = 20$ 小时. 如果已知灯泡的使用时数服从正态分布 $N(\mu, \sigma^2)$, 分别求 μ 和 σ 的 95% 的置信区间.

6　设总体 $X \sim N(\mu, \sigma^2)$, $X_1, X_2, \cdots, X_n$ 是该总体的样本, μ 已知, 求 σ^2 的 $1 - \alpha$ 置信区间.

7　设 0.50, 1.25, 0.80, 2.00 是来自总体 X 的样本, 已知 $Y = \ln X \sim N(\mu, 1)$.

(1) 求 μ 的置信水平为 95% 的置信区间;

(2) 求 X 的数学期望的置信水平为 95% 的置信区间.

8　设甲、乙两批导线的电阻分别服从 $N(\mu_1, \sigma^2)$ 和 $N(\mu_2, \sigma^2)$, 随机地从甲批导线中抽取 4 根, 从乙批导线中抽取 5 根, 测得电阻值如下 (单位: Ω):

甲批导线: 0.143, 0.142, 0.143, 0.137;　　乙批导线: 0.140, 0.142, 0.136, 0.138, 0.140.

已知 $\sigma^2 = 0.0025^2$, 试求 $\mu_1 - \mu_2$ 的 95% 的置信区间.

9　为了检验一种杂交作物的两种新处理方案, 在同一地区随机地选择 8 块地段, 在各试验地段, 按两种方案试验作物, 这 8 块地段的单位面积产量是 (单位: kg):

$$\text{一号方案产量:}\quad 86, \quad 87, \quad 56, \quad 93, \quad 84, \quad 93, \quad 75, \quad 79;$$
$$\text{二号方案产量:}\quad 80, \quad 79, \quad 58, \quad 91, \quad 77, \quad 82, \quad 74, \quad 66.$$

假设两种产量都服从正态分布, 分别为 $N(\mu_1, \sigma_1^2)$ 和 $N(\mu_2, \sigma_2^2)$, 其中 $\sigma_1^2 = \sigma_2^2 = \sigma^2$ 但 σ^2 未知, 求 $\mu_1 - \mu_2$ 的置信水平为 95% 的置信区间.

10　假设人体身高服从正态分布, 今抽样检测甲、乙两地区 18~25 岁女子身高得数据如下: 甲地抽取 10 名, 样本均值 1.64 m, 样本标准差 0.2 m; 乙地抽取 10 名, 样本均值 1.62 m, 样本标准差 0.4 m. 试求两正态方差比的置信水平为 95% 的置信区间.

11 设 $X_1, X_2, \cdots, X_n$ 是来自泊松分布 $\mathrm{P}(\lambda)$ 的一组样本, 试在样本量充分大的条件下, 求 λ 的置信水平为 $1 - \alpha$ 的近似置信区间.

12 设 $X_1, X_2, \cdots, X_n$ 是来自 $X \sim \mathrm{U}(\theta - 0.5, \theta + 0.5)$ 的样本, 求 θ 的置信水平为 $1 - \alpha$ 的置信区间 (提示: 证明 $\dfrac{1}{2}[X_{(n)} + X_{(1)}] - \theta$ 为枢轴量).

13 设 $X_1, X_2, \cdots, X_n$ 是来自总体 X 的样本, 总体 X 的概率密度函数为

$$f(x; \theta) = \mathrm{e}^{-(x-\theta)} I_{(\theta, \infty)}(x), \quad -\infty < \theta < \infty.$$

(1) 证明 $X_{(1)} - \theta$ 为枢轴量, 并求出对应的分布;

(2) 求 θ 的置信水平为 $1 - \alpha$ 的置信区间.

第7章 假设检验

在实际工作中经常遇到如下问题.

(1) 有一批产品, 规定产品的次品率为 2%, 经过抽样检查, 如何判断这批产品是否合格?

(2) 对某生产工艺进行了改革, 对工艺改革前后的产品进行抽样检验, 如何分析抽样的结果, 判断工艺改革是否提高了产品质量?

(3) 前面经常说 "假设总体服从某分布", 现在要问能否根据给定的一组样本值来判断这个假设是否成立? 如何判断? 等等.

例如, 对于问题 (2), 假设工艺改革后产品质量有所提高, 由于随机因素的影响, 工艺改革后的每一件产品不一定都比老工艺生产的产品质量好. 抽样检验的结果很可能是互有好坏. 在这种情况下就不能通过简单的比较来下结论, 而需要有一套科学的方法. 这就是假设检验 (hypothesis testing).

第 6 章研究了一种称为参数估计的统计推断方法, 其目的是根据样本对总体的未知参数进行某种形式的估计, 而假设检验是另外一种统计推断方法. 从上面的例子可以看出, 假设检验所要解决的问题是: 如何根据样本值来判断对总体的某种 "看法" 是否正确?

假设检验可分为参数假设检验和非参数假设检验两部分. 参数假设检验是总体分布函数 $F(x; \theta)$ 的类型已知, 只是对其中未知参数提出某种假设并加以检验. 非参数假设检验是对未知总体的分布函数的形式或性质提出某种假设所进行的检验.

7.1 假设检验的基本概念

7.1.1 统计假设与检验法则

定义 7.1.1 统计假设 (statistical hypothesis) 是指关于一个或多个总体分布或其参数的一个陈述, 简称为假设.

这个定义是颇为笼统的, 但其重点在于假设做出的是关于总体的陈述, 这个陈述可以正确, 也可以不正确. 假设检验的目的就是依靠来自总体的样本去判决假设的真伪. 假设检验的第一步就是要提出假设, 而且通常是提出两个互补的假设.

定义 7.1.2 一个假设检验问题中两个互补的假设分别称为原假设 (null hypothesis) 和备择假设 (alternative hypothesis), 它们分别记为 H_0 和 H_1.

为判断一个统计假设是否正确, 需要从总体中抽取样本, 据此样本信息做出判决.

例 7.1.1 要检验一批产品的次品率 p 是否超过 0.03, 我们把 "$p \leqslant 0.03$" 作为一个假设. 从这批产品中抽取若干个, 当其中所含的次品数 X 较小时, 我们就自然倾向于认为该假设正确, 或者说 "接受" 这个假设. 反之, 若 X 较大, 则我们认为这个假设不正确, 即 "拒绝" 或 "否定" 这个假设. □

例 7.1.2 为判断一个硬币是否均匀, 即投掷时出现正面的概率 p 是否为 $1/2$, 我们把 "$p=1/2$" 作为一个假设. 为判断该假设是否正确, 我们把这硬币投掷 100 次. 以 X 记正面出现的次数, 若 $|X/100 - 1/2|$ 较小, 则接受假设 "$p=1/2$", 否则就拒绝这个假设. □

例 7.1.3 某网站在一个小时内接受到用户点击次数按每分钟记录如下所示.

点击次数	0	1	2	3	4	5	6	$\geqslant 7$
频数	8	16	17	10	6	2	1	0

试问点击次数 X 的分布能否看作服从泊松分布? 这里把 "随机变量 X 服从泊松分布" 作为假设. □

以上三例都是假设检验中的常见问题, 其中例 7.1.1 和例 7.1.2 是参数假设检验问题, 例 7.1.3 是非参数假设检验问题.

一般对于参数假设检验问题而言, 未知参数 θ 的取值范围 Θ 是已知的, Θ 就是参数空间, 并且假设 Θ 可分为不相交的两部分 Θ_0 和 Θ_1. 我们用 H_0 表示假设 "$\theta \in \Theta_0$", H_1 表示假设 "$\theta \in \Theta_1$". 由于 Θ_0 和 Θ_1 不相交且 $\Theta_0 \cup \Theta_1 = \Theta$, 因而 H_0 和 H_1 有且只有一个正确. 我们的问题是要决定接受 H_0 还是接受 H_1. 这样原假设和备择假设的一般格式可表示为

$$H_0 : \theta \in \Theta_0 \quad \leftrightarrow \quad H_1 : \theta \in \Theta_1.$$

如果一个假设只包含参数 θ 的一个值, 则称为简单假设 (simple hypothesis), 否则称为复合假设 (composite hypothesis).

例如, 例 7.1.1 中检验次品率是否超过 0.03, 可以表示为

$$H_0 : p \leqslant 0.03 \quad \leftrightarrow \quad H_1 : p > 0.03.$$

在检验问题 $H_0 \leftrightarrow H_1$ 中, 要做出某种判断 (接受 H_0 或拒绝 H_0), 必须从样本 $X_1, X_2, \cdots, X_n$ 出发, 制定一个法则, 一旦样本的观察值 $x_1, x_2, \cdots, x_n$ 确定后, 利用我们所构造的法则做出判断: 接受 H_0 还是拒绝 H_0.

定义 7.1.3 对于一个给定的假设检验问题 $H_0 \leftrightarrow H_1$, 一个检验法则 (testing rule) (简称检验) 是指:

(1) 确定对于哪些样本值应该接受 H_0;

(2) 确定对于哪些样本值应该拒绝 H_0.

检验法则本质上是把样本 $(X_1, X_2, \cdots, X_n)$ 可能的取值范围 —— 样本空间 $\mathscr{X}$[①]划分成两个不相交的子集 $\mathscr{X}_0$ 和 $\mathscr{X}_1$, 使得当样本 $(x_1, x_2, \cdots, x_n) \in \mathscr{X}_0$ 时, 接受原假设 H_0(即拒绝 H_1); 当 $(x_1, x_2, \cdots, x_n) \in \mathscr{X}_1$ 时, 拒绝原假设 H_0(即接受 H_1). 这样一个对样本空间 $\mathscr{X}$ 的划分就构成一个检验法则. $\mathscr{X}$ 的子集 $\mathscr{X}_1$ 称为检验问题 $H_0 \leftrightarrow H_1$ 的拒绝域 (rejection region), 或临界域 (critical region). $\mathscr{X}_0$ 称为接受域 (acceptance region).

通常一个检验法则是通过一个检验统计量 (test statistic) $W(X_1, X_2, \cdots, X_n)$ 来确定的. 例如, "样本均值 $\overline{X}$ 大于 3, 就拒绝 H_0" 就是一个检验法则. 这里, $W(X_1, X_2, \cdots, X_n) = \overline{X}$ 就是检验统计量, 而拒绝域是 $\{(x_1, x_2, \cdots, x_n) \mid \overline{x} > 3\}$.

①注意和第 1 章中样本空间的区别和联系.

与参数估计的内容类似, 假设检验的基本内容也有两部分: 一是讨论选择检验统计量和拒绝域的方法; 二是检验的评价问题. 下面我们先讨论检验的评价问题.

7.1.2 两类错误

首先应该注意到: 当根据抽样结果而接受或拒绝一个假设时, 这只是表明我们的一种判断. 由于样本有随机性, 这个判断有可能犯错误. 例如, 一批产品次品率只有 0.01, 对这批产品而言, "$p \leqslant 0.03$" 的假设正确. 但由于抽样的随机性, 样本中也可能包含较多的次品, 而导致拒绝 "$p \leqslant 0.03$", 这就犯了错误. 反过来, 当假设不成立时, 也有可能被错误地接受了. 自然, 我们希望尽量减少犯这种错误的可能性, 而这也正是假设检验的主要目标.

在统计学上把可能犯的错误分为两类: 一类是原假设 H_0 为真, 但却被拒绝了, 称为第一类错误 (type I error) 或拒真错误; 另一类是原假设 H_0 不真, 但却被接受了, 称为第二类错误 (type II error) 或纳伪错误. 表 7.1 列出了检验的各种情况和两类错误.

表 7.1 检验的两类错误

判决结果	总体真实情况	
	H_0 为真	H_1 为真
H_0 为真	正确	犯第二类错误
H_1 为真	犯第一类错误	正确

例 7.1.4 某厂制造的防腐剂, 在两年后有效率仅为 25%. 现在试制一种新的但费用较高的防腐剂. 我们想测定其是否在同样的时间内对同样的物品有更强的防腐作用. 我们以 p 记这种新防腐剂两年后的有效率, 而提出假设检验问题:

$$H_0 : p = 0.25 \ \leftrightarrow \ H_1 : p > 0.25.$$

这里, 原假设表示新防腐剂的效率与旧的一样, 而对立假设则表示新的优于旧的.

为检验这个假设, 我们准备 20 份样品, 都用这种新防腐剂去保存, 观察两年内仍保存完好的样品数量 X.

一般而言, 如果原假设 H_0 成立, 意味着 p 的值小, 这时 X 的取值也趋向于小; 如果对立假设 H_1 成立, 意味着 p 的值大, 这时 X 的取值也趋向于大.

换言之, 当 X 的取值偏小时, 对原假设 H_0 有利; 当 X 的取值偏大时, 对原假设 H_0 不利. 这里有一个临界值 C, 当 $X \geqslant C$ 时, 就认为 X 提供的信息与原假设矛盾, 从而拒绝原假设 H_0; 当 $X < C$ 时, 不拒绝原假设.

如取临界值 $C = 9$, 我们就有检验法: 如果在两年内至少有 9 个样品仍保存完好, 就拒绝假设 H_0, 即判断新的优于旧的; 如果两年内保存完好的样品数不到 9 个, 则接受 H_0, 即认为新的并不优于旧的.

如果事实上新的防腐剂并不比现在使用的防腐剂强 (H_0 为真), 但是对这 20 个用于试验的样品来说, 两年内保存完好的数目不小于 9 个 (H_0 拒绝), 则上面的检验法则就犯了第一类错误. 如果事实上是新的防腐剂其实比现在使用的好 (H_1 为真), 但在这 20 个用于试验的样品中, 两年内保存完好的数目小于 9, 这将使我们得出新防腐剂不优于旧防腐剂的错误结论, 这属于第二类错误.

上述判决依据是这 20 个样品中两年时间内保存完好的数目 X, X 是随机变量, 其可能值为 $0, 1, 2, \cdots, 20$. 上述检验的法则是将 X 的可能值分为两组: $\{0, 1, \cdots, 8\}$ 和 $\{9, 10, \cdots, 20\}$, 当 X 取值于 $\{0, 1, 2, \cdots, 8\}$ 时我们接受原假设 H_0, 故集合 $\{0, 1, \cdots, 8\}$ 为 H_0 的接受域; 当 X 在 $\{9, 10, \cdots, 20\}$ 内取值时, 拒绝 H_0, 故 $\{9, 10, \cdots, 20\}$ 为 H_0 的拒绝域 (或临界域). □

我们当然希望所用的检验方法尽量少犯错误, 但不能完全排除犯错误的可能性. 且一般来说, 这两类错误是对立的: 当我们设法降低犯一类错误的概率时, 犯另一类错误的概率就会升高. 常用 α 表示犯第一类错误的概率, 即

$$P(\text{拒绝} H_0 \mid H_0 \text{为真}) = \alpha;$$

用 β 表示犯第二类错误的概率, 即

$$P(\text{接受} H_0 \mid H_0 \text{不真}) = \beta.$$

例 7.1.5 (例 7.1.4 续) 假定这 20 个样品独立, 则在 H_0 成立时, 应有 $X \sim B(20, 0.25)$. 如果仍然以 $\{9, 10, \cdots, 20\}$ 为 H_0 的拒绝域, 则

$$\alpha = P(\text{拒绝} H_0 \mid H_0 \text{为真}) = P(X \geqslant 9 \mid p = 0.25) = \sum_{k=9}^{20} C_{20}^k 0.25^k 0.75^{20-k} = 0.0409.$$

上述计算表明, 在我们的检验法则之下, 当 H_0 成立时, 它被错误地拒绝的概率大约只有 4%, 这个 α 很小, 因此犯第一类错误的可能性很小.

再来计算该检验方法犯第二类错误的概率 β, β 必须在 H_0 不成立的条件下计算. 在本例中, 就是要在 $p > 0.25$ 时计算, 计算结果与 p 的具体值有关, 这是自然的: p 越大, 表示新的防腐剂效率越高, 它被误认为 "不优于旧防腐剂" 的概率就越小. 我们取 $p = 0.5$ 为例来计算 β, 并把 β 写为 $\beta(0.5)$:

$$\beta(0.5) = P(X < 9 \mid p = 0.5) = \sum_{k=0}^{8} C_{20}^k 0.5^k 0.5^{20-k} = 0.2517.$$

这个概率相当大, 就是说, 即使新防腐剂的有效率两倍于旧的, 在本检验方法之下, 它仍有 25% 的可能性被判为并不优于旧的. 为了降低这个概率, 可以把拒绝域扩大. 例如, 把拒绝域由 $\{9, 10, \cdots, 20\}$ 扩大为 $\{8, 9, 10, \cdots, 20\}$, 这时有

$$\beta(0.5) = \sum_{k=0}^{7} C_{20}^k 0.5^k 0.5^{20-k} = 0.1316,$$

即犯第二类错误的概率 $\beta(0.5)$ 由 25% 降低为 13%, 约降低一半. 但所付出的代价是: 犯第一类错误的概率 α 增加了. 事实上, 这时有

$$\alpha = \sum_{k=8}^{20} C_{20}^k 0.25^k 0.75^{20-k} \approx 0.1018 \ (\text{见附表 1}),$$

比原来的 $\alpha = 0.0409$ 增加了很多. □

一般地, 在样本容量 n 固定时, 当我们设法减少犯某一类错误的概率的同时, 会使另一类错误的概率增加. 若要同时减少两类错误的概率, 则必须增加样本容量 n, 即需要获取更多的数据.

例 7.1.6 (例 7.1.5 续) 若把样品数加大到 100, 仍以 X 记这 100 份样品中两年内保持完好的数目, 并规定: 若 $X \geqslant 37$, 则拒绝原假设 H_0, 若 $X < 37$, 则接受原假设 H_0, 也就是说, 检验的接受域为 $\{0, 1, \cdots, 36\}$, 拒绝域是 $\{37, 38, \cdots, 100\}$.

由于样本容量 $n = 100$ 已经足够大, 在计算两类错误的概率时, 我们用正态分布来近似二项分布. 先计算犯第一类错误的概率 α, 用正态分布 $N(\mu, \sigma^2)$ 近似二项分布 $B(100, 0.25)$, 其中, $\mu = np = 25$, $\sigma = \sqrt{npq} \approx 4.33$. 这时

$$\alpha = P(X \geqslant 37 \mid p = 0.25) = 1 - P(X < 37 \mid p = 0.25)$$

$$\approx 1 - P\left(U < \frac{37 - 25}{4.33}\right) = 1 - P(U \leqslant 2.77) = 0.0028.$$

其中 U 为标准正态变量, 如无特别说明, 以下都用 U 表示标准正态变量.

下面再计算犯第二类错误的概率 $\beta(0.5)$, 用正态分布 $N(\mu, \sigma^2)$ 近似二项分布 $B(100, 0.5)$, 此时, $\mu = np = 50$, $\sigma = \sqrt{npq} = 5$. 而

$$\beta(0.5) = P(X < 37 \mid p = 0.5)$$

$$\approx P\left(U < \frac{37 - 50}{5}\right) = 1 - P(U < 2.6) = 0.0047.$$

可以看出, 由于增大了样本容量, 两类错误的概率都显著地减小. 这意味着, 通过所做的试验, 更有把握得出正确的结论. 当然, 试验规模扩大了 (由 20 份样品增加到 100 份), 人力、物力、时间成本也增加了. □

下面我们再举一个连续型总体的例子.

例 7.1.7 某厂生产一种螺钉, 标准长度是 68 mm, 实际生产的产品, 其长 X 假定服从正态分布 $N(\mu, 3.6^2)$, 则 X 的均值 $E(X) = \mu$, 我们希望 μ 等于 68, 否则就有系统偏差. 现将 "$\mu = 68$" 作为原假设来检验, 即考虑假设检验问题:

$$H_0: \mu = 68 \quad \leftrightarrow \quad H_1: \mu \neq 68.$$

$\mu \neq 68$ 包含着 $\mu > 68$ 或 $\mu < 68$ 两种可能性, 它们位于 $\mu = 68$ 的两边. 由于这个原因, 这个假设称为双边的 (two-sided), 而例 7.1.4 的假设称为单边的 (one-sided).

设随机抽取容量为 $n = 36$ 的样本, 我们知道样本均值 $\overline{X}$ 服从正态分布 $N(\mu, 0.6^2)$, $\overline{X}$ 是 μ 的无偏估计.

一个自然的想法是: 若 H_0 为真, 则 $\overline{X}$ 与 68 的距离不应太远, $|\overline{X} - 68|$ 的值一般而言不应该太大; 换言之, 当统计量 $|\overline{X} - 68|$ 的取值偏小时, 对原假设 H_0 有利; 当统计量 $|\overline{X} - 68|$ 的取值偏大时, 对原假设 H_0 不利. 这里有一个临界值 C, 当 $|\overline{X} - 68| > C$ 时, 就认为统计量提供的信息与原假设矛盾, 从而拒绝原假设 H_0; 否则不拒绝原假设.

于是我们就得到以下的检验方法: 当 $|\overline{X} - 68| > C$ 时, 拒绝 H_0; 当 $|\overline{X} - 68| \leqslant C$ 时, 接受 (不拒绝) H_0.

C 是一个适当选取的常数, 如选 $C = 1$, 则得检验的接受域 $\{67 \leqslant \overline{X} \leqslant 69\}$, 拒绝域 $\{\overline{X} < 67$ 或 $\overline{X} > 69\}$, 如图 7.1 所示.

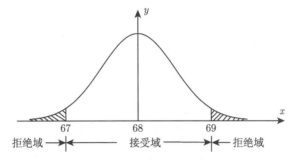

图 7.1 假设 $H_0 : \mu = 68 \leftrightarrow H_1 : \mu \neq 68$ 的拒绝域和接受域

现在来计算这个检验犯第一类错误的概率 α, 即当 H_0 正确 ($\mu = 68$) 时, $|\overline{X} - 68| > 1$ 的概率.

$$
\begin{aligned}
\alpha &= P(\overline{X} < 67 \mid H_0 \text{为真}) + P(\overline{X} > 69 \mid H_0 \text{为真}) \\
&= P\left(U < \frac{67 - 68}{0.6}\right) + P\left(U > \frac{69 - 68}{0.6}\right) \\
&= P(U < -1.67) + P(U > 1.67) \\
&= 2[1 - P(U \leqslant 1.67)] = 0.095.
\end{aligned}
$$

即有约 10% 的机会犯第一类错误.

为减小 α, 我们可以增加样本容量 n 或加宽接受域. 假如我们把 n 增大为 64, 而保持上述拒绝域, 则当 H_0 正确时, 有 $\overline{X} \sim \mathrm{N}\left(68, 3.6^2/64\right) = \mathrm{N}(68, 0.45^2)$, 故

$$
\begin{aligned}
\alpha &= P(\overline{X} < 67 \mid H_0 \text{为真}) + P(\overline{X} > 69 \mid H_0 \text{为真}) \\
&= P\left(U < \frac{67 - 68}{0.45}\right) + P\left(U > \frac{69 - 68}{0.45}\right) \\
&= P(U < -2.22) + P(U > 2.22) = 0.0264.
\end{aligned}
$$

这比原来的 α 值 0.095 大为缩小.

再计算该检验方法犯第二类错误的概率 β. 当 H_0 不成立时, 只知道 $\mu \neq 68$, μ 可以取很多值, 我们取两个代表性数值 $\mu = 66$ 和 $\mu = 70$ 来计算. 这两个值与 68 相比一个偏小, 一个偏大. 又设样本容量为 $n = 64$, 先对 $\mu = 70$ 计算, 这时有 $\overline{X} \sim \mathrm{N}(70, 0.45^2)$, 故

$$
\begin{aligned}
\beta(70) &= P(67 \leqslant \overline{X} \leqslant 69 \mid \mu = 70) \\
&= P\left(\frac{67 - 70}{0.45} \leqslant U \leqslant \frac{69 - 70}{0.45}\right) \\
&= P(-6.67 \leqslant U \leqslant -2.22) = 0.0132.
\end{aligned}
$$

同样地, 对 $\mu = 66$, 有

$$
\beta(66) = P(67 \leqslant \overline{X} \leqslant 69 \mid \mu = 66)
$$

$$= P\left(\frac{67-66}{0.45} \leqslant U \leqslant \frac{69-66}{0.45}\right)$$

$$= P(2.22 \leqslant U \leqslant 6.67) = 0.0132.$$

我们看出, 当 μ 的实际值与假设值 68 的差距达到 2 时, 它被判为等于 68 的机会很小, 但是, 如果 $\mu \neq 68$, 但离 68 很近, 则错判的概率会增加, 如图 7.2 所示. 例如, 设 $\mu = 68.5(n$ 仍为 64), 则 $\overline{X} \sim N(68.5, 0.45^2)$, 此时

$$\beta(68.5) = P(67 \leqslant \overline{X} \leqslant 69 \mid \mu = 68.5)$$

$$= P\left(\frac{67-68.5}{0.45} \leqslant U \leqslant \frac{69-68.5}{0.45}\right)$$

$$= P(-3.332 \leqslant U \leqslant 1.11) = 0.8661.$$

这个概率值很大, 导致犯第二类错误成为大概率事件, 因而不能轻易接受原假设.

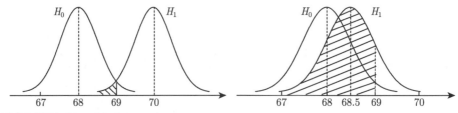

图 7.2 参数的真值越接近原假设下的值时, β 值 (阴影部分面积) 就越大

7.1.3 检验的功效和显著性水平

当假设检验问题 $H_0: \theta \in \Theta_0 \leftrightarrow H_1: \theta \in \Theta_1$ 的拒绝域 $\mathscr{X}_1$ 给出后, 检验法则也就随之确定. 此时, 检验的特性可用所谓功效函数来描述.

定义 7.1.4 一个拒绝域为 $\mathscr{X}_1$ 的检验的**功效函数** (power function) 定义为

$$g(\theta) = P((X_1, X_2, \cdots, X_n) \in \mathscr{X}_1 \mid \theta), \quad \theta \in \Theta. \tag{7.1.1}$$

由于功效函数 $g(\theta)$ 表示对不同的 θ 值, 拒绝 H_0 的概率. 因此, 理想的功效函数应为

$$g(\theta) = \begin{cases} 0, & \theta \in \Theta_0; \\ 1, & \theta \in \Theta_1. \end{cases}$$

如果功效函数果真如此, 则不论 θ 取什么值, 我们的检验法则总能以概率 1 做出正确判决, 即犯两类错误的概率均为零. 但是在实际问题中, 功效函数不可能有这种理想情形.

对于 $\theta \in \Theta_0$, 拒绝 H_0 是犯了第一类错误, $g(\theta)$ 就是检验法则犯第一类错误的概率. 对于 $\theta \in \Theta_1$, 拒绝 H_0 是正确的, 接受 H_0 是犯了第二类错误, $1 - g(\theta)$ 就是检验法则犯第二类错误的概率, 故有

$$g(\theta) = \begin{cases} \alpha(\theta), & \theta \in \Theta_0; \\ 1 - \beta(\theta), & \theta \in \Theta_1. \end{cases}$$

由前面的例子可以看出, 要使犯两类错误的概率都很小是不实际的. 因此在很多问题中, 我们只控制犯第一类错误的概率, 指定一个上界 α, 使得犯第一类错误的概率不超过 α.

定义 7.1.5　对于检验问题 $H_0 : \theta \in \Theta_0 \leftrightarrow H_1 : \theta \in \Theta_1$, 如果一个检验的功效函数 $g(\theta)$ 满足条件

$$\sup_{\theta \in \Theta_0} g(\theta) \leqslant \alpha, \tag{7.1.2}$$

则称该检验是显著性水平为 α 的检验, 简称为水平 α 的检验.

显著性水平 α 是犯第一类错误概率的上界, 控制其大小就控制了犯第一类错误的概率, 这时如果我们拒绝原假设, 就说明样本提供的信息与原假设有显著差异, 这正是 "显著性" 名称的由来. 但是应该注意到, α 的控制应适当, α 过小, β 就大, 要通过适当控制 α 而制约 β. 在实际问题中, 显著性水平 α 是事先给定的 (通常取 0.01, 0.05, 0.1 等), 而且在构造检验法则时, 尽量使不等式 (7.1.2) 中等号成立.

例 7.1.8　考虑例 7.1.4, 20 个样品中两年内保存完好的数目 X 服从二项分布 $\mathrm{B}(20, p)$, 考虑如下两个检验法则.

检验 1: 拒绝域 $\{9, 10, 11, \cdots, 20\}$;　检验 2: 拒绝域 $\{8, 9, 10, \cdots, 20\}$.

按照定义 7.1.4, 这两个检验的功效函数 (图 7.3) 分别为

$$g_1(p) = P(X \geqslant 9 \mid p) = \sum_{k=9}^{20} C_{20}^k p^k (1-p)^{20-k} = 1 - \sum_{k=0}^{8} C_{20}^k p^k (1-p)^{20-k};$$

$$g_2(p) = P(X \geqslant 8 \mid p) = \sum_{k=8}^{20} C_{20}^k p^k (1-p)^{20-k} = 1 - \sum_{k=0}^{7} C_{20}^k p^k (1-p)^{20-k}.$$

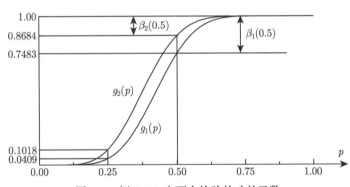

图 7.3　例 7.1.8 中两个检验的功效函数

例 7.1.9　(例 7.1.7 续) 假定 X 服从正态分布 $\mathrm{N}(\mu, 3.6^2)$, 考虑如下假设:

$$H_0 : \mu = 68 \quad \leftrightarrow \quad H_1 : \mu \neq 68.$$

设随机抽取容量为 $n = 64$ 的样本, 我们知道样本均值 $\overline{X}$ 服从正态分布 $\mathrm{N}(\mu, 0.45^2)$, 检验的拒绝域为 $\{\overline{X} < 67 \text{ 或 } \overline{X} > 69\}$. 此检验的功效函数 (图 7.4) 为

$$\begin{aligned}
g(\mu) &= P(\overline{X} < 67 \mid \mu) + P(\overline{X} > 69 \mid \mu) \\
&= P\left(\frac{\overline{X} - \mu}{0.45} < \frac{67 - \mu}{0.45}\right) + P\left(\frac{\overline{X} - \mu}{0.45} > \frac{69 - \mu}{0.45}\right) \\
&= \Phi\left(\frac{67 - \mu}{0.45}\right) + 1 - \Phi\left(\frac{69 - \mu}{0.45}\right).
\end{aligned}$$

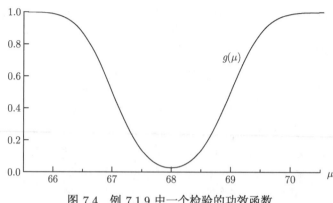

图 7.4　例 7.1.9 中一个检验的功效函数

小结前面的例子, 我们提出以下几个要点.

(1) 两类错误的概率是相互关联的. 当样本容量固定时, 犯一类错误的概率减少将导致犯另一类错误的概率增加.

(2) 犯第一类错误的概率 (检验的水平) 可以通过适当选择检验的拒绝域来进行调整.

(3) 要同时降低两类错误的概率 α、β, 或者要在保持 α 的条件下降低 β, 需要增加样本容量.

(4) 当原假设 H_0 不真时, 参数的真值越接近原假设下的值时, β 值就越大.

在实际中, 通常的做法是指定一个较小的数 (如 0.001, 0.01, 0.05, 0.1 等) 作为 α, 根据这个 α 去决定检验的拒绝域, 然后计算 β. 若 β 太大, 则需考虑增大样本容量 n; 若 β 不必要太小, 则可考虑适当缩小 n(这时 β 也会上升), 以节省人力和物力. α 的取值尤以 0.05 和 0.01 为最多, 这样标准化的好处是造表方便, 这一点从后面的讨论中可以看出. 有时, 我们无法选定一个适当的拒绝域, 使得恰好有指定的 α 值, 这时就需要适当修改 α 的值.

如果检验水平 α 取得很小, 则拒绝域也会比较小, 其产生的后果是: H_0 难以被拒绝, 如果在 α 很小的情况下, H_0 仍被拒绝了, 则说明实际情况很可能与 H_0 有显著差异. 基于这个理由, 人们常把在 $\alpha = 0.05$ 时拒绝 H_0 称为是 "显著" 的 (实际情况 "显著" 异于 H_0), 而把 $\alpha = 0.01$ 时拒绝 H_0 称为是 "高度显著" 的. 总之, 当 α 很小时, 若 H_0 仍被拒绝, 则我们越相信它确实不真.

当 H_0 被接受时, 我们只是承认在所给水平下拒绝 H_0 的理由尚不充分, 而非表示我们确实相信 H_0 为真. 这时, 实际上有下面两种情形:

情形 1　原假设 H_0 是正确的, 故接受;

情形 2　对原假设 H_0 虽然有所怀疑, 但样本提供的证据尚不足以推翻它, 故接受.

假如把 "接受原假设" 仅仅理解为情形 1 是不准确的, 要想到还会有情形 2, 为此我们经常会说 "不拒绝原假设", 代替 "接受原假设".

习　题　7.1

1　在一个假设检验问题中, 如果接受了原假设, 则可能犯哪一类错误? 如果拒绝了原假设, 则又可能犯哪一类错误?

2 在产品检验时, 原假设 H_0: 产品合格. 为了使"次品混入合格品"的可能性很小, 在 n 固定的条件下, 显著性水平 α 应取大些还是小些?

3 在一个假设检验问题中, 若显著性水平 $\alpha = 0.01$ 时拒绝了原假设 H_0, 则 $\alpha = 0.05$ 时可否拒绝原假设 H_0? 若显著性水平 $\alpha = 0.05$ 时不能拒绝原假设 H_0, 则 $\alpha = 0.01$ 时可否拒绝原假设 H_0?

4 设 $X_1, X_2, \cdots, X_n$ 是来自 $N(\mu, 1)$ 的样本, 考虑如下假设检验问题:

$$H_0 : \mu = 2 \leftrightarrow H_1 : \mu = 3.$$

检验的拒绝域为 $\{\overline{X} \geqslant 2.6\}$.

(1) 当 $n = 20$ 时, 求检验犯两类错误的概率 α 和 β;

(2) 如果要控制犯第二类错误的概率 β 不超过 0.01, 样本容量 n 有何要求?

(3) 证明: 当 $n \to \infty$ 时, $\alpha \to 0$, $\beta \to 0$.

5 某城镇成年人中本科学历人数比例被估计为 $p = 0.3$. 为检验这个假设, 随机选择了 15 名成人, 如果其中有 2 至 7 名是本科学历, 我们就接受 $p = 0.3$, 否则就拒绝之. 计算此检验的水平 α 及在 $p = 0.2$ 时的功效函数值 $g(0.2)$.

6 在某城市随机抽取 400 个居民询问对某项措施的意见, 如果其中有多于 220 人但少于 260 人同意, 我们就接受"全市居民有 60% 的人同意"的假设. 这样做犯第一类错误的概率是多少? 如果实际上全市仅有 48% 居民同意, 那么用此检验法, 犯第二类错误的概率是多少?

7 设 $X_1, X_2, \cdots, X_{16}$ 是来自 $N(\mu, 4)$ 的样本, 考虑如下假设检验问题:

$$H_0 : \mu = 6 \leftrightarrow H_1 : \mu \neq 6.$$

当 $|\overline{X} - 6| > C$ 时, 拒绝 H_0. 试确定 C 的值, 使得检验的显著性水平为 0.05, 并求该检验在 $\mu = 6.5$ 时犯第二类错误的概率.

8 设 $X_1, X_2, \cdots, X_n$ 是来自 $U(0, \theta)$ 的样本, 考虑如下假设检验问题:

$$H_0 : \theta \leqslant 0.5 \leftrightarrow H_1 : \theta > 0.5.$$

当 $X_{(n)} \geqslant C$ 时, 拒绝 H_0, 其中 $X_{(n)}$ 是最大次序统计量.

(1) 试确定 C 的值, 使得检验的显著性水平为 0.05;

(2) 求该检验在 $\theta = 0.75$ 时犯第二类错误的概率;

(3) 在显著性水平为 0.05 的条件下, 要求该检验在 $\theta = 0.75$ 时犯第二类错误的概率不超过 0.02, 样本容量 n 应该如何选择.

9 设 $X_1, X_2, \cdots, X_n$ 是来自泊松分布 $P(\lambda)$ 的样本, 利用泊松分布的充分统计量确定如下假设检验问题:

$$H_0 : \lambda \leqslant 1 \leftrightarrow H_1 : \lambda > 1$$

显著性水平为 α 的检验的拒绝域.

7.2   单个正态总体均值与方差的假设检验

很多现象可以用正态分布描述, 因此关于正态总体参数的假设检验是实用中常见的问题. 在 7.1 节举例中我们已涉及这个问题, 本节再做更细致的讨论.

7.2.1   已知 σ^2, 检验关于 μ 的假设

设 $X_1, X_2, \cdots, X_n$ 是来自于正态总体 $N(\mu, \sigma^2)$ 的样本, 假设 σ^2 已知, $\overline{X}$ 和 S^2 分别为样本均值和样本方差, 关于 μ 的假设检验问题常见的有如下三个.

$$H_0 : \mu \leqslant \mu_0 \ \leftrightarrow \ H_1 : \mu > \mu_0; \tag{7.2.1}$$

$$H_0 : \mu \geqslant \mu_0 \ \leftrightarrow \ H_1 : \mu < \mu_0; \tag{7.2.2}$$

$$H_0 : \mu = \mu_0 \ \leftrightarrow \ H_1 : \mu \neq \mu_0. \tag{7.2.3}$$

其中 μ_0 是已知常数, 前两个为单边假设检验问题, 后一个为双边假设检验问题.

对于单边假设 (7.2.1), 由于样本均值 $\overline{X}$ 是 μ 的无偏估计, 如果原假设成立, 即 $\mu \leqslant \mu_0$, 则 $\overline{X}$ 的值应该偏小一些. 也就是说, $\overline{X}$ 的取值越小对原假设 H_0 越有利, $\overline{X}$ 的取值越大对原假设 H_0 越不利. 当 $\overline{X}$ 的取值大到一定程度, 我们就应该拒绝原假设 H_0. 这样我们就自然地引出一个检验法则: 它以 $\{\overline{X} > C\}$ 为拒绝域, 其中常数 C 的选取依赖于检验的显著性水平 α. 为了确定数 C, 下面先计算该检验的功效函数.

注意到, $U = \sqrt{n}(\overline{X} - \mu)/\sigma \sim N(0,1)$, 以 $\{\overline{X} > C\}$ 为拒绝域检验的功效函数为

$$g(\mu) = P(\overline{X} > C \mid \mu) = P\left(U > \frac{C - \mu}{\sigma}\sqrt{n}\right) = 1 - \Phi\left(\frac{C - \mu}{\sigma}\sqrt{n}\right),$$

考虑到分布函数 Φ 的单调性, 按照定义 7.1.5, 对于事先给定的显著性水平 α, 应该有

$$\sup_{\mu \leqslant \mu_0} g(\mu) = 1 - \Phi\left(\frac{C - \mu_0}{\sigma}\sqrt{n}\right) \leqslant \alpha.$$

由于 Φ 是连续函数, 上述不等式可取到等号, 由标准正态分布分位数的概念, 可取 $\sqrt{n}(C - \mu_0)/\sigma = u_{1-\alpha}$, 即 $C = \mu_0 + \sigma u_{1-\alpha}/\sqrt{n}$, 从而得检验问题 (7.2.1) 的显著性水平为 α 的检验拒绝域:

$$\left\{\overline{X} > \mu_0 + \frac{\sigma}{\sqrt{n}} u_{1-\alpha}\right\} = \left\{\frac{\overline{X} - \mu_0}{\sigma}\sqrt{n} > u_{1-\alpha}\right\}. \tag{7.2.4}$$

对于单边假设 (7.2.2), 可类似地进行讨论. 需要注意的是, 此时对立假设下的 μ 值比原假设下 μ 值小, $\overline{X}$ 的取值越小对原假设 H_0 越不利, 因而原假设的拒绝域应该取 $\{\overline{X} < C\}$. 此时, 该检验的功效函数为

$$g(\mu) = P(\overline{X} < C \mid \mu) = P\left(U < \frac{C - \mu}{\sigma}\sqrt{n}\right) = \Phi\left(\frac{C - \mu}{\sigma}\sqrt{n}\right).$$

对于事先给定的显著性水平 α, 应该有

$$\sup_{\mu \geqslant \mu_0} g(\mu) = \Phi\left(\frac{C - \mu_0}{\sigma}\sqrt{n}\right) \leqslant \alpha.$$

可取 $\sqrt{n}(C - \mu_0)/\sigma = u_\alpha = -u_{1-\alpha}$, 即 $C = \mu_0 - \sigma u_{1-\alpha}/\sqrt{n}$, 从而得检验问题 (7.2.2) 的显著性水平为 α 的检验拒绝域:

$$\left\{ \overline{X} < \mu_0 - \frac{\sigma}{\sqrt{n}} u_{1-\alpha} \right\} = \left\{ \frac{\overline{X} - \mu_0}{\sigma} \sqrt{n} < -u_{1-\alpha} = u_\alpha \right\}. \tag{7.2.5}$$

对于双边假设 (7.2.3), 我们已经在 7.1.1 节中讨论过了 (那里 μ_0 取 68). 对于给定的显著性水平 α, 类似可得到检验的拒绝域为

$$\left\{ \frac{|\overline{X} - \mu_0|}{\sigma} \sqrt{n} > u_{1-\alpha/2} \right\}. \tag{7.2.6}$$

例 7.2.1　一台包装机装洗衣粉, 额定标准重量为 500g, 根据以往的经验, 包装机的实际装袋重量服从正态分布 $N(\mu, 15^2)$, 为检验包装机工作是否正常, 随机抽取 9 袋, 称得洗衣粉净重数据如下 (单位: g):

$$497, \ 506, \ 518, \ 524, \ 488, \ 517, \ 510, \ 515, \ 516.$$

若取显著性水平 $\alpha = 0.01$, 问该包装机工作是否正常?

解　此问题属于检验问题 (7.2.3), 其拒绝域由式 (7.2.6) 给出. 这里 $n = 9$, $\mu_0 = 500$, $\sigma = 15$, 经计算

$$\frac{\overline{X} - \mu_0}{\sigma} \sqrt{n} = 2.02.$$

查表得临界值 $u_{1-\alpha/2} = 2.575$. 可见样本值落在接受域内, 故不能拒绝 H_0, 即不能认为包装机工作异常.　　　　□

例 7.2.2　某厂对废水进行处理, 要求某种有毒物质的浓度不超过 $19 \ ml/m^3$. 抽样检查得 10 个数据, 其样本均值 $\overline{X} = 17.1$, 假设有毒物质的含量服从正态分布, 且已知方差 $\sigma^2 = 8.5$. 问在显著性水平 $\alpha = 0.05$ 下处理后的废水是否合格?

解　我们希望得到的结论是"合格", 即"$\mu < 19$". 取其对立作为原假设, 故问题为

$$H_0 : \mu \geqslant 19 \quad \leftrightarrow \quad H_1 : \mu < 19.$$

这属于检验问题 (7.2.2), 拒绝域由式 (7.2.5) 给出. 经计算

$$\frac{\overline{X} - \mu_0}{\sigma} \sqrt{n} = -2.06.$$

查表得 $u_{1-\alpha} = 1.64$. 样本值落入拒绝域, 故拒绝原假设, 即认为处理后的废水合格.　　□

7.2.2　σ^2 未知, 检验关于 μ 的假设

对于正态总体 $N(\mu, \sigma^2)$, 当方差 σ^2 未知时, 要检验有关均值 μ 的种种假设, 常见的检验问题与已知方差时相同.

解决问题的基本思想也和 σ^2 已知时几乎完全一样, 不同之处有以下两点.

(1) 由于 σ^2 未知, 需要用 $S^2 = \dfrac{1}{n-1} \sum_{i=1}^{n} (X_i - \overline{X})^2$ 去估计之.

(2) 当 σ^2 已知时, 在决定各检验法则的拒绝域时, 我们是基于 $\dfrac{\sqrt{n}(\overline{X} - \mu)}{\sigma} \sim N(0,1)$ 这

个事实. 现在 σ 既然用 S 来代替, 则所得的 $\dfrac{\sqrt{n}(\overline{X} - \mu)}{S}$ 不再服从标准正态分布, 而是服从自由度为 $n-1$ 的 t 分布. 与此相对应, 凡是前面出现标准正态分布的分位数点的地方, 现在应当由 t 分布所决定的相应值代替.

举例来说, 在 σ^2 未知时, 检验问题 (7.2.3) 的拒绝域为

$$\left\{ \frac{|\overline{X} - \mu_0|}{S} \sqrt{n} > t_{1-\alpha/2}(n-1) \right\}. \tag{7.2.7}$$

因此, 我们不再一一讨论类似于 σ^2 已知的所有情况, 而只将各种情况下的检验法则列于表 7.2 中.

表 7.2 单个正态总体均值的假设检验

原假设 H_0	对立假设 H_1	σ^2	拒绝域
$\mu \leqslant \mu_0$	$\mu > \mu_0$	已知	$\dfrac{\overline{X} - \mu_0}{\sigma} \sqrt{n} > u_{1-\alpha}$
		未知	$\dfrac{\overline{X} - \mu_0}{S} \sqrt{n} > t_{1-\alpha}(n-1)$
$\mu \geqslant \mu_0$	$\mu < \mu_0$	已知	$\dfrac{\overline{X} - \mu_0}{\sigma} \sqrt{n} < -u_{1-\alpha} = u_\alpha$
		未知	$\dfrac{\overline{X} - \mu_0}{S} \sqrt{n} < -t_{1-\alpha}(n-1) = t_\alpha(n-1)$
$\mu = \mu_0$	$\mu \neq \mu_0$	已知	$\dfrac{|\overline{X} - \mu_0|}{\sigma} \sqrt{n} > u_{1-\alpha/2}$
		未知	$\dfrac{|\overline{X} - \mu_0|}{S} \sqrt{n} > t_{1-\alpha/2}(n-1)$

例 7.2.3 某工厂断言该厂生产的小型马达在正常负载条件下平均消耗电流不会超过 0.8 A. 现随机抽取 16 台马达, 发现它们消耗电流平均是 0.92 A, 而由这 16 个样本算出的标准差是 0.32 A. 假定这种马达的电流消耗 X 服从正态分布, 并取检验水平 $\alpha = 0.05$, 问根据这一抽样结果, 能否否定厂方的断言?

解 本题假定了 $X \sim \mathrm{N}(\mu, \sigma^2)$, σ^2 未知, 厂方的断言是 $\mu \leqslant 0.8$, 如以此作为原假设, 则得假设检验问题:

$$H_0 : \mu \leqslant 0.8 \quad \leftrightarrow \quad H_1 : \mu > 0.8.$$

原假设 H_0 的拒绝域为

$$\frac{\overline{X} - \mu_0}{S} \sqrt{n} > t_{1-\alpha}(n-1),$$

其中 $t_{1-\alpha}(n-1) = t_{1-0.05}(16-1) = 1.7531$, 经计算,

$$\frac{\overline{X} - \mu_0}{S} \sqrt{n} = \frac{0.92 - 0.8}{0.32} \sqrt{16} = 1.5.$$

因而不应当拒绝原假设 H_0. 就是说, 在所得数据和所给的检验水平下, 没有充分的理由否定厂方的断言, 不能拒绝 $\mu \leqslant 0.8$.

现在若把厂方所断言的对立面 (即 $\mu \geqslant 0.8$) 作为原假设, 则得假设检验问题:

$$H_0 : \mu \geqslant 0.8 \quad \leftrightarrow \quad H_1 : \mu < 0.8.$$

此问题的拒绝域为

$$\frac{\overline{X} - \mu_0}{S} \sqrt{n} < -t_{1-\alpha}(n-1),$$

其中 $-t_{1-\alpha}(n-1) = -1.7531$, $\dfrac{\overline{X} - \mu_0}{S} \sqrt{n} = 1.5$. 因此不能拒绝原假设 $\mu \geqslant 0.8$. $\square$

我们看到, 随着问题提法的不同 (把哪一个断言作为原假设), 统计检验的结果得出截然相反的结论. 这一点可能使一些对统计思想不了解的人感到迷惑不解. 事实上, 这里有一个着眼点不同的问题. 当把 "厂方断言正确" 作为原假设时, 我们是根据该厂以往的表现和信誉, 对其断言已有较大的信任, 只有很不利于它的观察结果才能改变我们的看法, 因而难以拒绝这个断言. 反之, 当把 "厂方断言不正确" 作为原假设时, 我们一开始就对该厂产品持怀疑态度, 只有很有利于该厂的观察结果才能改变我们的看法. 因此在所得观察数据并非决定性地偏于一方时, 我们的着眼点决定了所下的结论.

再打一个通俗的比喻: 某人是嫌疑犯, 有些不利于他的证据, 但并非是起决定作用的. 若我们要求 "只有决定性的不利于他的证据才能判他有罪" (称为无罪论证), 则他将被判为无罪. 反之, 若要求 "只有决定性的有利于他的证据才能判他无罪" (称为有罪论证), 则他将被判有罪. 在这里, 也是着眼点的不同决定了判决结果, 这类事情在日常生活中比比皆是, 不足为奇.

例 7.2.4 某市居民上周平均伙食费为 355 元, 随机抽取 49 个居民, 他们本周的伙食平均为 365 元, 由这 49 个样本算出的标准差为 35 元. 假定该市居民周伙食费 X 服从正态分布, 试分别在显著性水平 $\alpha = 0.05$ 和 $\alpha = 0.01$ 之下, 检验 "本周该市居民平均伙食费较上周无变化" 的假设.

解 此题中 $X \sim \mathrm{N}(\mu, \sigma^2)$, σ^2 未知, 检验问题:

$$H_0 : \mu = 355 \quad \leftrightarrow \quad H_1 : \mu \neq 355.$$

样本容量 $n = 49$, $\overline{X} = 365$, $S = 35$. 按表 7.2, 拒绝域为

$$\frac{|\overline{X} - \mu_0|}{S} \sqrt{n} > t_{1-\alpha/2}(n-1),$$

而

$$\frac{|\overline{X} - \mu_0|}{S} \sqrt{n} = \frac{|365 - 355|}{35} \sqrt{49} = 2,$$

$$t_{1-\alpha/2}(n-1) = \begin{cases} 1.960, & \alpha = 0.05; \\ 2.576, & \alpha = 0.01. \end{cases}$$

若取 $\alpha = 0.05$, 则应拒绝 H_0, 即断言: 本周居民平均伙食费较上周有显著变化.

若取 $\alpha = 0.01$, 则不拒绝 H_0, 即断言: 本周居民平均伙食费较上周无显著变化.

在两个情况下的结论之所以不同, 原因在于 $\alpha = 0.01$ 的显著性比 $\alpha = 0.05$ 高. 换言之, 当我们取 $\alpha = 0.01$ 时, 等于是要求必须有更有力的证据 (较之取 $\alpha = 0.05$ 而言) 才能做出拒

绝原假设的结论. 现我们表面上的证据是: 抽查 49 人, 结果发现平均伙食费上升了 10 元, 这样的证据是否足够呢? 我们得出结论: 取 $\alpha = 0.05$, 就够了, 而取 $\alpha = 0.01$ 就不够.   □

以上两例都是这样的情况: 同一批数据可以做出不同的统计结论, 要看问题的提法和条件如何. 这对通常的 "非此即彼" 的思想方法来说, 会觉得难以接受, 而在统计推断中则比较常见 (事实上, 在生活中也是常见的, 只是人们未必注意到罢了).

7.2.3 检验关于 σ^2 的假设

有关方差 σ^2 的假设检验问题, 也可以分为 μ 已知和未知两种情形, 但 μ 已知 (σ^2 未知) 的情形在现实问题中并不常见, 因而这里只讨论 μ 未知的情形. 关于 σ^2 的假设检验问题, 常见的有以下三个:

$$H_0 : \sigma^2 \leqslant \sigma_0^2 \;\leftrightarrow\; H_1 : \sigma^2 > \sigma_0^2; \tag{7.2.8}$$

$$H_0 : \sigma^2 \geqslant \sigma_0^2 \;\leftrightarrow\; H_1 : \sigma^2 < \sigma_0^2; \tag{7.2.9}$$

$$H_0 : \sigma^2 = \sigma_0^2 \;\leftrightarrow\; H_1 : \sigma^2 \neq \sigma_0^2, \tag{7.2.10}$$

这里 σ_0^2 是给定的已知数.

例如, 某厂产品质量服从正态分布, 其平均水平 μ 已达到标准, 但产品质量不均匀, 为此设法做一些改进. 经改进后, 我们想了解: 产品质量的均匀程度是否已达到必要的水平, 这就要检验产品质量的方差 σ^2 是否不超过一定的限度 σ_0^2. 又如, 一架天平, 其零点可以调整, 在用于化学分析时, 要求称量误差不超过某个限度 a, 若以 σ 记该天平误差的标准差, 且采用 "3σ 原则", 则应要求 $3\sigma \leqslant a$, 这一点是否成立, 也需要进行检验.

为检验这些假设, 想法很简单, 以假设 (7.2.10) 为例, 先由样本 $X_1, X_2, \cdots, X_n$ 算出样本方差 $S^2 = \dfrac{1}{n-1}\sum_{i=1}^{n}(X_i - \overline{X})^2$, 它是 σ^2 的无偏估计, 故当原假设 $\sigma^2 = \sigma_0^2$ 成立时, $\dfrac{S^2}{\sigma_0^2}$ 与 1 不应相差太大. 即当 $\dfrac{S^2}{\sigma_0^2}$ 太小或太大时, 应当拒绝原假设, 也就是说拒绝域为

$$\left\{ \frac{S^2}{\sigma_0^2} < C_1 \text{ 或 } \frac{S^2}{\sigma_0^2} > C_2 \right\},$$

这等价于

$$\left\{ \frac{(n-1)S^2}{\sigma_0^2} < L_1 \text{ 或 } \frac{(n-1)S^2}{\sigma_0^2} > L_2 \right\},$$

其中常数 L_1, L_2 的确定依赖于显著性水平 α, 一种合理而方便的取法是: 取 L_1, L_2 使

$$P\left(\frac{(n-1)S^2}{\sigma_0^2} < L_1 \;\Big|\; \sigma^2 = \sigma_0^2 \right) = \frac{\alpha}{2}, \quad P\left(\frac{(n-1)S^2}{\sigma_0^2} > L_2 \;\Big|\; \sigma^2 = \sigma_0^2 \right) = \frac{\alpha}{2}.$$

由定理 5.4.4 可知, 当 $\sigma^2 = \sigma_0^2$ 成立时, $\dfrac{(n-1)S^2}{\sigma_0^2} \sim \chi^2(n-1)$. 因而有

$$L_1 = \chi_{\alpha/2}^2(n-1), \quad L_2 = \chi_{1-\alpha/2}^2(n-1).$$

这样, 就得到假设 (7.2.10) 的水平为 α 的接受域 (图 7.5) 为

$$\left\{ \chi^2_{\alpha/2}(n-1) \leqslant \frac{(n-1)S^2}{\sigma_0^2} \leqslant \chi^2_{1-\alpha/2}(n-1) \right\}.$$

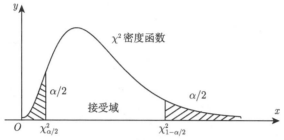

图 7.5 假设 (7.2.8) 的水平为 α 的接受域

类似地, 可以讨论假设 (7.2.8) 和假设 (7.2.9) 两个检验问题, 结果如表 7.3 所示.

表 7.3 单个正态总体方差的假设检验

待检验假设	拒绝域
$H_0 : \sigma^2 \leqslant \sigma_0^2 \leftrightarrow H_1 : \sigma^2 > \sigma_0^2$	$(n-1)S^2/\sigma_0^2 > \chi^2_{1-\alpha}(n-1)$
$H_0 : \sigma^2 \geqslant \sigma_0^2 \leftrightarrow H_1 : \sigma^2 < \sigma_0^2$	$(n-1)S^2/\sigma_0^2 < \chi^2_{\alpha}(n-1)$
$H_0 : \sigma^2 = \sigma_0^2 \leftrightarrow H_1 : \sigma^2 \neq \sigma_0^2$	$(n-1)S^2/\sigma_0^2 > \chi^2_{1-\alpha/2}(n-1)$ 或 $(n-1)S^2/\sigma_0^2 < \chi^2_{\alpha/2}(n-1)$

例 7.2.5 某厂在出品的汽车蓄电池说明书上写明使用寿命的标准差不超过 0.9 年. 如果随机抽取 10 只蓄电池, 发现样本标准差是 1.2 年, 假设使用寿命服从正态分布, 并取水平 $\alpha = 0.05$, 试检验厂方说明书上所写是否可信.

解 以 $H_0 : \sigma^2 \leqslant 0.9^2 = 0.81$ 作为原假设, 对立假设为 $H_1 : \sigma^2 > 0.81$. 此处 $n = 10$, $S = 1.2$, 有

$$(n-1)S^2/\sigma_0^2 = 9 \times 1.2^2/0.81 = 16.$$

查 χ^2 分布表, 得 $\chi^2_{1-\alpha}(n-1) = 16.919$, 由于 $16 < 16.919$. 在给定的水平 0.05 之下, 不能否定 H_0, 故尚无足够理由否定厂方说明书所写的内容.

此处我们以 $\sigma^2 \leqslant 0.81$ 作为原假设, 背景是: 该厂的产品在市场上已经通过了一段时间, 其信誉尚好, 故除非有足够理由不想怀疑厂方所说. 反之, 若该厂是一个新厂, 其产品信誉并未建立, 这时我们就可能要求有令人信服的证据才能接受厂方所说的结论. 为此可以把 α 值提高, 如提高到 0.1、0.2 甚至 0.5. 在本例中当 α 提高到 0.1 时, 已不能通过检验. 因此看来, 实测结果已经对厂方所说的结论相当不利. 另一种做法是, 把 "厂方说明不可信" 即 "$\sigma^2 \geqslant 0.81$" 作为原假设, 则因 $S^2 = 1.2^2 > 0.81$, 此原假设当然能接受 (只要 α 不太接近 1). 这个例子与前面一些类型的例子一样, 都是说明: 统计结论如何, 与我们对事物的先验看法往往有关. □

习 题 7.2

1 某厂工程师告诉经理, 如果使用新机器将节省机器运转的开支. 假如目前使用的机

器每星期运转开支平均是 1000 万元, 又假定新旧机器每星期运转开支 X 都服从正态分布, 且具有标准差 250 万元. 使用新机器后观察了 9 个星期, 其运转开支平均每星期是 750 万元. 试在 $\alpha = 0.01$ 的水平下, 检验工程师所述是否符合实际, 即新机器是否确能节省开支.

2 糖厂用自动打包机打包, 每包标准重量为 100 kg, 每天开工后需检验一次打包机是否正常工作. 某日开工后测 9 包重量 (单位: kg):

$$99.3, \ 98.7, \ 100.5, \ 101.2, \ 98.3, \ 99.7, \ 99.5, \ 102.1, 100.5.$$

问在显著性水平 $\alpha = 0.05$ 下打包机工作是否正常? 已知包重服从正态分布.

3 有一批木材, 其小头直径服从正态分布, 且标准差为 2.6 cm, 按规格要求, 小头平均直径要在 12 cm 以上才能算一等品. 现在从中随机抽取 100 根, 测得其小头直径平均数为 12.8 cm. 问在 $\alpha = 0.05$ 的水平下, 能否认为该批木材属于一等品?

4 某厂生产镍合金线, 其抗拉强度的均值为 10620 kg. 今改进工艺后生产一批镍合金线, 抽取 10 根, 测得抗拉强度 (kg) 为

$$10512, \ 10623, \ 10668, \ 10554, \ 10776, \ 10707, \ 10557, \ 10581, \ 10666, \ 10670.$$

且认为抗拉强度服从正态分布, 取 $\alpha = 0.05$, 问新生产的镍合金线抗拉强度是否比过去生产的镍合金线抗拉强度要高?

5 设某次考试的学生成绩服从正态分布, 从中随机的抽取 36 位考生的成绩, 算得平均成绩为 66.5 分, 标准差为 15 分, 问在显著性水平 0.05 下, 是否可以认为这次考试全体考生的平均成绩为 70 分? 并给出检验过程.

6 正常人的脉搏平均为 72 次/分, 某医生测得 10 例慢性四乙基铅中毒患者的脉搏 (次/分):

$$54, \ 67, \ 68, \ 78, \ 70, \ 66, \ 67, \ 70, \ 65, \ 69.$$

已知脉搏服从正态分布. 问在水平 $\alpha = 0.05$ 下, 四乙基铅中毒患者和正常人的脉搏有无显著差异?

7 某人断言 A 城一辆家用汽车每年平均行驶不超过 12000 km. 为了检验这个断言, 在该城随机抽取 100 辆家用汽车进行统计, 得其平均行程为 14500 km, 标准差 2400 km. 在 $\alpha = 0.05$ 的水平下, 是否能赞同此人的断言?

8 设总体为正态分布 $N(\mu, \sigma^2)$, 已知 $\sigma^2 = 2.5$. 今欲检验如下假设

$$H_0 : \mu \geqslant 15 \ \leftrightarrow \ H_1 : \mu < 15.$$

在显著性水平 $\alpha = 0.05$ 下, 要求当 H_1 中的 $\mu \leqslant 13$ 时犯第二类错误的概率不超过 0.05, 求所需的样本容量.

9 某种导线, 要求电阻的标准差不得超过 0.005 Ω. 今在生产的一批导线中取样品 9 根, 测得 $s = 0.007 \, \Omega$. 设总体为正态分布, 在显著性水平 $\alpha = 0.05$ 下, 能认为这批导线的标准差显著偏大吗?

10 用过去的铸造法, 所造的零件的强度平均值是 $52.8\,\mathrm{g/mm^2}$, 标准差是 1.6. 为了降低成本, 改变了铸造方法, 抽取 9 个样品, 测其强度 $(\mathrm{g/mm^2})$ 为

$$51.9,\ 53.0,\ 52.7,\ 54.1,\ 53.2,\ 52.3,\ 52.5,\ 51.1,\ 54.1.$$

假设强度服从正态分布, 试在水平 $\alpha = 0.05$ 下, 判断强度的均值和标准差有没有显著变化. (提示: 先判断 "$\sigma = 1.6$" 是否成立, 然后再判断 "$\mu = 52.8$" 是否成立.)

7.3 两个正态总体均值与方差的假设检验

设有两个总体 $X \sim \mathrm{N}(\mu_1, \sigma_1^2)$ 和 $Y \sim \mathrm{N}(\mu_2, \sigma_2^2)$, $X_1, X_2, \cdots, X_{n_1}$ 和 $Y_1, Y_2, \cdots, Y_{n_2}$ 分别是来自总体 X 和 Y 的样本, 两样本也相互独立. 它们的样本均值和样本方差分别为 $\overline{X}$, S_1^2 和 $\overline{Y}$, S_2^2.

7.3.1 方差已知时均值的检验

现在我们假定 σ_1^2 和 σ_2^2 已知, 考虑有关 μ_1 和 μ_2 的如下三个假设检验问题:

$$H_0: \mu_1 \leqslant \mu_2 \ \leftrightarrow \ H_1: \mu_1 > \mu_2; \tag{7.3.1}$$

$$H_0: \mu_1 \geqslant \mu_2 \ \leftrightarrow \ H_1: \mu_1 < \mu_2; \tag{7.3.2}$$

$$H_0: \mu_1 = \mu_2 \ \leftrightarrow \ H_1: \mu_1 \neq \mu_2. \tag{7.3.3}$$

作为例子, 我们仔细分析假设 (7.3.3) 的检验问题. 由于 $\overline{X} - \overline{Y}$ 为 $\mu_1 - \mu_2$ 的估计, 因而若原假设 $H_0: \mu_1 = \mu_2$ 成立, 则 $|\overline{X} - \overline{Y}|$ 不应太大. 所以一个合理的检验方法, 其拒绝域应当形如 $\{|\overline{X} - \overline{Y}| > C\}$, 其中 C 的确定与给定的显著性水平 α 有关, 应满足:

$$P\big(|\overline{X} - \overline{Y}| > C \mid \mu_1 = \mu_2\big) \leqslant \alpha,$$

而当 $\mu_1 = \mu_2$ 时, $U = \dfrac{\overline{X} - \overline{Y}}{\sqrt{\sigma_1^2/n_1 + \sigma_2^2/n_2}} \sim \mathrm{N}(0, 1)$. 因此上式可改写成

$$P\left\{|U| > \frac{C}{\sqrt{\sigma_1^2/n_1 + \sigma_2^2/n_2}}\right\} \leqslant \alpha.$$

可见, 应取 $\dfrac{C}{\sqrt{\sigma_1^2/n_1 + \sigma_2^2/n_2}} = u_{1-\alpha/2}$, 即假设 (7.3.3) 的拒绝域为

$$\left\{|\overline{X} - \overline{Y}| > u_{1-\alpha/2}\sqrt{\frac{\sigma_1^2}{n_1} + \frac{\sigma_2^2}{n_2}}\right\}. \tag{7.3.4}$$

类似地分析可得出假设 (7.3.1) 和假设 (7.3.2) 两个检验问题的拒绝域, 结果见表 7.4.

表 7.4　两个正态总体的均值的假设检验

待检验假设	方差	拒绝域
$\mu_1 \leqslant \mu_2 \leftrightarrow \mu_1 > \mu_2$	已知	$\overline{X} - \overline{Y} > u_{1-\alpha}\sqrt{\dfrac{\sigma_1^2}{n_1} + \dfrac{\sigma_2^2}{n_2}}$
	未知但相等	$\overline{X} - \overline{Y} > S_W\sqrt{\dfrac{n_1+n_2}{n_1 n_2}} \cdot t_{1-\alpha}(k)$
	未知不相等	$\overline{X} - \overline{Y} > \sqrt{\dfrac{S_1^2}{n_1} + \dfrac{S_2^2}{n_2}} \cdot t_{1-\alpha}(l)$
$\mu_1 \geqslant \mu_2 \leftrightarrow \mu_1 < \mu_2$	已知	$\overline{X} - \overline{Y} < -u_{1-\alpha}\sqrt{\dfrac{\sigma_1^2}{n_1} + \dfrac{\sigma_2^2}{n_2}}$
	未知但相等	$\overline{X} - \overline{Y} < -S_W\sqrt{\dfrac{n_1+n_2}{n_1 n_2}} \cdot t_{1-\alpha}(k)$
	未知不相等	$\overline{X} - \overline{Y} < -\sqrt{\dfrac{S_1^2}{n_1} + \dfrac{S_2^2}{n_2}} \cdot t_{1-\alpha}(l)$
$\mu_1 = \mu_2 \leftrightarrow \mu_1 \neq \mu_2$	已知	$|\overline{X} - \overline{Y}| > u_{1-\alpha/2}\sqrt{\dfrac{\sigma_1^2}{n_1} + \dfrac{\sigma_2^2}{n_2}}$
	未知但相等	$|\overline{X} - \overline{Y}| > S_W\sqrt{\dfrac{n_1+n_2}{n_1 n_2}} \cdot t_{1-\alpha/2}(k)$
	未知不相等	$|\overline{X} - \overline{Y}| > \sqrt{\dfrac{S_1^2}{n_1} + \dfrac{S_2^2}{n_2}} \cdot t_{1-\alpha/2}(l)$

注: $k = n_1 + n_2 - 2$; l 由式 (7.3.8) 确定.

7.3.2　方差未知但相等时均值的检验

已知 $\sigma_1^2 = \sigma_2^2 = \sigma^2$, 但 σ^2 未知, 此时, 同样有假设 (7.3.1)、假设 (7.3.2) 和假设 (7.3.3) 需要检验. 我们仍然以假设 (7.3.3) 为例. 由于此时 σ^2 未知, 须选取其合适的估计量.

为估计 σ^2, 注意两个总体的方差都是 σ^2, 故通过每一组样本都能得到 σ^2 的一个估计: S_1^2 和 S_2^2. 因此, $(n_1-1)S_1^2 + (n_2-1)S_2^2$ 是 $(n_1+n_2-2)\sigma^2$ 的估计, 这样就得到 σ^2 的估计

$$S_W^2 = \frac{1}{n_1+n_2-2}\left[(n_1-1)S_1^2 + (n_2-1)S_2^2\right]. \tag{7.3.5}$$

用 S_W 代替未知的 σ, 由定理 5.4.7 可知, 当 $H_0: \mu_1 = \mu_2$ 成立时,

$$\frac{\overline{X} - \overline{Y}}{S_W\sqrt{1/n_1 + 1/n_2}} \sim t(n_1+n_2-2). \tag{7.3.6}$$

从而得假设 (7.3.1) 的拒绝域为

$$\left\{|\overline{X} - \overline{Y}| > S_W\sqrt{\frac{1}{n_1} + \frac{1}{n_2}} \cdot t_{1-\alpha/2}(n_1+n_2-2)\right\}. \tag{7.3.7}$$

类似地分析可得出假设 (7.3.1) 和假设 (7.3.2) 两个检验问题的拒绝域, 结果见表 7.4.

7.3.3 方差未知 (且不假定相等) 时均值的检验

这种情况, 问题比较困难, 是统计学中著名的 Behrens–Fisher 问题. 我们这里只介绍一个基于 t 分布的近似解法, 其想法与方差未知但相等的情况基本无异, 差别在于因 σ_1^2 和 σ_2^2 不同, 它们只能分别通过 S_1^2 和 S_2^2 去估计.

当 σ_1^2 和 σ_2^2 已知时, 导出假设 (7.3.3) 的拒绝域为

$$\left\{ |\overline{X} - \overline{Y}| > u_{1-\alpha/2} \sqrt{\frac{\sigma_1^2}{n_1} + \frac{\sigma_2^2}{n_2}} \right\}.$$

现在用 S_1^2 估计 σ_1^2, S_2^2 估计 σ_2^2, 然后用 $\sqrt{\dfrac{S_1^2}{n_1} + \dfrac{S_2^2}{n_2}}$ 代替 $\sqrt{\dfrac{\sigma_1^2}{n_1} + \dfrac{\sigma_2^2}{n_2}}$, 经过这一替换, $u_{1-\alpha/2}$ 也应由 $t_{1-\alpha/2}(l)$ 来代替. 问题在于自由度 l, 在 $\sigma_1^2 = \sigma_2^2$ 的情况下, 该自由度在理论上可以证明为 $n_1 + n_2 - 2$. 在 $\sigma_1^2 \neq \sigma_2^2$ 时, 在理论上无法提供确切的自由度, 用 $t_{1-\alpha/2}(l)$ 代替 $u_{1-\alpha/2}$ 也只是近似的. 在应用上使用 l 的一种估计是

$$l = \frac{(A_1 + A_2)^2}{A_1^2/(n_1 - 1) + A_2^2/(n_2 - 1)}, \tag{7.3.8}$$

其中 $A_1 = S_1^2/n_1$, $A_2 = S_2^2/n_2$.

l 一般不为整数, 可以取一个最接近于它的整数来代替. 具体拒绝域如表 7.4 所示.

7.3.4 方差的检验

常用的有关方差 σ_1^2 和 σ_2^2 的假设检验问题有

$$H_0 : \sigma_1^2 \leqslant \sigma_2^2 \leftrightarrow H_1 : \sigma_1^2 > \sigma_2^2; \tag{7.3.9}$$

$$H_0 : \sigma_1^2 \geqslant \sigma_2^2 \leftrightarrow H_1 : \sigma_1^2 < \sigma_2^2; \tag{7.3.10}$$

$$H_0 : \sigma_1^2 = \sigma_2^2 \leftrightarrow H_1 : \sigma_1^2 \neq \sigma_2^2. \tag{7.3.11}$$

这里 μ_1, μ_2 均未知, 现在以假设 (7.3.9) 为例说明构造相应检验法则的基本思想. 先用 S_1^2 估计 σ_1^2, 以 S_2^2 估计 σ_2^2. 若原假设 $H_0 : \sigma_1^2 \leqslant \sigma_2^2$ 成立, 则 S_1^2/S_2^2 应偏小, 由此得知, 假设 (7.3.9) 的拒绝域应有形式 $\{S_1^2/S_2^2 > C\}$. 对于给定的水平 α, 有

$$P\left(\frac{S_1^2}{S_2^2} > C \;\middle|\; H_0 \text{为真} \right) \leqslant \alpha. \tag{7.3.12}$$

由定理 5.4.6 知,

$$F = \frac{\sigma_2^2 S_1^2}{\sigma_1^2 S_2^2} \sim \mathrm{F}(n_1 - 1, n_2 - 1).$$

当 H_0 为真时, $\dfrac{\sigma_2^2 S_1^2}{\sigma_1^2 S_2^2} \geqslant \dfrac{S_1^2}{S_2^2}$, 因而

$$P\left(\frac{S_1^2}{S_2^2} > C \;\middle|\; H_0 \text{为真} \right) \leqslant P\left(\frac{\sigma_2^2 S_1^2}{\sigma_1^2 S_2^2} > C \right) = P(F > C).$$

由此可见, 只要选取 C, 使得

$$P(F > C) \leqslant \alpha,$$

则条件式 (7.3.12) 就能满足. 查 F 分布表, 取 $C = F_{1-\alpha}(n_1 - 1, n_2 - 1)$, 从而得假设 (7.3.9) 的拒绝域为 (图 7.6)

$$\left\{ \frac{S_1^2}{S_2^2} > F_{1-\alpha}(n_1 - 1, n_2 - 1) \right\}. \tag{7.3.13}$$

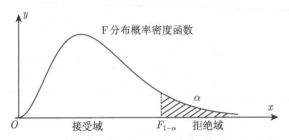

图 7.6   假设 (7.3.9) 的水平为 α 的接受域和拒绝域

假设 (7.3.10) 与假设 (7.3.9) 并无区别, 因 $\sigma_1^2 \geqslant \sigma_2^2$ 可改写为 $\sigma_2^2 \leqslant \sigma_1^2$, 只需改变编号, 就回到假设 (7.3.9) 的情形. 假设 (7.3.11) 可类似讨论, 注意到其为双边检验即可, 我们把结果总结在表 7.5 中.

表 7.5   两正态总体方差的假设检验

待检验假设	拒绝域
$H_0 : \sigma_1^2 \leqslant \sigma_2^2 \leftrightarrow H_1 : \sigma_1^2 > \sigma_2^2$	$S_1^2/S_2^2 > F_{1-\alpha}(n_1 - 1, n_2 - 1)$
$H_0 : \sigma_1^2 \geqslant \sigma_2^2 \leftrightarrow H_1 : \sigma_1^2 < \sigma_2^2$	$S_2^2/S_1^2 > F_{1-\alpha}(n_2 - 1, n_1 - 1)$
$H_0 : \sigma_1^2 = \sigma_2^2 \leftrightarrow H_1 : \sigma_1^2 \neq \sigma_2^2$	$S_1^2/S_2^2 > F_{1-\alpha/2}(n_1 - 1, n_2 - 1)$ 或 $S_2^2/S_1^2 > F_{1-\alpha/2}(n_2 - 1, n_1 - 1)$

注 *: $F_{\alpha/2}(n_1 - 1, n_2 - 1) = 1/F_{1-\alpha/2}(n_2 - 1, n_1 - 1)$.

S_1^2/S_2^2 是两个样本方差之比, 因此, 本表中的检验常称为 "方差比检验", 又因为这个检验要用到 F 分布, 故又常称为 F 检验. 同样, 凡用到 t 分布的检验常称为 t 检验, 凡用到标准正态分布的检验常称为 U 检验 (或 Z 检验).

例 7.3.1   在漂白工艺中要考察温度对针织品断裂强力的影响. 在 70 ℃ 与 80 ℃ 下分别重复做了八次试验, 测得断裂强力的数据的平均值分别为 20.4 kg 和 19.4 kg. 且已知断裂强力服从正态分布, $\sigma_1^2 = 0.8$, $\sigma_2^2 = 0.7$. 取显著性水平 $\alpha = 0.05$, 问 70 ℃ 与 80 ℃ 下的强力有无显著性差异?

解   此处要在水平 $\alpha = 0.05$ 下检验假设

$$H_0 : \mu_1 = \mu_2 \quad \leftrightarrow \quad H_1 : \mu_1 \neq \mu_2.$$

属于检验问题 (7.3.3), 其中 $\sigma_1^2 = 0.8$, $\sigma_2^2 = 0.7$, $n_1 = n_2 = 8$, 拒绝域为

$$\left\{ |\overline{X} - \overline{Y}| > u_{1-\alpha/2} \sqrt{\frac{\sigma_1^2}{n_1} + \frac{\sigma_2^2}{n_2}} \right\}.$$

查附表 3 得 $u_{1-\alpha/2} = 1.96$. 经计算

$$u_{1-\alpha/2}\sqrt{\frac{\sigma_1^2}{n_1} + \frac{\sigma_2^2}{n_2}} = 1.96 \times \sqrt{\frac{0.8}{8} + \frac{0.7}{8}} = 0.849, \quad |\overline{X} - \overline{Y}| = |20.4 - 19.4| = 1.$$

可见样本落入拒绝域, 拒绝 H_0, 所以认为强力有显著差异. 进一步, 由于 $\overline{X} > \overline{Y}$, 故 70 ℃ 下的强力大于 80 ℃ 下的强力. □

例 7.3.2 某种物品在处理前后分别取样分析其含脂率, 得到数据如下.

处理前: 0.29, 0.18, 0.31, 0.30, 0.36, 0.32, 0.28, 0.12, 0.30, 0.27;

处理后: 0.15, 0.13, 0.09, 0.07, 0.24, 0.19, 0.04, 0.08, 0.20, 0.12, 0.24.

假定处理前后含脂率都服从正态分布且方差不变, 问处理前后含脂率的均值有无显著变化 (取显著性水平 $\alpha = 0.05$).

解 设处理前后含脂率的均值为 μ_1 和 μ_2. 要在水平 $\alpha = 0.05$ 下检验假设

$$H_0 : \mu_1 = \mu_2 \quad \leftrightarrow \quad H_1 : \mu_1 \neq \mu_2.$$

其中 $\sigma_1^2 = \sigma_2^2 = \sigma^2$(未知), $n_1 = 10$, $n_2 = 11$. 拒绝域为

$$\left\{ |\overline{X} - \overline{Y}| > S_W \sqrt{\frac{1}{n_1} + \frac{1}{n_2}} \cdot t_{1-\alpha/2}(n_1 + n_2 - 2) \right\}.$$

查表得 $t_{1-\alpha/2}(n_1 + n_2 - 2) = t_{0.975}(19) = 2.093$, 经计算

$$|\overline{X} - \overline{Y}| = |0.273 - 0.141| = 0.132,$$

$$S_W \sqrt{\frac{1}{n_1} + \frac{1}{n_2}} \cdot t_{1-\alpha/2}(n_1 + n_2 - 2) = \sqrt{0.00488}\sqrt{\frac{1}{10} + \frac{1}{11}} \times 2.093 = 0.06388.$$

可见样本落入拒绝域, 拒绝 H_0, 认为处理前后含脂率的均值有显著变化. □

例 7.3.3 为比较 A、B 两种小麦的蛋白质含量 (%), 随机抽取 10 个 A 种样品, 测出 $\overline{X} = 14.3$, $S_1^2 = 1.621$, 随机抽取 5 个 B 种样品, 得 $\overline{Y} = 11.7$, $S_2^2 = 0.135$. 假定这两种小麦蛋白质含量都服从正态分布, 根据以上数据, 在水平 $\alpha = 0.01$ 下, 检验 A、B 两种小麦蛋白质含量是否有差异.

解 此处要在水平 $\alpha = 0.01$ 下检验假设:

$$H_0 : \mu_1 = \mu_2 \quad \leftrightarrow \quad H_1 : \mu_1 \neq \mu_2.$$

因为作为 σ_1^2 的估计 S_1^2 与作为 σ_2^2 的估计 S_2^2 差距很大, 假定 $\sigma_1^2 = \sigma_2^2$ 是不合适的 (当然可以先检验 $\sigma_1^2 = \sigma_2^2$, 留给读者作为练习). 我们只好在 σ_1^2、σ_2^2 完全未知的情况下来进行检验. 因 $n_1 = 10$, $n_2 = 5$, 计算得

$$A_1 = \frac{S_1^2}{n_1} = \frac{1.621}{10} = 0.1621, \quad A_2 = \frac{S_2^2}{n_2} = \frac{0.135}{5} = 0.127,$$

$$l = \frac{(A_1 + A_2)^2}{A_1^2/(n_1 - 1) + A_2^2/(n_2 - 1)} = \frac{(0.1621 + 0.027)^2}{0.1621^2/9 + 0.027^2/4} = 11.528 \approx 12.$$

查表得 $t_{1-\alpha/2}(12) = t_{0.995}(12) = 3.0545$, 再计算

$$t_{1-\alpha/2}(12)\sqrt{\frac{S_1^2}{n_1} + \frac{S_2^2}{n_2}} = 3.0545\sqrt{\frac{1.621}{10} + \frac{0.135}{5}} = 1.328.$$

而 $|\overline{X} - \overline{Y}| = |14.3 - 11.7| = 2.6 > 1.328$, 应拒绝 H_0, 即认为 A 品种小麦的蛋白质平均含量高于 B 品种小麦.　　　　　　　　　　　　　　　　　　　　　　　　　　　　　□

例 7.3.4　在甲厂抽 10 个样品, 算出其样本方差 $S_1^2 = 4.38$, 在乙厂抽 12 个样品, 算出其样本方差为 $S_2^2 = 1.56$, 在水平 $\alpha = 0.05$ 下, 根据所得样本去检验假设 $H_0 : \sigma_1^2 \leqslant \sigma_2^2$ (σ_1^2、σ_2^2 分别是甲厂、乙厂产品质量的方差, 又假设各厂产品质量都服从正态分布).

解　此处 $n_1 = 10$, $n_2 = 12$, $S_1^2 = 4.38$, $S_2^2 = 1.56$, $S_1^2/S_2^2 = 2.81$, 查 F 分布表, 得 $F_{1-\alpha}(n_1 - 1, n_2 - 1) = F_{0.95}(9, 11) = 2.90 > 2.81$, 故尚不能拒绝 H_0.　　　　　　□

从表面上看, S_1^2 接近 S_2^2 的 3 倍, 但仍不能否定 $\sigma_1^2 \leqslant \sigma_2^2$, 这是因为, 样本方差作为总体方差的估计, 只有在样本容量足够大时, 才比较准确. 在样本容量 (10, 12) 下, 比值 S_1^2/S_2^2 作为 σ_1^2/σ_2^2 的估计有很大的误差, 故即使该比值达到 3, 我们也没有足够的把握解释为是由于 $\sigma_1^2 > \sigma_2^2$, 因此, 方差比检验只有在样本容量相当大时才有实际意义.

习　题　7.3

1　设甲、乙两煤矿所出煤的含灰率分别可认为服从正态分布 $N(\mu_1, 7.5)$ 和 $N(\mu_2, 2.6)$, 为检验这两个煤矿的煤含灰率有无显著差异, 从两矿中各取样若干份, 分析结果 (%) 为

甲矿: 24.3, 20.8, 23.7, 21.3, 17.4;　　乙矿: 18.2, 16.9, 20.2, 16.7.

试在水平 $\alpha = 0.05$ 之下, 检验"含灰率无差异"这个假设.

2　出租汽车公司为决定购买 A 牌轮胎还是 B 牌轮胎, 在两种牌子的轮胎中各随机选取 12 个进行测试, 观察轮胎的最大行驶里程. 得如下数据:

A : $\overline{X} = 23600\,\text{km}$,　$S_1 = 3200\,\text{km}$;　B : $\overline{Y} = 24800\,\text{km}$,　$S_2 = 3700\,\text{km}$.

取水平 $\alpha = 0.05$, 检验两种牌子轮胎的最大行驶里程有无显著差异 (假设总体服从正态分布且方差相等).

3　某铸造厂为提高铸件的耐磨性, 试制了一种镍合金铸件以取代以前的铜合金铸件, 为此, 从两种铸件中分别随机抽取 8 个和 9 个样品, 测得耐磨性指标分别为

镍合金: 76.43, 73.21, 73.58, 69.69, 65.26, 70.83, 82.75, 72.34;

铜合金: 73.66, 64.27, 69.34, 71.37, 69.77, 68.12, 67.27, 68.07, 62.61.

根据专业知识, 指标服从正态分布, 且方差保持不变, 试在显著性水平 $\alpha = 0.05$ 下判断镍合金的指标是否有显著提高.

4　设有两个正态总体 $X \sim N(\mu_1, \sigma_1^2)$, $Y \sim N(\mu_2, \sigma_2^2)$, $X_1, X_2, \cdots, X_{n_1}$ 和 $Y_1, Y_2, \cdots, Y_{n_2}$ 分别是来自总体 X 和 Y 的样本, 两样本也相互独立. 它们的样本均值和样本方差分别为 $\overline{X}$, S_1^2 和 $\overline{Y}$, S_2^2. 现在我们假定 σ_1^2 和 σ_2^2 已知, 考虑有关 μ_1 和 μ_2 的如下假设检验问题:

$$H_0 : \mu_1 \leqslant 2\mu_2 \quad \leftrightarrow \quad H_1 : \mu_1 > 2\mu_2$$

试给出上述假设检验问题的检验统计量和拒绝域.

5 设有两个正态总体 $X \sim N(\mu_1, \sigma^2)$, $Y \sim N(\mu_2, \sigma^2)$, $X_1, X_2, \cdots, X_{n_1}$ 和 $Y_1, Y_2, \cdots, Y_{n_2}$ 分别是来自总体 X 和 Y 的样本, 两样本也相互独立. 它们的样本均值和样本方差分别为 $\overline{X}$, S_1^2 和 $\overline{Y}$, S_2^2. 考虑有关 μ_1 和 μ_2 的如下假设检验问题:

$$H_0 : \mu_1 - \mu_2 \leqslant 2.5 \quad \leftrightarrow \quad H_1 : \mu_1 - \mu_2 > 2.5.$$

试给出上述假设检验问题的检验统计量和拒绝域.

6 从两台机器所加工的同一种零件中分别抽取 11 个和 9 个样品测量其尺寸为 (单位: cm)

第一台机器: 6.2, 5.7, 6.5, 6.0, 6.3, 5.8, 5.7, 6.0, 6.0, 5.8, 6.0;

第二台机器: 5.6, 5.9, 5.6, 5.7, 5.8, 6.0, 5.5, 5.7, 5.5.

已知零件尺寸服从正态分布. 问在显著性水平 $\alpha = 0.05$ 下加工精度 (方差) 是否有显著性差异?

7 两台机器所加工的同一种零件, 从中分别抽取 14 个和 12 个样品测量其尺寸, 得样本方差分别为 $S_1^2 = 15.46$, $S_2^2 = 9.66$, 且两样本独立. 设两台机器所加工的零件尺寸服从正态分布, 试在显著性水平 $\alpha = 0.05$ 下检验如下假设

$$H_0 : \sigma_1^2 \leqslant \sigma_2^2 \quad \leftrightarrow \quad H_1 : \sigma_1^2 > \sigma_2^2.$$

8 检验了 26 匹马, 测得每 100 ml 的血清中, 所含的无机磷平均为 3.29 ml, 标准差为 0.27 ml. 又检验了 18 头羊, 每 100 ml 的血清中含无机磷平均为 3.96 ml, 标准差为 0.40 ml. 设马和羊的血清中含无机磷的量服从正态分布. 试在显著性水平 $\alpha = 0.05$ 下检验马和羊的血清中含无机磷的量有无显著性差异?

7.4 成对数据比较检验法

我们首先通过几个实例解释本节要讨论的主题.

例 7.4.1 设有两个玉米品种 A、B, 要比较它们的平均亩产量, 按 7.3 节所讨论的检验两个正态总体均值的方法, 我们可以准备 $n_1 + n_2$ 块形状面积相同的地块, 其中 n_1 块种植品种 A, 得亩产 $X_1, X_2, \cdots, X_{n_1}$; 另 n_2 块种植品种 B, 得亩产 $Y_1, Y_2, \cdots, Y_{n_2}$. 然后按 7.3 节的检验方法去处理. 这样做有一个前提, 就是 $n_1 + n_2$ 个地块的条件必须一致, 假如分配给品种 A 的那 n_1 块地比较肥沃, 或其他条件较好, 则即使 A 品种不优于 B, 试验结果也可能有利于 A. □

改进的方法是取 n 对地块, 每一对为两个条件一致的地块, 其中一块种植 A, 另一块种植 B(哪一块给 A 可随机选定). 这样设计时, 每一个品种都不会占地利之便, 而试验就不会有系统偏差. 这里, 只要求每一对地块条件一致, 不同对的地块条件不必一致, 因而较容易办到.

例 7.4.2 为治疗高血压, 以往用一种药品 A, 现新研制出一种药品 B. 为比较 A、B 的疗效, 可以选 $n_1 + n_2$ 个患者, n_1 个用 A, n_2 个用 B. 但这样又有与例 7.4.1 类似的问题: 患者的情况不一, 有的病情已重, 身体条件差, 用药难以见效, 有的患者则条件好些. 为了避免这种误差, 我们可以取 n 对患者, 每一对在条件上尽可能一致, 其中一人用 A, 另一人用 B. 不同对的患者条件不必一致. 这样就避免了上述误差, 在设计上也不难实现. 因为这里只要求每对内两名患者条件一致, 而不要求所有的受试患者条件都一致.   □

例 7.4.3 有两台光谱仪, 用来测量材料中某种金属的含量, 为鉴定它们的测量结果有无显著差异, 制备了 9 件试块 (它们的成分各不相同), 现在分别用这两台仪器对每一试块测量一次, 得到 9 对观测值. 现在如何判断这两台仪器的测量结果是否有显著差异?   □

总结以上问题, 我们就可以提出一般模型: 设有两个需要进行比较的处理, "处理"一词的含义在此很广泛. 如例 7.4.1 中, 每个品种是一个处理; 在例 7.4.2 中, 每种药物是一个处理; 在例 7.4.3 中, 不同光谱仪测量是不同的处理等. 选择 n 对"试验单元", 每对中的两个试验单元条件尽可能一致, 而不同对之间则不要求一致. 在每个对内, 随机地决定把其中一个试验单元给处理 1, 另一个给处理 2, 经过试验, 观察各处理在每个试验单元上的试验结果, 如表 7.6 所示.

表 7.6 成对记录的数据结构

对子	处理 1	处理 2	差 $Y_i = X_{2i} - X_{1i}$
1	X_{11}	X_{21}	Y_1
2	X_{12}	X_{22}	Y_2
⋮	⋮	⋮	⋮
n	X_{1n}	X_{2n}	Y_n

这里的 Y_i 就是在第 i 对试验单元中, 所观察到的处理 2 优于处理 1 的量 (为方便计, 我们假定观察值越大越好). 这个量不是由于试验条件上的差别而来, 因为每对内两个试验单元条件已尽量一致了. 我们假定 Y_i 服从正态分布 $N(\mu, \sigma^2)$, 而 μ 就表示处理 2 平均优于处理 1 的量. 这样一来, 两处理的比较就归结为对 μ 的检验问题, 例如:

(1) 两处理效果一样: $\mu = 0$;

(2) 处理 1 不优于处理 2: $\mu \geqslant 0$;

(3) 处理 1 不劣于处理 2: $\mu \leqslant 0$;

(4) 处理 2 平均优于处理 1 的量为 μ_0: $\mu = \mu_0$;

(5) 处理 2 平均优于处理 1 的量不超过 μ_0: $\mu \leqslant \mu_0$;

(6) 处理 2 平均优于处理 1 的量不小于 μ_0: $\mu \geqslant \mu_0$.

因此, 问题回到我们已经讨论过的单个正态总体的均值的检验. 下面我们来看几个具体例子.

例 7.4.4 银行经理发觉目前过于强调顾客的存款数, 他认为必须同时强调存款的期限. 为此设计了一种将存款数与存款期相乘的指数, 然后介绍了一种有刺激性的有奖计划, 尽量减少顾客取款. 现在他随机选择了 15 个储户, 比较了在引用新计划前后的指数, 结果如

表 7.7 所示. 试在显著性水平 $\alpha = 0.01$ 下, 检验该经理的计划是否有效.

表 7.7　例 7.4.4 成对数据的记录

储户	后	前	差 Y_i(后 − 前)(元)
1	10540	10020	520
2	780	720	60
3	9453	9105	348
4	1573	1062	511
5	3962	3905	57
6	4673	4401	272
7	8205	8100	105
8	12458	12011	447
9	959	847	112
10	7444	6853	591
11	4982	4602	380
12	8831	8452	379
13	648	182	466
14	6969	6740	229
15	2408	2378	30

解　以 Y 记 "新旧方法之下一储户存款指数之差". 这里每储户在新旧两种方法下的指数自然地构成了一个对, 故表中每个 Y_i 正反映了这两种方法的差别. 若假定 $Y \sim \mathrm{N}(\mu, \sigma^2)$, 且我们把 "新方法无效" 作为原假设, 则问题归结为假设检验问题:

$$H_0 : \mu \leqslant 0 \quad \leftrightarrow \quad H_1 : \mu > 0.$$

此处并未假定 σ^2 已知, 故用 t 检验.

由所观察的这 15 个 Y_i 值, 算出 $\overline{Y} = 300.47$, $S = 190.95$. 又 $t_{1-\alpha}(n-1) = t_{0.99}(14) = 2.6245$, 而

$$\frac{\overline{Y} - \mu_0}{S} \sqrt{n} = \frac{300.47}{190.95} \sqrt{15} = 6.094 > t_{0.99}(14).$$

应拒绝 H_0, 即观察值显著地支持 "新方法有助于提高存款指数".　　□

本例关于原假设 H_0 的选择, 再一次体现了我们以前多次采用的做法: 即在我们 "希望" 证实某项效应确实存在时, 我们 "故意" 把 "该效应不存在" 作为原假设. 道理在于: 如果这时能拒绝原假设 (特别在水平 α 很小时), 则 "效应存在" 的说法得到有力的支持. 反之, 若把 "效应存在" 作为原假设, 则当它被接受时, 只是说明 "它能与观察数据相容", 并不说明它受到观察数据的有力支持.

例 7.4.5　为了确定一种特殊的热处理 A 能否减少脱脂牛奶中的细菌数, 随机地抽取 12 个牛奶样本, 测定它在热处理 A 前后的细菌数, 直接从显微镜下观察结果的对数, 记在表 7.8 的二、三列. 试在显著性水平 $\alpha = 0.05$ 下, 检验热处理 A 有无效果.

解　此处每一样品在处理 A 前后的观察值自然形成一个对, 因而适合用成对比较法去处理. 新的一点是, 在形成每个对的差之前, 先把各处理的试验结果取对数, 这一点只能解释为: 据经验, 这样做可使变化后的数据更接近于正态. 这类通过变化以改善正态性的做法, 在

统计实践中很常用. 此外, 所用的变化也很多, 除对数外, 取平方根、反正弦等也不少见, 依具体情况而定.

表 7.8　例 7.4.5 成对数据的记录

样本	前	后	差 Y_i (后 − 前)
1	6.98	6.95	−0.03
2	7.08	6.94	−0.14
3	8.34	7.17	−1.17
4	5.30	5.15	−0.15
5	6.26	6.28	0.02
6	6.67	6.71	0.04
7	7.03	6.59	−0.44
8	5.56	5.34	−0.22
9	5.97	5.98	0.01
10	6.64	6.51	−0.13
11	7.03	6.84	−0.19
12	7.69	6.99	−0.70

现假定 Y_i 服从正态分布 $N(\mu, \sigma^2)$, σ^2 未知. 把原假设定为"热处理 A 无效", 即

$$H_0 : \mu \geqslant 0 \ \leftrightarrow\ H_1 : \mu < 0.$$

由 12 个 Y_i 值算出 $\overline{Y} = -0.258$, $S = 0.357$. 又 $t_{1-\alpha}(n-1) = t_{0.95}(11) = 1.7959$, 而

$$\frac{\overline{Y} - \mu_0}{S}\sqrt{n} = \frac{-0.258}{0.357}\sqrt{12} = -2.51 < -t_{0.95}(11).$$

可见应拒绝 H_0, 即在所给水平 0.05 下, 热处理 A 在降低细菌数方面的效果, 在统计上达到显著. □

例 7.4.6　某农场打算在棉田中采用一种价格较高的新肥料, 只有在新肥料比原肥料亩产增加 $10\,\text{kg}$ 以上皮棉时, 在经济上才有利. 现选择 9 对地块, 每一对包含条件很接近的两小块地, 其中一块施新肥料, 另一块施原肥料. 试验结果如表 7.9 所示, 试在水平 $\alpha = 0.05$ 下, 决定该农场是否应采用新肥料.

表 7.9　例 7.4.6 成对数据的记录

对子	施新肥料后产量	施原肥料后产量	差 Y_i (新 − 旧)
1	134.8	121.2	13.6
2	145.6	133.2	12.4
3	136.8	129.8	7.0
4	132.0	123.6	8.4
5	141.6	123.4	18.2
6	139.2	134.4	4.8
7	134.4	124.8	9.6
8	137.8	122.6	15.2
9	125.2	113.4	11.8

解　假定 Y_i 服从正态分布 $N(\mu, \sigma^2)$, σ^2 未知, 把"农场不应采用新肥料"作为原假设,

这意味着检验:

$$H_0 : \mu \leqslant 10 \quad \leftrightarrow \quad H_1 : \mu > 10.$$

由 9 个 Y_i 值算出 $\overline{Y} = 11.22, S = 4.21$. 又 $t_{1-\alpha}(n-1) = t_{0.95}(8) = 1.8595$, 而

$$\frac{\overline{Y} - \mu_0}{S}\sqrt{n} = \frac{11.22 - 10}{4.21}\sqrt{9} = 0.869 < t_{0.95}(8).$$

不能拒绝原假设, 即在当前试验结果下, 新肥料的效果不显著. 表面上看, 采用新肥料亩产平均增加 $11.22\,\mathrm{kg}$, 比 $10\,\mathrm{kg}$ 多, 可是, 该数字超过 10 不多, 而试验规模又小, 故在统计上看, 所估计的亩产增量 $(11.22\,\mathrm{kg})$ 是否反映本质, 尚难确定.

若以 "农场应采用新肥料" 即 "$\mu \geqslant 10$" 作为原假设, 则检验结果将是接受这个原假设, 正好与上述结论相反. 这时如果接受 "$\mu \geqslant 10$", 只是说明试验结果与 "平均亩产增加 $10\,\mathrm{kg}$ 以上" 能 "相容", 而不是有力地支持它. 我们曾不厌其烦地多次解释这一点, 望读者注意.

至此我们对假设检验问题已经积累了一定的经验. 对于一检验问题, 首先要建立原假设 H_0 和对立假设 H_1; 其次是构造出一个合适的统计量, 在原假设成立的条件下, 这个统计量的分布是已知的 (如正态分布、t 分布、F 分布等); 最后是对给定的显著性水平 α, 查表求出相应的分位点, 确定一个临界域, 从而给出检验法则.

也就是说, 统计量在临界域内取值是一个小概率 (α) 事件, 而根据 "小概率事件在一次试验中认为不可能发生" 这一实际推断原理, 现在在一次试验或观察中出现了, 我们甘冒犯第一类错误的风险而拒绝原假设 H_0.

习　题　7.4

1　十个失眠患者服用甲、乙两种安眠药, 延长睡眠时间如下 (h):

患者	1	2	3	4	5	6	7	8	9	10
安眠药甲	1.9	0.8	1.1	0.1	−0.1	4.4	5.5	1.6	4.6	3.4
安眠药乙	0.7	−1.6	−0.2	−1.2	−0.1	3.4	3.7	0.8	0.0	2.0

假设服用两种安眠药后增加的睡眠时间服从正态分布, 试在水平 $\alpha = 0.05$ 下, 检验这两种安眠药的疗效有无显著差异?

2　为了比较测定污水中氯气含量的两种方法, 特在各种场合收集到 8 个污水水样, 每个水样均用这两种方法测定氯气含量 (单位: mg/L), 具体数据如下:

水样	1	2	3	4	5	6	7	8
方法 1	0.36	1.35	2.56	3.92	5.35	8.33	10.70	10.91
方法 2	0.39	0.84	1.76	3.35	4.69	7.70	10.52	10.92

试在水平 $\alpha = 0.05$ 下用

(1) 成对数据处理方法检验两种测定方法是否有显著差异;

(2) 两个正态总体检验两种测定方法是否有显著差异.

3 从某校学生中选取 25 名参加英文词汇训练. 在年初和年底各进行一场阅读考试, 从下列成绩中是否能得出词汇训练是有效的? 取水平 $\alpha = 0.05$(设两次考试分数之差服从正态分布).

学生	1	2	3	4	5	6	7	8	9	10	11	12	13
年初	65	72	64	43	55	84	72	52	49	80	38	93	77
年底	67	70	72	50	52	86	80	50	62	81	56	90	78

学生	14	15	16	17	18	9	20	21	22	23	24	25
年初	62	69	58	45	90	60	54	72	49	53	82	66
年底	64	72	57	55	88	62	52	70	53	56	84	70

7.5 检验的 p 值

人们在阅读一些专业文献, 尤其是化学试验、医学研究报告、社会调查研究报告时, 通常会见到一个称作 p 值的量作为研究报告的一部分. 事实上, p 值是一个与统计假设检验相关联的概率值. 常用的几种统计软件如 SPSS、SAS、R、Excel 等在有关假设检验的计算中也都会输出一个 p 值. 本节对 p 值做一个专门讨论.

7.5.1 p 值的概念

在假设检验过程中, 首先要提出原假设和对立假设; 然后利用样本所提供的信息做出最后的判断和决策. 具体而言, 不论检验统计量的值是大还是小, 只要它落入拒绝域就拒绝原假设 H_0, 否则就不拒绝原假设 H_0. 而拒绝域依赖于事先给定的显著性水平 α, 这也意味着事先确定了拒绝域. 这样 α 的值对检验结果的可靠性是一个度量, 但如果仅从显著性水平来比较, 很多检验结论的可靠性都一样 (只要选择相同的 α 值). 事实上 α 是犯第一类错误的概率上界, 它提供了检验结论 (拒绝 H_0) 可靠性的一个大致范围, 而对于一个特定的检验问题, 却不能反映样本数据与原假设之间不一致程度的精细度量. 这一点的根由就在于假设检验这种统计推断形式的粗糙性. 反映在具体操作上, 就是只要样本观测值落于拒绝域, 就拒绝原假设, 而不区分样本观测值离临界值的远近.

p 值就是对这种情况的一个补救, p 值反映了样本值与原假设 H_0 之间不一致性程度的一个度量. p 值越小, 说明样本数据与原假设 H_0 之间不一致性程度越大, 检验的结果也就越显著. 下面结合一个具体例子, 讨论如何定义 p 值.

例 7.5.1   设在正态总体 $N(\mu, 1)$ 中抽样 $X_1, X_2, \cdots, X_{16}$, 要检验如下假设

$$H_0 : \mu \leqslant 1.5 \ \leftrightarrow \ H_1 : \mu > 1.5.$$

我们已经知道, 对于显著性水平 α, 该假设的拒绝域为

$$\{4(\overline{X} - 1.5) > u_{1-\alpha}\} = \{\overline{X} > 1.5 + 0.25u_{1-\alpha}\}.$$

对于一些显著性水平 α 的取值, 表 7.10 列出了相应的拒绝域和检验结论.

表 7.10　不同显著性水平下的拒绝域和检验结论

显著性水平	$u_{1-\alpha}$	拒绝域	$\overline{X}=2$ 对应的结论
$\alpha=0.050$	1.645	$4(\overline{X}-1.5)>1.645$	拒绝 H_0
$\alpha=0.025$	1.960	$4(\overline{X}-1.5)>1.960$	拒绝 H_0
$\alpha=0.010$	2.330	$4(\overline{X}-1.5)>2.330$	不拒绝 H_0
$\alpha=0.005$	2.580	$4(\overline{X}-1.5)>2.258$	不拒绝 H_0

我们看到, 对于 $\overline{X}=2$, 不同的 α 有不同的检验结论.

我们再换一个角度来讨论, 直观地看, $\overline{X}$ 的取值越大对原假设越不利, 现在得到 $\overline{X}=2$, 我们可以计算一下当原假设 H_0 成立时, 即 $\mu\leqslant 1.5$ 时, $\overline{X}$ 取到大于等于 2 这个事件发生的概率:

$$
\begin{aligned}
P(\overline{X}\geqslant 2\mid \mu\leqslant 1.5) &\leqslant P(\overline{X}\geqslant 2\mid \mu=1.5)\\
&= P\big(4(\overline{X}-1.5)\geqslant 2\mid \mu=1.5\big)\\
&= 1-\Phi(2)=0.02275.
\end{aligned}
\tag{7.5.1}
$$

也就是说, 如果 $\alpha\geqslant 0.02275$, $\overline{X}=2$ 就落入拒绝域, 对应的结论是拒绝 H_0; 如果 $\alpha<0.02275$, $\overline{X}=2$ 就落入接受域, 对应的结论是不拒绝 H_0. 由此可见, 0.02275 是能够由样本观测值做出"拒绝 H_0"的最小的显著性水平, 这就是 p 值, 直观含义见图 7.7.　□

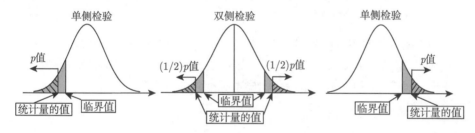

图 7.7　假设检验的 p 值示意图

定义 7.5.1　在一个假设检验问题中, 利用样本观测值能够做出拒绝原假设的最小显著性水平称为检验的 p 值 (p value).

需要注意的是, p 值是关于样本观测数据的函数, 它是一个统计量, 其取值告诉我们, 当原假设成立时, 我们能够得到现有观测数据或"更为极端"的数据的概率大小. 这里"更为极端"的含义与具体的假设检验问题有关.

如果检验统计量 T 的取值越大, 对原假设 H_0 越不利, 现有一组观测值 $x_1,x_2,\cdots,x_n$, 那么"更为极端"的含义就是统计量 T 的取值大于等于现有观测值 $t_0=T(x_1,x_2,\cdots,x_n)$, p 值就是原假设 H_0 成立的条件下, $\{T\geqslant t_0\}$ 的概率. 如果某个检验统计量 T 的取值越小, 对原假设 H_0 越不利, 现有一组观测值 $x_1,x_2,\cdots,x_n$, 那么"更为极端"的含义就是统计量 T 的取值小于等于现有观测值 $t_0=T(x_1,x_2,\cdots,x_n)$, p 值就是原假设 H_0 成立的条件下, $\{T\leqslant t_0\}$ 的概率.

有了上述理解, 对于参数假设检验问题 $H_0:\theta\in\Theta_0\;\leftrightarrow\;H_1:\theta\in\Theta_1$, 利用下面定义, 可计算具体的 p 值.

定义 7.5.2　设 $T = T(X_1, X_2, \cdots, X_n)$ 是一个检验统计量, 如 T 的值越大表示 H_1 为真的依据越充分, 则对于样本观测值 $\boldsymbol{x} = (x_1, x_2, \cdots, x_n)$, 定义该检验的 p 值为

$$p(\boldsymbol{x}) = \sup_{\theta \in \Theta_0} P_\theta \big(T(X_1, X_2, \cdots, X_n) \geqslant T(\boldsymbol{x}) \big); \tag{7.5.2}$$

如 T 的值越小表示 H_1 为真的依据越充分, 则对于样本观测值 $\boldsymbol{x} = (x_1, x_2, \cdots, x_n)$, 定义该检验的 p 值为

$$p(\boldsymbol{x}) = \sup_{\theta \in \Theta_0} P_\theta \big(T(X_1, X_2, \cdots, X_n) \leqslant T(\boldsymbol{x}) \big). \tag{7.5.3}$$

上述定义给出了 p 值的具体计算公式, 但计算上确界时可能会有困难. 所幸的是对于常用的假设检验问题, 上确界通常都是在原假设的边界点上取得的. 如例 7.5.1 中, 原假设为 $H_0 : \mu \leqslant 1.5$, 相应 p 值计算只用到了 $\mu = 1.5$, 参见式 (7.5.1) 中第一个不等号.

下面针对三种不同的拒绝域, 说明假设检验问题 $H_0 : \theta \in \Theta_0 \ \leftrightarrow \ H_1 : \theta \in \Theta_1$ 的 p 值计算:

(1) 如果拒绝域为 $\{T > C\}$, 则 p 值为 $p(t_0) = \sup_{\theta \in \Theta_0} P_\theta(T \geqslant t_0)$;

(2) 如果拒绝域为 $\{T < C\}$, 则 p 值为 $p(t_0) = \sup_{\theta \in \Theta_0} P(T \leqslant t_0)$;

(3) 如果拒绝域为 $\{|T| > C\}$, 则 p 值为 $p(t_0) = \sup_{\theta \in \Theta_0} P(|T| > |t_0|)$.

其中 T 为检验统计量, t_0 是得到样本观测值 $x_1, x_2, \cdots, x_n$ 时 T 的取值.

7.5.2　单个正态总体假设检验的 p 值

对于单个正态总体的假设检验问题, 下面列出 p 值的具体公式, 其中 U 表示标准正态随机变量, $t(k)$ 表示服从自由度为 k 的 t 分布的随机变量, $\chi^2(k)$ 表示服从自由度为 k 的 χ^2 分布的随机变量, $\overline{x}$ 和 s 分别表示样本均值和样本标准差的观测值.

1. 设总体为 $N(\mu, \sigma^2)$, σ^2 已知

对于问题 $H_0 : \mu \leqslant \mu_0 \ \leftrightarrow \ H_1 : \mu > \mu_0$, 有

$$p(\boldsymbol{x}) = P\left(U \geqslant \frac{\sqrt{n}\,(\overline{x} - \mu_0)}{\sigma} \right) = 1 - \Phi\left(\frac{\sqrt{n}\,(\overline{x} - \mu_0)}{\sigma} \right). \tag{7.5.4}$$

对于问题 $H_0 : \mu \geqslant \mu_0 \ \leftrightarrow \ H_1 : \mu < \mu_0$, 有

$$p(\boldsymbol{x}) = P\left(U \leqslant \frac{\sqrt{n}\,(\overline{x} - \mu_0)}{\sigma} \right) = \Phi\left(\frac{\sqrt{n}\,(\overline{x} - \mu_0)}{\sigma} \right). \tag{7.5.5}$$

对于问题 $H_0 : \mu = \mu_0 \ \leftrightarrow \ H_1 : \mu \neq \mu_0$, 有

$$p(\boldsymbol{x}) = P\left(|U| \geqslant \frac{\sqrt{n}\,|\overline{x} - \mu_0|}{\sigma} \right) = 2 - 2\Phi\left(\frac{\sqrt{n}\,|\overline{x} - \mu_0|}{\sigma} \right). \tag{7.5.6}$$

2. 设总体为 $N(\mu, \sigma^2)$, σ^2 未知

对于问题 $H_0 : \mu \leqslant \mu_0 \ \leftrightarrow \ H_1 : \mu > \mu_0$, 有

$$p(\boldsymbol{x}) = P\left(t(n-1) \geqslant \frac{\sqrt{n}\,(\overline{x} - \mu_0)}{s} \right). \tag{7.5.7}$$

对于问题 $H_0 : \mu \geqslant \mu_0 \leftrightarrow H_1 : \mu < \mu_0$, 有

$$p(\boldsymbol{x}) = P\left(t(n-1) \leqslant \frac{\sqrt{n}\,(\overline{x} - \mu_0)}{s}\right). \tag{7.5.8}$$

对于问题 $H_0 : \mu = \mu_0 \leftrightarrow H_1 : \mu \neq \mu_0$, 有

$$p(\boldsymbol{x}) = P\left(|t(n-1)| \geqslant \frac{\sqrt{n}\,|\overline{x} - \mu_0|}{s}\right). \tag{7.5.9}$$

3. 设总体为 $\mathrm{N}(\mu, \sigma^2)$, μ 未知, 关于 σ^2 的检验

对于问题 $H_0 : \sigma^2 \leqslant \sigma_0^2 \leftrightarrow H_1 : \sigma^2 > \sigma_0^2$, 有

$$p(\boldsymbol{x}) = P\left(\chi^2(n-1) \geqslant \frac{(n-1)s^2}{\sigma_0^2}\right). \tag{7.5.10}$$

对于问题 $H_0 : \sigma^2 \geqslant \sigma_0^2 \leftrightarrow H_1 : \sigma^2 < \sigma_0^2$, 有

$$p(\boldsymbol{x}) = P\left(\chi^2(n-1) \leqslant \frac{(n-1)s^2}{\sigma_0^2}\right). \tag{7.5.11}$$

对于问题 $H_0 : \sigma^2 = \sigma_0^2 \leftrightarrow H : \sigma^2 \neq \sigma_0^2$, 有

$$p(\boldsymbol{x}) = 2\min\left\{P\left(\chi^2(n-1) \leqslant \frac{(n-1)s^2}{\sigma_0^2}\right), \, P\left(\chi^2(n-1) \geqslant \frac{(n-1)s^2}{\sigma_0^2}\right)\right\}. \tag{7.5.12}$$

7.5.3 两个正态总体假设检验的 p 值

对于两个正态总体的情形, 完全类似, 下面列出 p 值的具体公式, 其中 U 表示标准正态随机变量, $t(k)$ 表示服从自由度为 k 的 t 分布的随机变量, $\chi^2(k)$ 表示服从自由度为 k 的 χ^2 分布的随机变量, $F(k, l)$ 表示服从自由度为 k, l 的 F 分布的随机变量. 两个总体是 $X \sim \mathrm{N}(\mu_1, \sigma_1^2)$ 和 $Y \sim \mathrm{N}(\mu_2, \sigma_2^2)$, $x_1, x_2, \cdots, x_{n_1}$ 和 $y_1, y_2, \cdots, y_{n_2}$ 分别是来自两个总体的独立样本观测值. 它们的样本均值和样本方差分别为 $\overline{x}, s_1^2$ 和 $\overline{y}, s_2^2$.

1. 设总体为 $\mathrm{N}(\mu_1, \sigma_1^2)$ 和 $\mathrm{N}(\mu_2, \sigma_2^2)$, σ_1 和 σ_2 已知

对于问题 $H_0 : \mu_1 \leqslant \mu_2 \leftrightarrow H_1 : \mu_1 > \mu_2$, 有

$$p(\boldsymbol{x}, \boldsymbol{y}) = P\left(U \geqslant \frac{\overline{x} - \overline{y}}{\sqrt{\sigma_1^2/n_1 + \sigma_2^2/n_2}}\right) = 1 - \varPhi\left(\frac{\overline{x} - \overline{y}}{\sqrt{\sigma_1^2/n_1 + \sigma_2^2/n_2}}\right). \tag{7.5.13}$$

对于问题 $H_0 : \mu_1 \geqslant \mu_2 \leftrightarrow H_1 : \mu_1 < \mu_2$, 有

$$p(\boldsymbol{x}, \boldsymbol{y}) = P\left(U \leqslant \frac{\overline{x} - \overline{y}}{\sqrt{\sigma_1^2/n_1 + \sigma_2^2/n_2}}\right) = \varPhi\left(\frac{\overline{x} - \overline{y}}{\sqrt{\sigma_1^2/n_1 + \sigma_2^2/n_2}}\right). \tag{7.5.14}$$

对于问题 $H_0 : \mu_1 = \mu_2 \leftrightarrow H_1 : \mu_1 \neq \mu_2$, 有

$$p(\boldsymbol{x}, \boldsymbol{y}) = P\left(|U| \geqslant \frac{|\overline{x} - \overline{y}|}{\sqrt{\sigma_1^2/n_1 + \sigma_2^2/n_2}}\right) = 2 - 2\varPhi\left(\frac{|\overline{x} - \overline{y}|}{\sqrt{\sigma_1^2/n_1 + \sigma_2^2/n_2}}\right). \tag{7.5.15}$$

2. 设总体为 $N(\mu_1, \sigma_1^2)$ 和 $N(\mu_2, \sigma_2^2)$, $\sigma_1 = \sigma_2 = \sigma$, 但未知

对于问题 $H_0 : \mu_1 \leqslant \mu_2 \leftrightarrow H_1 : \mu_1 > \mu_2$, 有

$$p(\boldsymbol{x}, \boldsymbol{y}) = P\left(t(n_1 + n_2 - 2) \geqslant \frac{\overline{x} - \overline{y}}{s_W\sqrt{1/n_1 + 1/n_2}}\right). \tag{7.5.16}$$

对于问题 $H_0 : \mu_1 \geqslant \mu_2 \leftrightarrow H_1 : \mu_1 < \mu_2$, 有

$$p(\boldsymbol{x}, \boldsymbol{y}) = P\left(t(n_1 + n_2 - 2) \leqslant \frac{\overline{x} - \overline{y}}{s_W\sqrt{1/n_1 + 1/n_2}}\right). \tag{7.5.17}$$

对于问题 $H_0 : \mu_1 = \mu_2 \leftrightarrow H_1 : \mu_1 \neq \mu_2$, 有

$$p(\boldsymbol{x}, \boldsymbol{y}) = P\left(|t(n_1 + n_2 - 2)| \geqslant \frac{|\overline{x} - \overline{y}|}{s_W\sqrt{1/n_1 + 1/n_2}}\right), \tag{7.5.18}$$

其中 $s_W^2 = \dfrac{1}{n_1 + n_2 - 2}\left[(n_1 - 1)s_1^2 + (n_2 - 1)s_2^2\right]$.

3. 设总体为 $N(\mu_1, \sigma_1^2)$ 和 $N(\mu_2, \sigma_2^2)$, $\sigma_1 \neq \sigma_2$ 且未知

对于问题 $H_0 : \mu_1 \leqslant \mu_2 \leftrightarrow H_1 : \mu_1 > \mu_2$, 有

$$p(\boldsymbol{x}, \boldsymbol{y}) = P\left(t(l) \geqslant \frac{\overline{x} - \overline{y}}{\sqrt{s_1^2/n_1 + s_2^2/n_2}}\right). \tag{7.5.19}$$

对于问题 $H_0 : \mu_1 \geqslant \mu_2 \leftrightarrow H_1 : \mu_1 < \mu_2$, 有

$$p(\boldsymbol{x}, \boldsymbol{y}) = P\left(t(l) \leqslant \frac{\overline{x} - \overline{y}}{\sqrt{s_1^2/n_1 + s_2^2/n_2}}\right). \tag{7.5.20}$$

对于问题 $H_0 : \mu_1 = \mu_2 \leftrightarrow H_1 : \mu_1 \neq \mu_2$, 有

$$p(\boldsymbol{x}, \boldsymbol{y}) = P\left(|t(l)| \geqslant \frac{|\overline{x} - \overline{y}|}{\sqrt{s_1^2/n_1 + s_2^2/n_2}}\right), \tag{7.5.21}$$

其中 $l = \dfrac{(A_1 + A_2)^2}{A_1^2/(n_1 - 1) + A_2^2/(n_2 - 1)}$, $A_1 = s_1^2/n_1$, $A_2 = s_2^2/n_2$.

4. 设总体为 $N(\mu_1, \sigma_1^2)$ 和 $N(\mu_2, \sigma_2^2)$, 关于 σ_1^2 和 σ_2^2 的检验

对于问题 $H_0 : \sigma_1^2 \leqslant \sigma_2^2 \leftrightarrow H_1 : \sigma_1^2 > \sigma_2^2$, 有

$$p(\boldsymbol{x}, \boldsymbol{y}) = P\left(F(n_1 - 1, n_2 - 1) \geqslant \frac{s_1^2}{s_2^2}\right). \tag{7.5.22}$$

对于问题 $H_0 : \sigma_1^2 \geqslant \sigma_2^2 \leftrightarrow H_1 : \sigma_1^2 < \sigma_2^2$, 有

$$p(\boldsymbol{x}, \boldsymbol{y}) = P\left(F(n_1 - 1, n_2 - 1) \leqslant \frac{s_1^2}{s_2^2}\right). \tag{7.5.23}$$

对于问题 $H_0 : \sigma_1^2 = \sigma_2^2 \ \leftrightarrow \ H_1 : \sigma_1^2 \neq \sigma_2^2$, 有

$$p(\boldsymbol{x}, \boldsymbol{y}) = 2 \min \left\{ P\left(F(n_1 - 1, n_2 - 1) \leqslant \frac{s_1^2}{s_2^2}, \ F(n_1 - 1, n_2 - 1) \geqslant \frac{s_1^2}{s_2^2} \right) \right\}. \tag{7.5.24}$$

式 (7.5.4) ~ 式 (7.5.24) 所表示的 p 值都可以利用下面的函数统一计算.

```
p_value<-function(cdf, x, paramet=numeric(0), side="ineq"){
    n<-length(paramet)
    p<-switch(n + 1,
        cdf(x),
        cdf(x, paramet),
        cdf(x, paramet[1], paramet[2])
    )
    if (side=="less")          p
    else if (side=="greater")  1-p
        else
                if (p < 1/2)     2 * p
                else             2 * (1 - p)
}
```

例 7.5.2 设两名化验员分别独立地对某种量进行测定. 一名化验员测了 9 个样品, 样本方差为 0.7292; 另一名化验员测了 11 个样品, 样本方差为 0.2114. 假定测量值服从正态分布, 要求对两个总体方差作一致性检验.

解 这是关于两个正态总体的方差相等的检验, 待检假设为

$$H_0 : \sigma_1^2 = \sigma_2^2 \ \leftrightarrow \ H_1 : \sigma_1^2 \neq \sigma_2^2.$$

检验统计量是 $F = S_1^2/S_2^2$, 拒绝域为

$$W = \left\{ \frac{S_1^2}{S_2^2} > F_{1-\alpha/2}(8, 10) \ \text{或} \ \frac{S_1^2}{S_2^2} < F_{\alpha/2}(8, 10) \right\}.$$

由观测值得 $F = 0.7292/0.2114 = 3.4494$, 计算 p 值.

$$p = 2P\big(F(8, 10) \geqslant 3.4494 \big) = 0.0708,$$

其中 p 值的计算可以调用前面的函数 p_value() 完成:

```
> p_value(pf,0.7292/0.2114,paramet=c(8,10),side=0)
[1] 0.07081678
```

此 p 不算小, 因而拒绝原假设的证据不足. □

在 R 软件中, 内置函数 t.test() 提供了 t 检验和相应的区间估计的功能, 其调用格式如下:

```
t.test(x, y = Null, alternative = c("two side", "less", "greater"),
    mu = 0, paired = FAlSE, var.equal = FAlSE,
    conf.level = 0.95, ...)
```

其中 x,y 是数据向量, 如果只提供一组数据, 则作单个正态总体的均值检验, 否则作两个
正态总体的均值比较检验; alternative 指明备择假设, two.sided (默认) 表示双边假设
($H_1 : \mu \neq \mu_0$ 或 $H_1 : \mu_1 \neq \mu_2$), less 表示单边假设 ($H_1 : \mu < \mu_0$ 或 $H_1 : \mu_1 < \mu_2$), greater 表
示单边假设 ($H_1 : \mu > \mu_0$ 或 $H_1 : \mu_1 > \mu_2$); paired 是逻辑变量, paired=TRUE 表示 x,y 是成对
观测数据, 否则 (默认) 表示 x,y 不是成对观测数据; var.equal 是逻辑变量, var.equal=TRUE
表示认为两总体方差相同, 否则 (默认) 表示认为两总体方差不相同; conf.level 是置信水
平, 即 $1 - \alpha$, 通常是 0.95.

例 7.5.3   正常人的脉搏平均为 72 次/分, 某医生测得 10 例慢性四乙基铅中毒患者的
脉搏 (单位: 次/分):

$$54, \ 67, \ 68, \ 78, \ 70, \ 66, \ 67, \ 70, \ 65, \ 69.$$

已知脉搏服从正态分布. 问在水平 $\alpha = 0.05$ 下, 四乙基铅中毒患者和正常人的脉搏有无显著
差异?

解   这是单个正态总体的双边 t 检验问题, 调用函数 t.test() 如下:

```
> x <- c(54, 67, 68, 78, 70, 66, 67, 70, 65, 69)
> t.test(x, mu = 72)
```

程序返回结果为

```
    One Sample t-test
data:  x
t = -2.4534, df = 9, p-value = 0.03655
alternative hypothesis: true mean is not equal to 72
95 percent confidence interval:
 63.1585 71.6415
sample estimates:
mean of x
    67.4
```

可见返回值包括了检验统计量的值 -2.4534、检验的 p 值 0.03655、总体均值的置信区
间 $(63.1585, 71.6415)$ 等.   □

例 7.5.4   某铸造厂为提高铸件的耐磨性, 试制了一种镍合金铸件以取代以前的铜合金
铸件, 为此, 从两种铸件中分别随机抽取 8 个和 9 个样品, 测得耐磨性指标分别为

镍合金: 76.43, 73.21, 73.58, 69.69, 65.26, 70.83, 82.75, 72.34;

铜合金: 73.66, 64.27, 69.34, 71.37, 69.77, 68.12, 67.27, 68.07, 62.61.

根据专业知识, 指标服从正态分布, 且方差保持不变, 试在显著性水平 $\alpha = 0.05$ 下判断镍合
金的指标是否有显著提高.

解   这是两个正态总体均值的 t 检验问题, 调用函数 t.test() 如下:

```
> x <- c(76.43, 73.21, 73.58, 69.69, 65.26, 70.83, 82.75, 72.34)
> y <- c(73.66, 64.27, 69.34, 71.37, 69.77, 68.12, 67.27, 68.07, 62.61)
> t.test(x, y, alternative = "greater", var.equal = TRUE)
```

程序返回结果为

```
Two Sample t-test
data:  x and y
t = 2.2788, df = 15, p-value = 0.01887
alternative hypothesis: true difference in means is greater than 0
95 percent confidence interval:
 1.09256      Inf
sample estimates:
mean of x mean of y
 73.01125  68.27556
```

可见返回值包括了检验统计量的值 2.2788、检验的 p 值 0.01887、两个总体均值差的单侧置信区间 $(1.09256, \infty)$ 等.

例 7.5.5 利用函数 t.test() 在显著性水平 $\alpha = 0.05$ 下讨论例 7.4.4 中的假设检验问题.

解 这是成对数据的 t 检验问题, 调用函数 t.test() 如下:

```
> x <- c(10540, 780, 9453, 1573, 3962, 4673, 8205, 12458, 959, 7444, 4982,
+        8831, 648, 6969, 2408)
> y <- c(10020, 720, 9105, 1062, 3905, 4401, 8100, 12011, 847, 6853, 4602,
+        8452, 182, 6740, 2378)
> t.test(x, y, alternative = "greater", paired = TRUE)
```

程序返回结果为

```
 Paired t-test
data:  x and y
t = 6.0944, df = 14, p-value = 1.385e-05
alternative hypothesis: true difference in means is greater than 0
95 percent confidence interval:
 213.6299      Inf
sample estimates:
mean of the differences
             300.4667
```

可见返回值包括了检验统计量的值 6.0944、检验的 p 值 1.385×10^{-5}、成对处理差值的单侧置信区间 $(213.6299, \infty)$ 等.

在 R 软件中, 内置函数 var.test() 提供了检验两个正态总体方差比值的功能, 其调用格式如下:

```
var.test(x, y, ratio = 1, alternative = c("two side", "less", "greater"),
         conf.level = 0.95, ...)
```

其中 x,y 是来自两总体的数据向量, 如果只提供一组数据, 则作单个正态总体的方差检验, 否则作两个正态总体的方差比较检验; ratio 是原假设中的方差比, 默认值为 1; alternative

指明备择假设, two.sided (默认) 表示双边假设 $(H_1 : \sigma_1^2/\sigma_2^2 \neq \text{ratio})$, less 表示单边假设 $(H_1 : \sigma_1^2/\sigma_2^2 < \text{ratio})$, greater 表示单边假设 $(H_1 : \sigma_1^2/\sigma_2^2 > \text{ratio})$; conf.level 是置信水平, 即 $1 - \alpha$, 通常是 0.95.

例 7.5.6 从两台机器所加工的同一种零件中分别抽取 11 个和 9 个样品测量其尺寸为 (单位: cm)

第一台机器: 6.2, 5.7, 6.5, 6.0, 6.3, 5.8, 5.7, 6.0, 6.0, 5.8, 6.0;

第二台机器: 5.6, 5.9, 5.6, 5.7, 5.8, 6.0, 5.5, 5.7, 5.5.

已知零件尺寸服从正态分布. 问在显著性水平 $\alpha = 0.05$ 下加工精度 (方差) 是否有显著性差异?

解 这是两个正态总体方差比的 F 检验问题, 调用函数 var.test() 如下:

```
> x <- c(6.2, 5.7, 6.5, 6.0, 6.3, 5.8, 5.7, 6.0, 6.0, 5.8, 6.0)
> y <- c(5.6, 5.9, 5.6, 5.7, 5.8, 6.0, 5.5, 5.7, 5.5)
> var.test(x, y, ratio = 1)
```

程序返回结果为

```
     F test to compare two variances
data:  x and y
F = 2.1333, num df = 10, denom df = 8, p-value = 0.2952
alternative hypothesis: true ratio of variances is not equal to 1
95 percent confidence interval:
 0.4966869 8.2237672
sample estimates:
ratio of variances
          2.133333
```

可见返回值包括了检验统计量的值 2.1333、检验的 p 值 0.2952、两个总体方差之比的置信区间 $(0.4966869, 8.2237672)$ 等.   □

7.5.4 利用 p 值作检验

p 值就是在特定的零假设条件下对数据特征进行总结分析, p 值提供的是实际数据与零假设不相容的证据, p 值越小, 说明在零假设成立的条件下, 得到现有数据的概率越小, 越有把握拒绝原假设, 可见 p 值反映了程度化思想.

在实际操作中, 如果必须做出二值决策, 则事先指定显著性水平 α, 将其与 p 值进行比较, 就可以确定是否应该拒绝原假设. 具体而言:

如果 p 值 $\leqslant \alpha$, 拒绝 H_0;   如果 p 值 $> \alpha$, 不拒绝 H_0.

比如, 在例 7.5.2 中, p 值为 $0.07081678 > \alpha$ 不算小, 因而拒绝原假设的证据不足; 在例 7.5.3 中, p 值为 $0.03655 \leqslant \alpha$, 因而拒绝原假设, 认为四乙基铅中毒患者和正常人的脉搏有显著差异; 在例 7.5.4 中, p 值为 $0.01887 \leqslant \alpha$, 因而拒绝原假设, 认为镍合金的指标有显著提高; 在例 7.5.5 中, p 值为 1.385×10^{-5} 很小, 可以拒绝原假设, 认为该经理的计划是有效的; 在例 7.5.6 中, p 值为 0.2952 比较大, 因而不能拒绝原假设, 倾向于加工精度有差异.

需要注意的是 "显著" 和 "不显著" 的二分法有时候令人费解. 比如, p 值等于 0.048 和 0.052 区别并不明显, 但前者被认为是显著的, 后者却被认为是不显著的. 需要特别注意的是, 当单次实验中得到 "刚好显著" 的结果, 如 $p = 0.049$, 然后宣称有所发现时, 犯错的概率仍然可能很高.

因此, 众多研究者通常不用临界值法来确定 H_0 的拒绝域, 而是在假设检验的报告结果中给出 p 值, 然后利用它 (或者让读者自己判断) 来评价原假设被拒绝的程度.

可以说, p 值的应用几乎取代了传统的用临界值法确定 H_0 拒绝域的检验过程, 它不仅能得到与临界值法相同的结论, 而且还给出了拒绝域不能给出的信息: p 值是我们犯第一类错误的实际概率值.

在应用中, p 值常常被误以为是 "在得到现有样本观测值条件下原假设成立的概率", 这种误解实际上是将两个条件概率 $P(A \mid B)$ 和 $P(B \mid A)$ 混淆了. 事实上, 在经典统计学的观点下, 假设是一个关于总体未知部分的陈述, 这个陈述要么正确, 要么不正确, 两者必居其一, 不存在随机性, 不能说假设成立的概率.

习 题 7.5

1 设有两个正态总体 $X \sim N(\mu_1, \sigma_1^2)$ 和 $Y \sim N(\mu_2, \sigma_2^2)$, $x_1, x_2, \cdots, x_{n_1}$ 和 $y_1, y_2, \cdots, y_{n_2}$ 分别是来自总体 X 和 Y 的独立样本观测值, $\bar{x}$, s_1^2 和 $\bar{y}$, s_2^2 分别是对应的样本均值和样本方差的观测值. 考虑有关 μ_1 和 μ_2 的如下三个假设检验问题:

$$H_0 : \mu_1 \leqslant \mu_2 \quad \leftrightarrow \quad H_1 : \mu_1 > \mu_2;$$
$$H_0' : \mu_1 \geqslant \mu_2 \quad \leftrightarrow \quad H_1' : \mu_1 < \mu_2;$$
$$H_0'' : \mu_1 = \mu_2 \quad \leftrightarrow \quad H_1'' : \mu_1 \neq \mu_2.$$

按照 σ_1^2 和 σ_2^2 的不同情形, 分别写出相应的 p 值计算公式.

2 设有两个正态总体 $X \sim N(\mu_1, \sigma_1^2)$ 和 $Y \sim N(\mu_2, \sigma_2^2)$, $x_1, x_2, \cdots, x_{n_1}$ 和 $y_1, y_2, \cdots, y_{n_2}$ 分别是来自总体 X 和 Y 的独立样本观测值, $\bar{x}$, s_1^2 和 $\bar{y}$, s_2^2 分别是对应的样本均值和样本方差的观测值. 考虑有关 σ_1^2 和 σ_2^2 的如下三个假设检验问题:

$$H_0 : \sigma_1^2 \leqslant \sigma_2^2 \quad \leftrightarrow \quad H_1 : \sigma_1^2 > \sigma_2^2;$$
$$H_0' : \sigma_1^2 \geqslant \sigma_2^2 \quad \leftrightarrow \quad H_1' : \sigma_1^2 < \sigma_2^2;$$
$$H_0'' : \sigma_1^2 = \sigma_2^2 \quad \leftrightarrow \quad H_1'' : \sigma_1^2 \neq \sigma_2^2.$$

分别写出相应的 p 值计算公式.

3 从正态总体 $N(\mu, 8.5)$ 抽取容量为 10 的样本, 算得均值为 17.1, 待检验的假设为

$$H_0 : \mu \geqslant 19 \quad \leftrightarrow \quad H_1 : \mu < 19.$$

求检验的 p 值.

4 某厂在出品的汽车蓄电池说明书上写明使用寿命的标准差不超过 0.9 年. 如果随机调查了该厂生产的 10 只蓄电池, 测得使用寿命的样本标准差是 1.2 年, 假设使用寿命服从正

态分布 $N(\mu, \sigma^2)$, 现在要检验如下假设:

$$H_0 : \sigma^2 \leqslant 0.9^2 = 0.81, \ \leftrightarrow \ H_1 : \sigma^2 > 0.81.$$

求检验的 p 值.

7.6　其他分布参数的假设检验

7.6.1　指数分布参数的假设检验

设总体 X 服从指数分布 $\mathrm{Exp}(\lambda)$, $X_1, X_2, \cdots, X_n$ 是来自于该总体的样本. 关于 λ 的常见假设有如下三个:

$$H_0 : \lambda \leqslant \lambda_0 \ \leftrightarrow \ H_1 : \lambda > \lambda_0; \tag{7.6.1}$$

$$H_0 : \lambda \geqslant \lambda_0 \ \leftrightarrow \ H_1 : \lambda < \lambda_0; \tag{7.6.2}$$

$$H_0 : \lambda = \lambda_0 \ \leftrightarrow \ H_1 : \lambda \neq \lambda_0. \tag{7.6.3}$$

其中 λ_0 是给定的已知数.

我们以假设 (7.6.1) 为例, 说明检验法则的构造. 容易看出, 样本均值 $\overline{X}$ 是 λ^{-1} 的无偏估计, 因而 $\overline{X}$ 的值越大, 就越倾向于认为 λ 的值较小, 就对原假设 H_0 越有利; 而 $\overline{X}$ 的值越小, 就对原假设 H_0 越不利, 由此可得假设 (7.6.1) 的拒绝域应该为 $\{\overline{X} < C\}$.

为了计算该检验的功效函数, 先讨论 $\overline{X}$ 的分布. 注意到指数分布、χ^2 分布和 Γ 分布之间的关系:

$$\mathrm{Exp}(\lambda) = \Gamma(1, \lambda), \quad \chi^2(n) = \Gamma(n/2, 1/2).$$

由 Γ 分布的性质 (参见定理 2.6.7) 可知,

$$n\overline{X} = \sum_{i=1}^{n} X_i \sim \Gamma(n, \lambda), \quad 2\lambda n\overline{X} \sim \Gamma(n, 1/2) = \chi^2(2n).$$

记 $\chi^2(2n)$ 分布的分布函数为 $K(x)$, 则拒绝域为 $\{\overline{X} < C\}$ 的检验的功效函数为

$$g(\lambda) = P\big(\overline{X} < C \mid \lambda\big) = P\big(2\lambda n\overline{X} < 2\lambda nC\big) = K\big(2\lambda nC\big).$$

考虑到分布函数 K 的单调性, 显然

$$\sup_{\lambda \leqslant \lambda_0} g(\lambda) = K\big(2\lambda_0 nC\big).$$

于是, 对于给定的显著性水平 α, 要满足 $K(2\lambda_0 nC) \leqslant \alpha$, 利用 χ^2 分布分位点的概念, 取 $2\lambda_0 nC = \chi^2_\alpha(2n)$, 即 $C = \dfrac{\chi^2_\alpha(2n)}{2\lambda_0 n}$. 因此, 假设 (7.6.1) 的拒绝域为

$$\left\{\overline{X} < \frac{\chi^2_\alpha(2n)}{2n\lambda_0}\right\} = \big\{2n\lambda_0\overline{X} < \chi^2_\alpha(2n)\big\}. \tag{7.6.4}$$

关于假设 (7.6.2) 和假设 (7.6.3) 的拒绝域是类似的, 如表 7.11 所示.

表 7.11　指数分布参数的假设检验

待检验假设	拒绝域
$H_0: \lambda \leqslant \lambda_0 \leftrightarrow H_1: \lambda > \lambda_0$	$2n\lambda_0\overline{X} < \chi^2_{\alpha}(2n)$
$H_0: \lambda \geqslant \lambda_0 \leftrightarrow H_1: \lambda < \lambda_0$	$2n\lambda_0\overline{X} > \chi^2_{1-\alpha}(2n)$
$H_0: \lambda = \lambda_0 \leftrightarrow H_1: \lambda \neq \lambda_0$	$2n\lambda_0\overline{X} < \chi^2_{\alpha/2}(2n)$ 或 $2n\lambda_0\overline{X} > \chi^2_{1-\alpha/2}(2n)$

基于 7.5 节关于检验 p 值的讨论, 设 $\boldsymbol{x} = (x_1, x_2, \cdots, x_n)$ 是样本观测值, 由此可算得 $2n\lambda_0\overline{x}$, 则假设 (7.6.1)、假设 (7.6.2) 和假设 (7.6.3) 的检验 p 值分别为

$$p_1(\boldsymbol{x}) = P\left(\chi^2(2n) \leqslant 2n\lambda_0\overline{x}\right), \tag{7.6.5}$$

$$p_2(\boldsymbol{x}) = P\left(\chi^2(2n) \geqslant 2n\lambda_0\overline{x}\right), \tag{7.6.6}$$

$$p_3(\boldsymbol{x}) = 2\min\left\{P\left(\chi^2(2n) \leqslant 2n\lambda_0\overline{x}\right), \ P\left(\chi^2(2n) \geqslant 2n\lambda_0\overline{x}\right)\right\}. \tag{7.6.7}$$

其中 $\chi^2(2n)$ 表示服从自由度为 $2n$ 的 χ^2 分布的随机变量, 这里的 p 值也可以用 7.5 节定义的 p_value 函数计算.

例 7.6.1　设要检验某种电子元件的平均寿命不小于 6000 h, 假定电子元件寿命服从指数分布 $\mathrm{Exp}(\lambda)$, 现取 5 个元件投入寿命试验, 测得如下 5 个失效时间 (h):

395,　4094,　119,　11572,　6133.

解　待检假设为

$$H_0: \lambda \leqslant 6000^{-1} \leftrightarrow H_1: \lambda > 6000^{-1}.$$

经计算,

$$\overline{X} = 4462.6, \ 2n\lambda_0\overline{X} = 10 \times 4462.6 \times 6000^{-1} = 7.4377.$$

若取 $\alpha = 0.05$, 则查表知 $\chi^2_{0.05}(10) = 3.94$, 由于 $2n\lambda_0\overline{X} > \chi^2_{0.05}(10)$, 故不拒绝原假设, 可以认为平均寿命不低于 6000 h.

该检验的 p 值为

$$p_1(\boldsymbol{x}) = P\left(\chi^2(2n) \leqslant 2n\lambda_0\overline{x}\right) = P\left(\chi^2(10) \leqslant 7.4377\right) = 0.3164. \qquad \square$$

7.6.2　比例参数的假设检验 (小样本检验 —— 基于二项分布)

一般而言, 比例参数 p 可以视为某个事件 A 发生的概率. 关于 p 的假设检验, 是一个很有实用价值的假设检验问题, 这一问题在统计学中占有重要的地位. 这里概率要作较为广义的理解, 例如, 一大批产品的废品率; 指定一群人中某种疾病的发病率; 年收入在某水平以上的 "富户" 在全体农户中的比率; 用一种武器在一定距离下向一目标射击的命中率; 掷一硬币出现正面的概率等. 关于 p 的检验问题有以下三种常用情形:

$$H_0: p \leqslant p_0 \leftrightarrow H_1: p > p_0; \tag{7.6.8}$$

$$H_0: p \geqslant p_0 \leftrightarrow H_1: p < p_0; \tag{7.6.9}$$

$$H_0: p = p_0 \leftrightarrow H_1: p \neq p_0. \tag{7.6.10}$$

其中 p_0 是已知常数. 这类问题在 7.1 节已经讨论过, 下面分小样本和大样本两种情形详细讨论如上假设检验问题.

由概率论知, 在 n 次独立重复试验中, 事件 A 发生的次数 X 服从二项分布 $B(n,p)$. 这里通常假定 n 已知, p 是未知参数, 它表示事件 A 发生的概率. 因此, 这里的假设检验问题事实上就是关于二项分布总体的假设检验.

以假设 (7.6.9) 的检验为例, 首先看一个具体的例子.

例 7.6.2　某工厂称其产品中一级品率至少为 80%. 现随机抽查 15 个该厂产品, 其中有 9 个一级品. 试在 $\alpha = 0.05$ 的水平下检验 "一级品率至少为 80%" 这个假设 (H_0).

解　以 p 表示该厂产品的一级品率, X 记随机抽查的 15 个产品中的一级品数. 假定产品总数比 15 大很多, 则可以认为 $X \sim B(15, p)$.

我们的推理是这样的: 实际抽查的一级品率为 $9/15 = 0.6 < 0.8$, 因而我们怀疑 $p \geqslant 0.8$ 的假设不真. 显然实际抽查的一级品数越小, 对原假设 "$H_0: p \geqslant 0.8$" 越不利, 因而 H_0 的拒绝域应该为 $\{X \leqslant C\}$, C 为某个自然数. 由于抽样的随机性, 即使 $p \geqslant 0.8$ 成立, 在 15 个产品中有 C 个或不到 C 个一级品也是可能的. 关键是要考察这种可能性的大小, 如果这种可能性太小, 则我们认为它不现实, 即认为小概率事件在实际中不可能发生, 从而表示抽查结果与 $p \geqslant 0.8$ 的假设确实不相容, 倾向于拒绝这个假设. 反之, 若这种可能性不是很小, 则没有理由认为抽查结果与 $p \geqslant 0.8$ 不相容. 当然, 这里有一个 "小概率" 的界限问题, 而这正是显著性水平.

对于给定的显著性水平 α, C 的选择应该满足

$$P(X \leqslant C \mid p \geqslant 0.8) \leqslant \alpha.$$

由于

$$P(X \leqslant C \mid p \geqslant 0.8) \leqslant P(X \leqslant C \mid p = 0.8) = \sum_{k=0}^{C} C_{15}^k 0.8^k 0.2^{15-k}.$$

因此, 临界值 C 可以取满足

$$\sum_{k=0}^{C} C_{15}^k 0.8^k 0.2^{15-k} \leqslant \alpha$$

的最大整数 (一般而言, 不一定正好取到一个整数, 使得等号成立, 因而检验的实际水平小于 α).

对于本例数据, 由于

$$P(X \leqslant 9 \mid p = 0.8) = \sum_{k=0}^{9} C_{15}^k 0.8^k 0.2^{15-k} = 0.0611 > 0.05,$$

$$P(X \leqslant 8 \mid p = 0.8) = \sum_{k=0}^{8} C_{15}^k 0.8^k 0.2^{15-k} = 0.0181 < 0.05,$$

因而拒绝域应取为 $\{X \leqslant 8\}$, 即观测值 9 不在拒绝域中, 因而在 $\alpha = 0.05$ 的水平下, 不能拒绝原假设 H_0, 确切地说, 所做调查的结果没有提供否定 $p \geqslant 0.8$ 的有力证据.　　　　□

实际上, 对于这个例子和其他离散型总体的情形, 使用 p 值作检验比较简便. 这时不必确定临界值 C, 而只需根据观测值 $X = x$, 计算相应的 p 值, 也就是 X 取到 x 以及 "更极端值" 的概率.

不难看出, 假设 (7.6.8)、假设 (7.6.9) 和假设 (7.6.10) 的检验 p 值分别为

$$p_1(x) = P(X \geqslant x \mid p_0) = \sum_{k=x}^{n} C_n^k p_0^k (1-p_0)^{n-k}, \tag{7.6.11}$$

$$p_2(x) = P(X \leqslant x \mid p_0) = \sum_{k=0}^{x} C_n^k p_0^k (1-p_0)^{n-k}, \tag{7.6.12}$$

$$p_3(x) = 2\min\{P(X \leqslant x \mid p_0),\ P(X \geqslant x \mid p_0)\}. \tag{7.6.13}$$

双边假设 (7.6.10) 在具体实施过程中, 不必同时计算 $P(X \leqslant x \mid p_0)$ 和 $P(X \geqslant x \mid p_0)$, 具体检验方法如下.

若 $x/n = p_0$, 接受 H_0; 若 $x/n > p_0$, 则由式 (7.6.11) 计算 $p_1(x)$; 若 $x/n < p_0$, 则由式 (7.6.12) 计算 $p_2(x)$; 若 $p_1(x)$ 或 $p_2(x)$ 不超过 $\alpha/2$, 则拒绝 H_0, 否则不拒绝 H_0.

以上三种假设的检验法则如表 7.12 所示.

表 7.12 关于比例参数 p 的假设检验

待检验假设	样本容量	拒绝域
$p \leqslant p_0 \leftrightarrow p > p_0$	小	$p_1(x) \leqslant \alpha$
	大	$\dfrac{x - np_0}{\sqrt{np_0(1-p_0)}} > u_{1-\alpha}$
$p \geqslant p_0 \leftrightarrow p < p_0$	小	$p_2(x) \leqslant \alpha$
	大	$\dfrac{x - np_0}{\sqrt{np_0(1-p_0)}} < -u_{1-\alpha}$
$p = p_0 \leftrightarrow p \neq p_0$	小	$p_3(x) \leqslant \alpha$
	大	$\dfrac{|x - np_0|}{\sqrt{np_0(1-p_0)}} > u_{1-\alpha/2}$

R 软件中关于比例参数检验和估计的函数是 binom.test(), 其调用格式如下:

```
binom.test(x, n, p = 0.5, alternative = c("two side", "less", "greater"),
           conf.level = 0.95, ...)
```

其中 x 是成功的次数, 或者是一个由成功次数和失败次数组成的二维向量; n 是试验总数, 当 x 是二维向量时, 此值无效; p 是原假设的指定值 p_0; alternative 指明备择假设, two.sided (默认) 表示双边假设 ($H_1 : p \neq p_0$), less 表示单边假设 ($H_1 : p < p_0$), greater 表示单边假设 ($H_1 : p > p_0$); conf.level 是置信水平, 即 $1 - \alpha$, 通常是 0.95.

比如, 例 7.6.2 可以通过调用如下代码完成计算:

```
binom.test(9, 15, p = 0.8, alternative = "less")
```

程序返回结果为

```
    Exact binomial test
data:  9 and 15
```

number of successes = 9, number of trials = 15, p-value = 0.06105

alternative hypothesis: true probability of success is less than 0.8

95 percent confidence interval:

 0.0000000 0.8091353

sample estimates:

probability of success   0.6

　　可见返回的 p 值 0.06105 $\geqslant$ 0.05, 因而在 $\alpha = 0.05$ 的水平下, 不能拒绝原假设 H_0.

　　例 7.6.3　某工厂生产的一种牙膏, 多年来占领了某市 20% 的市场. 目前该厂想检验一下这个数字是否仍适用. 为此随机调查了该市 20 名市民, 结果有 6 人使用该厂生产的牙膏. 问根据这一调查结果, 在 $\alpha = 0.05$ 的水平下, 可否认为 20% 这个比率已有了改变?

　　解　问题相当于在 $n = 20, x = 6$ 的条件下检验假设 $H_0 : p = 0.2 \leftrightarrow p \neq 0.2$. 可以通过调用如下代码完成计算:

binom.test(6, 20, p = 0.2)

程序返回结果为

　　Exact binomial test

data: 6 and 20

number of successes = 6, number of trials = 20, p-value = 0.265

alternative hypothesis: true probability of success is not equal to 0.2

95 percent confidence interval:

 0.1189316 0.5427892

sample estimates:

probability of success   0.3

　　由于 p 值 0.265 $\geqslant$ 0.05, 因此, 不能拒绝 H_0, 即没有充分理由认为比率已经起了变化.

7.6.3　比例参数假设的大样本检验 (基于正态分布)

　　用二项分布检验 p, 有一个问题: 若 n 太小, 则检验难以做出可靠的结论; n 比较大, 则计算又太复杂. 后一点无需说明, 至于前一点, 从前面的例子可以看出. 在例 7.6.2 中, 抽查结果表明一级品率只有 60%, 比 80% 低不少. 但我们仍不能否定 $p \geqslant 0.8$ 的假设. 类似地, 在例 7.6.3 中, 该厂牙膏市场占有率调查结果为 6/20 = 30%, 超出 20% 很多, 同样还是没有把握做出 "该厂市场占有率已上升" 的结论. 究其原因, 就是其中的 n 太小, 换言之, 这样的观察规模解决不了多少问题.

　　因此, 在检验 p 时, 通常都要求 n 较大, 所幸此时二项分布可用正态分布近似, 这里一个基本事实是:

　　若 $X \sim \mathrm{B}(n, p)$, 则近似地有 $\dfrac{X - np}{\sqrt{np(1-p)}} \sim \mathrm{N}(0, 1)$.

　　因此, 假设 (7.6.8)、假设 (7.6.9) 和假设 (7.6.10) 的近似拒绝域就化为正态分布去处理, 其结果如表 7.12 所示. 检验 p 值的计算也可以用正态近似 (这里读者也可以考虑连续修正

量). 分别为

$$p_1(x) \approx P\left(U \geqslant \frac{x - np_0}{\sqrt{np_0(1 - p_0)}}\right) = 1 - \Phi\left(\frac{x - np_0}{\sqrt{np_0(1 - p_0)}}\right), \tag{7.6.14}$$

$$p_2(x) \approx P\left(U \leqslant \frac{x - np_0}{\sqrt{np_0(1 - p_0)}}\right) = \Phi\left(\frac{x - np_0}{\sqrt{np_0(1 - p_0)}}\right), \tag{7.6.15}$$

$$p_3(x) \approx P\left(|U| \geqslant \frac{|x - np_0|}{\sqrt{np_0(1 - p_0)}}\right) = 2 - 2\Phi\left(\frac{|x - np_0|}{\sqrt{np_0(1 - p_0)}}\right). \tag{7.6.16}$$

其中 U 为标准正态随机变量, $\Phi(\cdot)$ 为其分布函数.

例 7.6.4 某厂生产某种产品, 每批产量很大, 出厂标准是次品的比率不超过 2%. 现从一批产品中随机抽取 400 件, 发现 12 件次品, 如用显著性水平 $\alpha = 0.05$ 判断是否应该让这批产品出厂?

解 以 p 记这批产品的次品率, 问题是要检验:

$$H_0 : p \leqslant 0.02 \quad \leftrightarrow \quad H_1 : p > 0.02.$$

现在 $n = 400$, $p_0 = 0.02$, $x = 12$, $u_{1-\alpha} = u_{0.95} = 1.645$, 得

$$(x - np_0)/\sqrt{np_0(1 - p_0)} = 1.429 < 1.645.$$

故不能拒绝 H_0, 即应该让这批产品出厂. 该检验的 p 值为 $1 - \phi(1.429) = 0.0765 > 0.05$, 可见用 p 值检验, 结果一样. □

7.6.4 两个比例参数的比较检验

两个事件 A、B 分别有概率 p_1、p_2, 对 A 做 n_1 次试验, 发现 A 出现了 X_1 次, $X_1 \sim B(n_1, p_1)$; 对 B 做 n_2 次试验, 发现 B 出现了 X_2 次, $X_2 \sim B(n_2, p_2)$. 现要检验如下假设:

$$H_0 : p_1 \leqslant p_2 \leftrightarrow H_1 : p_1 > p_2; \tag{7.6.17}$$

$$H_0 : p_1 \geqslant p_2 \leftrightarrow H_1 : p_1 < p_2; \tag{7.6.18}$$

$$H_0 : p_1 = p_2 \leftrightarrow H_1 : p_1 \neq p_2. \tag{7.6.19}$$

这三个假设都可以在二项分布的基础上进行小样本检验, 但是这样意义不大. 因而一般都要求 n_1、n_2 充分大, 这时就可以用正态分布去处理.

以双边假设 (7.6.19) 为例, 记 $\widehat{p}_1 = X_1/n_1$, $\widehat{p}_2 = X_2/n_2$, 因 $\widehat{p}_1 - \widehat{p}_2$ 是 $p_1 - p_2$ 的估计, 故从直观上看, 一个自然的拒绝域应当是 $\{|\widehat{p}_1 - \widehat{p}_2| > C\}$. 其中常数 C 的确定就要用到正态分布近似二项分布, 这里我们不去深究细节, 只指出结果为

$$C = u_{1-\alpha/2}\sqrt{\frac{(n_1 + n_2)\,\widehat{p}\,(1 - \widehat{p})}{n_1 n_2}}, \quad 其中 \ \widehat{p} = \frac{X_1 + X_2}{n_1 + n_2}.$$

即假设 (7.6.19) 的拒绝域为

$$\left\{\left|\frac{X_1}{n_1} - \frac{X_2}{n_2}\right| > u_{1-\alpha/2}\sqrt{\frac{(n_1 + n_2)\,\widehat{p}\,(1 - \widehat{p})}{n_1 n_2}}\right\}. \tag{7.6.20}$$

类似地, 假设 (7.6.17) 和假设 (7.6.18) 的拒绝域分别为

$$\left\{ \frac{X_1}{n_1} - \frac{X_2}{n_2} > u_{1-\alpha} \sqrt{\frac{(n_1 + n_2)\,\widehat{p}\,(1 - \widehat{p})}{n_1 n_2}} \right\}, \tag{7.6.21}$$

$$\left\{ \frac{X_1}{n_1} - \frac{X_2}{n_2} < -u_{1-\alpha} \sqrt{\frac{(n_1 + n_2)\,\widehat{p}\,(1 - \widehat{p})}{n_1 n_2}} \right\}. \tag{7.6.22}$$

当有了观测值 x_1, x_2 后, 假设 (7.6.17)、假设 (7.6.18) 和假设 (7.6.19) 检验的 p 值近似为

$$
\begin{aligned}
p_1(x_1, x_2) &\approx P\left(U \geqslant \frac{x_1/n_1 - x_2/n_2}{\sqrt{(n_1 + n_2)\,\widehat{p}\,(1 - \widehat{p})/(n_1 n_2)}} \right) \\
&= 1 - \Phi\left(\frac{x_1/n_1 - x_2/n_2}{\sqrt{(n_1 + n_2)\,\widehat{p}\,(1 - \widehat{p})/(n_1 n_2)}} \right);
\end{aligned} \tag{7.6.23}
$$

$$
\begin{aligned}
p_2(x_1, x_2) &\approx P\left(U \leqslant \frac{x_1/n_1 - x_2/n_2}{\sqrt{(n_1 + n_2)\,\widehat{p}\,(1 - \widehat{p})/(n_1 n_2)}} \right) \\
&= \Phi\left(\frac{x_1/n_1 - x_2/n_2}{\sqrt{(n_1 + n_2)\,\widehat{p}\,(1 - \widehat{p})/(n_1 n_2)}} \right);
\end{aligned} \tag{7.6.24}
$$

$$
\begin{aligned}
p_3(x_1, x_2) &\approx P\left(|U| \geqslant \frac{|x_1/n_1 - x_2/n_2|}{\sqrt{(n_1 + n_2)\,\widehat{p}\,(1 - \widehat{p})/(n_1 n_2)}} \right) \\
&= 2 - 2\Phi\left(\frac{|x_1/n_1 - x_2/n_2|}{\sqrt{(n_1 + n_2)\,\widehat{p}\,(1 - \widehat{p})/(n_1 n_2)}} \right).
\end{aligned} \tag{7.6.25}
$$

其中 U 为标准正态随机变量, $\Phi(\cdot)$ 为其分布函数.

下面举一个具体的例子.

例 7.6.5　在两个地区各随机抽取 100 个居民, 其中地区一中有 2 名大学生, 地区二中有 8 名大学生, 试在水平 $\alpha = 0.05$ 下, 检验地区二大学生比率是否显著地高?

解　设地区一大学生比率为 p_1, 地区二大学生比率为 p_2. 以 "地区二大学生比率并不高于地区一" 作为原假设, 即

$$H_0 : p_1 \geqslant p_2 \ \leftrightarrow \ H_1 : p_1 < p_2.$$

该假设的拒绝域如式 (7.6.22), 算出

$$u_{1-\alpha} \sqrt{\frac{(n_1 + n_2)\,\widehat{p}\,(1 - \widehat{p})}{n_1 n_2}} = 0.0507.$$

因为 $\widehat{p}_1 - \widehat{p}_2 = -0.06 < -0.0507$, 应拒绝假设 H_0, 即所获数据显著支持了 "地区二大学生比率高于地区一" 的说法.

相应的检验的 p 值为

$$p_2(x) \approx \Phi\left(\frac{x_1/n_1 - x_2/n_2}{\sqrt{(n_1 + n_2)\,\widehat{p}\,(1 - \widehat{p})/(n_1 n_2)}} \right) = \Phi(-0.1.9467) = 0.0258 < 0.05.$$

可见, 使用 p 值作检验, 结论也是拒绝假设 H_0. □

习 题 7.6

1 设一批产品的寿命服从指数分布 $\mathrm{Exp}(\lambda)$, 从该批产品种抽取 10 件, 测得寿命如下 (单位: h):

$$1643, \ 1629, \ 426, \ 132, \ 1522, \ 432, \ 1759, \ 1074, \ 528, \ 283.$$

根据这批数据能否认为这批产品的平均寿命不低于 1100 h (取显著性水平 $\alpha = 0.01$)? 并求出检验的 p 值.

2 某县一位营养学家断言, 该县有至少 75% 的学龄前儿童饮食中蛋白质含量没有达到标准. 现进行一次抽样调查, 发现 300 名儿童中有 206 名儿童饮食中蛋白质含量没有达到标准. 在水平 $\alpha = 0.01$ 下, 可否同意该营养学家的断言?

3 某城市中随机调查了 1000 户家庭, 发现有家用轿车的有 618 户, 在水平 $\alpha = 0.05$ 之下是否可同意 "该城市有 2/3 的家庭拥有家用轿车" 的说法?

4 设 $X_1, X_2, \cdots, X_n$ 是来自泊松分布 $\mathrm{P}(\lambda)$ 的样本, 现要检验如下假设

$$H_0 : \lambda \leqslant \lambda_0 \ \leftrightarrow \ H_1 : \lambda > \lambda_0.$$

试给出水平 α 的检验法则.

5 某建筑工地每天发生事故数 X 可以看作服从泊松分布 $\mathrm{P}(\lambda)$, 现在记录了该工地 200 天事故数如下

一天发生的事故数	0	1	2	3	4	5	$\geqslant 6$	合计
天数	102	59	30	8	0	1	0	200

能否说明该工地平均每天发生事故数不超过 0.6 起? (取 $\alpha = 0.05$)

6 在随机抽取的男性 467 人中, 发现色盲 8 人. 随机抽取女性 433 人, 发现色盲 1 人. 就这些数据, 是否有充分的根据认为: 女性中色盲比例比男性的小? 取水平 $\alpha = 0.01$.

7 设总体 $X \sim \mathrm{Exp}(\lambda_1)$, $Y \sim \mathrm{Exp}(\lambda_2)$, $X_1, X_2, \cdots, X_{n_1}$ 和 $Y_1, Y_2, \cdots, Y_{n_2}$ 分别是来自总体 X 和 Y 的样本, 两样本也相互独立. 设 $\delta = \lambda_1 / \lambda_2$, 试给出如下假设检验问题的水平 α 的检验法则, 以及检验的 p 值.

$$H_0 : \delta = 1 \ \leftrightarrow \ H_1 : \delta \neq 1.$$

7.7 分布拟合检验

7.7.1 分类数据的 χ^2 检验法

分类数据 (又称属性数据或名义数据) 的概念在第 5 章已有解释. 也就是 "数据" 本身并不以在一定单位下确切数值的形式出现, 而只能按其某种属性归入若干类之一. 在分类数据中, 通常我们最关心的是其比例问题, 即属于各类的个体占总体的比例大小.

分类数据检验问题的提法是: 设有一个包含 N 个个体的总体 (N 很大), 这一总体分为 $A_1, A_2, \cdots, A_k$ 共 k 个不相交的类, 而属于 A_i 类的个体数为 N_i 个, $N_1 + N_2 + \cdots + N_k = N$, 则 $p_i = N_i/N$ 是 A_i 类的比例, $i = 1, 2, \cdots, k$. 我们要检验原假设:

$$H_0 : p_1 = p_1^0, \ p_2 = p_2^0, \ \cdots, \ p_k = p_k^0. \tag{7.7.1}$$

其中 $p_1^0, p_2^0, \cdots, p_k^0$ 为已知常数, 为此我们从该总体中随机抽出 n 个个体, 且假定 n/N 很小, 发现其中含有 A_i 类个体 n_i 个, 而当原假设 H_0 正确时, A_i 类的比例为 p_i^0, 故抽取的 n 个个体中属于 A_i 类的 "期望个数" 应为 np_i^0. 在统计上, 把 $E_i = np_i^0$ 称为 "A_i 类的理论频数", 而实际观察到的属于 A_i 类的个体数 n_i 称为 "A_i 类的观察频数". 如果原假设 H_0 正确, 则 n_i 与 E_i 比较接近. 皮尔逊 (Pearson) 提出下面的统计量作为理论频数与观察频数差距的综合度量:

$$\chi^2 = \sum_{i=1}^{k} \frac{(E_i - n_i)^2}{E_i}. \tag{7.7.2}$$

当原假设 (7.7.1) 成立时, 此统计量 χ^2 之值应偏小, 而当原假设 (7.7.1) 不真时, 倾向于取较大的值, 因而假设 (7.7.1) 的拒绝域可取为 $\{\chi^2 > C\}$, C 为待定常数.

常数 C 的确定固然与给定的显著性水平 α 有关, 同时也与统计量的分布有关, 皮尔逊证明了这样一个结果:

当 n 很大 (但 n/N 很小) 且原假设 H_0 成立时, 由式 (7.7.2) 定义的 χ^2 近似服从 $\chi^2(k-1)$ 分布.

利用这个结果, 可以把 C 近似地取为 $\chi_{1-\alpha}^2(k-1)$, 从而假设 (7.7.1) 的拒绝域近似为

$$\left\{ \chi^2 = \sum_{i=1}^{k} \frac{(E_i - n_i)^2}{E_i} > \chi_{1-\alpha}^2(k-1) \right\}. \tag{7.7.3}$$

该检验的近似 p 值为

$$p = P\left(\chi^2(k-1) \geqslant \sum_{i=1}^{k} \frac{(E_i - n_i)^2}{E_i} \right). \tag{7.7.4}$$

其中 $\chi^2(k-1)$ 是服从自由度为 $k-1$ 的卡方分布的随机变量.

χ^2 检验的一个著名的应用例子是检验孟德尔 (Mendel) 豌豆试验结果. 这个试验导致了近代遗传学上起决定作用的基因学说的产生. 问题大致为: 孟德尔观察到在一种试验安排下, 豌豆黄、绿两种颜色数目之比总是接近 3 : 1, 为解释这个现象, 他认为颜色决定于一个实体, 该实体有黄、绿两种状态, 父本与母本配合时, 一共有 4 种情况:

$$(黄, 黄), \quad (黄, 绿), \quad (绿, 黄), \quad (绿, 绿).$$

孟德尔认为只有后面一种产生绿色豌豆, 前三种都是黄色. 这就解释了 3 : 1 的比例. 在 20 世纪初期, 他所说的这种实体被命名为基因.

在实际观察中, 由于有随机性, 观察数不会恰好呈 3 : 1 的比例, 因此就需要进行统计检验. χ^2 检验正好符合这个需要. 孟德尔的许多观察数据都曾用 χ^2 检验法检验, 这对确立他的学说起到了一定的作用.

在一个更为复杂的情况中, 孟德尔同时考虑豌豆的颜色和形状, 一共有 4 种组合:

$$(黄, 圆), \quad (黄, 皱), \quad (绿, 圆), \quad (绿, 皱).$$

按孟德尔的理论, 这 4 类应有 $9:3:3:1$ 的比例. 下面是一个实例.

例 7.7.1 在一次观察中, 发现这 4 类的观察数分别为 315、101、108 和 32. 要在水平 $\alpha = 0.05$ 之下, 检验 $9:3:3:1$ 这个比例.

解 这里要求检验原假设:

$$H_0: p_1 = 9/16, \ p_2 = 3/16, \ p_3 = 3/16, \ p_4 = 1/16.$$

其中 $n = 556, k = 4$. χ^2 统计量的计算过程列表如表 7.13 所示. 查 χ^2 分布表得, $\chi^2_{1-\alpha}(k-1) = \chi^2_{0.95}(3) = 7.815 > 0.47$, 所以不应拒绝 H_0. □

表 7.13 例 7.7.1 中 χ^2 统计量值的计算过程

$E_i = np_i^0$	n_i	$E_i - n_i$	$(E_i - n_i)^2/E_i$
312.75	315	-2.25	0.0162
104.25	101	3.25	0.1013
104.25	108	-3.75	0.1349
34.75	32	2.75	0.2176
556.00	556	0	$\chi^2 = 0.4700$

R 软件中提供的函数 chisq.test() 可以方便地完成计算工作, 其调用格式如下:

```
chisq.test(x, y = NULL, correct = TRUE,
          p = rep(1/length(x), length(x)), ...)
```

其中 x 是数据向量或矩阵; y 是数据向量 (当 x 是矩阵时, y 无效); correct 表示是否进行连续性修正; p 是与 x 同长度的概率向量.

比如, 例 7.7.1 可以通过调用如下代码完成计算:

```
> chisq.test(c(315, 101, 108, 32), p = c(9, 3, 3, 1) / 16)
```

程序返回结果为

```
Chi-squared test for given probabilities
data: c(315, 101, 108, 32)
X-squared = 0.47002, df = 3, p-value = 0.9254
```

可见返回的 p 值为 0.9254, 这个 p 值很大, 说明不能拒绝 H_0, 数据与原假设吻合得很好.

7.7.2 总体分布的假设检验

在实际问题中, 我们常常需要检验总体 X 是否服从某种分布 (如正态分布). 即原假设为

$$H_0: 总体 X 的分布函数为 F(x). \tag{7.7.5}$$

其中 $F(x)$ 为一个已知的分布函数, 现假定 $F(x)$ 不含有未知参数. 这个问题可以分为三种情况加以讨论.

(1) 总体 X 只取有限个值 $a_1, a_2, \cdots, a_k$. 把每个值 a_i 作为一类, 记

$$p_i = P(X = a_i) = F(a_i) - F(a_i - 0), i = 1, 2, \cdots, k.$$

由于分布 F 已知, 在原假设 H_0 成立时, $p_1, p_2, \cdots, p_k$ 都是已知的. 以 n_i 记 $X_1, X_2, \cdots, X_n$ 中取值 a_i 的个数, 则第 i 类的理论频数与观察频数分别为 np_i 和 n_i. 这样, 一切与我们前面讲过的检验问题 (7.7.1) 完全一样.

(2) 总体变量 X 为离散型, 但取无限个值 $a_1, a_2, \cdots$. 作法与 X 取有限个值时一样, 只是在这里, 合并若干个值为一类是必需的, 且至少有一类要包含无限个值.

(3) 总体变量 X 为连续型. 这时, 在实数轴上 (准确地讲, 应该是在 x 的支撑集上) 适当地取 $k-1$ 个点 $t_1, t_2, \cdots, t_{k-1}$, 把 $(-\infty, +\infty)$ 分成 k 个小区间: $(-\infty, t_1], (t_1, t_2], \cdots, (t_{k-2}, t_{k-1}],$ $(t_{k-1}, +\infty)$.

这 k 个区间相当于 k 个类, 记

$$p_i = P(t_{i-1} < X \leqslant t_i) = F(t_i) - F(t_{i-1}). \quad i = 1, 2, \cdots, k, t_0 = -\infty, t_k = +\infty.$$

则各类的理论频数为 $np_1, np_2, \cdots, np_k$. 而第 i 类的观察频数为样本值 $x_1, x_2, \cdots, x_n$ 中落入区间 $(t_{i-1}, t_i]$ 内的个数, 其余的一切与前面一样.

至于分区间多少及位置的问题, 可遵循第 5 章关于数据分组的一般原则.

在实际问题中, 分布函数 $F(x)$ 中往往含有未知参数. 此时可先用样本估计其中的未知参数, 然后依上述步骤计算统计量 χ^2 的值. 需要注意的是, 此时统计量近似地服从 $\chi^2(k-l-1)$, 其中 l 为未知参数的个数, 即原假设的拒绝域为

$$\left\{ \chi^2 > \chi^2_{1-\alpha}(k - l - 1) \right\}. \tag{7.7.6}$$

例 7.7.2 随机地抽查某厂生产的 50 颗滚珠, 测得直径 (单位: mm) 如下:

15.0,	15.8,	15.2,	15.1,	15.9,	14.7,	14.8,	15.5,	15.6,	15.3,
15.1,	15.3,	15.0,	15.6,	15.7,	14.8,	14.5,	14.2,	14.9,	14.9,
15.2,	15.0,	15.3,	15.6,	15.1,	14.9,	14.2,	14.6,	15.8,	15.2,
15.9,	15.2,	15.0,	14.9,	14.8,	14.5,	15.1,	15.5,	15.5,	15.1,
15.1,	15.0,	15.3,	14.7,	14.5,	15.5,	15.0,	14.7,	14.6,	14.2.

问能否认为该厂生产的滚珠直径服从正态分布?

解 经过计算得到样本均值 $\bar{x} = 15.1$, 样本方差 $s^2 = 0.4325^2$, 原假设

$$H_0: 滚珠直径服从 N(15.1, 0.4325^2).$$

下面计算统计量 χ^2. 首先利用 $t_1 = 14.35$, $t_2 = 14.65$, $t_3 = 14.95$, $t_4 = 15.25$, $t_5 = 15.55$, $t_6 = 15.85$, 将 $(-\infty, +\infty)$ 分成 7 段:

$$(-\infty, 14.35], \quad (14.35, 14.65], \quad \cdots, \quad (15.85, +\infty).$$

用 $F(x)$ 表示 $\mathrm{N}(15.1, 0.4325^2)$ 的分布函数, 利用标准正态分布计算各 $F(t_i)$.

$$F(t_1) = \Phi\left(\frac{t_1 - 15.1}{0.4325}\right) = \Phi(-1.7341) = 0.0414,$$

同理 $F(t_2) = 0.1491, F(t_3) = 0.3645, F(t_4) = 0.6355, F(t_5) = 0.8509, F(t_6) = 0.9586.$ 于是

$$p_1 = F(t_1) = 0.0414, \qquad\qquad p_2 = F(t_2) - F(t_1) = 0.1077,$$
$$p_3 = F(t_3) - F(t_2) = 0.2154, \qquad p_4 = F(t_4) - F(t_3) = 0.2710,$$
$$p_5 = F(t_5) - F(t_4) = 0.2154, \qquad p_6 = F(t_6) - F(t_5) = 0.1077,$$
$$p_7 = 1 - F(t_6) = 0.0414.$$

用唱票法得到落入各区间的频数 n_i. 现将有关数据列入表 7.14 中.

表 7.14　例 7.7.2 中 χ^2 统计量值的计算

分组	n_i	p_i	$(n_i - np_i)^2$	$(n_i - np_i)^2/np_i$
$(-\infty, 14.35]*$	3	0.0414	0.2970	0.0398
$(14.35, 14.65]*$	5	0.1077		
$(14.65, 14.95]$	10	0.2154	0.5929	0.0551
$(14.95, 15.25]$	16	0.2710	6.0025	0.4430
$(15.25, 15.55]$	8	0.2154	7.6729	0.7124
$(15.55, 15.85]\diamond$	6	0.1077	0.2970	0.0398
$(15.85, +\infty)\diamond$	2	0.0414		
Σ	50	1		1.29

$*$: 前两组合并; $\diamond$: 后两组合并.

取 $\alpha = 0.05$, 由于 $k = 7, l = 2$(用 $\bar{x}$ 估计 μ, s^2 估计 σ^2). 又由于将第 1 组和第 7 组分别合并入第 2 组和第 6 组, 所以自由度为 $7-2-2-1 = 2$. 于是拒绝域为 $x^2 > \chi^2_{0.95}(2) = 5.991$. 现在由于 $\chi^2 = 1.2901 < 5.991$, 未落入拒绝域, 所以不拒绝 H_0, 即认为滚珠的直径服从正态分布.

该检验的近似 p 值为 $p = P\left(\chi^2(2) \geqslant 1.2901\right) = 0.5246.$ 这个 p 值比较大, 说明不能拒绝 H_0, 数据与原假设吻合得较好. $\qquad\square$

例 7.7.3　每隔一定时间观察一次由某种铀所放射到达计数器上的 α 粒子数 X, 共观察了 100 次, 其结果列入表 7.15 中, 其中 n_i 是观察到有 i 个 α 粒子的次数. 从理论上分析 X 服从泊松分布 $\mathrm{P}(\lambda)$, 问这是否符合实际 $(\alpha = 0.05)$?

表 7.15　某种铀所放射到达计数器上的 α 粒子数

i	0	1	2	3	4	5	6	7	8	9	10	11	Σ
n_i	1	5	16	17	26	11	9	9	2	1	2	1	100

解　因为 λ 未知, 我们用样本均值 $\bar{x} = 4.2$ 来估计 λ. 这一步可以用 R 语言的如下代码实现:

```
> x <- 0:11; y <- c(1, 5, 16, 17, 26, 11, 9, 9, 2, 1, 2, 1)
> lambda_hat <- mean(rep(x, y))
```

于是我们的问题是 X 是否服从参数为 4.2 的泊松分布.

$$H_0:\ 总体\ X\ 服从\ \mathrm{P}(4.2).$$

如果 H_0 成立, 则在给定时间间隔内所放射出的 α 粒子数的理论频数为

$$np_i = 100 \cdot \frac{4.2^i}{i!}\mathrm{e}^{-4.2},\quad i = 0, 1, 2, \cdots.$$

其计算结果列入表 7.16 中. 其中有些理论频数小于 5 的组, 予以合并, 使新的组内理论频数大于等于 5. 注意, 最后一组 "$\geqslant 11$" 的 $p_i = \sum_{j=11}^{\infty}\frac{4.2^j}{j!}\mathrm{e}^{-4.2}$.

表 7.16 某种铀所放射到达计数器上的 α 粒子数及其计算结果

i	n_i	np_i	$(n_i - np_i)^2$	$(n_i - np_i)^2/np_i$
0*	1	1.5	3.24	0.415
1*	5	6.3		
2	16	13.2	7.84	0.594
3	17	18.5	2.25	0.122
4	26	19.4	43.56	2.245
5	11	16.3	28.09	1.723
6	9	11.4	5.76	0.505
7	9	6.9	4.41	0.639
8◇	2	3.6		
9◇	1	1.7	0.09	0.014
10◇	2	0.7		
$\geqslant 11$◇	1	0.3		
$\sum$	100			6.257

*: 前两组合并; ◇: 后四组合并.

由于原始数据有 12 组, 又合并掉 4 组, 估计了一个参数, 所以自由度为 $12-1-4-1=6$. 查表得 $\chi^2_{0.95}(6) = 12.592$. 由表 7.16, $\chi^2 = 6.257 < 12.592$, 未落入拒绝域, 不拒绝 H_0, 即认为放射的 α 粒子数服从 P(4.2).

该检验的近似 p 值为 $p = P(\chi^2(6) \geqslant 6.257) = 0.3950$. 这个 p 值比较大, 说明不能拒绝 H_0, 数据与原假设吻合得较好.　　　　□

7.7.3 列联表和独立性检验

列联表是一张安排两类指标因素的表格: 一个因素安排在横行上, 另一个因素安排在纵列上. 例如, 一种产品有合格与次品之分, 而它可以用三种不同的工艺去生产出来. 这里 "质量" 是一个因素, "工艺" 是一个因素. 它们分别有 2 个和 3 个 "水平". 我们感兴趣的是这两个因素之间是否相关, 若无关, 则这两个因素独立.

设想为检验这一独立性, 随机抽取 201 个产品, 按上述两个因素交叉分类列表表示 (表 7.17). 这样一张表就称为列联表, 或更确切地称为 2×3 列联表.

表 7.17 2×3 列联表

质量	生产工艺			总计
	I	II	III	
合格品	63	47	65	175
次品	16	7	3	26
总计	79	54	68	201

一般地, 设有 A、B 两个因素, 各有 r 和 s 个水平, 交叉分为 rs 类. 随机抽取 n 个个体, 发现其中分到 (i,j) 类的 (即该个体因素 A 取水平 i, 因素 B 取水平 j) 有 n_{ij} 个, 这样列成的表称为 $r \times s$ 列联表 (表 7.18). 其中, $n_{i\cdot} = \sum_{j=1}^{s} n_{ij}$ 是在 n 个个体中, 其因素 A 取水平 i 的个数; $n_{\cdot j} = \sum_{i=1}^{r} n_{ij}$ 是在 n 个个体中, 其因素 B 取水平 j 的个数.

表 7.18 $r \times s$ 列联表

A	B				$\sum$
	1	2	$\cdots$	s	
1	n_{11}	n_{12}	$\cdots$	n_{1s}	$n_{1\cdot}$
2	n_{21}	n_{22}	$\cdots$	n_{2s}	$n_{2\cdot}$
$\vdots$	$\vdots$	$\vdots$	$\vdots$	$\vdots$	$\vdots$
r	n_{r1}	n_{r2}	$\cdots$	n_{rs}	$n_{r\cdot}$
$\sum$	$n_{\cdot 1}$	$n_{\cdot 2}$	$\cdots$	$n_{\cdot s}$	n

现在我们要求检验原假设

$$H_0: A、B \text{ 两因素独立}.$$

为了检验这个假设, 我们首先要将这个原假设用明确的数学语言表达出来. 为此, 引进以下三个概率:

$$p_{i\cdot} = P(\text{任一个体的因素 } A \text{ 有水平 } i), i = 1, 2, \cdots, r;$$
$$p_{\cdot j} = P(\text{任一个体的因素 } B \text{ 有水平 } j), j = 1, 2, \cdots, s;$$
$$p_{ij} = P(\text{任一个体的因素 } A \text{ 有水平 } i, \text{因素 } B \text{ 有水平 } j),$$
$$i = 1, 2, \cdots, r; \quad j = 1, 2, \cdots, s.$$

如此, 则独立性假设 H_0 可表示为

$$H_0: p_{ij} = p_{i\cdot}p_{\cdot j}, i = 1, 2, \cdots, r; j = 1, 2, \cdots, s. \tag{7.7.7}$$

不难看出此问题与本节一开始提到的分类数据的检验问题相似, 这里的分类数为 rs, 且 $p_{i\cdot}$, $p_{\cdot j}$ 本身是未知的, 因而先要对参数 $p_{i\cdot}$, $p_{\cdot j}$ 估计. 我们用频率估计概率:

$$\hat{p}_{i\cdot} = n_{i\cdot}/n, \quad i = 1, 2, \cdots, r;$$
$$\hat{p}_{\cdot j} = n_{\cdot j}/n, \quad j = 1, 2, \cdots, s.$$

这样就得到 p_{ij} 的估计值

$$\hat{p}_{ij} = n_{i\cdot}n_{\cdot j}/n^2, \quad i = 1, 2, \cdots, r; j = 1, 2, \cdots, s.$$

从而算出各类 (共 rs) 的理论频数:

$$E_{ij} = n\widehat{p}_{ij} = n_{i\cdot}n_{\cdot j}/n, \quad i = 1, 2, \cdots, r; \ j = 1, 2, \cdots, s.$$

再利用 (i, j) 类的观察频数 n_{ij}, 算出统计量 χ^2 值为

$$\chi^2 = \sum_{i=1}^{r}\sum_{j=1}^{s}\frac{(n_{ij} - E_{ij})^2}{E_{ij}} = \sum_{i=1}^{r}\sum_{j=1}^{s}\frac{(nn_{ij} - n_{i\cdot}n_{\cdot j})^2}{nn_{i\cdot}n_{\cdot j}}.$$

自由度为

$$rs - (r + s - 2) - 1 = (r - 1)(s - 1).$$

由此得独立性假设 (7.7.7) 的拒绝域为

$$\left\{\sum_{i=1}^{r}\sum_{j=1}^{s}\frac{(nn_{ij} - n_{i\cdot}n_{\cdot j})^2}{nn_{i\cdot}n_{\cdot j}} > \chi^2_{1-\alpha}\big((r-1)(s-1)\big)\right\}. \tag{7.7.8}$$

下面考察一个实例.

例 7.7.4 回到表 7.17 提到的那三种工艺生产的产品的例子. 利用各类的观察频数, 算出各类的理论频数如表 7.19 所示.

表 7.19　例 7.7.4 理论频数 E_{ij} 的计算

E_{ij}	1	2	3	$n_{i\cdot}$
1	$\dfrac{175 \times 79}{201} = 68.78$	$\dfrac{175 \times 54}{201} = 47.02$	$\dfrac{175 \times 68}{201} = 59.20$	175
2	$\dfrac{26 \times 79}{201} = 10.22$	$\dfrac{26 \times 54}{201} = 6.98$	$\dfrac{26 \times 68}{201} = 8.80$	26
$n_{\cdot j}$	79	54	68	201

由此及各类的观察频数, 就算出统计量 χ^2 值:

$$\chi^2 = \frac{(63 - 68.78)^2}{68.78} + \frac{(47 - 47.02)^2}{47.02} + \frac{(65 - 59.20)^2}{59.20}$$

$$+ \frac{(16 - 10.22)^2}{10.22} + \frac{(7 - 6.98)^2}{6.98} + \frac{(3 - 8.80)^2}{8.80} = 8.14.$$

对应的自由度为 $(2-1)(3-1) = 2$. 因此 $\chi^2_{1-\alpha}\big((r-1)(s-1)\big) = \chi^2_{0.95}(2) = 5.991 < 8.14$. 故在 $\alpha = 0.05$ 的水平下拒绝原假设 H_0, 即次品率与生产工艺不独立.

该检验的 p 值近似为 $p = P\big(\chi^2(2) \geqslant 8.14\big) = 0.0171$. 这个 p 值小于 0.05, 拒绝 H_0. R 语言中实现列联表独立性检验非常方便, 比如此例可用如下代码实现.

```
> x <- c(63, 16, 47, 7, 65, 3);  dim(x) <- c(2, 3)
> chisq.test(x)
   Pearson's Chi-squared test
data:  x
X-squared = 8.1431, df = 2, p-value = 0.01705
```

习　题　7.7

1　某船厂根据以前的记录资料知道本厂生产的农用船只分别以 20%, 28%, 8%, 12% 和 32% 的比例卖给 A, B, C, D, E 五个地区, 从今年生产的农用船中随机抽查了 500 艘, 发现售于上述五地区的数量分别为 120, 128, 43, 66, 143, 在水平 $\alpha = 0.05$ 下检验今年这五个地区的销售比例是否与以往有不同?

2　投掷一枚骰子 60 次, 得如下结果:

点数	1	2	3	4	5	6
次数	7	8	12	11	9	13

在 $\alpha = 0.05$ 下检验这枚骰子是否均匀.

3　抽取某种电子产品 300 只进行寿命试验, 得如下结果:

寿命 (h)	< 100	[100, 200)	[200, 300)	⩾ 300
产品数量	121	78	43	58

在 $\alpha = 0.05$ 下检验这种电子产品的寿命是否服从指数分布 $\mathrm{Exp}(0.005)$.

4　对某台细纱机的 400 个锭子进行试验, 测得断头总次数为 280, 分布情况如下所示. 在 $\alpha = 0.05$ 下判断这台细纱机断头数的分布是否服从泊松分布?

每锭断头数 x_i	0	1	2	3	4	5	6	7	8	$\sum$
频数 n_i	236	101	34	18	4	3	3	0	1	400

5　为了研究慢性支气管炎与日吸烟量之间的关系, 调查了 813 人, 统计数字如下:

健康状况	日吸烟量			总计
	0	1～5	>5	
患病	126	245	49	420
健康	152	209	32	393
总计	278	454	81	813

可否认为吸烟量与是否得慢性支气管炎没有关系 (取水平 $\alpha = 0.05$).

6　某单位调查了 520 名中年以上的脑力劳动者, 其中 136 人有高血压史, 另外 384 人则无. 在有高血压史的 136 人中, 经诊断为冠心病及可疑者有 48 人, 在无高血压史的 384 人中, 经诊断为冠心病及可疑者有 36 人. 从这个资料, 对高血压与冠心病率有无关系作检验, 取水平 $\alpha = 0.01$.

7.8　两个重要的非参数检验 —— 符号检验与秩和检验

当已知总体分布的函数形式时, 对它的某个未知参数的假设进行检验称作参数假设检验, 如正态分布的均值和方差的假设检验都是参数假设检验. 与此相对, 在有些问题中, 我们对总体的分布类型也不知道, 更谈不上其参数值了, 这时有关总体的假设就是非参数假设, 相应的检验方法就是非参数假设检验. 7.7 节的方法就属于非参数假设检验.

在参数假设检验问题中, 因为对总体分布的类型有所假定, 这可能导致方向性的错误. 例如, 假定总体分布为正态分布, 而实际上不是, 甚至相差甚远. 而所用的检验方法都是在这种正态性假定下导出的, 因而这种检验方法有可能表现不佳. 非参数检验就没有这个问题, 因为它对总体分布假定很少, 这是非参数检验的一个最为重要的优点.

非参数方法虽然有上述优点, 但也正因它对总体分布假定不多, 方法就会缺少针对性. 正如一种包医百病的药, 也许对什么病都有点效果, 但针对一种具体的病而言, 就不如专治该病的药有效了. 因此, 非参数方法的适用性较好而效率较低, 参数方法正好相反.

非参数检验的内容很广, 除了 7.7 节的内容外, 本节选择在实际中最常用的两个非参数检验来讨论. 其实, 非参数方法也不只限于处理假设检验问题. 在点估计、区间估计及后面要讨论的回归分析乃至在几乎所有的统计学分支中, 非参数方法都有其应用. 非参数统计方法本身已经形成了统计学中一个独立且重要的分支学科. 本节我们介绍两个重要的非参数检验方法: 符号检验与秩和检验.

7.8.1 符号检验

1. 中位数的符号检验

符号检验是一类重要且较为简单的非参数检验. 在参数假设检验中, 总体的中心位置常用均值表示, 关于中心位置的假设检验问题, 就是关于总体均值的假设检验问题. 比如, 关于正态总体均值参数的假设检验就是关于中心位置的假设检验. 而在非参数假设检验中, 总体的中心位置常用总体的中位数表示, 所以关于总体中位数的假设检验就是关于中心位置的假设检验. 本段讨论有关中位数假设的符号检验法.

设总体 X 为连续型随机变量, 其分布函数为 $F(x)$, 其中位数为 $m, X_1, X_2, \cdots, X_n$ 是来自该总体的样本, 一般而言, 可以提出如下对于 m 的假设:

$$H_0 : m \leqslant m_0 \ \leftrightarrow \ H_1 : m > m_0; \tag{7.8.1}$$

$$H_0 : m \geqslant m_0 \ \leftrightarrow \ H_1 : m < m_0; \tag{7.8.2}$$

$$H_0 : m = m_0 \ \leftrightarrow \ H_1 : m \neq m_0. \tag{7.8.3}$$

其中 m_0 是事先给定的一定数.

现在我们考察样本 $X_1, X_2, \cdots, X_n$ 中哪些大于 m_0, 哪些小于 m_0, 为此统计 $X_i - m_0$ 的符号. 设其中有 N_+ 个为正, 有 N_- 个为负, 有 N_0 个为 0, 我们要利用 N_+、N_- 建立检验法则, 由于只用到了 $X_i - m_0$ 的符号信息, N_+、N_- 称为符号统计量, 相应的检验称为符号检验 (sign test).

下面我们讨论假设 (7.8.1) 的检验法则的构造, 记 $N = N_+ + N_-$. 直观上, 当 H_0 成立时, N_+ 的取值偏小一些, 换言之, N_+ 的取值越大, 对原假设 H_0 越不利, 因此 H_0 的拒绝域为 $\{N_+ \geqslant C\}$. 其中 C 是适当选择的常数, 依赖于显著性水平. 考虑到当 $m = m_0$ 时,

$N_+ \sim \mathrm{B}(N, 1/2)$, 因此, 临界值 C 可以取满足

$$\sum_{k=C}^{N} C_N^k 0.5^N \leqslant \alpha \tag{7.8.4}$$

的最小整数 (一般而言, 不一定正好取到一个整数, 使得等号成立, 因而检验的实际水平小于 α). 该检验的 p 值为

$$p = P\left(B(N, 0.5) \geqslant N_+\right)$$

其中 $B(N, 0.5)$ 表示服从二项分布 $\mathrm{B}(N, 0.5)$ 的随机变量.

对于假设 (7.8.2) 的检验法则的构造, 与假设 (7.8.1) 类似. H_0 的拒绝域为 $\{N_+ \leqslant C\}$, 临界值 C 取满足

$$\sum_{k=0}^{C} C_N^k 0.5^N \leqslant \alpha \tag{7.8.5}$$

的最大整数. 该检验的 p 值为

$$p = P\left(B(N, 0.5) \leqslant N_+\right).$$

对于双边假设 (7.8.3) 的检验问题, 当原假设成立时, N_+ 和 N_- 应相差不大. 或者说当 N 固定时, $\min\{N_+, N_-\}$ 不应太小, 否则应该认为 H_0 不成立. 我们取

$$\nu = \min\{N_+, N_-\} \tag{7.8.6}$$

作为检验统计量, 则假设 (7.8.3) 的拒绝域应该具有形式 $\{\nu \leqslant C\}$. 临界值 C 取满足

$$P\left(\min\{N_+, N_-\} \leqslant C\right) = 2\sum_{k=0}^{C} C_N^k (1/2)^N \leqslant \alpha. \tag{7.8.7}$$

的最大整数. 该检验的 p 值为

$$p = 2P\left(B(N, 0.5) \leqslant \min\{N_+, N_-\}\right).$$

这样就解决了中位数的三个假设的检验问题, 结果汇总如表 7.20 所示.

表 7.20   有关总体中位数 m 假设的符号检验

待检验假设	p 值	拒绝域
$m \leqslant m_0 \leftrightarrow m > m_0$	$P\left(B(N, 0.5) \geqslant N_+\right)$	$N_+ \geqslant C$ 满足式 (7.8.4)
$m \geqslant m_0 \leftrightarrow m < m_0$	$P\left(B(N, 0.5) \leqslant N_+\right)$	$N_+ \leqslant C$ 满足式 (7.8.5)
$m = m_0 \leftrightarrow m \neq m_0$	$2P\left(B(N, 0.5) \leqslant \min\{N_+, N_-\}\right)$	$\min\{N_+, N_-\} \leqslant C$ 满足式 (7.8.7)

注: $B(N, 0.5)$ 表示服从二项分布 $\mathrm{B}(N, 0.5)$ 的随机变量.

当 N 充分大时, 可以考虑用正态分布作为二项分布的近似. 这时假设 (7.8.1)、假设 (7.8.2) 和假设 (7.8.3) 的检验近似 p 值分别为 (这里考虑了连续性修正)

$$p_1(\boldsymbol{x}) = P\left(B(N, 0.5) \geqslant N_+\right) \approx 1 - \Phi\left(\frac{N_+ - 0.5 \times N - 0.5}{0.5 \times \sqrt{N}}\right),$$

$$p_2(\boldsymbol{x}) = P\big(B(N,0.5) \leqslant N_+\big) \approx \varPhi\left(\frac{N_+ - 0.5 \times N + 0.5}{0.5 \times \sqrt{N}}\right),$$

$$p_3(\boldsymbol{x}) = 2\,P\big(B(N,0.5) \leqslant \min\{N_+, N_-\}\big) \approx 2\varPhi\left(\frac{\min\{N_+, N_-\} - 0.5 \times N + 0.5}{0.5 \times \sqrt{N}}\right).$$

例 7.8.1 某市劳动和社会保障部门的资料说明, 1998 年高级技师的年收入的中位数为 21700 元. 该市某个行业有一个由 50 名高级技师组成的样本. 这些高级技师的年收入如下 (元):

23072, 24370, 20327, 24296, 22256, 19140, 25669, 22404, 26744, 26744,
23406, 20438, 24890, 24815, 24556, 18472, 21514, 22516, 25112, 23480,
26522, 24074, 18064, 22590, 25261, 21180, 26188, 21625, 24333, 23146,
18324, 3598, 26040, 20846, 20438, 19474, 19214, 23072, 26744, 23443,
24630, 26893, 26485, 18138, 20179, 26744, 23554, 25706, 21588, 17990.

经计算, 这 50 名高级技师年收入的中位数为 23276, 超过了全市高级技师年收入的中位数 21700. 那么, 该行业高级技师的年收入的中位数 m 是否比 21700 元高?

解 这个假设检验问题是

$$H_0: m \leqslant 21700 \leftrightarrow H_1: m > 21700.$$

将每个样本值与 21700 比较大小, 有 $N_+ = 32$ 个样本数据大于 21700. 检验的 p 值为

$$p = P\big(B(50,0.5) \geqslant 32\big) = \sum_{k=32}^{50} C_{50}^k 0.5^{50} = 0.0324 < 0.05.$$

由于 p 值比较小, 拒绝原假设, 认为该行业高级技师的年收入的中位数 m 比 21700 元高.

2. 成对数据比较的符号检验

在 7.4 节我们讨论过成对数据的比较问题, 那里我们将问题归结为一个正态总体的参数假设检验问题. 这里我们再次讨论这个问题, 不同的是现在没有正态性假设. 我们再次回顾一下成对比较数据的结构.

设有两个需要进行比较的处理, 选择 n 对 "试验单元", 每对中的两个试验单元条件尽可能一致, 而不同对之间则不要求一致. 在每个对内, 随机地决定把其中一个试验单元给处理 1, 另一个给处理 2, 经过试验, 观察各处理在每个试验单元上的试验结果. 数据结构如表 7.21 所示.

表 7.21 成对比较的数据结构

对子	1	2	$\cdots$	n
处理 1	X_{11}	X_{12}	$\cdots$	X_{1n}
处理 2	X_{21}	X_{22}	$\cdots$	X_{2n}

对于处理 1 的结果 $X_{11}, X_{12}, \cdots, X_{1n}$, 我们可以假定独立, 但由于各个试验单元之间存在差异, 不能假定它们同分布. 同样, 对于处理 2 的结果 $X_{21}, X_{22}, \cdots, X_{2n}$, 我们也是可以假定独立, 但不能假定它们同分布.

分析成对数据的关键就是作同一对里的两个数 X_{1i} 和 X_{2i} 的差值: $Y_i = X_{1i} - X_{2i}$. 关于 $Y_1, Y_2 \cdots, Y_n$ 我们不仅假设它们相互独立, 而且还可以假设它们同分布 F_Y. 如此一来, 两个不同处理之间有无差异的检验, 可以表示为检验 F_Y 的中位数 $m(F_Y)$ 是否为零. 这正是基于差值 $Y_1, Y_2 \cdots, Y_n$ 的中位数的符号检验.

例 7.8.2 设甲、乙两班用同一原料生产棉条, 做棉条均匀度试验, 测得数据如表 7.22 所示, 试问这两班生产的棉条均匀度有无显著差异 (显著性水平 $\alpha = 0.1$)?

表 7.22 甲、乙两班生产棉条均匀度数据

甲	14.8	15.1	15.3	14.9	15.5	14.4	14.7	14.8	15.2	15.0
乙	14.6	15.2	15.5	14.8	15.3	14.7	14.0	14.4	15.4	15.0
符号	+	−	−	+	+	−	+	+	−	0
甲	14.7	14.4	14.6	15.0	14.8	14.9	15.2	14.8	15.4	15.3
乙	14.5	14.8	14.7	15.3	14.7	14.6	14.9	14.9	15.1	15.0
符号	+	−	−	−	+	+	+	−	+	+

解 该问题就是要检验 H_0: 甲、乙两班生产的棉条均匀度分布相同. 由于甲、乙两班用同一原料生产棉条, 所得试验结果可以看作成对数据, 对应均匀度之差可视为来自一个总体的独立同分布样本, 问题就可归结为检验该总体中位数是否为零.

由表 7.22, $N_+ = 11$, $N_- = 8$, $N_0 = 1$, $N = 19$, $\min\{N_+, N_-\} = 8$. 检验的 p 值为

$$p = 2 P\big(B(19, 0.5) \leqslant 8\big) = 2 \sum_{k=0}^{8} C_{19}^{k} 0.5^{19} = 0.6476.$$

由于 p 值比较大, 不能拒绝原假设, 认为这两班生产的棉条均匀度无显著差异. □

例 7.8.3 一种饮料有传统配方 (甲) 和修改配方 (乙) 两个品种, 都在市场上销售. 生产者为了解消费者的反应, 调查了 10000 名顾客, 其中认为甲优于乙的有 5150 人, 认为乙优于甲的有 4850 人, 根据这个调查结果, 可得出怎样的结论 (显著性水平 $\alpha = 0.01$)?

解 该问题就是要检验原假设 H_0: 甲、乙无差别. 可用成对数据的符号检验法.

这里 $N = 10000$, $N_+ = 5150$, $N_- = 4850$, $\nu = \min\{N_+, N_-\} = 4850$, 可用正态近似, 检验的 p 值为

$$p = 2 P\big(B(10000, 0.5) \leqslant 4850\big) \approx 2\varPhi\left(\frac{4850 - 5000 + 0.5}{50}\right) = 0.0028.$$

在 $\alpha = 0.01$ 的水平下, 拒绝甲乙无差别的假设, 就是说, 调查结果支持消费者认为传统配方优于修改配方的结论.

从观察数据看, 估计出传统配方的支持率为 0.515, 比 0.5 大不了多少, 可是由于样本量大, 这个 0.015 的差异便是显著的. □

7.8.2 秩和检验

符号检验的最大优点是简单、直观, 并且不要求知道被检验量所服从的分布. 缺点是精度较差、没有充分利用样本所提供的信息 (如例 7.8.2 中, 我们只关心甲、乙两班生产棉条均匀度的差值的符号, 而不关心差值的大小). 下面介绍的秩和检验法在一定程度上弥补了上述缺陷.

定义 7.8.1 设 $X_1, X_2, \cdots, X_n$ 是来自连续型总体 $F(x)$ 的样本，$x_1, x_2, \cdots, x_n$ 是相应的样本观测值，将 $x_1, x_2, \cdots, x_n$ 按自小到大排列成序：$x_{(1)} \leqslant x_{(2)} \leqslant \cdots \leqslant x_{(n)}$. 如果 $x_i = x_{(k)}$，则称 X_i 的**秩** (rank) 为 k，记为 $R_i = k$，这里 $i = 1, 2, \cdots, n$.

例 7.8.4 设有样本 $X_1, X_2, \cdots, X_6$，对于三组不同的观测值，表 7.23 给出了相应的秩 $R_1, R_2, \cdots, R_6$ 的取值. 也就是说，X_i 的秩就是按观测值自小到大排列成序后的序号. 在重复抽样中 R_i 将取不同的值，故 R_i 是一个随机变量.

表 7.23 例 7.8.4 中样本的三组不同观测值和相应的秩

观测值	X_1	X_2	X_3	X_4	X_5	X_6	R_1	R_2	R_3	R_4	R_5	R_6
第一组	96	24	71	41	62	93	6	1	4	2	3	5
第二组	81	19	75	52	70	60	6	1	5	2	4	3
第三组	89	35	92	29	55	60	5	2	6	1	3	4

定义 7.8.2 设 $X_1, X_2, \cdots, X_n$ 是来自连续型总体 $F(x)$ 的样本，R_i 是 X_i 的秩，则 $R = (R_1, R_2, \cdots, R_n)$ 称为 $(X_1, X_2, \cdots, X_n)$ 的**秩统计量**. 由 $R = (R_1, R_2, \cdots, R_n)$ 导出的统计量也称为秩统计量. 基于秩统计量的检验方法称为**秩检验**.

需要说明的是，当总体是连续型时，样本 $X_1, X_2, \cdots, X_n$ 中以概率 1 不会有相同的取值，但在处理实际问题时，仍然会碰到有相同取值的情形，如 1, 3, 3, 5 四个观测值，这时 3 出现了两次，构成了一个"结"，结以外的秩是唯一的，结内数的秩赋予相继秩数的平均值，这样规定后，1, 3, 3, 5 四个观测值的秩依次就是 1, 2.5, 2.5, 4. 显然这样规定的好处之一是"秩和"保持不变.

1. 关于分布对称中心的检验

假设连续型总体 X 的分布关于参数 θ 对称，其密度函数为 $f(x - \theta)$，$f(\cdot)$ 是一个偶函数，θ 就是分布的对称中心. 一般而言，可以提出如下对于 θ 的假设：

$$H_0 : \theta \leqslant \theta_0 \;\leftrightarrow\; H_1 : \theta > \theta_0; \tag{7.8.8}$$

$$H_0 : \theta \geqslant \theta_0 \;\leftrightarrow\; H_1 : \theta < \theta_0; \tag{7.8.9}$$

$$H_0 : \theta = \theta_0 \;\leftrightarrow\; H_1 : \theta \neq \theta_0. \tag{7.8.10}$$

其中 θ_0 是事先给定的一定数，如取 $\theta_0 = 0$，就是要检验分布是否关于原点对称，我们这里及后面都假定 $\theta_0 = 0$，对于 $\theta_0 \neq 0$ 的情形，请读者自己考虑如何处理.

显然若 X 的分布关于 θ 对称，则 X 的均值和中位数相同，都是 θ. 所以对称中心是否为原点的检验问题，可以转化为中位数是否等于 0 的检验问题，如此符号检验可用. 但符号检验并没有充分运用分布的对称性，它并不能有效地解决对称中心是否为原点的检验问题. 威尔科克森 (Wilcoxon) 建议采用如下的符号秩和统计量.

定义 7.8.3 设 $X_1, X_2, \cdots, X_n$ 是样本，R_i 是 $|X_i|$ 在 $(|X_1|, |X_2|, \cdots, |X_n|)$ 中的秩，记

$$I_i = \begin{cases} 1, & X_i > 0; \\ 0, & X_i \leqslant 0. \end{cases} \quad i = 1, 2, \cdots, n.$$

则称

$$W^+ = \sum_{i=1}^{n} R_i I_i$$

为**符号秩和统计量** (signed rank-sum statistics). 基于这个统计量的检验方法称为**符号秩和检验**.

显然, 统计量 W^+ 不仅有样本数据的符号信息, 而且还有样本数据值的大小信息.

例 7.8.5 设有 10 个样本观测值, 表 7.24 给出了相应的符号、绝对值、绝对值的秩. 因为 10 个观测值有三个正的, 所以符号检验统计量 $N_+ = 3$, 而符号秩和统计量为

$$W^+ = \sum_{i=1}^{10} R_i I_i = 5 + 3 + 2 = 10.$$

表 7.24 例 7.8.5 的样本观测值及相应的符号、绝对值、绝对值的秩

观测值	−7.6	−5.5	4.3	2.7	−4.8	2.1	−1.2	−6.6	−3.3	−8.5
符号	−	−	+	+	−	+	−	−	−	−
绝对值	7.6	5.5	4.3	2.7	4.8	2.1	1.2	6.6	3.3	8.5
绝对值的秩	9	7	5	3	6	2	1	8	4	10

下面讨论基于 W^+ 的检验方法. 显然统计量 W^+ 的分布是离散型的, 所有可能的取值是 0 到 $n(n+1)/2$ 之间的自然数. 可以证明当总体分布关于原点对称时, W^+ 的分布也是对称的, 对称中心是 $n(n+1)/4$. 由此可见, W^+ 的取值相对于 $n(n+1)/4$ 越大, 则越倾向于总体分布的对称点大于零; W^+ 的取值相对于 $n(n+1)/4$ 越小, 则越倾向于总体分布的对称点小于零. 因而对于给定的显著性水平 α, 假设 (7.8.8)、假设 (7.8.9) 和假设 (7.8.10) 的拒绝域分别为

$$\{W^+ \geqslant W_{1-\alpha}^+(n)\}, \quad \{W^+ \leqslant W_{\alpha}^+(n)\}, \quad \left\{W^+ \leqslant W_{\alpha/2}^+(n) \text{ 或 } W^+ \geqslant W_{1-\alpha/2}^+(n)\right\}.$$

其中 $W_{\alpha}^+(n)$ 满足 $P\left(W^+ \leqslant W_{\alpha}^+(n) \mid \theta = 0\right) \leqslant \alpha$, 附表 7 给出了一部分 $W_{\alpha}^+(n)$ 的值. 考虑到 W^+ 分布的对称性, 有

$$W_{1-\alpha}^+(n) = \frac{n(n+1)}{2} - W_{\alpha}^+.$$

临界值 $W_{\alpha}^+(n)$ 的计算需要 $W_{\alpha}^+(n)$ 的分布, 我们这里跳过其精确分布, 直接考虑其正态近似.

还可以证明, 当总体分布关于原点对称时, 有

$$E(W^+) = \frac{n(n+1)}{4}, \quad D(W^+) = \frac{n(n+1)(2n+1)}{24}.$$

进而有

$$\frac{W^+ - n(n+1)/4}{\sqrt{n(n+1)(2n+1)/24}} \xrightarrow{L} N(0,1).$$

也就是说 W^+ 的正态近似分布为 $\quad N\left(\frac{n(n+1)}{4}, \frac{n(n+1)(2n+1)}{24}\right).$

假设 (7.8.8)、假设 (7.8.9) 和假设 (7.8.10) 检验的近似 p 值分别为

$$p_1(\boldsymbol{x}) \approx 1 - \varPhi \left(\frac{W^+ - n(n+1)/4}{\sqrt{n(n+1)(2n+1)/24}} \right),$$

$$p_2(\boldsymbol{x}) \approx \varPhi \left(\frac{W^+ - n(n+1)/4}{\sqrt{n(n+1)(2n+1)/24}} \right),$$

$$p_3(\boldsymbol{x}) \approx 2\varPhi \left(\frac{\min\{W^+,\ n(n+1)/2 - W^+\} - n(n+1)/4}{\sqrt{n(n+1)(2n+1)/24}} \right).$$

例 7.8.6 某工厂有两个化验室, 每天同时从工厂的冷却水中取样, 测量水中含氯量 (单位: 10^{-6}) 一次, 记录如表 7.25 所示. 检验两个化验室测定的结果有没有显著差异?

表 7.25　两个化验室测定的结果

测量次第 i	1	2	3	4	5	6	7	8	9	10	11
化验室 1x_{1i}	1.03	1.85	0.74	1.82	1.14	1.65	1.92	1.01	1.12	0.90	1.40
化验室 2x_{2i}	1.00	1.89	0.90	1.81	1.20	1.70	1.94	1.11	1.23	0.97	1.52
测量之差 y_i	0.03	−0.04	−0.16	0.01	−0.06	−0.05	−0.02	−0.10	−0.11	−0.07	−0.12

我们假定测量数据的差 $y_i = x_{1i} - x_{2i}$ 是某个总体 Y 的独立同分布样本观测值, 则检验两个化验室测定的结果有没有显著差异就是要检验 Y 的分布是否关于原点对称. 下面我们用符号检验法与符号秩和检验法两种方法检验该假设.

以 N_+ 记 $\{y_i\}$ 中正数的个数, 显然 $N_+ = 2$, 故符号检验的 p 值为

$$p = 2P(N_+ \leqslant 2) = 2\sum_{k=0}^{2} C_{11}^k 0.5^{11} = 0.0654.$$

可见, 在显著性水平 $\alpha = 0.05$ 下不能拒绝原假设.

再用符号秩和检验法,

$$W^+ = \sum_{i=1}^{11} R_i I_i = 3 + 1 = 4.$$

若取 $\alpha = 0.05$, 查附表 7, 得 $P(W^+ \leqslant 10) \leqslant 0.025$, 而 $11 \times (11+1)/2 - 10 = 56$. 所以拒绝域为

$$\{W^+ \leqslant 10\} \bigcup \{W^+ \geqslant 56\}.$$

此处观测值为 $W^+ = 4$, 因此, 拒绝原假设. 这与符号检验结论不一致. 事实上, 此处即使取显著性水平为 0.01, 仍然拒绝原假设.

这个例子也可以通过调用 R 语言的函数 wilcox.test 实现计算:

```
> x <- c(1.03, 1.85, 0.74, 1.82, 1.14, 1.65, 1.92, 1.01, 1.12, 0.90, 1.40)
> y <- c(1.00, 1.89, 0.90, 1.81, 1.20, 1.70, 1.94, 1.11, 1.23, 0.97, 1.52)
> binom.test(sum(x > y), length(x))   # 符号检验
> wilcox.test(x, y, paired = TRUE)    # 符号秩和检验
```
程序返回值如下:

```
    Exact binomial test
data:  sum(x > y) and length(x)
number of successes = 2, number of trials = 11, p-value = 0.06543
alternative hypothesis: true probability of success is not equal to 0.5
95 percent confidence interval:   0.0228312 0.5177559
sample estimates:  probability of success    0.1818182
    Wilcoxon signed rank test
data:  x and y
V = 4, p-value = 0.006836
alternative hypothesis: true location shift is not equal to 0
```

两种检验结论不同, 其原因在于符号检验只使用了样本观测值的正负号信息, 在这 11 个观测值中, 虽然正的个数很少, 只有 2 个, 但还没有少到我们能够据之作出拒绝原假设的程度. 而符号秩和检验不仅注意到 11 个观测值中正的个数很少, 而且还关注如下事实: 2 个正的其绝对值也很小, 故可以作出拒绝原假设的结论. 通常认为, 符号秩和检验比符号检验在此类场合更加有效.

在利用符号秩和统计量 W^+ 作检验时, 值得注意的是如果我们采用负号对应的秩和

$$W^- = \sum_{i=1}^{n} R_i(1 - I_i).$$

效果是完全等价的, 这是因为 $W^+ + W^- = n(n+1)/2$.

2. 关于两个总体分布中心位置的比较检验

秩和检验是最常用的非参数检验方法, 它的另一个重要情形是可用于对两个总体的中心位置进行比较.

该问题的一般提法是: 设 $X_1, X_2, \cdots, X_{n_1}$ 和 $Y_1, Y_2, \cdots, Y_{n_2}$ 分别是来自总体 X 和 Y 的两个相互独立的样本, 这里不要求 $n_1 = n_2$. 总体 X 和 Y 的中心位置参数分别为 θ_1 和 θ_2, 人们经常要比较 θ_1 和 θ_2 的大小, 如检验如下假设

$$H_0 : \theta_1 \leqslant \theta_2 \leftrightarrow H_1 : \theta_1 > \theta_2; \tag{7.8.11}$$

$$H_0 : \theta_1 \geqslant \theta_2 \leftrightarrow H_1 : \theta_1 < \theta_2; \tag{7.8.12}$$

$$H_0 : \theta_1 = \theta_2 \leftrightarrow H_1 : \theta_1 \neq \theta_2. \tag{7.8.13}$$

如前多次提到, 对上述三个假设, 检验统计量是相同的, 只是拒绝域不同. 对于此类问题, 现在介绍由威尔科克森提出的秩和检验法.

现在把 $X_1, X_2, \cdots, X_{n_1}$ 和 $Y_1, Y_2, \cdots, Y_{n_2}$ 合并成一个混合样本: $Z_1, Z_2, \cdots, Z_{n_1+n_2}$, 其中每一个 Z_k 是某个 X_i 或 Y_j, 这样可得到 $n_1 + n_2$ 个秩. 设 $X_1, X_2, \cdots, X_{n_1}$ 在混合样本中的秩为 $R_1, R_2, \cdots, R_{n_1}, Y_1, Y_2, \cdots, Y_{n_2}$ 在混合样本中的秩为 $S_1, S_2, \cdots, S_{n_2}$.

$$T = R_1 + R_2 + \cdots + R_{n_1} \tag{7.8.14}$$

是样本 $X_1, X_2, \cdots, X_{n_1}$ 在混合样本中秩的和, 称为**威尔科克森秩和统计量**.

如果 $(R_1, R_2, \cdots, R_{n_1}) = (1, 2, \cdots, n_1)$, 则 $T = n_1(n_1 + 1)/2$; 如果 $(R_1, R_2, \cdots, R_{n_1}) = (n_2 + 1, n_2 + 2, \cdots, n_2 + n_1)$, 则 $T = n_1(n_1 + 2n_2 + 1)/2$. 因此秩和是一个离散型随机变量, 取值范围为

$$\frac{n_1(n_1 + 1)}{2} \leqslant T \leqslant \frac{n_1(n_1 + 2n_2 + 1)}{2}.$$

如果考虑样本 $Y_1, Y_2, \cdots, Y_{n_2}$ 在混合样本中秩的和

$$S = S_1 + S_2 + \cdots + S_{n_2}$$

则显然有 $T + S = (n_1 + n_2)(n_1 + n_2 + 1)/2$ 是一个常数, 因而统计量 T 和 S 都可以作为秩和统计量.

下面我们就用统计量 T 来检验假设 (7.8.13), 假设 (7.8.11) 和假设 (7.8.12) 完全类似.

当 H_0 成立时, 两总体分布相同, 每一 X_i 和 Y_j 出现在混合样本 $Z_1, Z_2, \cdots, Z_{n_1 + n_2}$ 的某一个位置上的可能性相同. 我们考虑样本容量较小的那个样本, 不妨设 $n_1 \leqslant n_2$. 直观上, $X_1, X_2, \cdots, X_{n_1}$ 集中在混合样本的左端或右端的可能性都比较小. 换言之, T 比较小或比较大的可能性都比较小. 因此对于给定的显著性水平 α, 拒绝域应该为

$$T \leqslant T_{\alpha/2}(n_1, n_2) \quad \text{或} \quad T \geqslant T_{1-\alpha/2}(n_1, n_2). \tag{7.8.15}$$

其中 $T_{\alpha/2}(n_1, n_2)$ 和 $T_{1-\alpha/2}(n_1, n_2)$ 是临界值, 应该满足:

$T_{\alpha/2}(n_1, n_2)$ 是满足 " $P(T \leqslant T_{\alpha/2}(n_1, n_2) \mid H_0 为真) \leqslant \alpha/2$ " 的最大整数,

$T_{1-\alpha/2}(n_1, n_2)$ 是满足 " $P(T \geqslant T_{1-\alpha/2}(n_1, n_2) \mid H_0 为真) \leqslant \alpha/2$ " 的最小整数.

如果 T 的分布已知, 则临界值 $T_{\alpha/2}(n_1, n_2)$ 和 $T_{1-\alpha/2}(n_1, n_2)$ 不难求得. 下面以 $n_1 = 3$ 和 $n_2 = 4$ 为例, 说明求临界值的方法.

当 $n_1 = 3, n_2 = 4$ 时, 第一个样本中各观测值的秩的所有取值共有 $C_{3+4}^3 = 35$ 种, 现将这 35 种情况列在表 7.26 中.

表 7.26   当 $n_1 = 3, n_2 = 4$ 时, 第一样本秩的所有可能取值

秩	T	秩	T	秩	T	秩	T	秩	T
(1, 2, 3)	6	(1, 3, 6)	10	(1, 6, 7)	14	(2, 4, 7)	13	(3, 5, 6)	14
(1, 2, 4)	7	(1, 3, 7)	11	(2, 3, 4)	9	(2, 5, 6)	13	(3, 5, 7)	15
(1, 2, 5)	8	(1, 4, 5)	10	(2, 3, 5)	10	(2, 5, 7)	14	(3, 6, 7)	16
(1, 2, 6)	9	(1, 4, 6)	11	(2, 3, 6)	11	(2, 6, 7)	15	(4, 5, 6)	15
(1, 2, 7)	10	(1, 4, 7)	12	(2, 3, 7)	12	(3, 4, 5)	12	(4, 5, 7)	16
(1, 3, 4)	8	(1, 5, 6)	12	(2, 4, 5)	11	(3, 4, 6)	13	(4, 6, 7)	17
(1, 3, 5)	9	(1, 5, 7)	13	(2, 4, 6)	12	(3, 4, 7)	14	(5, 6, 7)	18

由于这 35 种情况等可能, 易得 T 的概率分布如表 7.27 所示.

表 7.27 当 $n_1 = 3, n_2 = 4$ 时, 第一样本秩和的概率分布

t	6	7	8	9	10	11	12
$P(T = t)$	1/35	1/35	2/35	3/35	4/35	4/35	5/35
$P(T \leqslant t)$	1/35	2/35	4/35	7/35	11/35	15/35	20/35
t	13	14	15	16	17	18	
$P(T = t)$	4/35	4/35	3/35	2/35	1/35	1/35	
$P(T \leqslant t)$	24/35	28/35	31/35	33/35	34/35	1	

于是, 对于不同的 α 值, 可以得到临界值 $T_{\alpha/2}(n_1, n_2)$ 和 $T_{1-\alpha/2}(n_1, n_2)$. 例如, 给定 $\alpha = 0.2$, 由表 7.27 知

$$P(T \leqslant 7) = 2/35 < 0.1, \quad P(T \geqslant 17) = 2/35 < 0.1,$$

即有 $T_{0.1}(3,4) = 7, T_{0.9}(3,4) = 17$; 拒绝域为

$$T \leqslant 7 \ \text{或} \ T \geqslant 17.$$

这时犯第一类错误的概率为

$$P(T \leqslant 7) + P(T \geqslant 17) = 2/35 + 2/35 = 0.114.$$

本书附表 8 给出了一部分临界值.

当 n_1 和 n_2 都很大时, 可用正态分布近似计算秩和检验的临界值. 可以证明:

$$\mathrm{E}(T) = \frac{n_1(n_1 + n_2 + 1)}{2}, \quad \mathrm{D}(T) = \frac{n_1 n_2 (n_1 + n_2 + 1)}{12};$$

当 n_1 和 n_2 都趋向于无穷大时,

$$\frac{T - n_1(n_1 + n_2 + 1)/2}{\sqrt{n_1 n_2 (n_1 + n_2 + 1)/12}} \xrightarrow{L} \mathrm{N}(0, 1)$$

因此有

$$T_{\alpha/2}(n_1, n_2) \approx \frac{n_1(n_1 + n_2 + 1)}{2} - u_{1-\alpha/2}\sqrt{\frac{n_1 n_2(n_1 + n_2 + 1)}{12}}, \tag{7.8.16}$$

$$T_{1-\alpha/2}(n_1, n_2) \approx \frac{n_1(n_1 + n_2 + 1)}{2} + u_{1-\alpha/2}\sqrt{\frac{n_1 n_2(n_1 + n_2 + 1)}{12}}. \tag{7.8.17}$$

例 7.8.7 用甲、乙两种不同规格的灯丝制造灯泡. 分别从制成的两批灯泡中相互独立地随机抽取若干个灯泡进行寿命试验, 测得数据 (单位: h) 如下所示.

$$甲: \ 1610, \ 1650, \ 1680, \ 1700, \ 1750, \ 1720, \ 1800;$$
$$乙: \ 1580, \ 1600, \ 1640, \ 1645, \ 1700.$$

问在显著性水平 $\alpha = 0.1$ 下, 由这两种灯丝制成的灯泡的寿命的分布是否相同?

解 设甲、乙两种不同规格的灯丝制造灯泡的寿命分别为 X 和 Y, 该问题可归结为检验 X 和 Y 的分布函数的中心位置是否相同. 可用秩和检验法.

将两组样本数据混合后, 按大小次序排列如下

秩	1	2	3	4	5	6	7	8、9	10	11	12
甲			1610			1650	1680	1700	1720	1750	1800
乙	1580	1600		1640	1645			1700			

这里, 1700 h 甲、乙都有, 并列在第 8、9 位上, 它们的秩可取平均数 8.5. 我们把样本容量较小的乙组作为第一组, 乙组的秩和

$$T = 1 + 2 + 4 + 5 + 8.5 = 20.5.$$

查表得 $T_{0.05}(5,7) = 22$, $T_{0.95}(5,7) = 43$. 由于 $T = 20.5 < 22$. 落入拒绝域, 应该拒绝 H_0, 即认为用两种不同规格的灯丝制成的灯泡的寿命的分布不同. □

例 7.8.8 两位化验员各自读取某液体黏度的数据如下所示.

化验员甲: 82, 73, 91, 84, 77, 98, 81, 79, 87, 85;

化验员乙: 80, 76, 92, 86, 74, 96, 83, 79, 80, 75, 79.

在显著性水平 $\alpha = 0.05$ 下, 检验这两位化验员读取数据的分布是否相同.

解 设甲、乙两位化验员读取某液体的黏度分别为 X 和 Y, 该问题可归结为检验 X 和 Y 的分布函数的中心位置是否相同. 可用秩和检验法.

将两组样本数据混合后, 按大小次序排列如下

秩	1	2	3	4	5	7	7	7	9.5	9.5	11	12	13	14	15	16	17	18	19	20	21
甲	73				77	79					81	82		84	85		87	91			98
乙		74	75	76			79	79	80	80			83			86			92	96	

这里 $n_1 = 10$, $n_2 = 11$, $n = 21$, $n_1(n_1 + n_2 + 1)/2 = 110$, $n_1 n_2 (n_1 + n_2 + 1)/12 = 201.67$.

用正态分布近似计算. 由式 (7.8.16) 和式 (7.8.17) 得

$$T_{0.025}(10, 11) \approx 110 - u_{0.975} \cdot \sqrt{201.67} = 82.17,$$

$$T_{0.975}(10, 11) \approx 110 + u_{0.975} \cdot \sqrt{201.67} = 137.83.$$

其中 $u_{0.975} = 1.96$. 现在 $T = 121$, 落入接受域, 故不能认为两位化验员所测得的数据分布有差异. □

习 题 7.8

1 假设某城市 16 个楼盘出售的房屋价格 (单位: 百元/m^2) 如下:

36, 32, 31, 25, 28, 38, 39, 32, 41, 26, 35, 45, 32, 87, 33, 35.

试用符号检验法检验该地楼盘价格的中位数是否与媒体公布的 4000 元/m^2 的说法相符. (取显著性水平 $\alpha = 0.05$.)

2 某香烟厂家声称其每支香烟的尼古丁含量在 12 mg 以下. 实验室测定了该厂的 11 支香烟的尼古丁含量分别为 (单位: mg)

$$16.7,\ 17.7,\ 14.1,\ 11.4,\ 13.4,\ 10.5,\ 13.6,\ 11.6,\ 12.0,\ 11.7,\ 13.7.$$

试用符号检验法检验该烟厂所说的尼古丁是否比实际要少? 求检验的 p 值. (取显著性水平 $\alpha = 0.05$.)

3 有 9 名学生参加了英语培训班, 培训前后各进行了一次水平测试, 成绩为

学生编号 i	1	2	3	4	5	6	7	8	9
培训前 x_{1i}	76	71	70	57	49	69	65	26	59
培训后 x_{2i}	81	85	70	52	52	63	83	33	62
差 y_i	−5	−14	0	5	−3	6	−18	−7	−3

(1) 假定测验成绩服从正态分布, 问学生的培训效果是否显著?

(2) 不假定总体分布, 采用符号检验方法检验学生的培训效果是否显著;

(3) 采用符号秩和检验方法检验学生的培训效果是否显著. 三种检验方法所得结论是否相同?

4 两个车间生产同种产品, 要比较产品某项指标, 测得数据如下:

甲: 1.13, 1.26, 1.16, 1.41, 0.86, 1.39, 1.21, 1.22, 1.20, 0.62, 1.18, 1.34, 1.57, 1.30, 1.13;

乙: 1.21, 1.31, 0.99, 1.59, 1.41, 1.48, 1.31, 1.12, 1.60, 1.38, 1.60, 1.84, 1.95, 1.25, 1.50.

试用符号检验法检验这两个车间生产的产品的该项指标有无显著差异 (取显著性水平 $\alpha = 0.05$).

5 为了比较两种不同的鞋底材料 A、B 的耐磨性, 选择了 15 人, 每人穿一双新鞋, 每双鞋子的两只用两种不同材料制造, 其厚度均为 10 mm, 一个月后再测量厚度, 得到如下数据:

A (x_{1i}): 6.6, 7.0, 8.3, 8.2, 5.2, 9.3, 7.9, 8.5, 7.8, 7.5, 6.1, 8.9, 6.1, 9.4, 9.1;

B (x_{2i}): 7.4, 5.4, 8.8, 8.0, 6.8, 9.1, 6.3, 7.5, 7.0, 6.5, 4.4, 7.7, 4.2, 9.4, 9.1.

试问是否可以认为材料 A 的耐磨性好于材料 B? (取显著性水平 $\alpha = 0.05$).

(1) 设 $y_i = x_{1i} - x_{2i}$ $(i = 1, 2, \cdots, n)$ 可以看作正态样本的观测值, 结论是什么?

(2) 如采用符号秩和检验法, 结论是什么?

6 有两种灭蝇药物. 为了检验它们的灭蝇效果, 做试验测得数据 (死亡百分数) 如下:

A: 68, 68, 59, 72, 64, 67, 70, 74;

B: 60, 67, 61, 62, 67, 63, 56, 58.

试用秩和检验法检验这两种药物有无显著性差异 (取显著水平 $\alpha = 0.05$).

第8章 回归分析与相关分析

8.1 一元线性回归

8.1.1 相关关系

科学研究中经常要涉及某些变量之间关系的研究. 一般地, 变量间的关系可以分成两类, 一类是变量之间具有严格的确定性关系, 这种关系往往用函数来表达. 例如, 由物理学知识我们知道, 在匀速直线运动中, 物体走过的距离 s、经历的时间 t 和速度 v, 存在着确定的关系 $s = vt$.

但是, 变量间还有另一类重要关系, 称为相关关系 (correlation), 这种关系没有密切到可以相互确定的程度. 例如, 每亩地上的施肥量与农作物产量之间的关系就是相关关系. 又如, 人的身高与体重的关系也是相关关系, 虽然人的身高不完全确定体重, 但总的说来, 身高者, 体也重些. 总之, 变量之间的相关关系是普遍存在的. 而且, 即使是具有确定性关系的变量, 由于试验误差的影响, 其关系也具有某种不确定性, 呈现出相关关系的特征.

下面我们要说明: 概率论的概念和方法是描述相关关系的有力工具. 为此, 我们来分析一个简单的例子 —— 人的身高 X 与体重 Y 的关系.

知道一个人的身高是 $1.69\,\mathrm{m}$, 并不能由此推出他的体重是多少. 事实上, 如果我们把某一特定人群中身高为 $1.69\,\mathrm{m}$ 的人全挑选出来, 逐一去测他们的体重, 则各不相同, 从而形成一定的概率分布. 我们把这个分布记作 $F(y\,|\,X = 1.69)$, 表示在 $X = 1.69\,\mathrm{m}$ 的条件下 Y 的条件分布. 一般地, 指定 X 的一个值 x, 可确定具有这个身高的所有人体重 Y 的概率分布 $F(y\,|\,X = x)$.

由上述分析, 我们可以看出: 虽然我们无法由身高 X 唯一确定体重 Y, 但我们可以考察条件分布 $F(y\,|\,X = x)$ 随 x 值变化的情况. 如图 8.1 所示, 曲线 C_1 和 C_2 分别是 $X = x_1$ 和 $X = x_2$ 时 Y 的密度函数图像.

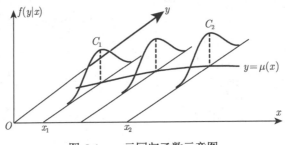

图 8.1 一元回归函数示意图

有了这个认识, 也就了解了 X 与 Y 关系的实质. 事实上, 正是这个关系 —— Y 的条件分布 $F(y\,|\,X = x)$ 随 x 变化的情况, 刻画了 X 与 Y 之间相关关系的本质, 为研究相关关系提供了一个重要手段.

8.1.2 一元回归模型

我们已经知道, 要全面地考察两个变量 X、Y 之间的相关关系, 就要研究 Y 的条件分布 $F(y\,|\,X=x)$ 随 X 取值 x 而变化的情况. 但这种情况比较复杂, 作为一个近似与简化, 我们考察条件分布 $F(y\,|\,X=x)$ 的数学期望. 该期望自然与 x 有关, 记为 $\mu(x)$, 称为 Y 对 X 的**总体回归函数** (population regression function). 而

$$y = \mu(x) \tag{8.1.1}$$

称为 Y 对 X 的**回归方程** (regression equation). 在 (x,y) 坐标平面上式 (8.1.1) 是一条曲线, 称为 Y 对 X 的**回归曲线** (regression curve), 如图 8.1 所示.

对上面关于身高 X 和体重 Y 的例子来说, 回归函数 $\mu(x)$ 就是具有身高 x 的所有人的平均体重. 如果 X 是每亩施肥量, 而 Y 是作物亩产量, 则 $\mu(x)$ 就是当每亩施 x 斤肥时平均亩产量. 回归方程 (8.1.1) 是一个普通的函数关系, 其作用在于近似地代替变量 X 和 Y 之间的相关关系.

以上叙述中, X 和 Y 均是随机变量, 本节我们更关心 X 是普通变量的情况, 这时 X 是可以控制或可以精确观测的变量. 换言之, 我们可以随意指定 X 的 n 个取值 $x_1, x_2, \cdots, x_n$, 因而通常不把 X 看成随机变量, 以后用小写字母 x 表示. Y 是随机变量, Y 和 x 之间的相关关系可以表示为

$$Y = \mu(x) + e, \tag{8.1.2}$$

这就是 Y 关于 x 的**回归模型** (regression model), 其中 e 是随机变量, 表示 Y 与 $\mu(x)$ 之间的误差, 一般假定

$$\mathrm{E}(e) = 0, \quad \mathrm{D}(e) = \sigma^2. \tag{8.1.3}$$

e 的随机性导致 Y 是随机变量, 且有 $\mathrm{E}(Y) = \mu(x)$, $\mathrm{D}(Y) = \sigma^2$.

回归分析的一个主要任务是利用 Y 和 x 之间的相关关系及 x 的知识来预测 Y 的取值情况. 这在应用问题中常常解释成 Y 依赖于 x, 也常把 Y 称为**因变量** (dependent variable) 或**响应变量** (response variable), 把 x 称为**自变量** (independent variable) 或预测变量 (predictor variable). 在实际问题中, 回归函数 $\mu(x)$ 是未知的, 需要由试验或观察数据估计.

在本节, 我们考虑回归函数 $\mu(x)$ 是 x 的线性函数的情形, 即 $\mu(x) = a + bx$, 其中 a、b 是与 x 无关的常数. b 通常称为**回归系数** (regression coefficient), 它表示 x 每增加一个单位而引起 $\mathrm{E}(Y)$ 的增加量; 回归曲线为平面上一条直线, 称为**回归直线** (regression straight line). 这时回归函数的估计问题本质上是一个参数估计问题.

取定一组不完全相等的 x 值: $x_1, x_2, \cdots, x_n$, 设 $Y_1, Y_2, \cdots, Y_n$ 分别是在 $x_1, x_2, \cdots, x_n$ 处对 Y 的独立观测结果, 称

$$(x_1, Y_1), (x_2, Y_2), \cdots, (x_n, Y_n)$$

是一个样本, 对应的样本值为

$$(x_1, y_1), (x_2, y_2), \cdots, (x_n, y_n).$$

比如, 在身高 — 体重的例子中, 意味着我们从该人群中抽出 n 个, 测得第 i 个人的身高、体重分别为 x_i、y_i; 在施肥量 — 产量的例子中, 意味着选取 n 块耕地, 在第 i 块上每亩施肥 x_i, 而这块地的亩产为 y_i.

　　根据回归函数 $\mu(x)$ 的意义, 当 x 取值为 x_i 时, Y 的期望值应为 $\mu(x_i)$. 由于随机误差的存在, Y 的实际观察值不一定恰好为 $\mu(x_i)$, 而是有

$$y_i = \mu(x_i) + e_i, \quad i = 1, 2, \cdots, n. \tag{8.1.4}$$

的形式, 其中 e_i 是第 i 次试验 (或观察) 的误差, 通常假定 $\{e_i\}$ 独立同分布, 且 $E(e_i) = 0$, $D(e_i) = \sigma^2$. 这个形式使我们进一步体会到确定性关系与相关关系的差别. 式 (8.1.4) 就是回归模型式 (8.1.2) 的样本形式.

　　为了方便起见, 今后我们不再区分 Y_i 和其观测值 y_i, 这不会引起混淆. 当 $\mu(x) = a + bx$ 时, 式 (8.1.4) 为

$$y_i = a + bx_i + e_i, \quad i = 1, 2, \cdots, n. \tag{8.1.5}$$

称为一元线性回归模型 (simple linear regression model).

8.1.3　参数估计

　　基于观测数据, 我们希望估计模型中的未知参数 a, b 以及随机误差的方差 σ^2, 首先通过例子说明 a, b 的估计问题.

　　例 8.1.1　用切削机床进行金属品加工, 要测定刀具磨损速度, 以便适当调整机床, 为此, 测量在一定时间间隔内刀具的厚度, 得数据如表 8.1 所示.

表 8.1　例 8.1.1 数据

时间 t/h	0	1	2	3	4	5	6	7	8	9	10	11	12	13	14	15	16
刀具厚度 Y/cm	30	29.1	28.4	28.1	28	27.7	27.5	27	27	26.8	26.5	26.3	26.1	25.7	25.3	24.8	24

根据这批数据估计厚度 Y 对时间 t 的回归方程, 也就是 a, b 的估计问题.

　　将观察值 (x_i, y_i), $i = 1, 2, \cdots, n$ 作为 n 个点. 标在坐标平面上得到的图称为散点图 (scatter diagram), R 语言的函数 plot() 可以方便地作出散点图, 如图 8.2 所示. 由散点图我们可以看出, 这些点大体上散布在一条直线的周围. 也就是说, Y 与 t 之间大致呈线性关系, 而这个线性关系可以理解为回归函数 $\mu(x) = a + bx$ 的一个估计. 问题就是要做一直线 $y = \widehat{a} + \widehat{b}x$, 使其尽可能地 "拟合" 这 17 个样本点, 从而得到 a 和 b 的估计 $\widehat{a}, \widehat{b}$.　　　□

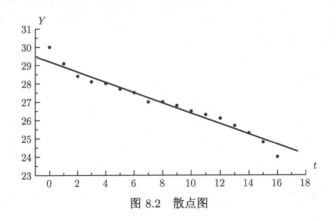

图 8.2　散点图

一般而言, 在得到 a、b 的估计 $\widehat{a}$、$\widehat{b}$ 后, 对于给定的 x, 我们就取 $\widehat{a} + \widehat{b}x$ 作为回归函数 $\mu(x) = a + bx$ 的估计, 即 $\widehat{\mu}(x) = \widehat{a} + \widehat{b}x$, 称为 Y 关于 x 的经验回归函数, 以示它是由数据所得. 而把方程

$$\widehat{y} = \widehat{a} + \widehat{b}x$$

称为 Y 关于 x 的经验回归方程 (experience regression equation), 简称为回归方程.

那么, 如何去做一条直线 $y = \widehat{a} + \widehat{b}x$ 呢? 首先, 需要对 "拟合" 的含义给予一个定量的解释, 即找到一个指标, 作为一条直线与这 n 个点的 "偏离" 程度的度量. 然后找一条直线, 使该偏离达到最小, 这就是所要的直线. 为此, 通常采用最小二乘法, 这个方法是德国数学家高斯 (Gauss) 在 1799 ~ 1809 年发展起来的, 是应用数学中的重要方法. 现在我们将此法用于线性回归.

设 $y = a + bx$ 为任意一条直线, 则样本点 (x_i, y_i) 与此直线的偏离可以用该点沿 y 轴方向到此直线的纵向距离 δ_i 来衡量, 而直线与所有样本点 $(x_i, y_i), i = 1, 2, \cdots, n$ 的偏离可以用上述 δ_i 的平方和来度量:

$$Q(a, b) = \sum_{i=1}^{n} \left[y_i - (a + bx_i) \right]^2. \tag{8.1.6}$$

如果 $\widehat{a}$ 和 $\widehat{b}$ 使得 $Q(a, b)$ 达到最小, 则称 $\widehat{a}$、$\widehat{b}$ 分别为参数 a、b 的最小二乘估计 (least squares estimates).

用微积分中二元函数极值的判定方法, 不难证明, 这个最小化问题的解是

$$\widehat{a} = \overline{y} - \widehat{b}\,\overline{x}, \tag{8.1.7}$$

$$\widehat{b} = \frac{\sum_{i=1}^{n}(x_i - \overline{x})(y_i - \overline{y})}{\sum_{i=1}^{n}(x_i - \overline{x})^2} = \frac{\sum_{i=1}^{n} x_i y_i - n\overline{x}\,\overline{y}}{\sum_{i=1}^{n} x_i^2 - n\overline{x}^2}. \tag{8.1.8}$$

这里 $\overline{x} = \frac{1}{n}\sum_{i=1}^{n} x_i, \overline{y} = \frac{1}{n}\sum_{i=1}^{n} y_i$. 在实际计算时, 先由式 (8.1.8) 算出 $\widehat{b}$, 再由式 (8.1.7) 算出 $\widehat{a}$. 从而得到经验回归方程

$$\widehat{y} = \widehat{a} + \widehat{b}x.$$

容易看出回归方程通过散点图的几何重心 $(\overline{x}, \overline{y})$.

有了 $\widehat{a}$, $\widehat{b}$ 之后, 就可以用确定性的关系 $\widehat{\mu}(x) = \widehat{a} + \widehat{b}x$ 去代替 x、Y 之间的相关关系, 这个替代的近似程度如何, 取决于随机误差的大小. 由式 (8.1.3) 可知, 随机误差的均值是 0, 方差为 σ^2, σ^2 越小表示上述替代就越有效, 但是方差 σ^2 一般也是未知的, 它的估计也是回归分析中的一个重要问题.

下面我们根据一些直观的想法来寻找 σ^2 的估计.

如果随机误差 σ^2 比较小, 则 x, Y 之间的关系就接近于一条直线. 于是 n 个点 (x_i, y_i) 就应当接近于直线 $y = \widehat{a} + \widehat{b}x$. 记 $\widehat{y}_i = \widehat{a} + \widehat{b}x_i$, 如图 8.3 所示, 称 $y_i - \widehat{y}_i$ 为残差 (residual), 其平方和

$$\text{SSE} = \sum_{i=1}^{n}(y_i - \widehat{y}_i)^2 = \sum_{i=1}^{n} \left[y_i - (\widehat{a} + \widehat{b}x_i) \right]^2 \tag{8.1.9}$$

称为**残差平方和** (the sum of squares of the residuals). 根据以上分析, 当随机误差小时, SSE 应倾向于小; 反之, 若误差显著, 则 SSE 也会增大. 因此以 SSE 为基础, 可得到方差 σ^2 的合理估计:

$$\widehat{\sigma^2} = \frac{\text{SSE}}{n-2}. \tag{8.1.10}$$

这里 n 为样本容量, 即试验数据的组数, 而 $n-2$ 是自由度.

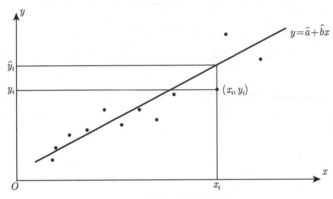

图 8.3　回归直线示意图

关于自由度可以这样解释: SSE 是 n 个平方项的和, 自由度为 n, 但有两个参数 (即 a, b) 要由数据去估计, 它们占用了 2 个自由度, 故还剩下自由度 $n-2$. 这是计算自由度的一种普遍方法.

为了计算方便, 我们引入下列记号:

$$l_{xx} = \sum_{i=1}^{n}(x_i - \overline{x})^2 = \sum_{i=1}^{n} x_i^2 - n(\overline{x})^2,$$

$$l_{yy} = \sum_{i=1}^{n}(y_i - \overline{y})^2 = \sum_{i=1}^{n} y_i^2 - n(\overline{y})^2,$$

$$l_{xy} = \sum_{i=1}^{n}(x_i - \overline{x})(y_i - \overline{y}) = \sum_{i=1}^{n} x_i y_i - n\overline{x}\,\overline{y}.$$

这样 a, b 的最小二乘估计可以写成

$$\widehat{b} = \frac{l_{xy}}{l_{xx}}, \qquad \widehat{a} = \overline{y} - \widehat{b}\,\overline{x}. \tag{8.1.11}$$

方差 σ^2 的估计 $\widehat{\sigma^2}$ 的计算归结为计算 SSE. 此时

$$\begin{aligned}
\text{SSE} &= \sum_{i=1}^{n}(y_i - \widehat{y}_i)^2 = \sum_{i=1}^{n}\Big[y_i - \overline{y} - \widehat{b}(x_i - \overline{x})\Big]^2 \\
&= \sum_{i=1}^{n}(y_i - \overline{y})^2 - 2\widehat{b}\sum_{i=1}^{n}(x_i - \overline{x})(y_i - \overline{y}) + (\widehat{b})^2\sum_{i=1}^{n}(x_i - \overline{x})^2 \\
&= l_{yy} - 2\widehat{b}\,l_{xy} + (\widehat{b})^2 l_{xx} = l_{yy} - \widehat{b}\,l_{xy} = l_{yy} - \frac{(l_{xy})^2}{l_{xx}}. \tag{8.1.12}
\end{aligned}$$

例 8.1.2 (例 8.1.1 续) 假设刀具厚度 Y 和时间 t 适合一元线性回归模型, 试根据该批数据去估计厚度 Y 对时间 t 的线性回归方程.

解 此处 $n = 17$, 可以列表计算得到

$$\sum_{i=0}^{n} t_i = 136, \quad \overline{t} = 8, \quad \sum_{i=0}^{n} t_i^2 = 1496, \quad l_{tt} = 1496 - 17 \times 8^2 = 408;$$

$$\sum_{i=0}^{n} y_i = 458.3, \overline{y} = 26.959, \sum_{i=0}^{n} y_i^2 = 12393.53, l_{yy} = 38.301;$$

$$\sum_{i=0}^{n} t_i y_i = 3543.7, \quad l_{ty} = 3543.7 - 17 \times 8 \times 26.959 = -122.700.$$

由公式 (8.1.11) 得

$$\widehat{b} = \frac{l_{ty}}{l_{tt}} = -\frac{122.724}{408} = -0.301, \quad \widehat{a} = \overline{y} - \widehat{b}\overline{t} = 26.959 + 0.301 \times 8 = 29.365.$$

即回归方程为

$$\widehat{y} = 29.365 - 0.301\,t.$$

其中回归系数 $\widehat{b} = -0.301$, 这意味着每增加一小时, 刀具平均磨损 $0.301\,\mathrm{cm}$.

再由式 (8.1.10) 和式 (8.1.12) 得

$$\widehat{\sigma^2} = \frac{1}{n-2}\mathrm{SSE} = \frac{1}{n-2}\left[l_{yy} - \frac{l_{ty}^2}{l_{tt}}\right] = \frac{1}{15}\left[38.139 - \frac{(-122.700)^2}{408}\right] = 0.093.$$

8.1.4 假设检验

在以上的讨论中, 我们还没有用到有关数据的任何统计分布信息, 为了进一步讨论 a、b 的统计推断 (假设检验、置信区间等), 我们需要更进一步的假设条件.

因变量 Y 是随机变量, 由两部分组成: 一部分是回归函数, 另一部分是随机误差 e. 对于随机误差 e, 我们前面只假定均值为 0, 方差为 σ^2. 现在我们进一步假定随机误差服从正态分布 $\mathrm{N}(0,\sigma^2)$, 这时, 一元线性回归模型式 (8.1.5) 变为

$$\begin{cases} y_i = a + bx_i + e_i, \quad i = 1,2,\cdots,n; \\ e_1,e_2,\cdots,e_n \text{ 独立同分布 (iid) 于 } \mathrm{N}(0,\sigma^2). \end{cases} \tag{8.1.13}$$

由假设可知 $y_1,y_2,\cdots,y_n$ 是相互独立的随机变量, 且 $y_i \sim \mathrm{N}(a+bx_i,\sigma^2)$, 其中 x_i 为常数. 下面从这个模型出发, 首先导出 $\widehat{a}$、$\widehat{b}$ 和 $\widehat{\sigma^2}$ 的抽样分布.

1. $\widehat{a}$、$\widehat{b}$ 和 $\widehat{\sigma^2}$ 的抽样分布

由式 (8.1.7) 和式 (8.1.8) 知 $\widehat{a}$ 和 $\widehat{b}$ 都是 $y_1,y_2,\cdots,y_n$ 的线性组合, 因而, $\widehat{a}$ 和 $\widehat{b}$ 都服从正态分布. 故我们只要求出 $\mathrm{E}(\widehat{a})$、$\mathrm{E}(\widehat{b})$ 和 $\mathrm{Var}(\widehat{a})$、$\mathrm{Var}(\widehat{b})$ 就可以确定 $\widehat{a}$ 和 $\widehat{b}$ 的分布了.

容易证明

$$\mathrm{E}(\widehat{b}) = b, \quad \mathrm{E}(\widehat{a}) = a.$$

这说明 $\widehat{a}, \widehat{b}$ 分别为 a, b 的无偏估计. 进一步可算得

$$\mathrm{D}(\widehat{b}) = \frac{\sigma^2}{l_{xx}}, \quad \mathrm{D}(\widehat{a}) = \sigma^2 \left[\frac{1}{n} + \frac{\overline{x}^2}{l_{xx}} \right].$$

更完整的结论可以表述为如下定理.

定理 8.1.1 在模型 (8.1.13) 的假设之下, 有

$$\widehat{b} \sim \mathrm{N} \left(b, \frac{\sigma^2}{l_{xx}} \right), \qquad\qquad \widehat{a} \sim \mathrm{N} \left(a, \left[\frac{1}{n} + \frac{\overline{x}^2}{l_{xx}} \right] \sigma^2 \right),$$

$$\mathrm{Cov}(\widehat{a}, \widehat{b}) = -\frac{\overline{x}\sigma^2}{l_{xx}}, \qquad\qquad \frac{\mathrm{SSE}}{\sigma^2} = \frac{(n-2)\widehat{\sigma^2}}{\sigma^2} \sim \chi^2(n-2).$$

并且 $(\widehat{a}, \widehat{b})$ 与 Q 独立.

定理的证明留给读者作为练习. 有了这个结果, 就可以对 a, b 进行统计推断了.

显然 $\widehat{a}, \widehat{b}$ 和 $\widehat{\sigma^2}$ 分别是 a, b 和 σ^2 的无偏估计. $\widehat{a}, \widehat{b}$ 的方差中含有未知参数 σ^2, 代之以 $\widehat{\sigma^2}$ 就可以得到 $\widehat{a}, \widehat{b}$ 的方差的一个估计.

定义 8.1.1 设未知参数 θ 的一个估计量 $\widehat{\theta}$, 其标准差的估计称为该估计量 $\widehat{\theta}$ 的标准误 (standard error), 记为 $\mathrm{Se}(\widehat{\theta})$.

由定理 8.1.1 可知, $\widehat{a}, \widehat{b}$ 的标准误分别为

$$\mathrm{Se}(\widehat{b}) = \widehat{\sigma} \sqrt{\frac{1}{l_{xx}}}, \quad \mathrm{Se}(\widehat{a}) = \widehat{\sigma} \sqrt{\frac{1}{n} + \frac{\overline{x}^2}{l_{xx}}}. \tag{8.1.14}$$

其中 $\widehat{\sigma}$ 由公式 (8.1.10) 计算.

下面进一步讨论回归方程的显著性检验、回归参数和回归函数的置信区间、预测与控制等问题.

2. 回归方程的显著性检验

由前面讨论可知, 对于给定的观察值 $(x_1, y_1), (x_2, y_2), \cdots, (x_n, y_n)$, 只要 $x_1, x_2, \cdots, x_n$ 不全相同, 用最小二乘法都可以求得回归方程 $\widehat{y} = \widehat{a} + \widehat{b}x$. 在使用回归方程之前, 应对回归方程是否有意义进行判断. 我们知道总体回归方程 $\mathrm{E}(Y) = a + bx$ 反映了 $\mathrm{E}(Y)$ 随 x 变化的规律, 如果 $b = 0$, 则 $\mathrm{E}(Y)$ 不随 x 变化, 这时求得的一元线性回归方程就没有意义, 称回归方程不显著. 因此我们需要检验如下双边假设:

$$H_0 : b = 0 \quad \leftrightarrow \quad H_1 : b \neq 0. \tag{8.1.15}$$

常用的检验统计量是

$$T = \frac{\widehat{b}}{\mathrm{Se}(\widehat{b})}.$$

由定理 8.1.1 不难看出, 当 H_0 为真时, 统计量 $T \sim \mathrm{t}(n-2)$, 因而检验的拒绝域为 $\{|T| \geqslant t_{1-\alpha/2}(n-2)\}$. 检验的 p 值为

$$p = P \left(|t(n-2)| \geqslant \frac{|\widehat{b}|}{\mathrm{Se}(\widehat{b})} \right) = 2P \left(t(n-2) \geqslant \frac{|\widehat{b}|}{\mathrm{Se}(\widehat{b})} \right) = 2 - 2P \left(t(n-2) \leqslant \frac{|\widehat{b}|}{\mathrm{Se}(\widehat{b})} \right),$$

其中 $t(n-2)$ 表示服从自由度为 $n-2$ 的 t 分布的一个随机变量.

值得注意的是, 由概率论的知识: 若随机变量 $X \sim t(m)$, 则 $X^2 \sim F(1,m)$. 由于 t 分布和 F 分布之间的这种关系, 上述 t 检验等价于如下的 F 检验

检验统计量是

$$F = T^2 = \left(\frac{\widehat{b}}{\text{Se}(\widehat{b})}\right)^2.$$

拒绝域为 $\{F \geqslant F_{1-\alpha}(1, n-2)\}$. 检验的 p 值为

$$p = P\big(F(1, n-2) \geqslant F\big),$$

其中 $F(1, n-2)$ 表示服从自由度为 1 和 $n-2$ 的 F 分布的一个随机变量.

例 8.1.3 在硝酸钠 (NaNO$_3$) 的溶度试验中, 测得在不同温度 x 下, 溶解于 100 份水中的硝酸钠份数 y 的数据如表 8.2 所示.

表 8.2 例 8.1.3 数据

x/℃	0	4	10	15	21	29	36	51	68
y/份	66.7	71.0	76.3	80.6	85.7	92.9	99.4	113.6	125.1

试求 y 对 x 的回归方程, 并在显著性水平 $\alpha = 0.05$ 下, 判断回归直线是否显著.

解 此时 $n = 9$, 经计算得 (建议使用计算机程序完成):

$$\widehat{b} = 0.8706, \quad \text{Se}(\widehat{b}) = 0.0151; \quad \widehat{a} = 67.5078, \quad \text{Se}(\widehat{a}) = 0.5055.$$

得回归方程: $\widehat{y} = 67.5078 + 0.8706\,x$.

下面是显著性检验.

$$T = 57.8258, \quad F = 3343.8240.$$

查表得 $F_{0.95}(1,7) = 5.59 < F$, $t_{0.975}(7) = 2.3646 < T$, 因而否定 $H_0 : b = 0$, 认为线性回归的效果是显著的. 检验的 p 值为

$$p = P(|t(7)| \geqslant 57.8258) = P\big(F(1,7) \geqslant 3271.1916\big) = 0.0000. \qquad \square$$

8.1.5 置信区间

下面我们讨论回归参数 a、b 以及回归函数 $a + bx$ 的置信区间.

由定理 8.1.1 可知, a、b 的置信区间就是相应正态总体均值参数的置信区间, 因而 a 的置信水平为 $1 - \alpha$ 的置信区间为 (请注意关于区间的简单记法)

$$\left[\widehat{a} \pm t_{1-\alpha/2}(n-2) \cdot \text{Se}(\widehat{a})\right] = \left[\widehat{a} \pm t_{1-\alpha/2}(n-2) \cdot \sqrt{\frac{\text{SSE}}{n-2}}\sqrt{\frac{1}{n} + \frac{\overline{x}^2}{l_{xx}}}\right]. \tag{8.1.16}$$

同理可得 b 的置信水平为 $1 - \alpha$ 的置信区间为

$$\left[\widehat{b} \pm t_{1-\alpha/2}(n-2) \cdot \text{Se}(\widehat{b})\right] = \left[\widehat{b} \pm t_{1-\alpha/2}(n-2) \cdot \sqrt{\frac{\text{SSE}}{n-2}}\sqrt{\frac{1}{l_{xx}}}\right]. \tag{8.1.17}$$

此外, 在应用上一个重要的问题是回归函数 $a+bx$ 的区间估计, 其中 x 是已知值. 回忆回归函数 $a+bx$ 是在 x 给定时, Y 的数学期望值, 这往往是应用中直接感兴趣的量. 比如, 身高为 $1.7\,\mathrm{m}$ 的人, 平均体重是多少?

$a+bx$ 的点估计 $\widehat{a}+\widehat{b}x$ 是一个无偏估计, 在随机误差服从正态分布的条件下, 由定理 8.1.1 可得

$$\widehat{a}+\widehat{b}x \sim \mathrm{N}\left(a+bx, \left(\frac{1}{n}+\frac{(x-\overline{x})^2}{l_{xx}}\right)\sigma^2\right). \tag{8.1.18}$$

因而 $a+bx$ 的区间估计就是上述正态总体均值参数的区间估计, 得 $a+bx$ 的置信水平为 $1-\alpha$ 的置信区间为

$$\left[(\widehat{a}+\widehat{b}x)\pm t_{1-\alpha/2}(n-2)\cdot \mathrm{Se}(\widehat{a}+\widehat{b}x)\right]$$
$$=\left[(\widehat{a}+\widehat{b}x)\pm t_{1-\alpha/2}(n-2)\sqrt{\frac{\mathrm{SSE}}{n-2}}\cdot\sqrt{\frac{1}{n}+\frac{(x-\overline{x})^2}{l_{xx}}}\right]. \tag{8.1.19}$$

从置信区间式 (8.1.19) 我们看到, 区间长度与 x 有关, 当 $x=\overline{x}$ 时, 区间最短; 当 $|x-\overline{x}|$ 增大时, 区间长度也增大. 所以, 在 x 的观测值 $x_1,x_2,\cdots,x_n$ 的中心 $\overline{x}$ 附近, 对回归函数 $a+bx$ 的估计较精确, 而当 x 远离 $\overline{x}$ 时, 精度下降. 这提醒我们尽量不要在远离 $\overline{x}$ 的地方去使用经验回归函数 $\widehat{a}+\widehat{b}x$.

事实上, 当 x 变化时, 回归函数置信区间的上下限分别作为 x 的函数而构成一条曲线, 这两条曲线呈喇叭形, 如图 8.4 所示. 两条曲线之间与 y 轴平行的线段, 就是回归函数 $a+bx$ 的置信区间.

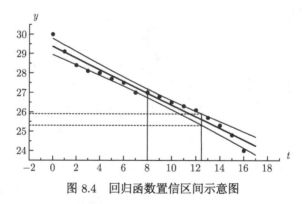

图 8.4 回归函数置信区间示意图

通常在应用问题中, 当我们计划在 x 的某个范围内使用经验回归方程时, 最好将 x_i 的取值照顾到这个范围的各个部分, 不要使 x_i 集中在局部取值. 在回归分析中, 把在超出 x_i 的取值范围之外的地方使用经验回归方程, 称为 "外推". 外推不可靠, 在实际应用中应谨慎使用.

例 8.1.4 (例 8.1.1 续) 我们假设刀具厚度 Y 和时间 t 适合一元线性回归模型, 并且建立了 Y 对 t 的经验回归方程 $\widehat{y}=29.365-0.301t$. 现在进一步假设随机误差服从正态分布, 试求:

(1) 检验该回归方程是否显著?

(2) 回归系数 b 的置信区间 ($\alpha = 0.05$);

(3) 在使用了 12.5h 时, 刀具厚度的置信区间 ($\alpha = 0.01$).

解 (1) 例 8.1.2 已算得

$$\widehat{a} = 29.365, \quad \widehat{b} = -0.301, \quad l_{tt} = 408.000, \quad \widehat{\sigma^2} = 0.093 = 0.305^2.$$

再计算得 $\quad \mathrm{Se}(\widehat{b}) = \dfrac{\widehat{\sigma}}{\sqrt{l_{tt}}} = \dfrac{0.305}{\sqrt{408}} = 0.0152, \quad T = \dfrac{\widehat{b}}{\mathrm{Se}(\widehat{b})} = \dfrac{-0.301}{0.0152} = -19.803.$

查表得 $t_{0.975}(15) = 2.1315$, 因而否定 $H_0 : b = 0$, 认为线性回归的效果是显著的. 检验的 p 值为

$$p = 2P\left(t(15) \geqslant 19.803\right) = 0.0000.$$

(2) 由式 (8.1.17) 确定 b 的置信区间, 得

$$\left[\widehat{b} \pm t_{1-\alpha/2}(n-2) \cdot \mathrm{Se}(\widehat{b})\right] = \left[-0.301 \pm 2.1315 \times 0.0152\right] = [-0.333, -0.269].$$

也就是说, 每多使用一小时, 平均来说刀具就磨损 0.269~0.333cm.

(3) 在经验回归方程 $\widehat{y} = 29.365 - 0.301t$ 中代入 $t = 12.5$, 得到 $\widehat{y} = 25.6025$, 这是 $a + 12.5\,b$ 的点估计. 由式 (8.1.19) 可以确定它的置信区间. 查表得 $t_{0.995}(15) = 2.9467$, 因而 $a + 12.5\,b$ 的置信区间为 (图 8.4)

$$\left[(\widehat{a} + \widehat{b}\,t) \pm t_{1-\alpha/2}(n-2) \cdot \mathrm{Se}(\widehat{a} + \widehat{b}\,t)\right]$$
$$= \left[25.6025 \pm 2.9467 \times 0.305 \times \sqrt{\frac{1}{17} + \frac{(12.5 - 8)^2}{408}}\right]$$
$$= \left[25.6025 \pm 0.2960\right] = \left[25.3065, 25.8985\right].$$

8.1.6 预测与控制

1. 预测

预测问题是指: 指定了自变量 x 的取值 x_0, 而因变量 Y 的值并未进行观测, 或者暂时无法观测, 要等到以后某个时期才能观测. 根据 x 的值 x_0, 要对 Y 的值做出预测. 我们先举两个例子.

问题 1: 测得某人身高为 1.7m, 要预测这个人的体重 (假定没有测量体重的仪器).

问题 2: 将某种商品的价格提升为 x_0, 预测其一年的销售量 (假定其他影响销售量的因素不变).

"预测"一词在通常意义下具有时间性, 即指由过去和现在预测未来. 但是问题 1 不符合这个意思, 因为这个人的体重是指量他身高时的体重, 而非未来某个时刻的体重. 问题 2 符合这个意思, 但在统计模型上, 这两者并无区别, 其共同的问题是: 由两个相关变量中一个所取的值去估计另一个所取的值.

我们假设 Y 对 x 的回归模型为

$$Y = a + bx + e,$$

其中 e 是随机误差. 当 x 的值指定为 x_0 时, 要预测相应的 Y_0, 就等于要预测 $a + bx_0 + e$, 这是一个随机变量, 由两部分组成: 一部分是 $a + bx_0$, 是 Y_0 的数学期望, 是非随机部分, 用 $\widehat{a} + \widehat{b}x_0$ 作为预测值; 另一部分是随机误差 e, 其取值可正可负, 无法准确预测, 我们只好用 0 去 "预测" 它. 于是得到 Y_0 的 (点) 预测值为

$$\widehat{y_0} = \widehat{a} + \widehat{b}x_0.$$

这与前面回归函数在 $x = x_0$ 处的值 $a + bx_0$ 点估计一样. 也正是因为这一点, "估计回归函数 $a + bx$" 与 "预测 Y 值" 这两个问题容易混淆为一个问题. 事实上, 这两个问题尽管其解析形式上相同, 其本质是不同的.

首先, 从问题的性质来看, 回归函数在 x_0 的值 $a + bx_0$ 虽然未知, 但它是一个确定的数, 并无随机性可言. 相反, 作为预测对象的 Y_0 值, 本身就是随机变量. 因为有这种区别, 我们对回归函数的区间估计称为置信区间, 而对 Y_0 的区间估计称为预测区间 (prediction interval). 简言之, 估计的对象为参数, 预测的对象为随机变量.

其次, 从实际角度看, 两者的意义有本质的区别. 就上面两个问题来说:

问题 1: 估计回归函数 —— 估计所有身高为 1.7m 的人的平均体重;

预测 Y —— 某个具体的人有身高 1.7m, 预测这个人的体重.

问题 2: 估计回归函数 —— 估计价格为 x_0 时, 一年的销售量的平均值;

预测 Y —— 某商品的价格为 x_0, 预测其一年的销售量.

无论从问题的提法或者从实际意义上去分析, 都不难看到: 预测精度不如估计回归函数的精度. 可以这样来理解, 当试验次数 n 很大时, $\widehat{a}$、$\widehat{b}$ 作为 a、b 的估计越来越精确, 因而 $\widehat{a} + \widehat{b}x$ 作为 $a + bx$ 的估计也越来越精确. 但预测对象 $Y = a + bx + e$ 不论 $a + bx$ 的估计多精确, 随机误差 e 都无法控制. 下面写出 Y 的预测区间, 可以清楚地看出这一点.

因为要预测的 Y_0 是将要做的一次独立试验的结果, 因此它与已经得到的试验结果独立, 从而 Y_0 与 $\widehat{a} + \widehat{b}x_0$ 独立. 因而由式 (8.1.18) 易见

$$Y_0 - (\widehat{a} + \widehat{b}x_0) \sim \mathrm{N}\left(0, \left(1 + \frac{1}{n} + \frac{(x_0 - \overline{x})^2}{l_{xx}}\right)\sigma^2\right).$$

因此有

$$\frac{Y_0 - (\widehat{a} + \widehat{b}x_0)}{\widehat{\sigma}\sqrt{1 + \dfrac{1}{n} + \dfrac{(x_0 - \overline{x})^2}{l_{xx}}}} \sim \mathrm{t}(n-2).$$

于是对于给定的置信水平 $1 - \alpha$, Y_0 的预测区间为

$$\left[(\widehat{a} + \widehat{b}x_0) \pm t_{1-\alpha/2}(n-2) \cdot \widehat{\sigma}\sqrt{1 + \frac{1}{n} + \frac{(x_0 - \overline{x})^2}{l_{xx}}}\right]. \tag{8.1.20}$$

比较式 (8.1.19) 和式 (8.1.20) 可以看出, 在同一置信水平下, Y_0 的预测区间要比 $a + bx_0$ 的置信区间长.

由式 (8.1.20) 可知, 当 n 越大、l_{xx} 越大、x_0 越靠近 $\overline{x}$ 时, 预测区间长度越小, 预测精度越高. 因此, 为提高预测精度, n 应该足够大, $x_1, x_2, \cdots, x_n$ 足够分散, 尽量在较靠近 $\overline{x}$ 的范围内进行预测.

当 n 较大、$x_0 - \overline{x}$ 较小时, 也可用近似的预测区间. 因为这时有

$$1 + \frac{1}{n} + \frac{(x_0 - \overline{x})^2}{l_{xx}} \approx 1, \qquad t_{1-\alpha/2}(n-2) \approx u_{1-\alpha/2},$$

其置信水平为 0.95 和 0.99 的近似预测区间分别为

$$\left[(\widehat{a} + \widehat{b}x_0) - 2\widehat{\sigma}, \ (\widehat{a} + \widehat{b}x_0) + 2\widehat{\sigma}\right] \ \text{和} \ \left[(\widehat{a} + \widehat{b}x_0) - 3\widehat{\sigma}, \ (\widehat{a} + \widehat{b}x_0) + 3\widehat{\sigma}\right]. \tag{8.1.21}$$

例 8.1.5 (例 8.1.4 续) 现在随机检查刀具, 发现该刀具已经使用了 12.5 h, 要预测刀具厚度. "点预测" 仍然为 $\widehat{a} + 12.5\widehat{b} = 25.6025$ cm. 若要做出区间预测, 取 $\alpha = 0.01$, 则用公式 (8.1.20), 算出

$$t_{1-\alpha/2}(n-2) \cdot \widehat{\sigma} \sqrt{1 + \frac{1}{n} + \frac{(t - \overline{t})^2}{l_{tt}}} = 2.9467 \times 0.305 \times \sqrt{1 + \frac{1}{17} + \frac{(12.5 - 8)^2}{408}} = 0.9462.$$

区间预测为 $25.6025 \pm 0.9462 = [24.6563, 26.5487]$, 这个区间比回归函数的置信区间要长一些, 显示出预测区间比回归函数区间估计的精度差.

2. 控制

控制问题实际上是预测的反问题.

在一些实际问题中, 往往要求 Y 在一定范围内取值. 例如, 要求某产品的质量指标 Y 在 $[y_L, y_U]$ 内为合格品, 其中 y_L, y_U 是两个已知定值. 问题是如何控制自变量 x 的取值才能以概率 $1 - \alpha$ 保证该产品是合格品, 即要控制 x, 使得

$$P(y_L \leqslant Y \leqslant y_U) \geqslant 1 - \alpha,$$

这里 $0 < \alpha < 1$ 是事先给定的正数.

下面我们给出问题求解的图示说明. 如图 8.5 所示, 从 y_L、y_U 处分别做两条水平线, 它们分别交预测区间的端点曲线于 N、M, 这两点的横坐标 (按从小到大) 记为 x_1、x_2. 当 $x \in [x_1, x_2]$ 时, 就能以概率 $1 - \alpha$ 保证 $y_L \leqslant Y \leqslant y_U$.

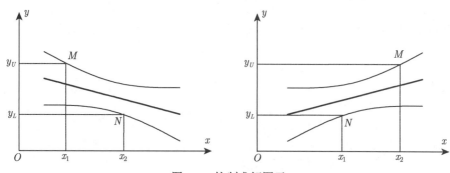

图 8.5 控制求解图示

然而, 图解计算比较麻烦, 通常用近似的预测区间式 (8.1.21) 来求. 若 $1 - \alpha = 0.99$, 则可从不等式组

$$\begin{cases} (\widehat{a} + \widehat{b}x) - 3\widehat{\sigma} \geqslant y_L, \\ (\widehat{a} + \widehat{b}x) + 3\widehat{\sigma} \leqslant y_U \end{cases} \tag{8.1.22}$$

求出区间 $[x_1, x_2]$.

例 8.1.6 (例 8.1.5 续) 接前面用切削机床进行金属品加工的例子. 取 $\alpha = 0.01$, 要求控制 Y 在 $[25, 28]$, 则不等式 (8.1.22) 为

$$\begin{cases} (29.365 - 0.301t) - 3 \times 0.305 \geqslant 25, \\ (29.365 - 0.301t) + 3 \times 0.305 \leqslant 28, \end{cases}$$

解得 $7.575 \leqslant t \leqslant 11.462$, 即当 $7.575 \leqslant t \leqslant 11.462$ 时, 能近似地以 0.99 的概率保证 $25 \leqslant Y \leqslant 28$. □

8.1.7 拟合优度与方差分析

当 Y 关于 x 的线性回归方程拟合完成以后, 我们不仅想知道 Y 和 x 之间是否存在线性关系, 而且需要度量拟合的效果. 可以想象, 各观测值的散点越是紧密围绕回归直线, 该直线对观测值的拟合程度就越好. 回归直线与各观测值的接近程度称为回归直线对观测数据的**拟合优度** (goodness of fit).

前面已经有一些拟合优度的度量: 如在回归方程显著性检验中用到的检验统计量 T, 其绝对值 $|T|$ 的大小能告诉我们 Y 和 x 之间相关关系的强度. $|T|$ 的值越大, 则检验的 p 值越小, Y 和 x 之间的线性关系越强. 拟合优度的另外一个度量是误差方差 σ^2 的估计 $\widehat{\sigma^2}$, 其值越小, 说明 Y 和 x 之间的线性关系越强.

下面介绍第三个拟合优度度量——**判定系数** (coefficient of determination). 为此, 我们从分析因变量 Y 观测值的变差出发.

因变量 Y 观测值 $y_1, y_2, \cdots, y_n$ 是不完全相同的, 其中的波动称为**变差**. 对于一个具体的观测值 y_i, 变差的大小可以用 y_i 与总的平均值 $\overline{y}$ 的差 (称为离差) 表示. 所有观测值的变差可以用这些离差的平方和表示, 称为**总平方和** (total sum of squared deviations), 记作 SST. 即

$$\text{SST} = \sum_{i=1}^{n} (y_i - \overline{y})^2 = l_{yy} \tag{8.1.23}$$

观测值 y_i 可以表示为由回归方程得到的拟合值 $\widehat{y}_i$ 与残差 $y_i - \widehat{y}_i$ 两部分, 即

$$y_i = \widehat{y}_i + (y_i - \widehat{y}_i).$$

两边同减去 $\overline{y}$, 有

$$y_i - \overline{y} = (\widehat{y}_i - \overline{y}) + (y_i - \widehat{y}_i). \tag{8.1.24}$$

注意到 n 个数 $\widehat{y}_1, \widehat{y}_2, \cdots, \widehat{y}_n$ 的平均数等于 $y_1, y_2, \cdots, y_n$ 的平均数 $\overline{y}$. 式 (8.1.24) 说明 y_i 的离差由 $\widehat{y}_i$ 的离差与残差两部分构成, 如图 8.6 所示.

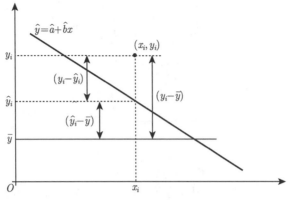

图 8.6 离差分解示意图

将式 (8.1.24) 两边平方, 并求和, 得 (注意完全平方展开中交叉项求和为零)

$$\sum_{i=1}^{n}(y_i - \overline{y})^2 = \sum_{i=1}^{n}(\widehat{y_i} - \overline{y})^2 + \sum_{i=1}^{n}(y_i - \widehat{y_i})^2. \tag{8.1.25}$$

因此, Y 的总的离差平方和可以分解成两部分: 第一部分是拟合值 $\widehat{y}_1, \widehat{y}_2, \cdots, \widehat{y}_n$ 的离差平方和, 它度量了 x 的作用, 称为**回归平方和** (sum of squares about regression), 记作 SSR; 第二部分是残差平方和 SSE, 它是除了 x 对 Y 的线性影响之外的其他因素引起的 Y 的变化部分, 是不能由回归直线解释的 y_i 的变差部分. 称式 (8.1.25) 为平方和分解式, 即

$$\text{SST} = \text{SSR} + \text{SSE}. \tag{8.1.26}$$

其中

$$\text{SSR} = \sum_{i=1}^{n}(\widehat{y_i} - \overline{y})^2 = \widehat{b}^2 l_{xx} = \frac{(l_{xy})^2}{l_{xx}}, \tag{8.1.27}$$

$$\text{SSE} = \sum_{i=1}^{n}(y_i - \widehat{y_i})^2 = \text{SST} - \text{SSE} = l_{yy} - \frac{(l_{xy})^2}{l_{xx}}. \tag{8.1.28}$$

从回归平方和与残差平方和的意义可知, 一个回归效果的好坏取决于回归平方和 SSR 在总平方和 SST 中的占比 SSR/SST, 占比越大, 拟合效果越好. 该占比称为**判定系数**, 记作 R^2, 即

$$R^2 = \frac{\text{SSR}}{\text{SST}} = \frac{l_{xy}^2}{l_{xx}l_{yy}}. \tag{8.1.29}$$

判定系数 R^2 的取值范围是 $[0,1]$. R^2 越大, 回归直线的拟合效果越好; R^2 越小, 回归直线的拟合效果越差.

与判定系数密切相关的一个统计量是所谓的相关系数.

定义 8.1.2 设 $\{(x_i, y_i): i = 1, 2, \cdots, n\}$ 是容量为 n 的二维样本, 统计量

$$r = \frac{\sum_{i=1}^{n}(x_i - \overline{x})(y_i - \overline{y})}{\sqrt{\sum_{i=1}^{n}(x_i - \overline{x})^2 \cdot \sum_{i=1}^{n}(y_i - \overline{y})^2}} = \frac{l_{xy}}{\sqrt{l_{xx}l_{yy}}}. \tag{8.1.30}$$

称为**样本相关系数**.

可见样本相关系数的平方就是判定系数, 因此样本相关系数的绝对值也可作为回归直线拟合优度的度量.

例 8.1.7　计算例 8.1.3 中的判定系数 R^2.

解　由前面计算结果 $\text{SST} = l_{yy} = 3083.98$, $\text{SSR} = \widehat{b}\, l_{xy} = 3077.3969$, 因而

$$R^2 = \frac{\text{SSR}}{\text{SST}} = \frac{3077.3969}{3083.98} = 0.9979.$$

此时样本相关系数为 $r = 0.9989$, 表明拟合优度很高.　　　　　　　　　　　　　　□

式 (8.1.25) ~ 式 (8.1.28) 给出了平方和分解式. 对于每个平方和都有一个 "自由度" 与之相随, 而且正如平方和分解式一样, 总平方和的自由度 df_T 等于回归平方和的自由度 df_R 与残差平方和的自由度 df_E 之和, 即

$$\text{df}_T = \text{df}_R + \text{df}_E.$$

残差平方和的自由度 $\text{df}_E = n - 2$, 这在前面参数估计式 (8.1.10) 中已有解释; 回归平方和的自由度 df_R 对应于自变量的个数, 这里是 $\text{df}_R = 1$; 总平方和的自由度 $\text{df}_T = n - 1$. 各平方和除以相应的自由度称为**均方和**.

这种把平方和及自由度进行分解的方法称为**方差分析**, 方差分析的所有结果可以归纳在一个简单的表格里, 这种表称为**方差分析表**. 对于一元线性回归, 常见的方差分析表如表 8.3 所示.

表 8.3　一元线性回归方差分析表

变差来源	平方和	自由度	均方和	F 值	p 值
回归 (因素 x)	SSR	1	SSR	$F = \dfrac{\text{SSR}}{\text{SSE}/(n-2)}$	$P\big(F(1, n-2) \geqslant F\big)$
残差 (随机因素)	SSE	$n-2$	$\text{SSE}/(n-2)$		
总和	SST	$n-1$			

其中 F 值是回归均方和与残差均方和的比值, 不难验证这个 F 值就是我们在前面回归方程显著性检验时用到的检验统计量 $F = T^2$. 还可以验证这个 F 值与判定系数有如下关系

$$F = \frac{(n-2)\,\text{SSR}}{\text{SSE}} = \frac{(n-2)\,\text{SSR}}{\text{SST} - \text{SSR}} = \frac{(n-2)\,R^2}{1 - R^2}.$$

可见 F 值是判定系数 R^2 的严格单调函数, 因而 F 值越大, 说明回归拟合的效果越好, 于是 F 值也可以是拟合优度的一个度量.

R 语言中使用函数 lm() 进行线性回归分析, 其输出结果是一个封装了模型模拟结果的列表, 可以通过析取函数得到想要的结果. 常用的析取函数有 summary(), confint(), predict(), anova() 等.

下面是例 8.1.1 利用 lm() 进行线性回归分析的一个结果.

```
> t <- 0 : 16
> y <- c(30, 29.1, 28.4, 28.1, 28, 27.7, 27.5, 27, 27, 26.8, 26.5, 26.3, 26.1,
```

```
+        25.7, 25.3, 24.8, 24)
> example.lm <- lm(y~1+t)    # y~1+t表示公式 y=a+bt, 回归结果存入 example.lm
> summary(example.lm)         # 析取 example.lm 中的部分结果
```
执行结果如下.
```
Call:
lm(formula = y ~1 + t)
Residuals:
     Min       1Q   Median       3Q      Max
-0.55294 -0.16176  0.03603  0.14559  0.63529
Coefficients:
            Estimate Std. Error t value Pr(>|t|)
(Intercept) 29.36471    0.14193  206.89  < 2e-16 ***
t           -0.30074    0.01513  -19.88 3.45e-12 ***
---
Signif. codes:  0 '***' 0.001 '**' 0.01 '*' 0.05 '.' 0.1 ' ' 1
Residual standard error: 0.3056 on 15 degrees of freedom
Multiple R-squared:  0.9634,    Adjusted R-squared:  0.961
F-statistic: 395.1 on 1 and 15 DF,  p-value: 3.45e-12
```
与前面的计算结果对比, 读者不难分析其中统计量的对应关系. 事实上, 通过适当地使用析取函数, R 通常都可以输出我们想要的结果, 更详细的介绍可以参考文献 [11].

习 题 8.1

1 在回归分析的计算中, 当观测数据的数字比较大 (小) 时, 为简化计算可以将数据进行适当的变换. 通常采用的一个变换是将数据同减去一个常数, 再同乘以一个常数, 即

$$x_i' = d_1(x_i - c_1), \quad y_i' = d_2(x_i - c_2), \quad i = 1, 2, \cdots, n.$$

其中 $c_1, c_2, d_1(>0), d_2(>0)$ 是适当选择的常数.

(1) 求由原始数据和变换后的数据分别求出的最小二乘估计以及三个离差平方和之间的关系;

(2) 证明由原始数据和变换后的数据得到的 F 检验统计量的值不变.

2 炼铝厂测得生产铸模用的铝的硬度 x 与抗张强度 y 数据如下:

x	68	53	70	84	60	72	51	83	70	64
y	288	293	349	343	290	354	283	324	340	286

(1) 画散点图;

(2) 求 y 对 x 的回归方程;

(3) 在显著性水平 $\alpha = 0.05$ 下检验回归方程的显著性.

3 当用最小二乘法对一组数据拟合一元线性回归模型 $Y = a + bx + e$ 时, 如果假设 $H_0: b = 0$ 不能拒绝, 这就意味着模型可以简单地写成 $Y = a + e$.

(1) 求出 a 的最小二乘估计;

(2) 此时残差表示什么? 证明残差之和为 0.

4 在服装标准的制定过程中, 调查了很多人的身材, 得到一系列的服装各部位的尺寸与身高、胸围等的关系. 下面是一组女青年身高 x 与裤长 y 的数据.

i	x	y	i	x	y	i	x	y
1	168	107	11	158	100	21	156	99
2	162	103	12	156	99	22	164	107
3	160	103	13	165	105	23	168	108
4	160	102	14	158	101	24	165	106
5	156	100	15	166	105	25	162	103
6	157	100	16	162	105	26	158	101
7	162	102	17	150	97	27	157	101
8	159	101	18	152	98	28	172	110
9	168	107	19	156	101	29	147	95
10	159	100	20	159	103	30	155	99

(1) 求裤长 y 对身高 x 的回归方程 $\widehat{y} = \widehat{a} + \widehat{b}x$;

(2) 在显著性水平 $\alpha = 0.01$ 下检验回归方程的显著性;

(3) 求所得方程的判定系数;

(4) 求 $\widehat{a}$ 和 $\widehat{b}$ 的标准误.

5 人们发现合金钢的强度 y 与其中碳含量 x 有关, 现收集了 16 组数据, 算得

$$\overline{x} = 0.125, \quad \overline{y} = 45.788, \quad l_{xx} = 0.3024, \quad l_{yy} = 2432.4566, \quad l_{xy} = 25.5218.$$

(1) 建立 y 关于 x 的一元线性回归方程 $\widehat{y} = \widehat{a} + \widehat{b}x$;

(2) 写出 $\widehat{a}$ 和 $\widehat{b}$ 的分布;

(3) 求 $\widehat{a}$ 和 $\widehat{b}$ 的相关系数;

(4) 列出对回归方程作显著性检验的方差分析表 ($\alpha = 0.05$);

(5) 给出 b 的 0.95 置信区间;

(6) 在 $x = 0.15$ 时求对应的 y 的 0.95 预测区间.

6 出于问题本身或者是其他客观的考虑, 有时候可能要求回归直线必须通过原点, 这时一元线性回归模型为

$$y_i = bx_i + e_i, \quad i = 1, 2, \cdots, n.$$

$\mathrm{E}(e_i) = 0$, $\mathrm{Dar}(e_i) = \sigma^2$, $\{y_i\}$ 相互独立.

(1) 求出 b 的最小二乘估计和 σ^2 的无偏估计;

(2) 对于给定的 x_0, 其对应的因变量的均值的估计为 $\widehat{b}x_0$, 求 $\mathrm{D}(\widehat{b}x_0)$.

7 弹簧在外力作用产生形变, 测得一组弹簧形变 x (单位: cm) 和相应外力 y (单位: N) 数据如下:

y	1.0	1.2	1.4	1.6	1.8	2.0	2.2	2.4	2.8	3.0
x	3.08	3.76	4.31	5.02	5.51	6.25	6.74	7.40	8.54	9.24

由胡克定律知 $\widehat{y} = kx$, 试估计 k, 并在 $x = 2.6$ cm 处给出相应的外力 y 的 0.95 预测区间.

8 设线性回归模型为

$$\begin{cases} y_i = a + bx_i + e_i, \quad i = 1, 2, \cdots, n. \\ e_1, e_2, \cdots, e_n \sim \text{iid N}(0, \sigma^2). \end{cases}$$

求出 a 和 b 的最大似然估计, 它们与其最小二乘估计是否相同?

9 对于给定的 n 对数据 $\{(x_i, y_i) : i = 1, 2, \cdots, n\}$, 若我们感兴趣的是 y 如何依赖 x 的取值而变化, 则可以建立如下线性回归方程:

$$\widehat{y} = \widehat{a} + \widehat{b}x.$$

反之, 若我们感兴趣的是 x 如何依赖 y 的取值而变化, 则可以建立如下线性回归方程:

$$\widehat{x} = \widehat{c} + \widehat{d}y.$$

试问这两条直线在直角坐标系中是否重合? 为什么? 若不重合, 它们有无交点? 若有, 试给出交点坐标.

8.2 多元线性回归

在许多实际问题中, 对我们所感兴趣的指标 (因变量) 有影响的因素 (自变量) 往往不止一个, 类似于 8.1 节的问题称为多元回归分析. 在本节我们讨论多元线性回归问题, 其原理与一元线性回归完全相同, 但在计算上要复杂得多.

8.2.1 多元线性回归模型

设对于自变量 (可控变量) $x_1, x_2, \cdots, x_p$ 的一组确定的值, 因变量 (随机变量) Y 的数学期望存在, 它是 $x_1, x_2, \cdots, x_p$ 的函数, 记为 $\mu(x_1, x_2, \cdots, x_p)$, 这个函数就是 Y 关于 $x_1, x_2, \cdots, x_p$ 的回归函数. 本节只讨论 $\mu(x_1, x_2, \cdots, x_p)$ 是 $x_1, x_2, \cdots, x_p$ 的线性函数的情况. 这时 Y 与 $x_1, x_2, \cdots, x_p$ 之间的关系可以描述为

$$Y = b_0 + b_1 x_1 + b_2 x_2 + \cdots + b_p x_p + e, \quad \text{E}(e) = 0, \ \text{D}(e) = \sigma^2. \tag{8.2.1}$$

这里 $b_0, b_1, \cdots, b_p, \sigma^2$ 都是与 $x_1, x_2, \cdots, x_p$ 无关的未知参数, e 为随机干扰或误差. 式 (8.2.1) 称为 p 元线性回归模型 (总体形式).

根据模型假定,

$$\text{E}(Y) = \mu(x_1, x_2, \cdots, x_p) = b_0 + b_1 x_1 + b_2 x_2 + \cdots + b_p x_p.$$

称为多元线性回归方程 (multiple linear regression equation), 它描述了因变量 Y 的期望与 $x_1, x_2, \cdots, x_p$ 的关系. 其图像可以理解为 $p+1$ 维空间的一个超平面, 当 $p=2$ 时, 就是三维空间的一个平面, 称为回归平面.

现在给定 n 组样本观测值如表 8.4 所示. 其中 x_{ij} 是自变量 x_j 的第 i 个观测值 (设计值), y_i 是因变量 Y 的第 i 个观测值 (与 8.1 节一样, 我们用 y_i 既表示观测值也表示随机变量), 则模型 (8.2.1) 的样本形式为

$$y_i = b_0 + b_1 x_{i1} + b_2 x_{i2} + \cdots + b_p x_{ip} + e_i, \ i = 1, 2, \cdots, n. \tag{8.2.2}$$

其中 $e_1, e_2, \cdots, e_n$ 为误差项, 一般假设相互独立, 且 $\mathrm{E}(e_i) = 0$, $\mathrm{D}(e_i) = \sigma^2$.

表 8.4　多元回归分析中的数据

观测	相应变量	解释变量			
序号	Y	x_1	x_2	$\cdots$	x_p
1	y_1	x_{11}	x_{12}	$\cdots$	x_{1p}
2	y_2	x_{21}	x_{22}	$\cdots$	x_{2p}
$\vdots$	$\vdots$	$\vdots$	$\vdots$		$\vdots$
n	y_n	x_{n1}	x_{n2}	$\cdots$	x_{np}

　　多元线性回归是一元线性回归的推广, 因此本节内容给出的结果都是 8.1 节结果的推广, 一元回归也可以看成多元回归的特例.

　　为了对模型 (8.2.2) 有一个直观理解, 可考虑含有两个自变量的线性回归模型, 此时回归方程为

$$\mathrm{E}(Y) = b_0 + b_1 x_1 + b_2 x_2.$$

在三维空间中可以将这个方程画出来, 就是一个平面, 如图 8.7 所示.

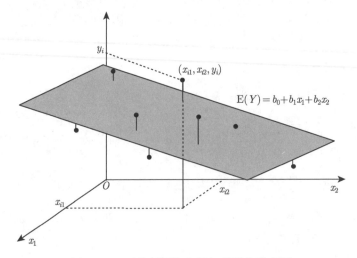

图 8.7　二元线性回归方程与观测值示意图

8.2.2　最小二乘估计

　　与一元线性回归类似, 我们仍用最小二乘法求 $b_0, b_1, \cdots, b_p$ 的估计. 令

$$Q(b_0, b_1, \cdots, b_p) = \sum_{i=1}^{n} \big[y_i - (b_0 + b_1 x_{i1} + b_2 x_{i2} + \cdots + b_p x_{ip}) \big]^2. \tag{8.2.3}$$

称使 $Q(b_0, b_1, \cdots, b_p)$ 达到最小的 $\widehat{b}_0, \widehat{b}_1, \cdots, \widehat{b}_p$ 为 $b_0, b_1, \cdots, b_p$ 的最小二乘估计. 为了求最小二乘估计, 需要解下列方程组

$$\begin{cases} \dfrac{\partial Q}{\partial b_0} = -2\sum_{i=1}^{n}(y_i - b_0 - b_1 x_{i1} - \cdots - b_p x_{ip}) \quad = 0, \\[2mm] \dfrac{\partial Q}{\partial b_1} = -2\sum_{i=1}^{n}(y_i - b_0 - b_1 x_{i1} - \cdots - b_p x_{ip})x_{i1} = 0, \\[2mm] \qquad\vdots \\[2mm] \dfrac{\partial Q}{\partial b_p} = -2\sum_{i=1}^{n}(y_i - b_0 - b_1 x_{i1} - \cdots - b_p x_{ip})x_{ip} = 0. \end{cases}$$

整理可得

$$\begin{cases} nb_0 \;+\; \sum_{i=1}^{n}x_{i1}b_1 \;+\cdots+\; \sum_{i=1}^{n}x_{ip}b_p = \sum_{i=1}^{n}y_i, \\[2mm] \sum_{i=1}^{n}x_{i1}b_0 \;+\; \sum_{i=1}^{n}x_{i1}^2 b_1 +\cdots+\; \sum_{i=1}^{n}x_{ip}x_{i1}b_p = \sum_{i=1}^{n}x_{i1}y_i, \\[2mm] \qquad\qquad\qquad\qquad\qquad\vdots \\[2mm] \sum_{i=1}^{n}x_{ip}b_0 + \sum_{i=1}^{n}x_{i1}x_{ip}b_1 \;+\cdots+\; \sum_{i=1}^{n}x_{ip}^2 b_p = \sum_{i=1}^{n}x_{ip}y_i. \end{cases} \tag{8.2.4}$$

方程组 (8.2.4) 称为**正规方程组** (system of normal equation).

为简便起见, 通常采用矩阵表示. 记

$$\boldsymbol{X} = \begin{pmatrix} 1 & x_{11} & x_{12} & \cdots & x_{1p} \\ 1 & x_{21} & x_{22} & \cdots & x_{2p} \\ \vdots & \vdots & \vdots & & \vdots \\ 1 & x_{n1} & x_{n2} & \cdots & x_{np} \end{pmatrix}, \quad \boldsymbol{Y} = \begin{pmatrix} y_1 \\ y_2 \\ \vdots \\ y_n \end{pmatrix}, \quad \boldsymbol{b} = \begin{pmatrix} b_0 \\ b_1 \\ \vdots \\ b_p \end{pmatrix}, \quad \boldsymbol{e} = \begin{pmatrix} e_1 \\ e_2 \\ \vdots \\ e_n \end{pmatrix}.$$

则正规方程组 (8.2.4) 可写为

$$(\boldsymbol{X}^{\mathrm{T}}\boldsymbol{X})\boldsymbol{b} = \boldsymbol{X}^{\mathrm{T}}\boldsymbol{Y}. \tag{8.2.5}$$

如果矩阵 $\boldsymbol{X}^{\mathrm{T}}\boldsymbol{X}$ 可逆, 则正规方程组 (8.2.5) 有唯一解, 其解为

$$\widehat{\boldsymbol{b}} = (\widehat{b}_0, \widehat{b}_1, \cdots, \widehat{b}_p)^{\mathrm{T}} = (\boldsymbol{X}^{\mathrm{T}}\boldsymbol{X})^{-1}\boldsymbol{X}^{\mathrm{T}}\boldsymbol{Y}, \tag{8.2.6}$$

这就是未知参数向量 $\boldsymbol{b}$ 的最小二乘估计.

y 对 $x_1, x_2, \cdots, x_p$ 的线性回归方程的估计为

$$\widehat{y} = \widehat{b}_0 + \widehat{b}_1 x_1 + \widehat{b}_2 x_2 + \cdots + \widehat{b}_p x_p.$$

以后称 $\boldsymbol{A} = \boldsymbol{X}^{\mathrm{T}}\boldsymbol{X}$ 为正规方程组的**系数矩阵**, $\boldsymbol{B} = \boldsymbol{X}^{\mathrm{T}}\boldsymbol{Y}$ 为正规方程组的**常数项矩阵**, $\boldsymbol{C} = (\boldsymbol{X}^{\mathrm{T}}\boldsymbol{X})^{-1}$ 为**相关矩阵**.

由以上讨论可知, 只要能写出线性回归模型的**结构矩阵** $\boldsymbol{X}$, 观测值向量 $\boldsymbol{Y}$, 便能求得 $\boldsymbol{A} = \boldsymbol{X}^{\mathrm{T}}\boldsymbol{X}$, 及 $\boldsymbol{B} = \boldsymbol{X}^{\mathrm{T}}\boldsymbol{Y}$, 从而由式 (8.2.6) 即得 $\boldsymbol{b}$ 的最小二乘估计.

例 8.2.1　用矩阵形式写出一元线性回归模型

$$y_i = a + bx_i + e_i, \quad i = 1, 2, \cdots, n.$$

并用矩阵形式求出 a, b 的最小二乘估计.

解　记

$$\boldsymbol{X} = \begin{pmatrix} 1 & x_1 \\ 1 & x_2 \\ \vdots & \vdots \\ 1 & x_n \end{pmatrix}, \quad \boldsymbol{Y} = \begin{pmatrix} y_1 \\ y_2 \\ \vdots \\ y_n \end{pmatrix}, \quad \boldsymbol{b} = \begin{pmatrix} a \\ b \end{pmatrix}, \quad \boldsymbol{e} = \begin{pmatrix} e_1 \\ e_2 \\ \vdots \\ e_n \end{pmatrix}.$$

则一元线性回归模型可写成

$$\boldsymbol{Y} = \boldsymbol{X}\boldsymbol{b} + \boldsymbol{e}.$$

又　$\boldsymbol{A} = \boldsymbol{X}^{\mathrm{T}}\boldsymbol{X} = \begin{pmatrix} n & \sum x_i \\ \sum x_i & \sum x_i^2 \end{pmatrix}, \quad \boldsymbol{B} = \boldsymbol{X}^{\mathrm{T}}\boldsymbol{Y} = \begin{pmatrix} \sum y_i \\ \sum x_i y_i \end{pmatrix},$

$$\boldsymbol{C} = \boldsymbol{A}^{-1} = \frac{1}{n(\sum x_i^2 - n\overline{x}^2)} \begin{pmatrix} \sum x_i^2 & -n\overline{x} \\ -n\overline{x} & n \end{pmatrix} = \frac{1}{nl_{xx}} \begin{pmatrix} \sum x_i^2 & -n\overline{x} \\ -n\overline{x} & n \end{pmatrix}.$$

则 $\boldsymbol{b}$ 的最小二乘估计为

$$\widehat{\boldsymbol{b}} = (\widehat{a}, \widehat{b})^{\mathrm{T}} = \boldsymbol{C}\boldsymbol{B} = \frac{1}{nl_{xx}} \begin{pmatrix} \sum x_i^2 & -n\overline{x} \\ -n\overline{x} & n \end{pmatrix} \cdot \begin{pmatrix} \sum y_i \\ \sum x_i y_i \end{pmatrix} = \begin{pmatrix} \overline{y} - \widehat{b}_1 \overline{x} \\ l_{xy}/l_{xx} \end{pmatrix}.$$

这与式 (8.1.7)、式 (8.1.8) 的结果是一样的.

例 8.2.2　下面的模型通常称为中心化线性回归模型,

$$y_i = \mu_0 + b_1(x_{i1} - \overline{x}_1) + b_2(x_{i2} - \overline{x}_2) + \cdots + b_p(x_{ip} - \overline{x}_p) + e_i, \ i = 1, 2, \cdots, n. \tag{8.2.7}$$

其中 $\overline{x}_j = \dfrac{1}{n}\sum_{i=1}^n x_{ij}, \ j = 1, 2, \cdots, p.$ 写出该模型中的矩阵 $\boldsymbol{X}, \boldsymbol{Y}, \boldsymbol{A}, \boldsymbol{B}, \boldsymbol{C}$, 并求 $\mu_0, b_1,$ $b_2, \cdots, b_p$ 的最小二乘估计.

解　$\boldsymbol{Y} = (y_1, y_2, \cdots, y_n)^{\mathrm{T}}$, 若记 $\boldsymbol{b} = (\mu_0, b_1, \cdots, b_p)^{\mathrm{T}}$, 则

$$\boldsymbol{X} = \begin{pmatrix} 1 & x_{11} - \overline{x}_1 & x_{12} - \overline{x}_2 & \cdots & x_{1p} - \overline{x}_p \\ 1 & x_{21} - \overline{x}_1 & x_{22} - \overline{x}_2 & \cdots & x_{2p} - \overline{x}_p \\ \vdots & \vdots & \vdots & & \vdots \\ 1 & x_{n1} - \overline{x}_1 & x_{n2} - \overline{x}_2 & \cdots & x_{np} - \overline{x}_p \end{pmatrix},$$

由此可得

$$\boldsymbol{A} = \boldsymbol{X}^{\mathrm{T}}\boldsymbol{X} = \begin{pmatrix} n & 0 & 0 & \cdots & 0 \\ 0 & l_{11} & l_{12} & \cdots & l_{1p} \\ \vdots & \vdots & \vdots & & \vdots \\ 0 & l_{p1} & l_{p2} & \cdots & l_{pp} \end{pmatrix}, \quad \boldsymbol{B} = \boldsymbol{X}^{\mathrm{T}}\boldsymbol{Y} = \begin{pmatrix} n\overline{y} \\ l_{1y} \\ \vdots \\ l_{py} \end{pmatrix},$$

其中

$$l_{ij} = \sum_{k=1}^{n}(x_{ki} - \overline{x}_i)(x_{kj} - \overline{x}_j),\ i, j = 1, 2, \cdots, p;$$

$$l_{iy} = \sum_{k=1}^{n}(x_{ki} - \overline{x}_i)(y_k - \overline{y}) = \sum_{k=1}^{n}(x_{ki} - \overline{x}_i)y_k,\ j = 1, 2, \cdots, p.$$

记

$$\boldsymbol{L} = \begin{pmatrix} l_{11} & l_{12} & \cdots & l_{1p} \\ l_{21} & l_{22} & \cdots & l_{2p} \\ \vdots & \vdots & & \vdots \\ l_{p1} & l_{p2} & \cdots & l_{pp} \end{pmatrix}, \quad \boldsymbol{L}^{-1} = \begin{pmatrix} l^{11} & l^{12} & \cdots & l^{1p} \\ l^{21} & l^{22} & \cdots & l^{2p} \\ \vdots & \vdots & & \vdots \\ l^{p1} & l^{p2} & \cdots & l^{pp} \end{pmatrix},$$

则 $\quad \boldsymbol{C} = \boldsymbol{A}^{-1} = \begin{pmatrix} \dfrac{1}{n} & \boldsymbol{0} \\ \boldsymbol{0} & \boldsymbol{L}^{-1} \end{pmatrix}$. 从而

$$\widehat{\boldsymbol{b}} = \begin{pmatrix} \widehat{\mu}_0 \\ \widehat{b}_1 \\ \vdots \\ \widehat{b}_p \end{pmatrix} = \begin{pmatrix} \dfrac{1}{n} & \boldsymbol{0} \\ \boldsymbol{0} & \boldsymbol{L}^{-1} \end{pmatrix} \begin{pmatrix} n\overline{y} \\ l_{1y} \\ \vdots \\ l_{py} \end{pmatrix} = \begin{pmatrix} \overline{y} \\ \boldsymbol{L}^{-1}\begin{pmatrix} l_{1y} \\ \vdots \\ l_{py} \end{pmatrix} \end{pmatrix}. \tag{8.2.8}$$

由此可见, $\widehat{\mu}_0$ 和 $(\widehat{b}_1, \cdots, \widehat{b}_p)$ 可分别求得

$$\widehat{\mu}_0 = \overline{y}, \quad \begin{cases} l_{11}\widehat{b}_1 + l_{12}\widehat{b}_2 + \cdots + l_{1p}\widehat{b}_p = l_{1y}, \\ l_{21}\widehat{b}_1 + l_{22}\widehat{b}_2 + \cdots + l_{2p}\widehat{b}_p = l_{2y}, \\ \qquad\qquad\qquad\qquad\qquad \vdots \\ l_{p1}\widehat{b}_1 + l_{p2}\widehat{b}_2 + \cdots + l_{pp}\widehat{b}_p = l_{py}. \end{cases} \tag{8.2.9}$$

比较模型式 (8.2.7) 和式 (8.2.2) 可知, 两个模型中的 $b_1, b_2, \cdots, b_p$ 相同, 而式 (8.2.2) 中 b_0 与式 (8.2.7) 的参数间有如下关系式:

$$b_0 = \mu_0 - b_1\overline{x}_1 - b_2\overline{x}_2 - \cdots - b_p\overline{x}_p. \tag{8.2.10}$$

注意到利用式 (8.2.9) 求解最小二乘估计 $(\widehat{b}_1, \widehat{b}_2, \cdots, \widehat{b}_p)$ 时要解一个 p 元线性方程组, 而利用式 (8.2.4) 求解时要解一个 $p+1$ 元线性方程组, 因此中心化后减少了计算量. 至于 b_0 的估计可通过关系式 (8.2.10) 求出:

$$\widehat{b}_0 = \overline{y} - \widehat{b}_1\overline{x}_1 - \widehat{b}_2\overline{x}_2 - \cdots - \widehat{b}_p\overline{x}_p.$$

因此, 在求多元线性回归方程时, 常常采用中心化模型. □

例 8.2.3 用天平称量物品的重量总带有一定的误差, 为提高称量精度常要将一物品重复称若干次, 再取平均值. 若要同时称量几个物品, 那么可以作为回归问题适当安排一个称

量方案, 以便在不增加称量总次数的情况下增加每一物品重复称量的次数, 以提高称量精度. 现假定有四个物品 A、B、C、D, 其重量分别为 b_1、b_2、b_3、b_4, 按以下方案称量.

(1) 把四个物品都放在天平右盘, 左盘放砝码, 使天平平衡, 记砝码重为 y_1, 则

$$y_1 = b_1 + b_2 + b_3 + b_4 + e_1;$$

(2) 在天平右盘放 A、B, 左盘放 C、D, 为使天平平衡, 要放上砝码 y_2, 如砝码放在左盘, 则 $y_2 > 0$; 如砝码放在右盘, 则 $y_2 < 0$, 那么

$$y_2 = b_1 + b_2 - b_3 - b_4 + e_2;$$

(3) 在天平右盘放 A、C, 左盘放 B、D, 为使天平平衡, 要放上砝码 y_3, 符号同 (2), 则

$$y_3 = b_1 - b_2 + b_3 - b_4 + e_3;$$

(4) 在天平右盘放 A、D, 左盘放 B、C, 为使天平平衡, 要放上砝码 y_4, 符号同 (2), 则

$$y_4 = b_1 - b_2 - b_3 + b_4 + e_4.$$

上述各次称量中是会产生误差的, e_1、e_2、e_3、e_4 分别表示各次测量时产生的随机误差. 上述四个式子可以看成一个四元线性回归模型, 这时

$$\boldsymbol{X} = \begin{pmatrix} 1 & 1 & 1 & 1 \\ 1 & 1 & -1 & -1 \\ 1 & -1 & 1 & -1 \\ 1 & -1 & -1 & 1 \end{pmatrix}, \quad \boldsymbol{Y} = \begin{pmatrix} y_1 \\ y_2 \\ y_3 \\ y_4 \end{pmatrix}, \quad \boldsymbol{b} = \begin{pmatrix} b_1 \\ b_2 \\ b_3 \\ b_4 \end{pmatrix},$$

我们可以求出 $\boldsymbol{b}$ 的最小二乘估计, 此时

$$\boldsymbol{A} = \boldsymbol{X}^{\mathrm{T}} \boldsymbol{X} = \begin{pmatrix} 4 & 0 & 0 & 0 \\ 0 & 4 & 0 & 0 \\ 0 & 0 & 4 & 0 \\ 0 & 0 & 0 & 4 \end{pmatrix} = 4\boldsymbol{I}_4, \quad \boldsymbol{B} = \boldsymbol{X}^{\mathrm{T}} \boldsymbol{Y} = \begin{pmatrix} y_1 + y_2 + y_3 + y_4 \\ y_1 + y_2 - y_3 - y_4 \\ y_1 - y_2 + y_3 - y_4 \\ y_1 - y_2 - y_3 + y_4 \end{pmatrix},$$

由于 $\boldsymbol{A}$ 是对角矩阵, 其逆矩阵很容易求得: $\boldsymbol{C} = \boldsymbol{A}^{-1} = \dfrac{1}{4} \boldsymbol{I}_4$. 从而

$$\widehat{\boldsymbol{b}} = \frac{1}{4} \begin{pmatrix} y_1 + y_2 + y_3 + y_4 \\ y_1 + y_2 - y_3 - y_4 \\ y_1 - y_2 + y_3 - y_4 \\ y_1 - y_2 - y_3 + y_4 \end{pmatrix}. \qquad\qquad \square$$

这一例子启发我们, 若能使 $\boldsymbol{A} = \boldsymbol{X}^{\mathrm{T}} \boldsymbol{X}$ 化为对角矩阵, 则计算量就大大降低了. 在一定条件下, 这是可以办到的, 为做到这一点, 就要对如何收集数据加以合理安排, 对矩阵 $\boldsymbol{X}$ 精心设计, 这个内容属于统计学的一个专业分支 "试验设计", 有兴趣的读者可以参阅参考文献 [16].

8.2.3 回归系数的解释和最小二乘估计的性质

1. 回归系数的解释

一元回归方程表示一条直线, 而多元回归方程表示一个平面 (预测变量为两个时) 或者是超平面 (预测变量多于两个时). 多元回归中的常数项 b_0 的意义与一元回归方程一样, 即表示当 $x_1 = x_2 = \cdots = x_n = 0$ 时, $\mathrm{E}(Y)$ 值, 几何意义是截距.

回归系数 b_j, $j = 1, 2, \cdots, p$ 的解释要比一元回归情形复杂得多. 通常的一种解释是: 当 x_j 改变一个单位而其他预测变量保持不变时, $\mathrm{E}(Y)$ 相应的改变量, 也就是 Y 相应的平均改变量. 但是这个解释也是理想化的, 因为在实际中, 预测变量之间往往是关联的, 固定某些预测变量而同时改变其他的预测变量是不大可能的. 回归系数 b_j 也称为偏回归系数 (partial regression coefficient), 这是因为 b_j 反映的是预测变量 x_j 经其他预测变量调整后对响应变量 Y 的贡献.

假如各预测变量是不相关的, 则多元线性回归的系数与一元线性回归的系数是相同的. 在非试验数据或观测数据中, 预测变量很少是不相关的; 但在试验设计中, 预测变量值是由人为设计的 (参见例 8.2.3), 因而可以将预测变量设置成不相关的, 这时多元线性回归的系数解释就简单了.

2. 最小二乘估计的性质

关于线性回归模型 (8.2.2) 的一般假定是误差向量 e 的期望为零向量, 协方差矩阵是一个纯量矩阵, 即

$$\mathrm{E}(e) = \mathbf{0}, \quad \mathrm{D}(e) = \mathrm{E}(ee^{\mathrm{T}}) = \sigma^2 \boldsymbol{I}_n. \tag{8.2.11}$$

其中 $\boldsymbol{I}_n$ 是 n 阶单位阵, 即 $e_1, e_2, \cdots, e_n$ 两两不相关, 均值为 0, 方差为常数 σ^2. 故有 $\mathrm{E}(Y) = \boldsymbol{X}b$.

由 b 的最小二乘估计 $\widehat{b} = (\boldsymbol{X}^{\mathrm{T}}\boldsymbol{X})^{-1}\boldsymbol{X}^{\mathrm{T}}Y$ 表达式可见 $\widehat{b}$ 是 Y 的线性函数, 这一点与一元回归相同, 正因如此 $\widehat{b}$ 称为线性估计. Y 的拟合值 $\widehat{Y}$ 为

$$\widehat{Y} = \boldsymbol{X}\widehat{b} = \boldsymbol{X}(\boldsymbol{X}^{\mathrm{T}}\boldsymbol{X})^{-1}\boldsymbol{X}^{\mathrm{T}}Y = \boldsymbol{H}Y \tag{8.2.12}$$

其中 $\boldsymbol{H} = \boldsymbol{X}(\boldsymbol{X}^{\mathrm{T}}\boldsymbol{X})^{-1}\boldsymbol{X}^{\mathrm{T}}$ 称为帽子矩阵 (hat matrix) 或投影矩阵 (projection matrix). 此时, 残差向量为

$$\widehat{e} = Y - \widehat{Y} = Y - \boldsymbol{H}Y = (\boldsymbol{I}_n - \boldsymbol{H})Y. \tag{8.2.13}$$

残差平方和可以表示为

$$\mathrm{SSE} = \widehat{e}^{\mathrm{T}}\widehat{e} = Y^{\mathrm{T}}(\boldsymbol{I}_n - \boldsymbol{H})^{\mathrm{T}}(\boldsymbol{I}_n - \boldsymbol{H})Y = Y^{\mathrm{T}}(\boldsymbol{I}_n - \boldsymbol{H})Y. \tag{8.2.14}$$

可以证明, 最小二乘估计 $\widehat{b}$ 及残差平方和 SSE 具有如下性质.

定理 8.2.1 在假设条件 (8.2.11) 下, 对于最小二乘估计 $\widehat{b}$ 及残差平方和 SSE 有

$$E(\widehat{\boldsymbol{b}}) = \boldsymbol{b};$$
$$D(\widehat{\boldsymbol{b}}) = E\left[(\widehat{\boldsymbol{b}} - \boldsymbol{b})(\widehat{\boldsymbol{b}} - \boldsymbol{b})^{\mathrm{T}}\right] = \sigma^2 (\boldsymbol{X}^{\mathrm{T}}\boldsymbol{X})^{-1} = \sigma^2 \boldsymbol{C};$$
$$E(\mathrm{SSE}) = (n - p - 1)\sigma^2$$

这个性质表明, $\widehat{\boldsymbol{b}}$ 是 $\boldsymbol{b}$ 的无偏估计, 同时得到 σ^2 的一个无偏估计

$$\widehat{\sigma^2} = \frac{\mathrm{SSE}}{n - p - 1} = \frac{\boldsymbol{Y}^{\mathrm{T}}(\boldsymbol{I}_n - \boldsymbol{H})\boldsymbol{Y}}{n - p - 1}.$$

如果进一步假定误差向量 $\boldsymbol{e}$ 服从一个 n 维正态分布 $N_n(\boldsymbol{0}, \sigma^2 \boldsymbol{I}_n)$, 则模型 (8.2.2) 可写成

$$\begin{cases} \boldsymbol{Y} = \boldsymbol{X}\boldsymbol{b} + \boldsymbol{e}, \\ \boldsymbol{e} \sim N_n(\boldsymbol{0}, \sigma^2 \boldsymbol{I}_n). \end{cases} \tag{8.2.15}$$

由多元正态分布的性质知, $\boldsymbol{Y}$ 服从 n 元正态分布, 它的期望向量是 $\boldsymbol{X}\boldsymbol{b}$, 协方差矩阵仍为 $\sigma^2 \boldsymbol{I}_n$, 故也可记为 $\boldsymbol{Y} \sim N_n(\boldsymbol{X}\boldsymbol{b}, \sigma^2 \boldsymbol{I}_n)$.

此时可以证明, 最小二乘估计 $\widehat{\boldsymbol{b}}$ 事实上也是最大似然估计, 具有如下性质.

定理 8.2.2 在假设条件 (8.2.15) 下, 有

(1) $\widehat{\boldsymbol{b}} \sim N_{p+1}(\boldsymbol{b}, \sigma^2 \boldsymbol{C}) = N_{p+1}(\boldsymbol{b}, \sigma^2 (\boldsymbol{X}^{\mathrm{T}}\boldsymbol{X})^{-1})$;

(2) $\dfrac{\mathrm{SSE}}{\sigma^2} = \dfrac{\boldsymbol{Y}^{\mathrm{T}}(\boldsymbol{I}_n - \boldsymbol{H})\boldsymbol{Y}}{\sigma^2} \sim \chi^2(n - p - 1)$;

(3) $\widehat{\boldsymbol{b}}$ 和 SSE 相互独立.

这个定理的结论是我们利用最小二乘估计 $\widehat{\boldsymbol{b}}$ 进行统计推断的基础.

8.2.4 回归方程与回归系数的显著性检验

在实际问题中, 随机变量 Y 与可控变量 $x_1, x_2, \cdots, x_p$ 之间究竟是否存在线性相关关系呢? 在多元情形下, 不像一元回归那样可以画散点图, 所以对回归方程的显著性检验就显得更为重要.

如 $E(Y)$ 不随 $x_1, x_2, \cdots, x_p$ 的变化做线性变化, 则 $b_1 = b_2 = \cdots = b_p = 0$, 所以对回归方程的显著性检验就是要检验假设

$$H_0 : b_1 = b_2 = \cdots = b_p = 0.$$

拒绝 H_0 就意味着回归方程显著, 接受 H_0 就意味着回归方程不显著.

类似一元回归情形, 可以证明, 在多元情形仍有平方和分解公式

$$\mathrm{SST} = \mathrm{SSR} + \mathrm{SSE}.$$

其中记号与一元回归分析中完全一致, 即总的离差平方和 $\mathrm{SST} = l_{yy} = \sum_{i=1}^n (y_i - \bar{y})^2$; 回归平方和 $\mathrm{SSR} = \sum_{i=1}^n (\widehat{y}_i - \bar{y})^2$; 残差平方和 $\mathrm{SSE} = \sum_{i=1}^n (y_i - \widehat{y}_i)^2$.

当 H_0 成立时, 可以证明

$$F \triangleq \frac{\mathrm{SSR}/p}{\mathrm{SSE}/(n - p - 1)} \sim F(p, n - p - 1). \tag{8.2.16}$$

因而 H_0 的拒绝域为

$$F \triangleq \frac{\text{SSR}/p}{\text{SSE}/(n-p-1)} \geqslant F_{1-\alpha}(p, n-p-1).$$

检验的 p 值为

$$p = P\big(F(p, n-p-1) \geqslant F\big).$$

与一元线性回归类似, 多元回归也常常列出方差分析表 (表 8.5).

表 8.5　p 元线性回归方差分析表

变差来源	平方和	自由度	均方和	F 值	p 值
回归 (因素 $x_1, x_2, \cdots, x_p$)	SSR	p	SSR$/p$	$\dfrac{\text{SSR}/p}{\text{SSE}/(n-p-1)}$	$P\big(F(p, n-p-1) \geqslant F\big)$
残差 (随机因素)	SSE	$n-p-1$	SSE$/(n-p-1)$		
总和	SST	$n-1$			

在多元线性回归模型中, 拒绝 H_0 的假设, 即回归方程显著, 这意味着就 p 个变量 x_1, $x_2, \cdots, x_p$ 全体而言, E(Y) 线性地依赖于它们. 但是, 这并不表示 E(Y) 与每一个变量 x_i 都有线性相关关系. 在实际工作中, 我们常常还需要进一步了解哪些变量是重要的, E(Y) 与它们有显著的线性关系; 哪些变量是不重要的, E(Y) 与它们没有显著的线性关系. 为此需要分别对每个 $b_j(j = 1, 2, \cdots, p)$ 检验其是否为零. 这就是回归系数的显著性检验, 即要检验如下假设

$$H_{j0} : b_j = 0, \quad j = 1, 2, \cdots, p.$$

由定理 8.2.2(1) 可知,

$$\widehat{b}_j \sim \text{N}(b_j, \sigma^2 c_{jj}).$$

其中 c_{jj} 是矩阵 $\boldsymbol{C} = (\boldsymbol{X}^{\mathrm{T}} \boldsymbol{X})^{-1}$ 第 j 个对角线元素. 从而得到 $\widehat{b}_j$ 的标准误为

$$\text{Se}(\widehat{b}_j) = \widehat{\sigma}\sqrt{c_{jj}}.$$

通常使用统计量

$$T_j = \frac{\widehat{b}_j}{\text{Se}(\widehat{b}_j)} = \frac{\widehat{b}_j}{\widehat{\sigma}\sqrt{c_{jj}}}, \quad j = 1, 2, \cdots, p.$$

可以证明当 H_{j0} 成立时, $T_j \sim \text{t}(n-p-1)$. H_{j0} 的拒绝域为

$$\big\{|T_j| \geqslant t_{1-\alpha/2}(n-p-1)\big\}.$$

检验的 p 值为

$$p = P\big(|t(n-p-1)| \geqslant |T_j|\big) = 2P\big(t(n-p-1) \geqslant |T_j|\big) = 2 - 2P\big(t(n-p-1) \leqslant |T_j|\big),$$

其中 $t(n-p-1)$ 表示服从自由度为 $n-p-1$ 的 t 分布的一个随机变量.

8.2.5　回归方程的拟合优度

与一元线性回归方程类似, 对多元线性回归方程, 也有评价其拟合优度的问题。类似于一元线性回归方程的判定系数, 这里可以用多重判定系数.

所谓**多重判定系数** (multiple coefficient of determination) 是指回归平方和占总的平方和的比例. 即

$$R^2 = \frac{\text{SSR}}{\text{SST}} = 1 - \frac{\text{SSE}}{\text{SST}}. \tag{8.2.17}$$

R^2 是度量多元回归方程拟合程度的一个统计量, 它反映了在因变量 Y 的变差中被估计的回归方程 $\widehat{\boldsymbol{Y}} = \boldsymbol{X}\widehat{\boldsymbol{b}}$ 所解释的比例.

R^2 的平方根称为多重相关系数, 也称为复相关系数, 它度量了因变量同 p 个自变量的相关程度.

对于多重判定系数还有一点需要注意: 自变量个数的增加将影响因变量中被估计的回归方程所解释的变差数量. 当增加自变量时, 会使预测误差变得较小, 从而减少残差平方和 SSE, 从而使 R^2 变大. 如果模型中增加一个自变量, 即使这个自变量在统计上并不显著, R^2 也会变大. 因此, 为避免增加自变量而高估 R^2, 统计学家提出用样本量 n 和自变量的个数 p 去调整 R^2, 计算出调整的多重判定系数 (adjusted multiple coefficient of determination), 记为 R_a^2, 其计算公式为

$$R_a^2 = 1 - \frac{\text{SSE}/(n-p-1)}{\text{SST}/(n-1)} = 1 - \frac{n-1}{n-p-1}(1-R^2). \tag{8.2.18}$$

R_a^2 的解释与 R^2 类似, 不同的是: R_a^2 同时考虑了样本量 n 和模型中自变量的个数 p 的影响. 易见, R_a^2 的值永远小于 R^2, 而且不会由于模型中自变量个数的增加而越来越接近 1. 因此, 在多元回归分析中, 通常用调整的多重判定系数, 但是 R_a^2 不能解释为 $\boldsymbol{Y}$ 的总变差中被预测变量解释的部分所占的比例.

最后, 我们指出判定系数 R^2 和回归方程显著性检验统计量 F 之间的关系

$$R^2 = \frac{\text{SSR}}{\text{SST}} = \left(1 + \frac{\text{SSE}}{\text{SSR}}\right)^{-1} = \left(1 + \frac{1}{F} \cdot \frac{n-p-1}{p}\right)^{-1}. \tag{8.2.19}$$

可见 R^2 是 F 的单调递增函数, 进而 R_a^2 也是 F 的单调递增函数, 因此检验统计量 F、多重判定系数 R^2、调整的多重判定系数 R_a^2, 都可为多元线性回归方程拟合优度指标.

对于多元回归模型, 还有其他统计推断问题, 如预测问题, 自变量本身相关性以及选择问题, 这里我们不再作深入讨论, 有兴趣的读者可以参阅参考文献 [17] 和文献 [18].

习 题 8.2

1 证明: 在 p 元线性回归模型中, $\widehat{\sigma^2} = \dfrac{\text{SSE}}{n-p-1}$ 是误差项方差 σ^2 的无偏估计.

2 研究高磷钢的效率与出钢量和 FeO 的关系, 测得数据如下 (y: 效率, x_1: 出钢量, x_2: FeO).

i	x_1	x_2	y	i	x_1	x_2	y	i	x_1	x_2	y
1	115.3	14.2	83.5	7	101.4	13.5	84.0	13	88.0	16.4	81.5
2	96.5	14.6	78.0	8	109.8	20.0	80.0	14	88.0	18.1	85.7
3	56.9	14.9	73.0	9	103.4	13.0	88.0	15	108.9	15.4	81.9
4	101.0	14.9	91.4	10	110.6	15.3	86.5	16	89.5	18.3	79.1
5	102.9	18.2	83.4	11	80.3	12.9	81.0	17	104.4	13.8	89.9
6	87.9	13.2	82.0	12	93.0	14.7	88.6	18	101.9	12.2	80.6

(1) 假设效率与出钢量和 FeO 有线性相关关系, 求回归方程 $\widehat{y} = \widehat{b}_0 + \widehat{b}_1 x_1 + \widehat{b}_2 x_2$;

(2) 检验回归方程的显著性 (取 $\alpha = 0.01$).

3 某地区所产原棉的纤维强度 y 与纤维的公制支数 x_1、纤维的成熟度 x_2 有关, 现有 28 组实测数据,

i	x_1	x_2	y	i	x_1	x_2	y	i	x_1	x_2	y
1	5415	1.58	4.03	11	6475	1.50	3.60	21	6370	1.45	3.72
2	5700	1.38	4.01	12	5907	1.50	3.77	22	6102	1.49	3.84
3	5674	1.57	4.00	13	5697	1.54	3.94	23	6245	1.50	3.88
4	5698	1.55	4.69	14	6618	1.20	3.66	24	6644	1.45	3.38
5	6165	1.52	3.73	15	6208	1.70	3.81	25	6191	1.58	3.76
6	5929	1.60	4.09	16	5798	1.59	4.00	26	6352	1.50	3.79
7	7505	1.14	2.95	17	5551	1.61	4.19	27	5999	1.59	3.79
8	5920	1.50	3.90	18	6089	1.57	3.81	28	5815	1.70	4.09
9	7646	1.18	2.89	19	6060	1.53	3.96				
10	6556	1.27	3.48	20	6059	1.55	3.93				

(1) 建立 y 关于 x_1、x_2 的二元线性回归方程 $\widehat{y} = \widehat{b}_0 + \widehat{b}_1 x_1 + \widehat{b}_2 x_2$;

(2) 检验回归方程的显著性 (取 $\alpha = 0.01$);

(3) 解释回归系数;

(4) 求误差项方差 σ^2 的无偏估计和回归方程的判定系数.

8.3　可线性化的回归方程

在实际问题中, 如果两个变量之间的内在关系并不是线性关系, 此时, 前面介绍的线性回归模型当然不再适用. 但是, 在不少情况下, 有可能通过适当的变换, 把非线性回归问题转化为线性回归问题, 得到可线性化的回归方程.

一般说来, 由观察数据画出的散点图或由经验认为两个变量之间不能用线性关系近似描述时, 可以考虑选择适当类型的曲线 $\mu(x)$ 去比配观测数据. 这可以有两个途径: 一是根据专业知识或以往的经验确定两个变量之间的函数类型, 如在生物生长现象中, 每一时刻的生物总量 Y 与时间 x 有指数关系, 即 $Y = ae^{bx}$; 二是通过散点图的分布形式和特点来选择恰当的曲线 $\mu(x)$ 来拟合观测数据.

一旦确定了回归函数 $\mu(x)$ 的形式, 剩下的问题就是如何根据试验数据来确定其中参数的值. 对于许多函数类型, 都是先通过适当的变量变换把非线性的函数关系化成线性关系, 同时原变量的取值转换为新变量的取值, 然后对新变量的取值应用最小二乘方法估计变换后线性方程中的参数, 再还原到原回归函数的估计.

8.3.1　变量变换的例子

下面通过两个例子说明化曲线为直线这类问题的解决方法.

例 8.3.1　　假设某特定容器在使用过程中由于溶液对容器壁的浸蚀而使其容积不断变大. 现在测得一组使用次数 x 与对应容积 Y 数据如下:

x_i	2	3	4	5	7	8	10	11	14	15	16	18	19
y_i	106.42	108.20	109.58	109.50	110.00	109.93	110.49	110.59	110.60	110.90	110.76	111.00	111.20

我们希望找出它们之间的关系式.

首先作散点图, 如图 8.8 所示. 从图中可看出, 最初容积变化很快, 以后逐渐减慢趋于稳定, 据此, 我们选用双曲线

$$\frac{1}{y} = a + \frac{b}{x}$$

表示容积与使用次数之间的关系. 若令 $y' = \dfrac{1}{y}$, $x' = \dfrac{1}{x}$, 则上式可改写为

$$y' = a + bx'.$$

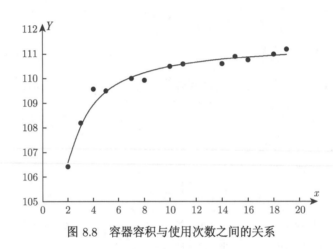

图 8.8   容器容积与使用次数之间的关系

于是, 对新变量 x', y' 而言, 上式是一个直线方程, 从而可用 8.1 节的方法求解回归系数. 计算过程和结果如表 8.6 所示.

表 8.6   回归系数

序号	x	y	$x' = 1/x$	$y' = 1/y$	x'^2	$x'y'$
1	2	106.42	0.500000	0.009397	0.250000	0.004698
2	3	108.20	0.333333	0.009242	0.111111	0.003081
3	4	109.58	0.250000	0.009126	0.062500	0.002281
4	5	109.50	0.200000	0.009132	0.040000	0.001826
5	7	110.00	0.142857	0.009091	0.020408	0.001299
6	8	109.93	0.125000	0.009097	0.015625	0.001137
7	10	110.49	0.100000	0.009051	0.010000	0.000905
8	11	110.59	0.090909	0.009042	0.008264	0.000822
9	14	110.60	0.071429	0.009042	0.005102	0.000646
10	15	110.90	0.066667	0.009017	0.004444	0.000601
11	16	110.76	0.062500	0.009029	0.003906	0.000564
12	18	111.00	0.055556	0.009009	0.003086	0.000501
13	19	111.20	0.052632	0.008993	0.002770	0.000473
求和			2.050882	0.118267	0.537218	0.018835

进一步计算得: $\overline{x'} = 2.050882/13 = 0.157760, \overline{y'} = 0.118267/13 = 0.009097, l_{x'x'} = 0.537218 - (2.050882)^2/13 = 0.213670, l_{x'y'} = 0.018835 - (2.050882 \times 0.118267)/13 = 0.000177,$ $\widehat{b} = \dfrac{l_{x'y'}}{l_{x'x'}} = 0.000829,\quad \widehat{a} = \overline{y'} - \widehat{b}\,\overline{x'} = 0.008967.$

于是回归方程为 $\widehat{y'} = 0.008967 + 0.000829x'$, 即

$$\widehat{y} = \frac{x}{0.008967x + 0.000829}.$$

回归曲线如图 8.8 所示.

例 8.3.2 为了研究在一定的辐射区域内 X 射线的杀菌作用, 用某种规格的 X 射线照射细菌 $1 \sim 15$ 次, 每次照射 6 分钟, 记录每次照射后仍然存活的细菌个数, 得数据如下:

照射次数 x	1	2	3	4	5	6	7	8	9	10	11	12	13	14	15
存活细菌数 y	355	211	197	166	142	106	104	60	56	38	36	32	21	19	15

根据专业知识, y 和 x 之间应当有关系: $y = de^{bx}$. 其中 d 和 b 是参数, 这些参数有简单的物理解释: d 是开始照射之前细菌的个数, b 是死亡的速率.

如作变换: $y' = \ln y, a = \ln d$, 则

$$y' = a + bx$$

于是, 对新变量 x, y' 而言, 上式是一个直线方程, 从而可用 8.1 节的方法求解回归系数. 计算过程和结果如表 8.7 所示.

表 8.7　回归系数计算过程和结果

x	y	$y' = \ln y$	x^2	xy'
1	355	5.872118	1	5.872118
2	211	5.351858	4	10.703716
3	197	5.283204	9	15.849611
4	166	5.111988	16	20.447951
5	142	4.955827	25	24.779135
6	106	4.663439	36	27.980635
7	104	4.644391	49	32.510736
8	60	4.094345	64	32.754756
9	56	4.025352	81	36.228165
10	38	3.637586	100	36.375862
11	36	3.583519	121	39.418708
12	32	3.465736	144	41.588831
13	21	3.044522	169	39.578792
14	19	2.944439	196	41.222146
15	15	2.708050	225	40.620753
120		63.386373	1240	445.931915

进一步计算得: $\overline{x} = 120/15 = 8, \overline{y'} = 63.386373/15 = 4.225758, l_{xx} = 1240 - 120^2/15 = 280, l_{xy'} = 445.931915 - (120 \times 63.386373)/15 = -61.159071, \widehat{b} = \dfrac{l_{xy'}}{l_{xx}} = \dfrac{-61.159071}{280} = -0.218425, \widehat{a} = \overline{y'} - \widehat{b}\,\overline{x} = 5.973160.$

于是回归方程为　$\widehat{y'} = 5.973160 - 0.218425\,x$, 即

$$\widehat{y} = \mathrm{e}^{5.973160 - 0.218425\,x}.$$

回归曲线如图 8.9 所示.

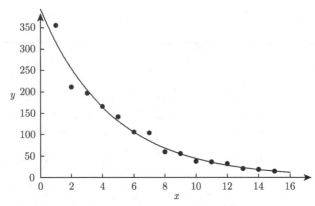

图 8.9　存活细菌数与 X 射线照射次数之间的关系

8.3.2　常用的可化为线性函数的回归函数

下面给出一些常用的可化为线性函数的回归函数类型及相应的变换.

类型 1　双曲线型 $\dfrac{1}{y} = a + \dfrac{b}{x}$. 作如下变换

$$y' = \frac{1}{y},\; x' = \frac{1}{x} \implies y' = a + bx'.$$

类型 2　幂函数型 $y = dx^b$. 作如下变换

$$y' = \ln y,\; x' = \ln x,\; a = \ln d \implies y' = a + bx'.$$

类型 3(1)　指数函数型 $y = d\mathrm{e}^{bx}$. 作如下变换

$$y' = \ln y,\; a = \ln d, \implies \; y' = a + bx.$$

类型 3(2)　指数函数型 $y = d\mathrm{e}^{b/x}$. 作如下变换

$$y' = \ln y,\; a = \ln d,\; x' = 1/x, \implies \; y' = a + bx'.$$

类型 4　S 曲线型 $y = \dfrac{1}{a + b\mathrm{e}^{-x}}\ (a, b > 0)$. 作如下变换

$$y' = \frac{1}{y},\; x' = \mathrm{e}^{-x}, \implies \; y' = a + bx'.$$

类型 5　多项式 $y = b_0 + b_1 x + b_2 x^2 + \cdots + b_p x^p$. 作如下变换

$$x_1 = x,\; x_2 = x^2,\; \cdots,\; x_p = x^p,$$
$$\implies y = b_0 + b_1 x_1 + b_2 x_2 + \cdots + b_p x_p.$$

类型 6 二元多项式 $z = b_0 + b_1 x + b_2 y + b_3 x^2 + b_4 xy + b_5 y^2$. 作如下变换

$$x_1 = x,\ x_2 = y,\ x_3 = x^2,\ x_4 = xy,\ x_5 = y^2,$$

$$\Longrightarrow z = b_0 + b_1 x_1 + b_2 x_2 + \cdots + b_5 x_5.$$

例 8.3.3 单位产品的成本 x 与产量 y 间近似满足双曲线型关系:

$$y = a + \frac{b}{x}.$$

试利用表 8.8 所示资料求出 y 对 x 的回归曲线方程.

表 8.8 例 8.3.3 数据

x_i	5.67	4.45	3.84	3.84	3.73	2.18
y_i	17.7	18.5	18.9	18.8	18.3	19.1

解 令 $x' = \dfrac{1}{x}$, 则回归方程为 $\widehat{y} = \widehat{a} + \widehat{b} x'$, 求解过程见表 8.9, 利用式 (8.1.8) 和式 (8.1.7) 可求出 $\widehat{b}$ 及 $\widehat{a}$:

$$\widehat{b} = \frac{\sum_{i=1}^{6} x'_i y_i - 6\overline{x'}\,\overline{y}}{\sum_{i=1}^{6} x'^2_i - 6\overline{x'}^2} = \frac{0.1804}{0.04646} = 3.88,$$

$$\widehat{a} = \overline{y} - \widehat{b}\,\overline{x'} = 18.55 - 3.88 \times 0.275 = 17.483.$$

所求回归方程为 $\widehat{y} = \dfrac{3.88}{x} + 17.483$. □

表 8.9 求解过程

x_i	5.67	4.45	3.84	3.84	3.73	2.18	$\sum$
y_i	17.7	18.5	18.9	18.8	18.3	19.1	111.3
$x'_i = 1/x_i$	0.1764	0.2247	0.2604	0.2604	0.2681	0.4587	1.6487
x'^2_i	0.0311	0.0505	0.0678	0.0678	0.0719	0.2104	0.4995
$x'_i y_i$	3.1223	4.1570	4.9216	4.8955	4.9062	8.7612	30.7638

8.3.3 多项式回归

对于可化为线性函数的回归函数, 多项式回归函数是典型情形之一 (类型 5). 在一元回归问题中, 如果回归函数 $\mu(x)$ 是一个 p 次多项式:

$$\mu(x) = b_0 + b_1 x + b_2 x^2 + \cdots + b_p x^p,$$

则令 $x_1 = x,\ x_2 = x^2, \cdots, x_p = x^p$, 就可以将一个 p 次多项式回归问题转化为 p 元线性回归问题. 此时正规方程组为

$$\begin{cases} n b_0 + \sum\limits_{i=1}^{n} x_i b_1 + \cdots + \sum\limits_{i=1}^{n} x_i^p b_p = \sum\limits_{i=1}^{n} y_i, \\ \sum\limits_{i=1}^{n} x_i b_0 + \sum\limits_{i=1}^{n} x_i^2 b_1 + \cdots + \sum\limits_{i=1}^{n} x_i^{p+1} b_p = \sum\limits_{i=1}^{n} x_i y_i, \\ \qquad\qquad\qquad\qquad\qquad\vdots \\ \sum\limits_{i=1}^{n} x_i^p b_0 + \sum\limits_{i=1}^{n} x_i^{p+1} b_1 + \cdots + \sum\limits_{i=1}^{n} x_i^{2p} b_p = \sum\limits_{i=1}^{n} x_i^p y_i. \end{cases} \tag{8.3.1}$$

由此可解出 $\widehat{b}_0, \widehat{b}_1, \cdots, \widehat{b}_p$.

例 8.3.4　关于落叶松的树龄 x 和平均高度 h 有如下资料:

x_i	2	3	4	5	6	7	8	9	10	11
h_i	5.6	8	10.4	12.8	15.3	17.8	19.9	21.4	22.4	23.2

若 h 对 x 的回归方程为二次多项式 (抛物线) 型, 试求出其方程中的未知参数.

解　计算如表 8.10 所示.

表 8.10　例 8.3.4 计算过程

x_i	h_i	x_i^2	x_i^3	x_i^4	$x_i h_i$	$x_i^2 h_i$
2	5.6	4	8	16	11.2	22.4
3	8	9	27	81	24	72
4	10.4	16	64	256	41.6	166.4
5	12.8	25	125	625	64	320
6	15.3	36	216	1296	91.8	550.8
7	17.8	49	343	2401	124.6	872.2
8	19.9	64	512	4096	159.2	1273.6
9	21.4	81	729	6561	192.6	1733.4
10	22.4	100	1000	10000	224	2240
11	23.2	121	1331	14641	255.2	2807.2
65	156.8	505	4355	39973	1188.2	10058

代入正规方程组, 得

$$
\begin{cases}
10b_0 + 65b_1 + 505b_2 = 156.8, \\
65b_0 + 505b_1 + 4355b_2 = 1188.2, \\
505b_0 + 4355b_1 + 39973b_2 = 10058.
\end{cases}
$$

其解为

$$
\begin{cases}
\widehat{b}_0 = -1.33, \\
\widehat{b}_1 = 3.46, \\
\widehat{b}_2 = -0.11.
\end{cases}
$$

h 对 x 的回归方程为

$$\widehat{h} = -1.33 + 3.46x - 0.11x^2. \qquad \square$$

回归曲线如图 8.10 所示.

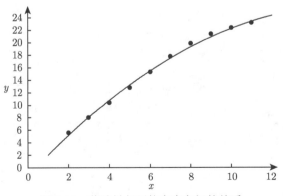

图 8.10　落叶松与平均高度之间的关系

习 题 8.3

1 已知鱼的体重 y 与鱼的体长 x 有关系式

$$y = ax^b.$$

测得尼罗罗非鱼生长的数据如下:

y /g	0.5	34	75	122.5	170	192	195
x /mm	29	60	124	155	170	185	190

求尼罗罗非鱼体重 y 与体长 x 的经验回归方程.

2 设有非线性函数形式为 $y = \dfrac{\mathrm{e}^x}{a\,\mathrm{e}^x + b}$, 试给出一个变换将之化为一元线性回归的形式.

3 设有非线性函数形式为 $y = 10 + c \cdot \mathrm{e}^{-x/d} \, (d > 0)$, 试给出一个变换将之化为一元线性回归的形式.

4 设有非线性函数形式为 $y = c + \mathrm{e}^{dx}$, 试问能否给出一个变换将之化为一元线性回归的形式.

5 已知某种半成品在生产过程中的废品率 y 与它的某种化学成分 x 有关. 经验表明, 近似地有

$$y = b_0 + b_1 x + b_2 x^2.$$

今测得数据如下, 试求 y 对 x 的经验公式.

$y(\%)$	1.30	1.00	0.73	0.90	0.81	0.70	0.60	0.50
$x(\%)$	0.34	0.36	0.37	0.38	0.39	0.39	0.39	0.40
$y(\%)$	0.44	0.56	0.30	0.42	0.35	0.40	0.41	0.60
$x(\%)$	0.40	0.41	0.42	0.43	0.43	0.45	0.47	0.48

8.4 相 关 分 析

8.4.1 相关关系与散点图

在前几节中, 讨论两个有相关关系的变量 X、Y 时, 我们把 X、Y 放在不对等的地位, 即把 X 作为自变量, Y 作为因变量, 并且假定 X 是可以严格控制的. 我们的目标是建立一个方程, 以便能通过 X 的值去预测 Y 的值. 尽管有些时候 X、Y 之间并不存在通常意义下的因果关系, 但按这种分析形式, 总在形式上将 X 看作因, 将 Y 看作果.

另一种情况是, 我们感兴趣的问题不在于通过 X 的值去预测 Y 的值, 而只是关心 "X、Y 之间的关系有多密切". 我们希望建立一个数量指标来反映 X、Y 之间关系密切的程度. 当问题这样提时, X、Y 处于平等的地位, 而问题属于所谓 "相关分析" 的范围. 确切地说, 相关分析 (correlation analysis) 的任务是: 研究变量之间是否存在某种依存关系, 并对具体有依存关系的变量探讨其相关方向以及相关的程度, 建立一些合理的指标来衡量有相关关系的变量之间的相关程度, 以及如何从样本估计这种密切程度, 讨论这种估计的统计性质等.

举例来说, 在历史上, 一些国家的统计资料, 都显示一个家庭的收入 X 与小孩个数 Y 之间有关系. 在此我们感兴趣的问题是 "这两者之间关系的密切程度如何", 而不在于通过收入去预测其小孩个数, 或通过小孩个数去预测其收入 (当然若一定想这么做也未尝不可), 故这一问题是相关分析问题. 又如, 一个人的身高 X 和体重 Y 有关, 如果我们感兴趣的是通过 X 去预测 Y (或通过 Y 预测 X), 则问题属于回归分析性质. 若我们感兴趣的只在于 "身高和体重关系密切的程度如何", 则就是一个相关分析问题.

相关分析是统计学的一个重要内容. 由于两个变量 X、Y 之间的相关性有可能是它们都受到另一些我们也许不十分清楚的共同因素的影响, 而导致两者间接相关. 因而在解释一个相关指标 (如下面的相关系数) 时, 需要特别慎重. 例如, 考虑一个人吸烟支出 X 和喝酒支出 Y, 统计资料也许会显示两者显著相关. 实际上, 这两者表面上的相关, 可能只是因为它们都与一个人的收入有关. 再如, 春天田里栽种的小苗和田边栽植的小树, 就其高度而言, 表面上看来都在增长, 好像有关, 其实, 这二者都是受天气与时间因素的影响而发生变化, 它们本身没有直接的联系. 这种关系称为 "共变关系", 为了澄清这类问题, 可引入 "统计相关" 这一概念. "统计相关" 表示从统计资料上看, 两变量取值存在一定的关联, 而不断言其有因果关系, 统计学本身也不试图去说明为什么会有这种关联.

统计学中所讲的相关是指具有相关关系的不同现象之间的关系程度, 具体而言相关有以下三种.

(1) 正相关. 两个变量变化的方向相同, 即一个变量变动时, 另一个变量同时发生与前一个变量同方向的变动. 如身高与体重, 一般地, 身高越高, 体重越重.

(2) 负相关. 两个变量变化的方向相反, 即一个变量变动时, 另一个变量同时发生与前一个变量反方向的变动. 如初学计算机打字时, 随着练习次数增多或练习时间加长, 错误就越少等.

(3) 零相关. 两个变量之间没有关系, 即一个变量变动时, 另一个变量作无规律的变动. 如身高和学历的关系.

散点图是确定变量之间是否存在相关关系及关系紧密程度的简单而又直观的方法. 不同形状的散点图显示了两个变量之间不同程度的相关关系.

假如在以 X 为横坐标, 以 Y 为纵坐标的直角坐标系中, 每一对数据都准确地落在一条直线上, 且直线方向呈左高右低, 则为完全负相关 (图 8.11(a)); 如果直线左低右高就为完全正相关 (图 8.11(b)).

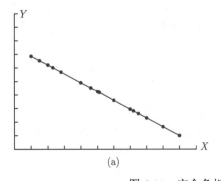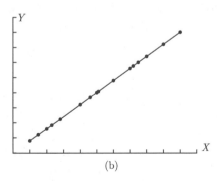

图 8.11　完全负相关和完全正相关图示

如果散点图呈椭圆状, 则说明两个变量之间有线性关系. 在椭圆状的散点图中, 如果椭圆的长轴的倾斜方向左低右高 (以 X 轴为基准), 则为正相关 (图 8.12(a)), 左高右低则为负相关 (图 8.12(b)); 如果散点图呈圆形 (图 8.12(c)), 则为零相关或弱相关.

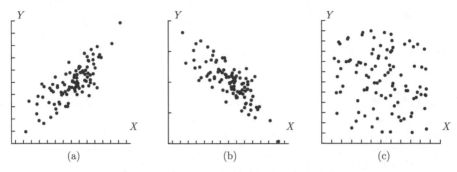

图 8.12 不同形状的散点图表示的相关度

为了更准确地反映两个变量的相关趋势, 通常先将数据标准化, 用标准化以后的数据作散点图. 这相当于把坐标轴平移到 $(\overline{X}, \overline{Y})$, X 轴和 Y 轴的刻度分别为由 X 的观测值和 Y 的观测值计算出的样本标准差. 这时根据散点图在四个坐标象限中的分布情况, 可以大致判断两个变量的相关性. 如果 I、III 象限的点明显多于 II、IV 象限, 或者 II、IV 象限的点明显多于 I、III 象限, 都说明两个变量呈线性关系. 前者为正相关 (图 8.13(a)); 后者为负相关 (图 8.13(b)). 如果四个象限中散点分布比较均匀, 则相关系数接近零 (图 8.13(c)). 两个变量相关程度由 I、III 象限和 II、IV 象限散点的差数而定: 差数越大, 相关性越强; 差数越小, 相关性越弱.

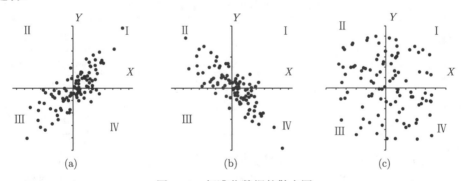

图 8.13 标准化数据的散点图

8.4.2 相关系数

通过散点图可以大致判断变量之间有没有相关性, 以及相关的方向, 但相关分析还需要对某种相关性进行量化, 这就是相关系数. 本段所讲的相关系数 (coefficient of correlation) 泛指两个变量间相关程度的度量, 或者说是用来表示相关关系强度的一个数量指标, 并非特指一个具体的相关系数. 相关系数有总体相关系数和样本相关系数的区别. 总体相关系数反映两个随机变量之间的关联程度, 如 3.3 节中定义的相关系数 ρ_{XY}, 作为总体数字特征, 通常是未知参数; 样本相关系数反映两组观测值之间的关联程度, 是由样本观测值直接计算得到的, 通常可以理解为一个统计量.

不同的数据类型需要定义不同的相关系数. 这一点在实际应用中非常重要, 我们从现在开始讨论几个常用的相关系数 (名称也有差异). 另外, 每个相关系数所能够度量的相关关系的本质也有差异, 如有些相关系数只能反映两组数据之间的线性关系的强弱, 这时零相关并不意味着两组数据之间没有其他的 (非线性) 关系.

通常情况下, 相关系数 r 的取值应该满足如下四个条件.

(1) 相关系数 r 的取值范围是 $[-1, +1]$.

(2) 相关系数的正负号表示相关的方向, 正值表示正相关, 负值表示负相关.

(3) 相关系数 $r = +1$ 时表示完全正相关, $r = -1$ 时表示完全负相关, 这两者都是完全相关. $r = 0$ 时表示零相关.

(4) 相关系数取值的大小表示相关的强弱程度. 相关系数的绝对值在 0 和 1 之间取值, 越接近 1 表示相关程度越密切, 越接近 0 表示相关程度越不密切.

在对条件 (4) 具体判定时, 尚需考虑计算相关系数时的样本量的大小. 如果样本容量较小, 则抽样随机因素的影响较大, 很可能本来无关的两个变量, 却计算出较大的相关系数. 因此在判定相关是否密切时, 要把样本容量大小与相关系数取值大小综合考虑, 一般要经过统计检验才能确定变量之间是否存在显著的相关. 另外, 若存在的是非线性相关, 而用线性相关系数计算, 可能相关系数的取值很小, 但不能说两变量关系不密切.

下面我们通过一个例子来说明相关及其相关性度量的概念, 以便加深对相关关系的理解.

例 8.4.1　假设对 5 名学生进行了 A、B、C、D 四项测验, 把 5 名学生在测验 A 的成绩按高低排序, 并列出相应的 B、C、D 三项测验的成绩如表 8.11 所示.

表 8.11　5 名学生四项测验的成绩

学生	测验分数			
	A	B	C	D
1	15	53	64	102
2	14	52	65	100
3	13	51	66	104
4	12	50	67	103
5	11	49	68	101

然后, 把 5 名学生的 B、C、D 三项测验的分数分别按高低排序后与 A 的分数组成三对: "A 与 B""A 与 C""A 与 D", 为了考察这三组数据之间的相关性, 用直线把每个学生的测验分数分别连接, 得到图 8.14.

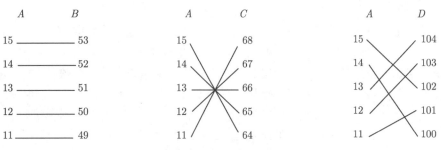

图 8.14　利用数据的一致性说明相关关系图示

从图 8.14 可以看到, 每对分数之间的连线越接近平行线, 正相关值越高; 连接线越能相交于一点, 负相关值越大. 当连接线交点越多, 表明相关值越接近于零. 图 8.14 是完全正相关、完全负相关和近似零相关的示例. □

不同类型的变量, 计算相关系数的公式也不同, 在实用中, 选择合适的相关系数是非常重要的. 其中由公式 (8.1.30) 定义的相关系数称为积差相关系数, 使用频率最高, 我们这里对其做一详细讨论.

8.4.3 积差相关系数 —— 数值型变量间相关性度量

积差相关系数是英国统计学家皮尔逊于 20 世纪初提出的一种计算相关系数的方法. 考察两个变量 X、Y, 对它们作了 n 次观测, 得到数据 $(x_1, y_1), (x_2, y_2), \cdots, (x_n, y_n)$, 则

$$r = \frac{\sum_{i=1}^{n}(x_i - \overline{x})(y_i - \overline{y})}{\sqrt{\sum_{i=1}^{n}(x_i - \overline{x})^2 \sum_{i=1}^{n}(y_i - \overline{y})^2}} = \frac{l_{xy}}{\sqrt{l_{xx}l_{yy}}}.$$

就是样本 $(x_1, y_1), (x_2, y_2), \cdots, (x_n, y_n)$ 得到的积差相关系数或积矩相关系数 (product-moment correlation coefficient), 通常也简称为相关系数, 也称为皮尔逊相关系数.

一般来说, 适用于积差相关系数的数据资料, 需要满足下面几个特征.

(1) 要求成对数据, 即若干个体中每个个体都有两种不同的观测值. 例如, 若干个学生的数学和语文成绩、若干个人的视力和听力. 而每对数据和其他对没有关系, 相互独立. 在应用中, 计算积差相关系数的成对数据的数目应该比较大, 如不宜少于 30, 否则求出的相关系数不能有效说明两个变量的相关性.

(2) 两个相关变量是数值型变量, 即两列数据都是数值型数据.

(3) 两个变量之间是线性相关的, 积差相关系数不能反映两个变量之间的非线性关系.

(4) 两个变量都服从正态分布, 或近似正态的单峰分布.

可以证明, 积差相关系数 r 有以下三个性质.

(1) $|r| \leqslant 1$.

(2) 当且仅当 X、Y 之间有严格的线性关系, 即 $y_i = a + bx_i$, $i = 1, 2, \cdots, n$ 时, 才有 $|r| = 1$, 且当 $b > 0$ 时, $r = 1$; 当 $b < 0$ 时, $r = -1$.

(3) 当 X、Y 独立时, r 平均 (期望值) 为 0.

这三条性质显示了以 r 作为 X、Y 关系密切程度的指标的合理性. 性质 (2)、(3) 说明了在关系最密切时, $|r|$ 最大; 最不密切 (独立) 时, $|r|$ 最小.

一般情况下, $|r|$ 是介于 0 和 1 之间. 我们又注意到, 若 $r > 0$, 则 X 值增加时, Y 通常也增加, 这种情况为正相关; 反之, 若 $r < 0$, 则 X 值增加时, Y 倾向于下降, 这种情况为负相关. 可见 r 的符号刻画了 X、Y 的相关性方向.

相关系数 r 也称为线性相关系数, 该名称的由来是上述性质 (2): 只有在 X、Y 有严格 "线性" 关系时, $|r|$ 才等于 1.

在图 8.15(a) 中 X、Y 没有关系, Y 不随 X 的变化而变化, 这时有 $r = 0$; 而在图 8.15(b) 中也有 $r = 0$, 但 X、Y 之间接近于一种严格的曲线关系 (非线性关系). 由此看出, r 其实只是刻画了 X、Y 之间 "线性" 关系的密切程度.

在统计学中也引进了其他的指标, 这类指标可以刻画 X、Y 的一般关系的密切程度, 而不限于线性关系, 但这类指标在应用上都远不如相关系数 r 重要.

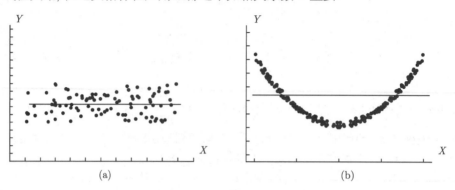

图 8.15　相关系数为 0 时两个变量的散点图

8.4.4　相关性检验

相关系数 r 是由 (X, Y) 的一些样本数据 $(x_1, y_1), (x_2, y_2), \cdots, (x_n, y_n)$ 计算的统计量, 是对两个随机变量 X、Y 之间线性相关程度的一个估计. 需要注意的是, 仅由 $r \neq 0$, 我们不能断言 X、Y 有关. 这是因为样本受到随机性的影响 (例如, 可以相信一个人的姓氏笔划与其工资无关, 但若抽取 n 个人而观察其 X、Y 值, 由此算出的 r 不一定为 0).

所以, 合理的方法是确定一个界限 c, 当 $|r|$ 超过 c 时, 判定 X、Y 有关联, 否则就判定它们无关. 不难看出, 这实际上是一个假设检验问题:

$$H_0: X, Y \text{ 无关联 } \leftrightarrow H_1: X, Y \text{ 有关联}.$$

临界值 c 与所给定的检验水平 α 有关. 如果我们想要得出的结论是接受 H_1, 而选定的 α 很小, 就意味着我们要求很强的证据才能判定 X、Y 有关联. 一般常取 $\alpha = 0.05$ 或 $\alpha = 0.01$. 当取 $\alpha = 0.05$ 而做出结论 H_1 时, 称 X、Y 的相关性"显著"；当取 $\alpha = 0.01$ 而做出结论 H_1 时, 称 X、Y 的相关性"高度显著". c 的值还与观察次数 n 有关.

可以证明: 若假定 (X, Y) 服从正态分布, 则对给定的 α 和观察次数 n, 应取

$$c = \frac{t_{1-\alpha/2}(n-2)}{\sqrt{n-2+t_{1-\alpha/2}^2(n-2)}}. \tag{8.4.1}$$

这里 $t_{1-\alpha/2}(n-2)$ 可由 t 分布表查出, 为了应用方便也专门备有相关系数 r 的临界值 (c) 表 (见附表 8).

例 8.4.2　考虑某个家庭月收入和月支出的数据如表 8.12 所示.

表 8.12　家庭月收入和月支出的数据

收入 x_i/欧元	200	150	200	250	150	200	250	300	250	120
支出 y_i/欧元	180	160	200	250	140	230	210	250	230	140

这里 x、y 的值可以是由户主本人提供的, 能反映他在一个时期中的平均状况的资料.

$$\overline{x} = 207, \quad \overline{y} = 199, \quad \sum_{i=1}^{10} x_i y_i = 431300, \quad \sum_{i=1}^{10} x_i^2 = 456900, \quad \sum_{i=1}^{10} y_i^2 = 412100,$$

$$r = \frac{\sum_{i=1}^{n}(x_i - \overline{x})(y_i - \overline{y})}{\sqrt{\sum_{i=1}^{n}(x_i - \overline{x})^2 \sum_{i=1}^{n}(y_i - \overline{y})^2}} = \frac{\sum_{i=1}^{n} x_i y_i - n\overline{x}\overline{y}}{\sqrt{\sum_{i=1}^{n} x_i^2 - n(\overline{x})^2}\sqrt{\sum_{i=1}^{n} y_i^2 - n(\overline{y})^2}}$$

$$= \frac{431300 - 10 \times 207 \times 199}{\sqrt{456900 - 10 \times 207^2}\sqrt{412100 - 10 \times 199^2}} = 0.906.$$

若取 $\alpha = 0.01$, 则 $t_{1-\alpha/2}(n-2) = t_{0.995}(8) = 3.3554$, 由式 (8.4.1) 算出

$$c = \frac{3.3554}{\sqrt{8 + 3.3554^2}} = 0.765.$$

故相关非常显著. □

习 题 8.4

1 在计算积差相关系数时, 当观测数据的数字比较大 (小) 时, 为简化计算可以将数据进行适当的变换. 通常采用的一个变换是将数据同减去一个常数, 再同乘以一个常数, 即

$$x_i' = d_1(x_i - c_1), \quad y_i' = d_2(x_i - c_2), \quad i = 1, 2, \cdots, n.$$

其中 c_1, c_2, $d_1(> 0)$, $d_2(> 0)$ 是适当选择的常数. 证明由原始数据和变换后的数据得到的相关系数 r 的值不变.

2 设有 11 对观测值 (x_i, y_i), 满足关系 $y_i = x_i^2$, 求积差相关系数.

x_i	−1.00	−0.80	−0.60	−0.40	−0.20	0.00	0.20	0.40	0.60	0.80	1.00
y_i	1.00	0.64	0.36	0.16	0.04	0.00	0.04	0.16	0.36	0.64	1.00

3 测得 10 名中学生身高和体重如下求身高与体重的相关系数, 并作相关性检验.

学生编号	1	2	3	4	5	6	7	8	9	10
身高 x_i /cm	170	173	160	155	173	188	178	183	180	165
体重 y_i /kg	50	45	47	44	50	53	50	49	52	45

8.5 秩相关系数

当观测数据不是数值型的测量数据, 而是具有等级顺序的有序测量数据时, 或者数据虽然是数值型的测量数据, 但总体分布不是正态分布时, 上述积差相关系数不适用. 在这种情况下, 要求两组或多组数据的相关, 就要用到秩相关系数. 这种相关系数对变量的总体分布不作要求, 故这种相关分析方法本质上是非参数方法. 本节所讨论的秩相关也是线性相关, 并不涉及非线性关系.

8.5.1 Spearman 相关系数

1. Spearman 相关系数的适用数据和计算

积差相关系数是对两个变量之间相关性强度的 "标准测量". Spearman 相关系数是积

差相关系数的延伸. 它是英国统计学家 Spearman 根据积差相关的概念推导出来的, 因而有人认为它是积差相关系数的一种特殊形式.

Spearman 相关系数记为 r_S, 是秩相关的一种, 它适用于只有两组成对观测的顺序数据的相关性问题. 对于 n 对有序尺度变量的观测值 $(x_1, y_1), (x_2, y_2), \cdots, (x_n, y_n)$, 令 R_i 表示 x_i 在 $(x_1, x_2, \cdots, x_n)$ 中的秩, Q_i 表示 y_i 在 $(y_1, y_2, \cdots, y_n)$ 中的秩, 如果 x_i 与 y_i 具有同步性, 那么 R_i 和 Q_i 也表现出同步性, 反之亦然.

由 $R_1, R_2, \cdots, R_n$ 和 $Q_1, Q_2, \cdots, Q_n$ 计算得到的积差相关系数就是 Spearman 秩相关系数, 即

$$r_S = \frac{\sum_{i=1}^n \left[(R_i - \overline{R})(Q_i - \overline{Q}) \right]}{\sqrt{\sum_{i=1}^n (R_i - \overline{R})^2 \sum_{i=1}^n (Q_i - \overline{Q})^2}}. \tag{8.5.1}$$

注意到 $\overline{R} = \overline{Q} = \dfrac{n+1}{2}$, $\displaystyle\sum_{i=1}^n R_i^2 = \sum_{i=1}^n Q_i^2 = \dfrac{n(n+1)(2n+1)}{6}$. 因而 r_S 可以化简为

$$r_S = 1 - \frac{6}{n(n^2-1)} \sum_{i=1}^n (R_i - Q_i)^2 \tag{8.5.2}$$

$$= \frac{3}{n-1} \left[\frac{4}{n(n+1)} \sum_{i=1}^n R_i Q_i - (n+1) \right]. \tag{8.5.3}$$

可见, Spearman 秩相关系数本质上是一个积差相关系数, 不过是用秩统计量代替原始数据, 所以积差相关系数的性质对于 Spearman 秩相关系数也成立.

例 8.5.1　考查学生的视、听两种感觉的反应时间 (单位: ms). 现调查了 10 名学生的结果如表 8.13 所示, 计算 Spearman 秩相关系数.

表 8.13　例 8.5.1 数据

听反应时 x_i	172	140	152	187	139	195	212	164	149	146
视反应时 y_i	179	162	153	189	181	220	210	182	178	170

将上面的数据定秩后如表 8.14 所示.

表 8.14　数据定秩

R_i	7	2	5	8	1	9	10	6	4	3
Q_i	5	2	1	8	6	10	9	7	4	3
$R_i - Q_i$	2	0	4	0	-5	-1	1	-1	0	0

计算秩差平方和为 $\sum_{i=1}^n (R_i - Q_i)^2 = 48$, 由公式 (8.5.2) 得

$$r_S = 1 - \frac{6}{10 \times (10^2 - 1)} \times 48 = 0.71. \qquad \square$$

在应用问题中, 当观测值比较多时, X 或 Y 的样本观测值中常常出现相同的观测值, 这时我们称为 "结", 对应样本数据的秩可按平均秩法定秩. 显然此时 $\sum R_i$ 和 $\sum Q_i$ 不变, 仍然为 $n(n+1)/2$, 但 $\sum R_i^2 = \sum Q_i^2 = n(n+1)(2n+1)/6$ 不再成立. 下面讨论这时候 Spearman 秩相关系数的计算.

事实上, 如果我们假定 $\{x_i\}$ 存在一个结, 其长度为 τ, 则 $\{x_i\}$ 中有 τ 个值相等, 它们的秩也相同 (平均秩), 这时, 可能的情况如下:

R_i	1	$\cdots$	m	$m+\frac{\tau+1}{2}$	$\cdots$	$m+\frac{\tau+1}{2}$	$m+\tau+1$	$\cdots$	n
$x_{(i)}$	$x_{(1)}$ $<$	$\cdots$ $<$	$x_{(m)}$ $<$	$x_{(m+1)}$	$=\cdots=$	$x_{(m+\tau)}$ $<$	$x_{(m+\tau+1)}$ $<$	$\cdots$ $<$	$x_{(n)}$

这时, $\{x_i\}$ 的秩平方和为

$$
\begin{aligned}
\sum_{i=1}^{n} R_i^2 &= \sum_{i=1}^{m} i^2 + \sum_{i=m+\tau+1}^{n} i^2 + \left(m+\frac{\tau+1}{2}\right)^2 \tau \\
&= \sum_{i=1}^{n} i^2 - \sum_{i=1}^{\tau}(m+i)^2 + \left(m+\frac{\tau+1}{2}\right)^2 \tau \\
&= \frac{n(n+1)(2n+1)}{6} - \sum_{i=1}^{\tau}\left[(m+i)^2 - \left(m+\frac{\tau+1}{2}\right)^2\right] \\
&= \frac{n(n+1)(2n+1)}{6} - \frac{\tau(\tau^2-1)}{12}.
\end{aligned}
\tag{8.5.4}
$$

这说明 $\sum R_i^2$ 随长度 τ 的结的减少量为 $\dfrac{\tau(\tau^2-1)}{12}$, 这个量与结的长度有关, 而与结的位置无关.

一组顺序数据中, 有时不止出现一组相同的数 (结), 这时就要将各个结点所引起的秩平方和的减少量加起来, 就等于所有结引起的秩平方和的减少量. 现在假设 $\{x_i\}$ 有 n_1 个结, 长度分别为 $\tau_1, \tau_2, \cdots, \tau_{n_1}$; $\{y_i\}$ 有 n_2 个结, 长度分别为 $\delta_1, \delta_2, \cdots, \delta_{n_2}$. 则相应的 Spearman 相关系数为

$$
r_S^* = \frac{\dfrac{n(n^2-1)}{6} - \dfrac{1}{12}\left[\sum_{k=1}^{n_1}(\tau_k^3 - \tau_k) + \sum_{k=1}^{n_2}(\delta_k^3 - \delta_k)\right] - \sum_{i=1}^{n}(R_i - Q_i)^2}{2\sqrt{\left[\dfrac{n(n^2-1)}{12} - \dfrac{1}{12}\sum_{k=1}^{n_1}(\tau_k^3 - \tau_k)\right]\left[\dfrac{n(n^2-1)}{12} - \dfrac{1}{12}\sum_{k=1}^{n_2}(\delta_k^3 - \delta_k)\right]}}.
\tag{8.5.5}
$$

例 8.5.2 现有 10 名学生的数学和语文考试成绩, 计算 Spearman 相关系数.

解 一般情况学生成绩因其考试性质和目的而不同, 考试成绩很难保证每次都为正态, 该例中的考试性质不明确, 难以确定成绩是否为正态; 另外, 成对成绩数目较少. 虽然成绩是数值型连续变量值, 但在此不宜用积差相关系数, 应该用秩相关计算.

从表 8.15 看出, X 有一组 ($n_1 = 1$) 两个数据 ($\tau = 2$) 的秩相同, 为 4.5; Y 数据中有两组 ($n_2 = 2$) 数据的秩相同, 第一组有两个数据 ($\delta_1 = 2$) 的秩均为 3.5, 第二组有 3 个数据 ($\delta_1 = 3$) 的秩均为 8. 因此

表 8.15 例 8.5.2 数据

学生	1	2	3	4	5	6	7	8	9	10
语文 X	59	35	59	57	50	71	62	47	43	68
数学 Y	47	40	42	55	49	63	55	42	42	57
R_i	4.5	10	4.5	6	7	1	3	8	9	2
Q_i	6	10	8	3.5	5	1	3.5	8	8	2

$$\sum_{k=1}^{n_1}(\tau_k^3 - \tau_k) = 2^3 - 2 = 6; \quad \sum_{k=1}^{n_2}(\delta_k^3 - \delta_k) = (2^3 - 2) + (3^3 - 3) = 30;$$

$$\sum_{i=1}^{n}(R_i - Q_i)^2 = 26;$$

$$r_S^* = \frac{10(100-1)/6 - (6+30)/12 - 26}{2\sqrt{[10(100-1)/12 - 6/12][10(100-1)/12 - 30/12]}} \approx 0.84. \qquad \square$$

2. 相关性检验

利用 Spearman 秩相关系数可以检验如下假设:

$$H_0: X, Y \text{不相关} \ \leftrightarrow \ H_1: X, Y \text{相关}.$$

检验统计量:

$$T = r_S\sqrt{\frac{n-2}{1-r_S^2}}. \tag{8.5.6}$$

可以证明该统计量在零假设下服从自由度为 $n-2$ 的 t 分布. 对于给定的显著性水平 α, 当 $T > t_{1-\alpha}(n-2)$ 时, 拒绝 H_0, 表示两变量有相关关系. 当数据中存在结, 且结不多时, 仍然可以使用 r_S 计算 T 统计量, 上述拒绝域仍然可用.

例如, 在例 8.5.1 中, $r_S = 0.71$, $n-2 = 8$, $T = 0.71\sqrt{8/0.29} = 2.852$, $\alpha = 0.05$ $t_{0.95}(8) = 1.895$, $T > t_{1-\alpha}(n-2)$, 表示听反应时间和视反应时间两变量有相关关系.

Hotelling 等于 1936 年证明, 当 n 较大时, Spearman 秩相关系数有大样本性质: 当 $n \to \infty$ 时, $\sqrt{n-1}\, r_S$ 近似服从标准正态分布 $N(0,1)$. 因此, 在大样本时, 可用正态近似: 当 $\sqrt{n-1}\, r_S > u_{1-\alpha}$ 时, 表示两变量有相关关系, 反之则无. 当数据中存在结时, 可用 r_S^* 代替 r_S, 上述拒绝域仍然可用.

8.5.2　Kendall τ 相关系数

Kendall 于 1938 年提出了与 Spearman 秩相关相似的一种相关系数. 他从两变量的观测值 (x_i, y_i), $i = 1, 2, \cdots, n$ 是否协同一致的角度出发考察两个变量之间的相关性.

首先引入协同的概念. 如果 $(x_j - x_i)(y_j - y_i) > 0$, $j > i$, 则称数对 (x_i, y_i) 与 (x_j, y_j) 满足协同性 (concordant), 即它们的变化方向一致. 反之, 如果 $(x_j - x_i)(y_j - y_i) < 0$, $j > i$, 则称该数对不协同 (disconcordant), 表示变化方向相反. 也就是说协同性度量了前后两个数对的秩大小变化是同向还是异向的.

全部数据所有可能的前后数对共有 $C_n^2 = n(n-1)/2$ 对, 如果用 N_c 表示同向数对的数目, N_d 表示反向数对的数目, 则 $N_c + N_d = n(n-1)/2$, Kendall τ 相关系数由二者的平均差定义如下

$$\tau = \frac{N_c - N_d}{n(n-1)/2}. \tag{8.5.7}$$

若所有数对协同一致, 则 $N_c = n(n-1)/2$, $N_d = 0$, $\tau = 1$, 表示两组数据完全正相关; 若所有数对全反向, 则 $N_c = 0$, $N_d = n(n-1)/2$, $\tau = -1$, 表示两组数据完全负相关; 若 $\tau = 0$, 表示数据中同向和反向的数对势力均衡, 没有明显的趋势, 这与相关性的含义是一样的.

总之, Kendall τ 相关系数在 -1 和 $+1$ 之间, 反映了两组数据的变化一致性. 另外, 如果利用符号函数, 则 τ 可以表示为

$$\tau = \frac{2}{n(n-1)} \sum_{1 \leqslant i < j \leqslant n} \text{sign}[(x_i - x_j)(y_i - y_j)]. \tag{8.5.8}$$

在实际应用中, 不失一般性, 假定 x_i 已经按从小到大排序, 因而协同性问题就转化为 y_i 的秩的变化. 令 $d_1, d_2, \cdots, d_n$ 为 $y_1, y_2, \cdots, y_n$ 的秩, 因而 (x_i, y_i) 的秩形成 $(1, d_1), (2, d_2), \cdots,$ (n, d_n), 记

$$p_i = \sum_{j > i} I(d_j > d_i), \quad i = 1, 2, \cdots, n;$$

$$q_i = \sum_{j > i} I(d_j < d_i), \quad i = 1, 2, \cdots, n.$$

其中 $I(\cdot)$ 为命题真值函数, 即当 "$d_j > d_i$" 为真时, $I(d_j > d_i) = 1$, 否则为 0. 令

$$P = \sum_{i=1}^{n} p_i, \quad Q = \sum_{i=1}^{n} q_i,$$

则 Kendall τ 相关系数为

$$\tau = \frac{2(P - Q)}{n(n-1)}. \tag{8.5.9}$$

例 8.5.3 研究体重和肺活量的关系, 调查某地 10 名初中女生的体重和肺活量数据如表 8.16 所示, 计算 Kendall τ 相关系数.

表 8.16 例 8.5.3 数据

学生编号	1	2	3	4	5	6	7	8	9	10
体重 x	75	95	85	70	76	68	60	66	80	88
肺活量 y	2.62	2.91	2.94	2.11	2.17	1.98	2.04	2.20	2.65	2.69
肺活量秩	6	9	10	3	4	1	2	5	7	8

解 按 x 从小到大排序, 如表 8.17 所示.

表 8.17 按 x 从小到大排序

学生编号	7	8	6	4	1	5	9	3	10	2
体重 x 顺序	1	2	3	4	5	6	7	8	9	10
肺活量 y 对应秩	2	5	1	3	6	4	7	10	8	9
p_i	8	5	7	6	4	4	3	0	0	0
q_i	1	3	0	0	1	0	0	2	1	0

由表中数据可知, $P = 37$, $Q = 8$, $n = 10$, 由公式 (8.5.9) 可得

$$\tau = \frac{2 \times 29}{10 \times (10 - 1)} = 0.6444. \qquad \square$$

8.5.3 多个变量的相关系数

前面介绍的 Spearman 相关系数、Kendall τ 相关系数以及积差相关系数都是针对两个变量的相关性. 在实际问题中人们可能感兴趣的是几个变量之间是否同步或有相关性.

1. 多变量 Kendall 和谐系数

多个顺序尺度变量之间的一致性是多变量相关性的一种特例. 比如, 歌手大奖赛上, 有若干评委对歌手打分, 就同一个歌手而言, 不同评委之间意见是否一致呢? 也就是说, 某个歌手被某个评委打了高分, 是否意味着其他评委对他也打了高分呢? Kendall 和 Bobington 于 1939 年提出的多变量和谐系数 (concordance of variables) 就是针对这类问题的.

计算 Kendall 和谐系数时, 原始数据资料的获得一般采用等级评定法, 即让 k 个评价者对 n 件事物或 n 种作品进行等级评定, 每个评价者都能对 n 件事物的好坏、优劣、喜好、高低等排出一个等级顺序. 最小的等级为 1, 最大的为 n, 这样, k 个评价者便可得到 k 列从 1 至 n 的等级变量 (秩) 资料. 这是一种情况. 另一种情况是一个评价者先后 k 次评价 n 件事物. 也是采用等级评定法, 这样也能得到 k 列从 1 至 n 的等级变量资料.

Kendall 和谐系数就是要对这类 k 列等级资料综合起来求相关, k 个变量的秩如表 8.18 所示.

表 8.18　k 个变量的秩

	变量 1	变量 2	$\cdots$	变量 k	和
秩	R_{11}	R_{12}	$\cdots$	R_{1k}	$R_{1\cdot}$
	R_{21}	R_{22}	$\cdots$	R_{2k}	$R_{2\cdot}$
	$\vdots$	$\vdots$		$\vdots$	$\vdots$
	R_{n1}	R_{n2}	$\cdots$	R_{nk}	$R_{n\cdot}$

Kendall 和谐系数定义为

$$W = \frac{12\sum_{i=1}^{n} R_{i\cdot}^2}{k^2(n^3-n)} - \frac{3(n+1)}{n-1}. \tag{8.5.10}$$

W 的值介于 0 和 1 之间, 如果 k 个评价者意见完全一致, 则 $W=1$; 若 k 个评价者意见存在一定的关系, 但又不完全一致, 则 $0<W<1$; 如果 k 个评价者意见完全不一致, 则 $W=0$. 从 Kendall 和谐系数 W 的定义看, 它并不是一个标准的相关系数, 它仅仅是根据熟悉的统计量做出的一种解释.

例 8.5.4　有 10 个人对红、橙、黄、绿、青、蓝、紫 7 种颜色按其喜好程度进行等级评价. 其中最喜好的等级为 1, 最不喜好的等级为 7. 结果如表 8.19 所示, 问这 10 个人对颜色的爱好是否具有一致性?

表 8.19　例 8.5.4 数据

$n=7$	评价者 $k=10$										$R_{i\cdot}$
	1	2	3	4	5	6	7	8	9	10	
红	3	5	2	3	4	4	3	2	4	3	33
橙	6	6	7	6	7	5	7	7	6	6	63
黄	5	4	5	7	6	6	4	4	5	4	50
绿	1	1	1	2	2	2	2	1	1	2	15
青	4	3	4	4	3	3	5	6	3	5	40
蓝	2	2	3	1	1	1	1	3	2	1	17
紫	7	7	6	5	5	7	6	5	7	7	62

由公式 (8.5.10) 可得

$$W = \frac{12(33^2 + 63^2 + 50^2 + 15^2 + 40^2 + 17^2 + 62^2)}{10^2(7^3 - 7)} - \frac{3(7+1)}{7-1} = 0.827.$$

从 W 值看, 这 10 个人对颜色的喜爱具有较高的一致性, 亦即这 10 个人喜爱的颜色比较一致. 喜爱的顺序可由 R_i. 的大小给出大致情况, R_i. 大者等级序数大, 小者等级序数小. 10 个人对 7 种颜色从最喜欢到最不喜欢的顺序是: 绿、蓝、红、青、黄、紫、橙. □

2. 多变量之间的相关系数

一般而言, 若在同一问题中, 涉及三个或更多的变量, 则我们可以考虑它们之间的种种形式的相关关系. 以 $X_1, X_2, \cdots, X_p$ 记这些变量, 可以考虑的重要的相关指标如下.

(1) 以 $X_1, X_2, \cdots, X_p$ 中某一个变量 (如 X_1) 为一方, 剩下的变量 $X_2, \cdots, X_p$ 为另一方, 两者的关系称为 X_1 对 $(X_2, \cdots, X_p)$ 的 "复相关".

(2) X_1, X_2 的关系中, 有一部分是因为受到 $X_3, \cdots, X_p$ 的共同影响. 若把这种影响从 X_1, X_2 中清除, 而剩下的部分仍有相关, 则这种相关性已不能由 $X_3, \cdots, X_p$ 来说明, 这样的相关称为 X_1, X_2 对 $(X_3, \cdots, X_p)$ 的 "偏相关".

例如, 以 X_1 记一个人每月香烟支出, X_2 记其喝酒支出, X_3 记其月工资. 如果去收集一些资料而计算 X_1, X_2 的相关系数 r, 通常会发现 $r > 0$. 即两者是正相关 (当 X_1 增加时, X_2 倾向于增加). 但我们知道: X_1, X_2 都受到 X_3 的影响, 把影响从 X_1, X_2 中消除, 再计算剩余部分的相关, 则往往发现为负. 这是因为, 这样算出的相关, 大体上也就是在工资固定的情况下, 烟、酒支出的相关. 在工资固定的情况下, 通常是这样的情况: 一个人要吸好烟, 就只能喝劣酒了 (反过来也一样). 这导致两者的负相关.

利用这些指标及其他的指标, 我们就可以刻画变量间的一些相关关系. 不过, 具体的内容对于本书已过于专业, 有兴趣的读者可以参考相关分析方面的专著.

习 题 8.5

1 为研究中学生数学成绩和物理成绩之间的相关性, 调查了 12 位同学, 结果如下所示, 求数学成绩和物理成绩之间的 Spearman 秩相关系数.

数学成绩 x	65	79	67	66	89	85	84	73	88	80	86	75
物理成绩 y	62	66	50	68	88	86	64	62	92	64	81	80

2 鹅鹕是我国珍惜保护动物, 现测量 10 只鹅鹕的翼长 (x_1)、体长 (x_2) 和嘴长 (x_3), 结果如下所示, 求这三组数据的 Kendall 和谐系数 W.

x_1 /cm	41.0	43.0	39.5	38.0	40.5	41.0	40.0	38.5	44.0	39.0
x_2 /cm	55.7	56.3	54.5	54.2	55.1	55.4	54.5	54.2	56.9	54.5
x_3 /cm	8.6	9.2	8.0	5.6	6.8	8.0	8.6	7.4	9.8	7.4

第 9 章   方 差 分 析

在科学试验和生产实践过程中, 当我们观察一些量时, 发现普遍存在着差异, 引起差异的原因是多种多样的. 例如, 在化工生产中, 影响结果的因素有配方、设备、温度、压力、催化剂、操作人员等. 需要通过观察或试验来判断哪些因素是重要的、有显著影响的, 哪些因素是次要的、无显著影响的. **方差分析** (analysis of variance, ANOVA) 就是用来解决这类问题的统计方法. 需要说明的是, 方差分析实际上并不关心总体方差的分析, 而是研究总体均值的差异.

9.1   单因素试验的方差分析

在试验中, 我们将要考察的指标称为**试验指标** (test index). 影响试验指标的条件称为**因素** (factor). 因素可分为两类: 一类是人们可以控制的; 一类是人们不能控制的. 例如, 配方、设备、温度等是可控的, 而测量误差、气象条件等一般是难以控制的. 以下所说的因素都指可控因素, 因素所处的状态称为该因素的**水平** (level). 如果在一项试验中, 所考虑的因素只有一个, 即只有一个因素在改变, 而其他条件不变, 则称为**单因素试验** (single-factor experiment). 如果考虑的因素多于一个, 则称为**多因素试验** (multi-factor experiment).

本节只讨论单因素试验. 如只考虑温度一个因素, 记为 A, 在 50℃, 70℃, 90℃, 100℃ 四个温度值下做试验. 每个温度值是一个水平, 共有四个水平, 记为 A_1、A_2、A_3、A_4. 我们的目的是比较四个温度水平下试验指标平均来讲是否有差异? 再如, 为了考察三种毒素和一个对照组对于某种鲑鱼肝脏的相对影响而进行试验. 试验指标是每条鱼的肝脏恶化的量 (以标准单位计算), 测得如表 9.1 所示的数据.

表 9.1   一个单因素试验的结果

	因素 A (毒素)			
	A_1 (毒素 1)	A_2 (毒素 2)	A_3 (毒素 3)	A_4 (对照)
	28	33	18	11
	23	36	21	14
指标	14	34	20	11
	16	27	29	22
		31	24	
		34		

我们的目的是比较三种毒素及对照组中肝脏恶化量的平均值有无显著差异. 为此, 需要一些基本假设, 把研究的问题归结为一个统计问题, 然后用方差分析方法进行解决.

9.1.1   单因素方差分析的统计模型

设在单因素试验中, 所考察的因素为 A, A 有 s 个水平 $A_1, A_2, \cdots, A_s$. 在水平 A_j 下, 试验指标记为 X_j, 由于不可控因素的存在, X_j 是一个随机变量. 现在假设

$$X_j \sim \mathrm{N}(\mu_j, \sigma^2), \quad j = 1, 2, \cdots, s.$$

其中 μ_j 和 σ^2 均为未知参数, 注意这 s 个指标 $X_1, X_2, \cdots, X_s$ 的方差都是 σ^2, 这称为方差齐性 (homoscedasticity).

在水平 A_j 下做 n_j 次试验, 结果看作来自于总体 X_j 的样本: $X_{1j}, X_{2j}, \cdots, X_{n_j j}$, 于是有

$$X_{11}, X_{21}, \cdots, X_{n_1 1} \sim \mathrm{iid}\, \mathrm{N}(\mu_1, \sigma^2),$$
$$X_{12}, X_{22}, \cdots, X_{n_2 2} \sim \mathrm{iid}\, \mathrm{N}(\mu_2, \sigma^2),$$
$$\vdots$$
$$X_{1s}, X_{2s}, \cdots, X_{n_s s} \sim \mathrm{iid}\, \mathrm{N}(\mu_s, \sigma^2).$$

并设 s 组样本之间也相互独立, 这样得到的样本数据结构如表 9.2 所示.

表 9.2 单因素试验的样本数据结构

	因素 A			
	A_1	A_2	$\cdots$	A_s
指标	X_{11}	X_{12}	$\cdots$	X_{1s}
	X_{21}	X_{22}	$\cdots$	X_{2s}
	$\vdots$	$\vdots$		$\vdots$
	$X_{n_1 1}$	$X_{n_2 2}$	$\cdots$	$X_{n_s s}$

记 $\varepsilon_{ij} = X_{ij} - \mu_j$, 则样本 X_{ij} 可描述为

$$\begin{cases} X_{ij} = \mu_j + \varepsilon_{ij}, \quad i = 1, 2, \cdots, n_j; \ j = 1, 2, \cdots, s. \\ \varepsilon_{ij} \sim \mathrm{N}(0, \sigma^2), \quad \text{各 } \varepsilon_{ij} \text{ 独立.} \end{cases} \tag{9.1.1}$$

其中 ε_{ij} 是在水平 A_j 下第 i 次重复试验的误差, 是无法控制的各种因素所引起的, 称为**随机误差**. 式 (9.1.1) 称为**单因素方差分析 (one-way ANOVA) 模型**, 这是本节的研究对象. 而方差分析的目的是对模型 (9.1.1) 检验如下假设:

$$H_0 : \mu_1 = \mu_2 = \cdots = \mu_s \ \leftrightarrow \ H_1 : \mu_1, \mu_2, \cdots, \mu_s \text{ 不全相等} \tag{9.1.2}$$

并对未知参数 $\mu_1, \mu_2, \cdots, \mu_s$ 和 σ^2 作出估计.

如果 H_0 成立, 意味着因子 A 的 s 个不同水平均值相等, 称因子 A 的 s 个水平之间没有显著差异, 简称为因子 A 不显著; 反之, 如果 H_0 不成立, 意味着因子 A 的 s 个不同水平均值不全相等, 这时称因子 A 的 s 个水平之间有显著差异, 简称为因子 A 显著.

模型 (9.1.1) 还有一个等价描述. 记样本的总容量为 $n = n_1 + n_2 + \cdots + n_s$, 不同水平 A_j 下总体 X_j 的均值 μ_j 的总平均为

$$\mu = \frac{1}{n} \sum_{j=1}^{s} n_j \mu_j. \tag{9.1.3}$$

令
$$a_j = \mu_j - \mu, \quad j = 1, 2, \cdots, s, \tag{9.1.4}$$

称 a_j 为水平 A_j 的效应 (effect), 它反映了水平 A_j 对总平均 μ 作出的贡献. 显然有

$$n_1 a_1 + n_2 a_2 + \cdots + n_s a_s = 0. \tag{9.1.5}$$

有了这些记号, 模型 (9.1.1) 就可以改写为

$$\begin{cases} X_{ij} = \mu + a_j + \varepsilon_{ij}, \ i = 1, 2, \cdots, n_j; \ j = 1, 2, \cdots, s. \\ \varepsilon_{ij} \sim N(0, \sigma^2), \ \text{各} \ \varepsilon_{ij} \ \text{独立}. \end{cases} \tag{9.1.6}$$

该模型表示 X_{ij} 可分解成总平均、水平 A_j 的效应以及随机误差三部分之和. 检验问题 (9.1.2) 等价于:

$$H_0 : a_1 = a_2 = \cdots = a_s = 0 \leftrightarrow H_1 : a_1, a_2, \cdots, a_s, \ \text{不全为零}. \tag{9.1.7}$$

9.1.2 统计分析

1. 参数估计

首先给出 μ, μ_j 以及 a_j 的无偏估计量. 记

$$\overline{X} = \frac{1}{n} \sum_{j=1}^{s} \sum_{i=1}^{n_j} X_{ij}, \tag{9.1.8}$$

$$\overline{X}_{\cdot j} = \frac{1}{n_j} \sum_{i=1}^{n_j} X_{ij}, \tag{9.1.9}$$

我们有

$$E(\overline{X}) = \frac{1}{n} \sum_{j=1}^{s} \sum_{i=1}^{n_j} E(X_{ij}) = \frac{1}{n} \sum_{j=1}^{s} \sum_{i=1}^{n_j} \mu_j = \mu,$$

$$E(\overline{X}_{\cdot j}) = \frac{1}{n_j} \sum_{i=1}^{n_j} E(X_{ij}) = \frac{1}{n_j} \sum_{i=1}^{n_j} \mu_j = \mu_j,$$

$$E(\overline{X}_{\cdot j} - \overline{X}) = \mu_j - \mu = a_j.$$

因而 $\overline{X}$、$\overline{X}_{\cdot j}$ 和 $\overline{X}_{\cdot j} - \overline{X}$ 分别是 μ、μ_j 和 a_j 的无偏估计量. 即

$$\widehat{\mu} = \overline{X}, \quad \widehat{\mu}_j = \overline{X}_{\cdot j}, \quad \widehat{a}_j = \overline{X}_{\cdot j} - \overline{X}.$$

另外一个未知参数 σ^2 的无偏估计为

$$\widehat{\sigma^2} = \frac{S_E}{n - s},$$

其中 S_E 由后面公式 (9.1.11) 给出.

2. 显著性检验

下面我们导出假设 (9.1.7) 的检验统计量, 利用的是离差平方和分解方法. 称

$$S_T = \sum_{j=1}^{s} \sum_{i=1}^{n_j} (X_{ij} - \overline{X})^2 \tag{9.1.10}$$

为总离差平方和. 注意到

$$
\begin{aligned}
(X_{ij} - \overline{X})^2 &= \left[(X_{ij} - \overline{X}_{\cdot j}) + (\overline{X}_{\cdot j} - \overline{X}) \right]^2 \\
&= (X_{ij} - \overline{X}_{\cdot j})^2 + (\overline{X}_{\cdot j} - \overline{X})^2 + 2(X_{ij} - \overline{X}_{\cdot j})(\overline{X}_{\cdot j} - \overline{X}),
\end{aligned}
$$

而

$$
\begin{aligned}
\sum_{j=1}^{s} \sum_{i=1}^{n_j} (X_{ij} - \overline{X}_{\cdot j})(\overline{X}_{\cdot j} - \overline{X}) &= \sum_{j=1}^{s} \left[(\overline{X}_{\cdot j} - \overline{X}) \sum_{i=1}^{n_j} (X_{ij} - \overline{X}_{\cdot j}) \right] \\
&= \sum_{j=1}^{s} \left[(\overline{X}_{\cdot j} - \overline{X}) \left(\sum_{i=1}^{n_j} X_{ij} - n_j \overline{X}_{\cdot j} \right) \right] = 0.
\end{aligned}
$$

我们记

$$S_E = \sum_{j=1}^{s} \sum_{i=1}^{n_j} (X_{ij} - \overline{X}_{\cdot j})^2, \tag{9.1.11}$$

$$S_A = \sum_{j=1}^{s} \sum_{i=1}^{n_j} (\overline{X}_{\cdot j} - \overline{X})^2 = \sum_{j=1}^{s} n_j (\overline{X}_{\cdot j} - \overline{X})^2, \tag{9.1.12}$$

于是有如下离差平方和分解式:

$$S_T = S_E + S_A. \tag{9.1.13}$$

我们称 S_E 为误差平方和, 也称为组内离差平方和; S_A 称为因素离差平方和, 也称为组间离差平方和.

利用 ε_{ij} 可以更清楚地看到 S_E, S_A 的含义. 记

$$\overline{\varepsilon}_{\cdot j} = \frac{1}{n_j} \sum_{i=1}^{n_j} \varepsilon_{ij}, \quad j = 1, 2, \cdots, s, \tag{9.1.14}$$

$$\overline{\varepsilon} = \frac{1}{n} \sum_{j=1}^{s} \sum_{i=1}^{n_j} \varepsilon_{ij} = \frac{1}{n} \sum_{j=1}^{s} n_j \overline{\varepsilon}_{\cdot j}. \tag{9.1.15}$$

$\overline{\varepsilon}$ 是随机误差的总平均, $\overline{\varepsilon}_{\cdot j}$ 是在水平 A_j 下的随机误差的均值. 由模型 (9.1.6) 可知

$$\overline{X} = \mu + \overline{\varepsilon}, \tag{9.1.16}$$

$$\overline{X}_{\cdot j} = \mu + a_j + \overline{\varepsilon}_{\cdot j} \quad j = 1, 2, \cdots, s, \tag{9.1.17}$$

于是

$$S_E = \sum_{j=1}^{s} \sum_{i=1}^{n_j} (X_{ij} - \overline{X}._j)^2 = \sum_{j=1}^{s} \sum_{i=1}^{n_j} (\varepsilon_{ij} - \overline{\varepsilon}._j)^2, \tag{9.1.18}$$

$$S_A = \sum_{j=1}^{s} n_j (\overline{X}._j - \overline{X})^2 = \sum_{j=1}^{s} n_j (a_j + \overline{\varepsilon}._j - \overline{\varepsilon})^2. \tag{9.1.19}$$

这说明 S_E 完全是由随机波动引起的, 而 S_A 除随机误差外还包含各水平的效应 a_j. 当 a_j 不全为零时, S_A 主要反映了这些效应的差异.

平方和分解公式说明, 总离差平方和 S_T 可以分解成误差平方和 S_E 与因素离差平方和 S_A. 直观上看, 若 H_0 成立, 各水平的效应为零, S_A 中也只含有随机误差, 因而 S_A 与 S_E 相差不大.

具体地说, 当 H_0 成立时, $X_{ij} \sim \mathrm{N}(\mu, \sigma^2)$ $(i = 1, 2, \cdots, n_j; \ j = 1, 2, \cdots, s)$ 且相互独立. 根据概率论的知识可以证明:

$$\frac{S_A}{\sigma^2} \sim \chi^2(s-1), \tag{9.1.20}$$

$$\frac{S_E}{\sigma^2} \sim \chi^2(n-s), \tag{9.1.21}$$

$$F_A \triangleq \frac{(n-s)S_A}{(s-1)S_E} \sim \mathrm{F}(s-1, n-s). \tag{9.1.22}$$

而 F_A 的取值越大, 对原假设 H_0 越不利, 于是, 对于给定的显著性水平 α $(0 < \alpha < 1)$, 原假设 H_0 的拒绝域为

$$F_A > F_{1-\alpha}(s-1, n-s). \tag{9.1.23}$$

上述分析结果常列成表 9.3 的形式, 称为方差分析表.

表 9.3　单因素方差分析表

方差来源	平方和	自由度	F 值	临界值	显著性
因素	S_A	$s-1$	$F_A = \dfrac{(n-s)S_A}{(s-1)S_E}$	$F_{1-\alpha}(s-1, n-s)$	
误差	S_E	$n-s$			
总和	S_T	$n-1$			

在实际应用中, 通常当 $F_A > F_{0.95}(s-1, n-s)$ 时, 称为显著, 记为 $*$; 当 $F_A > F_{0.99}(s-1, n-s)$ 时, 称为高度显著, 记为 $**$. 另外检验的 p 值为

$$p = P\big(F(s-1, n-s) \geqslant F_A\big).$$

为了帮助记忆, 还可以从下面的分析直接看出自由度. 因为

$$S_T = \sum_{j=1}^{s} \sum_{i=1}^{n_j} (X_{ij} - \overline{X})^2$$

是 n 个变量 $(X_{ij} - \overline{X})$ 的平方和, 有一个线性约束 $\sum\limits_{j=1}^{s} \sum\limits_{i=1}^{n_j} (X_{ij} - \overline{X}) = 0$, 故 S_T 的自由度为 $n-1$.

$$S_A = \sum_{j=1}^{s} n_j (\overline{X}._j - \overline{X})^2$$

是 s 个变量 $\sqrt{n_j}(\overline{X}_{\cdot j} - \overline{X})$ 的平方和, 有一个线性约束 $\sum\limits_{j=1}^{s} \sqrt{n_j} \left[\sqrt{n_j}(\overline{X}_{\cdot j} - \overline{X})\right] = 0$, 故 S_A 的自由度为 $s-1$. 而

$$S_E = \sum_{j=1}^{s} \sum_{i=1}^{n_j} (X_{ij} - \overline{X}_{\cdot j})^2$$

是 n 个变量 $(X_{ij} - \overline{X}_{\cdot j})$ 的平方和, 有 s 个线性约束 $\sum\limits_{i=1}^{n_j} (X_{ij} - \overline{X}_{\cdot j}) = 0, \quad j = 1, 2, \cdots, s$, 故 S_E 的自由度为 $n-s$.

S_T 的自由度为 S_E 和 S_A 的自由度之和.

3. 平方和的计算

为了计算 $F_A = \dfrac{(n-s)S_A}{(s-1)S_E}$, 我们给出下面的计算公式. 记

$$C_T = \frac{1}{n} \left(\sum_{j=1}^{s} \sum_{i=1}^{n_j} X_{ij} \right)^2 = \frac{1}{n} \left(\sum_{j=1}^{s} T_j \right)^2, \tag{9.1.24}$$

其中, $T_j = \sum\limits_{i=1}^{n_j} X_{ij} \ (j = 1, 2, \cdots, s)$. 我们称 C_T 为修正项, 则 S_T, S_A, S_E 可分别写成如下形式:

$$S_T = \sum_{j=1}^{s} \sum_{i=1}^{n_j} (X_{ij})^2 - C_T, \tag{9.1.25}$$

$$S_A = \sum_{j=1}^{s} T_j^2 / n_j - C_T, \tag{9.1.26}$$

$$S_E = S_T - S_A. \tag{9.1.27}$$

事实上,

$$S_T = \sum_{j=1}^{s} \sum_{i=1}^{n_j} (X_{ij} - \overline{X})^2 = \sum_{j=1}^{s} \sum_{i=1}^{n_j} (X_{ij})^2 - 2\overline{X} \sum_{j=1}^{s} \sum_{i=1}^{n_j} X_{ij} + n(\overline{X})^2$$

$$= \sum_{j=1}^{s} \sum_{i=1}^{n_j} (X_{ij})^2 - n(\overline{X})^2 = \sum_{j=1}^{s} \sum_{i=1}^{n_j} (X_{ij})^2 - C_T,$$

$$S_A = \sum_{j=1}^{s} n_j (\overline{X}_{\cdot j} - \overline{X})^2 = \sum_{j=1}^{s} n_j \left[(\overline{X}_{\cdot j})^2 - 2\overline{X}_{\cdot j} \overline{X} + (\overline{X})^2 \right]$$

$$= \sum_{j=1}^{s} n_j (\overline{X}_{\cdot j})^2 - \frac{1}{n} \left(\sum_{j=1}^{s} \sum_{i=1}^{n_j} X_{ij} \right)^2 = \sum_{j=1}^{s} T_j^2 / n_j - C_T.$$

有了式 (9.1.25), 式 (9.1.26) 和式 (9.1.27), 我们就可以方便地计算出 $F_A = \dfrac{(n-s)S_A}{(s-1)S_E}$, 然后看 F_A 是否落入拒绝域, 再做出拒绝还是接受 H_0 的判断.

如果 F 检验的结论是拒绝 H_0, 只能说明因素 A 的 s 个水平效应有显著的差异, 也就是说 s 个均值之间有显著差异. 但是这并不意味着所有均值之间都有差异, 这时还需要对每一对 μ_i 和 μ_j 作一对一的比较检验, 这就是所谓的均值多重检验. 另外我们在前面提到在因素 A 的 s 个水平下的观测值服从均值不同但方差相同的正态分布, 一个自然的问题就是"方差相同"本身也需要检验, 这就是所谓的方差齐性检验. 限于篇幅, 我们这里不再进一步讨论这两种检验, 有兴趣的读者可以参考文献 [4].

9.1.3 应用举例

例 9.1.1   考察一种人造纤维在不同温度的水中浸泡后的缩水率, 在 40℃, 50℃, $\cdots$, 90℃ 的水中分别进行 4 次试验, 得到该种纤维在每次试验中的缩水率如表 9.4 所示. 试问浸泡水的温度对缩水率有无显著的影响?

表 9.4   某种纤维的缩水率

	不同的温度水平						总计
	40℃	50℃	60℃	70℃	80℃	90℃	
	4.3	6.1	10.0	6.5	9.3	9.5	
	7.8	7.3	4.8	8.3	8.7	8.8	
	3.2	4.2	5.4	8.6	7.2	11.4	
	6.5	4.1	9.6	8.2	10.1	7.8	
T_j	21.8	21.7	29.8	31.6	35.3	37.5	177.7
n_j	4	4	4	4	4	4	24
T_j^2/n_j	118.81	117.72	222.01	249.64	311.52	351.56	1371.27
$\sum_{i=1}^{n_j} X_{ij}^2$	131.82	124.95	244.36	252.34	316.03	358.49	1427.99

解   假设浸泡水的温度对纤维的缩水率无影响, 即设原假设 $H_0 : \mu_1 = \mu_2 = \cdots = \mu_6$, 对立假设 $H_1 : \mu_1, \mu_2, \cdots, \mu_6$ 不全相等.

$n = 24, s = 6$. 当 H_0 成立时

$$F_A = \frac{18 S_A}{5 S_E} \sim \mathrm{F}(5, 8).$$

对于 $\alpha = 0.05$ 和 $\alpha = 0.01$ 的拒绝域分别为

$$F_A > F_{0.95}(5, 18) \quad \text{和} \quad F_A > F_{0.99}(5, 18).$$

剩下的问题是由表 9.4 给出的数据计算 F_A.

$$C_T = \frac{1}{24} \left(\sum_{j=1}^{6} \sum_{i=1}^{4} X_{ij} \right)^2 = \frac{1}{24} (177.7)^2 = 1315.72,$$

$$\sum_{j=1}^{6} \sum_{i=1}^{4} X_{ij}^2 = 131.82 + 124.95 + \cdots + 358.49 = 1427.99,$$

$$\sum_{j=1}^{6} T_j^2/n_j = 118.81 + 117.72 + \cdots + 351.56 = 1371.27.$$

于是

$$S_T = \sum_{j=1}^{6} \sum_{i=1}^{4} X_{ij}^2 - C_T = 112.27,$$

$$S_A = \sum_{j=1}^{6} T_j^2 / n_j - C_T = 56,$$

$$S_E = S_T - S_A = 112.27 - 56 = 56.27.$$

因而

$$F_A = \frac{18 S_A}{5 S_E} = \frac{18 \times 56}{5 \times 56.27} = 3.583.$$

由附表 5 查得 $F_{0.95}(5,18) = 2.77$, $F_{0.99}(5,18) = 4.25$. 由于 $4.25 = F_{0.99}(5,18) > F_A = 3.583 > F_{0.95}(5,18) = 2.77$, 故浸泡水的温度对缩水率有显著影响, 但不能说有高度显著的影响. 计算结果列于表 9.5.

表 9.5　纤维缩水率方差分析表

方差来源	平方和	自由度	F 值	临界值	显著性
温度	56	5	3.583	$F_{0.95}(5,18) = 2.77$	*
误差	56.27	18		$F_{0.99}(5,18) = 4.25$	
总和	112.27	23			

R 软件中的 aov() 函数提供了方差分析的计算与检验, 其调用格式为:

aov(formula, data=NULL, projection=False, qr=TRUE, contrasts=NULL,...)

其中 formula 是方差分析的公式, 在单因素方差分析中它表示为 x~A, data 是数据框, 其他参见在线帮助. 另外可用 summary() 析取方差分析的结果.

例 9.1.1 可以由下面的 R 程序实现.

```
> x <- c(4.3, 7.8, 3.2, 6.5, 6.1, 7.3, 4.2, 4.1 10.0, 4.8, 5.4, 9.6, 6.5,
+        8.3, 8.6, 8.2, 9.3, 8.7, 7.2 10.1, 9.5, 8.8 11.4, 7.8)
> A <- factor(rep(1:6, each = 4))              # 定义因子变量
> shrinkage <- data.frame(x, A)                # 定义数据框
> shrinkage.aov <- aov(x~A, data = shrinkage)  # 用 A 对 x 作方差分析
> summary(shrinkage.aov)
```

运行结果为:

```
          Df Sum Sq  Mean Sq   F     value Pr(>F)
A          5  55.55  11.109   3.525  0.0214 *
Residuals 18  56.72   3.151
```

通过函数 plot(aov.shrinkageaov.shrinkage) 可以绘图描述各因子水平的差异, 如图 9.1 所示.

例 9.1.2　在试制某种新产品的过程中, 共提出 5 种可行方案. 为考察按这 5 种方案生产的产品的废品率之间有无显著差别, 经试验, 其结果记入表 9.6 中. 试按表中给的数据进行方差分析.

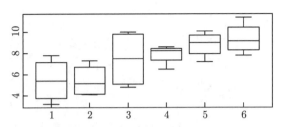

图 9.1 人造纤维在不同温度的水中浸泡后的缩水率箱线图

表 9.6 不同方案生产的产品的废品率

方案	1	2	3	4	5	总计
	7.3	5.4	8.1	7.9	7.1	
	8.3	7.4	6.4	9.5		
	7.6	7.1		10.0		
	8.4					
	8.3					
T_j	39.9	19.9	14.5	27.4	7.1	108.8
n_j	5	3	2	3	1	14
T_j^2/n_j	318.40	132.00	105.125	250.25	50.41	856.19
$\sum_{i=1}^{n_j} X_{ij}^2$	319.39	134.33	106.57	252.66	50.41	863.36

解 首先按式 (9.1.24) ∼ 式 (9.1.27) 计算 C_T, S_T, S_A 和 S_E.

$$C_T = \frac{1}{14}\left(\sum_{j=1}^{s}\sum_{i=1}^{n_j} X_{ij}\right)^2 = \frac{1}{14}(108.8)^2 = 845.53,$$

$$S_T = \sum_{j=1}^{s}\sum_{i=1}^{n_j} X_{ij}^2 - C_T = 863.36 - 845.53 = 17.83,$$

$$S_A = \sum_{j=1}^{s} T_j^2/n_j - C_T = 856.19 - 845.53 = 10.66,$$

$$S_E = S_T - S_A = 17.83 - 10.66 = 7.17.$$

因而

$$F_A = \frac{(n-s)S_A}{(s-1)S_E} = \frac{9S_A}{4S_E} = 3.345.$$

对给定的 $\alpha = 0.05$, $F_{0.95}(4,9) = 3.63 > F_A = 3.345$. 这说明当 $\alpha = 0.05$ 时不显著, 可是 3.345 与 3.63 相差不大, 我们再对 $\alpha = 0.10$ 进行检验, $F_{0.90}(4,9) = 2.69 < F_A = 3.345$, 因而 当 $\alpha = 0.10$ 时显著, 如表 9.7 所示.

表 9.7 废品率的方差分析表

方差来源	平方和	自由度	F 值	临界值	显著性
方案	10.66	4	3.345	$F_{0.90}(4,9) = 2.69$	(*)
误差	7.17	9			
总和	17.83	13			

(*) 表示在显著性水平 $\alpha = 0.10$ 时显著.

从上述的分析我们看到, 不同方案对废品率有一定程度的影响, 但影响不很大. 为使判断更可靠, 应该补充额外的试验. 最好增加方案 3 与 5 的试验次数各一、二次, 然后再分析. 如果最后的分析结果表明显著程度仍不高, 那么可以认为按这 5 种方案生产的产品的废品率无显著不同. □

习 题 9.1

1 今有某种型号的电池三批, 它们分别是 A, B, C 三个工厂所生产的. 为评比其质量, 各随机抽取 5 只电池为样品, 经试验得其寿命 (单位: h) 如下:

$$A: \quad 40, \quad 48, \quad 38, \quad 42, \quad 45;$$
$$B: \quad 26, \quad 34, \quad 30, \quad 28, \quad 32;$$
$$C: \quad 39, \quad 40, \quad 43, \quad 50, \quad 50.$$

试在显著性水平 $\alpha = 0.05$ 下检验这三个工厂生产的电池的平均寿命有无显著的差别.

2 下面给出了小白鼠在接种三种不同菌型伤寒杆菌后的存活日数:

菌型	存活日数									
I	2	4	3	2	4	7	2	5	4	
II	5	6	8	5	10	7	12	6	6	
III	7	11	6	6	7	9	5	10	6	3	10

试问三种菌型的平均存活日数有无显著差异?

3 下面的试验是为判断 4 种饲料 A, B, C, D 对牛增重的优劣而设计的. 20 头牛随机地分为四组, 每组 5 头. 每组给以一种饲料. 在一定长的时间内每头牛增重 (单位: kg) 如下:

$$A: \quad 60, \quad 65, \quad 61, \quad 67, \quad 64;$$
$$B: \quad 73, \quad 67, \quad 68, \quad 66, \quad 71;$$
$$C: \quad 95, \quad 105, \quad 99, \quad 102, \quad 103;$$
$$D: \quad 88, \quad 53, \quad 90, \quad 84, \quad 87.$$

试问这 4 种饲料对牛的增重有无显著差异?

4 绿茶中的叶酸 (folacin) 是一种维生素, 为了研究 4 个不同产地 A, B, C, D 的绿茶中叶酸的含量, 取各产地绿茶样品若干份, 在完全随机情形下测定其中叶酸含量如下:

不同产地	叶酸含量/mg						
A	7.9	6.2	6.6	8.6	8.9	10.1	9.6
B	5.7	7.5	9.8	6.1	8.4		
C	6.4	7.1	7.9	4.5	5.0	4.0	
D	6.8	7.5	5.0	5.3	6.1	7.4	

试问这 4 个不同产地绿茶中叶酸含量有无显著差异?

9.2 双因素试验的方差分析

当有两个因素时, 除了每个因素的影响, 还有这两个因素的搭配问题. 观察表 9.8 中的两组试验结果, 都有两个因素 A 和 B, 每个因素取两个水平.

表 9.8 两组双因素试验结果

(a)				(b)		
	A				A	
B	A_1	A_2		B	A_1	A_2
B_1	20	50		B_1	20	50
B_2	60	90		B_2	100	80

在表 9.8(a) 中, 无论 B 是什么水平 (B_1 还是 B_2), 水平 A_2 下的结果总比 A_1 下的高 30; 同样地, 无论 A 是什么水平, 水平 B_2 下的结果总比 B_1 下的高 40. 这说明 A 和 B 单独地各自影响试验指标, 互相之间没有作用.

在表 9.8(b) 中, 当 B 为 B_1 时, 水平 A_2 下的结果比 A_1 下的高, 而当 B 为 B_2 时, 水平 A_1 下的结果比 A_2 下的高; 类似地, 当 A 为 A_1 时, 水平 B_2 下的结果比 B_1 下的高 80; 而当 A 为 A_2 时, 水平 B_2 下的结果比 B_1 下的高 30. 这表明 A 的作用与 B 所取的水平有关, 而 B 的作用也与 A 所取的水平有关. 也就是说, A 和 B 不仅各自对试验指标有影响, 而且它们的搭配方式也有影响. 我们把这种影响称为因素 A 和 B 的交互作用 (interaction), 记作 $A \times B$. 在双因素试验的方差分析中, 我们不仅要检验因素 A 和 B 的作用, 还要检验它们的交互作用.

9.2.1 双因素方差分析的统计模型

设有两个因素 A 和 B, 因素 A 取 r 个水平 $A_1, A_2, \cdots, A_r$; 因素 B 取 s 个水平 $B_1, B_2, \cdots, B_s$. 在每一水平组合 (A_i, B_j) 下做 $t\ (\geqslant 2)$ 次重复试验, 其结果为 X_{ijk}, $1 \leqslant i \leqslant r$, $1 \leqslant j \leqslant s$, $1 \leqslant k \leqslant t$. 这样得到的样本数据结构如表 9.9 所示.

表 9.9 两因素试验的样本数据结构

A	B			
	B_1	B_2	$\cdots$	B_s
A_1	$X_{111}, X_{112}, \cdots, X_{11t}$	$X_{121}, X_{122}, \cdots, X_{12t}$	$\cdots$	$X_{1s1}, X_{1s2}, \cdots, X_{1st}$
A_2	$X_{211}, X_{212}, \cdots, X_{21t}$	$X_{221}, X_{222}, \cdots, X_{22t}$	$\cdots$	$X_{2s1}, X_{2s2}, \cdots, X_{2st}$
$\vdots$	$\vdots$	$\vdots$	$\vdots$	$\vdots$
A_r	$X_{r11}, X_{r12}, \cdots, X_{r1t}$	$X_{r21}, X_{r22}, \cdots, X_{r2t}$	$\cdots$	$X_{rs1}, X_{rs2}, \cdots, X_{rst}$

假设在水平组合 (A_i, B_j) 下的试验结果用随机变量 X_{ij} 表示, 对不同的水平组合, X_{ij} 相互独立, 且 $X_{ij} \sim \mathrm{N}(\mu_{ij}, \sigma^2)$, 则在水平组合 (A_i, B_j) 下重复试验结果 $X_{ij1}, X_{ij2}, \cdots X_{ijt}$ 就是来自于总体 $X_{ij} \sim \mathrm{N}(\mu_{ij}, \sigma^2)$ 的容量为 t 的简单随机样本. 如此就有 rs 个相互独立的正态总体, 每个总体下都有容量为 t 的简单随机样本. 令

$$\varepsilon_{ijk} = X_{ijk} - \mu_{ij},$$

其中 ε_{ijk} 是试验中无法控制的各种因素所引起的随机误差, 它们相互独立且都服从 $N(0, \sigma^2)$. 于是我们得到

$$\begin{cases} X_{ijk} = \mu_{ij} + \varepsilon_{ijk}, \quad i = 1, 2, \cdots, r; \ j = 1, 2, \cdots, s; \ k = 1, 2, \cdots, t. \\ \varepsilon_{ijk} \sim N(0, \sigma^2), \quad \text{各 } \varepsilon_{ijk} \text{ 相互独立} \end{cases} \tag{9.2.1}$$

其中 μ_{ij} 和 σ^2 都是未知参数. 式 (9.2.1) 就是双因素有交互作用的方差分析模型. 要求检验的假设是

$$H_0 : \mu_{ij} \text{ 全相等} \quad \leftrightarrow \quad H_1 : \mu_{ij} \text{ 不全相等} \tag{9.2.2}$$

与单因素方差分析模型一样, 引入如下记号:

$$\mu = \frac{1}{rs} \sum_{i=1}^{r} \sum_{j=1}^{s} \mu_{ij}; \qquad\qquad \mu_{i\cdot} = \frac{1}{s} \sum_{j=1}^{s} \mu_{ij}, \ 1 \leqslant i \leqslant r;$$

$$\mu_{\cdot j} = \frac{1}{r} \sum_{i=1}^{r} \mu_{ij}, \ 1 \leqslant j \leqslant s; \qquad\qquad a_i = \mu_{i\cdot} - \mu, \ 1 \leqslant i \leqslant r;$$

$$b_j = \mu_{\cdot j} - \mu, \ 1 \leqslant j \leqslant s; \qquad\qquad (ab)_{ij} = \mu_{ij} - \mu - a_i - b_j, \ 1 \leqslant i \leqslant r, \ 1 \leqslant j \leqslant s.$$

显然有

$$\begin{cases} \displaystyle\sum_{i=1}^{r} a_i = 0, \qquad \sum_{j=1}^{s} b_j = 0; \\ \displaystyle\sum_{i=1}^{r} (ab)_{ij} = 0, \quad \sum_{j=1}^{s} (ab)_{ij} = 0. \end{cases} \tag{9.2.3}$$

于是

$$\mu_{ij} = \mu + a_i + b_j + (ab)_{ij}, \tag{9.2.4}$$

其中 μ 是总平均, a_i 是 A_i 的效应, b_j 是 B_j 的效应, $(ab)_{ij}$ 是 A_i 和 B_j 的交互作用 $A_i \times B_j$ 的效应. 此时模型 (9.2.1) 可描述为

$$\begin{cases} X_{ijk} = \mu + a_i + b_j + (ab)_{ij} + \varepsilon_{ijk}, \\ \qquad i = 1, 2, \cdots, r; \ j = 1, 2, \cdots, s; \ k = 1, 2, \cdots, t. \\ \varepsilon_{ijk} \sim N(0, \sigma^2), \quad \text{各 } \varepsilon_{ijk} \text{ 相互独立} \end{cases} \tag{9.2.5}$$

该模型表示 X_{ijk} 可分解成总平均、水平 A_i 的效应、水平 B_j 的效应、$A_i \times B_j$ 的效应以及随机误差五部分之和. 其中 μ, a_i, b_j, $(ab)_{ij}$, σ^2 是满足式 (9.2.3) 的未知参数. 要检验的假设 (9.2.2) 就等价于如下三个假设:

$$H_0 : a_1 = a_2 = \cdots = a_r = 0; \tag{9.2.6}$$

$$H_0' : b_1 = b_2 = \cdots = b_s = 0; \tag{9.2.7}$$

$$H_0'' : (ab)_{ij} = 0, \ 1 \leqslant i \leqslant r, \ 1 \leqslant j \leqslant s. \tag{9.2.8}$$

H_0 成立意味着因素 A 的不同水平 A_i 对考察的指标没有显著影响；H_0' 成立意味着因素 B 的不同水平 B_j 对考察的指标没有显著影响；H_0'' 成立意味着因素 A 和 B 的不同水平对考察的指标没有交互作用.

9.2.2 统计分析

1. 参数估计

我们首先寻找 μ, $\mu_{i\cdot}$, $\mu_{\cdot j}$, μ_{ij} 的无偏估计量. 记

$$
\begin{cases}
\overline{X} = \dfrac{1}{rst} \sum_{i=1}^{r} \sum_{j=1}^{s} \sum_{k=1}^{t} X_{ijk}; \\[2mm]
\overline{X}_{i\cdot\cdot} = \dfrac{1}{st} \sum_{j=1}^{s} \sum_{k=1}^{t} X_{ijk},\ 1 \leqslant i \leqslant r; \\[2mm]
\overline{X}_{\cdot j\cdot} = \dfrac{1}{rt} \sum_{i=1}^{r} \sum_{k=1}^{t} X_{ijk},\ 1 \leqslant j \leqslant s; \\[2mm]
\overline{X}_{ij\cdot} = \dfrac{1}{t} \sum_{k=1}^{t} X_{ijk},\ 1 \leqslant i \leqslant r,\ 1 \leqslant j \leqslant s.
\end{cases}
\tag{9.2.9}
$$

不难验证

$$
\mathrm{E}(\overline{X}) = \mu; \qquad\qquad\qquad \mathrm{E}(\overline{X}_{i\cdot\cdot}) = \mu_{i\cdot};
$$
$$
\mathrm{E}(\overline{X}_{\cdot j\cdot}) = \mu_{\cdot j}; \qquad\qquad\qquad \mathrm{E}(\overline{X}_{ij\cdot}) = \mu_{ij}.
$$

因此, $\overline{X}$, $\overline{X}_{i\cdot\cdot}$, $\overline{X}_{\cdot j\cdot}$, $\overline{X}_{ij\cdot}$ 分别是 μ, $\mu_{i\cdot}$, $\mu_{\cdot j}$, μ_{ij} 的无偏估计. 又不难验证

$$
\mathrm{E}(\overline{X}_{i\cdot\cdot} - \overline{X}) = a_i; \quad \mathrm{E}(\overline{X}_{\cdot j\cdot} - \overline{X}) = b_j;
$$
$$
\mathrm{E}(\overline{X}_{ij\cdot} - \overline{X}_{i\cdot\cdot} - \overline{X}_{\cdot j\cdot} + \overline{X}) = (ab)_{ij}.
$$

从而得到 μ, a_i, b_j, $(ab)_{ij}$ 的无偏估计量:

$$
\begin{cases}
\widehat{\mu} = \overline{X}, \\[1mm]
\widehat{a}_i = \overline{X}_{i\cdot\cdot} - \overline{X},\ 1 \leqslant i \leqslant r, \\[1mm]
\widehat{b}_j = \overline{X}_{\cdot j\cdot} - \overline{X},\ 1 \leqslant j \leqslant s, \\[1mm]
\widehat{(ab)}_{ij} = \overline{X}_{ij\cdot} - \overline{X}_{i\cdot\cdot} - \overline{X}_{\cdot j\cdot} + \overline{X}, \quad 1 \leqslant i \leqslant r,\ 1 \leqslant j \leqslant s.
\end{cases}
\tag{9.2.10}
$$

2. 显著性检验

与单因素方差分析方法类似, 我们利用总离差平方和的分解, 导出假设 (9.2.6), 假设 (9.2.7) 和假设 (9.2.8) 的检验统计量.

容易验证总离差平方和

$$
S_T = \sum_{i=1}^{r} \sum_{j=1}^{s} \sum_{k=1}^{t} (X_{ijk} - \overline{X})^2
\tag{9.2.11}
$$

可以分解为

$$S_T = S_E + S_A + S_B + S_{A \times B}, \tag{9.2.12}$$

其中

$$S_E = \sum_{i=1}^{r} \sum_{j=1}^{s} \sum_{k=1}^{t} (X_{ijk} - \overline{X}_{ij\cdot})^2; \tag{9.2.13}$$

$$S_A = st \sum_{i=1}^{r} (\overline{X}_{i\cdot\cdot} - \overline{X})^2; \tag{9.2.14}$$

$$S_B = rt \sum_{j=1}^{s} (\overline{X}_{\cdot j\cdot} - \overline{X})^2; \tag{9.2.15}$$

$$S_{A \times B} = t \sum_{i=1}^{r} \sum_{j=1}^{s} (\overline{X}_{ij\cdot} - \overline{X}_{i\cdot\cdot} - \overline{X}_{\cdot j\cdot} + \overline{X})^2. \tag{9.2.16}$$

这里 S_T 称为总的离差平方和, 简称为总平方和; S_E 称为误差平方和, 反映了随机误差的作用在数据中引起的变差; S_A 称为因素 A 的离差平方和, 反映了在 H_0 不成立时, 因素 A 的不同水平效应的差异在数据中引起的变差; S_B 称为因素 B 的离差平方和, 反映了在 H_0' 不成立时, 因素 B 的不同水平效应的差异在数据中引起的变差; $S_{A \times B}$ 称为因素 $A \times B$ 的离差平方和, 反映了在 H_0'' 不成立时, 即交互作用存在时, 在数据中引起的变差.

注意到 S_T 的 rst 个变量中, 有一个线性约束 $\sum\limits_{i=1}^{r} \sum\limits_{j=1}^{s} \sum\limits_{k=1}^{t} (X_{ijk} - \overline{X}) = 0$, 所以 S_T 的自由度为 $f_T = rst - 1$.

类似地, S_A 的 r 个变量中, 有一个线性约束 $\sum\limits_{i=1}^{r} (\overline{X}_{i\cdot\cdot} - \overline{X}) = 0$, 所以 S_A 的自由度为 $f_A = r - 1$.

S_B 的 s 个变量中, 有一个线性约束 $\sum\limits_{j=1}^{s} (\overline{X}_{\cdot j\cdot} - \overline{X}) = 0$, 故 S_B 的自由度为 $f_B = s - 1$.

$S_{A \times B}$ 的 rs 个变量中, 有 $r + s$ 个线性约束:

$$\sum_{i=1}^{r} (\overline{X}_{ij\cdot} - \overline{X}_{i\cdot\cdot} - \overline{X}_{\cdot j\cdot} + \overline{X}) = 0, \quad 1 \leqslant j \leqslant s;$$

$$\sum_{j=1}^{s} (\overline{X}_{ij\cdot} - \overline{X}_{i\cdot\cdot} - \overline{X}_{\cdot j\cdot} + \overline{X}) = 0, \quad 1 \leqslant i \leqslant r.$$

但是

$$\sum_{i=1}^{r} \sum_{j=1}^{s} (\overline{X}_{ij\cdot} - \overline{X}_{i\cdot\cdot} - \overline{X}_{\cdot j\cdot} + \overline{X}) = \sum_{j=1}^{s} \sum_{i=1}^{r} (\overline{X}_{ij\cdot} - \overline{X}_{i\cdot\cdot} - \overline{X}_{\cdot j\cdot} + \overline{X}),$$

因而这 $r + s$ 个约束中, 只有 $r + s - 1$ 个是独立的, 故 $S_{A \times B}$ 的自由度

$$f_{A \times B} = rs - (r + s - 1) = (r - 1)(s - 1).$$

S_E 的 rst 个变量中, 有 rs 个线性约束: $\sum\limits_{k=1}^{t}(X_{ijk} - \overline{X}_{ij\cdot}) = 0$, $1 \leqslant i \leqslant r$, $1 \leqslant j \leqslant s$, 因而 S_E 的自由度为 $f_E = rst - rs = rs(t-1)$. 显然有

$$f_T = f_E + f_A + f_B + f_{A \times B}. \tag{9.2.17}$$

可以证明

$$S_E/\sigma^2 \sim \chi^2\big(rs(t-1)\big), \tag{9.2.18}$$

当 H_0 成立时,

$$S_A/\sigma^2 \sim \chi^2(r-1),$$
$$F_A = \frac{rs(t-1)S_A}{(r-1)S_E} \sim F\big(r-1, rs(t-1)\big). \tag{9.2.19}$$

当 H_0' 成立时,

$$S_B/\sigma^2 \sim \chi^2(s-1),$$
$$F_B = \frac{rs(t-1)S_B}{(s-1)S_E} \sim F\big(s-1, rs(t-1)\big). \tag{9.2.20}$$

当 H_0'' 成立时,

$$S_{A \times B}/\sigma^2 \sim \chi^2\big((r-1)(s-1)\big),$$
$$F_{A \times B} = \frac{rs(t-1)S_{A \times B}}{(r-1)(s-1)S_E} \sim F\big((r-1)(s-1), rs(t-1)\big). \tag{9.2.21}$$

当给定显著性水平 α 后, 不难由式 (9.2.19), 式 (9.2.20), 式 (9.2.21) 给出 H_0, H_0', H_0'' 的拒绝域, 它们分别为

$$F_A > F_{1-\alpha}\big(r-1, rs(t-1)\big);$$
$$F_B > F_{1-\alpha}\big(s-1, rs(t-1)\big);$$
$$F_{A \times B} > F_{1-\alpha}\big((r-1)(s-1), rs(t-1)\big).$$

另外, 由式 (9.2.18) 可知, 参数 σ^2 的一个无偏估计为

$$\widehat{\sigma^2} = \frac{S_E}{rs(t-1)}. \tag{9.2.22}$$

3. 平方和的计算公式

令

$$T_{ij\cdot} = \sum_{k=1}^{t} X_{ijk}, \qquad\qquad T_{i\cdot\cdot} = \sum_{j=1}^{s}\sum_{k=1}^{t} X_{ijk},$$

$$T_{\cdot j\cdot} = \sum_{i=1}^{r}\sum_{k=1}^{t} X_{ijk}, \qquad\qquad C_T = \frac{1}{rst}\left(\sum_{i=1}^{r}\sum_{j=1}^{s}\sum_{k=1}^{t} X_{ijk}\right)^{2},$$

则有

$$S_T = \sum_{i=1}^{r} \sum_{j=1}^{s} \sum_{k=1}^{t} X_{ijk}^2 - C_T; \tag{9.2.23}$$

$$S_A = \frac{1}{st} \sum_{i=1}^{r} T_{i\cdot\cdot}^2 - C_T; \tag{9.2.24}$$

$$S_B = \frac{1}{rt} \sum_{j=1}^{s} T_{\cdot j\cdot}^2 - C_T; \tag{9.2.25}$$

$$S_E = \sum_{i=1}^{r} \sum_{j=1}^{s} \sum_{k=1}^{t} X_{ijk}^2 - \frac{1}{t} \sum_{i=1}^{r} \sum_{j=1}^{s} T_{ij\cdot}^2; \tag{9.2.26}$$

$$S_{A \times B} = S_T - S_A - S_B - S_E. \tag{9.2.27}$$

4. 方差分析表

经过上面的分析和计算, 可给出双因素试验的方差分析表, 如表 9.10 所示.

表 9.10　双因素试验方差分析表

方差来源	平方和	自由度	F 值	临界值	显著性
因素 A	S_A	$r-1$	$F_A = \dfrac{rs(t-1)S_A}{(r-1)S_E}$	$F_{1-\alpha}(r-1, rs(t-1))$	
因素 B	S_B	$s-1$	$F_B = \dfrac{rs(t-1)S_B}{(s-1)S_E}$	$F_{1-\alpha}(s-1, rs(t-1))$	
$A \times B$	$S_{A \times B}$	$(r-1)(s-1)$	$F_{A \times B} = \dfrac{rs(t-1)S_{A \times B}}{(r-1)(s-1)S_E}$	$F_{1-\alpha}((r-1)(s-1), rs(t-1))$	
误差	S_E	$rs(t-1)$			
总和	S_T	$rst-1$			

下面举例说明双因素试验的方差分析.

例 9.2.1　用不同的生产方法 (不同的硫化时间和不同的加速剂) 制造的硬橡胶的抗牵强度 (以 $9.8 \times 10^4 \mathrm{Pa}$ 为单位) 的观察数据如表 9.11 所示. 分析不同的硫化时间 (A), 加速剂 (B) 以及它们的交互作用 ($A \times B$) 对抗牵强度有无显著影响.

表 9.11　不同生产条件制造的硬橡胶的抗牵强度

硫化时间/s	加速剂		
	甲	乙	丙
40	39,　36	43,　37	37,　41
60	41,　35	42,　39	39,　40
80	40,　30	43,　36	36,　38

解　本例中 $r = s = 3, t = 2$. 为计算各平方和, 先计算两次观察值之和 $T_{ij\cdot}$, 行和 $T_{i\cdot\cdot}$, 列和 $T_{\cdot j\cdot}$ 以及总和 $\sum_{i=1}^{3} \sum_{j=1}^{3} \sum_{k=1}^{2} X_{ijk}$, 其结果见表 9.12.

表 9.12 计算结果

$T_{ij\cdot}$	甲	乙	丙	$T_{i\cdot\cdot}$
40	75	80	78	233
60	76	81	79	236
80	70	79	74	223
$T_{\cdot j\cdot}$	221	240	231	692

修正项 $C_T = 692^2/(3 \times 3 \times 2) = 26603.56$. 全部观察值平方和

$$\sum_{i=1}^{3}\sum_{j=1}^{3}\sum_{k=1}^{2} X_{ijk}^2 = (39^2 + 36^2 + \cdots + 36^2 + 38^2) = 26782.$$

总离差平方和

$$S_T = \sum_{i=1}^{3}\sum_{j=1}^{3}\sum_{k=1}^{2} X_{ijk}^2 - C_T = 26782 - 26603.56 = 178.44.$$

所需各平方和

$$S_A = \frac{1}{6}\sum_{i=1}^{3} T_{i\cdot\cdot}^2 - C_T = 26619 - 26603.56 = 15.44.$$

$$S_B = \frac{1}{6}\sum_{i=1}^{3} T_{\cdot j\cdot}^2 - C_T = 26633.67 - 26603.56 = 30.11.$$

$$S_E = \sum_{i=1}^{3}\sum_{j=1}^{3}\sum_{k=1}^{2} X_{ijk}^2 - \frac{1}{2}\sum_{i=1}^{3}\sum_{j=1}^{3} T_{ij\cdot}^2 = 26782 - 26652 = 130.$$

$$S_{A\times B} = S_T - S_A - S_B - S_E = 2.89.$$

计算诸 F 值, 列方差分析如表 9.13 所示.

表 9.13 硬橡胶抗牵强度的方差分析表

方差来源	平方和	自由度	F 值	临界值	显著性
硫化时间	15.44	2	0.53	$F_{0.90}(2,9) = 3.01$	
加速剂	30.11	2	1.04	$F_{0.90}(2,9) = 3.01$	
交互作用	2.89	4	0.05	$F_{0.90}(4,9) = 2.69$	
误差	130.00	9			
总计	178.44	17			

从表中可见, F_A, F_B, $F_{A\times B}$ 的值都比较小, 对于 $\alpha = 0.10$, 进行检验. 查附表 5 知, $F_{0.90}(2,9) = 3.01$, $F_{0.90}(4,9) = 2.69$. 因而 F_A, F_B 和 $F_{A\times B}$ 均未落入拒绝域内. 我们的结论是: 硫化时间, 加速剂以及它们的交互作用对硬橡胶的抗牵强度的影响均不显著. □

9.2.3 无重复试验的方差分析

在双因素试验中, 如果对每一对水平的组合 (A_i, B_j) 只做一次试验, 即不重复试验 ($t = 1$). 这时

$$\overline{X}_{ij\cdot} = X_{ijk}, \quad S_E = 0, \quad f_E = 0,$$

因而不能利用 9.2.2 节中的公式进行方差分析. 但是, 如果可以认为 A, B 两因素无交互作用, 则可将 $S_{A \times B}$ 取作 S_E. 因此, 在不考虑交互作用的情况下, 仍然可以利用无重复的双因素试验对因素 A, B 进行方差分析. 对这种情况下的数学模型及统计分析简述如下.

设 X_{ij} 相互独立, 且服从 $N(\mu_{ij}, \sigma^2)$, $1 \leqslant i \leqslant r$, $1 \leqslant j \leqslant s$, 其中

$$\mu_{ij} = \mu + a_i + b_j,$$

μ 是总平均, a_i 和 b_j 分别是 A_i 和 B_j 的效应, 满足

$$\sum_{i=1}^{r} a_i = 0, \quad \sum_{j=1}^{s} b_j = 0.$$

原假设

$$H_0 : a_1 = a_2 = \cdots = a_r = 0;$$

$$H_0' : b_1 = b_2 = \cdots = b_s = 0.$$

记

$$\overline{X} = \frac{1}{rs} \sum_{i=1}^{r} \sum_{j=1}^{s} X_{ij}, \quad \overline{X}_{i\cdot} = \frac{1}{s} \sum_{j=1}^{s} X_{ij}, \quad \overline{X}_{\cdot j} = \frac{1}{r} \sum_{i=1}^{r} X_{ij}.$$

平方和分解公式为

$$S_T = S_A + S_B + S_E, \tag{9.2.28}$$

其中

$$S_T = \sum_{i=1}^{r} \sum_{j=1}^{s} (X_{ij} - \overline{X})^2, \tag{9.2.29}$$

$$S_A = \sum_{i=1}^{r} (\overline{X}_{i\cdot} - \overline{X})^2, \tag{9.2.30}$$

$$S_B = \sum_{j=1}^{s} (\overline{X}_{\cdot j} - \overline{X})^2, \tag{9.2.31}$$

$$S_E = \sum_{i=1}^{r} \sum_{j=1}^{s} (X_{ij} - \overline{X}_{i\cdot} - \overline{X}_{\cdot j} + \overline{X})^2, \tag{9.2.32}$$

分别是总离差平方和, 因素 A 的离差平方和, 因素 B 的离差平方和以及误差平方和, 其自由度分别为 $rs - 1$, $r - 1$, $s - 1$, $(r-1)(s-1)$.

当 H_0 成立时,

$$F_A = \frac{(s-1)S_A}{S_E} \sim F\big((r-1), (r-1)(s-1)\big). \tag{9.2.33}$$

当 H_0' 成立时,

$$F_B = \frac{(r-1)S_B}{S_E} \sim F\big((s-1), (r-1)(s-1)\big). \tag{9.2.34}$$

不考虑交互作用的双因素方差分析如表 9.14 所示.

表 9.14　双因素方差分析表 (不考虑交互作用)

方差来源	平方和	自由度	F 值	临界值	显著性
因素 A	S_A	$r-1$	$F_A = \dfrac{(s-1)S_A}{S_E}$	$F_{1-\alpha}(r-1,(r-1)(s-1))$	
因素 B	S_B	$s-1$	$F_B = \dfrac{(r-1)S_B}{S_E}$	$F_{1-\alpha}(s-1,(r-1)(s-1))$	
误差	S_E	$(r-1)(s-1)$			
总和	S_T	$rs-1$			

平方和可按下述方法计算:

记　$T_{i\cdot} = \sum_{j=1}^s X_{ij}, T_{\cdot j} = \sum_{i=1}^r X_{ij}$, 则

$$C_T = \frac{1}{rs}\left(\sum_{i=1}^r \sum_{j=1}^s X_{ij}\right)^2, \tag{9.2.35}$$

$$S_T = \sum_{i=1}^r \sum_{j=1}^s X_{ij}^2 - C_T, \tag{9.2.36}$$

$$S_A = \frac{1}{s}\sum_{i=1}^r T_{i\cdot}^2 - C_T, \tag{9.2.37}$$

$$S_B = \frac{1}{r}\sum_{j=1}^s T_{\cdot j}^2 - C_T, \tag{9.2.38}$$

$$S_E = S_T - S_A - S_B. \tag{9.2.39}$$

例 9.2.2　现有 5 个工厂 (因素 B) 生产同一种纤维, 考虑它们经过 4 种不同温度 (因素 A) 的水浸泡后的缩水率. 每个工厂出产的纤维在每一温度的水中做一次试验, 其结果如表 9.15 所示. 问这 5 个厂生产的纤维在缩水率上有无显著差异? 水的温度对纤维的缩水率有无显著影响?

表 9.15　纤维的缩水率 (%)

A	B				
	1	2	3	4	5
1 (50 ℃)	3.23	3.40	3.43	3.50	3.65
2 (60 ℃)	3.33	3.30	3.63	3.68	3.45
3 (70 ℃)	3.08	3.43	3.53	3.23	3.58
4 (80 ℃)	2.93	2.60	2.98	2.80	2.88

解　为了计算方便, 我们将所有的观察数据都减去一个常数 3.00, 再将小数点去掉 (即每个数据扩大 100 倍). 这样做不会改变方差分析的结果. 事实上在方差分析中, 我们关心的是观察值的方差. 当每个观察值都加 (或减) 一个相同的常数时, 各离差平方和不变. 如果每一观察值同时乘 (或除) 一个常数 k, 则各离差平方和同时扩大 (或缩小) k^2 倍. 从而 F 值不变, 因此不影响分析结果. 经过这种处理后, 数据比较好计算, 对表 9.15 的数据经过上述处理后, 结果如表 9.16 所示.

表 9.16 纤维的缩水率变换后的数据和计算

A	B					行和 $T_{i.}$	行平均 $\overline{X}_{i.}$
	1	2	3	4	5		
1	23	40	43	50	65	221	44.2
2	33	30	63	68	45	239	47.8
3	8	43	53	23	58	185	37.0
4	−7	−40	−2	−20	−12	−81	−16.0
列和 $T_{.j}$	57	73	157	121	156	564	
列平均 $\overline{X}_{.j}$	14.25	18.25	39.25	30.25	39.00		$\overline{X}=28.20$

$$C_T = \frac{1}{20}\left(\sum_{i=1}^{4}\sum_{j=1}^{5}X_{ij}\right)^2 = \frac{1}{20}(564)^2 = 15905;$$

$$S_T = \sum_{i=1}^{4}\sum_{j=1}^{5}X_{ij}^2 - C_T = 34122 - 15905 = 18217;$$

$$S_A = \frac{1}{5}\sum_{i=1}^{4}T_{i.}^2 - C_T = 29350 - 15905 = 13445;$$

$$S_B = \frac{1}{4}\sum_{j=1}^{5}T_{.j}^2 - C_T = 18051 - 15905 = 2146;$$

$$S_E = S_T - S_A - S_B = 18217 - 13445 - 2146 = 2626.$$

由以上结果算出 F 值, 列方差分析如表 9.17 所示.

表 9.17 纤维缩水率的双因素方差分析表

方差来源	平方和	自由度	F 值	临界值	显著性
温度 (行)	13445	3	$F_A=20.5$	$F_{0.99}(3,12)=5.95$	**
工厂 (列)	2146	4	$F_B=2.45$	$F_{0.90}(4,12)=2.48$	
误差	2626	12			
总计	18217	19			

给定显著性水平 $\alpha=0.01$, 查附表 5 得

$$F_{0.99}(3,12)=5.95, \quad F_{0.90}(4,12)=2.48, \quad F_A=20.5 > F_{0.99}(3,12)=5.95.$$

这说明在不同温度的水中浸泡后的纤维的缩水率有高度显著的差别, 可是 $F_B = 2.45 < F_{0.99}(4,12)=5.41$, 所以在 $\alpha=0.01$ 下, 各工厂生产的纤维在缩水率方面无明显差别.

我们不妨将 α 取成 0.10, 再看看.

$$F_{0.90}(4,12)=2.48, \quad F_B \text{ 仍小于 } F_{0.90}(4,12).$$

这更说明各厂生产的纤维在缩水率方面无明显的差别.

双因素方差分析的计算和检验在 R 软件中还是由 aov() 函数提供, 其调用格式与单因素方差分析相同. 只要更改公式项 formula, 在无交互作用的双因素方差分析中它表示为

x∼A+B, 在有交互作用的双因素方差分析中它表示为 x∼A+B+A:B. 当然数据框 data 也有所不同. 详细情况可参阅文献 [11].

习　题　9.2

1 设有 6 种不同的种子和 5 种不同的施肥方案, 在 30 块同样面积的土地上, 分别采用这 6 种种子和 5 种施肥方案的各种搭配进行试验, 获得收获量如下所示.

品种	方案 1	方案 2	方案 3	方案 4	方案 5
1	12.0	10.8	13.2	14.0	11.6
2	11.5	11.4	13.1	14.0	13.0
3	11.5	12.0	12.5	14.0	14.2
4	11.0	11.1	11.4	12.3	14.3
5	9.5	9.6	12.4	11.5	13.7
6	9.3	9.7	10.4	9.5	12.0

试问种子的不同品种对收获量的影响是否有显著差异? 不同的施肥方案对收获量的影响是否有显著差异 (取显著性水平 $\alpha = 0.01$)?

2 下面是品酒试验. 有 9 个人对 4 种酒进行评价. 评价结果用七分表示: 1 分为最喜欢; 2 分为很喜欢; 3 分为轻微喜欢; 4 分为既不喜欢也不不喜欢; 5 分为轻微不喜欢; 6 分为很不喜欢; 7 分为最不喜欢. 试验结果如下:

人	酒 A	酒 B	酒 C	酒 D
1	5	2	6	6
2	6	1	3	5
3	6	4	4	3
4	3	3	6	5
5	3	3	4	5
6	2	3	4	4
7	5	6	5	5
8	2	3	2	3
9	3	4	4	5

问不同酒的得分的平均数有无显著差异? 不同人所给的得分的平均数有无显著差异?

3 在 4 台不同的纺织机器中, 用三种不同的加压水平. 在每种加压水平和每台机器中各取一个试样测量, 得纱支强度如下所示. 问不同加压水平和不同机器之间纱支强度有无显著差异?

加压水平	机器 B_1	机器 B_2	机器 B_3	机器 B_4
A_1	1577	1690	1800	1642
A_2	1535	1640	1783	1621
A_3	1592	1652	1810	1663

4 用 4 种燃料, 三种推进器作火箭射程试验. 燃料和推进器的每一种组合作两次试验, 得火箭射程如下:

燃料	推进器 B_1		推进器 B_2		推进器 B_3	
A_1	58.2	52.6	56.2	41.2	65.3	60.8
A_2	49.1	42.8	54.1	50.5	51.6	48.4
A_3	60.1	58.3	70.9	73.2	39.2	40.7
A_4	75.8	71.5	58.2	51.0	48.7	41.4

取显著性水平 $\alpha = 0.05$, 试分析燃料、推进器以及燃料与推进器的交互作用对射程的影响有无显著差异?

5 下面记录了三位操作工分别在不同机器上操作三天的日产量:

机器	操作工甲			操作工乙			操作工丙		
A_1	15	15	17	19	19	16	16	18	21
A_2	17	17	17	15	15	15	19	22	22
A_3	15	17	16	18	17	16	18	18	18
A_4	18	20	22	15	16	17	17	17	17

取显著性水平 $\alpha = 0.05$, 试分析操作工之间、机器之间以及操作工与机器的交互作用有无显著差异?

第10章　Excel 在概率统计中的应用

10.1　Excel 简介

Excel 是 Microsoft 公司开发的 Office 办公软件包中最重要的软件之一, 其使用频率仅次于 Word. 由于 Excel 采用电子表格技术, 从诞生起便与数据统计分析有着必然的联系. 在实际工作中, Excel 有两个特点: 自动计算功能和制图功能. 利用 Excel 的自动计算功能, 在进行一些数据处理时, 可以方便地计算一些常用统计量; 利用 Excel 的绘图功能, 根据工作表中的数据可以生成曲线图、柱形图、饼图、直方图、箱线图等图形, 从而为数据的直观展示提供了极大的方便.

另外, 随着 Excel 版本的不断提高, 统计分析功能也日渐强大, 其中专为统计分析设计的各类统计函数简化了计算, 而且通过加载项添加的数据分析工具使复杂的统计分析过程变得更加快捷、简便.

当然, 现在国内外流行的专门统计软件也不少, 如 SAS (Statistical Analysis System)、SPSS (原名为 Statistical Package for the Social Science, 2000 年改为 Statistical Product and Service Solution)、S-Plus 等, 但这些专业软件往往系统庞大、结构复杂、多数非统计专业人员难以运用自如, 而且价格昂贵. 相比之下, Microsoft 公司推出的 Office 办公软件包, 得到了非常广泛的应用, 只要读者使用的计算机上安装了 Office 办公软件, 随之就有了 Excel, 不需要另外投资. Excel 应用的广泛性和软件的普及程度远远超过任何一种专业统计分析软件, 这也正是本章选择 Excel 做概率统计计算的原因所在. 当然, Excel 的统计功能不如专业软件强大.

考虑到 Excel 软件已经非常普及, 我们假定读者已经熟悉 Excel 的基本操作. 基于 Excel 2016 版本, 针对本书包含的一些基本内容, 给出 Excel 的简单操作步骤和一些统计函数的使用方法, 重点是结合具体例子, 说明计算结果的含义.

Excel 的分析工具库

Excel 带有专门用于数据统计分析的数据分析工具. 检查 Excel 的"数据"菜单, 查看是否已经安装了"数据分析"工具. 如果没有, 则需要调用"加载项"来安装"分析工具库". 安装后, 在"数据"菜单就会出现"数据分析"对话框, 如图 10.1 所示, 其中有 19 个模块, 具体含义分别如下.

图 10.1　Excel 的数据分析工具库

(1)【随机数发生器】此工具可产生服从指定分布的若干个独立同分布随机样本观测值, 是随机模拟的基础.

(2)【抽样】此工具可实现从给定数据中, 按照指定方式抽取一定数量的数据样本.

(3)【描述统计】对于指定的一组数值型数据, 计算常用的统计量. 这些统计量有平均值、标准差、方差、极差 (全距)、最小值、最大值、总和、总个数、中位数、众数、峰态系数、偏态系数等.

(4)【直方图】此工具可画出一组有序数据的 (累积) 频率直方图, 分组情况由 "接受区域" 选项确定, 所画矩形高度表示频率 (注意: 不是用面积表示频率), 因而其矩形宽度没有意义.

(5)【排位与百分比排位】对一组有序数据排序, 并给出每个数据的排位序号 (秩) 和相应数据在数据集中的百分比排位 (分位数).

(6)【t 检验: 平均值的成对两样本分析】此工具给出成对数据比较检验的计算结果, 要求数据成对出现, 计算结果包括了单边假设和双边假设的临界值与 p 值.

(7)【t 检验: 双样本等方差假设】此工具给出两个正态总体均值的假设检验过程, 假定两个正态总体方差相等 (但未知), 不要求数据成对出现, 计算结果包括了单边假设和双边假设的临界值与 p 值.

(8)【t 检验: 双样本异方差假设】此工具给出两个正态总体均值的假设检验过程, 假定两个正态总体方差不相等 (且未知, Behrens-Fisher 问题), 不要求数据成对出现, 计算结果包括了单边假设和双边假设的临界值与 p 值.

(9)【Z 检验: 双样本平均差检验】此工具给出两个正态总体均值差的假设检验过程, 假定两个正态总体方差已知, 不要求数据成对出现, 计算结果包括了单边假设和双边假设的临界值与 p 值.

(10)【F 检验: 双样本方差】此工具给出两个正态总体方差比较的假设检验过程, 不要求数据成对出现, 计算结果包括了单边假设和双边假设的临界值与 p 值.

(11)【相关系数】输出多个 (至少两个) 数值型变量观测值的样本相关系数矩阵 (对称矩阵).

(12)【协方差】输出多个 (至少两个) 数值型变量观测值的样本协方差矩阵 (对称矩阵).

(13)【回归】此工具可以做一元线性回归分析.

(14)【方差分析: 单因素方差分析】此工具可以做单因素方差分析, 输出方差分析表.

(15)【方差分析: 可重复双因素方差分析】此工具可以做双因素 (有交互作用) 方差分析, 输出方差分析表.

(16)【方差分析: 无重复双因素方差分析】此工具可以做双因素 (无交互作用) 方差分析, 输出方差分析表.

(17)【移动平均】对于一组时间序列数据, 得出给定步长 (间隔周期) 的 (历史) 移动平均数据序列 (数据序列长度将减小), 移动平均后的数据更能反映数据的趋势.

(18)【指数平滑】对于一组时序数据, 得出一次指数平滑序列. 其表达式如下:

$$F_{t+1} = \alpha y_t + (1-\alpha)F_t$$

其中, F_t 是第 t 期的预测值, y_t 是第 t 期的实际观测值, α $(0 < \alpha < 1)$ 为平滑常数. 由此可见, 一次指数平滑中, 第 $t+1$ 期的预测值 F_{t+1} 是第 t 期的实际观测值 y_t 和预测值 F_t 的加权平均, 即用一段时间的预测值和实际观测值的线性组合来预测未来.

需要指出的是, 平滑常数 α 反映了利用本期实际值信息的程度, 而 $1 - \alpha$ 称为阻尼系数, 通常阻尼系数在 $0.2 \sim 0.3$, 则平滑常数在 $0.7 \sim 0.8$. 平滑常数越大, 说明反应越快, 但预测不稳定; 平滑常数小, 则将导致预测的滞后. 因此, 在做指数平滑时, 最关键是要寻找一个合适的阻尼系数, 然后再进行预测. 事实上, 根据给定时间序列的真实值, 存在一个最佳阻尼系数, 使得已有实际观测值和预测值的误差平方和最小.

(19)【傅里叶分析】对一组实数或复数进行傅里叶变换或傅里叶逆变换, 输入数据的个数必须为 2 的偶数次幂, 数值的最大个数为 4096.

本书只对与前几章有关的几个模块做进一步介绍, 要想全面深入了解其他模块功能的读者, 可以参见文献 [19] 或查看软件的帮助文档.

10.2 常见概率分布的计算

本节介绍概率论中几个常用分布的概率函数和分布函数值的计算函数的使用方法与计算结果的意义. 该内容看似简单, 实际上很有用, 可以替代附表的作用. 我们提倡读者利用身边的计算机计算概率值, 而不是去查表.

10.2.1 二项分布

设随机变量 $X \sim \mathrm{B}(n, p)$, 其概率分布列为

$$P(X = k) = b(x; n, p) = C_n^k p^k (1-p)^{n-k}, \quad k = 0, 1, 2, \cdots, n. \tag{10.2.1}$$

累积分布函数为

$$F(x) = P(X \leqslant x) = \sum_{k=0}^{[x]} C_n^k p^k (1-p)^{n-k}, \quad 0 \leqslant x < \infty. \tag{10.2.2}$$

在 Excel 中, 提供了两个函数: BINOM.DIST 函数和 BINOM.INV 函数, 可用于二项分布概率的计算.

1. BINOM.DIST 函数

公式 (10.2.1) 和公式 (10.2.2) 可由下面函数计算.

$$\boxed{\text{BINOM.DIST(number\_s, trials, probability\_s, cumulative)}}$$

其中各参数含义如下.

number_s: 试验成功的次数, 相当于公式 (10.2.1) 和公式 (10.2.2) 中的 k.

trials: 独立试验的总次数, 相当于公式 (10.2.1) 和公式 (10.2.2) 中的 n.

probability_s: 每次试验中成功的概率, 相当于公式 (10.2.1) 和公式 (10.2.2) 中的 p.

cumulative: 逻辑值, 取值为 TRUE 或 FALSE, 用于确定函数的形式. 如果 cumulative 为 TRUE, 函数 BINOM.DIST 返回累积分布函数值, 即由公式 (10.2.2) 计算的值; 如果为 FALSE, 返回概率函数值, 即由公式 (10.2.1) 计算的值.

说明: number_s、trials 和 probability_s 均为数值型, 且 number_s 和 trials 将被截尾取整. 理论上, 分布函数的定义域为全体实数, 即公式 (10.2.2) 中的 x 可正可负, 但在实际计算时如果 number_s <0 或 number_s $>$ trials, 函数 BINOM.DIST 返回错误值 #NUM.

示例: BINOM.DIST(6, 10, 0.3, true) $=0.9894$; BINOM.DIST(6, 10, 0.3, false) $=0.0368$. 附表 1 给出了由 BINOM.DIST 函数计算得到的一些值.

2. BINOM.INV 函数

BINOM.INV (trials, probability_s, alpha)

返回使累积分布函数式 (10.2.2) 大于等于给定临界值 alpha 的最小的 x 值, 即 $\inf\{x : F(x) \geqslant \text{alpha}\}$. 其中各参数含义如下:

trials 和 probability_s: 与前面相同.

alpha: 临界值.

说明: 如果任意参数为非数值型, 函数 BINOM.INV 返回错误值 #VALUE; 如果 trials 不是整数, 将被截尾取整; 如果 trials <0, 或者 probability_s <0, 或者 probability_s >1, 或者 alpha <0, 或者 alpha >1, 函数 BINOM.INV 均返回错误值 #NUM.

示例: BINOM.INV(20, 0.55, 0.95) $=15$. 这意味着如果设随机变量 $X \sim \mathrm{B}(20, 0.55)$, 则有 $P(X \leqslant 15) \geqslant 0.95$, 而 $P(X \leqslant 14) < 0.95$.

10.2.2 超几何分布

设随机变量 $X \sim \mathrm{HG}(N, M, n)$, 概率分布列为

$$P(X = k) = \frac{C_M^k C_{N-M}^{n-k}}{C_N^n}, \quad k = 0, 1, 2, \cdots, l. \tag{10.2.3}$$

其中 $l = \min(M, n)$. 背景是: 一堆同类产品共 N 个, 其中有 M 个次品, 现从中任取 n 个 (假设 $n \leqslant N - M$), 则这 n 个中所含的次品数 X 服从超几何分布 $\mathrm{HG}(N, M, n)$.

在 Excel 中, 给出了 HYPGEOM.DIST 函数可计算超几何分布的概率.

HYPGEOM.DIST(sample_s, number_sample, population_s, number_pop, cumulative)

其中各参数含义如下.

sample_s: 样本中成功的次数, 相当于公式 (10.2.3) 中的 k.

number_sample: 抽取的样本容量, 相当于公式 (10.2.3) 中的 n.

population_s: 总体中成功的次数, 相当于公式 (10.2.3) 中的 M.

number_population: 样本总体的容量, 相当于公式 (10.2.3) 中的 N.

cumulative: 逻辑值, 确定所返回的概率分布形式. 如果为 FALSE, 则返回由公式 (10.2.3) 计算的概率值; 如果 cumulative 为 TRUE, 返回相应的分布函数值.

说明: 所有参数将被截尾取整; 如果任一参数为非数值型, 返回错误值 #VALUE; 该分布描述的是不放回抽样的概率, 凡是不符合参数实际含义的取值, 该函数均返回错误值 #NUM.

示例: HYPGEOM.DIST$(2, 4, 8, 20) = 0.3814$. 这可以解释为有 20 块巧克力, 8 块是焦糖的, 其余 12 块是果仁的. 如果随机选出 4 块, 恰好有 2 块是焦糖的概率为 0.3814.

10.2.3　泊松分布

设随机变量 $X \sim P(\lambda)$, 其概率分布列为

$$P(X = k) = \frac{\lambda^k}{k!} e^{-\lambda}, \quad k = 0, 1, 2, \cdots. \tag{10.2.4}$$

累积概率分布 (分布函数) 为

$$F(x) = P(X \leqslant x) = \sum_{k=0}^{[x]} \frac{\lambda^k}{k!} e^{-\lambda}, \quad 0 \leqslant x < \infty. \tag{10.2.5}$$

$\lambda > 0$ 为常数. 在 Excel 中, 给出了 POISSON.DIST 函数计算泊松分布的概率值.

$$\boxed{\text{POISSON.DIST}(x, \text{mean}, \text{cumulative})}$$

其中各参数含义如下.

x: 事件数, 相当于公式 (10.2.4) 中的 k 和公式 (10.2.5) 中的 x.

mean: 期望值, 相当于公式 (10.2.4) 和公式 (10.2.5) 中的 λ.

cumulative: 逻辑值, 确定所返回的概率分布形式. 如果 cumulative 为 TRUE, 返回由公式 (10.2.5) 计算的分布函数值; 如果为 FALSE, 则返回由公式 (10.2.4) 计算的概率值.

说明: 如果 x 不为整数, 将被截尾取整; 如果 x 或 mean 为非数值型, 或 $x < 0$, 或 mean $\leqslant 0$, 均返回错误值 #NUM.

示例: POISSON.DIST$(4, 3.0, \text{false}) = 0.1680$; POISSON.DIST$(4, 3.0, \text{true}) = 0.8153$. 参见附表 2, 该表给出了利用 POISSON.DIST 函数计算的部分结果.

10.2.4　负二项分布 (几何分布)

设随机变量 $X \sim \text{NB}(r, p)$, 其概率分布列为

$$P(X = n) = C_{n-1}^{r-1} p^r (1-p)^{n-r}, \quad n = r, r+1, r+2, \cdots \tag{10.2.6}$$

在 Excel 中, 给出了 NEGBINOM.DIST 函数计算负二项分布.

$$\boxed{\text{NEGBINOM.DIST}(\text{number\_f}, \text{number\_s}, \text{probability\_s}, \text{cumulative})}$$

返回在相应参数下, 由式 (10.2.6) 计算的概率值. 其中

number_f: 失败次数, 就是公式 (10.2.6) 中的 $n - r$.

number_s: 成功次数, 就是公式 (10.2.6) 中的 r.

probability_s: 每次试验中成功的概率 p.

cumulative: 决定函数形式的逻辑值. 如果 cumulative 为 FALSE, 则 NEGBINOM.DIST 返回由公式 (10.2.6) 计算的概率值; 如果为 TRUE, 则返回相应的分布函数值.

说明: number_f 和 number_s 将被截尾取整; 如果任一参数为非数值型, 返回错误值 #VALUE; 如果 probability_s < 0, 或 probability_s > 1, 或 number_f < 0, 或 number_s < 1, 均返回错误值 #NUM.

示例: $\mathrm{NEGBINOM.DIST}(15, 5, 0.3) = C_{19}^4 0.3^5 (0.7)^{15} = 0.0447$. 这可以解释为在独立重复试验中, 每次成功的概率为 0.3, 计算结果表示在 5 次成功之前, 失败 15 次的概率为 0.0447.

对于几何分布, 设随机变量 $X \sim \mathrm{G}(p)$, 其概率分布列为

$$P(X = n) = p(1-p)^{n-1}, \quad n = 1, 2, 3, \cdots \tag{10.2.7}$$

这是负二项分布的特殊情形, 相当于负二项分布公式 (10.2.6) 中 $r = 1$ 的情形, 因而几何分布概率的计算也可以用 NEGBINOM.DIST 函数完成.

10.2.5 指数分布

设随机变量 $X \sim \mathrm{Exp}(\lambda)$, 概率密度函数为

$$f(x; \lambda) = \lambda \mathrm{e}^{-\lambda x}, \quad x \geqslant 0, \tag{10.2.8}$$

相应的分布函数为

$$F(x; \lambda) = 1 - \mathrm{e}^{-\lambda x}, \quad x \geqslant 0, \tag{10.2.9}$$

在 Excel 中, 给出了 EXPON.DIST 函数可用于指数分布的计算.

$$\boxed{\mathrm{EXPON.DIST}(x, \mathrm{lambda}, \mathrm{cumulative})}$$

返回指数分布函数在 x 的值.

x: 需要计算其分布函数的自变量值.

lambda: 指数分布参数值, 相当于公式 (10.2.8) 和公式 (10.2.9) 中的 λ.

cumulative: 逻辑值, 如果 cumulative 为 TRUE, 返回由公式 (10.2.9) 计算的分布函数值. 如果 cumulative 为 FALSE, 返回由公式 (10.2.8) 计算的概率密度函数值.

说明: 如果 x 或 lambda 为非数值型, 返回错误值 #VALUE; 如果 $x < 0$, 或 labmda $\leqslant 0$, 返回错误值 #NUM.

示例: $F(0.2; 10) = \mathrm{EXPON.DIST}(0.2, 10.0, \mathrm{true}) = 0.8647$;
$\qquad f(0.2; 10) = \mathrm{EXPON.DIST}(0.2, 10.0, \mathrm{false}) = 1.3534$.

10.2.6 正态分布

设随机变量 $X \sim \mathrm{N}(\mu, \sigma^2)$, 概率密度函数为

$$f(x; \mu, \sigma) = \frac{1}{\sqrt{2\pi}\sigma} \exp\left\{ -\frac{(x-\mu)^2}{2\sigma^2} \right\}. \tag{10.2.10}$$

对应的分布函数为

$$F(x; \mu, \sigma) = \frac{1}{\sqrt{2\pi}\sigma} \int_{-\infty}^{x} \exp\left\{ -\frac{(t-\mu)^2}{2\sigma^2} \right\} \mathrm{d}t. \tag{10.2.11}$$

其中 $\mu, \sigma(\sigma > 0)$ 为常数. 在 Excel 中, 给出的 NORM.DIST 函数和 NORM.INV 函数可用于一般正态分布的计算. 相应的标准正态分布的计算函数分别为 NORM.S.DIST 函数和 NORM.S.INV 函数.

1. NORM.DIST 函数

$$\boxed{\text{NORM.DIST}(x, \text{mean}, \text{standard\_dev}, \text{cumulative})}$$

返回指定平均值和标准偏差的正态密度函数值或分布函数值.

x: 需要计算其分布的数值.

mean: 正态分布的均值, 相当于公式 (10.2.10) 和公式 (10.2.11) 中的 μ.

standard_dev: 正态分布的标准差, 相当于公式 (10.2.10) 和公式 (10.2.11) 中的 σ.

cumulative: 逻辑值, 如果 cumulative 为 TRUE, 返回由公式 (10.2.11) 计算的分布函数值; 如果为 FALSE, 返回由公式 (10.2.10) 计算的概率密度函数值.

说明: 如果 mean 或 standard_dev 为非数值型, 返回错误值 #VALUE; 如果 standard_dev ≤ 0, 返回错误值 #NUM; 如果 mean = 0, standard_dev = 1, 且 cumulative = TRUE, 则函数 NORM.DIST 返回标准正态分布值.

示例: $\Phi(1.0)$ = NORM.DIST(1.0, 0, 1, true) = NORM.S.DIST(1.0) = 0.8413; $f(42; 40, 1.5)$ = NORM.DIST(42, 40, 1.5, false) = 0.1093. 附表 3 就是用 NORM.S.DIST 函数计算得到的.

2. NORM.INV 函数

$$\boxed{\text{NORM.INV}(\text{probability}, \text{mean}, \text{standard\_dev})}$$

返回指定均值和标准差的正态分布函数的反函数, 即 $F^{-1}(p; \mu, \sigma)$.

mean 和 standard_dev: 与前面相同.

probability: 概率值 p.

说明: 如果任一参数为非数值型, 返回错误值 #VALUE; 如果 probability < 0, 或 > 1, 或 standard_dev ≤ 0, 均返回错误值 #NUM; 如果 mean = 0 且 standard_dev = 1, 则函数 NORM.INV 使用标准正态分布 (参见函数 NORM.S.INV).

如果给定概率值 p, 则 NORM.INV 使用迭代搜索技术, 返回满足 NORM.DIST(x, mean, standard_dev, TRUE) = p 的数值 x. 因此, NORM.INV 的精度取决于 NORM.DIST 的精度. 如果在 100 次迭代搜索之后没有收敛, 则函数返回错误值 #N/A.

示例: $F^{-1}(0.95; 0, 1)$ = $\Phi^{-1}(0.95)$ = NORM.INV(0.95, 0, 1) = NORM.S.INV(0.95) = 1.6449. 这个函数常用于求正态分布的分位数点.

10.2.7　对数正态分布

设随机变量 $X \sim \text{LN}(\mu, \sigma^2)$, 概率密度函数为

$$f(x) = \frac{1}{\sqrt{2\pi}\sigma x} \exp\left\{-\frac{(\ln x - \mu)^2}{2\sigma^2}\right\}, \quad x > 0. \tag{10.2.12}$$

相应的累积分布函数为

$$F(x) = \int_0^x \frac{1}{\sqrt{2\pi}\sigma x} \exp\left\{-\frac{(\ln t - \mu)^2}{2\sigma^2}\right\} \mathrm{d}t. \tag{10.2.13}$$

在 Excel 中, 给出的 LOGNORM.DIST 函数和 LOGNORM.INV 函数可用于对数正态分布的计算.

1. LOGNORM.DIST 函数

LOGNORM.DIST(x, mean, standard_dev, cumulative)

返回对数正态分布在 x 的分布函数值或密度函数值.

x: 需要计算其分布的自变量值.

mean: $\ln(X)$ 的平均值, 相当于公式 (10.2.12) 和公式 (10.2.13) 中的 μ.

standard_dev: $\ln(X)$ 的标准偏差, 相当于公式 (10.2.12) 和公式 (10.2.13) 中的 σ.

cumulative: 逻辑值, 如果 cumulative 为 TRUE, 返回由公式 (10.2.13) 计算的分布函数值; 如果为 FALSE, 返回由公式 (10.2.12) 计算的概率密度函数值.

说明: 如果任一参数为非数值型, 返回错误值 #VALUE; 如果 $x \leqslant 0$ 或 standard_dev $\leqslant 0$, 返回错误值 #NUM.

示例: LOGNORM.DIST(2.71828, 0, 1) = 0.8413.

2. LOGNORM.INV 函数

LOGNORM.INV(probability, mean, standard_dev)

返回对数分布函数的反函数在 probability 的值, 即满足由公式 (10.2.13) 所定义的 $F(x) =$ probability 的 x 值.

mean 和 standard_dev: 与前面相同.

probability: 与对数分布相关的概率.

说明: 如果变量为非数值参数, 则返回错误值 #VALUE; 如果 probability < 0, 或 > 1, 或 standard_dev $\leqslant 0$, 则均返回错误值 #NUM.

示例: LOGNORM.INV(0.8413, 0, 1) = 2.7178.

10.2.8 贝塔分布 (均匀分布)

设随机变量 $X \sim \text{Beta}(\alpha, \beta)$, 概率密度函数为

$$f(x; \alpha, \beta) = \frac{1}{B(\alpha, \beta)} x^{\alpha-1}(1-x)^{\beta-1}, \quad 0 < x < 1. \tag{10.2.14}$$

相应的分布函数为

$$F(x; \alpha, \beta) = \frac{1}{B(\alpha, \beta)} \int_0^x t^{\alpha-1}(1-t)^{\beta-1}\mathrm{d}t, \quad 0 < x < 1. \tag{10.2.15}$$

在 Excel 中, 给出的 BETA.DIST 函数和 BETA.INV 函数可用于 Beta 分布的计算.

1. BETA.DIST 函数

BETA.DIST(x, alpha, beta, cumulative, A, B)

返回由公式 (10.2.15) 计算的贝塔分布函数在 x 的值, 其中:

x: 用来进行函数计算的值, 居于可选性上下界 (A 和 B) 之间;

alpha 和 beta: 分布参数, 相当于公式 (10.2.14) 和公式 (10.2.15) 中的 α 和 β;

cumulative: 逻辑值, 如果 cumulative 为 TRUE, 返回由公式 (10.2.15) 计算的分布函数值. 如果 cumulative 为 FALSE, 返回由公式 (10.2.14) 计算的概率密度函数值.

　　A 和 B: 数值 x 的可选下界和上界, 如果省略 A 或 B 值, 函数 BETA.DIST 使用标准贝塔分布的分布函数, 即 $A = 0$, $B = 1$, 相当于公式 (10.2.15).

　　说明: 如果任意参数为非数值型, 返回错误值 #VALUE; 如果 alpha $\leqslant 0$, 或 beta $\leqslant 0$, 或 $x < A$、$x > B$、$A = B$, 均返回错误值 #NUM.

　　BETA.DIST(x, 1, 1, 0, 1) 就是均匀分布 U$(0, 1)$ 的分布函数, 均匀分布是特殊的贝塔分布.

　　示例: BETA.DIST(0.5, 2, 4) $= 0.8125$, 即公式 (10.2.15) 中的 $F(0.5; 2, 4) = 0.8125$.

　　2. BETA.INV 函数

$$\boxed{\text{BETA.INV(probability, alpha, beta, } A, B)}$$

返回指定 probability 的贝塔分布分布函数的反函数值 x.

　　probability: Beta 分布的概率值.

　　alpha 和 beta 以及 A 和 B: 与前面相同.

　　说明: 如果任意参数为非数值型, 返回错误值 #VALUE; 如果 alpha $\leqslant 0$, 或 beta $\leqslant 0$, 或 probability $\leqslant 0$, 或 probability > 1, 均返回错误值 #NUM; 如果省略 A 或 B 值, 函数 BETA.INV 使用标准的贝塔分布, 即 $A = 0$, $B = 1$.

　　如果已给定概率值, 则 BETA.INV 使用迭代搜索技术求解方程 BETA.DIST(x, alpha, beta, A, B) = probability 的数值解 x. 因此, BETA.INV 的精度取决于 BETA.DIST 的精度. 如果在 100 次迭代搜索之后没有收敛, 则函数返回错误值 #N/A.

　　示例: BETA.INV(0.8125, 2, 4) $= 0.5000$, 即方程 $F(x; 2, 4) = 0.8125$ 的解为 0.5000.

10.2.9　Γ 分布与 χ^2 分布

　　设随机变量 $X \sim \Gamma(\alpha, \beta)$, 概率密度函数为

$$f(x; \alpha, \beta) = \frac{\beta^\alpha}{\Gamma(\alpha)} x^{\alpha-1} \mathrm{e}^{-\beta x}, \quad x > 0. \tag{10.2.16}$$

相应的分布函数为

$$F(x; \alpha, \beta) = \frac{\beta^\alpha}{\Gamma(\alpha)} \int_0^x t^{\alpha-1} \mathrm{e}^{-\beta t} \mathrm{d}t, \quad x > 0. \tag{10.2.17}$$

当 $\alpha = 1$ 时, Γ 分布 $\Gamma(1, \beta)$, 就是指数分布 Exp(β); 当 $\alpha = n/2$, $\beta = 1/2$ 时, Γ 分布 $\Gamma(n/2, 1/2)$, 就是自由度为 n 的 χ^2 分布 $\chi^2(n)$.

　　Excel 的 GAMMA.DIST 函数和 GAMMA.INV 函数用于 Γ 分布的计算; CHISQ.DIST 函数、CHISQ.DIST.RT 函数、CHISQ.INV 函数、CHISQ.INV.RT 函数可用于 χ^2 分布的计算.

　　1. GAMMA.DIST 函数

$$\boxed{\text{GAMMA.DIST(} x, \text{ alpha, beta, cumulative)}}$$

返回 Γ 分布的分布函数或密度函数在 x 的值.

　　x: 用来进行函数计算的正数值.

alpha 和 beta: 分布参数, 分别相当于公式 (10.2.16) 和公式 (10.2.17) 中的 α 和 $1/\beta$.

cumulative: 逻辑值, 如果 cumulative 为 TRUE, 返回由公式 (10.2.17) 计算的分布函数值; 如果为 FALSE, 则返回由公式 (10.2.16) 计算的概率密度函数.

说明: 如果 x、alpha 或 beta 为非数值型, 返回错误值 #VALUE; 如果 $x < 0$, 或 alpha $\leqslant 0$, 或 beta $\leqslant 0$, 均返回错误值 #NUM; 对于正整数 n, 当 alpha $= n/2$, beta $= 2$ 且 cumulative $=$ TRUE 时, GAMMA.DIST 返回自由度为 n 的卡方分布值 (参见 CHISQ.DIST 函数); 当 alpha 为正整数时, GAMMA.DIST 也称为爱尔朗 (Erlang) 分布.

示例: GAMMA.DIST(31.41, 10, 2, true) $= 0.9500$, 即自由度为 20 的 χ^2 分布在 31.41 点处的分布函数值为 0.9500, 也就是公式 (10.2.17) 中的 $F(31.41; 10, 1/2) = 0.9500$. GAMMA.DIST (20, 10, 2, false) $= 0.0626$, 即自由度为 20 的 χ^2 分布在 20 点处的密度函数值为 0.0626, 也就是公式 (10.2.16) 中的 $f(20; 10, 1/2) = 0.0626$.

2. GAMMA.INV 函数

$$\boxed{\text{GAMMA.INV(probability, alpha, beta)}}$$

返回 Γ 分布函数的反函数的值, 即下分位数值.

probability: Γ 分布的概率值.

alpha 和 beta: 分布参数, 分别相当于公式 (10.2.16) 和公式 (10.2.17) 中的 α 和 $1/\beta$.

说明: 如果任一参数为非数值型, 返回错误值 #VALUE; 如果 probability < 0, 或 probability > 1, 或 alpha $\leqslant 0$, 或 beta $\leqslant 0$, 均返回错误值 #NUM.

如果已给定概率值, 则 GAMMA.INV 使用迭代搜索技术求解方程 GAMMA.DIST(x, alpha, beta, TRUE) $=$ probability 的解 x. 因此, GAMMA.INV 的精度取决于 GAMMA.DIST 的精度. 如果在 100 次迭代搜索之后没有收敛, 则函数返回错误值 #N/A.

示例: GAMMA.INV(0.95, 15, 2) $= 43.77297178$, 这是自由度为 30 的 χ^2 分布的 0.95 分位数. 附表 4 可由 GAMMA.INV 函数算出.

3. CHISQ.DIST 函数和 CHISQ.DIST.RT 函数

$$\boxed{\text{CHISQ.DIST}(x, \text{deg\_freedom}, \text{cumulative})}$$

返回 χ^2 分布的分布函数或密度函数在 x 的值.

x: 用来进行函数计算的正数值.

deg_freedom: 一个表示自由度数的整数.

cumulative: 逻辑值, 如果 cumulative 为 TRUE, 返回 χ^2 分布的分布函数值; 如果为 FALSE, 则返回 χ^2 分布的概率密度函数值.

$$\boxed{\text{CHISQ.DIST.RT}(x, \text{deg\_freedom})) = 1 - \text{CHISQ.DIST}(x, \text{deg\_freedom}, \text{TRUE}}$$

说明: 如果任意参数是非数值型, 则 CHISQ.DIST 返回错误值 #VALUE; 如果 x 为负数, 或者 deg_freedom < 1, 则 CHISQ.DIST 返回错误值 #NUM; 如果 deg_freedom 不是整数, 则将被截尾取整.

示例: CHISQ.DIST(31.415, 20, TRUE) $= 0.9500$, 即自由度为 20 的 χ^2 分布在 31.415 点

处的分布函数值为 0.9500. CHISQ.DIST(20.4, 20, FALSE) = 0.0612, 即自由度为 20 的 χ^2 分布在 20.4 点处的密度函数值为 0.0612.

4. CHISQ.INV 函数和 CHISQ.INV.RT 函数

$$\boxed{\text{CHISQ.INV(probability, deg\_freedom)}}$$

返回 χ^2 分布的分布函数反函数的值, 即下分位数值.

$$\boxed{\text{CHISQ.INV.RT(probability, deg\_freedom)}}$$

返回 χ^2 分布的上分位数值.

probability: χ^2 分布的分布函数值, 是一个概率值 p.

说明: 如果任一参数为非数值型, 返回错误值 #VALUE; 如果 probability < 0, 或 probability > 1, 或 deg_freedom < 1, 均返回错误值 #NUM; 如果 deg_freedom 不是整数, 则将被截尾取整.

示例: CHISQ.INV(0.95, 30) = CHISQ.INV.RT(0.05, 30) = 43.77297178, 这是自由度为 30 的 χ^2 分布的 0.95 下分位数值, 也是 0.05 上分位数值.

10.2.10　t 分布

设随机变量 $X \sim \mathrm{t}(n)$, 概率密度函数为

$$f(x;\, n) = \frac{\Gamma\big((n+1)/2\big)}{\Gamma(n/2)\sqrt{n\pi}} \left(1 + \frac{x^2}{n}\right)^{-\frac{n+1}{2}}, \tag{10.2.18}$$

相应的分布函数为

$$F(x;\, n) = \frac{\Gamma\big((n+1)/2\big)}{\Gamma(n/2)\sqrt{n\pi}} \int_{-\infty}^{x} \left(1 + \frac{t^2}{n}\right)^{-\frac{n+1}{2}} \mathrm{d}t. \tag{10.2.19}$$

Excel 给出的 T.DIST 函数、T.DIST.2T 函数、T.DIST.RT 函数、T.INV 函数和 T.INV.2T 函数可用于 t 分布的计算.

1. T.DIST 函数和 T.DIST.RT 函数

$$\boxed{\text{T.DIST}(x, \text{deg\_freedom, cumulative})}$$

返回 t 分布的分布函数或密度函数在 x 的值.

x: 用来进行函数计算的值.

deg_freedom: 一个表示自由度数的整数.

cumulative: 逻辑值, 如果 cumulative 为 TRUE, 返回由公式 (10.2.19) 计算的分布函数值; 如果为 FALSE, 则返回由公式 (10.2.18) 计算的概率密度函数.

$$\boxed{\text{T.DIST.RT}(x, \text{deg\_freedom}) = 1 - \text{T.DIST}(x, \text{deg\_freedom, TRUE})}$$

返回 t 分布的右尾概率值, 即 $1 - F(x;\, n)$.

说明: 如果 x 为非数值型, 或 deg_freedom < 1, 返回错误值 #VALUE.

示例: T.DIST(12.5,1,TRUE) = 0.974589326, 即自由度为 1 的 t 分布在 12.5 点处的分布函数值为 0.974589326, 也就是公式 (10.2.19) 中的 $F(12.5; 1) = 0.974589326$. T.DIST(1.5, 3, FALSE) = 0.120017175, 即自由度为 3 的 t 分布在 1.5 点处的密度函数值为 0.120017175, 也就是公式 (10.2.18) 中的 $f(1.5; 3) = 0.120017175$. T.DIST.RT(2,10) = 0.036694017 这是自由度为 10 的 t 分布在 2 处的右尾概率值, $P(t(10) > 2) = 0.036694017$.

2. T.DIST.2T 函数

$$\boxed{\text{T.DIST.2T}(x, \text{deg\_freedom})}$$

返回 t 分布的双尾概率值, 即 $2[1 - F(x; n)]$.

x: 用来进行函数计算的值.

deg_freedom: 一个表示自由度数的整数.

说明: 如果 x 为非数值型或负数, 或 deg_freedom < 1, 返回错误值 #VALUE.

示例: T.DIST.2T(2,10) = 0.073388035, 这是自由度为 10 的 t 分布在 2 处的双尾概率值, 即 $P(|t(10)| > 2) = 0.073388035$.

3. T.INV 函数

$$\boxed{\text{T.INV}(\text{probability}, \text{deg\_freedom})}$$

返回 t 分布的分布函数的反函数值, 也就是下分位数值, 即 $F^{-1}(p; n)$.

probability: t 分布的分布函数值, 是一个概率值 p.

deg_freedom: 一个表示自由度数的整数.

说明: 如果任一参数是非数值型, 或 deg_freedom < 1, 返回错误值 #VALUE. 如果 probability $\leqslant 0$ 或 probability > 1, 则 T.INV 返回错误值 #NUM; 如果 deg_freedom 不是整数, 则将被截尾取整.

示例: T.INV(0.95,20) = 1.724718243, 这是自由度为 20 的 t 分布的 0.95 分位数.

4. T.INV.2T 函数

$$\boxed{\text{T.INV.2T}(\text{probability}, \text{deg\_freedom})}$$

返回 t 分布的 $0.5p$ 上分位数值, 即满足 $P(|t(n)| > x) = p$ 的 x 值.

probability: 与 t- 分布的分布函数有关值, 是一个概率值 p.

deg_freedom: 一个表示自由度数的整数.

说明: 如果任一参数是非数值型, 或 deg_freedom < 1, 返回错误值 #VALUE. 如果 probability $\leqslant 0$ 或 probability > 1, 则 T.INV 返回错误值 #NUM; 如果 deg_freedom 不是整数, 则将被截尾取整.

示例: T.INV.2T(0.2,20) = 1.325340707, 这是自由度为 20 的 t 分布的 0.9 分位数, 即 $P(|t(20)| > 1.325340707) = 0.2$.

10.2.11　F 分布

设随机变量 $X \sim F(n_1, n_2)$, 概率密度函数为

$$f(x; n_1, n_2) = \begin{cases} \dfrac{\Gamma\big((n_1+n_2)/2\big)}{\Gamma(n_1/2) \cdot \Gamma(n_2/2)} \left(\dfrac{n_1}{n_2}\right)^{\frac{n_1}{2}} x^{\frac{n_1}{2}-1} \left(1 + \dfrac{n_1}{n_2}x\right)^{-\frac{n_1+n_2}{2}}, & x > 0; \\ 0, & x \leqslant 0. \end{cases} \tag{10.2.20}$$

相应的分布函数为

$$F(x; n_1, n_2) = \int_0^x f(t; n_1, n_2)\mathrm{d}t. \tag{10.2.21}$$

Excel 给出的 F.DIST 函数、F.DIST.RT 函数、F.INV 函数、F.INV.RT 函数可用于 F 分布的计算.

1. F.DIST 函数和 F.DIST.RT 函数

$$\boxed{\text{F.DIST}(x, \text{deg\_freedom1}, \text{deg\_freedom2}, \text{cumulative})}$$

返回 F 分布的分布函数或密度函数在 x 的值.

x: 用来进行函数计算的正数值.

deg_freedom1 和 deg_freedom2: 分别表示分子自由度和分母自由度.

cumulative: 逻辑值, 如果 cumulative 为 TRUE, 返回由公式 (10.2.21) 计算的分布函数值; 如果为 FALSE, 则返回由公式 (10.2.20) 计算的概率密度函数.

$$\boxed{\text{F.DIST.RT}(x, \text{deg\_freedom1}, \text{deg\_freedom2})}$$

返回 F 分布的右尾概率值, 即 $1 - F(x; n_1, n_2)$ 的值.

说明: 如果任一参数为非数值型, 则 F.DIST 返回错误值 #VALUE; 如果 x 为负数, 或自由度小于 1, 则 F.DIST 返回错误值 #NUM; 如果 deg_freedom1 或 deg_freedom2 不是整数, 则将被截尾取整.

示例: F.DIST(2.3, 5, 10, TRUE) = 0.877113309, 即自由度为 5 和 10 的 F 分布在 2.3 点处的分布函数值为 0.877113309, 也就是公式 (10.2.21) 中的 $F(2.3; 5, 10) = 0.877113309$. F.DIST(2.3, 5, 10, FALSE) = 0.116148522, 即自由度为 5 和 10 的 F 分布在 2.3 点处的密度函数值为 0.116148522, 也就是公式 (10.2.20) 中的 $f(2.3; 5, 10) = 0.116148522$. F.DIST.RT(2.3, 5, 10) = 0.122886691, 即 $P(F(5, 10) > 2.3) = 0.122886691$.

2. F.INV 函数

$$\boxed{\text{F.INV}(\text{probability}, \text{deg\_freedom1}, \text{deg\_freedom2})}$$

返回 F 分布的反函数的值, 也就是下分位数值, 即 $F^{-1}(p; n_1, n_2)$.

probability:, F 分布的分布函数值, 是一个概率值 p.

说明: 如果任一参数为非数值型, 则 F.INV 返回错误值 #VALUE; 如果 probability < 0 或 probability > 1, 或自由度小于 1, 则 F.INV 返回错误值 #NUM; 如果自由度不是整数, 则将被截尾取整.

示例: F.INV(0.9, 6, 4) = 4.009749313, 即 $P(F(6, 4) < 4.009749313) = 0.9$.

3. F.INV.RT 函数

$$\boxed{\text{F.INV.RT(probability, deg\_freedom1, deg\_freedom2)}}$$

返回 F 分布的上分位数值, 即 $F^{-1}(1-p; n_1, n_2)$.

probability: 与 F 分布的分布函数有关值, 是一个概率值 p

示例: F.INV.RT$(0.1,6,4) = 4.009749313$, 即 $P(F(6,4) > 4.009749313) = 0.1$.

10.3 在假设检验中使用 Excel 软件

第 7 章我们详细讨论了假设检验的基本内容, 指出针对一个假设, 其检验法则可以由拒绝域确定, 也可以通过计算 p 值而定. 在 Excel 中我们可以方便地计算 p 值, 因而这一节我们介绍如何针对一些常用的假设, 利用 Excel 计算相应检验的 p 值.

一个假设的检验是通过一个检验统计量完成的, 依照检验统计量所服从的分布, 用到标准正态分布的检验称为 Z 检验 (或 U 检验); 用到 t 分布的检验称为 t 检验; 用到 F 分布的检验称为 F 检验; 用到 χ^2 分布的检验称为 χ^2 检验等. Excel 给出了上述检验的 p 值计算函数.

10.3.1 *Z* 检验 —— 单样本情形

Excel 提供的函数 Z.TEST, 可以返回单个正态总体均值单边假设检验的 p 值.

$$\boxed{\text{Z.TEST(Z.TEST(array, } \mu_0, \sigma)}$$

返回假设检验问题 (7.2.2) 的检验的 p 值, 即样本均值大于数据观察平均值的概率.

array: 样本数组或数据区域.

μ_0: 给定的检验值, 这里是常数.

σ: 可选参数, 是总体的标准差 (已知); 如果省略, 则使用样本标准差 s 代替 (这时要求大样本容量).

说明: 如果 array 为空, 函数 Z.TEST 返回错误值 #N/A; 不省略 σ 时, 函数 Z.TEST 的计算公式如下:

$$\text{Z.TEST(array}, \mu_0, \sigma) = 1 - \Phi\left(\frac{\overline{x} - \mu_0}{\sigma/\sqrt{n}}\right). \tag{10.3.1}$$

省略 σ 时, 函数 Z.TEST 的计算公式如下:

$$\text{Z.TEST(array}, \mu_0) = 1 - \Phi\left(\frac{\overline{x} - \mu_0}{s/\sqrt{n}}\right). \tag{10.3.2}$$

其中, $\overline{x}$ 为样本平均值; s 为样本标准差; n 为样本容量; $\Phi(\cdot)$ 为标准正态分布函数, 即 NORM.S.DIST 函数.

下面的 Excel 公式可用于计算双边假设的 p 值:

$$p = 2*\text{MIN(Z.TEST(array}, \mu_0, \sigma), 1-\text{Z.TEST(array}, \mu_0, \sigma)).$$

例 10.3.1　假设某成绩服从正态分布, 标准差为 5. 现随机抽取 20 名学生的成绩如下:

83, 75, 72, 85, 90, 88, 81, 78, 80, 85, 84, 80, 75, 82, 81, 83, 89, 78, 76, 79.

检验总体平均成绩是否为 80 分?

解　新建一工作表, 输入上面数据, 如图 10.2 所示, 在 A7 单元格输入函数

$$= 2*\mathrm{MIN}(\mathrm{Z.TEST}(\mathrm{A2:E5,80,5}), 1 - \mathrm{Z.TEST}(\mathrm{A2:E5,80,5}))$$

检验的 p 值为 0.283130871, 比较大, 接受原假设, 认为总体平均成绩为 80 分.

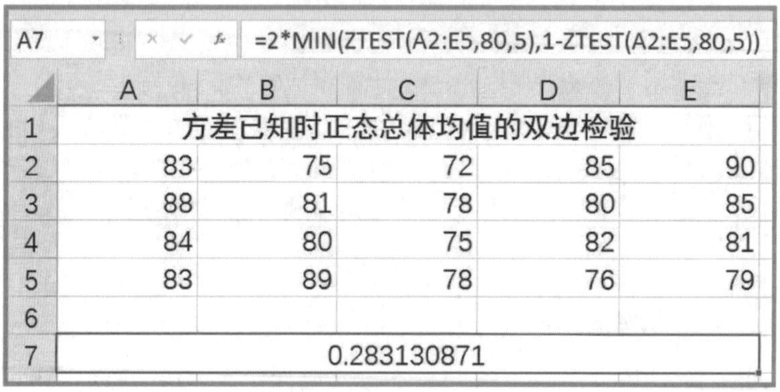

A7	▾	×	✓	f_x	=2*MIN(ZTEST(A2:E5,80,5),1-ZTEST(A2:E5,80,5))	
	A	B	C	D	E	
1	方差已知时正态总体均值的双边检验					
2	83	75	72	85	90	
3	88	81	78	80	85	
4	84	80	75	82	81	
5	83	89	78	76	79	
6						
7	0.283130871					

图 10.2　Z.TEST 函数做双边检验

10.3.2　Z 检验 —— 双样本情形

关于两个正态总体均值之差的假设, 当两个正态方差均已知 (或大样本容量) 时, 也用 Z 检验. 其检验统计量的值为

$$z = \frac{(\overline{x}_1 - \overline{x}_2) - (\mu_1 - \mu_2)}{\sqrt{\sigma_1^2/n_1 + \sigma_2^2/n_2}}, \tag{10.3.3}$$

这时可以利用 Excel 的【数据分析】/【Z 检验: 双样本平均差检验】模块来完成.

例 10.3.2　假设某电信公司要研究男性和女性客户在手机月话费上是否存在差异. 假定月话费服从正态分布, 男性月话费标准差为 10 元, 女性月话费标准差为 7 元. 现各随机抽取 15 名客户 (人数可以不同), 统计月话费如下.

男性: 82, 95, 62, 78, 90, 73, 58, 75, 86, 80, 79, 72, 89, 85, 82:

女性: 81, 76, 75, 71, 79, 73, 68, 79, 62, 66, 74, 73, 76, 69, 65.

试判断男女客户之间是否存在显著差异?

解　选择【数据分析】/【Z 检验: 双样本平均差检验】选项, 弹出对话框, 如图 10.3 所示. 其中【假设平均差】就是指公式 (10.3.3) 中的 $(\mu_1 - \mu_2)$; 其余各项意义是明显的, 最终计算结果如图 10.4 所示.

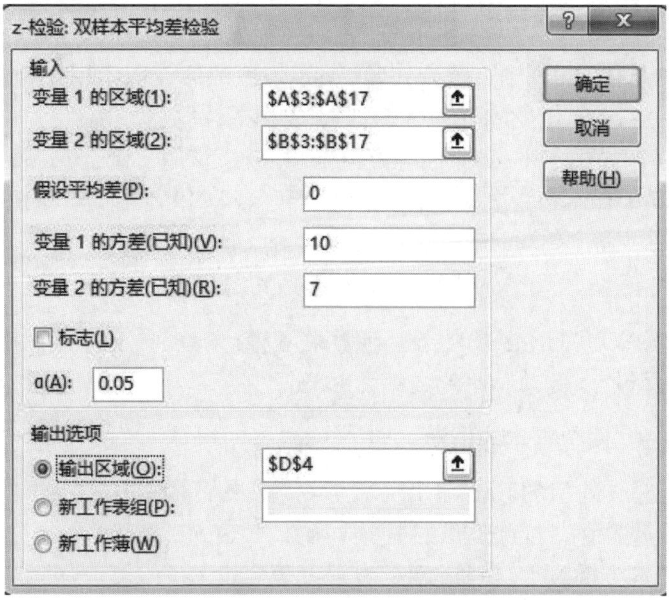

图 10.3 【Z 检验: 双样本平均差检验】对话框

	A	B	C	D	E	F
1			Z检验：双样本平均差检验			
2	男性客户	女性客户				
3	82	81				
4	95	76		z-检验：双样本均值分析		
5	62	75				
6	78	71			变量 1	变量 2
7	90	79		平均	79.06666667	72.46666667
8	73	73		已知协方差	10	7
9	58	68		观测值	15	15
10	75	79		假设平均差	0	
11	86	62		z	6.199620482	
12	80	66		P(Z<=z) 单尾	2.82997E-10	
13	79	74		z 单尾临界	1.644853627	
14	72	73		P(Z<=z) 双尾	5.65995E-10	
15	89	76		z 双尾临界	1.959963985	
16	85	69				
17	82	65				

图 10.4 【Z 检验: 双样本平均差检验】结果

说明: 【Z 检验: 双样本平均值】分析工具用于检验两个总体平均值之间存在差异的原假设, 应该仔细理解输出. 当总体均值之间没有差别时, “P(Z< =z) 单尾”是 $P(Z \geqslant |z|)$, 也就是假设检验问题 (7.3.2) 的检验 p 值; “P(Z< =z) 双尾”是 $P(|Z| \geqslant |z|)$, 也就是假设检验问题 (7.3.3) 的检验 p 值; 其中 Z 是标准正态变量, z 是由公式 (10.3.3) 计算的值, 显然双尾结果是单尾结果的 2 倍.

10.3.3　t 检验 —— 单样本情形

对于单个正态总体而言, 当方差未知时, 关于均值的假设应该用 t 检验. Excel 提供的 T.DIST 函数、T.DIST.2T 函数和 T.DIST.RT 完成相关计算.

例 10.3.3　在例 10.3.1 中, 如果总体方差未知, 就应该用 t 检验 (如果样本容量很大, 也可以用 Z 检验). 其中样本容量 $n = 20$, 自由度为 $n - 1 = 19$, 由样本观测值计算检验统计量

$$t = \frac{\overline{x} - \mu_0}{s/\sqrt{n}} = \frac{81.2 - 80}{4.84/\sqrt{20}} = 1.1088.$$

考虑双边假设 (7.3.3), 可以用 T.DIST.2T 函数求 p 值: T.DIST(1.1088, 19) = 0.2814. 这个 p 值比较大, 接受原假设, 认为总体平均成绩为 80 分.

10.3.4　t 检验 —— 两个样本的情形

关于两个正态总体均值的假设, 也用 t 检验法, 如果仍然使用前面的 T.DIST 函数, 则要求先算出有关统计量的值. Excel 提供的另一个函数 T.TEST 和三个数据分析工具:【t 检验: 平均值的成对二样本分析】、【t 检验: 双样本等方差假设】、【t 检验: 双样本异方差假设】可以更加方便地输出结果, 而不必先计算统计量的值.

$$\boxed{\text{T.TEST(array1, array2, tails, type)}}$$

返回与 t 检验相关的概率 (p 值).

array1: 第一个数据集.

array2: 第二个数据集.

tails: 计算概率的尾数, 如果 tails = 1, 函数 T.TEST 计算单尾概率; 如果 tails = 2, 计算双尾概率.

type: 为 t 检验的类型, 如果 type = 1, 为成对数据比较检验; 如果 type = 2, 为等方差双样本检验; 如果 type = 3, 为异方差双样本检验.

说明: 如果 array1 和 array2 的数据个数不同, 且 type = 1(成对), 函数 T.TEST 返回错误值 #N/A; 参数 tails 和 type 将被截尾取整; 如果 tails 或 type 为非数值型, 返回错误值 #VALUE.

1. 成对样本的均值的检验

我们在 7.4 节中讨论了成对数据的比较检验法, 这个问题本质上是一个单样本 t 检验问题.

例 10.3.4　十个失眠患者服用甲、乙两种安眠药, 延长睡眠时间如下 (单位: h):

甲:　1.9,　0.8,　1.1,　0.1,　−0.1,　4.4,　5.5,　1.6,　4.6,　3.4;
乙:　0.7,　−1.6,　−0.2,　−1.2,　−0.1,　3.4,　3.7,　0.8,　0.0,　2.0

假设服用两种安眠药后增加的睡眠时间服从正态分布, 试在水平 $\alpha = 0.05$ 下, 检验这两种安眠药的疗效有无显著差异?

解　我们使用 T.TEST 函数和【t 检验: 平均值的成对二样本分析】分别计算, 结果如图 10.5 所示. 可见计算结果是一致的.

	A	B	C	D	E	F
1			成对样本的 t 检验			
2	甲	乙		t-检验: 成对双样本均值分析		
3	1.9	0.7				
4	0.8	-1.6			变量 1	变量 2
5	1.1	-0.2		平均	2.33	0.75
6	0.1	-1.2		方差	4.009	3.20055556
7	-0.1	-0.1		观测值	10	10
8	4.4	3.4		泊松相关系数	0.795170206	
9	5.5	3.7		假设平均差	0	
10	1.6	0.8		df	9	
11	4.6	0.0		t Stat	4.062127683	
12	3.4	2.0		P(T<=t) 单尾	0.001416445	
13				t 单尾临界	1.833112933	
14	T.TEST	p 值: 0.002833		P(T<=t) 双尾	0.00283289	
15				t 双尾临界	2.262157163	

图 10.5 t 检验 —— 成对样本的均值的检验结果

2. 方差相等时均值的检验

两个正态总体的方差未知但假定相等, 要检验的是有关两个总体均值的假设. 可使用 T.TEST 函数 (type = 2) 或【t 检验: 双样本等方差假设】工具计算.

3. 方差不等时均值的检验

两个正态总体的方差未知且不相等, 要检验的是有关两个总体均值的假设. 这是统计学中著名的 Behrens–Fisher 问题. 可使用 T.TEST 函数 (type = 3) 或【t 检验: 双样本异方差假设】工具计算.

10.3.5 F 检验 —— 两总体方差的假设检验

设总体 $X \sim \mathrm{N}(\mu_1, \sigma_1^2)$, $Y \sim \mathrm{N}(\mu_2, \sigma_2^2)$, $X_1, X_2, \cdots, X_{n_1}$ 和 $Y_1, Y_2, \cdots, Y_{n_2}$ 分别是来自总体 X 和 Y 的样本且相互独立. 它们的样本方差分别为 S_1^2 和 S_2^2.

有关方差 σ_1^2 和 σ_2^2 的假设及相应的检验法则参见第 7 章内容. Excel 提供的 F.TEST 函数和【F 检验: 双样本方差】工具可以方便地输出相应检验的 p 值.

$$\boxed{\text{F.TEST}(\text{array1}, \text{array2})}$$

返回 F 检验的结果, 表示当 array1 数组和 array2 数组的方差无明显差异时的双尾概率 (双边假设检验的 p 值).

array1: 第一个数组或数据区域.

array2: 第二个数组或数据区域.

例 10.3.5 在金融分析中, 收益率的方差常常作为风险度量, 方差越大则风险越大. 现有甲、乙两只股票 21 个交易日的收益率数据, 试判断甲股票的风险是否高于乙股票 (取显著性水平 $\alpha = 0.05$)?

解   我们使用 F.TEST 函数和【F 检验: 双样本方差】工具分别计算, 原始数据和计算结果如图 10.6 所示. 可见计算结果是一致的.

	A	B	C	D	E	F	G
1				F 检验: 两总体方差的假设检验			
2	序号	甲股票	乙股票				
3	1	0.003119	0.009901				
4	2	0.030052	-0.013725				
5	3	-0.023139	-0.013917		F-检验 双样本方差分析		
6	4	-0.008239	0.006048				
7	5	-0.022845	-0.008016			变量 1	变量 2
8	6	-0.022317	0.002020	平均		-0.00511086	-0.0017701
9	7	-0.010870	-0.020161	方差		0.000445455	0.00031856
10	8	-0.002198	0.004115	观测值		21	21
11	9	0.000000	0.002049	df		20	20
12	10	-0.020925	-0.012270	F		1.398319986	
13	11	0.046119	0.018634	P(F<=f) 单尾		0.230050663	
14	12	-0.009677	-0.002033	F 单尾临界		2.124155213	
15	13	-0.022801	-0.042770				
16	14	0.011111	-0.025532				
17	15	-0.002198	0.013100				
18	16	0.003304	0.028017				
19	17	-0.006586	-0.014675				
20	18	-0.014365	0.008511				
21	19	-0.005605	-0.012658	F.TEST (p 值)		0.460101327	
22	20	-0.051860	0.004274				
23	21	0.022592	0.031915				

图 10.6   F 检验 —— 两总体方差的假设检验

10.3.6 χ^2 检验 —— 单个总体方差的假设检验

对于单个正态总体, 有关方差 σ^2 的假设检验问题有式 (7.2.8)~ 式 (7.2.10), 选用的检验统计量为

$$\chi^2 = \frac{(n-1)S^2}{\sigma_0^2},$$

当原假设成立时, 该统计量服从自由度为 $n-1$ 的 χ^2 分布.

因此, 有关方差 σ^2 的假设检验问题, 只要计算出检验统计量的值, 利用 CHISQ.DIST 函数和 CHISQ.DIST.RT 函数容易计算 p 值, 只是一定要注意假设的方向性; 或者对于给定的显著性水平, 利用 CHISQ.INV 函数和 CHISQ.INV.RT 函数计算出临界值, 两者实际上是等效的.

10.3.7 χ^2 检验 —— 独立性假设检验

在 7.6 节, 我们知道 χ^2 检验还可以用于总体分布的假设检验以及列联表的独立性检验. 只要先计算出相应检验统计量的值, 利用 CHISQ.DIST 函数就容易计算相应检验的 p 值. 对于列联表的独立性检验, Excel 提供的 CHISQ.TEST 函数, 可以算出 p 值, 而无须先算检验统计量的值.

CHISQ.TEST(actual_range, expected_range)

返回独立性 χ^2 检验的 p 值.

actual_range: 包含观察值的数据区域.

expected_range: 包含独立性假设下的期望值的数据区域.

说明: 如果 actual_range 和 expected_range 数据点的个数不同, 则函数 CHISQ.TEST 返回错误值 #N/A. χ^2 检验要首先使用下面的公式计算 χ^2 统计量:

$$\chi^2 = \sum_{i=1}^{r}\sum_{j-1}^{c}\frac{(A_{ij}-E_{ij})^2}{E_{ij}}.$$

其中, A_{ij} 为第 i 行、第 j 列的实际频数; E_{ij} 为第 i 行、第 j 列的期望频数; r 为行数; c 为行数.

函数 CHISQ.TEST 返回在独立的假设条件下取得至少和上面公式计算出的值一样大的概率. 在计算此概率时, CHISQ.TEST 使用具有相应自由度 $(r-1)(c-1)$. 即

$$\boxed{\text{CHISQ.TEST} = P\left(\chi^2((r-1)(c-1)) \geqslant \chi^2\right)}$$

例 10.3.6 一地方政府欲推出一个方案, 为慎重起见, 随机调查了 162 名当地市民, 结果如图 10.7 所示. 我们感兴趣的是对该方案的支持是否与性别相关, 若无关, 则这两个因素独立. 其中的期望频数等于相应行列总和之乘积与总计数之比值, 如 45.35 = 93*79/162.

计算结果输出的 p 值为 0.0003, 这个很小, 拒绝独立性假设, 即认为对该方案的支持与性别有关.

	A	B	C	D
1		男性 (实际数)	女性 (实际数)	总和
2	同意	58	35	93
3	中立	11	25	36
4	不同意	10	23	33
5	总和	79	83	162
6				
7		男性 (期望数)	女性 (期望数)	总和
8	同意	45.35	47.65	93
9	中立	17.56	18.44	36
10	不同意	16.09	16.91	33
11	总和	79.00	83.00	162
12				
13	公式=CHISQ.TEST(B2:C4,B8:C10)			0.000308192

图 10.7 χ^2 检验 —— 独立性假设检验

10.4 方差分析

10.4.1 单因素方差分析

与单因素方差分析对应的是单因素试验. 在单因素试验中, 获得该因素在不同水平下的试验指标的若干组独立的样本观测值, 每组观测值中包含的数目可以不同. 单因素方差分析的结果通常总结在方差分析表中. Excel 在分析工具库中提供了【方差分析: 单因素方差分析】工具, 如图 10.8 所示, 利用它可以直接实现单因素方差分析.

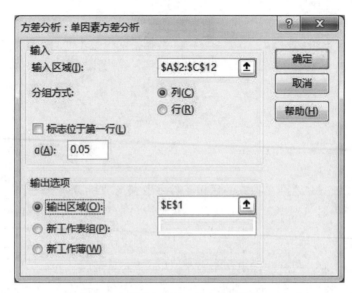

图 10.8　【方差分析: 单因素方差分析】对话框

下面结合一个例子说明【方差分析: 单因素方差分析】对话框中各参数的含义.

例 10.4.1　图 10.9 给出了小白鼠在接种三种不同菌型伤寒杆菌后的存活日数 (试验指标). 试问三种菌型的平均存活日数有无显著差异?

	A	B	C	D	E	F	G	H	I	J	K
1	菌型1	菌型2	菌型3		方差分析：单因素方差分析						
2	2	5	7								
3	4	6	11		SUMMARY						
4	3	8	6		组	观测数	求和	平均	方差		
5	2	5	6		列 1	10	40	4	3.555556		
6	4	10	7		列 2	9	65	7.222222	5.694444		
7	7	7	9		列 3	11	80	7.272727	6.018182		
8	7	12	5								
9	2	6	10								
10	5	6	6		方差分析						
11	4		3		差异源	SS	df	MS	F	P-value	F crit
12			10		组间	70.42929	2	35.21465	6.902959	0.00379	3.354131
13					组内	137.7374	27	5.101384			
14											
15					总计	208.1667	29				

图 10.9　单因素方差分析结果

【输入区域】在此输入待分析数据区域的单元格引用, 该引用必须由两个或两个以上按列或行排列的相邻数据区域组成. 本例中输入如图 10.8 所示.

【分组方式】若要指示输入区域中的数据是按行还是按列排列, 请单击 "行" 或 "列".

【标志位于第一行/标志位于第一列】如果输入区域的第一行中包含标志项, 请选择 "标志位于第一行" 复选框; 如果输入区域的第一列中包含标志项, 请选择 "标志位于第一列" 复选框; 如果输入区域没有标志项, 该复选框将被清除, Excel 将在输出表中生成适宜的数据标志.

【α】显著性水平.

【输出区域】输出表左上角单元格.

从图 10.9 可以看出, 单因素方差分析工具的输出结果被分为两部分: "SUMMARY"和 "方差分析". 其中"SUMMARY"给出样本的一些基本信息, 包括各组的样本观测数、和、均值、方差等; 而"方差分析"部分给出了方差分析表, 包括组间离差平方和 (即因素离差平方和)、组内离差平方和 (即误差离差平方和)、自由度 df、平均离差平方和 MS (平方和除以相应的自由度)、F 统计量、p 值、临界值等.

本例中 $p = 0.0038$, 说明三种菌型的平均存活日数有显著差异.

10.4.2 双因素方差分析 —— 无交互作用

在双因素方差分析中, 根据两个因素是否有交互作用, 而分别对应的是无重复双因素试验和有重复双因素试验.

无重复双因素试验, 就是在两个因素不同水平组成的每一个搭配下只做一次试验, 得到一个样本观测值, 不同的搭配下得到不同的独立观测值. 双因素方差分析的结果通常也是总结在方差分析表中.

Excel 在分析工具库中提供了【方差分析: 无重复双因素分析】工具, 如图 10.10 所示, 利用它可以直接实现双因素方差分析.

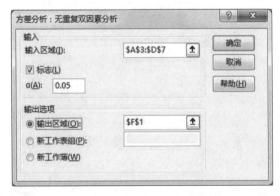

图 10.10 【方差分析: 无重复双因素分析】对话框

关于【方差分析: 无重复双因素分析】对话框的内容和【方差分析: 单因素方差分析】类似, 只是【输入区域】选项的单元格引用必须由两个或两个以上按列或行排列的相邻数据矩形区域组成.

例 10.4.2 在三块采用不同肥料的田地上种了四种不同品种的小麦, 观测对应的亩产量, 假定不同肥料和品种之间无交互作用, 试检验不同肥料和不同品种对产量是否有显著影响.

这是无重复试验的双因素方差分析问题, 对话框选项如图 10.10 所示, 原始数据和利用分析工具的计算结果如图 10.11 所示.

10.4.3 双因素方差分析 —— 有交互作用

有重复双因素试验, 就是在两个因素不同水平组成的每一个搭配下做相同次数 (多于一次) 的试验, 得到一组样本观测值, 不同的搭配下得到容量相同的独立样本组. 双因素方差分析的结果通常也是总结在方差分析表中.

	A	B	C	D	E	F	G	H	I	J	K	L
1	无重复的双因素方差分析					方差分析: 无重复双因素分析						
2												
3		肥料A	肥料B	肥料C		SUMMARY	观测数	求和	平均	方差		
4	品种1	7.3	9.5	5.9		品种1	3	22.7	7.566667	3.293333		
5	品种2	6.5	5.8	5.4		品种2	3	17.7	5.9	0.31		
6	品种3	4.2	8.9	6.1		品种3	3	19.2	6.4	5.59		
7	品种4	6.3	7.2	5.1		品种4	3	18.6	6.2	1.11		
8												
9						肥料A	4	24.3	6.075	1.749167		
10						肥料B	4	31.4	7.85	2.816667		
11						肥料C	4	22.5	5.625	0.209167		
12												
13						方差分析						
14						差异源	SS	df	MS	F	P-value	F crit
15						行	4.79	3	1.596667	1.004719	0.452963	4.757063
16						列	11.07	2	5.535833	3.483482	0.099069	5.143253
17						误差	9.535	6	1.589167			
18												
19						总计	25.4	11				

图 10.11　无重复双因素方差分析结果

Excel 在分析工具库中提供了【方差分析: 可重复双因素分析】工具, 如图 10.12 所示, 利用它可以直接实现有重复的双因素方差分析. 关于【方差分析: 可重复双因素分析】对话框的内容和【方差分析: 无重复双因素分析】类似, 只是【输入区域】选项的单元格引用中要包含标志所在单元格在内.【每一样本的行数】选项就是重复试验的次数, 而且重复试验的结果只能放在不同的行, 而不能放在不同的列.

例 10.4.3　记录三位操作工分别在不同机器上操作三天的日产量. 取显著性水平 $\alpha = 0.05$, 试分析操作工之间、机器之间以及两者的交互作用有无显著差异?

这是有重复试验的双因素方差分析问题, 对话框选项如图 10.12 所示, 原始数据和利用分析工具的计算结果如图 10.13 所示.

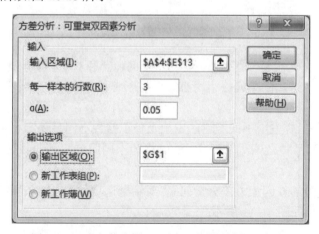

图 10.12　【方差分析: 可重复双因素分析】对话框

有重复的双因素方差分析

	机器A	机器B	机器C	机器D
甲	15	17	15	18
	15	17	17	20
	17	17	16	22
乙	9	15	18	15
	19	15	17	16
	16	15	16	17
丙	16	19	18	17
	18	22	17	17
	21	22	18	17

方差分析: 可重复双因素分析

SUMMARY	机器A	机器B	机器C	机器D	总计
甲					
观测数	3	3	3	3	12
求和	47	51	48	60	206
平均	15.66667	17	16	20	17.16667
方差	1.333333	0	1	4	4.333333
乙					
观测数	3	3	3	3	12
求和	44	45	51	48	188
平均	14.66667	15	17	16	15.66667
方差	26.33333	0	1	1	6.060606
丙					
观测数	3	3	3	3	12
求和	55	63	54	51	223
平均	18.33333	21	18	17	18.58333
方差	6.333333	3	0	0	4.083333
总计					
观测数	9	9	9	9	
求和	146	159	153	159	
平均	16.22222	17.66667	17	17.66667	
方差	11.19444	7.75	1.25	4.5	

方差分析

差异源	SS	df	MS	F	P-value	F crit
样本	51.05556	2	25.52778	6.962121	0.004126	3.402826
列	12.75	3	4.25	1.159091	0.345828	3.008787
交互	58.5	6	9.75	2.659091	0.040226	2.508189
内部	88	24	3.666667			
总计	210.3056	35				

图 10.13 可重复双因素方差分析结果

10.5 相关分析与回归分析

10.5.1 相关分析

相关关系可以分为简单相关和复相关 (又称多元相关), 简单相关是指一个变量与另一个变量之间的相关关系, 而多元相关是指一个变量与另两个或两个以上变量之间的相关关系, 多元相关包括了偏相关关系.

我们在第 8 章讨论了一些常用的相关性度量 —— 相关系数. 最常用的相关系数就是皮尔逊积差相关性系数, 本节我们只针对皮尔逊积差相关性系数, 给出在 Excel 中实现相关系数的计算方法. 对于多个变量而言, 其各种相关关系的度量和检验都依赖于相关系数矩阵, 因而我们这里只说明相关系数矩阵的计算, 而进一步的计算可以通过直接利用各种相关系数的公式计算.

Excel 提供了【数据分析】/【相关系数】工具, 见图 10.14, 利用它可以方便求解多个变量的相关系数矩阵.

在出现"相关系数"对话框中, 【输入区域】是待分析数据区域的单元格引用, 该引用必须由两个或两个以上按列或行排列的相邻数据区域组成. 【分组方式】是指输入区域中的数据是按行还是按列排列. 其他选项不言自明.

图 10.14　【相关分析】对话框

例 10.5.1　假设调查某地区 14 个社区的 5 项社会经济指标, 得到数据如图 10.15 所示. 利用【相关分析】工具, 计算 5 个变量的相关系数, 结果如图 10.16 所示.

	A	B	C	D	E	F
1	社区	总人口 (千人)	人均受教育 年限	非服务业就业 人数 (千人)	服务业就业 人数 (千人)	人均年收入 (万元)
2	1	5.935	14.20	2.625	2.27	2.91
3	2	1.523	13.10	0.597	0.75	2.62
4	3	2.599	12.70	1.237	1.11	1.72
5	4	4.009	15.20	1.649	0.81	3.02
6	5	4.687	14.70	2.312	2.50	2.22
7	6	8.044	15.60	3.641	4.51	2.36
8	7	2.766	13.30	1.244	1.03	1.97
9	8	6.538	17.00	2.618	2.39	1.85
10	9	6.451	12.90	3.147	5.52	2.01
11	10	3.314	12.20	1.606	2.18	1.82
12	11	3.777	13.00	2.119	2.83	1.80
13	12	1.530	13.80	0.798	0.84	4.25
14	13	2.768	13.60	1.336	1.75	2.64
15	14	6.585	14.90	2.763	1.91	3.17

图 10.15　5 个变量的观测值

	A	B	C	D	E	F
17		总人口	人均受教育年限	非服务业就业人数	服务业就业人数	人均年收入
18	总人口	1.000000				
19	人均受教育年限	0.610194	1.000000			
20	非服务业就业人数	0.978656	0.490552	1.000000		
21	服务业就业人数	0.739984	0.095393	0.836371	1.000000	
22	人均年收入	-0.171965	0.185928	-0.225590	-0.357996	1.000000

图 10.16　5 个变量相关系数矩阵

10.5.2　一元线性回归分析与预测

在 Excel 中提供了进行回归分析的一些函数, 主要有 LINEST 函数、INTERCEPT 函数、SLOPE 函数、RSQ 函数和 STEYX 函数等.

另外, 在 Excel 分析工具中给出了【回归】工具来直接实现回归, 如图 10.17 所示, 我们这里只介绍利用【回归】工具实现回归的方法. 关于【回归】对话框的说明如下.

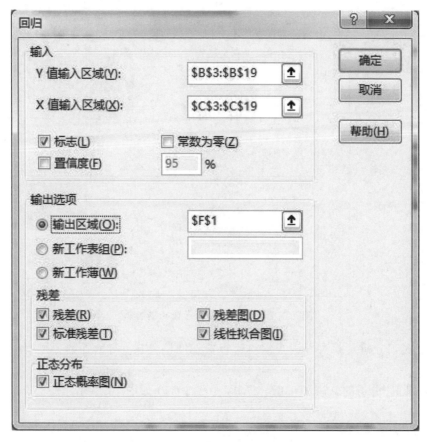

图 10.17 【回归】对话框

【Y 值输入区域】因变量数据区域, 该区域必须由单列数据组成.

【X 值输入区域】自变量数据区域, Excel 将对此区域中的自变量从左到右进行升序排列, 自变量的个数最多为 16.

【标志】如果输入区域的第一行或第一列包含标志, 请选择此复选框, Excel 将在输出表中生成适宜的数据标志.

【置信度】所要使用的置信度, 默认值为 95%.

【常数为零】如果要强制回归线经过原点, 选择此复选框.

【输出区域】输出表左上角单元格的引用.

【残差】如果需要在残差输出表中包含残差, 请选择此复选框.

【标准残差】如果需要在残差输出表中包含标准残差, 请选择此复选框.

【残差图】如果需要为每个自变量及其残差生成一张图表, 请选择此复选框.

【线性拟合图】如果需要为预测值和观察值生成一张图表, 请选择此复选框.

【正态概率图】如果需要生成一张图表来绘制正态概率, 请选择此复选框.

例 10.5.2 某商家要研究广告投入的效果, 从所有销售额相近的地区中随机选取 16 个地区, 分别统计销售额和广告费用, 如图 10.18 所示.

	A	B	C
1	应用回归分析工具实现回归分析		
3	地区	销售额 Y	广告费 X
4	1	5600	450
5	2	5200	400
6	3	3200	200
7	4	4200	330
8	5	4750	380
9	6	4400	350
10	7	3850	290
11	8	5900	480
12	9	3100	180
13	10	3250	210
14	11	4500	360
15	12	2800	150
16	13	5800	470
17	14	3300	250
18	15	4050	300
19	16	6100	500

图 10.18　16 个地区广告费和销售额

现在用回归分析工具实现销售额对广告费的回归分析. 对应各部分输出的结果分别如下.

(1) 对应回归分析的总输出 (SUMMARY OUTPUT) 如图 10.19 所示.

	F	G	H	I	J	K	L
1	SUMMARY OUTPUT						
3	回归统计						
4	Multiple R	0.9911685					
5	R Square	0.9824151					
6	Adjusted R Square	0.981159					
7	标准误差	150.3217					
8	观测值	16					
9							
10	方差分析						
11		df	SS	MS	F	Significance F	
12	回归分析	1	17673647	17673647	782.137	1.09768E-13	
13	残差	14	316352.6	22596.61			
14	总计	15	17990000				
15							
16		Coefficients	标准误差	t Stat	P-value	Lower 95%	Upper 95%
17	Intercept	1173.2523	120.4945	9.736976	1.3E-07	914.8172436	1431.68732
18	广告费 X	9.6656535	0.345613	27.96671	1.1E-13	8.924387788	10.4069192

图 10.19　回归结果汇总

下面介绍其中各项目的具体含义.

Multiple R: 多重相关系数, 是多重判定系数的平方根, 也称为复相关系数 (对于这里的一元线性回归而言, 就是简单相关系数), 它度量了因变量与 p 个 (本例中 $p = 1$) 自变量的相关程度.

R Square: 多重判定系数, 多重相关系数的平方, 是回归平方和占总平方和的比例, 它反映了因变量的变差中被回归方程所解释的变差比例.

Adjusted R Square: 修正多重判定系数, 是为避免增加自变量而高估 R^2, 用自变量的个数和样本容量对 R^2 加以修正而得到的值. 具体计算公式为

$$\text{Adjusted R Square} = 1 - (1 - R^2)\frac{n-1}{n-p-1},$$

其中, n 为样本容量, p 为自变量的个数 (本例中为 1).

标准误差: 是模型随机误差标准差的无偏估计, 是残差平方和与 $n-p-1$ 的商的平方根.

方差分析表: 含义与本书第 8 章完全一致.

Coefficients: Intercept = 1173.25, 广告费 X = 9.67. 它们分别是回归截距 a 和回归系数 b 的估计, 于是销售额对广告费的回归方程为

$$(\text{销售额}) \; Y = 1173.25 + 9.67 \, (\text{广告费}) \; X.$$

t Stat: 相应参数的假设的 t 统计量的值.

P-value: 相应检验的 p 值. 如广告费对应的 p 值 = 1.1E-13, 这是关于回归系数 b 的双边假设

$$H_0: b = 0 \quad \leftrightarrow \quad H_1: b \neq 0$$

的 p 值. 由于这个值非常小, 故拒绝 H_0, 认为回归效果是显著的.

Lower 和 Upper: 置信区间的下限和上限. 比如, 广告费对应的下限和上限分别为 8.9244 和 10.4069, 说明回归系数 b 的置信水平为 95% 的置信区间为 [8.9244, 10.4069].

(2) 对应回归分析的残差输出和正态概率输出如图 10.20 所示.

	F	G	H	I	J	K	L
22	RESIDUAL OUTPUT					PROBABILITY OUTPUT	
23							
24	观测值	预测 销售额 Y	残差	标准残差		百分比排位	销售额 Y
25	1	5522.796353	77.203647	0.531616		3.125	2800
26	2	5039.513678	160.486322	1.105091		9.375	3100
27	3	3106.382979	93.617021	0.644636		15.625	3200
28	4	4362.917933	-162.917933	-1.121835		21.875	3250
29	5	4846.200608	-96.200608	-0.662427		28.125	3300
30	6	4556.231003	-156.231003	-1.075789		34.375	3850
31	7	3976.291793	-126.291793	-0.869631		40.625	4050
32	8	5812.765957	87.234043	0.600684		46.875	4200
33	9	2913.069909	186.930091	1.287180		53.125	4400
34	10	3203.039514	46.960486	0.323365		59.375	4500
35	11	4652.887538	-152.887538	-1.052766		65.625	4750
36	12	2623.100304	176.899696	1.218111		71.875	5200
37	13	5716.109422	83.890578	0.577661		78.125	5600
38	14	3589.665653	-289.665653	-1.994605		84.375	5800
39	15	4072.948328	-22.948328	-0.158020		90.625	5900
40	16	6006.079027	93.920973	0.646729		96.875	6100

图 10.20 回归分析的残差和正态概率输出

10.5.3　多元线性回归分析与预测

采用 LINEST 函数也可以实现多元线性回归分析, 我们这里结合一个例子介绍利用【回归】工具实现回归的方法. 关于回归分析结果的具体说明请参阅一元线性回归分析部分的介绍, 在此不再赘述.

例 10.5.3　假设要研究社会零售总额的影响因素,选择 4 个可能的因素; 人均可支配收入、国内生产总值、固定资产投资总额和财政收入, 现有 15 年间对应的数据资料如图 10.21 所示, 试求出零售商品总额对上述 4 个因素的线性回归方程.

	A	B	C	D	E
1	零售总额 Y	人均可支配收入 X_1	国内生产总值 X_2	固定投资总额 X_3	财政收入 X_4
2	5820.00	1002.20	11962.50	3791.70	2199.35
3	7440.00	1181.40	14928.30	4753.80	2357.24
4	8101.40	1375.70	16909.20	4410.40	2664.90
5	8300.10	1510.20	18547.90	4517.00	2937.10
6	9415.60	1700.60	21617.80	5594.50	3149.48
7	10993.70	2026.60	26638.10	8080.10	3483.37
8	12462.10	2577.40	34634.40	13072.30	4348.95
9	16264.70	3496.20	46759.40	17042.10	5218.10
10	20620.00	4283.00	58478.10	20019.26	6242.20
11	24774.10	4838.90	67884.60	22913.55	7407.99
12	27298.90	5160.30	74462.60	24941.11	8651.14
13	29152.50	5425.10	78345.20	28406.17	9875.95
14	31134.70	5854.00	82067.46	29854.71	11444.08
15	34152.60	6280.00	89442.20	32917.73	13395.23
16	37595.20	6859.60	95933.30	37213.49	16386.04

图 10.21　多元线性回归分析的数据

在出现的【回归】对话框中输入相应的选项, 其含义与一元回归时类似, 只是输入区域为四列单元格, 如图 10.22 所示. 对应回归分析结果如图 10.23 所示.

图 10.22　多元线性【回归】对话框

从图 10.23 的回归结果中可以看出, 对应的回归方程为

$$Y = 1457.35 - 3.157X_1 + 0.580X_2 - 0.347X_3 + 0.918X_4.$$

从检验结果来看, 多重判定系数 0.999, 且通过了 F 检验, 因此回归方程总体十分显著. 从回归系数的检验来看, 4 个自变量对应的回归系数的 p 值均显著小于 0.05, 因此 4 个变量对零售商品总额均有显著影响.

	A	B	C	D	E	F	G
18	SUMMARY OUTPUT						
19							
20	回归统计						
21	Multiple R	0.999649394					
22	R Square	0.99929891					
23	Adjusted R Square	0.999018474					
24	标准误差	342.9092358					
25	观测值	15					
26							
27	方差分析						
28		df	SS	MS	F	Significance F	
29	回归分析	4	1676023439	419005859.6	3563.376666	1.0157E-15	
30	残差	10	1175867.44	117586.744			
31	总计	14	1677199306				
32							
33		Coefficients	标准误差	t Stat	P-value	Lower 95%	Upper 95%
34	Intercept	1457.350251	432.35828	3.370700455	0.007113035	493.9959695	2420.704533
35	人均可支配收入 X_1	-3.15708326	1.4088972	-2.240818748	0.048936217	-6.296301851	-0.017864669
36	国内生产总值 X_2	0.580350684	0.091856562	6.318010097	8.70344E-05	0.37568151	0.785019858
37	固定投资总额 X_3	-0.347308524	0.109252509	-3.178952402	0.009836934	-0.590738283	-0.103878765
38	财政收入 X_4	0.918015886	0.090436925	10.15089677	1.38543E-06	0.716509861	1.119521911

图 10.23 多元线性回归汇总输出

习 题 答 案

习题 1.1 (随机事件及其运算)

1 (1) $\Omega = \left\{ \left. \dfrac{i}{30} \, \right| \, i = 0, 1, 2, \cdots, 3000 \right\}$.

(2) $\Omega = \{\mathrm{BB, BW, BR, WB, WW, WR, RB, RW, RR}\}$, 其中 B 表示黑球, W 表示白球, R 表示红球.

(3) $\Omega = \{\mathrm{BW, BR, WB, WR, RB, RW}\}$, 其中 B 表示黑球, W 表示白球, R 表示红球.

(4) $\Omega = \left\{ (x, y) \,\middle|\, x^2 + y^2 < 1 \right\}$.

(5) $\Omega = \left\{ (x, y) \,\middle|\, x > 0, y > 0, x + y = 1 \right\}$.

2 (1) $\Omega = \{(\text{正, 正}), (\text{正, 反}), (\text{反, 正}), (\text{反, 反})\}$; $A = \{(\text{正, 正}), (\text{正, 反})\}$, $B = \{(\text{正, 正}), (\text{反, 反})\}$; $C = \{(\text{正, 正}), (\text{正, 反}), (\text{反, 正})\}$.

(2) $\Omega = \{\{1, 2, 3\}, \{1, 2, 4\}, \{1, 2, 5\}, \{1, 3, 4\}, \{1, 3, 5\}, \{1, 4, 5\}, \{2, 3, 4\}, \{2, 3, 5\}, \{2, 4, 5\}, \{3, 4, 5\}\}$; 其中 $\{i, j, k\}$ 为序数对, 表示取出的 3 个球中, 有一个 i 号, 一个 j 号, 一个 k 好球. $A = \{\{1, 2, 3\}, \{1, 2, 4\}, \{1, 2, 5\}, \{1, 3, 4\}, \{1, 3, 5\}, \{1, 4, 5\}\}$; $B = \{\{1, 3, 5\}\}$; $C = \varnothing$.

(3) $\Omega = \{(1, 1), (1, 2), (1, 3), (1, 4), (2, 1), (2, 2), (2, 3), (2, 4), (3, 1), (3, 2), (3, 3), (3, 4), (4, 1), (4, 2), (4, 3), (4, 4)\}$; $A = \{(1, 2), (2, 1), (2, 4), (4, 2)\}$.

(4) $\Omega = \{(i, j) \,|\, i, j = 1, 2, \cdots, 6\}$ $A = \{(1, 2), (1, 4), (1, 6), (2, 1), (4, 1), (6, 1)\}$; $B = \{(2, 2), (2, 4), (2, 6), (3, 3), (3, 5), (4, 2), (4, 4), (4, 6), (5, 3), (5, 5), (6, 2), (6, 4), (6, 6)\}$.

(5)   设 ω_0 表示和局, ω_1 表示甲胜, ω_2 表示乙胜, 则 $\Omega = \{\omega_0, \omega_1, \omega_2\}$. $A = \{\omega_0, \omega_1\}$. $B = \{\omega_0\}$.

(6)   设 (a, b, c) 表示 a, b, c 三个球分别放入 A, B, C 三个盒子中, 则 $\Omega = \{(a, b, c), (a, c, b), (b, a, c), (b, c, a), (c, a, b), (c, b, a)\}$. $A_1 = \{(a, b, c)\}$; $A_2 = \{(b, c, a), (c, a, b), (b, a, c)\}$.

3 (1) ABC^cC^c;   (2) ABC^c;   (3) ABC;   (4) $A^cB^cC^c = (A \cup B \cup C)^c$;

(5) $(ABC)^c = A^c \cup B^c \cup C^c$;   (6) $A \cup B \cup C$;

(7) $AB \cup BC \cup CA = ABC^c \cup AB^cC \cup A^cBC \cup ABC$;

(8) $A^cB^cC^c \cup AB^cC^c \cup A^cBC^c \cup A^cB^cC = (AB \cup BC \cup CA)^c$;

(9) $(ABC)^c = A^c \cup B^c \cup C^c$.

4 (1) 被选学生是三年级男生, 且不是科普队员;   (2) 科普队员全是三年级男生;

(3) 科普队员全是三年级学生;   (4) 三年级学生全是女生, 而其他年级学生全是男生.

5 (1) $A^c =$ "掷三枚硬币, 至少有一枚为背面".

(2) $B^c =$ "射击三次, 都未击中目标".

(3) $C^c =$ "甲产品滞销或乙产品畅销".

6 证 (1) $A = A\Omega = A(B \cup B^c) = AB \cup AB^c$. (2) 略.

7 证 $A = A(B \cup B^c) = AB \cup AB^c = AB \cup A^cB = (A \cup A^c)B = B$.

习题 1.2 (排列与组合)

1 (略)   **2** 105.   **3** (略)   **4** (略)

习题 1.3 (随机事件的概率)

1 $1/60 \approx 0.017$.   **2** $3/10 = 0.3$.

3 (1) $\dfrac{C_{37}^5}{C_{40}^5} \approx 0.6624$; (2) $\dfrac{C_3^2 C_{37}^3}{C_{40}^5} \approx 0.0354$.   **4** $\dfrac{4^3}{6^3} \approx 0.296$.

5 $1/6 \approx 0.167$.   **6** $41/90 \approx 0.4556$.

7 $P(A_1) = 7/15$; $P(A_2) = 14/15$.   **8** 25; $5/25 = 0.2$.

9 (1) $\dfrac{P_{13}^3}{13^3} \approx 0.781$; (2) $1 - \dfrac{P_{13}^3}{13^3} \approx 0.219$; (3) $1 - \dfrac{13}{13^3} \approx 0.994$.

10 $6/16$; $9/16$; $1/16$.   **11** $\dfrac{(C_{2n}^n)^2}{4^{2n}}$.

12 7; 2 和 12.   **13** $17/25$.

14 $1/4$.   **15** 0.879.

习题 1.4 (概率的公理化定义及概率的性质)

1 $5/8 = 0.625$.   **2** (1) $1/2$; (2) $3/8$.   **3** (略)

4 $1 - p$.   **5** 0.3.   **6** 0.6.   **7** (略)

8 $P(A \cup B) = p + q$, $P(A^c \cup B) = 1 - p$, $P(A^c \cap B) = q$, $P(A \cap B) = 0$,
$P(A^c \cap B^c) = 1 - p - q$ **9** (1) 0.10; (2) 0.6.

习题 1.5 (条件概率)

1 $P(A \mid B) = \dfrac{3}{14} \approx 0.2143$; $P(B \mid A) = \dfrac{3}{8} = 0.3750$; $P(A \cup B) = \dfrac{19}{30} \approx 0.6333$.

2 $P(B \mid A \cup B) = \dfrac{4}{9}$.   **3** $P(A \cup B) = \dfrac{1}{3}$.   **4** (略)   **5** 3/4.

6 (略)   **7** (1) 0.15; (2) 0.5.   **8** 0.2381.   **9** 2/5.

10 (1) $\dfrac{b}{b+r} \cdot \dfrac{b+c}{b+r+c}$; (2) $C_n^{n_1} \dfrac{\prod_{i=0}^{n_1-1}(b+ic) \prod_{j=0}^{n_2-1}(r+jc)}{\prod_{k=0}^{n-1}(b+r+kc)}$; (3) 略; (4) 略.

习题 1.6 (事件的独立性)

1 (略)   **2** (略)   **3** (1) 不正确; (2) 不正确.

4 (略)   **5** (略)   **6** (略)

7 0.2. **8** 1/4. **9** 0.902.

10 0.328. **11** 2/3. **12** $5/13 \approx 0.3846$.

13 1/3. **14** 1/4. **15** 0.6.

16 $P(A) > P(B)$. **17** $\sum_{k=0}^{5} C_{10}^k 0.2^k 0.8^{10-k} = 0.9936$. **18** 0.04883.

19 $\frac{1}{2}\left[1 - C_{100}^{50}(0.5)^{100}\right] \approx 0.46$ **20** $2/5 = 0.4$. **21** 0.84; 6.

22 0.2. **23** 0.1601. **24** $\dfrac{(\lambda p)^m}{m!}e^{-\lambda p}$.

25 0.458. **26** 12/17. **27** $3p^2(1-p)^2$.

28 $[1 + (1-2p)^n]/2$.

习题 2.1 (随机变量)

1 (1) $F(b-0) - F(a)$; (2) $F(b) - F(a-0)$; (3) $F(b-0) - F(a-0)$; (4) $F(b) - F(a)$.

2 $P(X < 3) = 1/3$; $P(X \leqslant 3) = 1/2$; $P(X > 1) = 2/3$; $P(X \geqslant 1) = 3/4$.

3 $\dfrac{1}{2} - e^{-1}$. **4** $F(x) = \begin{cases} 0, & x < 0; \\ x/a, & 0 \leqslant x \leqslant a; \\ 1, & x > a. \end{cases}$ **5** (略)

6 $A = \dfrac{1}{2}, B = \dfrac{1}{\pi}$.

习题 2.2 (离散型随机变量及其概率分布)

1 (1) $P(X = k) = \dfrac{C_5^k C_{95}^{20-k}}{C_{100}^{20}}$, $k = 0, 1, 2, 3, 4, 5$;

(2) $P(X = k) = C_{30}^k (0.8)^k (0.2)^{30-k}$, $k = 0, 1, 2, \cdots, 30$;

(3) $P(X = k) = (0.2)^{k-1} 0.8$, $k = 1, 2, 3, \cdots$;

(4)

X	2	3	4	5	6	7	8	9	10	11	12
P	1/36	2/36	3/36	4/36	5/36	6/36	5/36	4/36	3/36	2/36	1/36

(5)

X	3	4	5
P	1/10	3/10	6/10

(6) $P(X = k) = C_n^k (0.5)^n$, $k = 0, 1, 2, \cdots, n$;

(7) $P(X = k) = (0.5)^k$, $k = 1, 2, \cdots$;

(8)

X	0	1	2	3	4
P	p	$(1-p)p$	$(1-p)^2 p$	$(1-p)^3 p$	$(1-p)^4$

2 (1) $\dfrac{3}{15}$; (2) $\dfrac{3}{15}$; (3) $\dfrac{3}{15}$; (4) X 的分布函数 $F(x) = \begin{cases} 0, & x < 1; \\ 1/15, & 1 \leqslant x < 2; \\ 3/15, & 2 \leqslant x < 3; \\ 6/15, & 3 \leqslant x < 4; \\ 10/15, & 4 \leqslant x < 5; \\ 1, & x \geqslant 5. \end{cases}$

3 $C = 27/13$.

4 (1) $F(x) = \begin{cases} 0, & x < 2; \\ 3/10, & 2 \leqslant x < 3; \\ 7/10, & 3 \leqslant x < 4; \\ 1, & x \geqslant 4. \end{cases}$ (2) $P(X < 2) = 0$; $P(X > 4) = 0$.

5 $19/27$. **6** $\dfrac{2^4}{4!}\mathrm{e}^{-2} \approx 0.0902$. **7** $(1 + \mathrm{e}^{-2\lambda})/2$.

8 16. **9** (1) 0.002; (2) 0.951. **10** (1) 3/16; (2) 1/64.

11 $p^4 + 4p^4(1-p) + 10p^4(1-p)^2 + 20p^4(1-p)^3$.

习题 2.3 (连续型随机变量及其概率密度函数)

1 (1) 2; (2) 0.4. **2** (1) $1/\pi$; (2) $1/3$.

3 $a = \sqrt[3]{4} \approx 1.5874$. **4** 0.2.

5 (1) $F(x) = \begin{cases} 0, & x < 0; \\ \dfrac{1}{2}x^2, & 0 \leqslant x \leqslant 1; \\ -\dfrac{1}{2}x^2 + 2x - 1, & 1 < x \leqslant 2; \\ 1, & x > 2. \end{cases}$ (2) 0.125; 0.245; 0.66.

6 $1 \leqslant k \leqslant 3$. **7** (略). **8** 0.4. **9** $1 - \mathrm{e}^{-1}$.

10 (略). **11** (1) 0.95254; (2) 0.81648. **12** $p_1 > p_2 > p_3$.

13 4. **14** $2a + 3b = 4$. **15** $u_{(1+\alpha)/2}$.

16 (1) 0.07636; (2) $x \geqslant 57.75$. **17** (略). **18** $\sigma_1 < \sigma_2$.

19 (略). **20** 0.2639.

习题 2.4 (多维随机变量及其分布)

1 (1) $A = \dfrac{1}{\pi^2}$, $B = \dfrac{\pi}{2}$, $C = \dfrac{\pi}{2}$. (2) $P(X > 1) = \dfrac{1}{4}$.

2 由于 $G(1,1) - G(0,1) - G(1,0) + G(0,0) = -1 < 0$, 可见 $G(x,y)$ 不满足分布函数的性质 (4), 因而不是一个分布函数.

3

	Y \ X	0	1	2	3	
	1	0	3/8	3/8	0	3/4
	3	1/8	0	0	1/8	1/4
		1/8	3/8	3/8	1/8	

4 $P(X = n) = \dfrac{\lambda^n}{n!}\mathrm{e}^{-\lambda},\ n = 0,1,2,\cdots;$ $P(Y = m) = \dfrac{(\lambda p)^m}{m!}\mathrm{e}^{-\lambda p},\ m = 0,1,2,\cdots.$

5

X_1 \ X_2	0	1
0	$1 - \mathrm{e}^{-1}$	0
1	$\mathrm{e}^{-1} - \mathrm{e}^{-2}$	e^{-2}

6 13/48.

7 (1) $C_n^m p^m (1-p)^{n-m},\ 0 \leqslant m \leqslant n,\ n = 0,1,2,\cdots;$

(2) $\dfrac{\lambda^n p^m (1-p)^{n-m}}{m!(n-m)!}\mathrm{e}^{-\lambda},\ 0 \leqslant m \leqslant n,\ n = 0,1,2,\cdots;$

8 (1) $C = 12$; (2) $F(x,y) = \begin{cases} (1 - \mathrm{e}^{-3x})(1 - \mathrm{e}^{-4y}), & x > 0, y > 0; \\ 0, & \text{其他}. \end{cases}$

(3) $(1 - \mathrm{e}^{-3})(1 - \mathrm{e}^{-8}) \approx 0.95.$ **9** 1/4.

10 (1) $C = \dfrac{3}{\pi R^3}$; (2) $\dfrac{3r^2}{R^2}\left(1 - \dfrac{2r}{3R}\right).$ **11** (1) $C = \dfrac{1}{\pi^2}$; (2) 1/16.

12 (1) $A = \dfrac{1}{2}$; (2) $f_X(x) = f_Y(x) = \begin{cases} \dfrac{1}{2}(\sin x + \cos x), & 0 < x < \dfrac{\pi}{2}; \\ 0, & \text{其他}. \end{cases}$

13 1/4.   **14** $f(x,y) = \begin{cases} 6, & 0 \leqslant x \leqslant 1, x^2 \leqslant y \leqslant 1; \\ 0, & \text{其他}. \end{cases}$

$f_X(x) = \begin{cases} 6(x - x^2), & 0 \leqslant x \leqslant 1; \\ 0, & \text{其他}. \end{cases}$ $f_Y(y) = \begin{cases} 6(\sqrt{y} - y), & 0 \leqslant y \leqslant 1; \\ 0, & \text{其他}. \end{cases}$

15 5/8.   **16** $\mathrm{e}^{-2.4} \approx 0.091.$ **17** 1/2.

18 $\dfrac{65}{72} \approx 0.9028.$ **19** (1) $f_Y(y) = \begin{cases} \dfrac{3}{8\sqrt{y}}, & 0 \leqslant y < 1; \\ \dfrac{1}{8\sqrt{y}}, & 1 \leqslant y \leqslant 4; \\ 0, & \text{其他}. \end{cases}$ (2) $\dfrac{1}{4}.$

习题 2.5 (随机变量的独立性和条件分布)

1 (1) 1/2; (2) (略).

	X	Y			$P(X = x_i) = p_i$
2		y_1	y_2	y_3	
	x_1	1/24	1/8	1/12	1/4
	x_2	1/8	3/8	1/4	3/4
	$P(Y = y_j) = p_j$	1/6	1/2	1/3	1

3 $\alpha = 2/9$, $\beta = 1/9$.   **4** 1/6

5 $a = 0.4$, $b = 0.1$.   **6** (1) $\dfrac{4}{9}$;   (2)

	X		
Y	0	1	2
0	1/4	1/6	1/36
1	1/3	1/9	0
2	1/9	0	0

7 $f(x, y) = \begin{cases} \dfrac{1}{(b-a)(d-c)}, & a < x < b, c < y < d; \\ 0, & \text{其他}. \end{cases}$

$f_X(x) = \begin{cases} \dfrac{1}{b-a}, & a < x < b; \\ 0, & \text{其他}. \end{cases}$ $f_Y(y) = \begin{cases} \dfrac{1}{d-c}, & c < y < d; \\ 0, & \text{其他}. \end{cases}$ X 与 Y 独立.

8 (1)、(2)、(3)、(6) 独立; (4)、(5)、(7) 不相互独立.

9 (略)

10 $\pi/4$.   **11** 1/5.

12 $P(Y = j) = \dfrac{(\lambda p)^j}{j!} \mathrm{e}^{-\lambda}$, $j = 0, 1, 2, \cdots$.

13 $A = \dfrac{1}{\pi}$; $f_{Y|X}(y \,|\, x) = \dfrac{1}{\sqrt{\pi}} \mathrm{e}^{-x^2 + 2xy - y^2}$, $-\infty < y < +\infty, -\infty < x < +\infty$.

14 (1) $f(x, y) = \begin{cases} \dfrac{9y^2}{x}, & 0 < x < 1, 0 < y < x; \\ 0, & \text{其他}. \end{cases}$

(2) $f_Y(y) = \begin{cases} -9y^2 \ln y, & 0 < y < 1; \\ 0, & \text{其他}. \end{cases}$

15 $F\left(y \,\Big|\, 0 < X < \dfrac{1}{n}\right) = \begin{cases} 0, & y \leqslant 0; \\ \dfrac{y(1 + ny)}{n + 1}, & 0 < y \leqslant 1; \\ 1, & y > 1. \end{cases}$

$f\left(y \,\Big|\, 0 < X < \dfrac{1}{n}\right) = \begin{cases} \dfrac{1 + 2ny}{n + 1}, & 0 < y \leqslant 1; \\ 0, & \text{其他}. \end{cases}$

16 $F_Y(y) = \begin{cases} 0, & y < 0; \\ \dfrac{3}{4}y, & \leqslant y < 1; \\ \dfrac{1}{4}y + \dfrac{1}{2}, & 1 \leqslant y < 2; \\ 1, & y \geqslant 2. \end{cases}$ **17** $\dfrac{1}{\sqrt{2\pi}} \exp\left\{-\dfrac{1}{2}x^2\right\}.$ **18** $\dfrac{1}{2}.$

习题 2.6 (随机变量的变换及其分布)

1

$Y = X^2$	0	1	4	9
P	$\dfrac{1}{5}$	$\dfrac{7}{30}$	$\dfrac{1}{5}$	$\dfrac{11}{30}$

$Z = |X|$	0	1	2	3
P	$\dfrac{1}{5}$	$\dfrac{7}{30}$	$\dfrac{1}{5}$	$\dfrac{11}{30}$

2

Y	-1	1
P	$1/3$	$2/3$

3 $f_Y(y) = \begin{cases} \dfrac{2}{\sqrt{2\pi}}e^{-\frac{1}{2}y^2}, & y > 0; \\ 0, & y \leqslant 0. \end{cases}$ **4** (略)

5 (略) **6** $f_Y(y) = \begin{cases} \dfrac{2}{\pi\sqrt{1-y^2}}, & 0 < y < 1; \\ 0, & 其他. \end{cases}$ **7** (略)

8 $P(n) = C_{n-1}^1 p^2 (1-p)^{n-2} = (n-1)(1/8)^2(7/8)^{n-2}, \; n = 2, 3, \cdots.$

9 (1) $F_Y(y) = \begin{cases} 0, & y < 1; \\ (y^3 + 18)/27, & 1 \leqslant y < 2; \\ 1, & y \geqslant 2. \end{cases}$ (2) $8/27.$ **10** (略)

11 $P(Z = 0) = e^{-\lambda}; \quad P(Z = k) = \dfrac{\lambda^k}{2 \cdot k!} e^{-\lambda}, \; k = 1, 2, 3, \cdots;$

$P(Z = -k) = \dfrac{\lambda^k}{2 \cdot k!} e^{-\lambda}, \; k = 1, 2, 3, \cdots.$

12 $f_Z(t) = \begin{cases} t, & 0 \leqslant t < 1; \\ t - 2, & 2 \leqslant t < 3 \\ 0, & 其他. \end{cases}$ **13** $1/9.$

14 $f_Z(z) = \begin{cases} \dfrac{z}{\sigma^2} \exp\left\{-\dfrac{z^2}{2\sigma^2}\right\}, & z > 0; \\ 0, & z \leqslant 0. \end{cases}$

15 (1) $f_X(x) = \begin{cases} 2x, & 0 < x < 1; \\ 0, & 其他. \end{cases}$ $f_Y(y) = \begin{cases} 1 - y/2, & 0 < y < 2; \\ 0, & 其他. \end{cases}$

(2) $f_Z(z) = \begin{cases} 1 - z/2, & 0 < z < 2; \\ 0, & 其他. \end{cases}$

16 (1) $\dfrac{7}{24};$ (2) $f_Z(z) = \begin{cases} 2z - z^2, & 0 \leqslant z < 1; \\ (2 - z)^2, & 1 \leqslant z < 2; \\ 0, & 其他. \end{cases}$ **17** $0.5.$

18 $f_Z(z) = \dfrac{1}{4a}\left(1 + \dfrac{|z|}{a}\right)\exp\left(-\dfrac{|z|}{a}\right).$ **19** $f_Z(z) = \dfrac{1}{\pi(1+z^2)}.$

20 $f_Z(z) = \begin{cases} \dfrac{\lambda\mu}{\lambda-\mu}(\mathrm{e}^{-\mu z} - \mathrm{e}^{-\lambda z}), & z > 0, \lambda \neq \mu; \\ \lambda^2 z\mathrm{e}^{-\lambda z}, & z > 0, \lambda = \mu; \\ 0, & z \leqslant 0. \end{cases}$

21 $f_Z(z) = \begin{cases} \dfrac{1}{4}(2 - |z|), & |z| < 2; \\ 0, & |z| \geqslant 2. \end{cases}$

22 $f_Z(z) = \begin{cases} 2 - 2z, & 0 < z < 1; \\ 0, & \text{其他}. \end{cases}$; $P\left(Z < \dfrac{1}{2}\right) = 0.75.$

23 $f_Z(z) = \begin{cases} \dfrac{1}{(z+1)^2}, & z > 0; \\ 0, & z \leqslant 0. \end{cases}$ **24** $f_Z(z) = \begin{cases} \mathrm{e}^{-z}, & z \geqslant 0; \\ 0, & z < 0. \end{cases}$

25 (1) (略);   (2) $P(Z = k) = (2 - q^k - q^{k-1})pq^{k-1};$

(3) $P(X = k, Z = j) = \begin{cases} pq^{k-1}(1 - q^k), & k = j; \\ p^2 q^{k+j-2}, & k < j; \\ 0, & k > j. \end{cases}$

26 $f_N(x) = \begin{cases} n\lambda\mathrm{e}^{-\lambda n x}, & x > 0; \\ 0, & x \leqslant 0. \end{cases}$

27 (1) $f(x,y) = \begin{cases} 3, & 0 < x < 1, x^2 < y < \sqrt{x}; \\ 0, & \text{其他}. \end{cases}$ (2) 不独立;

(3) $F_Z(z) = \begin{cases} 0, & z < 0; \\ \dfrac{3}{2}z^2 - z^3, & 0 \leqslant z < 1; \\ \dfrac{1}{2} + 2(z-1)^{\frac{3}{2}} - \dfrac{3}{2}(z-1)^2, & 1 \leqslant z < 2; \\ 1, & z \geqslant 2. \end{cases}$

28 (略)   **29** 2α

习题 3.1 (随机变量的数学期望)

1 $\dfrac{1 - (1-p)^{10}}{p}.$ **2** $p_1 + p_2 + p_3.$ **3** 44.64.

4 $\begin{array}{l} P(X = k) = C_3^k 0.4^k 0.6^{3-k}, \\ \qquad k = 0, 1, 2, 3; \end{array}$ $F(x) = \begin{cases} 0, & x < 0; \\ 27/125, & 0 \leqslant x < 1; \\ 81/125, & 1 \leqslant x < 2; \\ 117/125, & 2 \leqslant x < 3; \\ 1, & x \geqslant 3. \end{cases}$; $\mathrm{E}(X) = \dfrac{6}{5}.$

5　令 X 表示赌徒赢得的数目，$E(X) = -\dfrac{425}{54}$，这个赌博对赌徒不公平.

6　$\dfrac{p^2 - p + 1}{p(1-p)}$.　　　　　　　**7**　$\dfrac{n+2}{3}$.　　　　　　　**8**　(1) 3/2；(2) 1/4.

9　不存在.　　　　　　**10**　3/4.　　　　　　**11**　1/5.

12　$2\,\mathrm{e}^2$　　　　**13**　$a = 1/3, b = 2$.　　　**14**　$\dfrac{3}{4}\sqrt{\pi}$.　　　**15**　(略).

16　(略).　　　　**17**　0.7.　　　　**18**　(略).　　　**19**　(略).

习题 3.2 (随机变量的方差)

1　9.　　　　　　**2**　2/3.　　　　　**3**　1.　　　　　　**4**　9/2.

5　$E(X) = 6/5$，$D(X) = 9/25$.　　　　**6**　$\dfrac{7n}{2}, \dfrac{35n}{12}$.　　　**7**　(略).

8　$E(X) = 0, D(X) = \pi^2/12 - \dfrac{1}{2}$.　　**9**　$a = 1/2, b = 1/\pi, E(X) = 0, D(X) = 1/2$.

10　$E(X) = 0$，$\sqrt{D(X)} = \sqrt{2}/2$.　　　　　**11**　$E(X) = 0$，$D(X) = 2$.

12　$E(Y) = 0$，$D(Y) = 1/2$.　　　　　　**13**　$E(X) = 0$，$D(X) = \dfrac{1}{2}R^2$.

14　$1 - 2/\pi$.　　　**15**　44.　　　**16**　(略).　　　**17**　(略).

习题 3.3 (常用概率分布的期望和方差)

1　$E(X) = p^{-1}$，$D(X) = (1-p)p^{-2}$.　　　**2**　$kp^{-1}, k(1-p)p^{-2}$.　　　**3**　1.

4　$n = 6, p = 0.4$.　　　**5**　80/81.　　　**6**　5.　　　**7**　16.

8　$(2\,\mathrm{e})^{-1}$.　　　　**9**　e^{-1}.　　　**10**　33.64 元.

11　$\mu_1 = -2, \sigma_1 = 1/\sqrt{2}$；　$\mu_2 = 0, \sigma_2 = 1/2$；　$\mu_3 = 0, \sigma_3 = 1/\sqrt{2}$.

12　$E(X) = \lambda\Gamma\left(\dfrac{1}{\beta} + 1\right)$，　$D(X) = \lambda^2\left[\Gamma\left(\dfrac{2}{\beta} + 1\right) - \Gamma^2\left(\dfrac{1}{\beta} + 1\right)\right]$.

13　当 $n = 1$ 时，X 的分布为柯西分布. 期望、方差均不存在. 当 $n > 1$ 时，$E(X) = 0$. 当 $n = 2$ 时，$D(X)$ 不存在. 当 $n > 2$ 时，$D(X) = \dfrac{n}{n-2}$.

14　当 $n_2 > 2$ 时，$E(X) = \dfrac{n_2}{n_2 - 2}$；　当 $n_2 > 4$ 时，$D(X) = \dfrac{2n_2^2(n_2 + n_1 - 2)}{n_1(n_2 - 2)^2(n_2 - 4)}$.

15　0.4.

习题 3.4 (多维随机变量的数字特征)

1　σ^2/n.　　　　**2**　(1) $\dfrac{1}{4}$；　(2) $-\dfrac{2}{3}$.　　　　**3**　-1.

4 $-\dfrac{1}{2}$.　**5** (1)

X	Y 0	1
0	2/3	1/12
1	1/6	1/12

; (2) $\dfrac{\sqrt{15}}{15}$; (3)

Z	0	1	2
0	$\dfrac{2}{3}$	$\dfrac{1}{4}$	$\dfrac{1}{12}$

.

6 (1)

X	Y 0	1
0	2/9	1/9
1	1/9	5/9

; (2) $\dfrac{4}{9}$.　　　　**7** 5.

8 $E(X^2) - [E(X)]^2 = E(Y^2) - [E(Y)]^2$.　　　**9** $-1/81$.　　**10** $\dfrac{61}{74} \approx 0.8243$.

11 $P(Y = 2X + 1) = 1$.　　**12** $\sqrt{\dfrac{120}{121}}$.　　**13** $D(X + Y) = 85,\ D(X - Y) = 37$.

14 $E(Y) = \mu,\ D(Y) = \sigma^2/n$.

15 $E(X + Y + Z) = 1,\ D(X + Y + Z) = 3$.　　　　**16** $\begin{pmatrix} 250 & -26 & 48 \\ -26 & 305 & -76 \\ 48 & -76 & 26 \end{pmatrix}$

17 (略).　　　**18** $\dfrac{n - m}{n}$.　　　**19** $\dfrac{n\rho}{1 + (n - 1)\rho}$.　　　　**20** 0.

习题 3.5 (其他常用数字特征)

1 (略).　　　　　　**2** (略).

3 $\rho_{XY} = \begin{cases} \dfrac{n!!}{\sqrt{(2n - 1)!!}}, & n \text{ 为奇数}; \\ 0, & n \text{ 为偶数}. \end{cases}$　　**4** $\dfrac{\sqrt{3}}{3} \approx 0.5774$.

5 $CV = \dfrac{1}{\sqrt{\alpha}}$;　$\gamma_3 = \dfrac{2}{\sqrt{\alpha}}$;　$\gamma_4 = \dfrac{6}{\alpha}$.　　　　**6** (1) $\sqrt[3]{1/2}$;　(2) 0.

7 (1) $\dfrac{a + b}{2}$;　(2) μ;　(3) e^μ.　　　　　**8** $x_{0.1} = 6.154$;　$x_{0.9} = 13.846$.

9 (1) $x_{0.1} = 0.211$;　(2) $x_{0.5} = 1.386$;　(3) $x_{0.8} = 3.219$.　　　**10** 4099kg.

11 (略).

习题 3.6 (条件数学期望)

1 $E(X \mid Y = 2) = 3.12$; $E(Y \mid X = 0) = 2$.　**2** $n\lambda_1/(\lambda_1 + \lambda_2)$.　**3** $n(n + 1)/2$.

4 7/9.　　　**5** 7/12.　　　**6** (略).　　　**7** $\dfrac{1300}{3} \approx 433$.　　　**8** (略).

习题 4.1 (特征函数)

1 $0.4 + 0.3\,e^{it} + 0.2\,e^{2it} + 0.1\,e^{3it},\ -\infty < t < \infty$.　**2** 提示: 直接由定义验证.

3 $\phi(t) = \dfrac{pe^{it}}{1 - qe^{it}}$. **4** (略). **5** 提示: 计算 $\sqrt{1/n}\sum_{k=1}^{n} X_k$ 的特征函数.

6 $\phi(t) = \dfrac{1}{1 + t^2}$. **7** 提示: 计算 $X + Y$ 的特征函数.

8 提示: 计算 $X + Y$ 的特征函数. **9** 提示: 计算 $X + Y$ 的特征函数.

10 提示: 计算 $X + Y$ 的特征函数. **11** 提示: 计算 Y_n 的特征函数.

习题 4.2 (随机变量序列的两种收敛性)

1 提示: 直接计算概率 $P(|Y_n - \theta| \geqslant \varepsilon)$. **2** (略). **3** (略).

4 提示: 利用 g 连续的定义和依概率收敛的概念验证. **5** (略). **6** (略). **7** (略).

8 $F(x) = \lim\limits_{n\to\infty} F_n(x) = \dfrac{1}{2}$, $x \in (-\infty, +\infty)$. 不是分布函数.

9 提示: 利用特征函数证明. **10** 提示: 运用切比雪夫不等式.

习题 4.3 (大数定律)

1 提示: 运用切比雪夫大数定律. **2** 提示: 运用切比雪夫大数定律.

3 提示: 运用切比雪夫大数定律. **4** 提示: 运用切比雪夫不等式.

5 提示: 运用切比雪夫不等式. **6** 是 (运用切比雪夫不等式).

7 是 (运用欣钦大数定律). **8** 提示: 运用欣钦大数定律.

9 提示: 设 $E(X_n) = \mu$, 先证 $\dfrac{1}{n}\sum_{k=1}^{n} X_k^2 \xrightarrow{P} \sigma^2 + \mu^2$ 和 $(\overline{X})^2 \xrightarrow{P} \mu^2$.

10 提示: 计算 $D\left(\dfrac{1}{n}\sum_{k=1}^{n} a_k Y_k\right)$ 并证明极限为 0.

习题 4.4 (中心极限定理)

1 0.00135. **2** 0.9332. **3** 0.0124, $[925, 1075]$.

4 14. **5** 841. **6** 16.

7 0.9969. **8** 0.6726. **9** (1) 0.1802; (2) 443.

10 0.0787. **11** 0.9857. **12** (略). **13** 0.005.

14 提示: 设 $X_1, X_2, \cdots, X_n, \cdots \overset{iid}{\sim} P(1)$, 然后运用林德贝格–莱维定理.

习题 5.2 (总体与样本)

1 总体是该厂生产的每盒产品中的不合格品数; 样本是任意抽取 n 盒中每盒产品的不合格品数; 样本的联合分布为

$$P(X_1 = x_1, X_2 = x_2, \cdots, X_n = x_n) = \prod_{i=1}^{n} C_m^{x_i} p^{x_i}(1-p)^{m-x_i}, \ x_i = 0, 1, \cdots, m.$$

2 总体为射手命中的次数, 样本为有 n 个 0 或 1 组成的集合; 样本的联合分布为

$$P(X_1 = x_1, X_2 = x_2, \cdots, X_n = x_n)$$
$$= p^t(1-p)^{n-t}, \ t = x_1 + x_2 + \cdots + x_n, \ x_i = 0, 1, \ i = 1, 2, \cdots, n.$$

3 同上题, 其中 $p = M/N$.

4 $f^*(x_1, x_2, \cdots, x_n) = \left(\dfrac{1}{2\pi\sigma^2}\right)^{\frac{n}{2}} \exp\left\{-\dfrac{1}{2\sigma^2}\sum\limits_{i=1}^{n}(x_i-\mu)^2\right\}, \ -\infty < x_i < +\infty.$

5 概率密度函数 $f^*(x_1, x_2, \cdots, x_n) = \begin{cases} \dfrac{1}{(b-a)^n}, & a \leqslant x_1, x_2, \cdots, x_n \leqslant b; \\ 0, & \text{其他.} \end{cases}$

6 $f^*(x_1, x_2, x_3) = \begin{cases} 216x_1x_2x_3(1-x_1)(1-x_2)(1-x_3), & 0 < x_1, x_2, x_3 < 1; \\ 0, & \text{其他.} \end{cases}$

7 联合分布列 $P(X_1 = x_1, X_2 = x_2, \cdots, X_n = x_n) = \dfrac{\lambda^{x_1+x_2+\cdots+x_n}}{x_1! \cdot x_2! \cdot \cdots \cdot x_n!}\mathrm{e}^{-n\lambda}.$ $x_1, x_2, \cdots,$
$x_n = 0, 1, 2, \cdots$

习题 5.3 (样本数据及其分布的描述)

1 (略).   **2** (1) 0.18; (2) 80 人.   **3** (略).

4 $F_5(x) = \begin{cases} 0, & x < 344; \\ 0.2, & 344 \leqslant x < 347; \\ 0.4, & 347 \leqslant x < 351; \\ 0.8, & 351 \leqslant x < 355; \\ 1, & x \geqslant 355. \end{cases}$

习题 5.4 (统计量和抽样分布)

1 $\overline{x} = 3.39; \quad s^2 = 2.9677; \quad s = 1.7227; \quad M_2 = 14.163; \quad M_2' = 2.6709.$

2 (1) $\overline{x'} = d(\overline{x}-c)$; (2) $s_{x'}^2 = d^2 s_x^2.$ **3** $\overline{x} = \dfrac{1}{n}\sum\limits_{i=1}^{m}\mu_i x_i, s^2 = \dfrac{1}{n-1}\sum\limits_{i=1}^{m}\mu_i(x_i-\overline{x})^2.$

4 (略).   **5** (略).

6 (1) $\mathrm{E}(\overline{X}) = 0, \mathrm{D}(\overline{X}) = \dfrac{1}{3n}, \mathrm{E}(S^2) = 1/3$; (2) $\mathrm{E}(\overline{X}) = 3, \mathrm{D}(\overline{X}) = \dfrac{2.1}{n}, \mathrm{E}(S^2) = 2.1$;

(3) $\mathrm{E}(\overline{X}) = 3, \mathrm{D}(\overline{X}) = \dfrac{3}{n}, \mathrm{E}(S^2) = 3$; (4) $\mathrm{E}(\overline{X}) = 0.4, \mathrm{D}(\overline{X}) = \dfrac{0.16}{n}, \mathrm{E}(S^2) = 0.16$;

(5) $\mathrm{E}(\overline{X}) = \mu, \mathrm{D}(\overline{X}) = \dfrac{\sigma^2}{n}, \mathrm{E}(S^2) = \sigma^2.$ **7** $(n-1)m\theta(1-\theta).$

8 $\dfrac{1}{1-n}.$ **9** 0.82927.   **10** $T_1 \sim \mathrm{t}(1); T_2 \sim \mathrm{t}(1).$

11 62.   **12** $Y \sim \chi^2(2).$ **13** 0.1.

14 (1) $f_{Y_1}(y) = \dfrac{1}{\sigma\sqrt{2\pi}}y^{-\frac{1}{2}}\mathrm{e}^{-\frac{y}{2\sigma^2}}I_{(0,\infty)}(y);$

(2) $f_{Y_2}(y) = \dfrac{n^{n/2}}{2^{n/2}\Gamma(n/2)\sigma^n} y^{\frac{n}{2}-1} e^{-\frac{ny}{2\sigma^2}} I_{(0,\infty)}(y).$

15 $t(n-1).$ **16** $F(1, n-1).$ **17** (略).

18 $2(n-1)\sigma^2.$ **19** 0.6744.   **20** $t(n+m-2).$

21 精确分布: $P(\overline{X} = \dfrac{k}{n}) = C_n^k p^k (1-p)^{n-k}, \quad k = 0, 1, \cdots, n;$ 渐近分布: $N\left(p, \dfrac{p(1-p)}{n}\right).$

22 $N\left(\dfrac{5}{2}, \dfrac{25}{12n}\right).$ **23** (略).   **24** $F(2n, 2m).$

25 (1) 0.2628; (2) 0.2923; (3) 0.5785.

26 (1) $f_1(x) = \begin{cases} 30x(1-x)(1-3x^2+2x^3)^4, & 0 < x < 1; \\ 0, & \text{其他}. \end{cases}$;

$f_3(x) = \begin{cases} 180(3x^2-2x^3)^2(1-3x^2+2x^3)^2 x(1-x), & 0 < x < 1; \\ 0, & \text{其他}. \end{cases}$

(2) 精确密度为 $f_3(x)$, 渐近分布为 $N\left(0.5, \dfrac{1}{45}\right).$

27 (1) $N\left(\mu, \dfrac{\pi\sigma^2}{2n}\right);$ (2) $N\left(\dfrac{\sqrt{2}}{2}, \dfrac{1}{8n}\right);$ (3) $N\left(0, \dfrac{1}{n\lambda^2}\right).$

28 $P(X_{(1)} = m) = (1-p)^{n(m-1)} - (1-p)^{nm}, \qquad m = 1, 2, \cdots.$

习题 5.5 (充分统计量)

1 (略).   **2** (略).   **3** $\prod_{i=1}^{n} X_i, (\prod_{i=1}^{n} X_i)^{1/n}, \dfrac{1}{n}\sum_{i=1}^{n} \ln(X_i)$ 等.

4 $T = \sum_{i=1}^{n} |X_i|.$ **5** (1) $\sum_{i=1}^{n}(X_i-\mu)^2;$ (2) $\dfrac{1}{n}\sum_{i=1}^{n} X_i.$

6 $(X_{(1)}, X_{(n)}).$ **7** $(X_{(1)}, X_{(n)}).$

习题 6.1 (点估计)

1 $\widehat{p} = \dfrac{\overline{X} - \frac{1}{n}\sum_{i=1}^{n}(X_i - \overline{X})^2}{\overline{X}}, \quad \widehat{N} = \dfrac{(\overline{X})^2}{\overline{X} - \frac{1}{n}\sum_{i=1}^{n}(X_i - \overline{X})^2}.$

2 1151; 82.7587.

3 (1) $3\overline{X};$ (2) $\dfrac{1-2\overline{X}}{\overline{X}-1};$ (3) $\left(\dfrac{\overline{X}}{1-\overline{X}}\right)^2;$ (4) $\widehat{\theta} = \left(\dfrac{1}{n}\sum_{i=1}^{n}(X_i - \overline{X})^2\right)^{\frac{1}{2}}, \widehat{\mu} = \overline{X} - \widehat{\theta}$

4 (1) $2\overline{X};$ (2) $\dfrac{\theta^2}{5n}.$ **5** $\overline{X}; \dfrac{1}{n}\sum_{i=1}^{n}(X_i-1)^2.$

6 $\widehat{\theta}_{\text{MLE}} = \min(X_1, X_2, \cdots, X_n) = X_{(1)}.$ **7** $\dfrac{2n_1 + n_2}{2n}.$ **8** $N/n.$

9 (1) $-1 - \dfrac{n}{\sum_{i=1}^{n} \ln X_i};$ (2) $\left(\dfrac{1}{n}\sum_{i=1}^{n} \ln X_i\right)^{-2};$ (3) $\widehat{\mu} = X_{(1)}, \widehat{\theta} = \overline{X} - X_{(1)};$

(4) $\widehat{\theta} = \dfrac{1}{n}\sum_{i=1}^{n}|X_i|$;   (5) $(X_{(n)}-0.5, X_{(1)}+0.5)$ 中任意值;   (6) $\min\{X_1, X_2, \cdots, X_n\}$.

10   (1) $\dfrac{\overline{X}}{\overline{X}-1}$;   (2) $\dfrac{n}{\sum_{i=1}^{n}\ln X_i}$.   **11**   (1) $\dfrac{1}{n}\sum_{i=1}^{n}X_i$;   (2) $\dfrac{2n}{\sum_{i=1}^{n}X_i^{-1}}$.

12   (1) $E(X)=\sqrt{\theta\pi}$; $E(X^2)=\theta$;   (2) $\dfrac{1}{n}\sum_{i=1}^{n}X_i^2$;   (3) 存在, $a=\theta$.

13   (1) $\dfrac{\overline{X}}{\overline{X}-1}$;   (2) $n\left(\sum_{i=1}^{n}\ln(X_i)\right)^{-1}$;   (3) $X_{(1)}$.

14   (1) $\dfrac{2}{\sqrt{2\pi}\sigma}\exp\left\{-\dfrac{x^2}{2\sigma^2}\right\}I_{(0,\infty)}(x)$;   (2) $\sqrt{\dfrac{\pi}{2}}\dfrac{1}{n}\sum_{i=1}^{n}|Z_i-\mu|$;   (3) $\sqrt{\dfrac{1}{n}\sum_{i=1}^{n}x_i^2}$.

习题 6.2 (评价估计量的准则)

1 $k=2(n-1)$.   **2** (1) $f_3(x;\theta)=\begin{cases}\dfrac{9x^8}{\theta^9}, & 0<x<\theta;\\ 0, & \text{其他}.\end{cases}$ (2) $\dfrac{10}{9}$.   **3** $C=\dfrac{2}{5n}$.

4   (1) $F(x)=\begin{cases}1-e^{-2(x-\theta)}, & x>\theta;\\ 0, & x\leqslant\theta.\end{cases}$ (2) $F_{\widehat{\theta}}(x)=\begin{cases}1-e^{-2n(x-\theta)}, & x>\theta;\\ 0, & x\leqslant\theta.\end{cases}$

(3) 有偏.   **5** (略).   **6** -1.

7 (1) $2\overline{X}-1/2$; (2) 不是无偏估计量.   **8** $\overline{X}^2-\overline{X}/n$.

9 (略).   **10** $\widehat{\mu}_2$ 最有效.

11 (1) (略);   (2) $\widehat{\theta}_2$ 与 $\widehat{\theta}_3$ 等效, 当 $1\leqslant n\leqslant 7$ 时, $\widehat{\theta}_1$ 比 $\widehat{\theta}_2$、$\widehat{\theta}_3$ 有效; 当 $n\geqslant 8$ 时, $\widehat{\theta}_2$、$\widehat{\theta}_3$ 比 $\widehat{\theta}_1$ 有效.

12 (1) 矩估计值为 $\dfrac{1}{14}(\sqrt{301}-7)\approx 0.7392$; 极大似然估计值为 $3/4$;   (2) $a_1=0, a_2=a_3=1/n$.

13 (1) (略);   (2) $X_{(n)}/2$, 不是无偏估计, 是渐近无偏估计, 是相合估计.

14 (1) $\widehat{\theta}_1=X_{(1)}$, 不是无偏估计, 是相合估计;   (2) $\widehat{\theta}_2=\overline{X}-1$, 是无偏估计, 也是相合估计.

15 $a=\dfrac{n}{n+1}$.

习题 6.3 (最小方差无偏估计和有效估计)

1 (略).   **2** (略).   **3** $\overline{X}$.   **4** $\dfrac{1}{\theta^2}$.

5 $\dfrac{2}{\theta^2(1-\theta)}$.   **6** (略).   **7** $\dfrac{4\lambda^3}{n}$.   **8** (略).

9 (1) $\widehat{g}(\theta)=-\dfrac{1}{n}\sum_{i=1}^{n}\ln X_i$;   (2) $-\dfrac{1}{n}\sum_{i=1}^{n}\ln X_i$.

10 $C_1=\dfrac{1}{3}, C_2=\dfrac{2}{3}$.

习题 6.4 (贝叶斯估计)

1 $\widehat{\lambda}_B = \dfrac{\sum_{i=1}^{n} x_i + 1}{n + 1}$. 　　　　**2** $\widehat{\theta}_B = 0.25$. 　　　　**3** $\mathrm{U}(x_{(n)} - 1, \, x_{(1)})$.

4 (1) $\pi(\theta \,|\, x_1, x_2, \cdots, x_n) = \dfrac{2n - 1}{\theta^{2n}\left(x_{(n)}^{-2n+1} - 1\right)}$;

(2) $\pi(\theta \,|\, x_1, x_2, \cdots, x_n) = \dfrac{2n - 3}{\theta^{2n-2}\left(x_{(n)}^{-2n+3} - 1\right)}$.

5 $\mathrm{Beta}(5, 297)$.

习题 6.5 (区间估计 (置信区间))

1 $[8.2, 10.8]$. 　　**2** $[14.82, 15.29]$; $[14.91, 15.21]$. 　　**3** $n > \left(\dfrac{5.15\sigma}{l}\right)^2$.

4 $[420.35, 429.74]$. 　　　　　　**5** $[1485.69, 1514.31]$; $[13.76, 36.51]$.

6 $\left[\dfrac{\sum_{i=1}^{n}(X_i - \mu)^2}{\chi_{1-\alpha/2}^2(n)}, \dfrac{\sum_{i=1}^{n}(X_i - \mu)^2}{\chi_{\alpha/2}^2(n)}\right]$. 　**7** (1) $[-0.9800, 0.9800]$; 　(2) $[0.6188, 4.3929]$.

8 $[-0.002, 0.006]$. 　　**9** $[-6.19, 17.69]$. 　　**10** $[0.0620, 1.0075]$.

11 $\left[\overline{X} + \dfrac{1}{2n}u_{1-\alpha/2}^2 \pm \dfrac{1}{2}\sqrt{\left(2\overline{X} + \dfrac{1}{n}u_{1-\alpha/2}^2\right)^2 - 4\overline{X}^2}\,\right]$.

12 $\left[\dfrac{x_{(1)} + x_{(n)}}{2} - \dfrac{1 - \alpha^{1/n}}{2}, \dfrac{x_{(1)} + x_{(n)}}{2} + \dfrac{1 - \alpha^{1/n}}{2}\right]$.

13 (1) (略); 　　(2) $\left[X_{(1)} + \dfrac{\ln\alpha}{n}, \, X_{(1)}\right]$.

习题 7.1 (假设检验的基本概念)

1 纳伪（第二类）错误；拒真（第一类）错误. 　　　　**2** 大些.

3 拒绝原假设 H_0；不能拒绝原假设 H_0.

4 (1) $\alpha = 0.003645, \beta = 0.036815$; 　(2) $n \geqslant 34$; 　(3) (略).

5 0.0853; 0.1713. 　　　**6** 0.04136; 0.002555. 　　　　**7** 0.8299.

8 (1) $C = 0.5 \times (0.95)^{1/n}$; 　(2) $\left(\dfrac{C}{0.75}\right)^n$; 　(3) $n \geqslant 10$. 　**9** (略).

习题 7.2 (单个正态总体均值与方差的假设检验)

1 新机器确能节省开支. 　　　　**2** 不能认为打包机工作异常.

3 该批木材属于一等品. 　　　　**4** 不能认为抗拉强度有显著提高.

5 认为这次考试全体考生的平均成绩与 70 分没有显著差异.

6 四乙基铅中毒患者和正常人的脉搏有显著差异.

7 不能赞同此人的断言. **8** $n \geqslant 7$. **9** 认为这批导线的标准差显著偏大.

10 所造零件的强度均值标准差没有显著改变.

习题 7.3 (两个正态总体均值与方差的假设检验)

1 认为含灰率有显著差异. **2** 认为两种牌子的轮胎无显著差异.

3 认为镍合金铸件的耐磨性有显著提高.

4 拒绝域为 $\left\{ \overline{X} - 2\overline{Y} > u_{1-\alpha} \sqrt{\dfrac{\sigma_1^2}{n_1} + \dfrac{4\sigma_2^2}{n_2}} \right\}$.

5 拒绝域为 $\left\{ \overline{X} - \overline{Y} > 2.5 + S_W \sqrt{\dfrac{1}{n_1} + \dfrac{1}{n_2}}\, t_{1-\alpha}(n_1 + n_2 - 2) \right\}$.

6 认为加工精度无显著性差异. **7** 不能拒绝原假设 H_0.

8 认为马和羊的血清中含无机磷的量有显著性差异.

习题 7.4 (成对数据比较检验法)

1 认为这两种安眠药的疗效有显著差异.

2 (1) 拒绝 H_0, 认为这两种测定方法之间有显著差异; (2) 不拒绝 H_0. 两种方法结论不一致.

3 认为训练是有效果的.

习题 7.5 (检验的 p 值)

1 (略).

2 $p = P\left(F(n_1 - 1, n_2 - 1) \geqslant \dfrac{s_1^2}{s_2^2} \right)$; $\quad p = P\left(F(n_1 - 1, n_2 - 1) \leqslant \dfrac{s_1^2}{s_2^2} \right)$;

$p = 2 \min \left\{ P\left(F(n_1 - 1, n_2 - 1) \geqslant \dfrac{s_1^2}{s_2^2} \right), \ P\left(F(n_2 - 1, n_1 - 1) \geqslant \dfrac{s_2^2}{s_1^2} \right) \right\}$.

3 0.0197. **4** 0.0669.

习题 7.6 (其他分布参数的假设检验)

1 认为平均寿命不低于 1100 h; $p = 0.3563$.

2 不能同意该营养学家的断言.

3 不能同意 "该城市有 2/3 的家庭拥有家用轿车" 的说法.

4 (略). **5** 认为该工地平均每天发生事故数不超过 0.6 起.

6 认为女性中色盲比例比男性的小. **7** (略).

习题 7.7 (分布拟合检验)

1 不拒绝 H_0, 即没有足够证据支持 "销售比例有改变" 的说法.

2 可以认为这枚骰子是均匀的.

3 可以认为这种电子产品的寿命服从指数分布 Exp(0.005).

4 拒绝原假设 H_0, 即认为断头数不服从泊松分布.

5 认为吸烟对慢性支气管炎有影响.

6 应该拒绝 H_0, 即认为高血压与冠心病不独立.

习题 7.8 (两个重要的非参数检验 —— 符号检验与秩和检验)

1 认为这些数据的中心位置与 4000 元/m^2 存在显著差异.

2 样本数据与厂家所说不矛盾; $p = 0.3872$.

3 (1) 不能认为培训效果显著; (2) 不能认为培训效果显著; (3) 三者结果一致.

4 认为这两个车间生产的产品的该项指标有显著差异.

5 (1) 认为材料 A 的耐磨性好于材料 B; (2) 材料 A 的耐磨性好于材料 B. 二者结果一致.

6 认为两种药物有显著性差异.

习题 8.1 (一元线性回归)

1 (1) $\mathrm{SST} = \dfrac{1}{d_2^2}\mathrm{SST}'$; $\mathrm{SSR} = \dfrac{1}{d_2^2}\mathrm{SSR}'$; $\mathrm{SSE} = \dfrac{1}{d_2^2}\mathrm{SSE}'$.   (2) (略).

2 (1) (略); (2) $y = 188.99 + 1.87x$; (3) 显著.   **3** (1) $\hat{a} = \bar{y}$; (2) (略).

4 (1) $y = 5.345 + 0.606x$; (2) 显著; (3) 0.933; (4) $\mathrm{Se}(\hat{a}) = 4.914$, $\mathrm{Se}(\hat{b}) = 0.031$.

5 (1) $\hat{y} = 35.2389 + 84.3975\,x$; (2) $\hat{a} \sim \mathrm{N}(a,\, 0.1142\,\sigma^2)$, $\hat{b} \sim \mathrm{N}(b,\, 3.3069\,\sigma^2)$;

(3) -0.6727; (4) (略); (5) $[67.0022,\, 101.7928]$; (6) $[38.0287,\, 57.7683]$.

6 (1) $\hat{b} = \dfrac{\sum_{i=1}^{n} x_i y_i}{\sum_{i=1}^{n} x_i^2}$, $\widehat{\sigma^2} = \dfrac{\mathrm{SSE}}{n-1}$, 其中 $\mathrm{SSE} = \sum_{i=1}^{n}[y_i - \hat{b}x_i]^2$;

(2) $\mathrm{D}\left(\hat{b}\,x_0\right) = x_0^2 \mathrm{D}\left(\hat{b}\right) = \dfrac{x_0^2}{\sum_{i=1}^{n} x_i^2}\sigma^2$.

7 $\hat{k} = 0.3245$; $[0.8006,\, 0.8868]$.   **8** $\hat{b} = l_{xy}/l_{xx}$, $\hat{a} = \bar{y} - \hat{b}\bar{x}$; 相同.   **9** (略).

习题 8.2 (多元线性回归)

1 (略).   **2** (1) $y = 72.12 + 0.1776x_1 - 0.3985x_2$; (2) 显著.

3 (1) $\hat{y} = 6.6011 - 0.0005181\,x_1 + 0.2527\,x_2$; (2) 显著; (3) (略); (4) $\widehat{\sigma^2} = 0.0091$. $R^2 = 0.9109$.

习题 8.3 (可线性化的回归方程)

1 $y = 7.18 \times 10^{-5} x^{2.867}$.   **2** (略).   **3** (略).

4 不能.   **5** $\hat{y} = 18.484 - 82.05x + 93.01x^2$.

习题 8.4 (相关分析)

1 (略).　　　　　　**2** 0.　　　　　　**3** 0.7919.

习题 8.5 (秩相关系数)

1 0.7719.　　　　　　**2** 0.9019.

习题 9.1 (单因素试验的方差分析)

1 这三个工厂生产的电池的平均寿命有高度显著的差别.

2 小白鼠在接种三种菌型的平均存活日数有高度显著的差别.

3 这 4 种饲料对牛的增重有高度显著的差别.

4 这 4 个不同产地绿茶中叶酸含量有显著的差别.

习题 9.2 (双因素试验的方差分析)

1 种子的不同品种和不同的施肥方案对收获量的影响都有高度显著的差别.

2 不同酒的得分的平均数和不同的人所给的得分的平均数都无显著的差别.

3 不同加压水平和不同机器之间纱支强度都有显著差异, 且不同机器之间纱支强度的差别高度显著.

4 燃料、推进器以及燃料与推进器的交互作用对射程的影响都有显著差异.

5 机器之间无显著差异, 操作工之间以及机器与操作工的交互作用有显著差异.

附　　表

附表 1　二项分布的数值表

$$P(X \leqslant x) = \sum_{k=0}^{x} C_n^k p^k (1-p)^{n-k}$$

n	x													
		.001	.002	.003	.005	.01	.02	.03	.05	.10	.15	.20	.25	.30
2	0	.9980	.9960	.9940	.9900	.9801	.9604	.9409	.9025	.8100	.7225	.6400	.5625	.4900
	1	1.0000	1.0000	1.0000	1.0000	.9999	.9996	.9991	.9975	.9900	.9775	.9600	.9375	.9100
3	0	.9970	.9940	.9910	.9851	.9703	.9412	.9127	.8574	.7290	.6141	.5120	.4219	.3430
	1	1.0000	1.0000	1.0000	.9999	.9997	.9988	.9974	.9928	.9720	.9392	.8960	.8438	.7840
	2				1.0000	1.0000	1.0000	1.0000	.9999	.9990	.9966	.9920	.9844	.9730
4	0	.9960	.9920	.9881	.9801	.9606	.9224	.8853	.8145	.6561	.5220	.4096	.3164	.2401
	1	1.0000	1.0000	.9999	.9999	.9994	.9977	.9948	.9860	.9477	.8905	.8192	.7383	.6517
	2			1.0000	1.0000	1.0000	1.0000	.9999	.9995	.9963	.9880	.9728	.9492	.9163
	3							1.0000	1.0000	.9999	.9995	.9984	.9961	.9919
5	0	.9950	.9900	.9851	.9752	.9510	.9039	.8587	.7738	.5905	.4437	.3277	.2373	.1681
	1	1.0000	1.0000	.9999	.9998	.9990	.9962	.9915	.9774	.9185	.8352	.7373	.6328	.5282
	2			1.0000	1.0000	1.0000	.9999	.9997	.9988	.9914	.9734	.9421	.8965	.8369
	3						1.0000	1.0000	1.0000	.9995	.9978	.9933	.9844	.9692
	4									1.0000	.9999	.9997	.9990	.9976
6	0	.9940	.9881	.9821	.9704	.9415	.8858	.8330	.7351	.5314	.3771	.2621	.1780	.1176
	1	1.0000	.9999	.9999	.9996	.9985	.9943	.9875	.9672	.8857	.7765	.6553	.5339	.4202
	2		1.0000	1.0000	1.0000	1.0000	.9998	.9995	.9978	.9842	.9527	.9011	.3306	.7443
	3						1.0000	1.0000	.9999	.9987	.9941	.9830	.9624	.9295
	4								1.0000	.9999	.9996	.9984	.9954	.9891
	5									1.0000	1.0000	.9999	.9998	.9993
7	0	.9930	.9861	.9792	.9655	.9321	.8681	.8080	.6983	.4783	.3206	.2097	.1335	.0824
	1	1.0000	.9999	.9998	.9995	.9980	.9921	.9829	.9556	.8503	.7166	.5767	.4449	.3294
	2		1.0000	1.0000	1.0000	1.0000	.9997	.9991	.9962	.9743	.9262	.8520	.7564	.6471
	3						1.0000	1.0000	.9998	.9973	.9879	.9667	.9294	.8740
	4								1.0000	.9998	.9988	.9953	.9871	.9712
	5									1.0000	.9999	.9996	.9987	.9962
	6										1.0000	1.0000	.9999	.9998
8	0	.9920	.9841	.9763	.9607	.9227	.8508	.7837	.6634	.4305	.2725	.1678	.1001	.0576
	1	1.0000	.9999	.9998	.9993	.9973	.9897	.9777	.9428	.8131	.6572	.5033	.3671	.2553
	2		1.0000	1.0000	1.0000	.9999	.9996	.9987	.9942	.9619	.8948	.7969	.6785	.5518
	3					1.0000	1.0000	.9999	.9996	.9950	.9786	.9437	.8862	.8059
	4							1.0000	1.0000	.9996	.9971	.9896	.9727	.9420
	5									1.0000	.9998	.9988	.9958	.9887
	6										1.0000	.9999	.9996	.9987
	7											1.0000	1.0000	.9999

n	x	p												
		.001	.002	.003	.005	.01	.02	.03	.05	.10	.15	.20	.25	.30
9	0	.9910	.9821	.9733	.9559	.9135	.8337	.7602	.6302	.3874	.2316	.1342	.0751	.0404
	1	1.0000	.9999	.9997	.9991	.9966	.9869	.9718	.9288	.7748	.5995	.4362	.3003	.1960
	2		1.0000	1.0000	1.0000	1.0000	.9999	.9994	.9980	.9916	.9470	.8591	.7382	.6007	.4628
	3					1.0000	1.0000	.9999	.9994	.9917	.9661	.9144	.8343	.7297
	4							1.0000	1.0000	.9991	.9944	.9804	.9511	.9012
	5									.9999	.9994	.9969	.9900	.9747
	6									1.0000	1.0000	.9997	.9987	.9957
	7											1.0000	.9999	.9996
10	0	.9900	.9802	.9704	.9511	.9044	.8171	.7374	.5987	.3487	.1969	.1074	.0563	.0282
	1	1.0000	.9998	.9996	.9989	.9957	.9838	.9655	.9139	.7361	.5443	.3758	.2440	.1493
	2		1.0000	1.0000	1.0000	1.0000	.9999	.9991	.9972	.9885	.9298	.8202	.6778	.5256	.3828
	3					1.0000	1.0000	.9999	.9990	.9872	.9500	.8791	.7759	.6496
	4							1.0000	.9999	.9984	.9901	.9672	.9219	.8497
	5								1.0000	.9999	.9986	.9936	.9803	.9527
	6									1.0000	.9999	.9991	.9965	.9894
	7										1.0000	.9999	.9996	.9984
	8											1.0000	1.0000	.9999
11	0	.9891	.9782	.9675	.9464	.8953	.8007	.7153	.5688	.3138	.1673	.0859	.0422	.0198
	1	.9999	.9998	.9995	.9987	.9948	.9805	.9587	.8981	.6974	.4922	.3221	.1971	.1130
	2	1.0000	1.0000	1.0000	1.0000	.9998	.9988	.9963	.9848	.9104	.7788	.6174	.4552	.3127
	3					1.0000	1.0000	.9998	.9984	.9815	.9306	.8389	.7133	.5696
	4							1.0000	.9999	.9972	.9841	.9496	.8854	.7897
	5								1.0000	.9997	.9973	.9883	.9657	.9218
	6									1.0000	.9997	.9980	.9924	.9784
	7										1.0000	.9998	.9988	.9957
	8											1.0000	.9999	.9994
	9												1.0000	1.0000
12	0	.9881	.9763	.9646	.9416	.8864	.7847	.6938	.5404	.2824	.1422	.0687	.0317	.0138
	1	.9999	.9997	.9994	.9984	.9938	.9769	.9514	.8816	.6590	.4435	.2749	.1584	.0850
	2	1.0000	1.0000	1.0000	1.0000	.9998	.9985	.9952	.9804	.8891	.7358	.5583	.3907	.2528
	3					1.0000	.9999	.9997	.9978	.9744	.9078	.7946	.6488	.4925
	4						1.0000	1.0000	.9998	.9957	.9761	.9274	.8424	.7237
	5								1.0000	.9995	.9954	.9806	.9456	.8822
	6									.9999	.9993	.9961	.9857	.9614
	7									1.0000	.9999	.9994	.9972	.9905
	8										1.0000	.9999	.9996	.9983
	9											1.0000	1.0000	.9998
13	0	.9871	.9743	.9617	.9369	.8775	.7690	.6730	.5133	.2542	.1209	.0550	.0238	.0097
	1	.9999	.9997	.9993	.9981	.9928	.9730	.9436	.8646	.6213	.3983	.2336	.1267	.0637
	2	1.0000	1.0000	1.0000	1.0000	.9997	.9980	.9938	.9755	.8661	.7296	.5017	.3326	.2025
	3					1.0000	.9999	.9995	.9969	.9658	.9033	.7473	.5843	.4206
	4						1.0000	1.0000	.9997	.9935	.9740	.9009	.7940	.6543
	5								1.0000	.9991	.9947	.9700	.9198	.8346
	6									.9999	.9987	.9930	.9757	.9376

n	x	p												
		.001	.002	.003	.005	.01	.02	.03	.05	.10	.15	.20	.25	.30
	7									1.0000	.9998	.9988	.9944	.9818
	8										1.0000	.9998	.9990	.9960
	9											1.0000	.9999	.9993
	10												1.0000	.9999
14	0	.9861	.9724	.9588	.9322	.8687	.7536	.6528	.4877	.2288	.1028	.0440	.0178	.0068
	1	.9999	.9996	.9992	.9978	.9916	.9690	.9355	.8470	.5846	.3567	.1979	.1010	.0475
	2	1.0000	1.0000	1.0000	1.0000	.9997	.9975	.9923	.9699	.8416	.6479	.4481	.2811	.1608
	3					1.0000	.9999	.9994	.9958	.9559	.8535	.6982	.5213	.3552
	4						1.0000	1.0000	.9996	.9908	.9533	.8702	.7415	.5842
	5								1.0000	.9985	.9885	.9561	.8883	.7805
	6									.9998	.9978	.9884	.9617	.9067
	7									1.0000	.9997	.9976	.9897	.9685
	8										1.0000	.9996	.9978	.9917
	9											1.0000	.9997	.9983
	10												1.0000	.9998
15	0	.9851	.9704	.9559	.9276	.8601	.7386	.6333	.4633	.2059	.0874	.0352	.0134	.0047
	1	.9999	.9996	.9991	.9975	.9904	.9647	.9270	.8290	.5490	.3186	.1671	.0802	.0353
	2	1.0000	1.0000	1.0000	.9999	.9996	.9970	.9906	.9638	.8159	.6042	.3980	.2361	.1268
	3				1.0000	1.0000	.9998	.9992	.9945	.9444	.8227	.6482	.4613	.2969
	4						1.0000	.9999	.9994	.9873	.9383	.8358	.6865	.5155
	5							1.0000	.9999	.9978	.9832	.9380	.8516	.7216
	6								1.0000	.9997	.9964	.9819	.9434	.8689
	7									1.000	.9994	.9958	.9827	.9500
	8										.9999	.9992	.9958	.9848
	9										1.0000	.9999	.9992	.9963
	10											1.0000	.9999	.9993
	11												1.0000	.9999
16	0	.9841	.9685	.9513	.9229	.8515	.7238	.6143	.4401	.1853	.0743	.0281	.0100	.0033
	1	.9999	.9995	.9989	.9971	.9891	.9601	.9182	.8108	.5147	.2839	.1407	.0635	.0261
	2	1.0000	1.0000	1.0000	.9999	.9995	.9963	.9887	.9571	.7892	.5614	.3518	.1971	.0994
	3				1.0000	1.0000	.9998	.9989	.9930	.9316	.7899	.5981	.4050	.2459
	4						1.0000	.9999	.9991	.9830	.9209	.7982	.6302	.4499
	5							1.0000	.9999	.9967	.9765	.9183	.8103	.6598
	6								1.0000	.9995	.9944	.9733	.9204	.8247
	7									.9999	.9989	.9930	.9729	.9256
	8									1.0000	.9998	.9985	.9925	.9743
	9										1.0000	.9998	.9984	.9929
	10											1.0000	.9997	.9984
	11												1.0000	.9997
17	0	9831	.9665	.9502	.9183	.8429	.7093	.5958	.4181	1668	.0631	.0225	.0075	.0023
	1	.9999	.9995	.9988	.9968	.9877	.9554	.9091	.7922	.4818	.2525	.1182	.0501	.0193
	2	1.0000	1.0000	1.0000	.9999	.9994	.9956	.9866	.9497	.7618	.5198	.3096	.1637	.0774
	3				1.0000	1.0000	.9997	.9986	.9912	.9174	.7556	.5489	.3530	.2019
	4						1.0000	.9999	.9988	.9779	.9013	.7582	.5739	.3887

续表

n	x	.001	.002	.003	.005	.01	.02	.03	.05	.10	.15	.20	.25	.30
	5							1.0000	.9999	.9953	.9681	.8943	.7653	.5968
	6								1.0000	.9992	.9917	.9623	.8929	.7752
	7									.9999	.9983	.9891	.9598	.8954
	8									1.0000	.9997	.9974	.9876	.9597
	9										1.0000	.9995	.9969	.9873
	10											.9999	.9994	.9968
	11											1.0000	.9999	.9993
	12												1.0000	.9999
18	0	.9822	.9646	.9474	.9137	.8345	.6951	.5780	.3972	.1501	.0536	.0180	.0056	.0016
	1	.9998	.9994	.9987	.9964	.9862	.9505	.8997	.7735	.4503	.2241	.0991	.0395	.0142
	2	1.0000	1.0000	1.0000	.9999	.9993	.9948	.9843	.9419	.7338	.4797	.2713	.1353	.0600
	3				1.0000	1.0000	.9996	.9982	.9891	.9018	.7202	.5010	.3057	.1646
	4						1.0000	.9999	.9985	.9718	.8794	.7164	.5187	.3327
	5							1.0000	.9998	.9936	.9581	.8671	.7175	.5344
	6								1.0000	.9988	.9882	.9487	.8610	.7217
	7									9998	.9973	.9837	.9431	.8593
	8									1.0000	.9995	.9957	.9807	.9404
	9										.9999	.9991	.9946	.9790
	10										1.0000	.9998	.9988	.9939
	11											1.0000	.9998	.9986
	12												1.0000	.9997
19	0	.9812	.9627	.9445	.9092	.8262	.6812	.5606	.3774	.1351	.0456	.0144	.0042	.0011
	1	.9998	.9993	.9985	.9960	.9847	.9454	.8900	.7547	.4203	.1985	.0829	.0310	.0104
	2	1.0000	1.0000	1.0000	.9999	.9991	.9939	.9817	.9335	.7054	.4413	.2369	.1113	.0462
	3				1.0000	1.0000	.9995	.9978	.9868	.8850	.6841	.4551	.2631	.1332
	4						1.0000	.9998	.9980	.9648	.8556	.6733	.4654	.2822
	5							1.0000	.9998	.9914	.9463	.8369	.6678	.4739
	6								1.0000	.9983	.9837	.9324	.8251	.6655
	7									.9997	.9959	.9767	.9225	.8180
	8									1.0000	.9992	.9933	.9713	.9161
	9										.9999	.9984	.9911	.9674
	10										1.0000	.9997	.9977	.9895
	11											1.0000	.9995	.9972
	12												.9999	.9994
	13												1.0000	.9999
20	0	.9802	.9608	.9417	.9046	.8179	.6676	.5438	.3585	.1216	.0388	.0115	.0032	.0008
	1	.9998	.9993	.9984	.9955	.9831	.9401	.8802	.7358	.3917	.1756	.0692	.0243	.0076
	2	1.0000	1.0000	1.0000	.9999	.9990	.9929	.9790	.9245	.6769	.4049	.2061	.0913	.0355
	3				1.0000	1.0000	.9994	.9973	.9841	.8670	.6477	.4114	.2252	.1071
	4						1.0000	.9997	.9974	.9568	.8298	.6296	.4148	.2375
	5							1.0000	.9997	.9887	.9327	.8042	.6172	.4164
	6								1.0000	.9976	.9781	.9133	.7858	.6080
	7									.9996	.9941	.9679	.8982	.7723

n	x	.001	.002	.003	.005	.01	.02	.03	.05	.10	.15	.20	.25	.30
	8									.9999	.9987	.9900	.9591	.8867
	9									1.0000	.9998	.9974	.9861	.9520
	10										1.0000	.9994	.9961	.9829
	11											.9999	.9991	.9949
	12											1.0000	.9998	.9987
	13												1.0000	.9997
25	0	.9753	.9512	.9276	.8822	.7778	.6035	.4670	.2774	.0718	.0172	.0038	.0008	.0001
	1	.9997	.9988	.9974	.9931	.9742	.8114	.8280	.6424	.2712	.0931	.0274	.0070	.0016
	2	1.0000	1.0000	.9999	.9997	.9980	.9868	.9620	.8729	.5371	.2537	.0982	.0321	.0090
	3			1.0000	1.0000	.9999	.9986	.9938	.9659	.7636	.4711	.2340	.0962	.0332
	4					1.0000	.9999	.9992	.9928	.9020	.6821	.4207	.2137	.0905
	5						1.0000	.9999	.9988	.9666	.8385	.6167	.3783	.1935
	6							1.0000	.9998	.9905	.9305	.7800	.5611	.3407
	7								1.0000	.9977	.9745	.8909	.7265	.5118
	8									.9995	.9920	.9532	.8506	.6769
	9									.9999	.9979	.9827	.9287	.8106
	10									1.0000	.9995	.9944	.9703	.9022
	11										.9999	.9985	.9893	.9558
	12										1.0000	.9996	.9966	.9825
	13											.9999	.9991	.9940
	14											1.0000	.9998	.9982
	15												1.0000	.9995
	16													.9999
30	0	.9704	.9417	.9138	.8604	.7397	.5455	.4010	.2146	.0424	.0076	.0012	.0002	.0000
	1	.9996	.9983	.9963	.9901	.9639	.8795	.7731	.5535	.1837	.0480	.0105	.0020	.0003
	2	1.0000	1.0000	.9999	.9995	.9967	.9783	.9399	.8122	.4114	.1514	.0442	.0106	.0021
	3			1.0000	1.0000	.9998	.9971	.9881	.9392	.6474	.3217	.1227	.0374	.0093
	4					1.0000	.9997	.9982	.9844	.8245	.5245	.2552	.0979	.0302
	5						1.0000	.9998	.9967	.9268	.7106	.4275	.2026	.0766
	6							1.0000	.9994	.9742	.8474	.6070	.3481	.1595
	7								.9999	.9922	.9302	.7608	.5143	.2814
	8								1.0000	.9980	.9722	.8713	.6736	.4315
	9									.9995	.9903	.9389	.8034	.5888
	10									.9999	.9971	.9744	.8943	.7304
	11									1.0000	.9992	.9905	.9493	.8407
	12										.9998	.9969	.9784	.9155
	13										1.0000	.9991	.9918	.9599
	14											.9998	.9973	.9831
	15											.9999	.9992	.9936
	16											1.0000	.9998	.9979
	17												.9999	.9994
	18												1.0000	.9998

附表 2　泊松分布 $P(\lambda)$ 的数值表

$$P(X = k) = \frac{\lambda^k}{k!}\mathrm{e}^{-\lambda}$$

k	$\lambda = 0.1$	$\lambda = 0.2$	$\lambda = 0.3$	$\lambda = 0.4$	$\lambda = 0.5$	$\lambda = 0.6$
0	0.904837	0.818731	0.740818	0.670320	0.606531	0.548812
1	0.090484	0.163746	0.222245	0.268128	0.303265	0.329287
2	0.004524	0.016375	0.033337	0.053626	0.075816	0.098786
3	0.000151	0.001092	0.003334	0.007150	0.012636	0.019757
4	0.000004	0.000055	0.000250	0.000715	0.001580	0.002964
5	-	0.000002	0.000005	0.000057	0.000158	0.000356
6	-	-	0.000001	0.000004	0.000013	0.000036
7	-	-	-	-	0.000001	0.000003

k	$\lambda = 0.7$	$\lambda = 0.8$	$\lambda = 0.9$	$\lambda = 1.0$	$\lambda = 2.0$	$\lambda = 3.0$
0	0.496585	0.449329	0.406570	0.367879	0.135335	0.049787
1	0.347610	0.359463	0.365913	0.367879	0.270671	0.149361
2	0.121663	0.143785	0.164661	0.183940	0.270671	0.224042
3	0.028388	0.038343	0.049398	0.061313	0.180447	0.224042
4	0.004968	0.007669	0.011115	0.015328	0.090224	0.168031
5	0.000696	0.001227	0.002001	0.003066	0.036089	0.100819
6	0.000081	0.000164	0.000300	0.000511	0.012030	0.050409
7	0.000008	0.000019	0.000039	0.000073	0.003437	0.021604
8	0.000001	0.000002	0.000004	0.000009	0.000859	0.008102
9	-	-	-	0.000001	0.000191	0.002701
10	-	-	-	-	0.000038	0.000810
11	-	-	-	-	0.000007	0.000221
12	-	-	-	-	0.000001	0.000055
13	-	-	-	-	-	0.000013
14	-	-	-	-	-	0.000003
15	-	-	-	-	-	0.000001

k	$\lambda = 4.0$	$\lambda = 5.0$	$\lambda = 6.0$	$\lambda = 7.0$	$\lambda = 8.0$	$\lambda = 9.0$
0	0.018316	0.006738	0.002479	0.000912	0.000335	0.000123
1	0.073263	0.033690	0.014873	0.006383	0.002684	0.001111
2	0.146525	0.084224	0.044618	0.022341	0.010735	0.004998
3	0.195367	0.140374	0.089235	0.052129	0.028626	0.014994
4	0.195367	0.175467	0.133853	0.091226	0.057252	0.033737
5	0.156293	0.175467	0.160623	0.127717	0.091604	0.060727
6	0.104196	0.146223	0.160623	0.149003	0.122138	0.091090
7	0.059540	0.104445	0.137677	0.149003	0.139587	0.117116
8	0.029770	0.065278	0.103258	0.130377	0.139587	0.131756
9	0.013231	0.036266	0.068838	0.101405	0.124077	0.131756
10	0.005292	0.018133	0.041303	0.070983	0.099262	0.118580
11	0.001925	0.008242	0.022529	0.045171	0.072190	0.097020
12	0.000642	0.003434	0.011264	0.026350	0.048127	0.072765
13	0.000197	0.001321	0.005199	0.014188	0.029616	0.050376
14	0.000056	0.000472	0.002228	0.007094	0.016924	0.032384
15	0.000015	0.000157	0.000891	0.003311	0.009026	0.019431
16	0.000004	0.000049	0.000334	0.001448	0.004513	0.010930

k	$\lambda = 4.0$	$\lambda = 5.0$	$\lambda = 6.0$	$\lambda = 7.0$	$\lambda = 8.0$	$\lambda = 9.0$
17	0.000001	0.000014	0.000118	0.000596	0.002124	0.005786
18	-	0.000004	0.000039	0.000232	0.000944	0.002893
19	-	0.000001	0.000012	0.000085	0.000397	0.001370
20	-	-	0.000004	0.000030	0.000159	0.000617
21	-	-	0.000001	0.000010	0.000061	0.000264
22	-	-	-	0.000003	0.000022	0.000108
23	-	-	-	0.000001	0.000008	0.000042
24	-	-	-	-	0.000003	0.000016
25	-	-	-	-	0.000001	0.000006
26	-	-	-	-	-	0.000002
27	-	-	-	-	-	0.000001

附表 3　标准正态 $N(0,1)$ 分布函数数值表

$$\Phi(u) = \frac{1}{\sqrt{2\pi}} \int_{-\infty}^{u} \mathrm{e}^{\frac{-t^2}{2}} \, \mathrm{d}t$$

u	0.00	0.01	0.02	0.03	0.04	0.05	0.06	0.07	0.08	0.09	u
0.0	0.5000	0.5040	0.5080	0.5120	0.5160	0.5199	0.5239	0.5279	0.5319	0.5359	0.0
0.1	0.5398	0.5438	0.5478	0.5517	0.5557	0.5596	0.5636	0.5675	0.5714	0.5753	0.1
0.2	0.5703	0.5832	0.5871	0.5910	0.5948	0.5987	0.6026	0.6064	0.6103	0.6141	0.2
0.3	0.6179	0.6217	0.6255	0.6293	0.6331	0.6368	0.6406	0.6443	0.6480	0.6517	0.3
0.4	0.6554	0.6591	0.6628	0.6664	0.6700	0.6736	0.6772	0.6808	0.6844	0.6879	0.4
0.5	0.6915	0.6950	0.6985	0.7019	0.7054	0.7088	0.7123	0.7157	0.7190	0.7224	0.5
0.6	0.7257	0.7291	0.7324	0.7357	0.7389	0.7422	0.7454	0.7486	0.7517	0.7549	0.6
0.7	0.7580	0.7611	0.7642	0.7673	0.7703	0.7734	0.7764	0.7794	0.7823	0.7852	0.7
0.8	0.7881	0.7910	0.7939	0.7967	0.7995	0.8023	0.8051	0.8078	0.8106	0.8133	0.8
0.9	0.8159	0.8186	0.8212	0.8238	0.8264	0.8289	0.8315	0.8340	0.8365	0.8389	0.9
1.0	0.8413	0.8438	0.8461	0.8485	0.8508	0.8531	0.8554	0.8577	0.8599	0.8621	1.0
1.1	0.8643	0.8665	0.8686	0.8708	0.8729	0.8749	0.8770	0.8790	0.8810	0.8830	1.1
1.2	0.8849	0.8869	0.8888	0.8907	0.8925	0.8944	0.8962	0.8980	0.8997	0.90147	1.2
1.3	0.90320	0.90490	0.90658	0.90824	0.90988	0.91149	0.91309	0.91466	0.91621	0.91774	1.3
1.4	0.91924	0.92073	0.92220	0.92364	0.92507	0.92647	0.92785	0.92922	0.93056	0.93189	1.4
1.5	0.93319	0.93448	0.93574	0.93699	0.93822	0.93943	0.94062	0.94179	0.94295	0.94408	1.5
1.6	0.94520	0.94630	0.94738	0.94845	0.94950	0.95053	0.95154	0.95254	0.95352	0.95449	1.6
1.7	0.95543	0.95637	0.95728	0.95818	0.95907	0.95994	0.96080	0.96164	0.96246	0.96327	1.7
1.8	0.96407	0.96485	0.96562	0.96638	0.96712	0.96784	0.96856	0.96926	0.96995	0.97062	1.8
1.9	0.97128	0.97193	0.97257	0.97320	0.97381	0.97441	0.97500	0.97558	0.97615	0.97670	1.9
2.0	0.97725	0.97778	0.97831	0.97882	0.97932	0.97982	0.98030	0.98077	0.98124	0.98169	2.0
2.1	0.98214	0.98257	0.98300	0.98341	0.98382	0.98422	0.98461	0.98500	0.98537	0.98574	2.1
2.2	0.98610	0.98645	0.98679	0.98713	0.98745	0.98778	0.98809	0.98840	0.98870	0.98899	2.2

续表

u	0.00	0.01	0.02	0.03	0.04	0.05	0.06	0.07	0.08	0.09	u
2.3	0.98928	0.98956	0.98983	$0.9^2 0097$	$0.9^2 0358$	$0.9^2 0613$	$0.9^2 0863$	$0.9^2 1106$	$0.9^2 1344$	$0.9^2 1576$	2.3
2.4	$0.9^2 1802$	$0.9^2 2024$	$0.9^2 2240$	$0.9^2 2451$	$0.9^2 2656$	$0.9^2 2857$	$0.9^2 3053$	$0.9^2 3244$	$0.9^2 3431$	$0.9^2 3613$	2.4
2.5	$0.9^2 3790$	$0.9^2 3963$	$0.9^2 4132$	$0.9^2 4297$	$0.9^2 4457$	$0.9^2 4614$	$0.9^2 4766$	$0.9^2 4915$	$0.9^2 5060$	$0.9^2 5201$	2.5
2.6	$0.9^2 5339$	$0.9^2 5473$	$0.9^2 5604$	$0.9^2 5731$	$0.9^2 5855$	$0.9^2 5975$	$0.9^2 6093$	$0.9^2 6207$	$0.9^2 6319$	$0.9^2 6427$	2.6
2.7	$0.9^2 6533$	$0.9^2 6636$	$0.9^2 6736$	$0.9^2 6833$	$0.9^2 6928$	$0.9^2 7020$	$0.9^2 7110$	$0.9^2 7197$	$0.9^2 7282$	$0.9^2 7365$	2.7
2.8	$0.9^2 7445$	$0.9^2 7523$	$0.9^2 7599$	$0.9^2 7673$	$0.9^2 7744$	$0.9^2 7814$	$0.9^2 7882$	$0.9^2 7948$	$0.9^2 8012$	$0.9^2 8740$	2.8
2.9	$0.9^2 8143$	$0.9^2 8193$	$0.9^2 8250$	$0.9^2 8305$	$0.9^2 8359$	$0.9^2 8411$	$0.9^2 8462$	$0.9^2 8511$	$0.9^2 8559$	$0.9^2 8605$	2.9
3.0	$0.9^2 8650$	$0.9^2 8694$	$0.9^2 8736$	$0.9^2 8777$	$0.9^2 8817$	$0.9^2 8856$	$0.9^2 8893$	$0.9^2 8930$	$0.9^2 8965$	$0.9^2 8999$	3.0
3.1	$0.9^3 0324$	$0.9^3 0646$	$0.9^3 0957$	$0.9^3 1260$	$0.9^3 1553$	$0.9^3 1836$	$0.9^3 2112$	$0.9^3 2378$	$0.9^3 2636$	$0.9^3 2886$	3.1
3.2	$0.9^3 3129$	$0.9^3 3363$	$0.9^3 3590$	$0.9^3 3810$	$0.9^3 4024$	$0.9^3 4230$	$0.9^3 4429$	$0.9^3 4623$	$0.9^3 4810$	$0.9^3 4991$	3.2
3.3	$0.9^3 5166$	$0.9^3 5335$	$0.9^3 5499$	$0.9^3 5658$	$0.9^3 5811$	$0.9^3 5959$	$0.9^3 6103$	$0.9^3 6242$	$0.9^3 6376$	$0.9^3 6505$	3.3
3.4	$0.9^3 6631$	$0.9^3 6752$	$0.9^3 6869$	$0.9^3 6982$	$0.9^3 7091$	$0.9^3 7197$	$0.9^3 7299$	$0.9^3 7398$	$0.9^3 7493$	$0.9^3 7585$	3.4
3.5	$0.9^3 7674$	$0.9^3 7759$	$0.9^3 7842$	$0.9^3 7922$	$0.9^3 7999$	$0.9^3 8074$	$0.9^3 8146$	$0.9^3 8215$	$0.9^3 8282$	$0.9^3 8347$	3.5
3.6	$0.9^3 8409$	$0.9^3 8469$	$0.9^3 8527$	$0.9^3 8583$	$0.9^3 8637$	$0.9^3 8689$	$0.9^3 8739$	$0.9^3 8787$	$0.9^3 8834$	$0.9^3 8879$	3.6
3.7	$0.9^3 8922$	$0.9^3 8964$	$0.9^4 0039$	$0.9^4 0426$	$0.9^4 0799$	$0.9^4 1158$	$0.9^4 1504$	$0.9^4 1838$	$0.9^4 2159$	$0.9^4 2468$	3.7
3.8	$0.9^4 2765$	$0.9^4 3052$	$0.9^4 3327$	$0.9^4 3593$	$0.9^4 3848$	$0.9^4 4094$	$0.9^4 4331$	$0.9^4 4558$	$0.9^4 4777$	$0.9^4 4988$	3.8
3.9	$0.9^4 5190$	$0.9^4 5385$	$0.9^4 5573$	$0.9^4 5753$	$0.9^4 5926$	$0.9^4 6092$	$0.9^4 6253$	$0.9^4 6406$	$0.9^4 6554$	$0.9^4 6696$	3.9
4.0	$0.9^4 6833$	$0.9^4 6964$	$0.9^4 7090$	$0.9^4 7211$	$0.9^4 7327$	$0.9^4 7439$	$0.9^4 7546$	$0.9^4 7649$	$0.9^4 7748$	$0.9^4 7843$	4.0
4.1	$0.9^4 7934$	$0.9^4 8022$	$0.9^4 8106$	$0.9^4 8186$	$0.9^4 8263$	$0.9^4 8338$	$0.9^4 8409$	$0.9^4 8477$	$0.9^4 8542$	$0.9^4 8605$	4.1
4.2	$0.9^4 8665$	$0.9^4 8723$	$0.9^4 8778$	$0.9^4 8832$	$0.9^4 8882$	$0.9^4 8931$	$0.9^4 8978$	$0.9^5 0226$	$0.9^5 0655$	$0.9^5 1066$	4.2
4.3	$0.9^5 1460$	$0.9^5 1837$	$0.9^5 2199$	$0.9^5 2545$	$0.9^5 2876$	$0.9^5 3193$	$0.9^5 3497$	$0.9^5 3788$	$0.9^5 4066$	$0.9^5 4332$	4.3
4.4	$0.9^5 4587$	$0.9^5 4831$	$0.9^5 5065$	$0.9^5 5288$	$0.9^5 5502$	$0.9^5 5706$	$0.9^5 5902$	$0.9^5 6089$	$0.9^5 6268$	$0.9^5 6439$	4.4
4.5	$0.9^5 6602$	$0.9^5 6759$	$0.9^5 6908$	$0.9^5 7051$	$0.9^5 7187$	$0.9^5 7318$	$0.9^5 7442$	$0.9^5 7561$	$0.9^5 7675$	$0.9^5 7784$	4.5
4.6	$0.9^5 7888$	$0.9^5 7987$	$0.9^5 8081$	$0.9^5 8172$	$0.9^5 8258$	$0.9^5 8340$	$0.9^5 8419$	$0.9^5 8494$	$0.9^5 8566$	$0.9^5 8634$	4.6
4.7	$0.9^5 8699$	$0.9^5 8761$	$0.9^5 8821$	$0.9^5 8877$	$0.9^5 8931$	$0.9^5 8983$	$0.9^6 0320$	$0.9^6 0789$	$0.9^6 1235$	$0.9^6 1661$	4.7
4.8	$0.9^6 2067$	$0.9^6 2453$	$0.9^6 2822$	$0.9^6 3173$	$0.9^6 3508$	$0.9^6 3827$	$0.9^6 4131$	$0.9^6 4420$	$0.9^6 4696$	$0.9^6 4958$	4.8
4.9	$0.9^6 5208$	$0.9^6 5446$	$0.9^6 5673$	$0.9^6 5889$	$0.9^6 6094$	$0.9^6 6289$	$0.9^6 6475$	$0.9^6 6652$	$0.9^6 6821$	$0.9^6 6981$	4.9

附表 4　卡方分布 $\chi^2(n)$ 的分位数表

$$P(\chi^2(n) \leqslant \chi^2_{1-\alpha}(n)) = 1 - \alpha$$

$n\backslash\alpha$	0.995	0.99	0.975	0.95	0.90	0.75	0.25	0.10	0.05	0.025	0.01	0.005
1	-	-	0.001	0.004	0.016	0.102	1.323	2.706	3.841	5.024	6.635	7.879
2	0.010	0.020	0.051	0.103	0.211	0.575	2.773	4.605	5.991	7.378	9.210	10.597
3	0.072	0.115	0.216	0.352	0.584	1.213	4.108	6.251	7.815	9.348	11.345	12.838
4	0.207	0.297	0.484	0.711	1.064	1.923	5.385	7.779	9.488	11.143	13.277	14.860
5	0.412	0.554	0.831	1.145	1.610	2.675	6.626	9.236	11.071	12.833	15.086	16.750
6	0.676	0.872	1.237	1.635	2.204	3.455	7.841	10.645	12.592	14.449	16.812	18.548
7	0.989	1.239	1.690	2.167	2.833	4.255	9.037	12.017	14.067	16.013	18.475	20.278
8	1.344	1.646	2.180	2.733	3.490	5.071	10.219	13.362	15.507	17.535	20.090	21.955

$n\backslash\alpha$	0.995	0.99	0.975	0.95	0.90	0.75	0.25	0.10	0.05	0.025	0.01	0.005
9	1.735	2.088	2.700	3.325	4.168	5.899	11.389	14.684	16.919	19.023	21.666	23.589
10	2.156	2.558	3.247	3.940	4.865	6.737	12.549	15.987	18.307	20.483	23.209	25.188
11	2.603	3.053	3.816	4.575	5.578	7.584	13.701	17.275	19.675	21.920	24.725	26.757
12	3.074	3.571	4.404	5.226	6.304	8.438	14.845	18.549	21.026	23.337	26.217	28.299
13	3.565	4.107	5.009	5.892	7.042	9.299	15.984	19.812	22.362	24.736	27.688	29.819
14	4.075	4.660	5.629	6.571	7.790	10.165	17.117	21.064	23.685	26.119	29.141	31.319
15	4.601	5.229	6.262	7.261	8.547	11.037	18.245	22.307	24.996	27.488	30.578	32.801
16	5.142	5.812	6.908	7.962	9.312	11.912	19.369	23.542	26.296	28.845	32.000	34.267
17	5.697	6.408	7.564	8.672	10.085	12.792	20.489	24.769	27.587	30.191	33.409	35.718
18	6.265	7.015	8.231	9.390	10.865	13.675	21.605	25.989	28.869	31.526	34.805	37.156
19	6.844	7.633	8.907	10.117	11.651	14.562	22.718	27.204	30.144	32.852	36.191	38.582
20	7.434	8.260	9.591	10.851	12.443	15.452	23.828	28.412	31.410	34.170	37.566	39.997
21	8.034	8.897	10.283	11.591	13.240	16.344	24.935	29.615	32.671	36.479	38.932	41.401
22	8.643	9.542	10.982	12.338	14.042	17.240	26.039	30.813	33.924	36.781	40.289	42.796
23	9.260	10.196	11.689	13.091	14.848	18.137	27.141	32.007	35.172	38.076	41.638	44.181
24	9.886	10.856	12.401	13.848	15.659	19.037	28.241	33.196	36.415	39.364	42.980	45.559
25	10.520	11.524	13.120	14.611	16.473	19.939	29.339	34.382	37.652	40.646	44.314	46.928
26	11.160	12.198	13.844	15.379	17.292	20.843	30.435	35.563	38.885	41.923	45.642	48.290
27	11.808	12.879	14.573	16.151	18.114	21.749	31.528	36.741	40.113	43.194	46.963	49.645
28	12.461	13.565	15.308	16.928	18.939	22.657	32.620	37.916	41.337	44.461	48.278	50.993
29	13.121	14.257	16.047	17.708	19.768	23.567	33.711	39.087	42.557	45.722	49.588	52.336
30	13.787	14.954	16.791	18.493	20.599	24.478	34.800	40.256	43.773	46.979	50.892	53.672
31	14.458	15.655	17.539	19.281	21.434	25.390	35.887	41.422	44.985	48.232	52.191	55.003
32	15.134	16.362	18.291	20.072	22.271	26.304	36.973	42.585	46.194	49.480	53.486	56.328
33	15.815	17.074	19.047	20.867	23.110	27.219	38.058	43.745	47.400	50.725	54.776	57.648
34	16.501	17.789	19.806	21.664	23.952	28.136	39.141	44.903	48.602	51.966	56.061	58.964
35	17.192	18.509	20.569	22.465	24.797	29.054	40.223	46.059	49.802	53.203	57.342	60.275
36	17.887	19.233	21.336	23.269	25.643	29.973	41.304	47.212	50.998	54.437	58.619	61.581
37	18.586	19.960	22.106	24.075	26.492	30.893	42.383	48.363	52.192	55.668	59.892	62.883
38	19.289	20.691	22.878	24.884	27.343	31.815	43.462	49.513	53.384	56.898	61.162	64.181
39	19.996	21.426	23.654	28.695	28.196	32.737	44.539	50.600	54.572	58.120	62.428	65.476
40	20.707	22.164	24.433	26.509	29.051	33.660	45.616	51.805	55.758	59.342	63.691	66.766
41	21.421	20.906	25.215	27.326	29.907	34.585	46.692	52.949	56.942	60.561	64.950	68.053
42	22.138	23.650	25.999	28.144	30.765	35.510	47.766	54.090	58.124	61.777	66.206	69.336
43	22.859	24.398	26.785	28.965	31.625	36.436	48.840	55.230	59.304	62.990	67.459	70.616
44	23.584	25.148	27.575	29.787	32.487	37.363	49.913	56.369	60.481	64.201	68.710	71.893
45	24.311	25.901	28.366	30.612	33.350	38.291	50.985	57.505	61.656	65.410	69.957	73.166

附表 5　F 分布 $F(n_1, n_2)$ 的分位数表

$$P(F \leqslant F_{1-\alpha}) = 1 - \alpha$$

$$\alpha = 0.10$$

n_2	1	2	3	4	5	6	7	8	n_1 9	10	15	20	30	50	100	200	500	n_2
1	39.9	49.5	53.6	55.8	57.2	58.2	58.9	59.4	59.9	60.2	61.2	61.7	62.3	62.7	63.0	63.2	63.3	1
2	8.53	9.00	9.16	9.24	9.29	9.33	9.35	9.37	9.38	9.39	9.42	9.44	9.46	9.47	9.48	9.49	9.49	2
3	5.54	5.46	5.39	5.34	5.31	5.28	5.27	5.25	5.24	5.23	5.20	5.18	5.17	5.15	5.14	5.14	5.14	3
4	4.54	4.32	4.19	4.11	4.05	4.01	3.98	3.95	3.94	3.92	3.87	3.84	3.82	3.80	3.78	3.77	3.76	4
5	4.06	3.78	3.62	3.52	3.45	3.40	3.37	3.34	3.32	3.30	3.24	3.21	3.17	3.15	3.13	3.12	3.11	5
6	3.78	3.46	3.29	3.18	3.11	3.05	3.01	2.98	2.96	2.94	2.87	2.84	2.80	2.77	2.75	2.73	2.73	6
7	3.59	3.26	3.07	2.96	2.88	2.83	2.78	2.75	2.72	2.70	2.63	2.59	2.56	2.52	2.50	2.48	2.48	7
8	3.46	3.11	2.92	2.81	2.73	2.67	2.62	2.59	2.56	2.54	2.46	2.42	2.38	2.35	2.32	2.31	2.30	8
9	3.36	3.01	2.81	2.69	2.61	2.55	2.51	2.47	2.44	2.42	2.34	2.30	2.25	2.22	2.19	2.17	2.17	9
10	3.28	2.92	2.73	2.61	2.52	2.46	2.41	2.38	2.35	2.32	2.24	2.20	2.16	2.12	2.09	2.07	2.06	10
11	3.23	2.86	2.66	2.54	2.45	2.39	2.34	2.30	2.27	2.25	2.17	2.12	2.08	2.04	2.00	1.99	1.98	11
12	3.18	2.81	2.61	2.48	2.39	2.33	2.28	2.24	2.21	2.19	2.10	2.06	2.01	1.97	1.94	1.92	1.91	12
13	3.14	2.76	2.56	2.43	2.35	2.28	2.23	2.20	2.16	2.14	2.05	2.01	1.96	1.92	1.88	1.86	1.85	13
14	3.10	2.73	2.52	2.39	2.31	2.24	2.19	2.15	2.12	2.10	2.01	1.96	1.91	1.87	1.83	1.82	1.80	14
15	3.07	2.70	2.49	2.36	2.27	2.21	2.16	2.12	2.09	2.06	1.97	1.92	1.87	1.83	1.79	1.77	1.76	15
16	3.05	2.67	2.46	2.33	2.24	2.18	2.13	2.09	2.06	2.03	1.94	1.89	1.84	1.79	1.76	1.74	1.73	16
17	3.03	2.64	2.44	2.31	2.22	2.15	2.10	2.06	2.03	2.00	1.91	1.86	1.81	1.76	1.73	1.71	1.69	17
18	3.01	2.62	2.42	2.29	2.20	2.13	2.08	2.04	2.00	1.98	1.89	1.84	1.78	1.74	1.70	1.68	1.67	18
19	2.99	2.61	2.40	2.27	2.18	2.11	2.06	2.02	1.98	1.96	1.86	1.81	1.76	1.71	1.67	1.65	1.64	19
20	2.97	2.59	2.38	2.25	2.16	2.09	2.04	2.00	1.96	1.94	1.84	1.79	1.74	1.69	1.65	1.63	1.62	20
22	2.95	2.56	2.35	2.22	2.13	2.06	2.01	1.97	1.93	1.90	1.81	1.76	1.70	1.65	1.61	1.59	1.58	22
24	2.93	2.54	2.33	2.19	2.10	2.04	1.98	1.94	1.91	1.88	1.78	1.73	1.67	1.62	1.58	1.56	1.54	24
26	2.91	2.52	2.31	2.17	2.08	2.01	1.96	1.92	1.88	1.86	1.76	1.71	1.65	1.59	1.55	1.53	1.51	26
28	2.89	2.50	2.29	2.16	2.06	2.00	1.94	1.90	1.87	1.84	1.74	1.69	1.63	1.57	1.53	1.50	1.49	28
30	2.88	2.49	2.28	2.14	2.05	1.98	1.93	1.88	1.85	1.82	1.72	1.67	1.61	1.55	1.51	1.48	1.47	30
40	2.84	2.44	2.23	2.09	2.00	1.93	1.87	1.83	1.79	1.76	1.66	1.61	1.54	1.48	1.43	1.41	1.39	40
50	2.81	2.41	2.20	2.06	1.97	1.90	1.84	1.80	1.76	1.73	1.63	1.57	1.50	1.44	1.39	1.36	1.34	50
60	2.79	2.39	2.18	2.04	1.95	1.87	1.82	1.77	1.74	1.71	1.60	1.54	1.48	1.41	1.36	1.33	1.31	60
80	2.77	2.37	2.15	2.02	1.92	1.85	1.79	1.75	1.71	1.68	1.57	1.51	1.44	1.38	1.32	1.28	1.26	80
100	2.76	2.36	2.14	2.00	1.91	1.83	1.78	1.73	1.70	1.66	1.56	1.49	1.42	1.35	1.29	1.26	1.23	100
200	2.73	2.33	2.11	1.97	1.88	1.80	1.75	1.70	1.66	1.63	1.52	1.46	1.38	1.31	1.24	1.20	1.17	200
500	2.72	2.31	2.10	1.96	1.86	1.79	1.73	1.68	1.64	1.61	1.50	1.44	1.36	1.28	1.21	1.16	1.12	500

续表

$$\alpha = 0.05$$

n_2	1	2	3	4	5	6	7	n_1 8	9	10	12	14	16	18	20	n_2
1	161	200	216	225	230	234	237	239	241	242	244	245	246	247	248	1
2	18.5	19.0	19.2	19.2	19.3	19.3	19.4	19.4	19.4	19.4	19.4	19.4	19.4	19.4	19.4	2
3	10.1	9.55	9.28	9.12	9.01	8.94	8.89	8.85	8.81	8.79	8.74	8.71	8.69	8.67	8.66	3
4	7.71	6.94	6.59	6.39	6.26	6.16	6.09	6.04	6.00	5.96	5.91	5.87	5.84	5.82	5.80	4
5	6.61	5.79	5.41	5.19	5.05	4.95	4.88	4.82	4.77	4.74	4.68	4.64	4.60	4.58	4.56	5
6	5.99	5.14	4.76	4.53	4.39	4.28	4.21	4.15	4.10	4.06	4.00	3.96	3.92	3.90	3.87	6
7	5.59	4.74	4.35	4.12	3.97	3.87	3.79	3.73	3.68	3.64	3.57	3.53	3.49	3.47	3.44	7
8	5.32	4.46	4.07	3.84	3.69	3.58	3.50	3.44	3.39	3.35	3.28	3.24	3.20	3.17	3.15	8
9	5.12	4.26	3.86	3.63	3.48	3.37	3.29	3.23	3.18	3.14	3.07	3.03	2.99	2.96	2.94	9
10	4.96	4.10	3.71	3.48	3.33	3.22	3.14	3.07	3.02	2.98	2.91	2.86	2.83	2.80	2.77	10
11	4.84	3.98	3.59	3.36	3.20	3.09	3.01	2.95	2.90	2.85	2.79	2.74	2.70	2.67	2.65	11
12	4.75	3.89	3.49	3.26	3.11	3.00	2.91	2.85	2.80	2.75	2.69	2.64	2.60	2.57	2.54	12
13	4.67	3.81	3.41	3.18	3.03	2.92	2.83	2.77	2.71	2.67	2.60	2.55	2.51	2.48	2.46	13
14	4.60	3.74	3.34	3.11	2.96	2.85	2.76	2.70	2.65	2.60	2.53	2.48	2.44	2.41	2.39	14
15	4.54	3.68	3.29	3.06	2.90	2.79	2.71	2.64	2.59	2.54	2.48	2.42	2.38	2.35	2.33	15
16	4.49	3.63	3.24	3.01	2.85	2.74	2.66	2.59	2.54	2.49	2.42	2.37	2.33	2.30	2.28	16
17	4.45	3.59	3.20	2.96	2.81	2.70	2.61	2.55	2.49	2.45	2.38	2.33	2.29	2.26	2.23	17
18	4.41	3.55	3.16	2.93	2.77	2.66	2.58	2.51	2.46	2.41	2.34	2.29	2.25	2.22	2.19	18
19	4.38	3.52	3.13	2.90	2.74	2.63	2.54	2.48	2.42	2.38	2.31	2.26	2.21	2.18	2.16	19
20	4.35	3.49	3.10	2.87	2.71	2.60	2.51	2.45	2.39	2.35	2.28	2.22	2.18	2.15	2.12	20
21	4.32	3.47	3.07	2.84	2.68	2.57	2.49	2.42	2.37	2.32	2.25	2.20	2.16	2.12	2.10	21
22	4.30	3.44	3.05	2.82	2.66	2.55	2.46	2.40	2.34	2.30	2.23	2.17	2.13	2.10	2.07	22
23	4.28	3.42	3.03	2.80	2.64	2.53	2.44	2.37	2.32	2.27	2.20	2.15	2.11	2.07	2.05	23
24	4.26	3.40	3.01	2.78	2.62	2.51	2.42	2.36	2.30	2.25	2.18	2.13	2.0	2.05	2.03	24
25	4.24	3.39	2.99	2.76	2.60	2.49	2.40	2.34	2.28	2.24	2.16	2.11	2.07	2.04	2.01	25
26	4.23	3.37	2.98	2.74	2.59	2.47	2.39	2.32	2.27	2.22	2.15	2.09	2.05	2.02	1.99	26
27	4.21	3.35	2.96	2.73	2.57	2.46	2.37	2.31	2.25	2.20	2.13	2.08	2.04	2.00	1.97	27
28	4.20	3.34	2.95	2.71	2.56	2.45	2.36	2.29	2.24	2.19	2.12	2.06	2.02	1.99	1.96	28
29	4.18	3.33	2.93	2.70	2.55	2.43	2.35	2.28	2.22	2.18	2.10	2.05	2.01	1.97	1.94	29
30	4.17	3.32	2.92	2.69	2.53	2.42	2.33	2.27	2.21	2.16	2.09	2.04	1.99	1.96	1.93	30
32	4.15	3.29	2.90	2.67	2.51	2.40	2.31	2.24	2.19	2.14	2.07	2.01	1.97	1.94	1.91	32
34	4.13	3.28	2.88	2.65	2.49	2.38	2.29	2.23	2.17	2.12	2.05	1.99	1.95	1.92	1.89	34
36	4.11	3.26	2.87	2.63	2.48	2.36	2.28	2.21	2.15	2.11	2.03	1.98	1.93	1.90	1.87	36
38	4.10	3.24	2.85	2.62	2.46	2.35	2.26	2.19	2.14	2.09	2.02	1.96	1.92	1.88	1.85	38
40	4.08	3.23	2.84	2.61	2.45	2.34	2.25	2.18	2.12	2.08	2.00	1.95	1.90	1.87	1.84	40
42	4.07	3.22	2.83	2.59	2.44	2.32	2.24	2.17	2.11	2.06	1.99	1.93	1.89	1.86	1.83	42
44	4.06	3.21	2.82	2.58	2.43	2.31	2.23	2.16	2.10	2.05	1.98	1.92	1.88	1.84	1.81	44
46	4.05	3.20	2.81	2.57	2.42	2.30	2.22	2.15	2.09	2.04	1.97	1.91	1.87	1.83	1.80	46
48	4.04	3.19	2.80	2.57	2.41	2.29	2.21	2.14	2.08	2.03	1.96	1.90	1.86	1.82	1.79	48
50	4.03	3.18	2.79	2.56	2.40	2.29	2.20	2.13	2.07	2.03	1.95	1.89	1.85	1.81	1.78	50
60	4.00	3.15	2.76	2.53	2.37	2.25	2.17	2.10	2.04	1.99	1.92	1.86	1.82	1.78	1.75	60
80	3.96	3.11	2.72	2.49	2.33	2.21	2.13	2.06	2.00	1.95	1.88	1.82	1.77	1.73	1.70	80
100	3.94	3.09	2.70	2.46	2.31	2.19	2.10	2.03	1.97	1.93	1.85	1.79	1.75	1.71	1.68	100
125	3.92	3.07	2.68	2.44	2.29	2.17	2.08	2.01	1.96	1.91	1.83	1.77	1.72	1.69	1.65	125
150	3.90	3.06	2.66	2.43	2.27	2.16	2.07	2.00	1.94	1.89	1.82	1.76	1.71	1.67	1.64	150
200	3.89	3.04	2.65	2.42	2.26	2.14	2.06	1.98	1.93	1.88	1.80	1.74	1.69	1.66	1.62	200
300	3.87	3.03	2.63	2.40	2.24	2.13	2.04	1.97	1.91	1.86	1.78	1.72	1.68	1.64	1.61	300

$$\alpha = 0.05$$

n_2	22	24	26	28	30	35	40	45	50	60	80	100	200	500	∞	n_2
1	249	249	249	250	250	251	251	251	252	252	252	253	254	254	254	1
2	19.5	19.5	19.5	19.5	19.5	19.5	19.5	19.5	19.5	19.5	19.5	19.5	19.5	19.5	19.5	2
3	8.65	8.64	8.63	8.62	8.62	8.60	8.59	8.59	8.58	8.57	8.56	8.55	8.54	8.53	8.53	3
4	5.79	5.77	5.76	5.75	5.75	5.73	5.72	5.71	5.70	5.69	5.67	5.66	5.65	5.64	5.63	4
5	4.54	4.53	4.52	4.50	4.50	4.48	4.46	4.45	4.44	4.43	4.41	4.41	4.39	4.37	4.37	5
6	3.86	3.84	3.83	3.82	3.81	3.79	3.77	3.76	3.75	3.74	3.72	3.71	3.69	3.68	3.67	6
7	3.43	3.41	3.40	3.39	3.38	3.36	3.34	3.33	3.32	3.30	3.29	3.27	3.25	3.24	3.23	7
8	3.13	3.12	3.10	3.09	3.08	3.06	3.04	3.03	3.02	3.01	2.99	2.97	2.95	2.94	2.93	8
9	2.92	2.90	2.89	2.87	2.86	2.84	2.83	2.81	2.80	2.79	2.77	2.76	2.73	2.72	2.71	9
10	2.75	2.74	2.72	2.71	2.70	2.68	2.66	2.65	2.64	2.62	2.60	2.59	2.56	2.55	2.54	10
11	2.63	2.61	2.59	2.58	2.57	2.55	2.53	2.52	2.51	2.49	2.47	2.46	2.43	2.42	2.40	11
12	2.52	2.51	2.49	2.48	2.47	2.44	2.43	2.41	2.40	2.38	2.36	2.35	2.32	2.31	2.30	12
13	2.44	2.42	2.41	2.39	2.38	2.36	2.34	2.33	2.31	2.30	2.27	2.26	2.23	2.22	2.21	13
14	2.37	2.35	2.33	2.32	2.31	2.28	2.27	2.25	2.24	2.22	2.20	2.19	2.16	2.14	2.13	14
15	2.31	2.29	2.27	2.26	2.25	2.22	2.20	2.19	2.18	2.16	2.14	2.12	2.10	2.08	2.07	15
16	2.25	2.24	2.22	2.21	2.19	2.17	2.15	2.14	2.12	2.11	2.08	2.07	2.04	2.02	2.01	16
17	2.21	2.19	2.17	2.16	2.15	2.12	2.10	2.09	2.08	2.06	2.03	2.02	1.99	1.97	1.96	17
18	2.17	2.15	2.13	2.12	2.11	2.08	2.06	2.05	2.04	2.02	1.99	1.98	1.95	1.93	1.92	18
19	2.13	2.11	2.10	2.08	2.07	2.05	2.03	2.01	2.00	1.98	1.96	1.94	1.91	1.89	1.88	19
20	2.10	2.08	2.07	2.05	2.04	2.01	1.99	1.98	1.97	1.95	1.92	1.91	1.88	1.86	1.84	20
21	2.07	2.05	2.04	2.02	2.01	1.98	1.96	1.95	1.94	1.92	1.89	1.88	1.84	1.82	1.81	21
22	2.05	2.03	2.01	2.00	1.98	1.96	1.94	1.92	1.91	1.89	1.86	1.85	1.82	1.80	1.78	22
23	2.02	2.00	1.99	1.97	1.96	1.93	1.91	1.90	1.88	1.86	1.84	1.82	1.79	1.77	1.76	23
24	2.00	1.98	1.97	1.95	1.94	1.91	1.89	1.88	1.86	1.84	1.82	1.80	1.77	1.75	1.73	24
25	1.98	1.96	1.95	1.93	1.92	1.89	1.87	1.86	1.84	1.82	1.80	1.78	1.75	1.73	1.71	25
26	1.97	1.95	1.93	1.91	1.90	1.87	1.85	1.84	1.82	1.80	1.78	1.76	1.73	1.71	1.69	26
27	1.95	1.93	1.91	1.90	1.88	1.86	1.84	1.82	1.81	1.79	1.76	1.74	1.71	1.69	1.67	27
28	1.93	1.91	1.90	1.88	1.87	1.84	1.82	1.80	1.79	1.77	1.74	1.73	1.69	1.67	1.65	28
29	1.92	1.90	1.88	1.87	1.85	1.83	1.81	1.79	1.77	1.75	1.73	1.71	1.67	1.65	1.64	29
30	1.91	1.89	1.87	1.85	1.84	1.81	1.79	1.77	1.76	1.74	1.71	1.70	1.66	1.64	1.62	30
32	1.88	1.86	1.85	1.83	1.82	1.79	1.77	1.75	1.74	1.71	1.69	1.67	1.63	1.61	1.59	32
34	1.86	1.84	1.82	1.80	1.80	1.77	1.75	1.73	1.71	1.69	1.66	1.65	1.61	1.59	1.57	34
36	1.85	1.82	1.81	1.79	1.78	1.75	1.73	1.71	1.69	1.67	1.64	1.62	1.59	1.56	1.55	36
38	1.83	1.81	1.79	1.77	1.76	1.73	1.71	1.69	1.68	1.65	1.62	1.61	1.57	1.54	1.53	38
40	1.81	1.79	1.77	1.76	1.74	1.72	1.69	1.67	1.66	1.64	1.61	1.59	1.55	1.53	1.51	40
42	1.80	1.78	1.76	1.74	1.73	1.70	1.68	1.66	1.65	1.62	1.59	1.57	1.53	1.51	1.49	42
44	1.79	1.77	1.75	1.73	1.72	1.69	1.67	1.65	1.63	1.61	1.58	1.56	1.52	1.49	1.48	44
46	1.78	1.76	1.74	1.72	1.71	1.68	1.65	1.64	1.62	1.60	1.57	1.55	1.51	1.48	1.46	46
48	1.77	1.75	1.73	1.71	1.70	1.67	1.64	1.62	1.61	1.59	1.56	1.54	1.49	1.47	1.45	48
50	1.76	1.74	1.72	1.70	1.69	1.66	1.63	1.61	1.60	1.58	1.54	1.52	1.48	1.46	1.44	50
60	1.72	1.70	1.68	1.66	1.65	1.62	1.59	1.57	1.56	1.53	1.50	1.48	1.44	1.41	1.39	60
80	1.68	1.65	1.63	1.62	1.60	1.57	1.54	1.52	1.51	1.48	1.45	1.43	1.38	1.35	1.32	80
100	1.65	1.63	1.61	1.59	1.57	1.54	1.52	1.49	1.48	1.45	1.41	1.39	1.34	1.31	1.28	100
125	1.63	1.60	1.58	1.57	1.55	1.52	1.49	1.47	1.45	1.42	1.39	1.36	1.31	1.27	1.25	125
150	1.61	1.59	1.57	1.55	1.53	1.50	1.48	1.45	1.44	1.41	1.37	1.34	1.29	1.25	1.22	150
200	1.60	1.57	1.55	1.53	1.52	1.48	1.46	1.43	1.41	1.39	1.35	1.32	1.26	1.22	1.19	200
300	1.58	1.55	1.53	1.51	1.50	1.46	1.43	1.41	1.39	1.36	1.32	1.30	1.23	1.19	1.15	300
500	1.56	1.54	1.52	1.50	1.48	1.45	1.42	1.40	1.38	1.34	1.30	1.28	1.21	1.16	1.11	500
10^3	1.55	1.53	1.51	1.49	1.47	1.44	1.41	1.38	1.36	1.33	1.29	1.26	1.19	1.13	1.08	10^3
∞	1.54	1.52	1.50	1.48	1.46	1.42	1.39	1.37	1.35	1.32	1.27	1.24	1.17	1.11	1.00	∞

续表

$$\alpha = 0.025$$

n_2	1	2	3	4	5	6	7	n_1 8	9	10	12	14	16	18	20	n_2
1	648	800	864	900	922	937	948	957	963	969	977	983	987	990	993	1
2	38.5	39.0	39.2	39.3	39.3	39.3	39.4	39.4	39.4	39.4	39.4	39.4	39.4	39.4	39.5	2
3	17.4	16.0	15.4	15.1	14.9	14.7	14.6	14.5	14.5	14.4	14.3	14.3	14.2	14.2	14.2	3
4	12.2	10.7	9.98	9.60	9.36	9.20	9.07	8.98	8.90	8.84	8.75	8.68	8.63	8.59	8.56	4
5	10.0	8.43	7.76	7.39	7.15	6.98	6.85	6.76	6.68	6.62	6.52	6.46	6.40	6.36	6.33	5
6	8.81	7.26	6.60	6.23	5.99	5.82	5.70	5.60	5.52	5.46	5.37	5.30	5.24	5.20	5.17	6
7	8.07	6.54	5.89	5.52	5.29	5.12	4.99	4.90	4.82	4.76	4.67	4.60	4.54	4.50	4.47	7
8	7.57	6.06	5.42	5.05	4.82	4.65	4.53	4.43	4.36	4.30	4.20	4.13	4.08	4.03	4.00	8
9	7.21	5.71	5.03	4.72	4.48	4.32	4.20	4.10	4.03	3.96	3.87	3.80	3.74	3.70	3.67	9
10	6.94	5.46	4.83	4.47	4.24	4.07	3.95	3.85	3.78	3.72	3.62	3.55	3.50	3.45	3.42	10
11	6.72	5.26	4.63	4.28	4.04	3.88	3.76	3.66	3.59	3.53	3.43	3.36	3.30	3.26	3.23	11
12	6.55	5.10	4.42	4.12	3.89	3.73	3.61	3.51	3.44	3.37	3.28	3.21	3.15	3.11	3.07	12
13	6.41	4.97	4.35	4.00	3.77	3.60	3.48	3.39	3.31	3.25	3.15	3.08	3.03	2.98	2.95	13
14	6.30	4.86	4.24	3.89	3.66	3.50	3.38	3.29	3.21	3.15	3.05	2.98	2.92	2.88	2.84	14
15	6.20	4.77	4.15	3.80	3.58	3.41	3.29	3.20	3.12	3.06	2.96	2.89	2.84	2.79	2.76	15
16	6.12	4.69	4.08	3.73	3.50	3.34	3.22	3.12	3.05	2.99	2.89	2.82	2.76	2.72	2.68	16
17	6.01	4.62	4.01	3.66	3.44	3.28	3.16	3.06	2.98	2.92	2.82	2.75	2.70	2.65	2.62	17
18	5.98	4.56	3.95	3.61	3.38	3.22	3.10	3.01	2.93	2.87	2.77	2.70	2.64	2.60	2.65	18
19	5.92	4.51	3.90	3.56	3.33	3.17	3.05	2.96	288	2.82	2.72	2.65	2.59	2.55	2.51	19
20	5.87	4.46	3.86	3.51	3.29	3.13	3.01	2.91	2.84	2.77	2.68	2.60	2.55	2.50	2.46	20
21	5.83	4.42	3.82	3.48	3.25	3.09	2.97	2.87	2.80	2.73	2.64	2.56	2.51	2.46	2.42	21
22	5.79	4.38	3.78	3.44	3.22	3.05	2.93	2.84	2.76	2.70	2.60	2.53	2.47	2.43	2.39	22
23	5.75	5.35	3.75	3.41	3.18	3.02	2.90	2.81	2.73	2.67	2.57	2.50	2.43	2.39	2.36	23
24	5.72	4.32	3.72	3.38	3.15	2.99	2.87	2.78	2.70	2.64	2.54	2.47	2.41	2.36	2.33	24
25	5.69	4.29	3.69	3.35	3.13	2.97	2.85	2.75	2.68	2.61	2.51	2.44	2.38	2.34	2.30	25
26	5.66	4.27	3.67	3.33	3.10	2.94	2.82	2.73	2.65	2.59	2.49	2.42	2.36	2.31	2.28	26
27	5.63	4.24	3.65	3.31	3.08	2.92	2.80	2.71	2.63	2.57	2.47	2.39	2.34	2.29	2.25	27
28	5.61	4.22	3.63	3.29	3.06	2.90	2.78	2.69	2.61	2.55	2.45	2.37	2.32	2.27	2.23	28
29	5.59	4.20	3.61	3.27	3.04	2.88	2.76	2.67	2.59	2.53	2.43	2.36	2.30	2.25	2.21	29
30	5.57	4.18	3.59	3.25	3.03	2.87	2.75	2.65	2.57	2.51	2.41	2.34	2.28	2.23	2.20	30
32	5.53	4.15	3.56	3.22	3.00	2.84	2.71	2.62	2.54	2.48	2.38	2.31	2.25	2.20	2.16	32
34	5.50	4.12	3.53	3.19	2.97	2.81	2.69	2.59	2.52	2.45	2.35	2.28	2.22	2.17	2.13	34
36	5.47	4.09	3.50	3.17	2.94	2.78	2.66	2.57	2.49	2.43	2.33	2.25	2.20	2.15	2.11	36
38	5.45	4.07	3.48	3.15	2.92	2.76	2.64	2.55	2.47	2.41	2.31	2.23	2.17	2.13	2.09	38
40	5.42	4.05	3.46	3.13	2.90	2.74	2.62	2.53	2.45	2.39	2.29	2.21	2.15	2.11	2.07	40
42	5.40	4.03	3.45	3.11	2.89	2.73	2.61	2.51	2.43	2.37	2.27	2.20	2.14	2.09	2.05	42
44	5.39	4.02	3.43	3.09	2.87	2.71	2.59	2.50	2.42	2.36	2.26	2.18	2.12	2.07	2.03	44
46	5.37	4.00	3.42	3.08	2.86	2.70	2.58	2.48	2.41	2.34	2.24	2.17	2.11	2.06	2.02	46
48	5.35	3.99	3.40	3.07	2.84	2.69	2.56	2.47	2.39	2.33	2.23	2.15	2.09	2.05	2.00	48
50	5.34	3.97	3.39	3.05	2.83	2.67	2.55	2.46	2.38	2.32	2.22	2.14	2.08	2.03	1.99	50
60	5.29	3.93	3.34	3.01	2.79	2.63	2.51	2.41	2.33	2.27	2.17	2.09	2.03	1.98	1.94	60
80	5.22	3.86	3.28	2.95	2.73	2.57	2.45	2.35	2.28	2.21	2.11	2.03	1.97	1.92	1.88	80
100	5.19	3.83	3.25	2.92	2.70	2.54	2.42	2.32	2.24	2.18	2.08	2.00	1.94	1.89	1.85	100
125	5.15	3.80	3.22	2.89	2.67	2.51	2.39	2.30	2.22	2.15	2.05	1.97	1.91	1.86	1.82	125
150	5.13	3.78	3.20	2.87	2.65	2.49	2.37	2.28	2.20	2.14	2.03	1.95	1.89	1.84	1.80	150
200	5.10	3.76	3.18	2.85	2.63	2.47	2.35	2.26	2.18	2.11	2.01	1.93	1.87	1.82	1.78	200
300	5.07	3.73	3.16	2.83	2.61	2.45	2.33	2.23	2.16	2.09	1.99	1.91	1.85	1.80	1.75	300
500	5.05	3.72	3.14	2.81	2.59	2.43	2.31	2.22	2.14	2.07	1.97	1.89	1.83	1.78	1.74	500
10^3	5.04	3.70	3.13	2.80	2.58	2.42	2.30	2.20	2.13	2.06	1.96	1.89	1.82	1.77	1.72	10^3
∞	5.02	3.69	3.12	2.79	2.57	2.41	2.29	2.19	2.11	2.05	1.94	1.87	1.81	1.75	1.71	∞

续表

$$\alpha = 0.025$$

n_2	22	24	26	28	30	35	40	45	50	60	80	100	200	500	∞	n_2
							n_1									
1	995	997	999	1000	1001	1004	1006	1007	1008	1010	1012	1013	1016	1017	1018	1
2	39.5	39.5	39.5	39.5	39.5	39.5	39.5	39.5	39.5	39.5	39.5	39.5	39.5	39.5	39.5	2
3	14.1	14.1	14.1	14.1	14.1	14.1	14.0	14.0	14.0	14.0	14.0	14.0	14.0	13.9	13.9	3
4	8.53	8.51	8.49	8.48	8.46	8.43	8.41	8.39	8.38	8.36	8.33	8.32	8.29	8.27	8.26	4
5	6.30	6.28	6.26	6.24	6.23	6.20	6.18	6.16	6.14	6.12	6.10	6.08	6.05	6.03	6.02	5
6	5.14	5.12	5.10	5.08	5.07	5.04	5.01	4.99	4.98	4.96	4.93	4.92	4.88	4.86	4.85	6
7	4.44	4.42	4.39	4.38	4.36	4.33	4.31	4.29	4.28	4.25	4.23	4.21	4.18	4.16	4.14	7
8	3.97	3.95	3.93	3.91	3.89	3.86	3.84	3.82	3.81	3.78	3.76	3.74	3.70	3.68	3.67	8
9	3.64	3.61	3.59	3.58	3.56	3.53	3.51	3.49	3.47	3.45	3.42	3.40	3.37	3.35	3.33	9
10	3.39	3.37	3.34	3.33	3.31	3.28	3.26	3.24	3.22	3.20	3.17	3.15	3.12	3.09	3.08	10
11	3.20	3.17	3.15	3.13	3.12	3.09	3.06	3.04	3.03	3.00	2.97	2.96	2.92	2.90	2.88	11
12	3.04	3.02	3.00	2.98	2.96	2.93	2.91	2.89	2.87	2.85	2.82	2.80	2.76	2.74	2.72	12
13	2.92	2.89	2.87	2.85	2.84	2.80	2.78	2.76	2.74	2.72	2.69	2.67	2.63	2.61	2.60	13
14	2.81	2.79	2.77	2.75	2.73	2.70	2.67	2.65	2.64	2.61	2.58	2.56	2.53	2.50	2.49	14
15	2.73	2.70	2.68	2.66	2.64	2.61	2.59	2.56	2.55	2.52	2.49	2.47	2.44	2.41	2.40	15
16	2.65	2.63	2.60	2.58	2.57	2.53	2.51	2.49	2.47	2.45	2.42	2.40	2.36	2.33	2.32	16
17	2.59	2.56	2.54	2.52	2.50	2.47	2.44	2.42	2.41	2.38	2.35	2.33	2.29	2.26	2.25	17
18	2.53	2.50	2.48	2.46	2.44	2.41	2.38	2.36	2.35	2.32	2.29	2.27	2.23	2.20	2.19	18
19	2.49	2.45	2.43	2.41	2.39	2.36	2.33	2.31	2.30	2.27	2.24	2.22	2.18	2.15	2.13	19
20	2.43	2.41	2.39	2.37	2.35	2.31	2.29	2.27	2.25	2.22	2.19	2.17	2.13	2.10	2.09	20
21	2.39	2.37	2.34	2.33	2.31	2.27	2.25	2.23	2.21	2.18	2.15	2.13	2.09	2.06	2.04	21
22	2.36	2.33	2.31	2.29	2.27	2.24	2.21	2.19	2.17	2.14	2.11	2.09	2.05	2.02	2.00	22
23	2.33	2.30	2.28	2.26	2.24	2.20	2.18	2.15	2.14	2.11	2.08	2.06	2.01	1.99	1.97	23
24	2.30	2.27	2.25	2.23	2.21	2.17	2.15	2.12	2.11	2.08	2.05	2.02	1.98	1.95	1.94	24
25	2.27	2.24	2.22	2.20	2.18	2.15	2.12	2.10	2.08	2.05	2.02	2.00	1.95	1.92	1.91	25
26	2.24	2.22	2.19	2.17	2.16	2.12	2.09	2.07	2.05	2.03	1.99	1.97	1.92	1.90	1.88	26
27	2.22	2.19	2.17	2.15	2.13	2.10	2.07	2.05	2.03	2.00	1.97	1.94	1.90	1.87	1.85	27
28	2.20	2.17	2.15	2.13	2.11	2.08	2.05	2.03	2.01	1.98	1.94	1.92	1.88	1.85	1.83	28
29	2.18	2.15	2.13	2.11	2.09	2.06	2.03	2.01	1.99	1.96	1.92	1.90	1.86	1.83	1.81	29
30	2.16	2.14	2.11	2.09	2.07	2.04	2.01	1.99	1.97	1.94	1.90	1.88	1.84	1.81	1.79	30
32	2.13	2.10	2.08	2.06	2.04	2.00	1.98	1.95	1.93	1.91	1.87	1.85	1.80	1.77	1.75	32
34	2.10	2.07	2.05	2.03	2.01	1.97	1.95	1.92	1.90	1.88	1.84	1.82	1.77	1.74	1.72	34
36	2.08	2.05	2.02	2.00	1.99	1.95	1.92	1.90	1.88	1.85	1.81	1.79	1.74	1.71	1.69	36
38	2.05	2.03	2.00	1.98	1.96	1.93	1.90	1.87	1.85	1.82	1.79	1.76	1.71	1.68	1.66	38
40	2.03	2.01	1.98	1.96	1.94	1.91	1.88	1.85	1.83	1.80	1.76	1.74	1.69	1.66	1.64	40
42	2.02	1.99	1.96	1.94	1.92	1.89	1.86	1.83	1.81	1.78	1.74	1.72	1.67	1.64	1.62	42
44	2.00	1.97	1.95	1.93	1.91	1.87	1.84	1.82	1.80	1.77	1.73	1.70	1.65	1.62	1.60	44
46	1.99	1.96	1.93	1.91	1.89	1.85	1.82	1.80	1.78	1.75	1.71	1.69	1.63	1.60	1.58	46
48	1.97	1.94	1.92	1.90	1.88	1.84	1.81	1.79	1.77	1.73	1.69	1.67	1.62	1.58	1.56	48
50	1.96	1.93	1.91	1.89	1.87	1.83	1.80	1.77	1.75	1.72	1.68	1.66	1.60	1.57	1.55	50
60	1.91	1.88	1.86	1.83	1.82	1.78	1.74	1.72	1.70	1.67	1.63	1.60	1.54	1.51	1.48	60
80	1.85	1.82	1.79	1.77	1.75	1.71	1.68	1.65	1.63	1.60	1.55	1.53	1.47	1.43	1.40	80
100	1.81	1.78	1.76	1.74	1.71	1.67	1.64	1.61	1.59	1.56	1.51	1.48	1.42	1.38	1.35	100
125	1.79	1.75	1.73	1.71	1.68	1.64	1.61	1.58	1.56	1.52	1.48	1.45	1.38	1.34	1.31	125
150	1.77	1.74	1.71	1.69	1.66	1.62	1.59	1.56	1.54	1.50	1.45	1.42	1.35	1.31	1.28	150
200	1.74	1.71	1.68	1.66	1.64	1.60	1.56	1.53	1.51	1.47	1.42	1.39	1.32	1.27	1.23	200
300	1.72	1.69	1.66	1.64	1.62	1.57	1.54	1.51	1.48	1.45	1.39	1.36	1.28	1.23	1.19	300
500	1.70	1.67	1.64	1.62	1.60	1.55	1.52	1.49	1.46	1.42	1.37	1.34	1.25	1.19	1.14	500
10^3	1.69	1.65	1.63	1.60	1.58	1.54	1.50	1.47	1.45	1.41	1.35	1.32	1.23	1.17	1.10	10^3
∞	1.68	1.64	1.62	1.59	1.57	1.52	1.48	1.45	1.43	1.39	1.33	1.30	1.21	1.13	1.00	∞

$$\alpha = 0.01$$

n_2	1	2	3	4	5	6	7	n_1 8	9	10	12	14	16	18	20	n_2
1	405	500	540	563	576	586	593	598	602	606	611	614	617	619	621	1
2	98.5	99.0	99.2	99.2	99.3	99.3	99.4	99.4	99.4	99.4	99.4	99.4	99.4	99.4	99.4	2
3	34.1	30.8	29.5	28.7	28.2	27.9	27.7	27.5	27.3	27.2	27.1	26.9	26.8	26.8	26.7	3
4	21.2	18.0	16.7	16.0	15.5	15.2	15.0	14.8	14.7	14.5	14.4	14.2	14.2	14.1	14.0	4
5	16.3	13.3	12.1	11.4	11.0	10.7	10.5	10.3	10.2	10.1	9.89	9.77	9.68	9.61	9.55	5
6	13.7	10.9	9.78	9.15	8.75	8.47	8.26	8.10	7.98	7.87	7.72	7.60	7.52	7.45	7.40	6
7	12.2	9.55	8.45	7.85	7.46	7.19	6.99	6.84	6.72	6.62	6.47	6.36	6.27	6.21	6.16	7
8	11.3	8.65	7.59	7.01	6.63	6.37	6.18	6.03	5.91	5.81	5.67	5.56	5.48	5.41	5.36	8
9	10.6	8.02	6.99	6.42	6.06	5.80	5.61	5.47	5.35	5.26	5.11	5.00	4.92	5.86	4.81	9
10	10.0	7.56	6.55	5.99	5.64	5.39	5.20	5.06	4.94	4.85	4.71	4.60	4.52	4.46	4.41	10
11	9.65	7.21	6.22	5.67	5.32	5.07	4.89	4.74	4.63	4.54	4.40	4.29	4.21	4.15	4.10	11
12	9.33	6.93	5.95	5.41	5.06	4.82	4.64	4.50	4.39	4.30	4.16	4.05	3.97	3.91	3.86	12
13	9.07	6.70	5.74	5.21	4.86	4.62	4.44	4.30	4.19	4.10	3.96	3.86	3.78	3.71	3.66	13
14	8.86	6.51	5.56	5.04	4.70	4.46	4.28	4.14	4.03	3.94	3.80	3.70	3.62	3.56	3.51	14
15	8.68	6.36	5.42	4.89	4.56	4.32	4.14	4.00	3.89	3.80	3.67	3.56	3.49	3.42	3.37	15
16	8.53	6.23	5.29	4.77	4.44	4.20	4.03	3.89	3.78	3.69	3.55	3.45	3.37	3.31	3.26	16
17	8.40	6.11	5.18	4.67	4.34	4.10	3.93	3.79	3.68	3.59	3.46	3.35	3.27	3.21	3.16	17
18	8.29	6.01	5.09	4.58	4.25	4.01	3.84	3.71	3.60	3.51	3.37	3.27	3.19	3.13	3.08	18
19	8.18	5.93	5.01	4.50	4.17	3.94	3.77	3.63	3.52	3.43	3.30	3.19	3.12	3.05	3.00	19
20	8.10	5.85	4.94	4.43	4.10	3.87	3.70	3.56	3.46	3.37	3.23	3.13	3.05	2.99	2.94	20
21	8.02	5.78	4.87	4.37	4.04	3.81	3.64	3.51	3.40	3.31	3.17	3.07	2.99	2.93	2.88	21
22	7.95	5.72	4.82	4.31	3.99	3.76	3.59	3.45	3.35	3.26	3.12	3.02	2.94	2.88	2.83	22
23	7.88	5.66	4.76	4.26	3.94	3.71	3.54	3.41	3.30	3.21	3.07	2.97	2.89	2..83	2.78	23
24	7.82	5.61	4.72	4.22	3.90	3.67	3.50	3.36	3.26	3.17	3.03	2.93	2.85	2.79	2.74	24
25	7.77	5.57	4.68	4.18	3.86	3.63	3.46	3.32	3.22	3.13	2.99	2.89	2.81	2.75	2.70	25
26	7.72	5.53	4.64	4.14	3.82	3.59	3.42	3.29	3.18	3.09	2.96	2.86	2.78	2.72	2.66	26
27	7.68	5.49	4.60	4.11	3.78	3.56	3.39	3.26	3.15	3.06	2.93	2.82	2.75	2.68	2.63	27
28	7.64	5.45	4.57	4.07	3.75	3.53	3.36	3.23	3.12	3.03	2.90	2.79	2.72	2.65	2.60	28
29	7.60	5.42	4.54	4.04	3.73	3.50	3.33	3.20	3.09	3.00	2.87	2.77	2.69	2.62	2.57	29
30	7.56	5.39	4.51	4.02	3.70	3.47	3.30	3.17	3.07	2.98	2.84	2.74	2.66	2.60	2.55	30
32	7.50	5.34	4.46	3.97	3.65	3.43	3.26	3.13	3.02	2.93	2.80	2.70	2.62	2.55	2.50	32
34	7.44	5.29	4.42	3.93	3.61	3.39	3.22	3.09	2.98	2.89	2.76	2.66	2.58	2.51	2.46	34
36	7.40	5.25	4.38	3.89	3.57	3.35	3.18	3.05	2.95	2.86	2.72	2.62	2.54	2.48	2.43	36
38	7.35	5.21	4.34	3.86	3.54	3.32	3.15	3.02	2.92	2.83	2.69	2.59	2.51	2.45	2.40	38
40	7.31	5.18	4.31	3.83	3.51	3.29	3.12	2.99	2.89	2.80	2.66	2.56	2.48	2.42	2.37	40
42	7.28	5.15	4.29	3.80	3.49	3.27	3.10	2.97	2.86	2.78	2.64	2.54	2.46	2.40	2.34	42
44	7.25	5.12	4.26	3.78	3.47	3.24	3.08	2.95	2.84	2.75	2.62	2.52	2.44	2.37	2.32	44
46	7.22	5.10	4.24	3.76	3.44	3.22	3.06	2.93	2.82	2.73	2.60	2.50	2.42	2.35	2.30	46
48	7.20	5.08	4.22	3.74	3.43	3.20	3.04	2.91	2.80	2.72	2.58	2.48	2.40	2.33	2.28	48
50	7.17	5.06	4.20	3.72	3.41	3.19	3.02	2.89	2.79	2.70	2.56	2.46	2.38	2.32	2.27	50
60	7.08	4.98	4.13	3.65	3.34	3.12	2.95	2.82	2.72	2.63	2.50	2.39	2.31	2.25	2.20	60
80	6.96	4.88	4.04	3.56	3.26	3.04	2.87	2.74	2.64	2.55	2.42	2.31	2.23	2.17	2.12	80
100	6.90	4.82	3.98	3.51	3.21	2.99	2.82	2.69	2.59	2.50	2.37	2.26	2.19	2.12	2.07	100
125	6.84	4.78	3.94	3.47	3.17	2.95	2.79	2.66	2.55	2.47	2.33	2.23	2.15	2.08	2.03	125
150	6.81	4.75	3.92	3.45	3.14	2.92	2.76	2.63	2.53	2.44	2.31	2.20	2.12	2.06	2.00	150
200	6.76	4.71	3.88	3.41	3.11	2.89	2.73	2.60	2.50	2.41	2.27	2.17	2.09	2.02	1.97	200
300	6.72	4.68	3.85	3.38	3.08	2.86	2.70	2.57	2.47	2.38	2.24	2.14	2.06	1.99	1.94	300
500	6.69	4.65	3.82	3.36	3.05	2.84	2.68	2.55	2.44	2.36	2.22	2.12	2.04	1.97	1.92	500
10^3	6.66	4.63	3.80	3.34	3.04	2.82	2.66	2.53	2.43	2.34	2.20	2.10	2.02	1.95	1.90	10^3
∞	6.63	4.61	3.78	3.32	3.02	2.80	2.64	2.51	2.41	2.32	2.18	2.08	2.00	1.93	1.88	∞

续表

$$\alpha = 0.01$$

n_2	22	24	26	28	30	35	40	n_1 45	50	60	80	100	200	500	∞	n_2
1	622	623	624	625	626	628	629	630	630	631	633	633	635	636	637	1
2	99.5	99.5	99.5	99.5	99.5	99.5	99.5	99.5	99.5	99.5	99.5	99.5	99.5	99.5	99.5	2
3	26.6	26.6	26.6	26.5	26.5	26.5	26.4	26.4	26.4	26.3	26.3	26.2	26.2	26.1	26.1	3
4	14.0	13.9	13.9	13.9	13.8	13.8	13.7	13.7	13.7	13.7	13.6	13.6	13.5	13.5	13.5	4
5	9.51	9.47	9.43	9.40	9.38	9.33	9.29	9.26	9.24	9.20	9.16	9.13	9.08	9.04	9.02	5
6	7.35	7.31	7.28	7.25	7.23	7.18	7.14	7.11	7.09	7.06	7.01	6.99	6.93	6.90	6.88	6
7	6.11	6.07	6.04	6.02	5.99	5.94	5.91	5.88	5.86	5.82	5.78	5.75	5.70	5.67	5.65	7
8	5.32	5.28	5.25	5.22	5.20	5.15	5.12	5.00	5.07	5.03	4.99	4.96	4.91	4.88	4.86	8
9	4.77	4.73	4.70	4.67	4.65	4.60	4.57	5.54	4.52	4.48	4.44	4.42	4.36	4.33	4.31	9
10	4.36	4.33	4.30	4.27	4.25	4.20	4.17	4.14	4.12	4.08	4.04	4.01	3.96	3.93	3.91	10
11	4.06	4.02	3.99	3.96	3.94	3.89	3.86	3.83	3.81	3.78	3.73	3.71	3.66	3.62	3.60	11
12	3.82	3.78	3.75	3.72	3.70	3.65	3.62	3.59	3.57	3.54	3.49	3.47	3.41	3.38	3.36	12
13	3.62	3.59	3.56	3.53	3.51	3.46	3.43	3.40	3.38	3.34	3.30	3.27	3.22	3.19	3.17	13
14	3.46	3.43	3.40	3.37	3.35	3.30	3.27	3.24	3.22	3.18	3.14	3.11	3.06	3.03	3.00	14
15	3.33	3.29	3.26	3.24	3.21	3.17	3.13	3.10	3.08	3.05	3.00	2.98	2.92	2.89	2.78	15
16	3.22	3.18	3.15	3.12	3.10	3.05	3.02	2.99	2.97	2.93	2.89	2.86	2.81	2.78	2.75	16
17	3.12	3.08	3.05	3.03	3.00	2.96	2.92	2.89	2.87	2.83	2.79	2.76	2.71	2.68	2.65	17
18	3.03	3.00	2.97	2.94	2.92	2.87	2.84	2.81	2.78	2.75	2.70	2.68	2.62	2.59	2.57	18
19	2.96	2.92	2.89	2.87	2.84	2.80	2.76	2.73	2.71	2.67	2.63	2.60	2.55	2.51	2.49	19
20	2.90	2.86	2.83	2.80	2.78	2.73	2.69	2.67	2.64	2.61	2.56	2.54	2.48	2.44	2.42	20
21	2.84	2.80	2.77	2.74	2.72	2.67	2.64	2.61	2.58	2.55	2.50	2.48	2.42	2.38	2.36	21
22	2.78	2.75	2.72	2.69	2.67	2.62	2.58	2.55	2.53	2.50	2.45	2.42	2.36	2.33	2.31	22
23	2.74	2.70	2.67	2.64	2.62	2.57	2.54	2.51	2.48	2.45	2.40	2.37	2.32	2.28	2.26	23
24	2.70	2.66	2.63	2.60	2.58	2.53	2.49	2.46	2.44	2.40	2.36	2.33	2.27	2.24	2.21	24
25	2.66	2.62	2.59	2.56	2.54	2.49	2.45	2.42	2.40	2.36	2.32	2.29	2.23	2.19	2.17	25
26	2.62	2.58	2.55	2.53	2.50	2.45	2.42	2.39	2.36	2.33	2.28	2.25	2.19	2.16	2.13	26
27	2.59	2.55	2.52	2.49	2.47	2.42	2.38	2.35	2.33	2.29	2.25	2.22	2.16	2.12	2.10	27
28	2.56	2.52	2.49	2.46	2.44	2.39	2.35	2.32	2.30	2.26	2.22	2.19	2.13	2.09	2.06	28
29	2.53	2.49	2.46	2.44	2.41	2.36	2.33	2.30	2.27	2.23	2.19	2.16	2.10	2.06	2.03	29
30	2.51	2.47	2.44	2.41	2.39	2.34	2.30	2.27	2.25	2.21	2.16	2.13	2.07	2.03	2.01	30
32	2.46	2.42	2.39	2.36	2.34	2.29	2.25	2.22	2.20	2.16	2.11	2.08	2.02	1.98	1.96	32
34	2.42	2.38	2.35	2.32	2.30	2.25	2.21	2.18	2.16	2.12	2.07	2.04	1.98	1.94	1.91	34
36	2.38	2.35	2.32	2.29	2.26	2.21	2.17	2.14	2.12	2.08	2.03	2.00	1.94	1.90	1.87	36
38	2.35	2.32	2.28	2.26	2.23	2.18	2.14	2.11	2.09	2.05	2.00	1.97	1.90	1.86	1.84	38
40	2.33	2.29	2.26	2.23	2.20	2.15	2.11	2.08	2.06	2.02	1.97	1.94	1.87	1.83	1.80	40
42	2.30	2.26	2.23	2.20	2.18	2.13	2.09	2.06	2.03	1.99	1.94	1.91	1.85	1.80	1.78	42
44	2.28	2.24	2.21	2.18	2.15	2.10	2.06	2.03	2.01	1.97	1.92	1.89	1.82	1.78	1.75	44
46	2.26	2.22	2.19	2.16	2.13	2.08	2.04	2.01	1.99	1.95	1.90	1.86	1.80	1.75	1.73	46
48	2.24	2.20	2.17	2.14	2.12	2.06	2.02	1.99	1.97	1.93	1.88	1.84	1.78	1.73	1.70	48
50	2.22	2.18	2.15	2.12	2.10	2.05	2.01	1.97	1.95	1.91	1.86	1.82	1.76	1.71	1.68	50
60	2.15	2.12	2.08	2.05	2.03	1.98	1.94	1.90	1.88	1.84	1.78	1.75	1.68	1.63	1.60	60
80	2.07	2.03	2.00	1.97	1.94	1.89	1.85	1.81	1.79	1.75	1.69	1.66	1.58	1.53	1.49	80
100	2.02	1.98	1.94	1.92	1.89	1.84	1.80	1.76	1.73	1.69	1.63	1.60	1.52	1.47	1.43	100
125	1.98	1.94	1.91	1.88	1.85	1.80	1.76	1.72	1.69	1.65	1.59	1.55	1.47	1.41	1.37	125
150	1.96	1.92	1.88	1.85	1.83	1.77	1.73	1.69	1.66	1.62	1.56	1.52	1.43	1.38	1.33	150
200	1.93	1.89	1.85	1.82	1.79	1.74	1.69	1.66	1.63	1.58	1.52	1.48	1.39	1.33	1.28	200
300	1.89	1.85	1.82	1.79	1.76	1.71	1.66	1.62	1.59	1.55	1.48	1.44	1.35	1.28	1.22	300
500	1.87	1.83	1.79	1.76	1.74	1.68	1.63	1.60	1.56	1.52	1.45	1.41	1.31	1.23	1.16	500
10^3	1.85	1.81	1.77	1.74	1.72	1.66	1.61	1.57	1.54	1.50	1.43	1.38	1.28	1.19	1.11	10^3
∞	1.83	1.79	1.76	1.72	1.70	1.64	1.59	1.55	1.52	1.47	1.40	1.36	1.25	1.15	1.00	∞

附表 6: t 分布 t(n) 的分位数表

$$P(t(n) \leqslant t_{1-\alpha}(n)) = 1 - \alpha$$

n	$\alpha=0.25$	0.10	0.05	0.025	0.01	0.005	n	$\alpha=0.25$	0.10	0.05	0.025	0.01	0.005
1	1.0000	3.0777	6.3138	12.706	31.821	63.657	24	0.6848	1.3178	1.7109	2.0639	2.4922	2.7969
2	0.8165	1.8856	2.9200	4.3027	6.9646	9.9248	25	0.6844	1.3163	1.7081	2.0595	2.4851	2.7874
3	0.7649	1.6377	2.3534	3.1824	4.5407	5.8409	26	0.6840	1.3150	1.7056	2.0555	2.4786	2.7787
4	0.7407	1.5332	2.1318	2.7764	3.7469	4.6041	27	0.6837	1.3137	1.7033	2.0518	2.4727	2.7707
5	0.7267	1.4759	2.0150	2.5706	3.3649	4.0322	28	0.6834	1.3125	1.7011	2.0484	2.4671	2.7633
6	0.7176	1.4398	1.9432	2.4469	3.1427	3.7074	29	0.6830	1.3114	1.6991	2.0452	2.4620	2.7564
7	0.7111	1.4149	1.8946	2.3646	2.9980	3.4995	30	0.6828	1.3104	1.6973	2.0423	2.4573	2.7500
8	0.7064	1.3968	1.8595	2.3060	2.8965	3.3554	31	0.6825	1.3095	1.6955	2.0395	2.4528	2.7440
9	0.7027	1.3830	1.8331	2.2622	2.8214	3.2498	32	0.6822	1.3086	1.6939	2.0369	2.4487	2.7385
10	0.6998	1.3722	1.8125	2.2281	2.7638	3.1693	33	0.6820	1.3077	1.6924	2.0345	2.4448	2.7333
11	0.6974	1.3634	1.7959	3.2010	2.7181	3.1058	34	0.6818	1.3070	1.6909	2.0322	2.4411	2.7284
12	0.6955	1.3562	1.7823	2.1788	2.6810	3.0545	35	0.6816	1.3062	1.6896	2.0301	2.4377	2.7238
13	0.6938	1.3502	1.7709	2.1604	2.6503	3.0123	36	0.6814	1.3055	1.6883	2.0281	2.4345	2.7195
14	0.6924	1.3450	1.7613	2.1448	2.6245	2.9768	37	0.6812	1.3049	1.6871	2.0262	2.4314	2.7154
15	0.6912	1.3406	1.7531	2.1315	2.6025	2.9467	38	0.6810	1.3042	1.6860	2.0244	2.4286	2.7116
16	0.6901	1.3368	1.7459	2.1199	2.5835	2.9208	39	0.6808	1.3036	1.6849	2.0227	2.4258	2.7079
17	0.6892	1.3334	1.7396	2.1098	2.5669	2.8982	40	0.6807	1.3031	1.6839	2.0211	2.4233	2.7045
18	0.6884	1.3304	1.7341	2.1009	2.5524	2.8784	41	0.6805	1.3025	1.6829	2.0195	2.4208	2.7012
19	0.6876	1.3277	1.7291	2.0930	2.5395	2.8609	42	0.6804	1.3020	1.6820	2.0181	2.4185	2.6981
20	0.6870	1.3253	1.7247	2.0860	2.5280	2.8453	43	0.6802	1.3016	1.6811	2.0167	2.4163	2.6951
21	0.6864	1.3232	1.7207	2.0796	2.5177	2.8314	44	0.6801	1.3011	1.6802	2.0154	2.4141	2.6923
22	0.6858	1.3212	1.7171	2.0739	2.5083	2.8188	45	0.6800	1.3006	1.6794	2.0141	2.4121	2.6896
23	0.6853	1.3195	1.7139	2.0687	2.4999	2.8073	∞	0.6740	1.2820	1.6450	1.9600	2.3260	2.5760

附表 7　符号秩和检验统计量的分位数表 $P(W^+ \leqslant W_\alpha^+) \leqslant \alpha$

$n\backslash\alpha$	0.005	0.01	0.025	0.05	$n\backslash\alpha$	0.005	0.01	0.025	0.05
5				0	28	91	101	116	130
6			0	2	29	100	110	126	140
7		0	2	3	30	109	120	137	151
8	0	1	3	5	31	118	130	147	163
9	1	3	5	8	32	128	140	159	175
10	3	5	8	10	33	138	151	170	187
11	5	7	10	13	34	148	162	182	200
12	7	9	13	17	35	159	174	195	213
13	9	12	17	21	36	171	186	208	227
14	12	15	21	25	37	183	198	221	241
15	15	19	25	30	38	195	211	235	256
16	19	23	29	35	39	207	224	249	271
17	23	27	34	41	40	220	238	264	286
18	27	32	40	47	41	234	252	279	302
19	32	37	46	53	42	247	266	294	319
20	37	43	52	60	43	262	281	310	336
21	43	49	58	67	44	276	296	327	353
22	48	55	66	75	45	291	312	343	371
23	54	62	73	83	46	307	328	361	389
24	61	69	81	91	47	323	345	378	407
25	68	76	89	100	48	339	362	396	427
26	75	84	98	110	49	356	380	415	446
27	83	93	107	119	50	373	397	434	466

附表 8　双边威尔科克森 (Wilcoxon) 秩和检验的临界值表

(下限 $T_\alpha(n_1, n_2)$ 及上限 $T_{1-\alpha}(n_1, n_2)$)

n_1	n_2	T_α	$T_{1-\alpha}$	n_1	n_2	T_α	$T_{1-\alpha}$	n_1	n_2	T_α	$T_{1-\alpha}$	n_1	n_2	T_α	$T_{1-\alpha}$
2	4	3	11	5	5	19	36	2	6	3	15	5	6	19	41
2	5	3	13	5	6	20	40	2	7	3	17	5	7	20	45
2	6	4	14	5	7	22	43	2	8	3	19	5	8	21	49
2	7	4	16	5	8	23	47	2	9	3	21	5	9	22	53
2	8	4	18	5	9	25	50	2	10	4	22	5	10	24	56
2	9	4	20	5	10	26	54	3	4	6	18	6	6	26	52
2	10	5	21	6	6	28	50	3	5	6	21	6	7	28	56
3	3	6	15	6	7	30	54	3	6	7	23	6	8	29	61
3	4	7	17	6	8	32	58	3	7	8	25	6	9	31	65
3	5	7	20	6	9	33	63	3	8	8	28	6	10	33	69
3	6	8	22	6	10	35	67	3	9	9	30	7	7	37	68
3	7	9	24	7	7	39	66	3	10	9	33	7	8	39	73
3	8	9	27	7	8	41	71	4	4	11	25	7	10	43	83
3	9	10	29	7	9	43	76	4	5	12	28	8	8	49	87
3	10	11	31	7	10	46	80	4	6	12	32	8	9	51	93
4	4	12	24	8	8	52	84	4	7	13	35	8	10	54	98
4	5	13	27	8	9	54	90	4	8	14	38	9	9	63	108
4	6	14	30	8	10	57	95	4	9	15	41	9	10	66	114
4	7	15	33	9	9	66	105	4	10	16	44	10	10	79	131
4	8	16	36	9	10	69	111	5	5	18	37				
4	9	17	39	10	10	93	127								
4	10	18	42												

附表 9　检验相关系数 $\rho = 0$ 的临界值 r_α 表 $P(|r| > r_\alpha) = \alpha$

n	$\alpha = 0.10$	$\alpha = 0.05$	$\alpha = 0.02$	$\alpha = 0.01$	$\alpha = 0.001$	n
1	0.98769	0.99692	0.999507	0.999877	0.9999988	1
2	0.90000	0.95000	0.98000	0.99000	0.99900	2
3	0.8054	0.8783	0.93433	0.95873	0.99116	3
4	0.7293	0.8114	0.8822	0.91720	0.97406	4
5	0.6694	0.7545	0.8329	0.8745	0.95074	5
6	0.6215	0.7067	0.7887	0.8343	0.92493	6
7	0.5822	0.6664	0.7498	0.7977	0.8982	7
8	0.5494	0.6319	0.7155	0.7646	0.8721	8
9	0.5214	0.6021	0.6851	0.7348	0.8471	9
10	0.4973	0.5760	0.6581	0.7079	0.8233	10
11	0.4762	0.5529	0.6339	0.6835	0.8010	11
12	0.4575	0.5324	0.6120	0.6614	0.7800	12
13	0.4409	0.5139	0.5923	0.6411	0.7603	13
14	0.4259	0.4973	0.5742	0.6226	0.7420	14
15	0.4124	0.4821	0.5577	0.6055	0.7246	15
16	0.4000	0.4683	0.5425	0.5897	0.7084	16
17	0.3887	0.4555	0.5285	0.5751	0.6932	17

n	$\alpha = 0.10$	$\alpha = 0.05$	$\alpha = 0.02$	$\alpha = 0.01$	$\alpha = 0.001$	n
18	0.3783	0.4438	0.5155	0.5614	0.6787	18
19	0.3687	0.4329	0.5034	0.5487	0.6652	19
20	0.3598	0.4227	0.4921	0.5368	0.6524	20
25	0.3233	0.3809	0.4451	0.4869	0.5974	25
30	0.2960	0.3494	0.4093	0.4487	0.5541	30
35	0.2746	0.3246	0.3810	0.4182	0.5189	35
40	0.2573	0.3044	0.3578	0.3932	0.4896	40
45	0.2428	0.2875	0.3384	0.3721	0.4648	45
50	0.2306	0.2732	0.3218	0.3541	0.4433	50
60	0.2108	0.2500	0.2948	0.3248	0.4078	60
70	0.1954	0.2319	0.2737	0.3017	0.3799	70
80	0.1829	0.2172	0.2565	0.2830	0.3568	80
90	0.1726	0.2050	0.2422	0.2673	0.3375	90
100	0.1638	0.1946	0.2301	0.2540	0.3211	100

参 考 文 献

[1] 茆诗松, 程依明, 濮晓龙. 概率论与数理统计教程. 2 版. 北京: 高等教育出版社, 2011.

[2] 盛骤, 谢式千, 潘承毅. 概率论与数理统计. 4 版. 北京: 高等教育出版社, 2008.

[3] Ross S M. 概率论基础教程. 原书第 9 版. 童行伟, 梁宝生, 译. 北京: 机械工业出版社, 2014.

[4] Casella G, Berger R L. 统计推断. 原书第 2 版. 张忠占, 傅莺莺, 译. 北京: 机械工业出版社, 2002.

[5] 周概容. 概率论与数理统计. 北京: 高等教育出版社, 2009.

[6] Feller W. 概率论及其应用. 原书第 3 版. 胡迪鹤, 译. 北京: 人民邮电出版社, 2006.

[7] 邓集贤, 杨维权, 司徒荣, 等. 概率论及数理统计. 4 版. 北京: 高等教育出版社, 2009.

[8] 严士健, 王隽骧, 刘秀芳. 概率论基础 2 版. 北京: 科学出版社, 2009.

[9] 金勇进, 杜子芳, 蒋妍. 抽样技术. 2 版. 北京: 中国人民大学出版社, 2008.

[10] Ross S M. 统计模拟. 原书第 4 版. 王兆军, 等, 译. 北京: 人民邮电出版社, 2007.

[11] 汤银才. R 语言与统计分析. 北京: 高等教育出版社, 2008.

[12] Lehmann E L, Casella G. 点估计理论. 原书第 2 版. 郑忠国, 等, 译. 北京: 中国统计出版社, 2006.

[13] Lehmann E L. 大样本理论基础. 影印版. 北京: 世界图书出版公司, 2010.

[14] Huber P J. Robust Statistics. New York: John Wiley & Sons, Inc, 1981.

[15] 茆诗松, 汤银才. 贝叶斯统计. 2 版. 北京: 中国统计出版社, 2012.

[16] 赵选民. 试验设计. 北京: 科学出版社, 2006.

[17] Chatterjee S, Hadi A S. 例解回归分析. 原书第 5 版. 郑忠国, 等, 译. 北京: 机械工业出版社, 2013.

[18] 王松桂, 史建红, 尹素菊, 等. 线性模型引论. 北京: 科学出版社, 2004.

[19] 陈斌, 高彦梅. Excel 在统计分析中的应用. 北京: 清华大学出版社, 2019.